Общество будет процветать лишь в условиях свободы человека, господства здравого смысла, справедливости и согласия с природой.

А.А. НИКОНОВ

СПИРАЛЬ МНОГОВЕКОВОЙ ДРАМЫ: АГРАРНАЯ НАУКА И ПОЛИТИКА РОССИИ (XVIII – XX вв.)

ЭНЦИКЛОПЕДИЯ РОССИЙСКИХ ДЕРЕВЕНЬ

Москва • 1995

УДК [338.43.02(091)(470)+001:63(091)(470)]

Рекомендовано к изданию решением Ученого совета Аграрного института РАСХН от 4 октября 1994 г.

Никонов А.А.

Спираль многовековой драмы: аграрная наука и политика России (XVIII – XX вв.). – М.: Энциклопедия российских деревень, 1995. — 574 с.

ISBN 5-88367-002-4

В книге академика Никонова А.А. обобщен исторический путь аграрной науки России со времени ее зарождения до наших дней. Автор анализирует взгляды крупных ученых экономистов-аграриев, особенности отдельных школ и направлений, а также важнейшие реформаторские преобразования в разные эпохи, уделяя наибольшее внимание проблемам современной аграрной реформы.

Определяя значение аграрной науки для прогресса в жизни людей, ученый воссоздает достоверный мир связей науки и общества – многовековую драму, где наука и ее творцы являются жертвой государственной политики, структур управления и своеволия диктаторов. Может быть, впервые в таком объеме здесь собраны вместе сведения о судьбах выдающихся представителей аграрной науки России, репрессированных властями.

Отражение общественно-политических взглядов автора, обусловленных его собственным научным опытом, участием в важнейших событиях жизни страны, придает настоящему труду особую значимость и адресует книгу как научным работникам и специалистам, так и самому широкому кругу читателей.

Recommended for publishing by the Scientific Council of the Agrarian Institute of the Russian Academy of Agricultural Sciences on October 4, 1994

Alexander A. Nikonov

The Spiral of a Centuries – Long Drama: Agrarian Science and Politics in Russia from the 18th through the 20th Centuries. – Moscow: The Encyclopedia of Russian Villages Publishing House, 1995. — 574 pp.

ISBN 5-88367-002-4

In the latest book from Academician Nikonov the historical path of agrarian science in Russia is reviewed from its inception to its present state. The author analyzes the views of eminent agrarian economists, the particulars of their respective schools, and also the most important reformist trends in various periods. Dr. Nikonov pays particular attention to relating these issues to the problems of agrarian reform in contemporary Russia. Emphasizing the significance of agrarian science in the development of human progress, Dr. Nikonov creates an authentic link between science and society – a centuries – long spiral – where science and its practitioners have bgenn the victims of politics, of governments, and of the willfulness of dictators. This book may very well be the first occasion where comprehensive information is presented on the fates of the leading representatives of agrarian science in Russia who were repressed by the communist government.

This book reflects the social-political views of its author. His personal scientific experience and participation in the most important events of his country's life bring to this work particular meaning and ensure that it will be of interest not only to scientists and specialists but to the broader reading public as well.

ISBN 5-88367-002-4

ПРЕДИСЛОВИЕ

Россия переживает сейчас едва ли не самый драматичный этап своей истории. В стране зарождается новый общественный строй, осуществляются масштабные политические и экономические преобразования, изменяются взаимоотношения государства с мировым сообществом. Ответ на вопрос, какой будет новая Россия, в немалой степени зависит от судьбы деревни и того исторического выбора, который предстоит сделать нашему крестьянству. Удастся ли прервать череду несчастий, постигших многострадальную российскую деревню в уходящем веке, и создать аграрный строй, отвечающий национальным традициям и чаяниям крестьян и позволяющий им эффективно хозяйствовать на земле, или кризис, охвативший деревню, будет усугубляться, принося ей новые невосполнимые утраты и увеличивая продовольственную зависимость страны? Этот вопрос, пожалуй, является главным в предлагаемой читателю монографии видного экономиста-аграрника, академика Александра Александровича Никонова. Она представляет собой итог многолетних исследований и раздумий автора о перипетиях аграрного развития страны, сельскохозяйственной науки и политики России.

Автор создал монографию, содержащую емкие очерки по узловым проблемам аграрной экономической теории и хозяйственной истории России, уделив особое внимание вопросам аграрного реформирования. Земельная собственность, специфика аграрных отношений и экономических законов в сельском хозяйстве, эволюция различных форм организации производства, стратегия и тактика осуществления реформ – вот далеко не полный перечень теоретических вопросов, затрагиваемых А.А. Никоновым.

Основой теоретических обобщений ученого служит обильный исторический материал; автор ссылается почти на тысячу литературных и архивных источников. Событийный ряд дополняется галереей портретов выдающихся государственных и общественных деятелей России – инициаторов аграрных реформ.

Проблемы социально-экономической истории тесно увязаны с историей отечественной сельскохозяйственной мысли. Автор дает характеристику основных научных школ, подробно анализирует труды классиков аграрной науки (прежде всего экономической), приводит биографии ученых и специалистов сельского хозяйства, имена которых редко упоминаются в литературе, хотя они внесли весомый вклад в теорию аграрного вопроса и развитие отечественного крестьяноведения. Одновременно в монографии освещается деятельность научных учреждений, оставивших заметный след в истории отечественной и мировой науки.

Обобщенные в книге результаты исследований имеют не только большое научно-познавательное значение, но и, что не менее важно, прямой выход на сегодняшнюю практику радикальных реформ, направленных на коренное преобразование форм собственности и хозяйствования, становление правового государства и демократизацию всей общественно-политической жизни с тем, чтобы человек стал подлинным хозяином-собственником, защищенным социально и в правовом отношении. Понятно, какая это сложная и масштабная работа. На этом нелегком пути неизбежны просчеты и ошибки, свидетелями чего мы являемся. Их масштабы и цена во многом зависят от того, насколько полно и умело используется исторический опыт реформирования. Здесь неприемлемо слепое копирование практики западных стран. Россия – самобытная страна с неповторимыми особенностями во всем, включая уклад жизни. Это относится и к аграрной сфере, сельскому образу жизни. История России богата практикой позитивного осуществления реформ, и в первую очередь в аграрной области. Изучение и использование их опыта позволит смягчить просчеты в проведении сегодняшних преобразований, находить наиболее приемлемые пути их реализации. Предлагаемая книга – незаменимое подспорье в этом.

Изучение содержащегося в книге богатого историко-научного материала имеет также большое воспитательное значение. Книга будет способствовать формированию подлинной, недеформированной национально-патриотической идеи, содействующей объединению общества. Идеи, которая сейчас, к сожалению, отдана на откуп различного рода экстремистам, эксплуатирующим ее в явно извращенном виде.

По сути, в аграрном науковедении это первая книга такого масштабно-исторического характера. Несомненным ее достоинством является то, что в ней обобщен и собственный практический опыт автора, не только ученого-исследователя, но и организатора науки, что представляет большой интерес, поскольку А.А. Никонов непосредственный участник и свидетель многих событий нашей позднейшей аграрной истории; в течение восьми лет он возглавлял ВАСХНИЛ, был последним Президентом этой академии – уникального в мировой практике научного сообщества, основанного Н.И. Вавиловым, внесшего огромный вклад в развитие аграрной науки и прекратившего свое существование в связи с распадом СССР.

Не со всеми оценками и положениями автора можно согласиться. Часть из них носит остро дискуссионный характер, однако это не недостаток, а скорее достоинство книги, ибо она будит мысль читателя, заставляет его размышлять вслед за автором.

А.М. Емельянов, академик РАСХН, доктор экономических наук, профессор;
И.С. Шатилов, академик РАСХН, доктор сельскохозяйственных наук, профессор.

ОТ АВТОРА

Почему я взялся за эту книгу? Желание написать ее появилось давно. Материал накапливался долго. Необходимость в ней вызывается нерешенностью многих теоретических вопросов современной аграрно-экономической науки и связанных с ними жгучих запросов практики. Прежде всего это относится к характеру и социально-экономической природе аграрных отношений в современной России, происходящим изменениям в структуре аграрной сферы страны, путям и методам создания эффективного агропромышленного комплекса, адаптации сельского хозяйства к рыночным условиям, продовольственной безопасности России, повышению жизненного уровня и обеспечения достойного образа жизни крестьян.

В поисках ответов на эти и другие подобные вопросы мы часто обращаемся к зарубежному, мировому опыту. Учитывать этот опыт надо и знать его необходимо. Но копировать его нельзя, различны объективные условия и исходные позиции. Часто ответ можно найти в историческом опыте собственной страны. Теоретическое наследие ученых России в области аграрной экономики бесценно. Оно давно стало достоянием мировой науки, но долгое время было невостребованным и даже неизвестным на своей Родине.

Конечно, было бы наивным и неблагодарным делом искать в работах наших предшественников конкретные рецепты для решения всех сегодняшних задач. Мы живем в другую эпоху, объективные условия кардинально изменились. Но в научном наследии классиков есть нетленные положения, методологические подходы, теоретические выводы из исследований. Это часто дает надежный ключ в руки современного специалиста.

Кроме того, преследовалась и другая, образовательная цель. Большие периоды развития аграрной мысли России остаются неизвестными. И это касается не только 20-х гг. нашего века, но и более раннего времени. Сказывается длившееся многие десятилетия замалчивание научных школ, направлений, имен выдающихся деятелей экономической науки. Все, что шло не от марксизма, отвергалось или искажалось. Легче восстановить или заново построить разрушенное здание, чем освободиться от десятилетиями прививавшейся идеологии. Беда аграрной экономики в том и состоит, что она в нашей стране очень долго была "вотчиной" идеологии. В монографии предпринята попытка изложить ретроспективно развитие аграрной экономической науки и тем самым в какой-то мере восполнить пробел в знаниях. Насколько она удалась, судить не мне. Я надеюсь, что книга будет полезна студентам сельскохозяйственных университетов, изучающим экономику, историю аграрной науки.

Аграрная наука, ее экономическая ветвь, тесно связана с политикой. Реализация тех или иных экономических доктрин, концепций, даже отдельных разработок и предложений, неподвластна самим ученым. Это всегда определяется организацией, инвестициями, деятельностью людей, их пониманием и воспитанием, а в конечном счете – их интересами. Для нас важны уроки истории в области аграрной политики, реализующей или отвергающей данные науки, последствия тех или иных политических решений в аграрной сфере. Поэтому аграрную науку приходится освещать в связи с аграрной политикой. Другое дело, что к голосу ученых не всегда прислушиваются власть предержащие, часто принимающие волевые решения, далекие от научных рекомендаций. А было время, когда пытались заставить науку задним числом "обосновывать" эти волевые решения, часто разрушительные для экономики страны и дискриминационные для народа. Но главное в настоящей работе все-таки сама наука, ее развитие, ее тернистый путь, ее люди.

Рассматривается довольно длительный отрезок времени в целых три столетия; он взят потому, что на грани XVII и XVIII вв. следует искать зачатки экономической науки России. За это время произошло очень много событий, прямо относящихся к нашему предмету. Но всего охватить невозможно. Есть опасность либо "расплыться", либо "скользить" по поверхности. Как одно, так и другое нежелательно. Поэтому приходится остановиться на самом существенном, свойственном тому или иному историческому периоду. Исходя из сказанного, очевидно, эту работу можно считать науковедческой.

Аграрный вопрос всегда переплетается с судьбами крестьянства. От правильного или неправильного его решения зависят благосостояние миллионов и десятков миллионов крестьян, кормящих весь народ, а также моральные устои общества в целом, поскольку деревня была и остается хранительницей культурных и моральных ценностей и традиций народа. Поэтому в какой-то мере в данной работе присутствуют элементы крестьяноведения.

Конечно, было бы проще и легче взять какую-то одну проблему или же один период, всесторонне рассмотреть их. Но существует и междисциплинарный подход. Автор избрал его. Видимо, в целом работу можно считать экономико-историко-политологической.

Почему она названа драмой, даже спиралью многовековой драмы? Дело в том, что судьба как российского крестьянства, так и аграрной науки весьма драматична. И наука, и крестьянство неоправданно приносились в жертву и терпели лишения, аграрный вопрос веками не решался, а ученых в отдельные, даже недалекие времена просто убивали. И если первый экономист России И.Т. Посошков встретил свой смертный час в феврале 1726 г. в каземате Петропавловской крепости, то в 30-е гг. XX в. ученых расстреливали десятками, сотнями, тысячами, а крестьян умерщвляли миллионами. Трудно найти на каком-либо континенте нашей планеты страну с более трагичной судьбой кормящего класса и его научной элиты. Автор делает попытки показать эту спираль, объективные законы которой трудно установить. Она в большей степени зависела от воли властителей и созданной ими системы управления обществом. Незаживающими ранами в душах людей нашей страны остаются две трагедии: Отечественная война 1941 – 1945 гг. и массовые репрессии властей против собственного народа.

И здесь неотступно напрашивается много вопросов. Почему Великая победа в Отечественной войне, которой в мае 1995 г. полвека, для нас столь горька? Почему она далась соотношением людских потерь 1:5 в пользу противника? Почему побежденные страны создали процветающую экономику, а великий Победитель пребывает в глубоком кризисе? Почему наша страна, располагающая половиной черноземов мира, импортирует зерно, так как своего не хватает? Почему крупные города сегодня завалены импортным продовольствием, а крестьяне своей страны сокращают посевы и поголовье скота, скармливают молоко животным? Почему мы, собственники одной четвертой части лесов всего мира, не можем приобрести стола или шкафа отечественного производства и у нас вечно не хватает бумаги? Почему мы так расточительны по отношению к природным богатствам, так жестоки ко всему живому? Почему мы забывали и даже травили тех выдающихся сынов России, которые спасали страну в лихую годину, выводили из смуты, сплачивали нацию? Почему осмеивали и захлопывали великих гуманистов? Почему лучшие умы и конструкторскую мысль направляли на создание орудий массового убийства людей, а не на удовлетворение жизненных потребностей человека? Почему несколько десятилетий назад голодающую крестьянку расстреливали из дробовика, сажали в тюрьму за несколько колосков пшеницы, а сейчас "новые русские" присваивают нечестным путем миллиарды и вкладывают их в зарубежные банки? Почему наши люди отдают ловкачу за несбыточные посулы свои скромные сбережения, а потом этого ловкача избирают в парламент? Почему наши люди легковерно идут за красивыми знаменами и лозунгами? И почему мы бросаемся из одной крайности в другую? Когда же будем жить по уму и по совести, ценить по труду и правде? Когда у нас будет действительно правовое государство, демократическое общество и нормально функционирующая экономика?

Таких "проклятых" "почему?" и "когда?" тысячи. И они преследуют как бесконечный кошмар. Хочется внести хотя бы каплю понимания в решение этих трудных вопросов. Аграрная наука и политика – только одна из многочисленных граней этого целого "почему?" и "когда?" Но все эти вопросы имеют какие-то общие корни. Попытаемся к ним подойти. Рассмотрев прошлое с его удачами и неудачами, слезами радости и горем потерь, постараемся сделать определенные выводы. Наш многовековой опыт богат. Перед нами пройдет вереница умнейших сынов и дочерей России с их ответами, с их думами, их трудами, их драматической судьбой, их горьким опытом и неподкупной любовью к людям, жизни, Родине.

Материалом для написания этой книги послужили личные исследования, литературные источники, архивные данные, официальные документы правительств, статистические сборники, сообщения периодической печати, исследования научных учреждений. Конечно, у всякого научного работника накапливается какой-то личный архив с документами, наблюдениями, свидетельствами событий, мыслями и соображениями. Есть он и у автора и использован в данной книге в необходимых случаях.

Структурно работа состоит из трех частей, объединяющих 14 глав, в которых имеются разделы и подразделы. В первой части излагается зарождение аграрной экономической науки и ее развитие в XVIII и XIX вв., а также в начале XX в. вплоть до Октябрьской социалистической революции. Основное внимание здесь уделяется И.Т. Посошкову и его “Книге о скудости и богатстве”, просветителям второй половины XVIII в., проектам М.М. Сперанского, деятельности Императорского Вольного экономического общества, эволюции крестьянской общины, кризису феодально-крепостнического строя, подготовке и проведению реформы 1861 г., развитию науки и экономики в пореформенный период, аграрной реформе Петра Столыпина, аграрным программам различных политических партий начала XX в., Лиге аграрных реформ.

Вторая часть посвящена советскому периоду нашей истории. Она по объему самая крупная и содержит 7 глав. В пятой главе излагается аграрная наука и политика 20-х гг. Значительное место уделяется крестьянской войне как ответу на крайности “военного коммунизма”. Вся эта часть написана на материалах российских архивов. Показаны три ветви в аграрной науке России: либерально-демократическая, называемая советскими историками и экономистами буржуазной; организационно-производственная, называемая ранее неонароднической, или мелкобуржуазной, а также марксистская. Изложена суть этих учений, а также судьба представителей всех трех школ.

В шестой главе дается развитие аграрной науки и политики в 30-е гг. Коллективизация показывается на новых архивных материалах. Создание ВАСХНИЛ и борьба в сельскохозяйственной науке с ее драматическим исходом для многих выдающихся ученых представлены как в сути проблем, так и в судьбах людей. Седьмая глава целиком отведена Великой Отечественной войне, роли аграрной науки и крестьянства в ее исходе. Восьмая глава – годы после войны (1946 – 1953 гг.) – попытка показать ложь и правду о нашем сельском хозяйстве на основе известных и ранее неизвестных документов.

В девятой главе говорится о реформах в “оттепель” (1953 – 1964 гг.), противоречивости аграрной политики Н.С. Хрущева, крупных прогрессивных начинаниях и забегании вперед, поддержке науки и командовании ею, работе самих научных коллективов. Десятая глава дает картину “застойного” периода (1964 – 1984 гг.). Показываются процессы огосударствления, научные поиски в эти годы. Следующая глава дает картину перестройки (1985 – 1991 гг.), здесь отмечены сложности этого периода, эксперименты в аграрной сфере, драматизм выхода из тоталитарного общества.

В третьей части книги характеризуется состояние общества, аграрной сферы и науки на пороге XXI в. и смены тысячелетий. В 12-й главе дается анатомия третьей российской смуты, или общего, тотального кризиса, охватившего политику, экономику, экологию, демографию и социальную жизнь, мораль и идеологию, аграрный сектор. 13-я глава полностью отведена анализу современной аграрной реформы в России; показана ее объективная необходимость, цели и принципы, фактический ход как с позитивными, так и негативными сторонами. Наряду с официальными источниками здесь широко использованы данные социально-экономического мониторинга реформы, осуществляемого в течение трех лет Аграрным институтом РАСХН, а также материалы экспедиционных обследований и других документов этого института.

В последней, 14-й, главе охарактеризован потенциал аграрной науки России. Показываются три ветви науки: академическая, университетская, и непосредственно прикладная, сосредоточенная в Главках Министерства сельского хозяйства и продовольствия. Отмечаются важнейшие биологические, технико-технологические и экономические исследования и разработки, направленные на создание эффективного и конкурентоспособного сельского хозяйства России. Называются многие институты национального и регионального уровня, где достигнуты существенные результаты. Показана плеяда ветеранов аграрной науки с их основными разработками и исследованиями.

Мыслилось представить читателю 15-ю, прогностическую главу, сделаны наброски возможных сценариев дальнейшего развития. Однако вынужден пока от этого воздержаться ввиду непредсказуемости некоторых общественных и политических процессов в стране. Поэтому ограничимся выводами, вытекающими из нашего опыта, из нашей истории, из особенностей советско-русского характера, а также очевидных тенденций развития.

Понимаю, что многие вопросы дискуссионны. И буду весьма признателен уважаемым читателям за критику, замечания, дополнения, другие варианты и подходы. Автор имеет свою позицию по рассматриваемым вопросам, она сложилась не в одночасье.

Всякая позиция подвержена обстрелу. И это естественно. Предмет чрезвычайно сложен, многогранен. Всегда найдутся люди, которые увидят недостатки, упущения. И они будут правы. Представьте себе какой-то конкретный участок земной поверхности. И там оказались вместе 12 экспертов: географ, топограф, геолог, почвовед, физик, химик, микробиолог, ботаник, историк, социолог, агроном и экономист. Географ определит координаты, климат; топограф – рельеф местности, высоту над уровнем океана, крутизну склонов; геолог заглянет в недра земли в поисках полезных ископаемых; почвовед возьмет разрезы почвы, установит их тип и свойства; физик рассмотрит физические, а химик – химические особенности, кислотность или щелочность реакции; микробиолог исследует почвенную фауну; ботаник – тип растительности, богатство имеющихся видов; историк поинтересуется прошлым этой местности, может даже заглянуть в летописи и другие источники; социолог изучит демографическую ситуацию, занятия, жизнь и быт людей; агроном определит, что на этих землях лучше произрастает, какие культуры и как их следует возделывать; экономист подсчитает целесообразность той или иной системы хозяйства на этой местности с учетом всех объективных данных плюс конъюнктуры рынка и условий сбыта продукции. Каждый специалист увидит свою сторону одного и того же объекта и скажет только о ней. Он будет прав. Другие могут упрекнуть его в неполном освещении объекта и тоже будут правы. Но нельзя от всех требовать всего, равно как и считать свои взгляды единственно верными. Это мы уже проходили.

В исследовании и описании сложных объектов всегда могут присутствовать некоторая неполнота и даже субъективизм при вполне объективном подходе. Факт или процесс нельзя изменить, он остается таким, какой он есть. Но увидеть, не греша против истины и объективности, можно далеко не все. При этом важны компетентность, социальное положение, жизненный опыт и другие особенности исследователя. Автор по специальности и опыту работы экономист. Кроме того, имеет диплом ученого агронома и с ранних лет интересовался историей. К тому же выходец из крестьянской семьи и сам, сколько помнит себя, работал в сельском хозяйстве. В Отечественную войну – солдат и офицер Советской Армии, участник боев. Очевидно, все эти факторы и создают ту индивидуальную призму, через которую человек пропускает и рассматривает общественные явления.

При подготовке настоящей книги я встречал понимание и безотказную помощь со стороны коллектива Аграрного института, как его опытных работников, так и доброй, способной молодежи, за что безмерно благодарен.

Иван Николаевич Буздалов, Эльмира Николаевна Крылатых и Александр Васильевич Петриков приняли на себя нелегкий труд внимательно прочесть рукопись книги, высказать деловые и конструктивные замечания, большинство которых принято автором с самой сердечной признательностью своим коллегам и друзьям.

Я признателен своим ближайшим научным сотрудникам-историкам: Ирине Ивановне Собко – она разобрала огромное количество фондов и дел в российских архивах и, в частности, подготовила материалы по Вольному экономическому обществу, научным учреждениям и учебным заведениям дореволюционного периода, сельскохозяйственной кооперации, аграрным программам различных партий, "антоновщине", коллективизации и другим вопросам; Татьяне Павловне Мироновой – она подготовила раздел об эволюции крестьянской общины и некоторые другие материалы, относящиеся к XVIII и частично XIX вв.

Я благодарен Василию Александровичу Чаянову и Елене Николаевне Кондратьевой за многочисленные консультации, предоставление материалов из семейных архивов и других источников, относящихся к жизни и научной деятельности их отцов, ознакомление с психологической и иной обстановкой того времени.

Подготовка рукописи к изданию во многом обеспечена компетентностью и усердием Любови Степановны Платоновой, осуществившей ее компьютерный набор.

Автор весьма признателен Российской академии сельскохозяйственных наук за содействие в издании этой книги.

Автор надеется, что предлагаемая читателю книга будет скромной лептой в большой копилке знаний и опыта, которые помогут народу быстрее преодолеть трудности и беды и в решении актуальнейших задач в жизни нашей Родины.

Москва, декабрь 1994 г. **А. Никонов**

История не учительница, а надзирательница, magistra vitae: она ничему не учит, а только наказывает за незнание уроков.

В.О. Ключевский

ЧАСТЬ I

СТАНОВЛЕНИЕ И РАЗВИТИЕ АГРАРНОЙ НАУКИ В РОССИИ

Россия за два с небольшим столетия, начиная с великих преобразований Петра Первого, прошла большой исторический путь. Мучительно преодолевая феодальную отсталость, она сумела создать сильнейшее государство, раздвинуть его границы на запад, юг и восток. Болезненно и долго сбрасывая крепостничество, развивала промышленность, транспорт, внутреннюю и внешнюю торговлю. Особенно динамичным был XIX в., когда Россия дала миру многих гениев науки, литературы и искусства. Начало XVIII столетия отмечено и возникновением самостоятельной российской агроэкономической науки, как и собственной науки вообще.

ГЛАВА 1. ЗАРОЖДЕНИЕ АГРАРНОЙ НАУКИ В РОССИИ – XVIII ВЕК

Аграрная и экономическая наука в Европе к началу XVIII столетия уже имела свою историю, различные школы и направления. Этому в известной мере содействовали крупные политические изменения, например, голландская революция (1566–1609), английская буржуазная революция (1640–1660), выход на историческую арену новых социальных сил и классов, а также географические открытия целых континентов.

В XVI и XVII вв. появились работы таких ученых, как У. Стаффорд и Т. Мен в Англии, Г. Скаруффи и А. Серра в Италии, А. Монкретьен во Франции, которые возглавили направление меркантилистов (от итальянского mercante – торговец). Представители этой школы главное видели не столько в производстве, сколько в обращении. Саму политэкономию подчас сводили к активному торговому балансу. Ими выдвигался принцип: дешевле купить и дороже продать, вывозить исключительно готовые изделия, завозить в страну побольше драгоценных металлов. Они предлагали осуществлять протекционизм во внешней торговле с целью получения выгоды.

В XVII в. трудился основатель английской классической школы экономистов Вильям Петти (1623–1687). Этот высокообразованный ученый, окончивший Лейденский, Парижский и Оксфордский университеты, был изобретателем, физиком, анатомом, врачом, земледельцем. Изобрел копировальную машину. Важнейшие его научные труды: "Трактат о налогах и сборах" (1662), "Слово мудрым" (1664), "Политическая анатомия Ирландии" (1672), "Политическая арифметика" (1676). Он анализирует налоговую политику, деньги, торговлю, наказания, а также общественную роль церкви и религии. Находясь вначале под влиянием меркантилизма, он вскоре от него освобождается и считает источником богатства не сферу обращения, а производство. Первым выдвинул трудовую теорию стоимости.

В XVIII в. на научной сцене появляется новая школа – физиократы (от греческого phisio – природа и kratos – власть). Главный источник богатства они видели не в обращении, а в производстве, а в последнем приоритетным считали земледелие, так как только здесь создается новое вещество, только земледелие приносит подлинный доход. Основоположником этого направления был Франсуа Кенэ (1694–1774). Сын очень бедных родителей из села вблизи Парижа был поначалу хирургом, а затем стал ученым экономистом мирового уровня, энциклопедистом, другом Дидро и других выдающихся современников. Характерны названия самих работ Кенэ: "Фермеры" (1756), "Зерно", "Население", "Налоги" (1757), "Экономическая таблица" (1758), "Философия земледелия" (1763), "Общие принципы экономической политики земледельческого государства" (1767).

В этом же столетии жил и работал создатель классической политической экономии, экономист и философ Адам Смит (1723–1790). Его основной труд "Исследование о природе и причинах богатства народов" опубликован в 1776 г., русский перевод – в 1802 г. Главная научная заслуга А. Смита в разработке важнейших категорий трудовой теории стоимости. Его влияние чрезвычайно велико во всем мире, не исключая Россию.

Как же развивалась в это время экономическая наука в самой России, где ее корни и источники? Какими памятниками того времени мы располагаем сегодня?

ДОМОСТРОЙ

О домострое в нашей литературе чаще всего говорится в негативном свете. Домостроевскими обычно называют деспотическую власть главы семьи, косное и жестокое отношение к женщине, ее порабощение. (Конечно, времена тогда были суровые, и ни о какой эмансипации женщин и речи быть не могло. Но даже тогда людям в голову не могла прийти мысль посылать женщину на стройку, загонять ее на леса и стропила, принуждать мостить дороги. Именно в такую "эмансипацию" воплотилась лицемерная, лживая советская политика освобождения женщины от наследия "домостроевского рабства", разрушившая саму основу уклада жизни).

"Домострой" – это важнейший памятник русской культуры, науки и этики XV – XVII вв. Это как бы устав и регламент всей хозяйственной, семейной, культурной и религиозной жизни людей того времени. Он проникнут принципами экономичности (даже скопидомности), совестливости, трудолюбия и трезвости, осуждает лень, зависть и строптивость. Опора делается в отношениях с людьми на стыд и совесть. В "Домострое" этика доминирует над экономикой, воспитание – над образованием, дело – над словами.

Можно по-разному относиться сегодня к изложенным в "Домострое" постулатам, или советам. Важно войти в атмосферу того времени, понять и объективно оценить его значение для людей российского средневековья.

Недавно "Домострой" переиздан в редакции протопопа Сильвестра, духовника молодого царя Ивана IV и помощника митрополита Макария, с выдержками из более древнего издания, а также с текстом "Стоглава", "Лечебника", "Травника", "Назирателя", "Измарагда" и некоторых других документов того времени, составляющих единое целое с "Домостроем", и прекрасной вступительной статьей В. Колесова[1].

"Домострой" – это труд не одного автора. Он создавался многими людьми и во многих местах, постепенно пополняясь новыми материалами. Поначалу сюда вошли высказывания древних мудрецов, переведенные с греческого языка на славянский, особенно Иоанна Златоуста, Нила Синайского, Василия Великого, Афанасия Александрийского. Затем кое-что взято с латинского, немецкого и польского. И вместе с тем документ обогащался русской народной мудростью, особенно русского Севера. "Домострой" окончательно сформировался в условиях быта и жизни Великого Новгорода конца XV в. Фактически книга состоит из " духовного строения", то есть этики, "мирского строения", или политики, и "домовного строения" – экономики в их органической связи и единстве.

Книга в редакции Сильвестра содержит 64 совета, наставления, "указа", "наказа", или, говоря современным языком, – рекомендации. При этом все они касаются дома, семьи как основной ячейки общества. Практически здесь изложены советы на все случаи жизни. Как строить избу, готовить пищу, хранить запасы, шить одежду и одеваться; как воспитывать детей, как принимать гостей, приютить сирых; как жить по достатку; как служить государю; как вести торговлю. Первое наставление, открывающее "Домострой", – обращение отца к сыну: "Благословляю аз, грешный имярек, и поучаю, и наказую, и вразумляю сына своего имярек, и его жену, и их чад, и домочадцев быти во всяком христианском законе и во всякой чистой совести и правде, с верою творяще волю Божию и храняще заповеди его, себе утверждающе во всяком страхе Божии и в законном жительстве, и жену поучающе, тако же и домочадцев своих наказующе, ни нужею (насилием), ни ранами, ни работаю тяжкою, имеюще яко дети во всяком покое сыты и одеты, и в теплом храме (доме), и во всяком устрои (всегда в порядке)"[2]. Далее следует предупреждение о неминуемом наказании при нарушении заповедей. Много говорится о том, как надо чтить старших, царя, князя. Как дети должны любить родителей и слушать их наказы. Немало наставлений добрым и трудолюбивым женам.

21-й наказ начинается так: "Да самому себе, государю, и детей, и домочадцев своих учити не красти, не блясти (не блудить), не солгати, не оклеветати, не завидети, не обидети, не клепати, чужого не претися (на чужое не посягать), не осужатися, не бражничати, не просмеивати, не помнити зла, не гневатися ни на кого, к большим (к старшим) быти послушны и покорну, к средним любовну, к меньшим и убогим – приветну и милостиву, со всяким управя без волокиты..."[3]

В 24-м наказе подробнейше перечисляются все виды грехов: "А кто не по Бозе живет, не по христианскому житию, чинит всякую неправду и насилие, и обиду сильно отымет, возьмя не заплатит, волокитою уморит, а молода человека во всем изобидит, а на суседстве кто не добр или в селе на своих християн, или на приказе, или на власти дани тяжкие и всякие уроки незаконные накладывает, или чужую ниву попахал, или лес посек... или ябедничествам вытяжет... и всяким лукавным ухищрением, и неправедным собранием, или росты, и наспы, и мыта (неправедно скопленным, на процентах, поборах или мздах), всякия неподобрыя дела: блуд, нечистоту, скверНословие и срамословие и клятвопреступление, и ярость, и гнев, и злопамятство..."[4] Дальше речь идет о суровом наказании за все это от Бога и проклятие от людей. Строго осуждаются люди, живущие не по средствам, не за счет своего труда.

"Домострой" рекомендует всегда иметь запасы всех видов продовольствия и не допускать порчи[5]. Здесь есть советы, как сушить, хранить запасы пищи и напитков, как строить хранилища. При торговле, купле и продаже каждый вечер счета проверять и тотчас же расплачиваться, всячески поощрять честного торговца, угощать его. "А кто глуп, и груб, и крадить, и ленив... с двора спустить (прогнать)"[6].

Многие рекомендации "Домостроя" сегодня кажутся наивными и даже смешными. Однако, несмотря на то что этим наставлениям 500 и более лет, многие из них не устарели и сейчас. Что же касается моральных устоев, честности и порядочности, то едва ли мы далеко ушли вперед за это полутысячелетие. Ни вузовские дипломы, ни другие регалии, ни современные костюмы, ни более изощренная речь моральный уровень не подняли. Наглядное тому свидетельство – лавинообразно нарастающая преступность и коррупция в нашем обществе и удручающее падение нравов.

Так что же представляет собою "Домострой" и какое он имеет отношение к науке? Если науку понимать узко, как процесс исследования с определенной программой и методикой, то этот документ, конечно же, нельзя назвать научным. Но если подойти шире и за науку принимать четко сформулированные законы, положения и правила, построенные на основе обобщения огромного опыта и колоссальной массы наблюдений за очень длительный период, то можно сказать, что перед нами документ научного характера, являющийся одновременно общекультурным, литературным памятником. Это наше прошлое, достойное уважения и изучения.

ЮРИЙ КРИЖАНИЧ

Где начало русской аграрной науки? "Домострой" все же ближе к духовно-бытовому жанру. Он высок морально-этической стороной, но больше замыкается на семье и доме. Начало науки часто связывают с именем Юрия Крижанича (1617–1683). Хорват по национальности, католик по вероисповеданию, священник-миссионер, получил по своему времени прекрасное образование в Загребе, Вене, Болонье и Риме. Он был полиглотом, владея, кроме родного языка, итальянским, немецким, латинским, греческим и русским. Видя пренебрежительное отношение к славянам со стороны правящих кругов Австро-Венгерской империи, Крижанич становится непримиримым германофобом и ревностным проповедником братства славянских народов. В России с ее многочисленным населением и обширными землями он видел ту силу, которая способна объединить всех славян в единый народ и защитить их от угрозы как с Запада, так и с Востока. Поэтому он прибыл в Вену к московскому посланцу Якову Лихареву и договорился о переселении в Россию. По дороге в Москву он несколько месяцев пробыл в Малороссии, жил в Нежине и даже написал две работы, посвященные Украине.

В Москве, по свидетельству Н.И. Костомарова[7], он прожил с осени 1659 г. по январь 1661 г., то есть немногим более года, после чего был сослан в Сибирь. В Тобольске он провел 16 лет, затем был освобожден и отпущен на Запад. Дальнейшая его судьба малоизвестна. Причины столь сурового обращения московских властей с искренним другом России уже в то время были весьма симптоматичны. Крижанич отказался креститься по православному обряду, будучи уже однажды крещен в католической церкви, этот факт послужил основой для недоверия к нему, хотя он питал к России самые искренние чувства. Временами в нашем государстве любого иностранца готовы носить на руках только по одному тому, что он иностранец, а временами и друга примут за недруга.

А. Брикнер пишет, что Ю. Крижанич, "почти вовсе неизвестный на Западе и весьма мало известный у нас в России, принадлежит к числу самых замечательных писателей-экономистов XVII в. ...обнаруживает понимание теории цен, то есть действий на цены спроса и предложения... Довольно подробно он сравнивает богатства России с богатством других стран... Он желал, чтобы был ограничен привоз товаров с Запада... считает необходимым систематическое и распространенное по всему государству обучение народа арифметике..."[8]

Крижанич с болью отмечал неумение наших народов торговать и вообще компетентно вести дело. Он писал: "Народа нашего разумы суть тупы и косны и люди неуметельны к торгованию, в земли тяжанию и в домашнем господарству. Русы, ляхи и весь народ словенский отнюдь не знают торгования, ни по морю, ни по суху..."[9]

Крижанич пытался создать всеславянский язык на базе русского и западнославянских, прежде всего сербо-хорватского. Написал даже его грамматику. По свидетельству авторитетных филологов, Крижанича можно считать отцом сравнительного славянского языкознания[10] и пропагандистом всеславянской идеи.

Наиболее крупная работа Ю. Крижанича – " Разговоры о владетельстве", в которой изложены политические, социальные и экономические проблемы. Он рассуждает о торговле, выступая против монополий и засилья иноземцев; о ремеслах, всемерно ратуя за их развитие и предлагая в каждой семье одного из детей обучать ремеслу. Важнейшее значение он придает земледелию, считая, что оно "всему богатству корень и основание; земледелец кормит и обогащает и ремесленника, и торговца, и боярина, и государя"[11]. В этом он ушел дальше западноевропейских меркантилистов.

Крижанич резко ополчается против процветавшего уже тогда на Руси пьянства и проклинает кабаки. Он не терпит жестокости, особенно со стороны власть предержащих. Ивана Грозного он называет “людодерцем и безбожным мясником, кровопийцей и мучителем”[12]. Он считает неверной политику, направленную на обогащение государства за счет ограбления людей, выступает против казнокрадства чиновников. Весьма либерально относится к расколу церкви и не видит причин для вражды между западными и восточными христианами, то есть католиками и православными.

К сожалению, пребывание Юрия Крижанича в России было драматичным. Его здесь не оценили, не поняли, и он не оставил глубокого следа.

ПЕТР ВЕЛИКИЙ И ИВАН ПОСОШКОВ

Вся первая четверть XVIII в. в России несет на себе неизгладимую печать великого реформатора Петра Алексеевича Романова. Его деятельность всесторонне освещена в нашей историографии, а также в художественной литературе, искусстве, памятниках и географических атласах. Но еще памятно не столь отдаленное прошлое, когда сознательно обеднял этот образ Иосиф Сталин, втискивая его деятельность в узкие рамки теории классовой борьбы и представляя величайшего российского реформатора в качестве борца за интересы купечества. Для него был более близок по духу кровавый Иван IV Рюрикович, и в угоду диктатору люди искусства в советскую эпоху создавали Ивану Грозному образ “великого государя”.

Подлинно великим был Петр I. Именно он раздвинул границы государства как за счет присоединения Балтии, прорубив “окно в Европу” и продолжив дело, начатое еще Александром Невским, так и за счет выхода к Азовскому морю. Он поощрял развитие торговли и промышленности, науки и образования. Петр Романов – первый гражданин России, удостоившийся ученого звания академика, – он был избран членом Академии наук Франции. Трудно назвать сферу государственной, военной, общественной, экономической, административной, научной и культурной жизни, которая бы им не реформировалась и не подтягивалась к мировому уровню. При этом сам царь был не только “первым прорабом” во всех этих сферах, но подчас и “чернорабочим”. Это под силу только гениальному человеку, и что удивительно точно и афористично отмечено А.С. Пушкиным: “То академик, то герой, то мореплаватель, то плотник, он всеобъемлющей душой на троне вечный был работник”. И когда смотришь на домик-сарай в Зандаме, вблизи Амстердама, где ютился молодой царь великой страны у голландского плотника-корабела, осваивая мастерство, чувствуешь восхищение и гордость за этого человека, собственным трудом, волей и умом подвигнувшего Россию на реформы.

Россия совершила под руководством Петра гигантский прорыв. Но он стал возможным как благодаря его гениальному уму и неукротимой энергии, умению приобщить к преобразовательным реформам в своем Отечестве огромного числа приглашенных им из Голландии, Швейцарии, Германии, Франции и других стран специалистов и ученых, так прежде всего и в решающей мере труду народа России, а именно крестьян, составляющих его большинство. Это они строили заводы и фабрики, осваивали богатства Урала и Сибири, создавали флоты и флотилии, возводили города и крепости, испытывая непомерные тяготы под многослойным гнетом помещиков, чиновников, урядников и прочего начальства. Но нелегко было и самому Петру противостоять массовому сопротивлению консервативных сил. В.О. Ключевский писал: "Ход реформ вызывает удивление, с каким трудом доставались Петру даже скромные успехи. Такой горячий его почитатель, как И.Т. Посошков, должен был признать и красиво изобразил, как плохо спорилось дело в руках Петра, который один тянет в гору, а под гору тянут миллионы... Правя государством из походной кибитки и с почтовой станции, он думал только о делах, а не о людях и, уверенный в силе власти, недостаточно взвешивал пассивную мощь массы. Преобразовательная увлекаемость и самоуверенное всевластие – это были две руки Петра... Он надеялся грозою власти вызвать самодеятельность в порабощенном обществе и через рабовладельческое дворянство водворить в России европейскую науку, народное просвещение как необходимое условие общественной самодеятельности, хотел, чтобы раб, оставаясь рабом, действовал сознательно и свободно. Совместное действие деспотизма и свободы, просвещения и рабства – это политическая квадратура круга, загадка, разрешавшаяся у нас со времени Петра два века и доселе неразрешенная"[13].

Иван Тихонович Посошков (1652–1726), современник и активный сторонник реформ Петра. Вместе с тем это первый русский ученый-экономист. Его судьба трагична, как и многих неординарных людей на Руси. Через несколько месяцев после подачи своего самого значительного произведения "Книги о скудости и богатстве", адресовашого царю в виде рукописи уже после смерти Петра, он был арестован "по важному секретному государственному делу", брошен в Петропавловскую крепость, где и скончался 1 февраля 1726 г. Могила его неизвестна, как и остаются неизвестными общественные силы, противостоявшие утверждению его экономических взглядов, предвосхитивших за полвека обобщения и открытия Адама Смита. (Размышления об И.Т. Посошкове приводят к сравнению его с Сервантесом, написавшим, кстати, большую часть гениального "Дон Кихота" в Севильской тюрьме. Но Севилья помнит своего замечательного земляка. Сегодня в одном из ее красивейших парков есть беседка – в ней на полках разложены книги Сервантеса. Туда приходят люди, отдыхают, читают, общаются, кладут опять эти книги на полки и уходят...)

Книга нашего первого экономиста увидела свет только через 118 лет после ее написания, благодаря трудам и заботам М.П. Погодина. Со второй половины XIX в. появляется много научных публикаций, посвященных И.Т. Посошкову, подробно рассматривается путь выходца из крестьянской семьи подмосковного села Покровское, ставшего активным предпринимателем, мыслителем, экономистом, философом.

М.П. Погодин писал, что Посошков, "родясь за пятьдесят лет до политической экономии в Европе, посчитал живо ея правила и в некоторых отношениях был предшественником Адама Смита"[14]. Позже Г.В. Плеханов говорил о нем: "Читая "Книгу о скудости и богатстве", чувствуешь, как сильно болел Посошков бедствиями тяглой Руси. Такой боли не заметно ни в одном сочинении Ломоносова. Что он любил Россию и русский народ, в этом никакое сомнение невозможно. Но впечатления детства у него были иные, нежели у Посошкова..."[15] Плеханов высоко оценил заслуги Посошкова, впервые выработавшего "целую программу экономической политики". "Программа эта заключает в себе все главные требования меркантилизма, приспособленные к русской социально-экономической обстановке того времени... вряд ли кто-нибудь из помощников Петра имел такую стройную экономическую программу"[16].

Как об идеологе и деятельном стороннике петровских реформ о Посошкове говорит С.М. Соловьев: "Посошков, живой, талантливый, умный русский человек, ясно понимал необходимость для России выйти из прежнего положения, сочувствовал преобразователю, его благонамеренности, но вместе сильно тяготился тем, что преобразование идет не так скоро, что меры Петра встречают повсюду страшные препятствия, и выставил все эти препятствия в своем замечательном сочинении "О скудости и богатстве". Нетерпеливый Посошков предлагал самые крутые меры для истребления застарелого зла"[17].

В.О. Ключевский многократно ссылается на Посошкова в качестве первоисточника при оценках состояния дел в России и характеристике реформ. Это касается отношения к крепостному праву, финансовой политике, подушной подати, оброку, судебной практике, внешней торговле, бюджету, работе органов управления[18].

Л.Б. Кафенгауз ставит Посошкова в один ряд с такими деятелями петровской эпохи, как псковский архиепископ Феофан Прокопович, поэт Антиох Кантемир, историк Василий Татищев, митрополит Стефан Яворский. Он пишет: "Труды Посошкова вошли в историю русской культуры, в историю русской политической, экономической и философской литературы... Он занял почетное место в истории мировой экономической мысли"[19].

Л.Б. Кафенгауз излагает подробную биографию И.Т. Посошкова, дает библиографию его сочинений, а также список литературных источников о нем. Обобщая его взгляды по крестьянскому вопросу, он пишет: "Посошков предлагал ограничить произвол помещиков, установить в законе размер барщины и оброка, отделить крестьянские земли от помещичьих, понизить вдвое налоговое бремя крестьянства, ввести обязательное обучение грамоте. Эти проекты, отвечающие интересам крестьянства, являются несомненной заслугой Посошкова"[20].

В прошлом веке большой труд И.Т. Посошкову посвятил А. Брикнер. Первая часть этого труда целиком излагает экономические взгляды Посошкова. А. Брикнер обстоятельно аргументирует положение о том, что Посошков – первый русский экономист, и оно противостоит утверждениям одних авторов, видевших истоки русской экономической мысли в "Домострое", и других, отводящих это место Юрию Крижаничу. А. Брикнер пишет, что "Посошков лучше многих современников умел ценить экономическое значение времени, хотя и не знал английской поговорки:"time is money" (время – деньги)... На низких ступенях культуры время не ценится вовсе..."[21]

И.Т. Посошков отличался феноменальной любознательностью, изобретательностью, предприимчивостью и неиссякаемой энергией. Выходец из семьи крестьянина-ремесленника, не получив систематического образования, всего достиг своими умом и трудом. Он первым в России изобретает станок для чеканки денег, строит винокуренный завод, организует серный прииск, находит месторождения нефти, открывает в Новгороде аптеку, хлопочет об открытии полотняной фабрики. Приобретает два двора в Петербурге, покупает два дома в Новгороде, становится владельцем села Марьино в Капинском уезде Тверской губернии, а затем покупает деревню с землей в Новгородской губернии. Имел 258 десятин земли с 72 крестьянами. Но не эта предпринимательская деятельность была главной в жизни Посошкова. Возможно, он сам и не догадывался, что история Отечества оценит его за другое, за труды в области экономической науки, где он на Руси провел первую борозду. В начале 1697 г. состоялась его встреча с Петром в селе Преображенском. Через два года он представил царю "Доношение" о денежном деле, затем в разные адреса по принадлежности посылал записку "о ратном поведении", многократно о финансовых вопросах и другие.

Главный труд жизни И.Т. Посошкова, над которым он работал три года, "Книга о скудости и богатстве" (1724). Она издавалась трижды: в 1842 г. М. Погодиным, затем в 1911 г. и в 1937 г[22]. Есть смысл рассмотреть ее содержание, выделив положения, в известной степени не утратившие своего значения и сейчас, не говоря об их актуальности в тот исторический период. Кроме " доношения" Петру I, примечаний и словаря, в гниге содержится девять глав: о духовенстве, о воинских делах, о правосудии, о купечестве, о художестве, о разбойниках, о крестьянстве, о земельных делах и о царском интересе. Один этот перечень проблем свидетельствует о широком диапазоне интересов автора, охватывающих практически все стороны экономической, политической и духовной жизни общества. Здесь есть все, чтобы, по выражению А.И. Солженицына, "обустроить" Россию. А по словам самого Посошкова, все эти главы "состязаются к насаждению правды, неправды же и всякого воровства ко истреблению"[23].

Столь широкий круг вопросов характерен для ученых того времени, включая В. Петти, а позднее Ф. Кенэ, А. Смита, французских энциклопедистов. Но никого из них Посошков не копирует, он исходит из российских реалий.

Автор считает, что духовенство "столп и утверждение благочестию и всему человеческому спасению". Но тут же сетует на низкую грамотность и образованность священнослужителей[24].

"Военный люд – стена и твердое забрало царству"[25], – пишет Посошков. Вместе с тем отмечает, что командиры плохо заботятся о подчиненных, те живут в большой нужде, в интендантстве процветает воровство. (Как это все напоминает коррумпированность многих современных высокопоставленных чинов, при бедственном положении младших офицеров и солдат!)

Нелестно автор "Книги о скудости и богатстве" отзывается о судах и судопроизводстве. Здесь много волокиты и неправды. Он предлагает учредить суды единые для людей всех сословий, включая и самые низкие. (И современный наш суд отягощен теми же бедами.)

Купечеству Посошков придает исключительно большое значение. "Нет на свете такого человека, кому бы купецкий человек не потребен был", – писал он. И вместе с тем он дает уничтожающую характеристику нравам купцов тех времен, обвиняя их в обмане друг друга, подделке товаров, завышении цен. (Так что глобальные пороки сегодняшней нашей торговли имеют также глубокие корни.)

Обеспокоенно рассуждает Посошков о художественном мастерстве, или промыслах, отмечая, что поставлены они на Руси из рук вон плохо, в то время как столько добра кругом пропадает, просто гниет. Он предлагает выписывать заграничных "вымышленников", которых на Западе много, для работы и обучения нашей молодежи. Но только хороших, а не пьяниц и хапуг, тех выгонять немедленно следует. (И эти недостатки характерны для нашего времени: ведь располагая огромнейшими массивами лесов, теряя ежегодно миллионы кубометров древесины, оставляя на гниение или сжигая добротные отходы, мы вот уже десятилетиями не производим простой утвари, импортируем сделанную из прессованных побочных лесопродуктов мебель, затрачивая на это природные энергоносители; бесхозяйственность сопутствует нам во всех сферах освоения, переработки природных ресурсов.)

Большую тревогу вызывает у Посошкова преступность. В главе "О разбойниках" он пишет: "Во всех государствах христианских и басурманских разбоев нет таких, каковы у нас на Руси, а все оттого, что там потачки им ни малыя нет, в тюрьмах долго не держат, когда кого поймают, тогда ему и указ учинят, и того ради там не смеют и воровать много. У нас же долго с судом волынят, а вышедшие из тюрем опять воруют"[26]. (Так было до массового всплеска преступности, в том числе организованной. Сейчас же с этим гораздо хуже!) Автор предлагает крутые и быстрые меры по борьбе с преступниками, наказания суровые и обязательно гласные. (Не последовать ли наконец нам этим простым и безусловно необходимым мерам?)

Посошков еще не ставит вопроса об отмене крепостного права, хотя видит бедственное положение крестьян. Причины он усматривает в другом: "Крестьянское житие скудостно ни от чего иного, токмо от своея леностй, а потом от нерассмотрения правителей и от помещичья насилия и от небрежения их"[27]. Посошков считает крепостное право временным явлением. По его мнению, помещики должны не разорять, а всячески охранять крестьян, чтобы они не были нищими.

Посошков резко выступает против всяких поборов и притеснений со стороны помещиков и чиновников: собирать положенное следует только по земле и только в удобное для крестьянина время, не дергая и не отрывая его от работы; необходимо строго установить размер барщины, вдвое понизить налоги, отделить крестьянские земли от помещичьих, ввести обязательное обучение крестьянских детей грамоте. Он предлагает ограничить власть помещиков над крестьянами, круглогодично обеспечивать крестьян работой, зимой – в лесу, на разных промыслах, по найму. Он сторонник рачительного отношения ко всякому добру, к земле и лесу, возмущается праздностью, рекомендует сажать сады и огороды. Поскольку крестьянству много бед приносят пожары, дает технические советы, как строить гнездами постройки, чтобы от одного очага не страдало все селение. Особую заботу проявляет Посошков о земле; он против мелкого дробления участков, выступает за твердое межевание и землеустройство, за посадку деревьев, предлагает штрафы за нерадивое отношение к земле, финансовое стимулирование мелиорации, осушения болот.

Будучи последовательным государственником, Посошков не противопоставляет человека государству, не мыслит гражданина рабом государства, особенно в экономических вопросах. Он пишет: "Худой тот сбор, аще кто царю казну собирает, а людей разоряет, ибо аще кто прямо государю своему тщится служить, то паче собрания надлежит ему людей от разорения соблюдать, то оное собрание и споро и прочно будет; к сему же и собранного надо блюсти, дабы даром ничто нигде не гинуло. Охранение добрый товарищ собранию..."[28] Нетрудно заметить, что в одном этом предложении сформулированы две принципиальные идеи (не реализованные и к концу XX в.): во-первых, на деле обеспечить приоритет человека, личности перед государством и всеми его институтами и, во-вторых, так построить структурную политику, чтобы исключить потери. (Позже, в эпоху тоталитаризма, страна еще дальше откатилась назад по этим двум направлениям. Достаточно вспомнить, как разоряли крестьянина "первой заповедью", как гноили свезенную в какие-то мифические "закрома Родины" продукцию, разумеется, во имя "светлого будущего"! А теперь, в "посттоталитарный период", проводится такая фискальная и ценовая политика, что крестьянину производить продукцию для рынка вообще невыгодно. То же колониальное отношение к крестьянству, только иными методами: тогда тюрьмой, теперь – рублем.)

Посошков выступал за единый невысокий налоговый сбор, например, по гривне с рубля (10%), не допуская никаких других поборов, никаких посредников в лице бурмистров, целовальников, всяких столоначальников и чиновников. Он понимал, что государство от этого ничего не получает, нувориши растут, а "люди все тонеют"[29]. Он предлагал высокие пошлины на импортные товары и резко осуждал экспорт сырья, рекомендовал вывоз не льна и пеньки, а полотна; не шерсти, а сукна; не леса, а досок и других изделий из древесины.

Посошков был поборником высокого качества продукции, предлагал крупно штрафовать за всякие подделки. Особенно, считал он, доброкачественным должно быть вино, цену на которое устанавливать предлагалось царю. Эта статья и тогда уже занимала видное место в бюджете государства. Например, в 1723 г. "кабацкие" сборы, а также сборы с винокуренных заводов составляли 1 534,8 тыс. руб. при общей сумме доходов 6 150,9 млн. руб., то есть 24,9%[30]. Поощряя промыслы, Посошков высказывал особую заботу о небогатых, мелких предпринимателях.

Активно интересуясь, да и сам занимаясь винокурением и виноторговлей, Посошков резко выступал против пьянства. Он писал: " А безмерное питие ничего доброго не приносит, но токмо приносит ума потушение, здравия повреждение, пожитков лишение и безвременную смерть"[31].

"Книга о скудости и богатстве" была не единственным сочинением Посошкова. Известны другие его работы:

"Письмо о денежном деле и пошлинном сборе"(1699). Текст до нас не дошел, известны лишь ссылки на него самого автора в других работах;

"О ратном поведении" (1701). Напечатано впервые в 1793 г., а затем М. Погодиным в 1842 г. и в 1911 г. с предисловием А.А. Кизеветтера;

Три записки митрополиту Стефану Яворскому (первая в 1704 г., вторая и третья – в 1708 – 1710 гг.). Первая опубликована в 1815 г., затем в 1842 и 1911 гг. Вторая и третья – в 1899 г;

"Зеркало, сиречь изъявление очевидное и известное на суемудрия раскольнича" (1708). Полное сочинение издано Казанской духовной академией в 1898 и 1905 гг.;

"Доношение о новоначинающихся деньгах" (1708). Не сохранилось. Известно по ссылке самого И. Посошкова в "Книге о скудости и богатстве" и его жалобе на попытки передать сочинение кабинет-секретарю А.В. Макарову.

"Завещание отеческое к сыну своему" (1719). Издавалось в 1873 и 1893 гг.

Этот список с указанием дат написания и публикации показывает отношение к трудам ученого в России: они лежали под спудом от 92 до 190 лет, прежде чем увидели свет и прежде чем о них узнала общественность. Но зато скорой была расправа с автором со стороны сил, для которых работа Посошкова была неугодна. "Книга о скудости и богатстве" была закончена 24 февраля 1724 г. Автором предпринимаются попытки передать ее Петру I. Посошков просит императора не разглашать его имени, так как много сильных людей, не любящих правду, которые могут оклеветать и лишить его жизни. Сведений о том, получил ли адресат это "доношение", пока не обнаружено. Петр Великий умирает 8 февраля 1725 г., а Посошкова арестовывают 26 августа 1725 г. и помещают в Петропавловскую крепость. 11 октября того же года учиняется допрос о его недвижимом имуществе, а 1 февраля 1726 г., то есть через пять месяцев после заточения в крепость, он умирает. Высказывается мнение о том, что истинной причиной расправы над автором "Книги о скудости и богатстве" послужила сама книга.

Суммируя все сказанное о Посошкове, следует ответить на два вопроса: о его месте в истории экономической мысли России, а также о значении его работ сегодня. И.Т. Посошкова однозначно относили к меркантилистам. Для этого были основания, так как он большое значение придавал торговле, монетарным проблемам, фискальной политике. К тому времени уже были известны работы меркантилистов, а также и Вильяма Петти.

Политическая экономия развивалась во Франции, Англии, Италии. Однако, когда начал писать свою "Книгу о скудости и богатстве" Посошков, не было на свете еще ни Адама Смита (1723–1790), ни Робера Тюрго (1727–1781), ни Давида Рикардо (1772–1823), ни Иммануила Канта (1724–1804).

Называть Посошкова просто меркантилистом – значит обеднять его. Дело в том, что он не ограничивался сферой обмена, придавал большое значение самому производству, земле и другим природным ресурсам, заботился об их сохранении и упорядоченном использовании; в поле его зрения был весь цикл воспроизводства, включая хранение, переработку и реализацию продукции. Он обращал исключительно большое внимание на морально-этические факторы, образование людей всех сословий, заботился об охране личности, подчеркивая ее приоритет перед государством. Был противником насилия, сторонником здорового, трудового образа жизни. Все эти вопросы исключительно актуальны для нас сегодня. И потому Посошков во многом не устарел. Наоборот, наше "цивилизованное" общество по ряду позиций откатилось назад. Что же касается безоговорочной поддержки абсолютизма Петра, то нам ли за это упрекать Посошкова, нам, пережившим совсем недавно безумие и тотальное поклонение одному идолу под именем "Генеральный секретарь ЦК КПСС", а сегодня живущим в аморфном бездуховном обществе, хотя и под знаменем демократии, где развалена экономика, налицо разгул коррупции, мафиозности, преступности?!

Уже к тому времени среди мыслящей части русского общества началось размежевание на течения, получившие позже названия "западников" и "славянофилов". Пожалуй, первым "западником" на Руси был Петр Великий, который при заимствовании западного опыта несколько перегибал палку, часто варварскими методами внедряя чисто внешние атрибуты западного образа жизни. Однако подражать ради прогресса незазорно. И в этом Петр и "западники" были правы. Но нельзя напрочь отвергать и собственный опыт.

Споры об использовании западных моделей не смолкают и в наши дни, когда речь заходит о создании эффективной экономики. Насаждается некритическое восприятие западных структур и методов в экономике даже за счет обнищания большинства народа. Сложилась абсурдная ситуация: еще совсем недавно отвергалось все иноземное, а priori объявлялось все свое самым лучшим на планете; теперь, наоборот, поносится все свое, безудержно рекламируется все чужое как превосходное. Древние сказали бы: "O tempora, o mores!" ("О времена, о нравы!")

Посошков не был "западником", он никогда не учился на Западе, но приветствовал западный опыт, предлагал приглашать зарубежных мастеров и ученых. При этом ревностно оберегал интересы России, требовал в расчетах с иностранными купцами не выпускать золото и серебро за рубеж. Думается, что этот человек "перевернулся бы в гробу", узнав, с какой легкостью современные "отечественные" нувориши и мафиози переправляют тоннами драгоценные металлы за рубеж, до какого унижения доведено достоинство рубля и что практически весь экспорт состоит из невосполнимых сырьевых ресурсов России.

Посошков был московским прогрессистом, относился с недоверием к иноземцам, но, по словам Г.В. Плеханова, сумел подметить главную причину их превосходства над русскими: "...у наших... русских людей руки есть такие же, что у иноземцев... и иноземцы не от небеси пришли, но такие же люди, яко и мы: всему тому навычка да добрая расправа"[32]. Поэтому-то и надо, считал он, упорно учиться у иноземцев. Посошкова глубоко возмущало то, что сами "...российские правители ни во что ставят русского человека вообще, а... податного сословия в особенности."[33]. Все это не национализм и тем более не шовинизм. Это – здоровый, естественный и оправданный патриотизм.

Посошков дал слепок реальной жизни российского общества, родимые пятна которого оно носит до сего времени. Его "Книга о скудости и богатстве" – системный труд, охватывающий практически все стороны производства, обращения и образа жизни. Она выстрадана и лишена всякой зашоренности, заданных а priori схем, как это произошло в XX в. с марксистской догматикой. За три столетия после Посошкова многое изменилось, очевидные успехи достигнуты в науке, технике и технологии, в образовании людей. Но очень многое и растрачено, особенно природные ресурсы, причем потеряно безвозвратно. Ослаблен бесценный генетический потенциал нации. А пороки, наоборот, оказались очень живучими! Идеи Посошкова во многом современны, а его труд входит в сокровищницу отечественной культуры и экономической науки и достоин нашего пристального внимания.

АГРАРНАЯ НАУКА И КРЕСТЬЯНСКИЙ ВОПРОС ВО ВТОРОЙ ПОЛОВИНЕ XVIII ВЕКА

После смерти Петра Великого в судьбах России наступил мрачный период безвременья. Блестящие успехи на дипломатическом поприще, успешное завершение Северной войны с выходом России на Балтику и в Европу, бурное развитие промышленности и торговли с возникновением российского рынка, создание Академии наук и многих учебных заведений, привлечение на российскую службу выдающихся ученых, государственных и военных деятелей из Европы, посылка молодых людей из России на Запад учиться и многое другое было связано с неиссякаемой энергией и инициативами Петра. Но Петр во всем шел напролом, не очень считаясь с мнениями. Не помогли советы Ивана Посошкова, если они и дошли до Петра. Но скорее всего не дошли. А вот до его недругов, как и предвидел ученый, дошли. (И опять российский парадокс: вышедший из таких же низов народа Франсуа Кенэ стал знаменитым и вращался в высоких кругах общества, вошел в плеяду энциклопедистов. А Посошков – заточен в Петропавловку!)

В постпетровский период в Россию хлынули толпы алчных авантюристов, расхищавших ее богатства. А фактическим правителем великой страны долгие годы был мелкий остзейский помещик Эрнст Бирон (1690–1772), фаворит Анны Иоанновны, с ее помощью ставший герцогом небольшого государства – Курляндии, находившегося под протекторатом Польши со столицей в городе Митаве (ныне город Елгава в Латвии).

Яркой личностью на этом безотрадном российском фоне второй четверти XVIII в. выглядит Артемий Петрович Волынский (1689–1740), горячий сторонник петровских реформ, кабинет-министр в правительстве Анны Иоанновны, непримиримый противник иноземного засилья, закончивший жизнь на эшафоте. А.П. Волынский считал основой и главным богатством страны сельское хозяйство, промышленности отводилась роль обеспечения аграрной сферы, в торговле он видел источник доходов государства и помещиков. По взглядам его можно назвать физиократом.

Вопрос об отмене крепостного права им, как и Петром Великим, не ставился. Больше того, Волынский считал крестьян ленивыми пьяницами, неспособными к самостоятельному ведению хозяйства. Всю опору он делал на помещиков, на "шляхетство", и настойчиво требовал образования, массовой посылки на обучение за границу[34,35]. Это был последовательный борец за всемерное укрепление дворянской России.

Вопросами сельского хозяйства занимался и Василий Никитич Татищев (1686–1750). Это был видный государственный деятель, астраханский губернатор, управлявший казенными заводами Урала, инженер, историк, этнограф, географ. У него есть записки и по сельскому хозяйству, но преимущественно организационно-технологического характера[36]. Так, он впервые предлагает разделение полей на четыре части, нечто вроде севооборота: озимые – яровые – паровые – выгон; рекомендует применение катков и использование навозной жижи, соху заменить плугом, ввести зяблевую (осеннюю) вспашку; скота иметь столько, "чтобы всю землю в одном поле унавозить можно было", требует строгого соблюдения санитарно-гигиенических норм. Все это сегодня звучит архиэлементарно, но в то время это было ново и воспринималось неоднозначно.

В многогранной деятельности великого русского ученого-энциклопедиста Михаила Васильевича Ломоносова (1711–1765) сельское хозяйство и крестьянский вопрос занимают немного места. Но нельзя это ставить в упрек гению. В подобных случаях следует вспомнить мудрые слова Козьмы Пруткова: "Нельзя объять необъятное". Его короткая, яркая, спрессованная по минутам жизнь была не только титаническим трудом, но и настоящей борьбой. Он был целиком поглощен точными науками, филологией, науками о земле и природе, искусством, организацией самой науки. И тем не менее аграрные проблемы не проходили мимо его наблюдательного ума. Он живо интересовался опытами придворного садовода Эклебена[37]. С именем Ломоносова связаны создание и деятельность при Академии наук специальной структуры для помощи в развитии российского земледелия.

Земледелию он находит подобающее место в общей системе своих экономических взглядов. В письме И.И. Шувалову он сообщает: "Все оные по разным временам замеченные порознь мысли подведены могут быть, как мне кажется, под следующие главы: 1) Размножение и сохранение российского народа, 2) Об истреблении праздности, 3) Об исправлении нравов и большом народа просвещении, 4) Об исправлении земледелия, 5) Об исправлении и размножении ремесленных дел и художеств, 6) О лучших пользах купечества, 7) О лучшей государственной экономии, 8) О сохранении военного искусства во время долговременного мира"[38]. Здесь, как и у Посошкова в его "Книге о скудости и богатстве", мы видим стройную систему. В их взглядах есть нечто общее. Это общее в том, что экономика увязана с этикой, а в системе производительных сил на первое место ставятся человек, народ, забота о его благосостоянии, о стимулировании его труда.

Ломоносов подготовил проект под названием: "Мнение об учреждении государственной комиссии (сельского) земского домоустройства". В нем предлагается всесторонне изучать сельское хозяйство всех областей России и изыскивать средства для его улучшения. В частности, он считает необходимым заботиться о лесах, дорогах и каналах, развивать сельские промыслы, выявлять экспортные ресурсы, ставить опыты в различных природных условиях, "где б разные места были, гористые и сухие, болотистые, глинистые и луговые". Он советует изучать иностранный опыт, собирать предложения, которые бы "подавали всякие люди об экономии, и объявлялись конкурсные задачи с награждениями"[39].

Ломоносов начал заниматься почвоведением, что видно из его работы "О слоях земных". Многие ученые, включая В.И. Вернадского, считают Ломоносова предвестником этой науки. Что же касается его социально-политических взглядов, то он не шел дальше "просвещенного абсолютизма".

Государственная система науки и образования в России ведет свое начало с первой четверти XVIII в. Лейбниц в свое время писал Петру I: "В вашем государстве все, что касается до науки, еще ново и подобно листу белой бумаги"[40]. Речь идет непосредственно о России. Университет в Дерпте (Юрьев, Тарту) был открыт в 1632 г., в Вильно (Вильнюс) – еще раньше, в 1579 г. Развитие производительных сил России, вызванное петровскими преобразованиями, потребовало большого количества специалистов разных профессий, и прежде всего в военном и морском деле, в промышленности и торговле, в управленческих структурах всех уровней. В 1698 г. при Пушкарском приказе открывается школа "цифири и землемерии", затем артиллерийские и инженерные училища, в 1703 г. – академическая гимназия пастора Глюка в Москве, школа Ф.Прокоповича в Петербурге, в 1687 г. – Славяно-греко-латинская академия в Москве, преобразованная в 1814 г. в Духовную академию и переданная в Троице-Сергиеву лавру.

По указу Петра в 1724 г. создается Академия наук с гимназией и университетом при ней. В структуре академии три "класса" наук: математические (теоретическая математика, механика, астрономия, география, навигация), физические (физика, химия, анатомия, ботаника) и гуманитарные (риторика, история, право, политика, этика). Появились академики, преимущественно приглашенные ученые с Запада, велись исследования. С первых же лет существования академии создавалась необходимая материальная база с инфраструктурой: кунсткамера (музей), обсерватория, физический кабинет, анатомический театр, ботанический сад, инструментальные мастерские, типография, библиотека, архив. Издавалась литература, устраивались публичные лекции.

В 1755 г. рождается Московский университет, в 1765 г. организуется Императорское Вольное экономическое общество (ИВЭО), в 1783 г. – Российская академия во главе с Екатериной Романовной Дашковой в качестве ее президента. В 1786–1794 гг. академия выпускает шеститомный "Словарь Российской академии", ставший фактически энциклопедией, отразившей уровень знаний конца XVIII в.

Вторая половина XVIII в. – эпоха энциклопедистов-просветителей, а также "просвещенного абсолютизма". Просвещенными монархами считали себя Фридрих II, игравший на флейте и услаждавший себя беседами с Вольтером, а также Екатерина II, выпускавшая журнал "Всякая всячина" и состоявшая в переписке с великими французскими энциклопедистами. Но этот же период был временем назревания и свершения Великой французской революции, грозного обострения крестьянского вопроса в России, крестьянской войны под предводительством донского казака Емельяна Пугачева. И в это же время русское дворянство вырывает у императрицы новые льготы и вольности, сановные особы и фавориты одариваются десятками тысяч десятин земли и тысячами крестьянских душ. При всем этом происходит разложение феодального уклада и прорастание в его недрах капиталистических начал. Конфронтация усиливается. Помещики стали заводить промышленные производства, например, полотняные заводы, винокурни и другие. В 1775 г. была разрешена и крестьянская промышленность. Появляются капиталисты из вольных крестьян. В 1754 г. были отменены внутренние пошлины, что ускоряло развитие общероссийского рынка.

Крестьянский вопрос все более обострялся. Усиливалась и становилась все более невыносимой барщина, непомерно тяжелым был натуральный и денежный оброк. В 1765 г. был издан указ, разрешавший помещикам ссылать по своему усмотрению крестьян на каторгу. Позднее ссылкой каралась всякая жалоба крепостного крестьянина на своего барина-помещика. Массовым стало бегство от помещиков на южные земли. Наиболее дальновидные помещики понимали, что крепостное право не только негуманно, но и экономически невыгодно, труд крепостных малопроизводителен. Высокообразованный дипломат Дмитрий Алексеевич Голицын писал своему дяде, вице-канцлеру А.М. Голицыну, не без влияния состоявших с ним в знакомстве Вольтера, Дидро, Гельвеция: "Без упразднения крепостного состояния нечего и думать о дальнейшем процветании государства... Труд крепостных невыгоден ни государству, ни помещикам"[41].

В 1766 г. Екатерина II обратилась в Вольное экономическое общество с запросом о целесообразности предоставить крестьянам права собственности на движимость и недвижимость "и сколь далеко его право на то и другое имение простираться должно"[42]. По этому запросу был объявлен конкурс, на который поступило 160 ответов из России и зарубежья. Вольтер и его единомышленники не только требовали уничтожить крепостное право, но и считали, что в основе развития промышленности, сельского хозяйства, торговли лежат "свобода и собственность"[43].

Российские просветители гневно бичевали крепостное право, но в конструктивных предложениях были весьма робки и нерешительны, все сводили к регламентации и гуманизации барщины. Лишь солдатский сын А.Я. Поленов, получивший прекрасное образование в гимназии и университете, затем учившийся на Западе, в конкурсной работе "О крепостном состоянии крестьян в России"[44] писал: "Я не нахожу беднейших людей, как наших крестьян, которые, не имея ни малой от законов защиты... претерпевают беспрестанные наглости, истязания и насильства... должны получить от помещика довольно земли для сеяния хлеба и пастьбы скота и владеть ею наследственным образом... подати и повинности в пользу казны должны составлять не более десятой части крестьянского дохода, а объем работы крестьян на помещика – один раз в неделю". Лучшим по конкурсу было признано сочинение члена Дижонской академии Берде де л'Абея на французском языке, суть которого выражена словами: "В пользу свободы вопиют все права, но есть мера всему"[45]. Так, вопрос о крестьянской собственности и отмене крепостного права не получил решения.

В рамках политики "просвещенного абсолютизма" Екатериной II была созвана Уложенная комиссия, работавшая в 1767– 1768 гг. Начав работу в Москве, она завершила ее в Петербурге с целью выслушать депутатов и на основе высказанных предложений выработать новый свод законов. Естественно, на первый план выдвинулся крестьянский вопрос. Доминировали и здесь просветительские идеи. Критика крепостничества шла со стороны как дворян-просветителей, так и государственных крестьян. Депутат от хоперских казаков А. Алейников заявлял: "Мы видим целую Европу, которая в крепостных никакой нужды не имеет..."[46] Он был прав. В Западной Европе к этому времени крепостного права уже не было. Его элементы исчезли в XVI–XVIII вв. В Восточной Европе крепостное право было отменено позднее в ходе буржуазных реформ.

На комиссии возникал вопрос о бегстве крестьян и что с этим делать. Дворяне, даже "просвещенные", требовали ужесточить наказания; утверждалось, что освобождение приведет к тому, что крестьяне вовсе перестанут работать, будут пьянствовать, заниматься воровством и разбоем, приведут страну к голоду, нищете и гибели[47]. Крестьянские представители корень зла видели в притеснениях, бесправии и отсутствии собственности. Депутат от белгородских однодворцев А. Маслов заявил: "Мужиков денно и нощно работою понуждают... В крестьянских домах дети с голоду помирают... Когда от помещиков никто обижен не будет, и побеги крестьян прекратятся"[48]. Он предлагал всех помещичьих крестьян передать в ведение государственной коллегии, которая будет взимать необходимые подати.

В противовес екатерининской "Всякой всячине" наиболее радикальный представитель "просветителей" Н.И. Новиков начал выпускать сатирические журналы "Трутень", а затем "Живописец". Непримиримая критика крепостничества выплеснулась на страницах этих журналов. Новиков был человеком весьма компетентным, он вел записи дискуссий на заседаниях Уложенной комиссии, будучи ее секретарем. Он писал о том, что дворяне не только угнетают и истязают своих крестьян, но, занимая высокие должности, грабят казну и считают это совершенно нормальным. Помещики свою любовь "изъявляют больше собакам и лошадям, а не человекам"[49]. Крепостное право превратило крестьян в рабов и рабочий скот, а дворян сделало тунеядцами, людьми, лишенными человеческой морали.

Пожалуй, самым непримиримым обличителем крепостничества был А.Н. Радищев. При этом он связывал крепостничество с монархией и считал, что ниспровергнуть крепостничество можно только одновременно с самодержавием. Он и к Петру I относился двойственно: как к великому преобразователю и вместе с тем жестокому поработителю, при царствовании которого народ "был объемлен ужасом беспредельной самодержавной власти". Другим он едва ли мог бы быть, так как "нет и до скончания мира примера, может быть, не будет, чтобы царь упустил добровольно что-либо из своея власти, седяй на престоле"[50].

Упования на нравственное воздействие помещиков, по мнению Радищева, бессмысленны: крестьян освободит только гибель угнетателя[51]. Его произведения "Путешествие из Петербурга в Москву" и ода " "Вольность" являются призывом к унитожению угнетения человека. Он пишет "Проект в будущем", где предусмотрена такая последовательность освобождения крестьян: запрещение брать крестьян в дворню, затем предоставление права собственности на землю и движимое имущество, запрещение наказывать без суда и выкупа на волю. Только после этого наступит полное освобождение от рабства[52].

А.Н. Радищев издал работу и другого жанра: " Описание моего владения, поместья, вотчины, деревни или назови как хочешь"[53]. Здесь он выступает и как землевладелец, имеющий 1 400 десятин земли и 360 крестьянских душ, и как организатор производства, предлагающий экономические выкладки и различные соображения по улучшению земель, применению более совершенных орудий труда, орошению и другим агрономическим приемам.

Это, конечно, вопросы не праздные. Обработка почвы, ее качество и сроки, внесение удобрений, добротность семян, своевременная уборка и сохранение урожая имеют решающее значение. Но ведь не на своем поле да из-под палки редко что делается хорошо и вовремя!

В последней трети XVIII в. Россия уже имеет своих ученых, работающих непосредственно по аграрной проблематике. Это, прежде всего, А.Т. Болотов, И.М. Комов и В.А. Левшин. Они начинают плеяду блестящих агрономов, деятельность которых получила дальнейшее развитие в XIX столетии как в до-, так и пореформенный период. Их имена и труды хорошо известны. В 1960 г. вышла заслуживающая внимания монография профессора Ф.С. Крохалева "О системах земледелия"[54], в которой дается обобщенный исторический обзор работ этих ученых с конца XVIII до середины XX в. При этом следует иметь в виду, что первые агрономы были одновременно и экономистами. Разделение труда еще не пошло так далеко, как сейчас. Экономика пронизывает их работы, и этим они выгодно отличаются от трудов многих современных специалистов, не желающих или не умеющих посмотреть пошире, просто не владеющих системным подходом и диалектикой и являющих не профессионализм, а ремесленничество.

Андрей Тимофеевич Болотов (1738–1833) – уникальная личность в российской науке и культуре. Энциклопедист, человек невообразимой целеустремленности, многогранности и титанической работоспособности. В свое время не получив должного образования, он всю жизнь учился и работал. Естествоиспытатель, физиолог растений, теоретик минерального питания, создатель первой в мире помологической системы, первого русского руководства по морфологии и систематике растений, практический агроном. Он – экономист, философ, писатель, издатель, театральный деятель, специалист по парковой архитектуре, врач и создатель систематики лекарственных растений, педагог и общественный деятель. По данным историка литературы С.А. Венгерова, все написанное Болотовым за его долгую жизнь составляет 350 томов.

Уроженец маленького сельца Дворянинова Алексинского уезда Тульской губернии (ныне Заокский район), сын полкового командира, молодость провел на военной службе в Риге, Курляндии, Петербурге. Во время Семилетней войны находился в Пруссии в управлении русского военного губернатора в Кенигсберге. Активный участник боев. Рано выйдя в отставку, всю свою жизнь посвятил науке и сельскому хозяйству, прожив большею частью в Богородицке и Дворянинове Тульской губернии. Кроме многочисленных научных работ, оставил объемное историко-литературное произведение "Жизнь и приключения Андрея Болотова, описанная самим им для своих потомков".

Из его работ на аграрные темы наибольший интерес представляют: "Примечания о хлебопашестве вообще"(1768); "Об удобрении земель"(1770), "Наказ управителю"(1770), "О разделении полей"(1771), "О неравенстве в нашем отечестве... скотоводства с земледелием"(1784). Главными причинами отставания в сельском хозяйстве Болотов считал "крайнее невежество наших земледельцев и... неимение собственности крестьянина"[55].

Болотов является основоположником отечественной научной агрономии, точнее – сельского хозяйства, так же как Ломоносов – многих естественных и гуманитарных наук. Охватывая основные отрасли земледелия и растениеводства, он не был узким технократом. Он понимал необходимость системного подхода и в своем "Наказе управителю" предлагает комплекс мер, необходимых для получения высокого урожая[56], особо подчеркивая необходимость рационального сочетания скотоводства и хлебопашества, так как "сии две вещи так между собою связаны, что если одна упущена будет, то неминуемо нанесет вред и другой"[57].

Болотов много внимания уделяет севооборотам и системам земледелия. Он обосновывает семипольные севообороты, предлагает приемы улучшения паровой системы, а также введение новой – выгонной системы. В последнем случае необходимы существенные изменения: "Отменные и лучшие разделения земель на поля, рассеивание деревень... уравнения между хлебопашеством и скотоводством, учреждение обоих сих, яко важнейших частей сельского домостроительства... заведения совсем иных порядков во всей сельской экономии"[58]. Для оценки различных систем Болотов применяет метод сравнительного анализа, или "балансов": "баланс посеву", "баланс семенам", "баланс урожаю", "баланс прибытку хлебному", "баланс прибытку денежному"[59].

Болотов внимательно наблюдает за природой и ведет скрупулезные фенологические записи.

В его работах агрономия фактически сливается с экономикой. Он изучает как отдельные "блоки" хозяйства, так и "домостроительство" в целом, мыслит системно. В "Наказе управителю" сформулировано 65 пунктов основных принципов ведения многоотраслевого хозяйства.

Болотов не стал царедворцем, он отклонил предложение братьев Орловых участвовать в дворцовом перевороте, который привел на престол Екатерину, за что та всю жизнь платила ему неприязнью. Но это не смутило ученого. Он обрел друзей в другом стане, сблизился с Н.И. Новиковым – издателем "Московских ведомостей". В течение двух лет (1778–1779) сам издавал журнал "Сельский житель", а с 1780 по 1789 г. – "Экономический магазин" в качестве приложения к "Московским ведомостям". Большая часть его работ опубликована в трудах Императорского Вольного экономического общества. Он лечил людей, обучал детей в созданной самим школе, сажал сады, устроил парковый ансамбль в Богородицке, изобретал и конструировал сельскохозяйственные орудия.

К ученому пришло признание и за рубежом. Его избирают почетным членом Саксонского экономического общества, публикуют переводы его научных работ, которые стояли в одном ряду с работами зарубежных ученых того времени – Тэра, Юнга, Шубарта, а в некоторых вопросах и опережали их. Болотов понимал, что прожил жизнь не напрасно. Он писал: "...я трудился не в пустом, а в полезном и таком деле, которое некогда не только сынам нашим и внукам, но правнукам и дальнейшим потомкам обратится в пользу, и что я, со своей стороны, был полезным для своего отечества"[60].

В прошлом были попытки оклеветать А.Т. Болотова, бросить тень на его доброе имя, представить его "крепостником" на том основании, что ему случалось сажать в "кутузку" отдельных крестьян. Да, он иногда сажал, но только воров и пьяниц. Конечно, это не лучший метод борьбы со злом. Но стоит ли за это упрекать непримиримого противника воровства и пьянства, неутомимого труженика?

Говоря о Болотове, следует отметить, что этот долгожитель был исключительно продуктивен в аграрной науке. Его наследие еще не только не изучено, но большая его часть не издана. Ведь, кроме многочисленных работ по всем отраслям сельскохозяйственных знаний, он был весьма компетентен в искусстве, зеленом строительстве, педагогике, медицине, истории, оставил исторические "Записки" из 29 томов по 400 страниц рукописного текста каждый. Он был почетным членом ИВЭО, много писал в печатные издания общества, награждался и очень высоко ценил награды ИВЭО.

В октябре 1988 г. ВАСХНИЛ и общественные организации на Тульской земле отмечали 250-летие со дня рождения А.Т. Болотова. Земляки восстановили его дом, посадили сад, воссоздали в г. Богородицке парковый ансамбль, собрали библиотеку. Местный священник освятил эти места. На Дворяниновском сельском кладбище покоится прах выдающегося ученого и патриота.

Почти одновременно с Болотовым работал другой видный ученый в области агрономии – Иван Михайлович Комов (1750–1792). Выпускник Московской славяно-греко-латинской академии, он был командирован в Англию, где в течение восьми лет изучал сельское хозяйство. Участвовал в составе экспедиции профессора С.Г. Гмелина (также в течение восьми лет) по изучению климата, флоры, фауны и состояния сельского хозяйства центра и юга России, а также Кавказа и Закавказья. В 1784 г., по возвращении из Англии, получил звание "профессора земледельческих и других наук". Первая его научная работа "О земледельческих орудиях"(1785), но главный труд жизни – монография "О земледелии" (1788).

Комов выступает как последовательный физиократ. Он пишет: "...земледелие есть мать всякого ремесла и промысла... где оно цветет, там и торги и рукоделия цветут; а где оно увянет, там и торг и рукоделие всякое увядает"[61]. Комов был сторонником "гумусовой", а не минеральной, как Болотов, теории питания растений. Он был активным пропагандистом интенсивной плодосменной системы земледелия. При этом он исходил из того факта, что растения делятся на почвообогащающие (травы, корнеплоды) и почвоистощающие (зерновые, масличные). Комов подошел к необходимости специализации земледелия в зависимости от почвенно-климатических условий, считал необходимым сочетать земледелие с животноводством, зерновые растения с кормовыми.

Комов видел громадные потенции сельского хозяйства России. Он писал: "Русское земледелие имеет такие великие возможности, каких нет ни в одной из западных европейских стран, взятых в отдельности. Да, мы почти все европейские климаты имеем, и нет ни одного овоща, хлеба, травы или дерева в Европе, кое бы у нас в южных или северных провинциях расти не могло"[62].

Василий Алексеевич Левшин (1746–1826) является основоположником учения о травосеянии в России. Высокообразованный помещик Белевского уезда Тульской губернии состоял в переписке с Болотовым, писал в "Экономический магазин". Сам является автором работ: "О заселении степей" (1798), "О растениях вредных и полезных скотам" (1798) и др. Он разделил Россию на три полосы: северную – до 55° широты, среднюю – от 55 до 50° и южную от 50° до южных границ России. Он рекомендовал в северной полосе возделывать клевер красный, в средней – клевер белый, донник, в южной – эспарцет и люцерну.

Прогрессивно мыслящие помещики не только пытались всячески смягчить гнет крепостничества, но и осваивали научные разработки в своих хозяйствах. Так, Дмитрий Маркович Полторацкий (1761–1818) в своем имении Авчурино Калужской губернии с 1 700 десятин земли освоил плодосменный севооборот с полевым травосеянием. Здесь за короткий срок утроились урожаи, увеличилось поголовье животных.

В Ярославской губернии травосеяние продвигал Иван Иванович Самарин (1774–1847), мелкий помещик Романовского уезда. Его примеру, то есть клеверосеянию с плодосменными севооборотами, стали следовать помещики других уездов этой северной губернии России[63].

ИМПЕРАТОРСКОЕ ВОЛЬНОЕ ЭКОНОМИЧЕСКОЕ ОБЩЕСТВО (ИВЭО)

Деятельность Императорского Вольного экономического общества охватывает полтора столетия.

Велико значение этой общественной неправительственной организации в развитии науки, культуры и производства. ИВЭО удалось собрать в своих рядах лучшие умы России и распространять новые знания также на всю Россию. Возникло общество в целях поощрения "в России земледелия и домостроительства" и учреждено Указом Екатерины II от 31 декабря 1765 г[64]. К чести этой императрицы следует сказать, что она заботилась не только о расширении границ государства, но и о развитии науки и распространении знаний. И в этом она продолжала дело Петра Великого. Из трех граничивших с Россией государств, занимавших недружественную к ней позицию, Швеция была нейтрализована еще Петром, Польша распалась и была поделена между Россией, Германией и Австрией, Турция также понесла поражения. При Екатерине границы еще дальше продвинулись на юг и на запад. Труднее решались внутренние проблемы. Содействовать развитию сельского хозяйства и экономики в целом и была призвана общественность в лице нового сообщества. Екатерина писала: "Я желаю и хочу лишь блага той стране, в которую привел меня Господь"[65].

Тогда в Европе создавалось много экономических и других подобных обществ, например, в 1723 г. – в Шотландии, в 1736 г. – в Ирландии, в 1747 г. – в Швейцарии, в 1753 г. – в Англии, в 1757 г. – в Ренне, 1761 г. – в Париже, в 1762 г. – в Тюрингии и в 1765 г. – в Санкт-Петербурге. Учредителями ИВЭО были видные екатерининские сановники граф Р.Л. Воронцов, князья Г.Г. Орлов, И.Г. Чернышев, А.В. Олсуфьев, бароны А.И. Черкасов, Г. фон Польман, Г.Н. Теплов, академики И.И. Тауберт, Т.И. Клингштет, А.А. Нартов, доктор медицины Пекен, главный аптекарь Модель, профессор химии Леман, профессор ботаники Фальк, придворный садовник Эклебен[66]. Первым президентом ИВЭО был избран министр и сенатор Адам Васильевич Олсуфьев. Императрица пожаловала обществу 6 000 рублей для покупки дома и библиотеки.

Утвержденный в 1765 г. Устав семь раз пересматривался с внесением в него изменений в связи с расширением функций и структуры общества. Деятельность ИВЭО строилась на следующих принципах: активное содействие прогрессу сельского хозяйства на основе достижений науки, добровольность объединения, самоуправляемость на основе выборности, прием новых членов по рекомендации старых при наличии заслуг перед сельским хозяйством путем тайного голосования, материальная поддержка общества уплатой членских взносов.

Цель ИВЭО была определена его Уставом: "Способствовать, по мере своих средств, развитию и усовершенствованию в России сельского хозяйства и находящихся с ним в ближайшем соотношении отраслей промышленности"[67].

Украшавший печать общества собственный девиз Екатерины II – "Пчелы, в улей мед приносящей" с надписью "полезное" красноречиво свидетельствует о благородных намерениях членов ИВЭО.

Структура общества неоднократно менялась в связи с изменением Устава. В конце концов состав его определился из трех отделений:

I. Отделение сельского хозяйства (занималось земледелием, скотоводством, лесоводством, звероводством, рыбоводством и другими сельскохозяйственными промыслами).

II. Отделение ремесленных и фабричных производств (предметом занятий являлись все виды промышленной и ремесленной деятельности, непосредственно связанные с сельским хозяйством с учетом российских условий).

III. Отделение сельскохозяйственной статистики и политической экономии (разрабатывало статистические и политикоэкономические вопросы, связанные с проблематикой первых двух отделений)[68].

Не уходило общество и от вопросов здравоохранения, образования и других важных вопросов в жизни людей.

Формы деятельности ИВЭО были многообразны: издание литературы, конкурсы, сбор статистических данных, разработка специальных программ, развитие сельскохозяйственного образования, организация выставок и распространение новых сортов сельскохозяйственных растений и технологий, связь с другими научными и общественными организациями.

Особенно плодотворной была издательская деятельность. Систематически выпускались "Труды"; за все время существования ИВЭО было выпущено 280 томов. Фактически это был первый русский сельскохозяйственный журнал. Первым редактором был секретарь общества А.А. Нартов, затем длительное время – А.И. Ходнев. Кроме "Трудов", в различные периоды издавались "Еженедельные известия ВЭО", "Записки деяний ВЭО", "Экономические ведомости", "Хозяйственные записки, или Собрание полезных опытностей во всех частях хозяйства", "Круг хозяйственных чтений", "Атлас музеума ВЭО", "Лесной журнал", "Русский пчеловодный листок", "Почвоведение", "Известия ИВЭО". Была издана "Земледельческая химия" и много других книг на русском и иностранных языках, учебники, справочники, словари, библиографические сборники, программы для обучения. "Труды" обычно содержали научные доклады, прочитанные в обществе, журналы заседаний отделений, финансовые отчеты и сметы, списки поступивших в библиотеку книг и многое другое. А.И. Ходнев писал: "Историк России, желающий познакомиться с умственною деятельностью людей XVIII в., не может пройти молчанием "Трудов" и вообще изданий общества, потому что в них собрано все реальное образование того времени, со всеми его светлыми и темными сторонами"[69]. Публиковавшиеся в "Трудах" материалы неоднократно систематизировались. Наиболее известными являются следующие указатели:

С.Н. Ливотова (1812), В.И. Всеволодова (1849), Н. Громана (1855), А. Теодоровича (1876), А. Белевича (1889). Кроме периодических изданий, общество выпускало сочинения отдельных авторов. За первые 100 лет существования общества было издано 150 книг.

За это же время существования ИВЭО было объявлено 240 конкурсов политэкономического и научно-хозяйственного характера. Первый из них, состоялся по инициативе Екатерины II по вопросу крестьянской собственности на землю. ИВЭО с этой проблемой не справилось, но был собран богатейший материал от видных деятелей России и Европы.

Можно назвать несколько других конкурсных задач, которые общество успешно решило: составить наказ управителю (1768), составить книгу для чтения народа (1794), указать средство к уничтожению чересполосных владений (1804), как лучше распределить летние и особенно зимние (побочные) занятия сельского жителя, его жены и детей (1780 и 1803), что выгоднее для хозяина – обрабатывать землю наемными людьми или собственными крестьянами (1812), что выгоднее – барщина или оброк (1809) и т.д. В начале 1908 г. были объявлены условия конкурса, посвященного 50-летию освобождения крестьян от крепостной зависимости. Для работы в конкурсной комиссии были привлечены виднейшие ученые страны: академики В.О. Ключевский, А.Ф. Кони, А.С. Лаппо-Данилевский, П.П. Семенов-Тян-Шанский, а также Д.И. Рихтер, П.Б. Струве и др[70]. Общественно-экономические вопросы ИВЭО всегда ставило "впереди вопросов технических и частно-хозяйственных, а при постановке и разрешении первых выдвигало всегда на первый план интересы общенародные, а не классовые или сословные, что особенно знаменательно ввиду того, что личный состав общества все же вербовался главным образом из среды преобладающего класса более или менее крупных землевладельцев", – писал секретарь общества Н.Г. Кулябко-Корецкий[71].

Средства для поощрения конкурсных работ выделялись большею частью высокими покровителями общества, среди которых были имена Екатерины II, Александра I, графов: А.Г. и Г.Г. Орловых, Р.И. Воронцова, А.С. Строгонова, К.Г. Разумовского, князей: А.С. Барятинского, К.Е. Сиверса и многих других[72].

Сбор статистических сведений также занимал видное место в деятельности общества. Проводились опросы, анкетирование, запросы через губернаторов и других должностных лиц различных сведений, велись экспедиции, обобщался передовой опыт, издавались сборники материалов. Велась "Хроника земской статистики", оценка недвижимых имуществ, разрабатывалась методология статистических работ. В поле зрения ИВЭО были цены на хлебных рынках России и мира, динамика урожаев, уровень жизни крестьян. Для этого проводились специальные исследования, например, в Порховском уезде Псковской губернии (1889). Особую активность проявило общество в связи с массовым голодом 1891 года. При ИВЭО был создан Комитет по оказанию помощи голодающим. Ответы и предложения по борьбе с неурожаем и голодом публиковались в специальных выпусках.

Большую работу вели комитеты и комиссии ИВЭО по специальным программам. Важное значение для науки и практики имела работа, проведенная по инициативе Д.И. Менделеева, по исследованию влияния качества почвы, удобрения и способов обработки на урожайность зерновых культур. Эти опыты были заложены в шести регионах и велись много лет, но недостаток средств не позволил выполнить всю программу, были охвачены лишь три региона и трехлетний период[73]. В 1876 г. ИВЭО по предложению А.И. Ходнева приняло решение провести комплексное изучение русского чернозема[74]. С этого началась классическая работа великого почвоведа – В.В. Докучаева вылившаяся позднее в специальную экспедицию 1892 г., закладку лесных полос, строительство прудов и водоемов и всего докучаевского комплекса по сухому земледелию. В "Трудах" ИВЭО был напечатан доклад-отчет В.В. Докучаева "Русский чернозем" – труд, по достоинству оцененный Петербургским университетом, присудившим автору степень доктора геологии, и Академией наук, наградившей его полной Макарьевской премией"[75]. Почвенная комиссия ИВЭО участвовала в устройстве почвенного отдела на всемирной выставке в Париже, был создан почвенный музей ИВЭО. Общество занималось научным делением России на экономические районы. В этой работе участвовали И.А. Стебут, А.И. Скворцов, Д.И. Менделеев, П.П. Семенов-Тян-Шанский, А.Ф. Фортунатов, Г.И. Танфильев, Д.И. Рихтер, В.В. Винер и другие выдающиеся ученые[76].

Не обошло своим вниманием ИВЭО и такую малую отрасль, как пчеловодство. С большим энтузиазмом этим занимался А.М. Бутлеров. Была создана Охтенская пчелоферма, организована под Тверью школа пчеловодов, проводились выставки пчеловодческой продукции.

Разумеется, крупные отрасли животноводства и ветеринарная медицина получили в трудах достойное место, как и различные отрасли растениеводства. Особое внимание ИВЭО уделяло здравоохранению, его наиболее актуальным вопросам. Так, при содействии общества были проведены прививки от оспы 41 млн. детей[77].

Трудно переоценить вклад ИВЭО в развитие сельскохозяйственного образования в России. Закупались, издавались и рассылались книги, готовились программы, выпускались "Сельская библиотека", "Сельский сборник" организовывались сельскохозяйственные школы. Обществом были открыты библиотеки в Орле, Пскове, Туле, Харькове, Осташкове, Уфе, Чернигове, Симферополе, Кунгуре, Красноярске, Ревеле, Томске, Иркутске, Тифлисе[78]. Читалось много публичных лекций.

Для этих целей привлекали профессоров и преподавателей университетов, военных учебных заведений, инженеров, врачей и других представителей интеллигенции. Часто лекции читались не только на русском, но и на французском и немецком языках. Открывались и содержались за счет общества опытные станции и фермы. Поддерживались кустарные промыслы. На средства члена ИВЭО графини С.В. Строгановой было открыто земледельческое училище в Гатчине, затем в с. Марьино Новгородской губернии на землях княгини Голицыной. В с. Богодухове Орловской губернии была открыта испытательная станция в вотчине члена ИВЭО И.Н. Толстого. В здании самого общества находились библиотека, музей минералов, почв, народных промыслов, моделей и машин, ботаническая и зоологическая коллекции. Действовали и механическая мастерская и депо по испытанию машин и другой сельскохозяйственной техники.

С 1861 г. при ИВЭО действовал Комитет грамотности, бесплатно снабжавший школы, больницы и тюрьмы книгами, во время русско-турецкой войны он организовывал библиотеки для солдат, выступал с инициативой по подготовке учительских кадров, занимался сбором пожертвований на содержание школьных столовых.

Организация выставок и участие в различных съездах также занимали заметное место в работе ИВЭО. Впервые сельскохозяйственный отдел на Петербургской мануфактурной выставке был устроен в 1829 году[79], а в 1850 г. ИВЭО организовало Первую Всероссийскую выставку сельскохозяйственной продукции на свои средства, выделив на это 10 000 рублей[80]. Затем выставки проводились в Пскове, Казани, Ржеве, Харькове, Вильно, Киеве, Санкт-Петербурге, Москве, часто на средства общества или его членов (выставки были общие и специализированные).

ИВЭО участвовало или посылало своих членов на Всемирные выставки в Лондоне (1851), Нью-Йорке (1853), Париже (1879), Вене (1880), Гааге (1891). Выставки лучших семян устраивались ежегодно в доме ИВЭО. Обычно на международных выставках присутствовали видные государственные деятели и активные члены. Так, в Гааге был почетный член ИВЭО А.С. Ермолов.

Наряду с выставками ИВЭО участвовало в работе сельскохозяйственных съездов и часто выступало инициатором их проведения. Первый съезд состоялся в Горы-Горецком институте Могилевской губернии. После реформы 1861 г. съезды проходили как по общим, так и частным проблемам сельского хозяйства, например, льноводства, лесоводства. Были и специализированные съезды. Их работа широко освещалась в "Трудах" ИВЭО. Практиковались совместные съезды естествоиспытателей и врачей, преимущественно в университетских городах: Петербурге, Москве, Варшаве, Киеве, Одессе, Тифлисе и др. На съездах в последней четверти XIX в. наиболее активно работали В.В. Докучаев, А.Н. Бекетов, В.В. Ковальский, И.А. Стебут, К.Д. Глинка.

ИВЭО осуществляло активную связь с научными и общественными организациями России и зарубежья, помогло создать новые экономические общества в губерниях и регионах государства: Московское общество сельского хозяйства, Финляндское экономическое общество и многие другие.

Особенно тесную связь общество поддерживало с Академией наук. Первые деятели ИВЭО Т.И. Клингштет, В.Н. Севергин, Я.Я. Штелин, Л. Эйлер были членами Академии. Деятельность общества способствовала сближению науки с жизнью, что отмечал в качестве особой заслуги ИВЭО Ходнев. Совместные работы велись не только с Академией наук, но и с университетами и другими научными и учебными заведениями. Уже к 1844 г. ИВЭО сотрудничало с 60 учеными обществами Европы и Америки. Происходили регулярные встречи, обмен результатами исследований, участие в выставках, опытах. Это сотрудничество прервалось только в 1914 г. в связи с разразившейся мировой войной.

Начало XX в. ознаменовалось вмешательством правительства в дела ИВЭО. Так, был запрещен допуск на собрания лиц, не состоящих в обществе; предписывалось давать на просмотр в целях цензуры читаемые в обществе доклады; съезды, собрания, рассылка материалов разрешались только с одобрения министра земледелия и государственных имуществ, новый Устав надлежало согласовать с министром внутренних дел. Не желая подчиняться административному нажиму, ИВЭО постановлением общего собрания 21 апреля 1900 г. временно приостановило свою деятельность, и до 1915 г. общие собрания только заслушивали отчеты, утверждали сметы, решали текущие дела.

В трагический день 9 января 1905 г. общество предоставило свои помещения для оказания медицинской помощи пострадавшим[81]. Тогда и позднее в работу собраний стала вмешиваться полиция. Однако Комиссии по крестьянскому вопросу, статистическая, почвенная, по рассылке бесплатных книг, библиотечная, противооспова и некоторые другие продолжали активно работать.

30 января 1915 г. работа ИВЭО была приостановлена, несмотря на то что 3 августа 1914 г. оно после оживленной дискуссии решило создать Особую комиссию, "на которую возложено изыскание мер борьбы с экономической дезорганизацией страны и оказание помощи прямым и косвенным жертвам войны"[82].

Подводя итог деятельности Императорского Вольного экономического общества, следует сказать, что оно было всероссийской трибуной, зеркально отражавшей общественные течения и идеи. В последние десятилетия здесь шли активные дискуссии по самым жгучим проблемам современности, звучали голоса ученых и политиков, писателей и публицистов, демократов и консерваторов, той лучшей части отечественной интеллектуальной элиты, которой были небезразличны научная истина и благо России.

В 1919 г. общество было официально ликвидировано. Так была убита массовая старейшая научная организация России, объединявшая ее лучшие умы и совесть. Ведь с ИВЭО сотрудничали, кроме выдающихся ученых, общественные деятели и писатели страны, включая Л.Н. Толстого, Ольгу Форш и многих других. И то, что не сумел до конца в этом черном деле сделать на своем этапе разложения царский режим, то довершила Советская власть.

ЛИТЕРАТУРА

1. **Домострой.** М.: Худож. лит., 1991. С.23–106.
2. **Там же.** С. 23.
3. **Там же.** С. 41–42.
4. **Там же.** С. 49–50.
5. **Там же.** С. 74.
6. **Там же.** С. 91.
7. **Костомаров Н. И.** Русская история в жизнеописаниях ее главнейших деятелей:Второй отдел. Спб., 1874. С. 429–457.
8. **Иван Посошков.** Сочинение А. Брикнера. Ч. 1. Посошков как экономист. Спб.: Тип. В. Балашова, 1876. С. 85.
9. **Там же.** С. 101.
10. **Костомаров Н. И.** Русская история... С. 434.
11. **Там же.** С. 435.
12. **Там же.** С. 440.
13. **Ключевский В. О.** Собр. соч.: В 9 т. М.: Мысль, 1989. Т. 4. С. 201, 203.
14. **Погодин М.** Крестьянин Иван Посошков...// Москвитянин. 1842. Кн. 3. С. 101.
15. **Плеханов Г. В.** История русской общественной мысли. М.: Мир, 1915. Т. 2. С. 211.
16. **Там же.** С. 194.
17. **Соловьев С. М.** История России с древнейших времен. Кн. 8. М.: Соцэкгиз, 1962. Т 15–16. С.532.

18. **Ключевский В. О.** Собр. соч.: В 9 т. М.: Мысль, 1989. Т. 4. С. 94–133.
19. **Кафенгауз Л. Б.** Посошков И. Т. Жизнь и деятельность. М.:Л.: Изд. АН СССР, 1950. С. 6.
20. **Там же.** С. 111.
21. **Иван Посошков.** Сочинение А. Брикнера. С. 104.
22. **Посошков И. Т.** Книга о скудости и богатстве. М.: Соцэкгиз, 1937.
23. **Там же.** С. 105.
24. **Там же.** С. 101–102.
25. **Там же.** С. 102.
26. **Там же.** С. 228.
27. **Там же.** С. 242.
28. **Там же.** С. 276.
29. **Там же.** С. 286.
30. **Там же.** С. 345.
31. **Там же.** С. 306.
32. **Плеханов Г. В.** История русской общественной мысли. С. 175, 183.
33. **Там же.** С. 177.
34. Отечественные записки. Спб., 1860. С. 128–130.
35. **Волынский А. П.** Инструкция дворецкому Ивану Немчинову // Москвитянин. 1864. Т.1. №1, 1. Отд.IV.
36. **Татищев В. Н.** Избр. пр-ния. Л., 1979. С. 402–405.
37. **Ломоносов М. В.** Полн. собр. соч. М.:Л., 1955. Т. 9. С. 386.
38. Русская старина. 1873. Окт. С. 566.
39. Сб: Ломоносов как писатель/ Сост. А. Будилович. Спб., 1871. С. 313–314.
40. **Герье В.** Отношения Лейбница к России и Петру Великому по неизданным бумагам Лейбница в Ганноверской библиотеке. Спб. 1871. С. 10, 134.
41. **Голицын Д. А.**. Письма. Избр. пр-ния русских мыслителей второй половины XVIII века. Т. 2. С. 34.
42. **Ходнев А. И.** История ИВЭО с 1765 до 1865 г. Спб., 1865. С. 20–22.
43. Вестник Моск. ун-та. Серия историческая. 1960. №6. С. 37–50.
44. Археографический ежегодник за 1958 г. С. 406–411, 392–394.
45. **Ходнев А. И.** История ИВЭО с 1765 до 1865 г. Спб., 1865. С. 448.
46. Сб. РИО. Спб., 1873. Т. 13. С. 80–81.
47. **Там же.** 1881. Т. 32. С. 390–452.
48. **Там же.** 1881. Т. 32. С. 513–517.
49. Живописец. №5. С. 295–297; №13. С. 327–329; №14. С. 164–168; 247–248.
50. **Радищев А. Н.** Избр. соч. М.;Л.: Изд. АН СССР, 1949. С. 3.
51. **Там же.** С. 160–163.
52. **Там же.** С. 174–178.
53. **Радищев А. Н.** Там же. Т. 2. С. 171–197.
54. **Крохалев Ф. С.** О системах земледелия. М.: Сельхозгиз. 1960. С. 432.
55. **Болотов А. Т.** Избранные сочинения по агрономии, плодоводству, лесоводству, ботанике. М.: Сельхозгиз, 1952. С. 100.
56. **Болотов А. Т.** Наказ управителю // Труды ИВЭО. 1770. Ч. 16. С.98.
57. **Болотов А. Т.** Экономический магазин. 1784. Ч. 17. С. 36.
58. **Болотов А. Т.** О разделении полей // Труды ИВЭО. 1771. Ч.17. С. 177.
59. Труды ИВЭО. 1871. Ч. 18. С. 80.
60. Жизнь и приключения Андрея Болотова, описанная самим им для своих потомков. Академия, 1931. Т. 3. С. 464.
61. **Комов И. М.** О земледелии. М., 1788. С. 2.
62. **Там же.** С. 17.
63. **Крохалев Ф. С.** О системах земледелия. М.: Сельхозгиз, 1960. С. 63–69.
64. ИВЭО. Уставы... и рескрипты, ему данные. 1865–1898. Спб., 1899. С. 18.
65. Записки императрицы Екатерины II. Спб.: Изд. А.С. Суворина, 1907. С. 626.
66. ИВЭО. Уставы... и рескрипты, ему данные. 1865–1898. Спб., 1899. С. 110.
67. **Там же.**
68. **Ходнев А. И.** ИВЭО с 1765 до 1865 г. Спб., 1865. С. 96.
69. Советская историческая энциклопедия. М., 1963. Т. 3. С. 681–682.
70. Отчет о действиях ИВЭО за 1908 г. Спб., 1909. С. 13–15.

71. Труды ИВЭО. Спб., 1897. Т. 3. С. 398.
72. **Ходнев А. И.** История ИВЭО с 1765 по 1865 г. Спб., 1865. С. 447.
73. **Смирнов Г.** Менделеев. М.: Молодая гвардия, 1974. С. 79.
74. **Докучаев В. В.** Избр. соч. М.: Огиз, 1948. Т. 1. С. 25.
75. **Докучаев В. В.** Русский чернозем. Спб.: Изд. ИВЭО, 1883.
76. Труды ИВЭО. Спб., 1897. Т. 3. С. 400.
77. Отчет о действиях ИВЭО за 1830, 1832, 1833, 1834 гг. Спб., 1831, 1833, 1834.
78. **Пономарев Н. В.** Исторический обзор правительственных мероприятий к развитию сельского хозяйства в России. Спб., 1888. С. 64.
79. Труды ИВЭО. Спб., 1850. Т. 2. С. 11.
80. **Ходнев А. И.** История ИВЭО с 1765 до 1865 г. Спб., 1865. С. 640.
81. Отчет о действиях ИВЭО за 1905 г. Спб., 1906. С. 16–17.
82. Отчет о действиях ИВЭО за 1914 г. Спб., 1915. С. 2.

ГЛАВА 2. АГРАРНЫЙ ВОПРОС И АГРАРНАЯ НАУКА РОССИИ В ПЕРВОЙ ПОЛОВИНЕ XIX ВЕКА (1801–1861 гг.)

Важнейшим событием, определившим аграрное развитие России в XIX в., была отмена в 1861 г. крепостного права. Крепостное право в России задержалось очень долго. Западная Европа вообще не знала его в столь жестоких формах, как Россия. Там положение крестьянства было иным, были дворовые, были когда-то и рабы. Но эти времена давно миновали.

Суть крепостного права заключалась не только в экономической эксплуатации крестьян помещиком, но и в юридическом запрете ими покидать свои земельные участки и своих помещиков-землевладельцев. Крестьяне были собственностью помещика. Их продавали, дарили, проигрывали в карты, меняли, закладывали. И, разумеется, за всякие провинности наказывали.

Если в Западной Европе уже в XIII–XVI вв. абсолютное большинство крестьян были свободными, а в XVII–XVIII вв. полностью исчезли всякие следы крепостничества, то в Центральной и Восточной Европе крепостничество даже усилилось. Это относится к восточным княжествам Германии, Венгрии, Чехии, Польше, Балканским государствам, Остзейскому краю. Падение его здесь началось лишь в конце XVIII в. Так, в Чехии оно было отменено в 1781 г., Венгрии – в 1785 г., Пруссии – в 1808 г., Баварии – в 1820 г., Эстляндии – в 1816 г., Курляндии – в 1818 г. и Лифляндии – в 1819 г. Российское крестьянство оставалось скованным крепостной зависимостью.

Наиболее существенными событиями рассматриваемого периода следует считать Отечественную войну 1812 г., – она подняла в годину опасности волну патриотизма, на какое-то время сплотив дворян-офицеров и генералов с крестьянами-солдатами, восстание декабристов 1825 г., нанесшее по самодержавию удар, который на этот раз исходил не от крестьян, а от прогрессивно мыслящих именитых дворян с офицерскими погонами и эполетами, и Крымскую войну 1855 г., выявившую со всей очевидностью перед всем миром и общественностью страны отсталость и слабость России, подтачиваемой затянувшимся крепостничеством.

АГРАРНАЯ НАУКА В РОССИИ В ПЕРВОЙ ПОЛОВИНЕ XIX ВЕКА

В недрах феодально-крепостнического общества уже давно стали возникать ростки капитализма. Строились фабрики и заводы, расширялись промыслы, началось использование наемного труда. Наука эти процессы чутко улавливала, вначале в Европе, а затем и в России. По некоторым вопросам российские ученые не намного отставали от западных коллег. Российская замкнутость и изоляция давно кончились.

Ведущим ученым в области агроэкономики в то время был Альбрехт Даниель Тэер (1752–1828). Он был основателем и руководителем Меглинской сельскохозяйственной академии в Германии и автором четырехтомного труда "Основания рационального сельского хозяйства"[1]. Это была по существу энциклопедия. В нем с экономическим акцентом и системно исследовались все отрасли сельского хозяйства. А.Д. Тэер выступил с обоснованием систем ведения сельского хозяйства. Эта проблема надолго войдет в программы экономических исследований, так как сами системы эволюционируют в зависимости от изменяющихся объективных условий: не только почвенно-климатических, но и экономических, политических, социальных, научно-технических.

Тэер был сторонником и идеологом предпринимательства в сельском хозяйстве. Он видел цель производства в том, чтобы "...приобрести доход или получить деньги посредством произведения (а иногда и дальнейшего обрабатывания) растительных и животных веществ. Чем выше и постояннее сей доход, тем лучше достигнута цель хозяйства. Следовательно, самое совершенное сельское хозяйство есть то, которое... доставляет самый высший и самый постоянный доход"[2]. Тэер считал наиболее выгодным использование наемного труда. Он популяризировал плодопеременную систему земледелия.

В России в это же время шли горячие дискуссии не только вокруг крепостного права, но также и по поводу систем хозяйства. Сохранялись горячие приверженцы трехполки и барщины, а также пропагандисты повсеместного перехода на интенсивный плодосмен. На Руси издавна повелось: если крушить, то до основания, если вводить что-то новое, то повсеместно.

Конструктивную позицию в этих вопросах занял Михаил Григорьевич Павлов (1793–1848), профессор Московского университета по кафедре минералогии и сельского домоводства. После окончания Московского университета в 1816 г. он год учился у Тэера в Меглине, а затем в течение трех лет изучал сельское хозяйство в Англии, Германии, Франции и Швейцарии. Выпустил работы "Земледельческая химия" (1825) и "Курс сельского хозяйства" (1837). Кроме того, опубликовал много статей в "Земледельческом журнале" и "Русском земледельце".

Вслед за Тэером Павлов подходил к сельскому хозяйству как к ремеслу, искусству и науке. Как ремесло оно ведется по сложившейся традиции, переходящей от отцов и дедов к сыновьям, внукам и правнукам. Его просто повторяют, воспроизводят, практически ничего не меняя. Например, в России того времени – это хлебопашество на основе трехполья (пар, озимые, яровые) с использованием сохи как основного орудия и живого тягла. Как искусство оно выражается в умении использовать какие-то модели, приемы, технологии в нетрадиционных условиях. Как наука сельское хозяйство требует внимательного учета всех объективных данных и построения его в строгом соответствии с ними. Павлов писал: "Участь сельского хозяйства как ремесла есть неподвижность, как искусства – слепая удача или ряд хозяйственных ошибок, как науки – рассчитанный успех"[3].

М.Г. Павлов был оптимистом, отвергал популярный в то время "закон убывающего плодородия почвы". В одной из своих статей он предрекал, что "источник способов физической жизни с распространением рода человеческого не только не иссякнет, но, напротив, с течением времени может делаться обильнейшим"[4]. Дальнейшая жизнь показала, что обилие людям дается большим трудом, умом и наукой.

Павлов придавал большое значение теории и ее взаимосвязям с практикой. Он писал: "Где нет теории, там нет и практики. А где нет практики, там не может быть и мысли об усовершенствовании, тем менее самого усовершенствования"[5].

Цель производства Павлов видит в получении прибыли или чистого выигрыша не в количестве произведений, но в превосходстве "их цены перед ценою издержек"[6]. Итак, у Павлова мы впервые находим такие термины, как "издержки производства", "чистая прибыль". Это уже большой шаг вперед в понимании сути товарного производства в сельском хозяйстве. Землю при этом он считает "основным капиталом". И вслед за Комовым и Тэером признает "гумусовую" теорию питания растений.

Павлов признавал преимущества плодопеременной системы земледелия, но видел ее ограниченность, равно как и изживавшей себя повсеместно распространенной трехполки. Он писал, что "совершеннейшим сельским хозяйством называться должно то, которое наилучшим образом приспособлено к местным обстоятельствам, ибо такое только хозяйство может быть выгоднейшим. Этой цели не всегда может удовлетворить одно плодопеременное хозяйство... Грубо ошибаются полагающие все усовершенствование сельского хозяйства в повсеместном введении плодосменной системы"[7].

Павлов разделяет понятия "система хозяйства", "система земледелия" и "севооборот". Системой хозяйства Павлов называет "весь механизм сельскохозяйственного производства", обеспечивающий максимальный доход в конкретных условиях[8]. При этом первостепенное значение он придает экономическим факторам. Агротехнические мероприятия его интересуют лишь постольку, поскольку они способствуют росту прибыльности. Это очень важно. Павлов смотрел глубже многих ученых советского периода, сводивших все к "комплексу зооагротехнических мероприятий".

Павлов в свое время выделял три системы хозяйства:

а) зерновую, при которой хлеба возделываются в поле, а луга и пастбища представлены природными угодьями;

б) кормовую, или выгонную, при которой основной доход дает животноводство, главное внимание уделяется лугам и пастбищам, выращиванию кормовых растений, и

в) плодосменную с равновеликими долями хлебопашества и животноводства.

Преемником М.Г. Павлова по кафедре сельского хозяйства Московского университета был Я.А. Линовский (1818–1846). После окончания университета с 1841 по 1844 гг. также стажировался в Англии, Германии и Франции, неоднократно встречался с Либихом и Буссенго. Если Павлов упор делал на экономическую сторону сельского хозяйства, Линовский больше занимался биологической стороной и решающее значение придавал плодородию почвы. Он как бы объединял две крайние точки зрения по вопросам плодородия и питания растений. Он писал: "Хотя соли и другие минеральные вещества, разбрасываемые по полям, могут значительно содействовать к возвышению производительности почв, но они недостаточны для того, чтобы пропитать собою растения, чтобы вполне обусловить их развитие; нужно, чтобы, сверх того, почва содержала известную примесь органической материи, чтобы она находилась под соответствующим влиянием внешних деятелей природы, а именно: воздуха, воды и теплоты"[9]. Ранняя смерть прервала плодотворную научную деятельность Линовского.

Дальнейшее свое развитие в дореформенный период аграрная наука получила в трудах первого руководителя открытой в Петербургском университете кафедры сельского хозяйства С.М. Усова (1796–1859). Главные его научные работы: "О системах хлебопашества" (1854), "Курс земледелия" (1837) и "Основания земледелия" (1862). Работая на кафедре, он долгие годы редактировал "Земледельческую газету", газету "Посредник" (орган Министерства финансов), труды Вольного экономического общества.

Ф.С. Крохалев, обобщая работы С.М. Усова, ставит ему в заслугу следующие положения: он четко разграничил понятия "система земледелия" и "севооборот", тогда как раньше это путали и даже смешивали с системой хозяйства; наполнил содержанием понятие "севооборот", под которым нередко понимали простое чередование культур в пространстве. Усов же различал в нем три момента: во-первых, выбор культур с точки зрения выгодности сбыта их на рынке; во-вторых, порядок их чередования и, в-третьих, способ восстановления и поддержания плодородия почвы. Наряду с паровой, выгонной и плодосменной системами, Усов выделил залежную систему земледелия и, наконец, группировал не системы земледелия, а севообороты, положив в их основу способы восстановления плодородия почвы[10].

Проанализировав системы и севообороты, Усов показал их плюсы и минусы и также применимость к определенным условиям. Он пишет: "Ни которой системы полеводства и ни которому севообороту нельзя отдать безусловно преимущества перед другими. Каждая система и каждый севооборот, в отношении хозяйственных выгод, хороши, когда бывают на своем месте и в приличных обстоятельствах. В ином месте хороша выгонная система, в другом полезнее плодосменная, а в третьем выгодно употребить паровую. Достоинства каждой системы и каждого севооборота имеют свои условия"[11].

Из этих слов видно, что уже в первой половине прошлого века профессор Усов понимает основы организации земледелия намного правильнее, чем некоторые ученые более позднего периода например, Вильямс, навязывавший всей стране, включая сухие степи, одну единственную травопольную систему земледелия. Пройдет более века, и руководители великой России будут настойчиво рекомендовать повсеместно возделывать одну культуру, например, кукурузу во всех географических широтах страны. А все это оттого, что наука не была свободна от политики.

К чести ученых первой половины XIX в. и их предшественников следует сказать, что они не были узкими специалистами по агротехнике, что позднее произошло с нашими агрономами, в немалой степени благодаря таким людям, как Вильямс и Лысенко, не переносившими экономики и не понимавшими ее основ. Наши учителя из начала XIX в. были прежде всего экономистами, они на первое место ставили не вал, а выигрыш, полученный не любой ценой, а с наименьшими затратами. И вместе с тем многие из них были гуманистами, антикрепостниками.

Таким образом, мы видим, что Россия уже тогда располагала определенным научным потенциалом, позволявшим успешно вести аграрные дела. Наши ученые владели современными знаниями и методами, не уступавшими западным. Вместе с тем они не были подражателями и компиляторами, строили свои выводы и предложения на основе изучения российской действительности. Все западное им было ведомо, они там учились, но полученные знания применяли творчески. Однако осуществить радикальные преобразования, не меняя политического строя и положения крестьянства, было невозможно. Как же обстояло дело в этой области? Какие имелись идеи и предложения? Для ответа на эти вопросы необходимо рассмотреть деятельность М.М. Сперанского.

М.М. СПЕРАНСКИЙ И ЕГО ПРОЕКТЫ

Михаил Михайлович Сперанский (1772–1839), сын священника из села Черкутина Владимирской губернии, получив блестящее гуманитарное образование, всю жизнь продолжал учиться. В пору либеральных увлечений оказался приближенным к Александру I. Он прекрасно знал философию, юриспруденцию, математику, этику. Владел многими иностранными языками. В своих работах обращался к Ньютону, Лейбницу, Фихте, Шеллингу, Канту, к русской истории, ссылался на "Русскую Правду".

М.М. Сперанский окончил Суздальскую духовную семинарию и Петербургскую духовную академию, в 25 лет стал магистром наук, преподавал в академии математику, философию, риторику и французский язык. Отличался необыкновенной работоспособностью, логичностью мысли, был прекрасным оратором и отлично писал. В.О. Ключевский отмечает, что "это был Вольтер в православнобогословской оболочке. Но Сперанский имел не только философский, но еще и необыкновенно крепкий ум, каких всегда бывает мало"[12].

В 1808 г. Александр I взял Сперанского в состав делегации на свидание с Наполеоном в Эрфурт. Здесь он с представителями присмотрелся к порядкам и жизни в Европе, многому научился. На вопрос императора, как ему нравятся чужие края в сравнении с Отечеством, Сперанский ответил: "Мне кажется, здесь установления, а у нас люди лучше"[13].

Далее характеризуя Сперанского, Ключевский пишет: "Со времен Ордина-Нащокина у русского престола не становился другой такой сильный ум; после Сперанского, не знаю, появится ли третий. Это была воплощенная система"[14].

Научное наследие Сперанского изложено в его проектах и переписке, заметках, проспектах, статьях. Мы воспользуемся прекрасной работой известного историка профессора Митрофана Викторовича Довнар-Запольского (1867–1934) о политических идеалах М.М. Сперанского[15], в которой содержится много цитат и ссылок на его труды, а также Планом государственного преобразования, составленным самим Сперанским[16].

Сперанский был высокообразованным человеком и досконально знал реальную жизнь русского общества, "материальную и духовную обстановку разных классов народа – от хижины до престола... Во время ссылки, в Нижнем и в Перми, Сперанского можно было встретить среди народной уличной толпы, в кабаке"[17]. Но это был "не царедворец, снискивающий себе благоволение, не трепещущий обыватель, забитый и загнанный... Перед нами гражданин в лучшем значении этого понятия, неуклонно идущий к цели"[18].

Сперанского травили, вокруг имени "зловредного поповича" плелись интриги, его арестовывали и ссылали, его люто ненавидели помещики и всесильный временщик Аракчеев, за ним всегда следило "всевидящее око". В одном из писем он сетовал: "...квартальные, приставы, вся полицейская сволочь является поминутно, стерегут самое мое дыхание"[19]. Хуже того: его не понимали очень многие современники. Некоторые считали его проекты плодом франкофильства и англоманства, а Александр I высказался так: он все "обрусил" и этим испортил.

Чем же вызвано столь резкое изменение отношения к человеку, которому император поручил подготовку важнейших проектов государственного устройства? Очевидно, изменилась позиция самого царя, усилился нажим аракчеевщины и консервативно настроенного дворянства. Реакционеров не устраивала правовая и демократическая направленность проектов Сперанского, его предложения по структуре и функциям власти, его позиция по крестьянскому вопросу. С 1814 г. единственным докладчиком по всем вопросам у Александра I стал граф Аракчеев, фигура одиозная в истории России.

Опала и травля не надломили Сперанского и не изменили его воззрений, "знание настоящего и понимание прошлого вселили в Сперанского глубокую уверенность в жизнеспособности русского общества"[20]. Он сам отличался высокой нравственностью и считал, что без улучшения общих нравов просвещение и все остальное мало что дадут. Еще в ранней юности он говорил, что "просвещение без нравов – призрак совершенства"[21]. И еще: "не делай другому того, чего не желаешь себе"[22].

В 1803 г. Сперанскому было поручено подготовить план государственного преобразования при условии сохранения в неприкосновенности "основных начал" государственного строя. Умный и гуманный правовед понимал, что это несовместимые задачи. И потому все его предложения были построены так, что их реализация постепенно вела бы к демократизации, отмене крепостного права, установлению правового порядка и защите человеческой личности. На эзоповом языке это было названо "истинно монархическим устройством", на деле же – монархия с конституционными, представительными структурами.

Сперанский предлагал разделение властей на три ветви: законодательную, исполнительную и судебную, обосновав функции каждой и их взаимодействие. Затем мыслилось обеспечение свободы политической и свободы гражданской, под чем понималось освобождение крестьян.

Он показывает нелицеприятную картину состояния властей и свобод. Все власти сейчас в одном лице. Инстанций много, а решает только один человек. В обществе заметно "глухое, но сильное желание другого порядка вещей"[23]. Сперанский призывает переходить к новым формам правления с опорой на желания народа. Он пишет, что можно было бы "много сберечь крови, если бы правители держав своевременно усвоили себе дух общества и сообразовали бы правление к состоянию народа"[24].

Сперанский считает, что каждый человек имеет свою волю, свой закон и свое исполнение. Эти три силы и порождают три ветви власти. Но когда все они могут использоваться одним лицом, это порождает деспотизм, а народ ведет к рабству. "Он стремился к установлению законности, потому что жизнь представляла беззаконие"[24].

Подлинную силу правительства Сперанский видел: "1) в законе, но так, чтобы правительство имело довольно власти, 2) в образе правления (разделение дел, единство, выборность управителей), 3) в воспитании, 4) в военном деле и 5) в финансах"[25]. Общее назначение закона он видел в "обеспечении пользы и безопасности людей, закон определяет отношение частных лиц к государству... и отношения между частными лицами"[26]. Что же касается законодательной власти, то она должна контролировать исполнительную и опираться на "добрых исполнителей." Но все это трудно осуществить в стране, где половина населения находится в рабстве.

Свободу Сперанский понимал двояко: "как личную и вещественную (имущественную). Личная свобода обеспечивается тем, что 1) никто не может быть без суда наказываем и 2) никто не обязан отправлять личную службу иначе, как по закону, а не по произволу другого..." Право на имущество гарантируется также тем, что "1) всякому принадлежит свободное владение и распоряжение своею собственностью на основании общего закона и 2) никто не обязан отправлять вещественной службы и платить податей иначе, как по закону"[27].

Проект Сперанского предусматривал широкое признание местных особенностей. Местным представителям имелось в виду предоставить участие в управлении. Здесь нет необходимости подробно излагать предложенную Сперанским схему и структуры органов управления на всероссийском, губернском, окружном (уездном) и волостном уровнях. Но везде мыслился контроль общества. Несколько подробнее остановимся на его воззрениях по крестьянскому вопросу.

Он дает подробную анатомию российского общества, сложившегося после Уложения 1649 г., а также после первой ревизии податного населения (1719). Ревизии проводились по 1857 г. десять раз. Он показал правовое и имущественное положение, а вернее бесправие помещичьих и вотчинных крестьян, полных холопов, кабальных и деловых людей, казенных крестьян. Сперанский писал, что "от права продажи крестьян без земли, от права отдавать их в рекруты без очереди лицо крестьянина сделалось вещью, действительным имуществом, коим владелец может располагать по произволу"[28]. Как он распоряжался крестьянскими душами, об этом не просто свидетельствуют, а кричат бесстрастные документы истории, судебная практика, наша литература. Салтычиха была не единственной в этом роде.

Сперанский сообщает, что кое-какие меры по исправлению положения крестьян и дворовых принимались. Так, в 1771 г. запрещено продавать людей с молотка; в 1797 г. установлен трехдневный срок работ на помещика и крестьянин уже может вторую половину недели работать на себя и иметь собственность; с 1801 г. запрещено объявлять о продаже людей в ведомостях, а затем и продавать на ярмарках; с 1803 г. предусмотрен порядок увольнения крестьян целыми деревнями и учреждено свободное хлебопашество. К сожалению, эта крупная мера, как и многие другие прогрессивные мероприятия в России, провалились вследствие нашего дремучего бюрократизма и традиционного неумения доводить до конца дела: за 20 лет вышло из зависимости по соглашению с помещиками только 30 тысяч крепостных, или 0,3% общего числа ревизских душ; людей, получивших свободу, было запрещено возвращать помещикам; поместья, где жестоко обращались с крестьянами, губернаторам поручено брать в опеку; прекращена практика раздачи деревень в собственность отдельным лицам, их дарение[29].

Но все эти меры – паллиативны. Сперанский предлагает ряд более радикальных мер в отношении крестьян помещичьих, вольных и дворовых. Среди них: полный запрет всяких продаж и дарений крестьян в качестве движимого имущества, особенно без земли; определение всех крестьянских работ и повинностей договором; устройство казенных крестьян таким образом, чтобы был единый оброк, исключающий несправедливость; распространение на помещичьих крестьян условий крестьян казенных; переустройство земского управления. После перечисления этих мер Сперанский замечает, что прекращение "всех сих и им подобных стеснений послужило бы наилучшею мерой постепенного перехода из крепостного в свободное состояние"[30]. Он утверждал, что время течет и "делает рабство с одной стороны менее жестоким, а с другой и менее необходимым"[31].

Из всего сказанного очевидно, что Сперанский был последовательным и непримиримым противником рабства, хотя и не выступал так радикально, как, например, Радищев. У многих "просветителей" конца XVIII в. было больше эмоций, чем конкретных и практических предложений. Этого нельзя сказать о Сперанском. Из его трудов логически вытекает необходимость постепенного перехода общества в новое состояние.

В этот период были разработаны и другие планы отмены крепостничества. Императором были даны поручения Н.С. Мордвинову, известному общественному деятелю, экономисту, адмиралу, в течение 17 лет возглавлявшему ИВЭО, затем А.А. Аракчееву и Е.Ф. Канкрину, ставшему позднее министром финансов России.

Мордвинов считался либералом, но его проект сводился только к личному освобождению крестьян без земли, по остзейскому принципу. При этом цена выкупа личной свободы крестьян была довольно высока – от 100 руб. за ребенка до 2 тыс. руб. за работника в возрасте 30–40 лет. По сути, это антикрестьянский проект. Выкупить себя смогли только богачи, так как 2 тыс. руб. в то время были очень большие деньги.

Более продуманный, но коварный и жестокий проект был представлен Аракчеевым. Он сводился к постепенному получению крестьянами свободы с выкупом земли по 2 десятины на человека. Это значило бы обогащение помещиков с сохранением кабалы: ведь 2 десятины мало, крестьяне вынуждены были бы арендовать землю у тех же помещиков. Пока же вопрос об освобождении не был решен, Аракчеев строил военные поселения. В.О. Ключевский резонно замечает: "Аракчеев хотел из России построить казарму, да еще поставить фельдфебеля к дверям"[32].

Проект Е.Ф. Канкрина сводился к постепенному выкупу земли у помещиков в течение 60 лет, естественно, и с предоставлением личной свободы. Это значило бы, что освобождение могло состояться к 1880 г. Все эти проекты, как и предложения Сперанского, не были реализованы.

Что же касается самого Сперанского, то после Нижегородской, Пермской, Пензенской и Сибирской ссылок, в 1821 г. он был возвращен в Петербург с пожалованием ему графского титула. С 1826 г. занимался кодификацией законов. Под его руководством было составлено Полное собрание законов Российской империи в 45 томах, включавшее более 30 тыс. законодательных актов, принятых со времени Соборного уложения 1649 г. до 12 декабря 1825 г. Еще 6 томов включали законы, принятые с 1825 по 1830 г. Одновременно Сперанский состоял членом ряда высших государственных комитетов, с 1838 г. возглавлял департамент законов Государственного совета, преподавал юридические науки наследнику престола – будущему императору Александру II[33].

Резюмируя сказанное о Сперанском, надо иметь в виду условия, в которых он жил и работал. Он не был революционером, предпочитал эволюционный путь развития. Но молодые гвардейские офицеры из дворянских семей 14 декабря 1825 г. вышли на Сенатскую площадь с его программой. В случае удачи переворота Сперанский наряду с Пестелем намечался одним из пяти членов правительства. Это был умный, честный, высокоэрудированный человек. Он ненавидел рабство и делал все возможное, чтобы быстрее искоренить его; избегая торопливости и горячности, учитывал расстановку сил в обществе; он верил в народ, требовал выборности должностных лиц на всех уровнях, контроля снизу, учета мнения и настроений в обществе. И в этом проявляется его подлинный демократизм, хотя он и не произносил демократических лозунгов. К громким лозунгам вообще следует относиться настороженно: они часто бывают просто орудием политической борьбы, дымовой завесой.

КРИЗИС ФЕОДАЛЬНО-КРЕПОСТНИЧЕСКОЙ СИСТЕМЫ

В первой половине XIX в. Россия была, как уже говорилось, в экономическом отношении страной слабой и отсталой. Основная часть ее населения – крестьяне – жили в нищете и неволе. Особенно наглядно положение крестьян освещено в книге В.А. Федорова. "Помещичьи крестьяне центрально-промышленного района России конца XVIII – первой половины XIX в"[34]. Поля давали крайне низкий урожай. Это было обусловлено не агротехническими, а социально-экономическими причинами: в первую очередь, ростом феодально-крепостнического гнета, который особенно губительно сказывался на состоянии сельского хозяйства[35].

В северных губерниях сохранялась подсечно-огневая система земледелия, на юге – переложная, на большей части территории господствовало трехполье. Падение урожайности в центральных районах как-то компенсировалось расширением используемых земель на юге Украины, Северном Кавказе и в Заволжье. Многие помещики, особенно побывавшие в Европе, стали заводить "плодосмен", выписывать дорогостоящие машины, племенных животных и семена более урожайных сортов. Но это не всегда приносило успех. Наоборот, росла задолженность, и часто такие помещики несли убытки. Дело в том, что новые производительные силы нуждались и в новых производственных отношениях. Непреодолимой преградой на пути прогресса стояло крепостное право. Споры вокруг его отмены и собственности крестьян на землю все более обострялись.

Одновременно проходили два взаимосвязанных процесса: разложение феодализма и укрепление капиталистического уклада, хотя очень медленно и болезненно. Возникают специализированные зоны производства сельскохозяйственной продукции: зерновое хозяйство и тонкорунное овцеводство развивались в южных степных регионах, виноградарство в Крыму и Закавказье, льноводство на северо-западе России, особенно в Псковской, Смоленской, Тверской, Новгородской, Ярославской губерниях, огородничество в центральных губерниях. Известны примеры узкоспециализированного производства. Ростовский уезд Ярославской губернии начинает снабжать зеленым горошком и цикорием не только всю Россию, но и экспортировать их в Европу. В Богородском и Бронницком уездах Московской губернии возникает район хмелеводства, в Ярославской, Тверской и Нижегородской губерниях развиваются товарное птицеводство, молочное скотоводство, выращивание лука и табака.

Товарным земледелием начинают заниматься не только помещики, но и крестьяне. Помещики в этом даже были заинтересованы, они облагали крестьян оброком, принуждали их уходить на заработки, сами заводили в имениях промышленные предприятия, добивались дотаций и льгот от правительства. Вторжение товарно-денежных отношений подрывало натуральный характер крепостного хозяйства. Таким образом, капитализм как бы с черного хода, но неуклонно проникал в деревню.

Одновременно шло разложение крепостничества. По данным восьмой ревизии (1833), в России насчитывалось 127,1 тыс. помещиков, что с членами семей составляло около 1% населения страны. Крестьянскими душами владело 76,2 тыс. помещиков (60%). Большую их часть составляли мелкопоместные хозяева, в среднем на одного такого помещика приходилось по 7 душ мужского пола. Вместе с тем крупных латифундистов, владевших десятками тысяч десятин каждый, было 3 726 (около 3% всех помещиков) и в среднем приходилось на одного из них по 1 348 крепостных мужского пола, всего же за ними числилось 5 120 тыс. человек. Особенно крупных размеров (50–70 тыс.десятин) достигали латифундии остзейских баронов (Эстляндская, Лифляндская и Курляндская губернии, то есть современные Эстония и Латвия). Они сохранялись вплоть до 1919 г. К десятой ревизии (1857) число душевладельцев сократилось на 7,5% за счет дальнейшего разорения мелкопоместных хозяев. Земли начинают скупать люди других сословий.

Растет задолженность помещиков. Перед отменой крепостного права в России насчитывалось 23,1 млн. помещичьих крестьян обоего пола. Уже в 1833 г. в залоге было 4,5 млн. душ, а в 1859 г. – 7,1 млн. Общая сумма помещичьего долга в 1859 г. достигла 425,5 млн. руб., что вдвое превышало доходную часть государственного бюджета. Таким образом, закладывались движимость и недвижимость, люди и земля. Дифференциация шла среди помещиков, шла она и среди крестьян. Появились "капиталисты" среди крестьян: ростовщики, скупщики, торговцы, предприниматели.

К 30–50-м гг. крепостничество уже было не только безнравственно, но и невыгодно экономически. Наряду с преобладанием барщины, а также оброка, возникает новая форма – так называемая "месячина", заключавшаяся в помесячной плате крестьянину за работу натурой (продовольствием и одеждой). На деле она носила характер довольно интенсивной барщины[35].

Отмена крепостного права давно назрела, и хотя передовая общественность этот вопрос ставила неоднократно (создавались комиссии и комитеты, готовились проекты), но воз не двигался. Предпринимались кое-какие паллиативные меры. В Прибалтийских районах, как известно, оно было отменено в 1816–1819 гг. Но это была крепостническая реформа, освобождение без земли, и народ назвал ее "птичьей свободой". Тогда безземельные и бездомные латышские и эстонские крестьяне двинулись на Восток, в Псковскую, Новгородскую, Уфимскую губернии, в Сибирь и на Северный Кавказ.

С воцарением Николая I волнения среди крестьян усилились. Это царствование мало продвинуло решение крестьянского вопроса. Правительство продолжает принимать меры по смягчению крепостничества и ограничению власти помещиков. В 1827 г. запрещается продавать крестьян на заводы. В 1828 г. ограничивается право ссылать их в Сибирь по усмотрению помещиков. С 1833 г. запрещено продавать крестьян с раздроблением семей, дарить или погашать ими долги. С 1841 г. дворянам запрещено покупать крестьян без земли. В 1845 г. помещикам дано право отпускать на волю дворовых. В 1847 г. крестьяне получают право выкупа на волю при продаже имений с торгов. В 1848 г. крестьянам разрешено приобретать недвижимость в собственность. В 1853 г. издается Указ, запрещающий сдавать в аренду имения вместе с крестьянами. В 1845–1846 гг. упорядочиваются нормы наказаний крестьян. Но эти, как и ранее принимавшиеся, меры был мелкими и частичными, не затрагивавшими основ крепостничества.

В это время происходят некоторые улучшения в жизни государственных крестьян. По данным восьмой ревизии, в России насчитывалось 7,8 млн. мужских душ. В 1837 г. учреждается Министерство государственных имуществ для управления делами государственных крестьян. Их положение также было тяжелым: малоземелье, высокие подати. Кое-что делается по кредитованию, обеспечению медицинской и ветеринарной помощью в сельской местности, расширению сети магазинов по продаже зерна на случай неурожая. Но в силу традиционного российского бюрократизма, которым быстро обросло и новое министерство, эти столь необходимые меры осуществлялись крайне медленно.

Крымская война 1853–1855 гг., несмотря на героизм русских солдат и матросов, талант офицеров, выявила техническую отсталость и политическую слабость России. Эта война велась широким фронтом, включавшим Крым, Кавказ, Молдавию, Балтику и Беломорье, а России противостояли не только Турция, но и объединенные силы ведущих европейских государств. Стало очевидным, что Россия – колосс на глиняных ногах. И основная причина ее слабости – крепостничество, которое обрекало на унизительное рабское существование основную массу населения. Оно стало нестерпимым фактически для всех слоев населения, кроме неисправимых обскурантов.

Известный историк, правовед и социолог XIX в. Константин Дмитриевич Кавелин (1818–1885), некоторое время возглавлявший ИВЭО, писал: "Многие давно уже предвидели и призывали горячими желаниями освобождение крестьян, многие и теперь еще возражают против него; а оно наступило, независимо от желаний одних и сопротивления других, в ту минуту, когда масса народа и правительство не могли далее существовать с крепостным правом и теми явлениями, которые оно производит во всех сферах быта и управления"[36].

Михаил Петрович Погодин (1800–1875), академик, историк, писатель и журналист, сын крепостного, впервые опубликовавший труды И.Т. Посошкова и популяризировавший его (а Погодина, кстати, советская историография объявит реакционером и консерватором)[37], с итогами Крымской войны прямо связывал необходимость радикальных перемен. Он писал: "...О народе который трудится, проливает кровь, несет все тяготы, страдает... ни у кого и мысли нет... Свобода! Вот слово, которое должно раздаться на высоте самодержавного русского престола... объявите твердое намерение освободить постепенно всех крестьян... дайте право приобретать землю... облегчите цензуру... касательно внешних отношений объявите систему невмешательства"[38].

Петр Александрович Валуев (1815–1890), граф, государственный деятель, ближайший соратник М.М. Сперанского, поддерживавший знакомство с А.С. Пушкиным и М.Ю. Лермонтовым, бывший в годы Крымской войны Курляндским губернатором, с возмущением писал о дремучем бюрократизме и зацентрализованности в государстве Российском, что также не позволяло с позиций здравого смысла решать любые вопросы. Он сетовал на засилье "всеобщей официальной лжи", доведенной "до высшей степени" централизации, о попрании свободы мысли и человеческой личности[39]. И если сегодня мы гневно бичуем тоталитаризм за бюрократическую зацентрализованность, то надо иметь в виду, что вожди советского периода были вовсе не первопроходцами, а всего лишь плохими учениками, не делавшими выводов из уроков истории и воспроизводивших из нашего прошлого далеко не лучшие методы и приемы. А у нас в прошлом было все: и террор, и бюрократизм, и презрение к человеку, и вечное бряцание оружием перед лицом соседа, и нищета собственного народа.

ОТМЕНА КРЕПОСТНОГО ПРАВА

Тяжелым политическим наследством новому императору Александру II от своего отца, кроме экономической отсталости и военного поражения в Крымской войне, достались два нерешенных вопроса: крепостное рабство и разобщенность гражданских сословий. Какой-то согласованной позиции в обществе, когда один класс, причем самый многочисленный, является движимой собственностью другого, и быть не могло. Все опять упиралось в крепостное право, ставшее невыносимым морально и невыгодным экономически.

В.О. Ключевский писал: "...экономическое положение дворянского хозяйства подготовило уничтожение крепостного права[40]. Напряжение среди крестьян также нарастало. Ходили упорные слухи о том, что царь якобы свободу дал, но помещики подсунули указ под сукно и скрывают его от народа. Говорили об этом и помещики, кто с надеждой, а многие со страхом. Во время приема уездных предводителей дворянства во главе с московским губернским предводителем князем Щербатовым Александр II сказал: "Между вами распространился слух, что я хочу отменить крепостное право; я не имею намерения это сделать теперь, но вы сами понимаете, что существующий порядок владения душами не может остаться неизменным. Скажите это своим дворянам, чтобы они подумали, как это сделать"[41].

В январе 1857 г. создается Секретный комитет по крестьянским делам во главе с Александром II. В него вошли наиболее близкие и доверенные трону лица. Работа начиналась с "чистого листа": этот комитет не имел никакой современной концепции, ни какого-либо плана. Не было ясности, как освобождать, с землей или без земли. Не было поначалу никакой информации с мест, из губерний. Многое ожидалось от виленского генерал-губернатора Назимова, но тому дворяне литовских губерний (Виленской, Ковенской и Гродненской) дали отпор и освобождать крестьян не желали.

В феврале 1859 г. создаются уже открыто губернские комитеты. Всем губернаторам рассылаются рескрипты с предложениями по крестьянскому вопросу. Формируются две редакционные комиссии: одна занимается общими положениями по освобождению крестьян, другая – местными. В середине 1859 г. губернские комитеты уже выработали свои предложения, и они начали поступать в Петербург. Эти предложения можно разбить на три группы: 1) не допускающие никакого освобождения крестьян и все сводящие к мелким улучшениям. С таким реакционным проектом выступило московское дворянство в лице губернского комитета; 2) предусматривающие освобождение без земли (опять по остзейскому образцу). Это мнение Петербургского комитета; и 3) освобождение с землей. Первым с этим выступил предводитель дворянства Тверской губернии Унковский. Затем губернские проекты обрабатывались в редакционных комиссиях, при непременном участии представителей министерств внутренних дел, финансов, юстиции, государственных имуществ. Император торопил работу, чтобы ее завершить к 19 февраля 1861 г., то есть ко дню коронации.

Основные принципы, на которых осуществлена реформа 1861 г., состоят в следующем:

а) крепостные крестьяне объявляются свободными и получают личную свободу без выкупа ее;

б) крестьяне наделяются землей в постоянное пользование по определенным нормам;

в) полученные от помещиков земли крестьяне обязаны были выкупать деньгами или трудом, в виде оброка или барщины. До полного выкупа они считаются "временнообязанными". После выкупа обязательства перед землевладельцем прекращаются;

г) ставшие свободными крестьяне объединяются в сельские общества, или общины, проводят сельские сходы. Группа сельских обществ составляет волость. Обычно ее границы совпадают с границами церковного прихода. Волостью управляют избранный волостной старшина и волостной сход. Создается волостной суд из выбранной коллегии судей для разбора мелких тяжб и проступков. Это – местное сельское самоуправление;

д) одновременно осуществляется земская реформа. С 1 января 1864 г. начинают функционировать земские учреждения, смысл создания которых состоял в попытке обеспечить сотрудничество всех уравненных в правах классов. Занимались они преимущественно местными вопросами. Уездное земское собрание формировалось из гласных от трех разрядов: землевладельцев, имеющих, как правило, не менее 200 десятин земли; городских обывателей уезда с имуществом не менее 15 тыс. руб. или годовым оборотом не менее 6 тыс. руб.; сельских крестьянских общин из членов волостных сходов. На этих трех съездах раздельно избирают гласных уездного земского собрания. Оно собирается раз в год и длится не более 10 дней. Земское собрание избирает из своей среды уездную земскую управу в составе председателя и двух членов в качестве исполнительного органа на три года.

Из состава уездных земских собраний формируется губернское земское собрание по одному из 6 уездных членов. Оно собирается также один раз в год и продолжается не более 20 дней. Из членов собрания избирается губернская земская управа в составе председателя и 6 членов также на три года. Занимается этот орган хозяйственными вопросами губернии, просвещением, здравоохранением. Обычно председателями уездных земских собраний избирались уездные предводители дворянства, равно как и в губерниях. Обязанности эти считались общественными, и работа эта не оплачивалась.

Земельные наделы крестьян оказались небольшими. Они имели высший и низший пределы, нарушать которые не допускалось. Низший составлял одну треть высшего. Страна была разделена на три полосы: нечерноземную, черноземную и степную. По качеству почвы, плотности населения каждая полоса делилась на местности. В зависимости от полосы верхние и нижние границы наделов устанавливались дифференцированно. Например, в нечерноземной полосе высший надел на душу населения был 7, а низший 3 десятины, в Московской же губернии соответственно 3 и 1 десятины. Если не набиралось в крестьянской семье до минимального надела, такой семье добавляли до этой нормы, если же превышала, то отрезали "излишки". Эти "отрезки" в отдельных местах были существенными, они дезорганизовывали и без того лоскутное и запутанное расположение полей и стали в дальнейшем предметом горячих и острых дискуссий.

Размеры выкупа за землю были довольно высокими и обременительными, особенно установленный порядок очень высокой платы за первую десятину. Фактически эта оплата, особенно трудом, то есть барщиной, отбрасывала крестьян к состоянию Уложения Алексея Михайловича. Вообще выкуп был сложным и бюрократически запутанным процессом. Усадьба выкупалась по желанию крестьян независимо от желания землевладельца. Но это только площадь под крестьянским двором и огородом, полевой же надел – по добровольному соглашению с помещиком; одного желания крестьянина было недостаточно.

Поскольку лишь немногие крестьяне имели деньги для выкупа, государство обеспечивало ссудой из расчета 80 копеек с рубля. Эти 80 копеек государство выплачивало непосредственно землевладельцу, а долг ложился на крестьянина. Оставшиеся 20 копеек крестьянин обычно отрабатывал. С государством же он должен был рассчитаться по ссуде в течение 49 лет. По выражению Ключевского, "государство взяло на себя тот двугривенный, который должны были внести крестьяне"[42]. До конца царствования Александра II было выкуплено более 80% временнообязанных крестьян, еще 1,5 млн. ревизских душ оставались временнообязанными.

Итак, 19 февраля 1861 г. Александр II подписал текст Манифеста об освобождении крепостных крестьян России, подготовленный московским митрополитом Филаретом, а также другие приложенные к нему документы. Это был внушительный и тщательно разработанный пакет, хотя готовились документы в спешке, царь торопил. В этот пакет входили: Общее положение о крестьянах, вышедших из крепостной зависимости; Положение об устройстве дворовых людей, вышедших из крепостной зависимости; Положение о выкупе крестьянами, вышедшими из крепостной зависимости, их усадебной оседлости и о содействии правительства к приобретению ими, крестьянами, в собственность полевых угодий; Положение о губернских по крестьянским делам учреждениях; Правила о порядке приведения в действие положений о крестьянах, вышедших из крепостной зависимости; Местное положение о поземельном устройстве крестьян, водворенных на помещичьих землях в губерниях великороссийских, новороссийских и белорусских; Дополнительные правила об устройстве крестьян, водворенных в имениях мелкопоместных владельцев, и о пособии сим владельцам; Дополнительные правила о приписанных к частным горным заводам людях ведомства Министерства финансов; Дополнительные правила о крестьянах и дворовых людях, вышедших из крепостной зависимости в земле войска Донского; Правила о людях, вышедших из крепостной зависимости в Бессарабской области; Указ об устройстве крестьян Царства Польского[43].

Один перечень этих документов свидетельствует о большой работе, проделанной правоведами России. В.О. Ключевский весьма высоко оценивает акт освобождения крестьян. Он пишет: "В продолжение столетий, предшествовавших 19 февраля 1861 г., у нас не было более важного акта: пройдут века, и не будет акта, столь важного, который бы до такой степени определил собою направление самых разнообразных сфер нашей жизни"[44].

Может быть, добросовестнейший и талантливейший историк России В.О. Ключевский и переоценивал значение Манифеста 19 февраля 1861 г., но он убедительно обосновывал это положение неоднократно. Суть в том, что хотя и с большим опозданием, через 99 лет после екатерининского акта о вольности дворянства, принятого 18 февраля 1762 г., самая многочисленная, кормящая и обороняющая нацию часть общества стала свободной по праву. Но это не все. Она стала получать собственность, без которой свобода иллюзорна. Ключевский писал: "Наша история в продолжение веков создавала бродячее безземельное крестьянство, работающее на чужой земле и с чужим земледельческим капиталом. Вопросом государственного порядка и исторической будущности России было сделать крестьянство оседлым и работающим на земле, прочно за ним обеспеченной"[45]. Итак, свобода и собственность. Но Ключевский не мог знать, сколько терний будет еще на историческом пути российского крестьянства и как жестоко оно будет отброшено назад, бесстыдно обмануто, лишено свободы и оторвано от земли в "цивилизованном" XX в.

К концу жизни В.О. Ключевский уже не воспринимал столь восторженно реформу 1861 г. Он видел ее незавершенность, видел политические зигзаги в сторону реакции и в своем дневнике 24 апреля 1906 г. записал: "Царю-реформатору грозила роль самодержавного провокатора: Александр II вступал на путь первого Александра. Одной рукой он дарил реформы, возбуждавшие в обществе самые отважные ожидания, а другой выдвигал и поддерживал слуг, которые их разрушали"[46].

В законодательных актах 1861 г. воплощены три основные принципа, сформулированные К.Д. Кавелиным следующим образом:

"1) крепостных следовало бы освободить вполне, совершенно из-под зависимости от их господ;

2) их надлежало бы освободить не только со всем принадлежащим им имуществом, но и непременно с землей, и

3) освобождение может совершиться во всяком случае не иначе, как с вознаграждением владельцев"[47].

Манифест 19 февраля 1861 г. со всеми прилагавшимися к нему документами решил четыре принципиально важных вопроса: во-первых, крестьяне стали в правовом отношении свободны наряду с другими сословиями; во-вторых, они получили возможность стать собственниками земли, ибо без собственности одна юридическая свобода недостаточна для нормальной жизни человека; в-третьих, царизм удовлетворил запросы помещиков, установив выкуп на землю, причем выкуп очень высокий, и "земля крестьянам обошлась в несколько раз выше ее рыночной стоимости", – по свидетельству весьма компетентного исследователя этой проблемы П.А.Зайончковского[48]; в-четвертых, одновременно проведена и земская реформа с созданием губернского земского собрания и земской управы, уездного земского собрания и управы, волостных управ и старшины и сельских общин со старостами и сельским сходом. Был установлен институт мировых посредников, а также волостные суды для рассмотрения крестьянских дел, уездные и губернские земские собрания. Земельные наделы крестьян были в своем большинстве недостаточными, что вынуждало их обращаться к помещику, но вместе с тем и не столь малыми, чтобы быстро пролетаризировать деревню.

Унизительное положение " временнообязанных," сохраняющийся и после освобождения помещичий надзор, обременительный выкуп, малоземелье и многое другое создавали достаточно горючего материала для конфликтов и массового недовольства в будущем. Но, как бы то ни было, перевернута важная страница в истории России, открыт путь для капиталистического развития страны. Но оно могло идти по-разному: уже был известен и прусский, и динамичный американский путь. Для последнего Россия была чрезмерно обременена грузом феодальных пережитков.

ЛИТЕРАТУРА

1. **Тэер А. Д.** Основания рационального сельского хозяйства. Пер. Маслова С. А. М., 1830.
2. **Там же.** Ч.1. С. 1.
3. **Павлов М. Г.** Курс сельского хозяйства. 1837. Предисл.
4. Земледельческий журнал. 1823. №8. С. 162.
5. **Павлов М. Г.** Курс сельского хозяйства. Т. 1. С. 11.
6. **Там же**, с. 8.
7. **Павлов М. Г.** Современное сельское хозяйство. // Русский земледелец. 1838. Февр. Ч. 1. С. 141.
8. **Павлов М. Г.** О системах хозяйства, земледелия и севооборотов. // Русский земледелец. 1838. Ч. 4. С. 124.
9. **Линовский Я. А.** Критический разбор мнений ученых об условиях плодородия земли с применением общего вывода к земледелию. Спб., 1846. С. 104.
10. **Крохалев Ф. С.** О системах земледелия. М.: Сельхозгиз, 1960. С. 114–115.
11. **Усов С. М.** Курс земледелия. 1837. С. 309.
12. **Ключевский В. О.** Собр. соч.: В 9 т. М.: Мысль, 1989. Т. 5. С. 198–199.
13. **Там же.**
14. **Там же.** С. 200.
15. **Проф. Довнар-Запольский М. В.** Политические идеалы М. М. Сперанского. Изд. т-ва И. Д. Сытина.
16. План государственного преобразования графа М. М. Сперанского. М.: Русская мысль, 1905.

17. **Довнар-Запольский М.В.** С. 6.
18. **Там же.** С. 72.
19. **Там же.** С. 12.
20. **Там же.** С. 8.
21. **Там же.** С. 9.
22. **Там же.** С. 29.
23. **Там же.** С. 18–19.
24. **Там же.** С. 25.
25. **Там же.**
26. **Там же.** С. 26.
27. **Там же.** С. 36.
28. План государственного преобразования графа М. М. Сперанского. М.: Русская мысль, 1905. С. 308.
29. **Там же.** С. 308–310.
30. **Там же.** С. 325.
31. **Там же.** С. 310.
32. **Ключевский В. О.** Указ. соч. Т.5. С. 220.
33. БСЭ. 3-е изд. Т. 20. С. 235; Т. 24. С. 309.
34. **Федоров В. А.** Помещичьи крестьяне центрально-промышленного района России конца XVIII – первой половины XIX века. М., 1974. С. 52–53.
35. ЦГИА СССР, ф.1168, оп. т. XV. 1828, д.1. л. 127–128. **Преображенский В.** Описание Тверской губернии в сельскохозяйственном отношении. Спб. 1854. С. 407. **Снежевский В. И.** Крепостные крестьяне Нижегородской губернии накануне реформы. С. 79–80.
36. **Кавелин К. Д.** Собр. соч. Спб., 1898. Т. 2. С. 339.
37. БСЭ. 1975. Т. 20. С. 87–88.
38. **Погодин М. П.** Историко-политические письма и записки в продолжении Крымской войны. М., 1874. С. 259–263.
39. **Валуев П. А.** Дневник 1847–1860 гг. // Русская старина. Кн. 5, Спб. 1981. С. 354.
40. **Ключевский В. О.** С. 262.
41. **Там же.** С. 264.
42. **Там же.** С. 259–280.
43. Российское законодательство X–XX веков. Документы крестьянской реформы. М.: Юридическая литература, 1989. Т. 7. С. 5–406.
44. **Ключевский В. О.** С. 270.
45. **Там же.** Т. 8. С. 52.
46. **Там же.** Т. 9. С. 342.
47. **Кавелин К. Д.** Собр. соч. Спб., 1898. Т. 2. С. 43.
48. **Зайончковский П. А.** Отмена крепостного права в России М., 1954. С. 217.

ГЛАВА 3. СЕЛЬСКОЕ ХОЗЯЙСТВО И НАУКА РОССИИ В ПОРЕФОРМЕННЫЙ ПЕРИОД (60–90-е гг. XIX века)

Отмена крепостного права дала старт развитию производительных сил России. Сдвинулось с места и пошло в рост прежде всего производство сельскохозяйственной продукции, увеличился экспорт зерна. Ускорилось железнодорожное и промышленное строительство. При этом железнодорожное строительство велось исключительно быстрыми темпами. При огромной протяженности территории основные центры Российского государства были связаны стальными магистралями. Например, Великий сибирский путь от Челябинска до Владивостока был построен с 1891 по 1904 г. при ручном труде с помощью лопат, кирок, тачек и конной тяги. Общая длина железных дорог России к 1900 г. уже достигала 56 130 верст. Только за пятилетие 1896–1900 гг. было введено 15 139 верст.

С развитием сельского хозяйства и железнодорожного строительства прямо связано развертывание металлургии, машиностроения, топливной, керамической и других отраслей индустрии. Добыча каменного угля выросла с 18,3 млн. пудов в 1860 г. до 995,2 млн. в 1900 г., то есть в 54,4 раза; нефти – с 1,8 млн. пудов в 1870 г. до 632,0 млн. пудов в 1900 г., или в 351 раз; железной руды – с 45,9 млн. пудов в 1870 г. до 367,2 млн. в 1900 г., или в 8 раз; выплавка чугуна – с 19,6 млн.пудов в 1860 г. до 176,8 млн. в 1900 г., или в 9 раз. Развивается также текстильная и другие отрасли индустрии[1].

В значительной степени успехи в хозяйственном строительстве в этот период объясняются не только освобождением крестьян, но и разумно направляемой экономической политикой государства. С 1881 по 1886 г. министром финансов, а с 1887 по 1895 г. председателем Комитета министров был предшественник С.Ю. Витте на этих постах Николай Христианович Бунге (1823–1895). Бунге – ученый, экономист, профессор, а затем ректор Киевского университета, действительный член Петербургской Академии наук. Он автор работ: " Теория кредита" (1851); "Основания политической экономии" (1870); "Банковые законы и банковая политика" (1874); "Очерки политико-экономической литературы" (1895). Бунге проводил последовательный курс на развитие сельского хозяйства, промышленности и транспорта. В основе его экономических воззрений были хозяйственная свобода, конкуренция, изучение спроса и предложения. Признавая свободу найма, то есть куплю-продажу рабочей силы, он понимал, что равенства между работодателем и рабочим быть не может. Поэтому он считал необходимым вмешательство государства. По его инициативе создаются фабричные инспекции и ограничивается продолжительность рабочего дня. Он добивается принятия закона о снижении выкупных платежей за землю, а также об отмене подушной подати и круговой поруки. В 1882 г. Бунге учреждает Крестьянский поземельный банк, а затем и Дворянский банк. Бунге отказался от практики строительства исключительно частных железных дорог и начинает выкупать дороги в собственность государства. В таможенной политике он проводит протекционизм, всячески поощряя отечественное производство, но не игнорируя иностранные инвестиции в те отрасли, которые нуждались в них. Налоговая система строилась так, чтобы облегчить бремя крестьян. Бунге был дружен с прогрессивной частью русской интеллигенции, его поддерживали такие ученые, как Д.И. Менделеев. Но его безжалостно травила реакция, особенно изощрялись московские мракобесы, группировавшиеся вокруг "Московских ведомостей". И реакция вынудила Бунге уйти в отставку[2].

Пореформенные годы отмечены взлетом духовной и культурной жизни России. В эти десятилетия Россия дает шедевры мировой литературы и искусства. Литературная классика сверкает такими именами, как Лев Толстой, Федор Достоевский, Иван Тургенев, Николай Некрасов, Антон Чехов, Николай Лесков, Иван Гончаров, Михаил Салтыков-Щедрин, Александр Островский и многие другие. В это же время выступают на сцену революционные демократы: писатель и ученый Николай Чернышевский, Дмитрий Писарев. Петр Чайковский и Антон Рубинштейн, Модест Мусоргский и Николай Римский-Корсаков, Александр Бородин и Цезарь Кюи, Милий Балакирев и другие – многие из них объединяются в "могучую кучку" во главе со своим идеологом Владимиром Стасовым и, следуя традициям Михаила Глинки и Александра Даргомыжского, создают бессмертные произведения, где главный герой – народ в его настоящем и прошлом, с его глубокими драмами и борьбой со всяким злом, тьмой и насилием. Это прежде всего "Борис Годунов", "Хованщина", "Князь Игорь", "Псковитянка", "Евгений Онегин", восхитительные балеты. Эдуард Направник в России создает "Дубровского", а Людвиг Минкус – "Дон-Кихота", поставленного в 1869 г. Мариусом Петипа.

Выдающимися именами и творениями отмечено изобразительное искусство тех лет. По инициативе Ивана Крамского, Василия Перова, Григория Мясоедова и Николая Ге в 1870 г. в Петербурге создается Товарищество передвижников. В него вошли Илья Репин, Василий Суриков, братья Виктор и Аполлинарий Васнецовы, Владимир Маковский, Василий Поленов, Иван Шишкин, Исаак Левитан, Валентин Серов, Алексей Саврасов, Константин Савицкий, Николай Ярошенко и др. Они провели 48 выставок своих работ в разных городах России. Основной темой передвижников был народ, наша родная земля, ее природа, ее прошлое и настоящее; народ в неутешном и безмерном горе и в радости, в труде и отдыхе, в юности и старости.

Говорят, что XIX столетие – золотой век русской культуры и больше такое не повторится. Но эта духовная планка обязывает нас во все, даже "смутные" времена искать возможность сообразовать свою жизнь с высокими идеалами, оставленными нам как завет великими предшественниками.

РАЗВИТИЕ СЕЛЬСКОГО ХОЗЯЙСТВА РОССИИ ПОСЛЕ РЕФОРМЫ

Насколько реформа повлияла на развитие сельского хозяйства? Ответ на этот вопрос следует искать не в размере посевных площадей и поголовье скота, как у нас было принято долгое время, а в валовых сборах и выходе продукции на душу населения. Обратимся к широко известной таблице В.И. Ленина, приведенной в его работе "Развитие капитализма в России"[3]. (табл. 3.1).

Нетрудно подсчитать, что за 40 лет после падения крепостного права население увеличилось на 75,2%, сбор зерна и картофеля – на 159%, а обеспеченность на душу населения – на 48,4%, в том числе зерном на 27,2% и

Таблица 3.1

Периоды	Население, млн. чел.	Сбор хлебов и картофеля, млн. четвертей	На душу населения чистого сбора в четвертях		
			зерна	картофеля	всего хлебов
1864 – 1866	61,4	152,8	2,21	0,27	2,48
1870 – 1879	69,8	211,3	2,59	0,43	3,02
1883 – 1887	81,7	255,2	2,68	0,44	3,12
1885 – 1894	86,3	265,2	2,57	0,50	3,07
1900 – 1905	107,6	396,5	2,81	0,87	3,68

картофелем – на 322,2%. Россия по этому показателю заняла третье место в Европе после Дании и Швеции, обогнав Францию, Германию, Италию, Бельгию и Голландию[4]. В начале XX в. Россия уже производила 22,3% мирового объема зерна (считая пшеницу, кукурузу, рожь, ячмень и овес)[5].

Наша страна становится крупным экспортером зерна на мировом рынке. При этом за 50 лет после отмены крепостного права объем экспорта вырос в 7 раз (табл. 3.2)[6].

Таблица 3.2

Динамика экспорта хлеба из России

Годы	тыс. пудов	% к 1861 – 1870
1861 – 1870	104970	100
1871 – 1880	240559	229
1881 – 1890	357741	341
1891 – 1900	442653	422
1901 – 1910	612121	583
1909 – 1913	727426	693

Объемы экспорта неуклонно возрастали, хотя с начала 80-х гг. начался длительный аграрный кризис в связи с изменением конъюнктуры рынка во всем мире. Цены на внешнем рынке резко упали. Так, если в 1871–1875 гг. за пуд пшеницы платили 90,1 копейки, ржи – 65,7 и ячменя – 60,6, то в 1891–1895 гг. соответственно 55,6; 46,6 и 35,9 копейки[7]. Падали цены и на внутреннем рынке. В отдельных регионах они снизились с 1 рубля в начале 80-х гг. до 20 копеек за пуд в 90-х гг. Этот аграрный кризис серьезно повлиял и на сельское хозяйство России. Кого-то он разорял и вынуждал уйти из этой сферы экономики, а кого-то стимулировал модернизировать производство. В целом хозяйство как у крестьян, так и у помещиков велось экстенсивно. Это несмотря на то, что Россия уже располагала научными разработками, имела специальные печатные органы, университетские кафедры и такую мощную трибуну, как Императорское Вольное экономическое общество.

Н.Д. Кондратьев в своей книге “Рынок хлебов” приводит данные А.А. Кауфмана об урожайности хлебов на крестьянских и владельческих (помещичьих) землях (табл. 3.3)[8].

Таблица 3.3

Урожайность хлебов, в пудах с десятины*

Периоды	Крестьянские земли		Владельческие земли	
	пудов	%	пудов	%
1861 – 1870	29	100	33	100
1871 – 1880	31	107	37	112
1881 – 1890	34	117	42	127
1891 – 1900	39	134	47	142
1901 – 1910	43	148	54	164

* Пуд – 16,3 кг; десятина – 2 400 кв. сажень – 1,09 га

Нетрудно заметить, что медленный рост урожайности налицо в обоих секторах хозяйств. Однако в помещичьих хозяйствах выше темпы и абсолютный уровень. Если в 60-е г. разрыв между ними составлял только три пуда на десятину в пользу землевладельцев, то в 10-х гг. XX столетия он уже равнялся 11 пудам. Удивляться этому не приходится: ведь после реформы 1861 г. крестьянин не стал подлинным собственником земли, собственником была община. Частые переделы в связи с изменениями состава семей вызывали невообразимую чересполосицу и парцеллярность. Крестьянин не знал, где он будет пахать и сеять через несколько лет. Из-за слабой обеспеченности скотом единственный вид удобрений – навоз всегда был в дефиците. Архаичные орудия обработки почвы, повсеместная трехполка в центральных районах России, – все это не создавало объективных условий для роста урожайности. Помещичьи хозяйства располагали большими возможностями и, при наличии умного хозяина, использовали эти возможности.

Из всего сказанного можно сделать вывод, что полностью своих задач реформа 1861 г. не выполнила. Главное в том, что крестьянин оставался экономически закабаленным: землей владела община, выкуп чрезвычайно высок, еще долго сохранялась экономическая зависимость от помещика. П.И. Лященко ссылается на сообщение курского губернатора, в котором говорится, что сельское хозяйство "осталось в том же диком состоянии, в каком оно было прежде, как у помещиков, так и у крестьян"[9]. Но крестьяне были переобременены платой за землю. "Крестьянские земли были обложены в 10, 20 и даже в 40 раз более, чем помещичьи. Тогда как в помещичьем хозяйстве платежи составляли 2–10% доходности, в крестьянском хозяйстве они везде превышали 50%. Вообще на 208 млн. рублей податных сборов, падавших на все сельское хозяйство, крестьяне платили 195 млн. рублей и помещики 13 млн. рублей"[9].

Какие же процессы происходили в это время с земельным фондом? По первой земельной переписи в 1877 г. после реформы в 49 губерниях числилось 391 млн. десятин, из них к "крестьянским надельным" относились 131,4 млн. десятин (33,6%), к частным владениям – 93,4 млн. (23,8%) и казне принадлежало 150,4 млн. десятин (38,5%). Если же проследить динамику изменения частновладельческих земель, по сословной принадлежности, то получается следующая картина (в %) (табл. 3.4.)[10].

Таблица 3.4

Сословная принадлежность	1877 г.	1887 г.	1905 г.
Дворянские владения	77,8	68,3	52,5
Крестьянские	7,0	13,1	23,9
Купцов и мещан	14,2	16,3	20,0

Дворянское землевладение сокращается, приобретают землю зажиточные крестьяне и люди других сословий. Продолжается заклад имений. Анализ заложенных в Дворянском банке землевладений показывает, что сами владельцы вели хозяйство в 80-х гг. в 40% случаев, а в конце 90-х гг. – только в 29%. Сдача же в аренду за это время выросла с 39 до 51%[11]. Аренда и издольщина для землевладельца – дело беспроигрышное: при хорошем или плохом урожае он всегда получит свою долю. Хуже это для арендатора и издольщика: в случае неурожая он обязан все равно по договору за землю расплачиваться. Аренда и прикупка земли, залог и другие операции с недвижимостью приобретают широкие масштабы.

Реформа ускорила переход к капиталистическим методам хозяйствования: производству продукции для рынка, найму рабочей силы; специализации регионов и хозяйств; интенсификации производства; расширению частнособственнических хозяйств и приобретению земли в собственность. Возрастают поставки и переработка сельскохозяйственного сырья на открываемых предприятиях. Так, переработка сахарной свеклы в юго-западных губерниях возросла за время с 1860 по 1882–1883 гг. с 5,5 млн. до 22,9 млн. берковцев (берковец = 10 пудам = 163 кг). Переработка картофеля на спирт за это же время выросла с 5,5 млн. до 43 млн. пудов. Вместо экстенсивных овцеводческих латифундий на юге с десятками тысяч десятин каждая возникают крупные специализированные хозяйства по выращиванию товарного зерна. В нечерноземной полосе создаются молочные и мясные предприятия товарного типа[12].

Общим итогом реформы 1861 г. можно считать ликвидацию рабства, правовое уравнение всех сословий общества, ускоренное развитие рыночно-капиталистических отношений, выход России на мировой аграрный рынок, стимулирование развития промышленности и транспорта, расширение внутрироссийского рынка. Рыночно-капиталистические отношения охватили практически все помещичьи хозяйства, а также часть крестьянских слоев. Зажиточные крестьяне сами становятся поставщиками товарной продукции и применяют наем рабочей силы. Беднейшие же слои продают свою рабочую силу и часто сдают в аренду свой земельный надел. Иначе говоря, в обществе происходит дифференциация. Однако основная масса крестьянства ведет еще натуральное хозяйство. Производство служит единственной цели – жизнеобеспечению самой крестьянской семьи, и здесь законы капиталистического хозяйства еще не действуют.

Реформа была проведена руками дворян-землевладельцев, и, естественно, интересы дворянского сословия не были забыты. Крестьянский вопрос до конца не был решен, если вообще его можно было решить “до конца”. Тяжесть выкупа, власть общины, податное бремя, чересполосица и плохое землеустройство, нарастающее малоземелье, архаизм хозяйствования и многое другое все больше обостряли недовольство многомиллионных слоев крестьянства, несли в себе семена острейших социальных конфликтов и ставили вопрос о необходимости проведения новой реформы.

АГРАРНАЯ НАУКА В ПОРЕФОРМЕННЫЙ ПЕРИОД

Говоря в начале этой главы о выдающихся достижениях литературы и искусства во второй половине XIX в. как важнейшей отличительной черте этой эпохи, мы сознательно не коснулись науки, чтобы сказать о ней особо. В это же время наука России также выдвинула множество имен, снискавших мировое признание, с которыми связан прогресс различных направлений: математик Пафнутий Чебышев, физиолог Илья Сеченов, химик Дмитрий Менделеев, почвовед Василий Докучаев, физиолог Иван Павлов, уже в начале нового века, в 1904 г., ставший нобелевским лауреатом. Успехи русской исторической науки тех лет в решающей мере определили Василий Ключевский и Сергей Соловьев.

Многие выдающиеся люди этой эпохи выступали как бы в двух или трех ипостасях: ученых, писателей и революционеров.

Если в прошлом интеллектуальным трудом занимались преимущественно выходцы из дворянского сословия, то в 60-е гг. плотными рядами выступили на российскую историческую сцену разночинцы – выходцы из других, недворянских сословий русского общества, которым, как бы мстя дворянству за мятежное посягательство на трон, Николай I дозволил приблизиться к образовательным учреждениям и чиновным ступеням. Они составили ядро "шестидесятников", а также и последующих поколений. Основным органом печати, идеологом движения разночинцев, стал некрасовский "Современник". Виднейшим представителем этой когорты был Николай Гаврилович Чернышевский (1828–1889).

Чернышевский родился в семье священника в городе Саратове. Окончил здесь же духовную семинарию и историко-филологический факультет Петербургского университета. Испытал влияние Гегеля, Фурье, Рикардо, Фейербаха, Белинского и Герцена. Преподавал литературу в Саратовской гимназии, затем работал в редакциях "Отечественных записок" и "Современника" в Петербурге. В 1855 г. защитил магистерскую диссертацию по эстетике. Вскоре стал родоначальником и идейным вождем народничества, вдохновителем создания революционной организации "Земля и воля". В июле 1862 г. арестован. В тюрьме и сибирской ссылке провел более 20 лет, с 1883 г. переведен в Астрахань под надзор полиции, и лишь за 4 месяца до кончины в 1889 г. ему было разрешено вернуться в родной Саратов.

В трудах по аграрному вопросу, в значительной мере способствовавших усилению антикрепостнических мнений накануне реформы, – это прежде всего следующие работы: "О земельной собственности" (1857), "О новых условиях сельского быта" (1858), "Устройство быта помещичьих крестьян" (1858), "Критика философских предубеждений против общинного владения" (1858), "Суеверие и правила логики"(1859), "Очерки политической экономии (по Миллю)" (1861) – Чернышевский выступал за революционное решение крестьянского вопроса, за общинную собственность. Он видел в общине форму перехода к социалистической формации. Он понимал, что экономические формы (феодализм, капитализм и др.) имеют исторически обусловленные пределы, они переходны. Он надеялся, что Россия еще сможет избежать "язвы пролетариатства". Он мечтал о том, что "отдельные классы наемных работников и нанимателей труда исчезнут, заменившись одним классом людей, которые будут работниками и хозяевами вместе"[13].

Частную собственность на землю Чернышевский называет "местной припаркой" для большого организма. Он пишет: "Позаботьтесь о том, чтобы мы получили хорошую администрацию и справедливый суд, тогда вы увидите, что... общинное владение не будет мешать успехам сельского хозяйства, потому что тогда будет исчезать наша бедность и явятся те условия, которых теперь нет и без которых ни при какой системе земледелия сельское хозяйство не может прийти в удовлетворительное состояние"[14].

Чернышевский внимательно анализирует условия землепользования в Северной Америке того времени с огромными просторами свободных земель и в России, особенно в ее густонаселенных районах. Взгляды Чернышевского по проблемам русского общинного землепользования относятся к кульминационным моментам исторического спора об общине (не законченного и сегодня), не снятым ни усилиями социалистов начала XX в., ни крайних реакционеров типа Победоносцева, ни современных реформаторов.

Ярчайшей фигурой в агроэкономической науке пореформенного периода является Александр Николаевич Энгельгардт (1832–1893). Мы не будем рассматривать его специальные работы по агрохимии. Сосредоточимся лишь на классическом труде "Из деревни. 12 писем 1872–1887". Это на редкость талантливое сочетание художественной прозы с глубоким экономическим и социальным анализом пореформенной деревни, живой слепок из реальной жизни, освещенный научным анализом. Неординарна также и сама личность ученого.

А.Н. Энгельгардт – далекий прапра... правнук плененного войсками Ивана Грозного в 1558 г. ливонского рыцаря Роберта Энгельгардта с тремя сыновьями. Позднее они приняли православие, и эта семья дала многих видных деятелей и патриотов России. Недавно скончавшийся на 91-м году жизни академик Владимир Александрович Энгельгардт рассказывал автору этих строк, что большая семья Энгельгардтов делилась на три ветви: петербургскую, смоленскую и ярославскую. Знаменитый биохимик Владимир Александрович (в годы гражданской войны – начальник госпиталя Первой конной армии) принадлежал к ярославской, а Александр Николаевич – к смоленской ветви.

Профессор химии и основоположник агрохимии, организатор первого химического журнала, талантливый исследователь в годы Крымской войны успешно занимался отливкой пушек для армии. Блестящий офицер и педагог одновременно состоял в революционной организации "Земля и воля", за что и поплатился пожизненной ссылкой в небольшое село Батищево Смоленской губернии. Это имение располагало всего 618 десятинами удобной земли, а старопахотной оставалось только 88 десятин. Нужны были коренная мелиорация, расчистка залежей, удобрения, травосеяние. Этим и занялся хозяин. Но не только этим.

А.Н. Энгельгардт получает письмо от М.Е. Салтыкова-Щедрина с просьбой "изобразить современное положение" русской деревни, ее быт. И Александр Николаевич в течение 15 лет (из 22 лет сельской жизни) "изображал" ее в своих знаменитых письмах, имеющих огромное научное значение. Не будем останавливаться на его народническом мировоззрении и соответствующих рассуждениях, на его успешном хозяйствовании чисто капиталистическими методами, о чем очень лестно в свое время отозвался В.И. Ленин, посвятив истории хозяйства Энгельгардта целый раздел своей работы "Развитие капитализма в России"[15].

Энгельгардт понимал, что после отмены крепостного права должно измениться как крестьянское, так и помещичье хозяйствование. Он писал: "Если в хозяйстве выделяете какое-нибудь существенное изменение, то оно всегда влияет на все отрасли его и во всем требует изменения. В противном случае нововведение не прививается"[16].

Понимая необходимость изменения системы со всеми ее элементами, он на первое место ставит человека, хозяина: "Различные факторы в хозяйстве, по их значению, идут в таком порядке: прежде всего хозяин, потому что от него зависит вся система хозяйства, и если система дурна, то никакие машины не помогут; потом работник, потому что в живом деле живое всегда имеет перевес над мертвым; хозяйство не фабрика, где люди имеют второстепенное значение, где стругающий станок важнее, чем человек, спускающий ремень со шкива; в хозяйстве человек прежде всего; потом лошадь, потому что на дурной лошади плуг окажется бесполезным; потом уже машины и орудия. Но ни машины, ни симментальский скот, ни работники не могут улучшить наши хозяйства. Его улучшить могут только хозяева"[17].

Энгельгардт связывает будущее российского сельского хозяйства с культурным крестьянином. Он пишет: "Я убежден, что нам более всего нужны интеллигентные мужики, деревни из интеллигентных людей, что от этого зависит наше будущее"[18].

Он подчеркивает, что "нет химии русской, английской или немецкой, есть только общая всему свету химия, но агрономия может быть русская, или английская, или немецкая... Мы должны создать свою, русскую агрономическую науку, и создать ее могут только совместные усилия ученых и практиков, между которыми необходимы практики, теоретически подготовленные"[19].

А.Н. Энгельгардт ратует за артель, за артельное хозяйство. Он говорит не об общине, а об артели. Он пишет: "Я пришел к убеждению, что у нас первый и самый важный вопрос есть вопрос об артельном хозяйстве. Каждый, кто любит Россию, для кого дорого ее развитие, могущество, сила, должен работать в этом направлении. Это мое убеждение, здесь в деревне выросшее, окрепшее"[20].

Выступая столь решительно за артельное хозяйство, Энгельгардт тем не менее не попытался последовать опыту Роберта Оуэна, не создавал "новых гармоний" или "городов солнца". Он стал на путь модернизации своего хозяйства чисто капиталистическими методами: перешел на наемный труд, завел севообороты с клеверами, стал вносить удобрения, приобретать технику.

О русской агрономии он заговорил тогда, когда перечитал по этой науке уйму книг, не найдя в них дельных советов, пригодных для местных российских условий конца XIX в.

Еще одно существенное положение. Энгельгардт считает необходимым перерабатывать продукцию на месте, использовать все отходы. Промышленность должна размещаться в сельской местности. Он пишет: "Нужны не фабрики, не заводы, а маленькие деревенские винокурни, маслобойни, кожевни, ткачевни и т.п., отбросы от которых тоже будут с пользой употреблены в хозяйствах"[21]. К сожалению, этот вопрос не решен в российской аграрной сфере и по сей день, отчего страна несет огромные потери.

Итак, система хозяйства, учитывающая все изменяющиеся факторы производства и быта, должна включать: культурного, образованного человека как центральный фактор; тесный союз науки и практики; артельный принцип организации труда; переплетение сельского хозяйства с перерабатывающей промышленностью. Многие идеи Энгельгардта получат развитие в начале XX в. в трудах организационно-производственной школы. Наряду с этим он успешно поставил свое хозяйство, за 15 лет удвоив урожаи.

Энгельгардт имел учеников. В их числе были выдающиеся ученые А.С. Ермолов и П.А. Костычев. Кроме того, первый из них стал министром, а второй директором Департамента земледелия. Частыми гостями в Батищеве у опального ученого были В.И. Вернадский и В.В. Докучаев, с которыми он поддерживал дружеские связи до конца жизни.

Видное место в пореформенный период принадлежит представителю агроэкономической науки Александру Васильевичу Советову (1826–1901). Он был, как и многие его предшественники, агрономом-экономистом. Родился в селе Гульнево Дмитровского уезда Московской губернии. Окончил Дмитровское духовное училище, Троице-Сергиевскую духовную семинарию и Горыгорецкий земледельческий институт. В течение двух лет проходил стажировку в Германии, Австрии, Бельгии, Голландии. По возвращении занял кафедру сельскохозяйственной технологии в Горыгорецком институте, а с 1859 г. – кафедру сельского хозяйства Петербургского университета. В течение 12 лет был деканом физико-математического факультета, 25 лет редактировал Труды Вольного экономического общества, долгие годы состоял членом Ученого совета Министерства земледелия. Написал ряд статей в словаре Брокгауза и Ефрона. Имел небольшое имение в Клинском уезде, которое превратил в своеобразную опытную станцию. Отличался гуманностью, демократичностью, его называли "совестью русской агрономии."

Основные работы Советова: "Разведение кормовых трав на полях" (1859) и "О системах земледелия" (1867) – продолжают и развивают идеи А.Т. Болотова, В.А. Левшина, Д.М. Полторацкого и других агрономов-экономистов прошлого. Он занимался также историей сельского хозяйства и написал работу: "О земледелии в древней России" (1866). Хорошо владея данными по отечественному и мировому сельскому хозяйству, он сосредоточился на системах земледелия. Советов отмечал, что подсечно-огневая система еще в 60-х гг. существовала в Америке и северных лесных губерниях России, а залежная – в южных степных районах, показал эволюцию систем и неизбежность перехода к более интенсивным.

Советов писал: "Россия в своих обширных пределах заключает местности, совершенно различные по климату, почвам, народной деятельности. Однообразия в ее системах земледелия, казалось бы, и быть не могло, и, однако ж, вследствие преобладания одинаковых общественных и экономических условий, повсюду видим мы у себя поразительное однообразие форм земледелия, несмотря на все различие территориальных условий"[22]. Таким образом, Советов совершенно обоснованно придает решающее значение в формировании систем не природным, а общественным факторам. Он показал взаимосвязь форм земледелия и скотоводства: форм земледелия, очевидно, очень много, но все они могут быть подведены под две категории, смотря по тому, в каком отношении находятся они к скотоводству"[23]. Исходя из этого, главными типичными являются:

1. Независящие от скотоводства как источника удобрения, или вольные: а) огневая и б) переложная;

2. Зависящие от скотоводства: а) паровая и б) плодосменная. Дальше он подробно излагает эти четыре типа систем. Поражают обилие фактического материала по России и другим странам мира, иллюстрирующего эволюцию систем, ссылки на исследования ученых, опыт хозяйств. Особо останавливается он на земледельческом опыте России, начиная с древнейших времен: "По древним русским законам, и в самой жизни на Руси никто не был исключен из права поземельной собственности, только бы имел средства приобрести ее. Кто успел расчистить участок, кто положил в него труд и капитал, тот был и собственник; завоеванный его трудом участок назывался частным или вотчинным... Во всех обществах бывают и богатые и бедные; так было и на Руси. Еще в XI в. здесь являются бездомные бобыли, ролейные закупы, которые охотно садятся на чужие земли общинные; но чем дальше развивается русский народ, тем больше является охотников жить на чужих землях"[24].

Советов резко отзывается о крепостном праве, не приемлет его. Пишет, что изжившая себя трехполка должна пасть вместе с падением крепостничества. Он показывает преимущества плодосменной системы, отмечая, что она не новое изобретение, а была известна еще в древности. К нам пришла из Англии, а в Англию из Бельгии. Но плодосменность нельзя путать с интенсивностью, эта система может вестись как на очень интенсивном, так и на экстенсивном уровне. России, по его мнению, пора переходить к большему многообразию культур. При этом он подчеркивал, что без скотоводства в условиях России успешным земледелие быть не может.

Близким к А.В. Советову по направлению научной деятельности находился другой агроном-экономист пореформенного периода – Иван Александрович Стебут (1833–1923). Он воспитал не одно поколение русских специалистов сельского хозяйства и оказал заметное влияние на развитие науки, опытного дела, обучение кадров. В круг его интересов входили такие вопросы, как система хозяйства, возделывание полевых культур, известкование, гипсование и удобрение полей, практика хозяйствования; методология опытного дела и учебный процесс; высшее сельскохозяйственное образование.

И.А. Стебут родился в г. Великие Луки Псковской области, в семье аптекаря, выходца из литовской дворянской среды. Окончил Петербургскую гимназию, Горыгорецкий земледельческий институт, где был оставлен для преподавания и работы на опытной ферме. В течение года изучал состояние сельского хозяйства в Остзейских губерниях, а затем два года знакомился с этим предметом в Германии, Бельгии, Англии, Шотландии, Франции. Слушал лекции Лемана, Пабста, Буссенго и других видных ученых того времени. С 1860 г. он – младший профессор Горыгорецкого института, а после закрытия последнего в связи с активным участием студентов в польском восстании, переехал на короткое время в Петербург, а с 1865 по 1895 г. работал в Петровской сельскохозяйственной академии в Москве. С 1875 г. оставил по состоянию здоровья кафедру, но продолжал вести преподавательскую работу и управлял имением Кроткое в Ефремовском уезде Тульской губернии. С 1898 г., будучи председателем Ученого комитета Министерства земледелия, продолжал управлять имением, превращенным в образцовое хозяйство.

Трудом жизни И.А. Стебута является капитальная монография: "Основы полевой культуры и меры к ее улучшению в России" (1873–1879). На данных мирового и отечественного опыта, массы исследований и обобщений автор обосновывает экономику, организацию, технологию производства растениеводческих продуктов с учетом биологических требований культур и условий внешней среды.

Он подробно рассматривает паровой клин: зеленый, черный, занятой и полупар; паровые растения, возделываемые для корней (сахарная и кормовая свекла), для клубней (картофель и топинамбур), для стеблей (кольраби), для листьев (табак, вайда), для стеблей и листьев (капуста, кормовая кукуруза), для цветочных частей (сафлор и шафран), для соцветий (хмель), для плодов (тыква), для зерен (кукуруза), бобов (фасоль и конские бобы), для масла (озимый рапс, сурепица, подсолнечник, мак, кунжут, клещевина, арахис), для волокна (хлопок); полевой клин с зерновыми хлебными растениями (пшеница, рожь, ячмень, овес, просо, рис, гречиха), бобовыми (горох, чечевица, вика, чина, горчица, китайская редька), пряными (тмин, анис, укроп, кориандр), прядильными (лен, конопля), красильными (серва), однолетними кормовыми травами (вика, сераделла, люпин, могар); луговой клин с многолетними травами (клевер, люцерна, эспарцет, тимофеевка, травосмеси)[25].

Стебут рассматривает систему хозяйства, систему полеводства, севооборот и систему культуры растений. Это уже шаг вперед в развитии учения о системах сельского хозяйства, их дальнейшая детализация. Систему хозяйства он понимает как взаимоувязанную совокупность частей, составляющих саму хозяйственную единицу, предприятие. Система хозяйства "...зависит от климатических, почвенных, главным же образом экономических условий данной местности: от того, что требуется и что можно производить в данной местности; от того, как далеко приходится отвозить произведения на рынок; от того, как густо население, как высока цена земли и легко или трудно можно иметь оборотный капитал, необходимый для ведения хозяйства. Насколько разнообразны условия, настолько разнообразная может быть система хозяйства"[26].

И дальше: "...как система хозяйства, так система полевого хозяйства и система культуры могут быть различны по количеству капитала и труда, которых требует их выполнение на единицу пространства (десятину); они более интенсивны... если выполнение их требует сравнительно большего, и более экстенсивны... если оно требует сравнительно меньшего количества труда и капитала на десятину земли. Из вышесказанного следует, что цель полевого хозяйства – извлечение из земли возможно высокого и постоянного дохода с помощью возделывания полевых растений – достигается известной организацией этого хозяйства и применением известных культурных приемов"[27]. Красною нитью проходит мысль "получения наиболее выгодных урожаев" и "наиболее высокого дохода".

Великий русский химик Дмитрий Иванович Менделеев (1834–1907) в научных изысканиях не ограничивался лишь химией, а в своей деятельности одной только наукой. Его энергия, пытливость, работоспособность, кругозор, интеллектуальный потенциал позволили охватить умом и руками многие сферы человеческих интересов. Он успешно вел хозяйство в своем имении Боблово в Клинском уезде Московской губернии, занимался исследованиями по растениеводству и животноводству, мелиорации и лесоводству, виноделию и сыроварению, пищевой индустрии и экспорту хлеба, другим аграрным проблемам. Принципиальное значение имеют его идеи и предложения по общим вопросам сельского хозяйства.

Менделеев считал, что современное сельское хозяйство начинается только там, где соблюдаются следующие условия: а) создаются более выгодные человеку породы животных и растений; б) осуществляется сбыт продукции на сторону в качестве товара; в) развивается специализация; г) неуклонно сокращается доля затрат физического труда за счет применения машин[28].

Сельское хозяйство, по Менделееву, представляет собой "страшную сложность задач"[29]. Суть в том, что оно имеет дело с лучистой энергией солнца; землей, водой и воздухом; живыми организмами; капиталом и трудом[30]. При этом "сельский хозяин больше раб, стесненный в своих действиях, чем большинство других промышленников. Они свободнее, властительнее владеют огнем, колесом и паром, чем хозяин может владеть даже почвою, хотя ею уже и начали более или менее распоряжаться с давних пор, вводя обработку и удобрения"[31].

Менделеев напоминает, что непременными условиями для "современного сельского хозяйства должны считаться земля, капитал и труд, подразумевая под землей всю совокупность материала и вечно бодрых сил природы, действующих независимо от воли людей... Капитал есть в известном смысле материализованная история людского труда"[32].

Менделеев обосновывает положение о том, что сельское хозяйство нуждается в гораздо больших капиталах, чем любая другая отрасль народного хозяйства. Он доказывает необходимость улучшения самой земли, приобретения машин и орудий, возведения построек и сооружений. Когда-то все делалось в домашних условиях, по-робинзоновски. Но эти времена давно прошли. "Капиталы нам до крайности необходимы... особенно в сельском хозяйстве"[33]. Он ратует за развитие специализации, большого приложения к земле капитала и науки. Предлагает покрыть страну сетью образцовых ферм "с немногочисленными, строго определенными задачами, например, с разведением хороших пород скота... с еще более тесными и простыми требованиями разнообразнейшего свойства, смотря по спросу, почве и климату..."[34] И дальше: "...капиталы и науки не родятся без земли, труда и специализации и что для самого насаждения наук нельзя обойтись без капиталов, а их без наук распределять легче, чем кажется на первый взгляд"[35].

Все сказанное свидетельствует о прозорливости Д.И. Менделеева. Великий химик многое видел и понимал лучше, чем его коллеги, непосредственно занятые в сельском хозяйстве. Он был свободен от некоторой зашоренности, смотрел шире, глубже и дальше. Он чувствовал невообразимую сложность той суперсистемы, какую представляет собою сельское хозяйство. И как плохо выглядит Петербургская Академия наук, так и не сумевшая избрать великого ученого действительным членом, остававшимся в течение 30 лет, до конца жизни, ее членом-корреспондентом.

До 70-х гг. прошлого века самостоятельного курса в учебных заведениях и самостоятельной научной дисциплины "Экономика сельского хозяйства" не было. Экономика и организация входили в агрономию. И агрономия имела широкий профиль, включающий экономические вопросы. Впервые самостоятельный курс экономики был подготовлен Алексеем Петровичем Людоговским (1840–1882)[36]. Он же возглавлял впервые созданную кафедру экономики в Петровской сельскохозяйственной академии.

Учебник состоит из четырех разделов: политической экономии и сельскохозяйственной экономии, составляющих вместе теоретическую часть, затем – организации хозяйства и счетоводства, названных частью практической. По поводу этого первого русского труда по экономике сельского хозяйства в советское время было сказано и написано много нелестного, автор был забыт и нигде не упоминался. Даже добросовестнейший исследователь Ф.С. Крохалев на каждой странице соответствующего раздела называет Людоговского не иначе как "буржуазным" ученым, упрекает его за ссылку на Мальтуса, на неоригинальность всей работы. Став на такой путь, можно очернить и выбросить всех ученых, не успевших освоить марксизма-ленинизма, начиная с Вильяма Петти и Адама Смита. Ознакомление же в оригинале с трудами Т. Мальтуса показывает, что мы знаем далеко не всего Мальтуса и судим на основе одной лишь критики его ошибок методологического характера, а пишем о нем только в ругательном духе.

В предисловии к своему труду Людоговский пишет, что "цель сочинения – дать книгу на русском языке, не существовавшую доселе, которая могла бы служить источником изучения по возможности цельного круга знаний, относящихся к экономической стороне сельскохозяйственного производства и приобретающих у нас более и более возрастающее значение"[37].

В очень сжатой, изложенной на 76 страницах политэкономической части даны основные понятия классической политэкономии. Автор использует работы Дж. Милля, В. Рошера, К. Тау и др. Он исходит из трех основных положений: а) существования в стране неограниченного права собственности; б) свободного труда и в) неограниченной конкуренции на рынке[38]. Все это ничего другого не означает, как типичное рыночное капиталистическое хозяйство.

Раздел сельскохозяйственной экономии полностью оригинален. Здесь рассматриваются внутренние признаки систем хозяйства: интенсивность, способ обеспечения плодородия почвы, экономическое положение скотоводства, распределение земли между кормовыми и товарными растениями.

Затем дается характеристика самих систем хозяйства и их история: пастбищной, переложной, зерновой, улучшенной зерновой, плодосменной, выгонной, травяной и вольного хозяйства. При описании географического размещения систем хозяйства Людоговский ссылается на работу И.Г. Тюнена, но тут же формулирует 8 условий отклонения от идеальной схемы Тюнена в реальных условиях России[39].

В третьем разделе излагаются принципы и методы организации земельной площади, применения удобрений, производства растениеводческих и животноводческих продуктов, рабочей силы, капиталов, управления[40]. Четвертый раздел целиком посвящен простому и двойному счетоводству, ведению главной книги[41].

Крупнейший экономист в области сельского хозяйства конца XIX – начала XX в. – Алексей Иванович Скворцов (1846–1914), профессор Новоалександрийского института сельского хозяйства и лесоводства (современный город Пулавы к югу от Варшавы), эвакуированного в начале первой мировой войны в Харьков. Он автор трехтомного учебника "Основы экономики земледелия". Первый том, посвященный учению о внешних факторах хозяйства, написан в 1900 г., вышел третьим изданием под редакцией профессора Н.Н. Кажанова в 1925 г. Второй том – "Учение о формах хозяйства" также в 1925 г. и третий – "Организация сельскохозяйственных предприятий и сельскохозяйственное счетоводство" – в 1926 г. Все три книги вышли в издательстве Брокгауза-Ефрона и больше в России и СССР они не издавались. Первый фундаментальный труд, представляющий собой докторскую диссертацию автора, "Влияние парового транспорта на сельское хозяйство" издан в Варшаве в 1890 г. Начнем с него.

Весь 700-страничный том фактически посвящен одному вопросу: как развитие железнодорожного транспорта влияет на экономику и организацию сельского хозяйства. При этом Скворцов впервые заменяет термин "экономия" на "экономика". Он подробно излагает суть учения Тюнена и его метода*, подвергнув конструктивной критике его "Изолированное государство", рассматривает учение Рикардо, теорию ренты Ротбертуса, характеризует современный железнодорожный и водный транспорт, показывает влияние улучшенных путей сообщения и парового транспорта на промышленность, торговлю и цены, развитие и размещение сельского хозяйства.

Весь труд свой А.И. Скворцов резюмирует следующими словами: "Огромное удешевление транспорта уничтожает значение того единственного фактора, который вынуждал концентрическое расположение систем хо-

* В советской экономической литературе в адрес Тюнена можно было прочесть только брань да ссылку на одно критическое замечание К. Маркса по его адресу. В действительности это был исключительно добросовестный и по-немецки пунктуальный исследователь. Автору этих строк в конце 80-х гг. довелось в Ростокском университете ознакомиться с архивом Тюнена, полистать рукописные варианты его главного труда, посетить его могилу на сельском кладбище недалеко от Ростока, побывать в его доме и усадьбе Теллов, где энтузиастами из местной школы устроен музей с инвентарем и техникой начала XIX в. Руководитель музея рассказал, что многие годы жизни большого ученого и землевладельца были омрачены длительной судебной тяжбой в мекленбургском земельном суде. Дело в том, что Тюнен прибыль от своего хозяйства в значительной части делил между своими работниками, считая это справедливым. Для соседних баронов это был дурной пример, подрывавший их личные доходы. Они обозлились на ученого и завели против него судебное дело.

зяйства... и, наоборот, выдвигает вперед значение естественных факторов, определяющих строй хозяйствам, следовательно, дает возможность сделать хозяйства технически рациональными; при этом каждое хозяйство будет производить, при помощи соответствующих приемов, только те продукты, которые (при данных естественных условиях) могут быть произведены в наибольшем количестве и наилучшего качества с единицы площади и вместе с тем с наименьшей, сравнительно с другими областями и хозяйствами, затратой труда и капитала"[42]. Эти идеи корреспондируются с теорией "штандорта", обстоятельно разработанной применительно к сельскому хозяйству Ф. Аэребоэ[43], Е. Лауром[44], Т. Бринкманом[45], а к промышленности – А. Вебером[46].

Скворцов считает, что "каждое земледельческое хозяйство представляет организм, все части которого находятся между собой в определенной связи, в постоянном взаимодействии, и для правильного функционирования этого организма органы его, – которым в данном случае отвечают отрасли хозяйства, – должны находиться в определенном сочетании"[47]. И дальше: "...способ ведения хозяйства определяется не одними природными условиями данной местности и даже не этими условиями прежде всего, а главным образом теми требованиями, которые предъявляет рынок..."[48] Таким образом, здесь ясно и четко выражена рыночная ориентация хозяйства. Прибыль и рента выдвигаются в качестве цели производства.

Скворцов пишет, что "экономика земледелия изучает законы образования ренты при различных естественных и общественных условиях и указывает приемы (технику), с помощью которых при данной комбинации условий хозяйства получается наивысшая возможная в данном случае рента"[49].

Системой хозяйства, по Скворцову, называется "та форма сочетания элементов производства (природы, труда и капитала), которая определяет собою способ получения ренты в данном хозяйстве, указывая главный род продукта, который это хозяйство поставляет на рынок"[50].

К внешним факторам хозяйства Скворцов относит прежде всего транспорт, затем формы землевладения (частное, общинное и др.), государственную экономическую политику, природные условия. Автор показывает преимущества "участкового", или "отрубного", или хуторного землепользования перед общинным. К концу столетия во многих районах Европейской России община уже умирала, отживала.

В учении о формах хозяйства дается история и эволюция систем хозяйства, сочетание систем хозяйства с системами полеводства, географическое размещение систем хозяйства в мире, способы повышения ренты в различных условиях[51].

Третий том трудов А.И. Скворцова посвящен организации сельскохозяйственного предприятия: организации территории, выбору систем хозяйства и полеводства, организации скотоводства, применению удобрений, рабочим силам, переработке продукции, капиталу и управлению, а также контролю и счетоводству[52].

Крупнейший ученый последней четверти XIX и начала XX в. – Алексей Сергеевич Ермолов (1846–1916), ученик А.Н. Энгельгардта, первый министр земледелия в правительстве Александра III. Его классический труд "Организация полевого хозяйства"[53], над которым он работал более 30 лет, если считать от первого до последнего издания, был переведен на многие языки и признан одним из лучших в Европе. Его содержание охватывает практически все стороны экономики и организации сельского хозяйства.

Ермолов дает четкое определение системы хозяйства, понимая ее как "характер хозяйства по степени его интенсивности, соотношению в нем производства животных и растительных продуктов, возделывания кормовых и непосредственно продажных растений и отчуждения продуктов земледелия и скотоводства в большей или меньшей степени переработки"[54]. Исходя из этих основных признаков, различаются системы интенсивные и экстенсивные, растениеводческие или животноводческие, реализующие сырые продукты или переработанные.

Под системой земледелия (или системой полевого хозяйства) понимается способ пользования территорией имения по отношению собственно к производству растительных продуктов"[55]. Основными признаками систем земледелия служат способы поддержания или восстановления производительных сил земли, доля тех или иных культур и сочетание отдельных групп между собой. Исходя из этих главных признаков различаются следующие системы земледелия: переложная (лесопольная или залежная); паровая (зерновая, улучшенная зерновая); многопольно-травяная, или выгонная; плодосменная; вольная и огородная. Важнейшим признаком, характеризующим систему земледелия, является севооборот, то есть "определенное чередование отдельных растений или отдельных способов эксплуатации земли в течение установленного ряда лет"[55].

Ермолов высказывает интересную мысль о выборе систем. Систему хозяйства владелец должен выбрать такую, которая при данных естественных и ценовых отношениях на труд, капитал и реализуемую продукцию обеспечивает максимальную прибыль. В рамках же системы хозяйства он может выбрать более подходящую систему земледелия. Что же касается севооборотов, то здесь выбор более широк, и он может остановиться на любом. При неверном выборе системы хозяйства дело может вовсе зайти в тупик и погибнуть, при ошибке с системой земледелия дело может пострадать и скомпрометироваться, а при неудачных севооборотах доход будет ниже оптимального.

Ученый подробно описывает системы хозяйства и земледелия, дает характеристику севооборотов по многочисленным регионам России, оценивает также общее состояние дел в стране. Россия экспортировала много зерна, ведя борьбу с Северной Америкой за европейские рынки. Но само хозяйство в целом велось экстенсивно, при редкой населенности и слабо развитом животноводстве. Россия экспортировала 33% сбора пшеницы, 41% ячменя, 44% кукурузы, 10% овса, тогда как США соответственно 10%, 5%, 3% и 1%[56]. Значительные масштабы экспорта отнюдь не свидетельствовали о действительном избытке зерна в России, как это нередко утверждается в нашей печати последних лет. Производство зерна на душу населения России было низким. Таким образом, Россия экспортировала в ущерб себе.

Ермолов был идеологом крупного товарного хозяйства. При этом он считал, что Россия должна быстрее преодолеть остатки феодализма и твердо идти европейско-американским путем. Он писал: "Развитие сельского хозяйства, как основной промышленности русского народа, должно идти у нас тем же путем, каким оно шло во всех других странах Европы. Всякое уклонение с этого пути, какими бы радужными, но несбыточными мечтаниями оно ни обставлялось, грозит полной гибелью всего экономического строя страны, разрушением культуры, всеобщим разорением и возвращением России ко временам варварства". Так он закончил свое знаменитое "Слово о земле"[57].

Ермолов считал, что прирезка земли крестьянам, уравнительность, национализация и экспроприация ничего не дадут, кроме смуты и разрухи. Нужны последовательные, спокойные, рассчитанные на длительные сроки крупные меры. Сюда он относит: интенсификацию и уход от архаичных систем хозяйства; упорядочение землепользования и переход к хуторскому хозяйству; право частной собственности на землю как для крестьян, так и для помещиков; широкомасштабную переселенческую политику с освоением незанятых земель на Востоке; сочетание крупных, средних и мелких хозяйств, с учетом их различных функций; передачу в собственность крестьян арендуемых ими земель; использование для крестьянских нужд 10-миллионного земельного фонда в Европейской части России; включение Крестьянского банка в операции по закреплению крестьянами земли в собственность с существенным снижением банковского процента; последовательное мирное, неторопливое решение аграрного вопроса. Эти принципы и были положены в основу аграрной реформы Столыпина.

Вторая половина XIX в., особенно его последняя четверть, отмечена высокой активностью российской аграрной науки, появлением новых имен и целых школ. Подробное изложение их воззрений, даже беглый обзор дать в рамках нашей работы невозможно. Многие из них не только находились на мировом уровне, стояли, по выражению Н.И. Вавилова, "на шарике", но кое в чем и опережали зарубежных исследователей. В это время развертывается работа таких выдающихся ученых, как почвоведы и специалисты по борьбе с засухой В.В. Докучаев, П.А. Костычев, А.А. Измаильский, физиолог растений, ученик и друг Ч. Дарвина – К.А. Тимирязев, экономисты А.Ф. Фортунатов, А.Н. Шишкин и многие другие.

Василий Васильевич Докучаев (1846–1903), уроженец села Милюково Сычевского уезда Смоленской губернии, окончил отделение естественных наук физико-математического факультета Петербургского университета. Работал там же доцентом, а затем профессором. Некоторое время был директором Новоалександрийского института и здесь впервые в России в 1895 г. учредил кафедру почвоведения.

Его работы "Русский чернозем" (1883), "Наши степи прежде и теперь" (1892), "Способы образования речных долин Европейской России" (1878) составили эпоху в мировой науке почвоведения. Он обследовал почвы Нижегородской, Полтавской, Казанской, Тульской, Курской, Орловской, Киевской, Саратовской, Ставропольской и других губерний, Донской, Кубанской и Терской областей и многих других регионов России. "Русский чернозем" – это научный отчет Вольному экономическому обществу по итогам экспедиций. Специальная экспедиция 1892 г. в Каменную степь Воронежской губернии под руководством В.В. Докучаева, куда входили, кроме почвоведов, ботаники, гидротехники, лесоводы, метеорологи и зоологи, заложила здесь систему лесополос, каскады прудов и разработала комплексную систему мер по борьбе с засухой и оживлению мертвых опустыненных почв, осуществив эти меры на деле. Так появился и ныне существующий зеленый оазис в сухой степи, успешно выдерживающий удары стихии. Здесь и расположен Научно-исследовательский институт сельского хозяйства центрально-черноземных районов им. В.В. Докучаева.

Важно отметить в научной работе В.В. Докучаева строгую системность его исследований, а также практическую реализацию полученных знаний. Работы В.В. Докучаева, П.А. Костычева, А.А. Измаильского фактически являются основой развивающейся в наши дни науки экологии. Ведь здесь все направлено на сохранение почвы, воды, флоры и фауны, на создание благоприятных условий для всего живого, включая и человека.

Работы В.В. Докучаева оказались весьма плодотворными. Его школа почвоведения долго лидировала в мире. На основе принципиальных положений учения В. Докучаева в XX в. были осуществлены крупные и широкомасштабные программы. И не будь мы столь однобоки и бессистемны в аграрной политике, воплощение их в жизнь могло бы обеспечить создание стабильного и эффективного земледелия в России. Это относится как к прошлому, так и к нынешнему столетию.

По данным Всероссийской переписи 1897 года, сельские жители составили 85% всего населения, а 74% жили за счет земледелия и животноводства. Уровень жизни был низким. Частыми были неурожаи и голод, охватывавший большие территории и уносивший много человеческих жизней. Особенно тяжелым был голод 1891 г. И не случайно В.В. Докучаев свою классическую работу "Наши степи прежде и теперь" предпослал словами: "Издание в пользу пострадавших от неурожая"[58].

Заключая краткий раздел об аграрной науке России второй половины XIX в., нельзя умолчать о Владимире Ильиче Ульянове (Ленине) (1870–1924). В его личности сконцентрировано многое, столь многообразна была его деятельность: экономист, философ, политик, государственный деятель, создатель крупнейшей Российской коммунистической партии (большевиков), профессиональный революционер. В период господства коммунистической идеологии любое отступление от духа и даже буквы, когда-то написанной им, строго каралось в нашей стране. Сейчас его имя чаще всего упоминается в негативном свете или же просто замалчивается. Но мы не можем быть Иванами, не помнящими родства. Хотя большевистские методы построения социализма и управления обществом связаны с морем крови невинных людей, с невообразимыми жестокостями и насилием, – это, к сожалению, наша история. И просто от нее отмахнуться нельзя.

Мы абстрагируемся здесь от политических, идеологических и философских сторон деятельности и работ Ленина. Возьмем только экономические работы 90-х гг. прошлого века. Трудно не заметить капитального труда В.И. Ульянова, изданного под псевдонимом "Владимир Ильин" – "Развитие капитализма в России" (1899). Эта работа базируется на огромном статистическом материале и вышла в свет через пять лет после выпуска Энгельсом третьего тома "Капитала" Маркса. Своим острием она направлена против народников и является убедительным документом, показывающим зарождение и рост капитализма в городе и деревне. В историческом плане капитализм по сравнению с феодально-крепостническим строем – явление положительное, и сожалеть об уходе "доброго старого времени" в этом смысле безрассудно.

Автор "Развития капитализма в России" скрупулезно исследует возникновение специализации, формирование специализированных районов по тем или иным культурам, рост переработки сельскохозяйственного сырья, покупок машин, возникновение внутреннего рынка, все большее производство продукции для продажи, социальное расслоение деревни. Он пишет: "Капитализм впервые сломал эти чисто средневековые перегородки (речь идет о феодальной раздробленности производства и производителей. – *А. Н.*) – и прекрасно сделал, что сломал... впервые подорвал под корень отработки и личную зависимость земледельца"[59].

Ленин считает, что община не является препятствием для проникновения и развития капитализма в деревне, на что упорно ссылались народники, видя в общине панацею от всех социальных зол. Дело в том, что капитализм неуклонно наступает в силу объективных законов экономического развития. Он прорастал и в феодальное поместье, и в общину, и в хуторную систему фермерского типа. И задерживать его развитие не стоит. Другой вопрос: как бороться с негативными проявлениями капитализма? Ленин делал ставку на революционные методы, на углубление дифференциации крестьянства, на пролетарские слои деревни, их союз с городским пролетариатом. Но есть другой путь – эволюционный, путь кооперации, объединения крестьян против ростовщиков, монополистов и эксплуататоров. Да и с государством кооперация, будучи хорошо организованной, может померяться силами. На этот путь в свое время встало большинство развитых стран мира.

ЭВОЛЮЦИЯ КРЕСТЬЯНСКОЙ ОБЩИНЫ

Крестьянская община – это исторический институт, появляющийся на определенных ступенях развития человечества. Б.Д. Греков писал: "С распадом родовых отношений у многих народов возникает сельская община как переходная ступень от родовой организации к политической"[60]. Общину знают практически все народы мира. Она не является чем-то специфически русским, присущим только одной России. В свое время славянофилы и народники пытались в этом уверить общество для обоснования русского особого пути развития, особого решения аграрного вопроса, особого менталитета русского крестьянина. Дело в том, что в России она дольше других стран задержалась, позднее здесь изживались феодальные элементы, медленнее шло капиталистическое развитие.

В XIX и XX вв. община стала разменной картой в борьбе различных политических сил. Характерно, что крайности здесь сомкнулись: как реакционеры во главе с Победоносцевым, так и социалисты, ратовали за сохранение и укрепление общины, но с диаметрально противоположными целями: одни видели в ней сохранение устоев самодержавия, православия и народности, а другие – быстрейший путь к социализму.

Что же представляет собою община в действительности, каков путь ее эволюции и как эта эволюция преломлялась в реальных условиях России?

Документальные сведения о восточно-славянской общине уже имеются за VII–XI вв. в "Русской Правде". В отличие от первоначального кровно-родственного союза людей, или крупного кровно или брачно-родственного коллектива, она – община, или вервь, представляла собою состоящий из больших и малых семей соседский коллектив, куда входили как связанные, так и не связанные брачно-родственными узами семьи. Уже в это время первичной общественной единицей выступает малая семья с одним общим жилищем, большие семьи постепенно отмирают. Становится правилом экзогамия.

Община – вервь – выполняла производственные, социальные, политические и судебные функции. О производственной стороне в "Русской Правде", Новгородской летописи и новгородских берестяных грамотах сведений мало. Однако это было само собой разумеющимся повседневным делом, без чего человек существовать не мог. Социальная функция выражалась в поддержании имущественного равенства и недопущении эксплуатации людей. Политическая роль заключалась в защите общины прежде всего извне. Суд вершился на основе обычного права.

Уже в IX–XII вв. община испытывала на себе давление трех народившихся сил: во-первых, государства, выражавшего интересы князей и бояр и узурпировавшего у нее часть функций с возложением некоторых обязанностей; во-вторых, церкви, взявшей у общинных организаций оформление семьи, регулирование некоторых социальных вопросов, и, в-третьих, вотчины, под воздействием которой община теряет остатки своих доклассовых функций или даже разрушается.

О жизни, функционировании и роли сельской общины в XVIII – первой половине XIX в. имеется очень много документальных данных, включая протоколы общих собраний, мирские приговоры по различным губерниям Европейской России. Более 30 мирских приговоров 1713–1760 гг. сохранилось по вотчине князей Долгоруких с центром в с. Лежневе Суздальского уезда Владимирской губернии[61]. Обильная документация имеется по вотчине с. Писцово Нерехтского уезда Костромской губернии[62]. Также – по вотчинам А.Г. Орлова[63], и многим другим. Если кратко суммировать имеющиеся материалы,то жизнь общины того периода выглядит следующим образом.

Решения мирских приговоров во многом зависели от воли помещика. В некоторых общинах вся внутренняя жизнь регламентировалась вотчинным управлением, назначенным самим феодалом, в других – мирскими представителями, разумеется под общим руководством феодала, а кое-где эти два принципа сочетались.

Если важнейшие вопросы крестьянской жизни решались, обсуждались и предложения утверждались общим мирским сходом, то более мелкие, текущие дела возлагались на избранное правление. Оно же (старосты, позднее бургомистры) занималось судебными делами. Подготовку предложений для общих сходов, списки кандидатов в рекруты готовили специальные комиссии. Мирские комиссии разбирали различные жалобы, проводили ревизии. Помещики издавали различные "уложения", "наказы", требовали повиноваться старостам и бургомистрам. Жалобы крестьян на бургомистров были разрешены, но это было делом рискованным: если жалоба признавалась "не дельной", то челобитчика, как "кляузника" подвергали телесному наказанию.[64]) С незначительными делами было запрещено обращаться в домовую контору феодала. Орловы рекомендовали на сходах избирать в правление "способных, верных, умных и совестных" людей.

Из всего сказанного видно, что община в то время имела двойственный характер: она была, с одной стороны, орудием частнофеодального управления, а с другой – органом защиты интересов крестьян перед феодалом и царской администрацией. Вместе с тем община – сословный институт крестьян. Она выполняла многочисленные хозяйственные, фискальные, административные, социальные и бытовые функции. Она регулировала все многообразие крестьянской жизни.

Реформа 1861 г., как известно, общину сохранила, хотя дискуссии по этой проблеме были. Закреплялось общинное землевладение крестьян и подтверждалась сословная обособленность крестьянства. Первый председатель редакционных комиссий по подготовке актов реформы писал, что "общинное устройство теперь... для России необходимо", во-первых, потому, что "народу нужна еще сильная власть, которая заменила бы власть помещика", во-вторых, потому, что "без мира помещик не собрал бы своих доходов ни оброком, ни трудом, а правительство своих податей и повинностей"[65].

О земской реформе и местном самоуправлении уже говорилось во второй главе. Посмотрим, как это выглядело в жизни при реализации законов и положений 1861 г. Возникла двухъярусная система крестьянского самоуправления, остававшаяся строго сословной. Низший уровень – сельская община, а также общество, объединявшие всех домохозяев села или несколько мелких деревень. Высший орган – мирской сход, представленный всеми главами семей, решал вопросы местной жизни и принимал соответствующие постановления о переделах земли, раскладке и взимании денежных сборов и других повинностей, благоустройстве села, избирал старосту, а при необходимости еще и сборщика податей, полевых и лесных сторожей, писаря.

Несколько сел, общин или обществ составляли волость – высшую ступень крестьянского самоуправления. Время от времени собирался волостной сход, в котором участвовали все старосты и выборные по одному от каждых десяти домохозяев. Сход избирал волостного старшину и решал другие вопросы местной жизни. Старшина выполнял постановления схода и указания более высокого начальства: мирового посредника, исправника, судебного следователя, объявлял законы и распоряжения правительства, обеспечивал безопасность, ведал денежными средствами, наблюдал за отбыванием повинностей, содержанием дорог и мостов на территории волостей.

При волостном старшине состояло волостное правление в качестве совещательного органа. В него входили все сельские старосты и сборщики податей. Волостной суд избирался из крестьян на сходе. Он разбирал всякие жалобы, тяжбы между крестьянами, выносил приговоры, которые обжалованию не подлежали. Старшина в дела суда не имел права вмешиваться, но наблюдал за исполнением приговоров. Все делопроизводство волости, включая и суд, вел писарь. От этого человека, на фоне низкой грамотности крестьян и даже выборных лиц, зависело многое в решении местных вопросов.

Над крестьянским самоуправлением стояла целая иерархия начальства из дворянских кругов: мировые посредники, губернское присутствие по крестьянским делам, Главный комитет по крестьянскому делу, департаменты и Государственный совет с его структурами.

Особое место занимали мировые посредники. Эта должность была установлена в 1861 г. Они подбирались из дворян, назначались Сенатом на 3 года, а затем стали несменяемыми. Всего по России было 1 700 мировых посредников, по несколько на каждый уезд, то есть на посредника приходилось несколько волостей. В их обязанности входил контроль за реализацией положений аграрной реформы 1861 г., рассмотрение жалоб крестьян на помещиков и разрешение споров между ними, формирование органов крестьянско-общинного самоуправления и надзор за их деятельностью. Обладали они по отношению к крестьянам и судебно-полицейской властью. Обжаловать решения мировых посредников можно было только перед их уездным собранием с участием представителя правительства. Поначалу мировыми посредниками было выдвинуто много прогрессивных деятелей, искренне боровшихся за интересы крестьян. Так, в этой должности был Л.Н. Толстой, декабристы А.Е. Розен и Г.С. Батеньков. С усилением реакционного курса состав мировых посредников стал меняться, а в 1874 г. этот институт был упразднен.

Со второй половины 60-х гг. началось наступление на крестьянскую демократию. Выступавших на мирских сходах с прогрессивными и антипомещичьими предложениями называли "подстрекателями", "говорунами", "зачинщиками", нередко их репрессировали, выселяли. Постепенно крестьянское самоуправление подпадает под сильное влияние вышестоящего начальства и становится фактическим орудием в руках исправников, предводителей дворянства и других чуждых интересам крестьянства сил. Распространяется взяточничество и вымогательство.

Никакой существенной свободы крестьянин не получил. Вместо прикрепления к помещику он стал прикрепленным к общине. Первые девять лет после акта 19 февраля 1861 г. крестьянин не имел права отказываться от надела. Выход из общины был практически невозможен. Все повинности за выходящего должны были исполнять оставшиеся члены общины. Свобода передвижения была ограничена паспортным режимом.

Главная же особенность общины состояла в том, что крестьянин не являлся собственником земли. Потому и речь идет о поземельной общине. В основе распределения земли лежал уравнительный принцип. Суть его, казалось бы, соответствует требованиям социальной справедливости: обеспечить каждой крестьянской семье или домохозяйству равные экономические возможности. Поэтому пахотные, луговые и лесные угодья распределялись так, чтобы всем было поровну в расчете на рабочую силу или душу, чаще только мужскую. Если при крепостном праве переделы земли проводились от ревизии к ревизии (с 1719 по 1857 г. было 10 ревизий), то после реформы они стали гораздо чаще. Росла численность сельского населения, семьи делились. Если менялась меньшая часть состава общины, то передел считался частным, если же большая – общим. Размеры наделов становились меньше, так как от частновладельческих имений земля для родившихся больше не нарезалась. Росла чересполосица, дальнеполосица. Основной же порок состоял в том, что у крестьянина не было никакого стимула улучшать землю, ибо у него не было уверенности и правовой гарантии, что имеющиеся в данном году полосы останутся и закрепятся за ним надолго. Поэтому более сильные и зажиточные семьи стремились уйти от власти общины, выделиться из нее, получить самостоятельный, собственный надел, отруб или хутор. И в ряде губерний России расширяется подворная, или хуторская, система землевладения и расселения, хотя этот сектор был еще очень мал.

В 80–90-е гг. XIX в. царское правительство предприняло меры по укреплению общины в целях сохранения патриархального строя и противодействия развитию капитализма в деревне. Принимается ряд законов, ужесточающих режим закрепления крестьян за общиной. Так, в 1886 г. ограничиваются семейные наделы. В 1889 г. вводится институт земских начальников из числа помещиков, получающих практически неограниченную власть над крестьянским миром. Законом от 14 декабря 1893 г. запрещается выход крестьян из общины. Этим попирается положение 1861 г., в соответствии с которым крестьянин мог выйти из общины без ее согласия при условии погашения выкупных платежей за землю. Тогда этим кое-кто воспользовался, теперь же выход стал возможным лишь при согласии общины, а следовательно, и земского начальника. Но последнему поручено охранять "основы" и, прежде всего, крепить общину. Этот же закон запрещает продажу, залог и дарение земельного надела лицам, не приписанным к сельской общине. Таким образом, правительство стало на путь репрессивных мер в целях сохранения общины. Не предвосхищает ли все это меры, которые обрушатся на крестьянина во второй половине XX в.?

Положение крестьянства остается тяжелым. Не забыт жестокий 1891 г. Новые неурожаи и голод разразились в 1901 г. В 1902 г. начались крестьянские волнения в южных губерниях России. Правительство начинает понимать необходимость принятия крупных мер по крестьянскому вопросу. Создаются новые комиссии. Готовятся новые предложения. И опять обостряются дискуссии вокруг судьбы крестьянской общины. В наследство новому, XX в. переходит болезненно требовавший своего разрешения судьбоносный для России узел аграрных проблем, включая и вопрос об общине.

ЛИТЕРАТУРА

1. **Лященко П.И.** История народного хозяйства СССР. М.: Огиз, 1948. Т. 2. С. 149–154; 158–160.
2. БСЭ. 3-е изд. Т. 4. С. 112–113. Лященко П.И. История народного хозяйства СССР. М.: Огиз, 1948. С. 186–188.
3. **Ленин В.И.** Полн. собр. соч. М.: Политиздат, 1967. Т. 3. С. 248.
4. **Карнаухова Е.С.** Размещение сельского хозяйства России. М.: Изд. АН СССР, 1951. С. 80.
5. Сельскохозяйственный промысел в России. Пг.: Изд. Департамента земледелия, 1914, ч. 2. С. 125.
6. **Карнаухова Е.С.** Размещение сельского хозяйства России. М.: Изд. АН СССР, 1951. С. 80.
7. **Лященко П.И.** С. 90.
8. **Кондратьев Н.Д.** Рынок хлебов. М.: Наука, 1991. С. 89.
9. **Лященко П.И.** С. 68.
10. **Там же.** С. 82–83.
11. **Там же.** С. 87.

12. **Там же.** С. 86.
13. **Чернышевский Н.Г.** Полн. собр. соч. М., 1949. Т. 9. С.487.
14. Сочинения Н.Г.Чернышевского. Статьи по крестьянскому вопросу. (Современник 1857–1858). Спб., 1905. С. 685.
15. **Ленин В.И.** Полн. собр соч. М.: Политиздат, 1967. Т. 3. С. 210–213.
16. **Энгельгардт А.Н.** Из деревни. М.: Мысль, 1987. С. 193.
17. **Там же.** С. 166–167.
18. **Там же.** С. 448.
19. **Там же.** С. 190.
20. **Там же.** С. 381.
21. **Там же.** С. 369.
22. **Советов А.В.** Избр. соч. М.: Сельхозгиз, 1950. С. 239–240.
23. **Там же.** С. 240.
24. **Там же.** С. 325.
25. **Стебут И.А.** Избр. соч. М.: Сельхозгиз, 1956. Т. 1. С. 39–40.
26. **Там же.** С. 41.
27. **Там же.** С. 59.
28. **Менделеев Д.И.** Работы по сельскому хозяйству и лесоводству. М.: Изд. АН СССР, 1954. С. 527–531.
29. **Там же.** С. 533.
30. **Там же.** С. 533–537.
31. **Там же.** С. 535.
32. **Там же.** С. 537–539.
33. **Там же.** С. 543.
34. **Там же.** С. 541.
35. **Там же.** С. 548.
36. **Людоговский А.П.** Основы сельскохозяйственной экономики и сельскохозяйственного счетоводства. Опыт руководства... Спб.: Изд. Девриена, 1875.
37. **Там же.** С. 5.
38. **Там же.** С. 7.
39. **Там же.** С. 77–214.
40. **Там же.** С. 215–399.
41. **Там же.** С. 400–481.
42. **Скворцов А.И.** Влияние парового транспорта на сельское хозяйство. Варшава, 1890. С. 698.
43. **Аэребоэ Ф.** Основы сельскохозяйственной экономии. Спб.: Изд. Девриена, 1912.
44. **Лаур Е.** Экономия сельского хозяйства. М.: Кооперат. изд., 1926.
45. **Бринкман Т.** Экономические основы сельскохозяйственных предприятий. М.: Экономическая жизнь, 1926.
46. **Вебер А.** Теория размещения промышленности. Л.;М.: Книга, 1926.
47. **Скворцов А.И.** Основы экономики земледелия. Л.: Брокгауз-Ефрон, 1925. Т. 1. С. 18.
48. **Там же.** С. 25.
49. **Там же.** С. 28.
50. **Там же.** С. 48.
51. **Там же.** Т. 2.
52. **Там же.** Т. 3, 1926.
53. **Ермолов А.С.** Организация полевого хозяйства. Спб.: Изд. Девриена, 1914.
54. **Там же.** С. 8.
55. **Там же.** С. 9.
56. **Там же.** С. 18.
57. Слово о земле. Речь А.С.Ермолова в клубе общественных деятелей 7 апреля 1907 г. Спб. 1907.
58. **Докучаев В.В.** Избр. соч. М.: Сельхозгиз, 1949. Т. 2. С. 163.
59. **Ленин В.И.** Полн. собр. соч. М.: Политиздат, 1967. Т. 3. С. 313–314.
60. **Греков Б.Д.** Крестьяне на Руси. М.;Л.: Изд. АН СССР, 1946. С. 65.
61. ЦГАДА. **Ф.** 1373. Оп. 1. Д. 1а. Л. 1, 5, 7–9, 13, 16, 30, 31, 31об, 51, 54; Д. 28. Л. 1об; Д. 81. Л. 2об–4об; Д. 88. Л.1.
62. ЦГАДА. **Ф.** 1396. Оп. 1. Д. 781, 912.

63. ЦГАДА. Ф. 1384. Ф. 1273. Оп. 1,2. Ф. 1454. Оп. 2. Д. 2. Л. 1–14. Д. 15. Л. 1–3. Д. 728. Л. 1–22. Д. 72. Л. 1–19. Д. 82. Л. 1–25. Д. 115. Л. 1–64. Д. 344. Л. 1–IV, 1–66. Д. 368. Л. I–3. 3–56, Д. 467. Л. 1–43.
64. ЦГАДА. Ф. 1384. Оп. 1. Д. 28. Л. 7об–9об. Д. 113. Л. 27об; Ф. 1273. Оп. 1. Д. 508. Л. 66; Д. 510. Л. 18–20.
65. Материалы редакционных комиссий. 2-е изд. Спб., 1889. Т. 1. С. 250. 66. БСЭ. 3-е изд. Т. 16. С. 322.

Государство не может быть сильно, коль скоро главный оплот его – крестьянство слабо.

Сергей Витте

ГЛАВА 4. АГРАРНЫЕ ПРЕОБРАЗОВАНИЯ И НАУКА В НАЧАЛЕ XX ВЕКА

Первые два десятилетия XX в., как и все столетие, наполнены для России крупнейшими и драматическими событиями. Это и бессмысленная русско-японская война, и революция 1905 г., и первая мировая война, и две революции 1917 г., и братоубийственная гражданская война. На эти десятилетия приходится эксперимент планетарного масштаба по созданию на одной шестой части земли нового, социалистического общества. И несмотря на все эти бурные события, повседневная жизнь людей шла, люди работали, стремились развивать экономику и культуру, приобщаться и адаптироваться к новым условиям. Что же происходило в сельском хозяйстве?

СЕЛЬСКОЕ ХОЗЯЙСТВО РОССИИ В НАЧАЛЕ XX ВЕКА

Сельское хозяйство продолжало испытывать влияние реформы 1861 г. со всеми ее плюсами и противоречиями. Росли объемы производства и экспорта, хотя и очень медленно, появились признаки интенсификации. Вместе с тем острее стала проявляться дифференциация среди крестьян, разрастались социальные конфликты, выливавшиеся в местные бунты и восстания против помещиков.

Посевные площади всех культур по 71 губернии выросли с 88,3 млн. десятин в 1901–1905 гг. до 96,6 млн. десятин в 1911–1913 гг.[1] Если же взять валовой сбор и экспорт хлебов только по пяти культурам: пшенице, кукурузе, ржи, ячменю и овсу за три пятилетия, то картина будет такая[2]. (табл.4.1)

Таблица 4.1

Годы	Производство хлебов		Экспорт хлебов	
	млрд. пудов	%	млн. пудов	%
1895 – 1900	3,03	100	446,9	100
1901 – 1906	3,52	116	483,3	108
1907 – 1912	3,98	131	653,6	146

Как видим, за указанный период производство выросло почти на одну треть, а экспорт поднялся значительно выше.

Сельское хозяйство России в 1913 г. давало больше половины национального дохода (51,4%), тогда как промышленность – 28,0; строительство – 4,1; транспорт – 7,9; торговля и связь – 8,6%. В денежном выражении производство сельскохозяйственной продукции составляло 8 792 млн. рублей. Общий объем национального дохода был 17 108 млн. руб., а в расчете на душу населения – 102,2 руб. В это же время на душу населения в Англии было

463 руб., Германии – 292, Франции – 355 и США – 695 руб[3]. Несмотря на рост производства и его товарность, Россия была отсталой аграрной страной. (К сожалению, разрыв в уровне производства на душу населения между Россией и развитыми странами мира сохранится и в последующие годы и десятилетия.)

Увеличилось поголовье скота. По подсчетам П.И. Лященко, с 1900 по 1913 г. поголовье лошадей возросло с 19,7 до 22,8 млн., крупного рогатого скота соответственно с 31,7 до 31,9 млн., свиней – с 11,7 до 13,5 млн., а численность овец уменьшилась с 47,6 до 41,4 млн. голов. В расчете же на душу населения поголовье продуктивного скота заметно снизилось[4]. Увеличилось число безлошадных крестьянских хозяйств.

Расширилось применение техники и удобрений. Если общая стоимость используемых машин в 1900 г. составляла 27,9 млн. руб., в 1908 г. – 61,3 млн., то в 1913 г. – 109,2 млн. руб., из которых на 48,9 млн. руб. было импортных[5]. Об уровне технического оснащения можно судить по данным учета 1910 г.: в России применялось 6 млн. железных и 3 млн. деревянных плугов, 7,9 млн. деревянных сох, 15,9 млн. деревянных борон с железными зубьями, 490 тыс. железных борон, 27 тыс. паровых молотилок[6]. Что касается минеральных удобрений, то в 1900 г. их было ввезено 6 млн. пудов, а в 1912 г. – 35 млн. пудов, да в России произведено 3,2 млн. пудов фосфатных туков[6].

Вследствие отсталой технологии, преобладания трехпольной системы, неупорядоченного землеустройства и фактической обезлички при общинной собственности на землю с частыми переделами урожаи в России были низкими. В среднем за 1909–1913 гг. зерновых собрано по 45 пудов с десятины (около 7 ц/га), тогда как во Франции – 90, в Германии – 152 и в Дании – 195 пудов с десятины. На душу населения в хлебоэкспортирующей России производилось по 26 пудов, тогда как в США – 48 и в Канаде – 73 пуда[7]. Низкой была и продуктивность животноводства, хотя и по этому показателю в производстве экспорт возрастал. Общая стоимость экспортной продукции в 1911–1913 гг. по сравнению с 1901–1905 гг. увеличилась в 1,5 раза, в том числе по зерну – в 1,3 раза, по продукции интенсивных культур – в 1,8 и по животноводческой продукции – в 2,4 раза[8]. Характерно, что очень большую долю в экспорте занимает сырье. Так, за 1909–1912 гг. по 27 льноводческим губерниям было собрано 24 млн. пудов льноволокна, из них 14,7 млн. отправлено на экспорт, 3,4 млн. пудов поступили на российские текстильные фабрики, а 6 млн. пудов использовано в домашних условиях[9].

Под влиянием неурожая и крестьянских волнений 1901 г. правительство создает комиссии и комитеты, проводит различные совещания по аграрному вопросу; создается "Комиссия по исследованию причин оскудения центра", в 1902 г. – "Редакционная комиссия по пересмотру законодательства о крестьянах"; тогда же созывается "Особое совещание о нуждах крестьянской промышленности". Председателем "Особого совещания..." был Сергей Юльевич Витте, экономист, крупнейший государственный деятель России конца XIX и начала XX в. Работы этого совещания, его протоколы и особенно обобщающая записка самого С.Ю. Витте[10] на имя императора представляют большой научный и практический интерес. Они показывают эволюцию взглядов

Витте на аграрный вопрос. Ценны тем, что опираются на данные губернских и других местных совещаний, на весь потенциал земской статистики. В 49 губернских комитетах работало более 11 тыс. человек. Рекомендованные "Особым совещанием..." меры позднее были положены в основу аграрной реформы, проведенной под руководством П.А. Столыпина.

В "Записке" Витте рассматривает вопросы о землепользовании, личной собственности, местном самоуправлении, суде и сословном состоянии крестьян, останавливаясь на особенностях крестьянской общины в современных условиях, аргументирует необходимость и пути изменений в этих сферах жизни крестьян прежде всего. Он, Витте, пишет, что "переход от общинного владения к личному желателен, но без каких-либо принудительных к тому мер; равным образом недопустимо и принудительное удержание отдельных крестьян в общине, и поэтому каждый из ея членов должен иметь право выделить свою часть в личное владение независимо от согласия остальных"[11]. И дальше: "Если способ общинного владения крестьяне признают для себя выгодным, то надлежит их оставлять при таком порядке владения. Но вместе с тем не должно искусственным покровительством системе общинного владения преграждать крестьянам путь к общему и отдельному выходу из общинного порядка"[12].

Общине пели дифирамбы левые и крайне правые за то, что она якобы препятствует пролетаризации деревни, что уравнительный порядок соответствует принципам справедливости. По массовым данным местных комитетов, как пишет Витте, "община не предупреждает развития пролетариата, а ведет к постепенной общей пролетаризации населения... к быстрому изменению отдельных владений... надел не в состоянии ни прокормить, ни занять рабочих рук живущей на нем семьи... временность владения является неодолимым препятствием для улучшения земельной культуры... временность владения воспитывает самые хищнические приемы эксплуатации земли: все сводится к тому, чтобы вспахать побольше, хотя и как-нибудь... нерачительной распашкой уничтожаются кормовые угодия, а те, что остаются, лишены всякого ухода... увеличивается пространство неудобных земель в виде заболоченных или заиленных лугов, истощенных и обратившихся в пустыри пашен, разъединенных оврагами склонов, балок, обнаженных пахотой песков, заросших порослью и мхом сенокосов и пастбищ"[13].

Этим выводам трудно не верить, они построены на массовых наблюдениях. Дальнейшая история уже в период колхозно-совхозной системы показала, что названные Витте в начале века негативные процессы с землей, ставшей общей, национализированной, а фактически ничьей, пошли вширь и вглубь, приняв угрожающие масштабы. Таким образом, общинно-уравнительное землевладение перестало быть прогрессивной формой в конце XIX и начале XX в., стало тормозом развития села.

Далее Витте рассматривает вопрос о соотношении общины и кооперации. Зачастую в научной полемике тех лет раздавались голоса о том, что община якобы чуть ли не кооператив. К тому времени на Западе крестьянская кооперация уже получила широкое распространение, и, характеризуя ее, Витте пишет, что "основанием земледельческих коопераций... является твердое право собственности... доля участия в доходах... свобода вступления и выхода из союза... сознательное чувство общности экономических интересов, возможное лишь в условиях высокой культурности... все эти условия совершенно отсутствуют при уравнительном землепользовании... общинное владение менее всего воспитывает общественные чувства; напротив того, порождает скорей эгоизм и, что еще хуже, индифферентное, почти апатичное, отношение к делу, вообще общинное землепользование не соответствует формам свободного труда и свободных рабочих коопераций, оно – враг всякой свободной ассоциации"[14]. И дальше: "...кооперативные союзы возможны только на почве твердого личного права собственности и развитой гражданственности. В порядке эволюционном общинное землепользование составляет одну из первичных ступеней, естественную и даже полезную в условиях примитивного земледелия и неразвитого гражданского строя, неспособного обеспечить индивидуальные права"[15].

Высказывалось также мнение о том, что община является препятствием для возникновения латифундий, что это – гарант устойчивости мелкокрестьянского производства. Но ведь на деле имеются правовые и другие общеизвестные нормы защиты мелкого производства. Витте резюмирует, что "не следует ни понуждать к переходу в личное владение, ни препятствовать... община должна быть союзом добровольным, а не принудительным..."[16]

Говоря об имущественных правах, семейной или индивидуальной собственности, Витте пишет, что личное начало "является условием, без которого немыслимо развитие экономического благосостояния нашего крестьянства, ибо поступательное движение материальной культуры основано на личной предприимчивости, личной трудоспособности, личном умении и личном расчете"[17]. Известно, что примитивный экономический строй ослаблял значение личного начала. Патриархальная семья, многосемейный двор обусловливали коллективность владения. Но обстоятельства изменились: натуральное хозяйство заменяется денежным, надельная земля не стала единственным источником существования крестьянина, расширились отхожие промыслы и несельскохозяйственный труд, при экстенсивном ведении хозяйства прожить трудно, возросла ценность земли и "вообще установился тот экономический строй, в котором личное начало приобретает первостепенное значение"[18].

Витте ратует за предоставление крестьянам всех прав и свобод. Поэтому "выход совершеннолетних крестьян из общества и временные отлучки по паспортам должны быть поставлены вне всякой зависимости от согласия мира, сельских властей, домохозяина и родителей, как в настоящее время"[19].

Витте требует прекращения всякой сословной обособленности крестьян. Волость, по его мнению, должна быть территориальной единицей общего характера для людей всех сословий, проживающих в границах этой территории; не нужны и волостные крестьянские суды, которые руководствуются обычным правом, а не законом; для граждан всех сословий должен быть один закон; сословные особенности сохраняются лишь там, где это обусловлено производственными обстоятельствами.

С.Ю. Витте испытывал на себе влияние Н.Х. Бунге, и об этом он пишет в своих воспоминаниях: "...мне помог многими беседами бывший министр финансов Бунге, почтеннейший ученый и деятельный по крестьянской реформе 60-х годов. Он обратил мое внимание на то, что главный тормоз экономического развития крестьянства – это средневековая община, не допускающая совершенствования. Он был ярый противник общины. Более всего меня просветили ежедневно проходившие перед моими глазами цифры, которыми столь богато Министерство финансов и которые служили предметом моего изучения и анализа...”[20] И дальше: “ Я составил себе также совершенно определенные мнения, в чем заключается беда и как ее нужно лечить. Государство не может быть сильно, коль скоро главный оплот его – крестьянство слабо”[21].

Здесь же, в воспоминаниях, обобщая свой опыт на посту министра финансов и председателя Кабинета министров и оценивая свою роль в подготовке аграрной реформы, Витте рассуждает о закономерной исторической необходимости устранения принудительности крестьянского труда: “...экономическая и политическая мощь страны заключается в трех факторах производства: природе, природных богатствах, капитале, как материальном, так и интеллектуальном, и труде”[22]. Но труд, в свою очередь, связан с собственностью. Поэтому надо освободить крестьян от всякой принудительной зависимости как от общины, так и от других феодальных и сословных пережитков.

Недовольство среди крестьян нарастало. Назревала революционная ситуация. Царское правительство начало форсировать подготовку к реформе. Осенью 1905 г. главноуправляющий землеустройством и земледелием в кабинете Витте Н.Н. Кутлер начал подготовку проекта “принудительного отчуждения” за выкуп части частновладельческих земель[23]. Это вызвало целую бурю среди дворян. На своем съезде 4 января 1906 г. предводители дворянства категорически отвергают предложения Кутлера и выдвигают свои предложения: а) взять курс на переход крестьян к подворному и хуторскому хозяйству; б) форсировать продажу казенных, монастырских и удельных земель по существующим ценам; в) расширить деятельность крестьянского банка по перепродаже частновладельческих земель; г) поощрять переселение крестьян из густонаселенных и малоземельных губерний в Сибирь и Среднюю Азию[24].

Еще раньше, в ноябре 1905 г. был издан царский манифест, которым отменялись крестьянам выкупные платежи с 1 января 1906 г. наполовину, а с 1 марта 1907 г. полностью. Дело в том, что эти платежи экономически привязывали крестьян к общине, лишали их возможности выхода из нее. Кроме того, с самого начала эти платежи были весьма обременительны. Таким образом, практически все было подготовлено к новой реформе, нацеленной на всемерное развитие в российской деревне капиталистических отношений.

АГРАРНАЯ РЕФОРМА П.А. СТОЛЫПИНА

Эта реформа связана с именем Петра Аркадьевича Столыпина (1862–1911), председателя Совета министров России с 1906 по 1911 г. О его личности, взглядах, практической деятельности и месте в истории России высказываются самые крайние, диаметрально противоположные и взаимоисключающие суждения, от резко негативных до апологетических. Так было при его жизни, так продолжается и сегодня. И если в прошлом советская историография представляла его крайним реакционером, вешателем, то последнее время ему приписывают роль великого государственного деятеля, полагая, что, отведи ему судьба долгую жизнь, он обеспечил бы стране неуязвимую экономическую и политическую мощь, процветание и благоденствие. Как известно, пуля Богрова, двойного агента, получавшего исправно жалование в охранном отделении и одновременно состоявшего в революционной террористической организации, помощника присяжного поверенного и сына богатого киевского домовладельца, оборвала жизнь Столыпина, когда ему не было еще и 50 лет.

Неоднозначно отношение и к осуществленной им аграрной реформе. Крайне правые и социалисты с самого начала ее отвергали (и сегодня эти крайности сходятся!); сторонники же ее в наши дни особенно старательно доказывают ее закономерность и последовательный характер и видят возможность ее завершения в новых условиях, в новых попытках решить земельный вопрос.

Полярность точек зрения по вопросу о собственности на землю особенно четко выразилась в полемической переписке Л.Н. Толстого с П.А. Столыпиным, хотя они дружили и были близки семьями. Л.Н. Толстой упрекал Столыпина и писал ему: "...несправедливость состоит в том, что как не может существовать право одного человека владеть другим (рабство), так не может существовать права одного, какого бы то ни было человека, богатого или бедного, царя или крестьянина, владеть землей как собственностью. Земля есть достояние всех, и все люди имеют одинаковое право пользоваться ею". (К этой позиции Л.Н. Толстого примыкают взгляды социалистов и коммунистов, наиболее непримиримых противников и критиков Столыпина.)

П.А. Столыпин отвечал Льву Николаевичу: "Вы считаете злом то, что я считаю благом для России. Мне кажется, что отсутствие собственности на землю у крестьян и создает все наше неустройство. Природа вложила в человека некоторые врожденные инстинкты, как то: чувство голода, половое чувство и т. п., и одно из самых сильных чувств этого порядка – чувство собственности. Нельзя любить чужое наравне со своим и нельзя обихаживать, улучшать землю, находящуюся во временном пользовании, наравне со своей землей. Искусственное в этом отношении оскопление нашего крестьянина, уничтожение в нем врожденного чувства собственности ведет ко многому дурному и, главное, к бедности. А бедность, по мне, худшее из рабств... Смешно говорить этим людям о свободе или свободных. Сначала доведите уровень их благосостояния до той, по крайней мере, наименьшей грани, где минимальное довольство делает человека свободным... Вы мне всегда казались великим человеком, я про себя скромного мнения... Как же буду делать не то, что думаю и сознаю добром? А Вы мне пишете, что я иду по дороге злых дел, дурной славы и главное – греха. Поверьте, что, ощущая часто возможность близкой смерти, нельзя не задумываться над этими вопросами, и путь мой мне кажется прямым путем..."[25]

В наши дни полемика на страницах печати и с трибун различных форумов идет примерно по такому же сценарию. Противники частной собственности особенно яростно выступают против купли-продажи земли, заявляя, что ею нельзя торговать так же, как своей родиной и собственной матерью. В обществе, где царит беспредел, законы не выполняются, народ нищает и, как метастазы раковой опухоли, разрослись коррупция и мафиозные структуры, – это действительно опасно. Но для цивилизованного правового государства частная собственность на землю наряду с государственной – норма.

Столыпинская реформа ведет свой отсчет с 9 ноября 1906 г., когда был издан соответствующий Указ. Позднее, 14 июня 1910 г., после утверждения III Государственной думой и Государственным советом, он стал законом. Суть и методы реформы лучше всего изложить словами самого П.А. Столыпина. Ее цель состоит в том, утверждал он, чтобы сделать "...крестьянина богатым, достаточным, так как, где достаток, там... просвещение, там и настоящая свобода. Но для этого необходимо дать возможность способному, трудолюбивому крестьянину, то есть соли земли русской, освободиться от тисков... в которых он в настоящее время находится. Надо дать ему... собственность. Пусть собственность эта будет общая там, где община еще не отжила, пусть она будет подворная там, где община уже нежизненна, но пусть она будет крепкая, пусть будет наследственная"[26].

Собственность понималась Столыпиным в полном ее смысле: "Личный собственник, по смыслу закона, властен распоряжаться своей землей, властен закрепить за собой свою землю, властен требовать отвода отдельных участков ее к одному месту, он может прикупить себе земли, может заложить ее в Крестьянском банке, может, наконец, продать ее"[27].

Община сама по себе не ликвидируется административно, "отменяется лишь насильственное прикрепление крестьянина к общине, уничтожается закрепощение личности несовместимое с понятием о свободе человека и человеческого труда"[28].

Столыпин считает, что "государство у нас хворает. Самой больной, самой слабой частью... является крестьянство... все государство, все части государства должны прийти на помощь той его части, которая в настоящее время является слабейшей"[29]. Речь идет о льготных кредитах, о помощи в землеустройстве, строительстве, помощи в переселении. Дело ставится так, что "все классы населения помогают крестьянам приобрести ту землю, в которой они нуждаются"[30].

Столыпин критикует сторонников уравнительного подхода: "Нельзя ленивого равнять к трудолюбивому, нельзя человека тупоумного приравнивать к трудоспособному"[31]. Он резко выступает также против национализации земли как проявления насилия, и в речи на заседании Государственной думы 10 мая 1907 г. он произносит знаменитые слова, ставшие афоризмом: "...в деле этом нужен упорный труд, нужна продолжительная черная работа. Разрешить этого вопроса нельзя, его надо разрешать. В западных государствах на это потребовались десятилетия. Мы предлагаем вам скромный, но верный путь. Противникам государственности хотелось бы избрать путь радикализма, путь освобождения от исторического прошлого России, освобождения от культурных традиций. *Им нужны великие потрясения, нам нужна великая Россия* (курсив наш. – *А.Н.*)"[32].

Итак, крестьянская собственность на землю, свободный выход из общины, льготное кредитование, землеустройство и хуторное расселение, безусловный приоритет сельскому хозяйству за счет всего общества.

Вернемся к содержанию Указа от 9 ноября 1906 г. и процитируем некоторые его статьи[33].

"1. Каждый домохозяин, владеющий надельной землей на общинном праве, может во всякое время требовать укрепления за собой в личную собственность причитающейся ему части из означенной земли.

2. В обществах, в коих не было общих переделов в течение 24-х лет... за каждым домохозяином укрепляются в личную собственность, сверх усадебного участка, все участки общинной земли, состоящие в его постоянном пользовании...

3. Домохозяева... сохраняют за собой право пользования в неизменной доле теми сенокосами, лесными и другими угодиями, которые переделяются на особых основаниях...

4. Требование об укреплении в личную собственность части из общинной земли предъявляется через сельского старосту обществу, которое по приговору, постановленному простым большинством голосов, обязано в месячный срок со дня подачи заявления указать участки, поступающие на основании ст. 2 и 3 в собственность домохозяина.

Если в течение указанного срока общество такого приговора не постановит... то все означенные действия исполняются на месте земским начальником...

12. Каждый домохозяин, за коим укреплены участки надельной земли, имеет право во всякое время требовать, чтобы общество выделило ему взамен сих участков соответствующий участок по возможности к одному месту.

13. В тех случаях, когда требование о выделе к одному месту не совпадает с общим переделом, выдел оказывается неудобным и невозможным, обществу предоставляется удовлетворить желающего выделиться домохозяина деньгами по взаимному соглашению, а при недостижении согласия – волостным судом...

18. Действие настоящих правил распространяется на крестьян всех наименований..."

Этот Указ дополнялся и уточнялся. Так, в законе от 14 июня 1910 г.[34] был специальный пункт, которым предусматривались меры против скупки укрепленных наделов в целях спекуляции: "...воспрещается в пределах одного уезда сосредотачивать путем покупки и принятия в дар надельную землю... свыше шести душевых, высших или указных наделов".

В дополнение к закону от 14 июня 1910 г. был издан закон от 29 мая 1911 г. "О землеустройстве"[35]. Этим законом расширялись права ранее созданных губернских и уездных землеустроительных комиссий, а также Комитета по землеустроительным делам. Эти комиссии наделялись судебными функциями по разрешению земельных споров. Главные задачи их состояли в выделении земель, уничтожении чересполосицы, разграничении земельных владений. Всего с начала работы этих комиссий до 1915 г. поступило 5 793 тыс. ходатайств по производству землеустроительных работ, из которых было выполнено 3 509 тыс.

Всего только уездных комиссий, на которых ложилась основная тяжесть работ, было 463. В состав этих комиссий в качестве председателя входил уездный предводитель дворянства, председатель земской управы, член окружного суда, три представителя уездного земского собрания, три представителя от волостных сходов, представители волостей, где проводились землеустроительные работы. Руководил всеми работами непременный член комиссии, в ведении которого была канцелярия. Техническими землеустроительными работами занимались казенные землемеры, объединенные в землемерную часть.

Реформа Столыпина была рассчитана на 20 лет. Она была начата фактически в 1907 г. и отменена Временным правительством 28 июня (11 июля) 1917 г. Из 10 лет на мирное время приходится 7 лет. Каковы ее итоги? В.И. Ленин и большинство советских историков и экономистов считали, что она провалилась. Едва ли сегодня можно столь категорически и однозначно отвечать на этот вопрос. Ведь прав был Столыпин в том, что нужны были десятилетия упорной работы, преодоления некоторых традиций. Да реформа и не предполагала сплошного насаждения индивидуального хозяйства для всех регионов. Учитывался и различный уровень их экономического развития, и то, что по природе своей люди никогда все не смогут быть предпринимателями, да еще индивидуальными.

По состоянию на 1 января 1916 г. из общин вышло 2 478 тыс. домохозяев с 16,9 млн. десятин земли, что составляет 26% общинных крестьянских дворов и 15% общинных земель. Особенно интенсивным был выход в густонаселенных, малообеспеченных землей регионах. Лидировали западные губернии, особенно правобережные губернии Украины. Из 2 755 633 домохозяев по 40 губерниям европейской России, потребовавших землю в собственность, 1 489 980, или 54%, приходится на два первые годы реформы, 1907 и 1908 гг.[36] Очевидно, это наиболее предприимчивые крестьяне. Затем этот процесс стал затухать, особенно с началом войны.

По данным Вольного экономического общества за 1910–1911 гг., охватывающим 10 губерний Центрально-Черноземного и Средне-Волжского районов[37], можно судить о социальном составе крестьян, порвавших с общиной. Это прежде всего зажиточные домохозяева, стремившиеся вырваться из оков мира и самоутвердиться полноценными собственниками, а также люди, не желавшие заниматься вообще сельским хозяйством и решившие воспользоваться правом продать закрепленную за ними землю.

Земельный фонд реформы к ее началу составлял 9 млн. десятин. Кроме того Крестьянский банк располагал 2 млн. десятин. Этот банк в годы реформы резко усилил свою деятельность. Если за десятилетие, с 1896 по 1905 г., через него было продано 504 имения с 961 тыс. десятин стоимостью 68 млн. руб., то в следующее десятилетие, с 1906 по 1915 г. – 3 257 имений с 4 326 тыс. десятин на 465 млн. руб.[38] Крестьяне и товарищества купили за это время с помощью банка 4 868,4 тыс. десятин и прочие граждане – 1 043,4 тыс. десятин. Из земельного фонда в 1907–1916 гг. продано 54,6% отрубникам, 23,4% хуторянам, 17% сельским обществам и 5% прочим владельцам[39].

В итоге был создан слой предприимчивых самостоятельных крестьян в 2,5 млн. семей, стали интенсивнее развиваться сельская кооперация и банковская система, возрастали объемы производства и экспорта, строились перерабатывающие предприятия, расширялся внутренний рынок.

Значительный поток безземельных крестьян направлялся в Сибирь и районы Средней Азии. Осуществлялось освоение этих земель. При любой политической оценке реформы это следует считать весьма положительным и прогрессивным явлением. Однако критерии здесь уместнее применять не политические, а экономические. Для сравнения можно сказать, что переселенческое дело в то время было поставлено в финансовом и организационном отношении не хуже, а, пожалуй, лучше, чем через полвека освоение целины. Люди обеспечивались долгосрочным льготным кредитом, строительными материалами, транспортными услугами вплоть до специальных вагонов, приспособленных для перевозки семьи со скарбом и домашними животными.

При оценке личности П.А. Столыпина одинаково неуместны как очернительство, так и апологетика. Конечно же, он был монархист, непримиримый противник социалистических идей и особенно революционной практики с террором, поджогами и захватами имений и прочими якобинскими методами. Но парадокс в том, что царские охранники и крайне правые не менее повинны в его насильственной смерти, чем террористы-революционеры. Столыпин твердой рукой (как бы помня после многочисленных на него покушений о своей неизбежной гибели) вел государственное дело, болел за экономическую мощь России, последовательно проводил реформу, идеология которой была предначертана еще Н.Х. Бунге, С.Ю. Витте и прогрессивной частью дворянства. Роль Столыпина нельзя приуменьшать. Это был сильный, волевой, бесстрашный человек, полностью устремивший свою деятельность к достижению ясно осознанной цели.

В практической работе по аграрной реформе следует отметить роль Александра Васильевича Кривошеина (1857–1921), возглавлявшего Министерство земледелия России с 1908 по 1915 г. Он непосредственно ведал землеустроительными делами и осуществлял организационную работу. В 1920 г., будучи главой "правительства Юга России", провел аграрную реформу в Крыму.

Так обстояло дело с аграрной реформой и политикой на государственном уровне. Но аграрным вопросом – коренным для условий России – занимались не только государственные органы. Крестьянским делом жили общественность, интеллигенция, возникшие политические партии. Поэтому наряду с правительственной программой существовали аграрные программы различных партий. И мира между ними не было, было много споров, взаимных обвинений, вражды. Как правильно заметил Б.Д. Бруцкус, "ожесточенная политическая борьба, завязавшаяся вокруг аграрного вопроса, не создала надлежащей атмосферы для спокойного обсуждения аграрных реформ"[40]. Что же касается реформы Столыпина, то она, как уже было отмечено, вызывала яростные нападки с разных сторон.

АГРАРНАЯ МЫСЛЬ И АГРАРНЫЕ ПРОГРАММЫ РАЗЛИЧНЫХ ПОЛИТИЧЕСКИХ ПАРТИЙ

Прежде чем излагать сами программы, хотелось бы сделать два предварительных замечания. Суть первого состоит в том, что главные споры велись по трем вопросам: а) за счет каких земельных ресурсов удовлетворить требования крестьян и ликвидировать малоземелье; б) как решить судьбу крестьянской общины, сохранять или разрушать и в) быть ли крестьянской собственности на землю или же ее оставлять за общиной.

Второе замечание сводится к тому, что ни одна партия, каждая из которых в свое время располагала реальными возможностями осуществить свою аграрную программу, не сделала этого. Кадеты имели большинство в I и II Государственных думах, но ни на йоту не продвинулись в это время со своей программой. Эсеры составляли компактное большинство в правительстве Керенского, имели популярную в народе программу, но ничего не сделали для ее реализации в ожидании Учредительного собрания и в итоге потеряли все. Большевики же имели крайне непопулярную программу, но для завоевания власти и привлечения на свою сторону крестьян попросту присвоили программу эсеров. Таковы парадоксы политической борьбы.

Теперь непосредственно о программах. Конституционно-демократическая партия народной свободы (кадеты) приняла основные положения аграрной политики в составе программы на учредительном съезде 12–18 октября 1905 г. Затем уточняла и дополняла ее на следующем съезде в 1906 г., особенно же при работе в Государственной думе, где в первых двух составах эта партия занимала лидирующее положение. К началу 1906 г. в ней состояло около 100 тыс. членов. Вокруг нее группировались преимущественно либеральная интеллигенция, профессора. Председатель – профессор истории, ученик В.О.Ключевского Павел Николаевич Милюков (1859–1943). Активными членами были А.А. Кауфман, П.Б. Струве, А.И. Шингарев, Ф.И. Родичев, И.И. Петрункевич, В.Д. Набоков, Н.Н. Кутлер, братья Долгорукие и др. Председателем I Государственной думы был избран член партии кадетов профессор С.А. Муромцев, председателем II – также кадет – Ф.А. Головин. Печатный орган партии – газета "Речь", которую редактировал И.И. Петрункевич. Не имея возможности рассматривать общеполитическую программу и деятельность кадетов, как и других политических партий начала XX в., ограничимся лишь изложением основных моментов аграрной программы. В целом же нужно сказать, что эта партия была не революционной, она стояла за эволюционный последовательно-постепенный путь развития, исповедуя принципы государственности и либерализма.

Основные положения аграрной программы кадетов сводилась к следующему.

"1. Увеличение площади землепользования населения, обрабатывающего землю личным трудом, как безземельных и малоземельных крестьян, а также других разрядов мелких хозяев-земледельцев, государственными, удельными и кабинетскими землями, а также путем отчуждения для той же цели за счет государства части частновладельческих земель с вознаграждением нынешних владельцев по справедливой (не рыночной) оценке.

2. Отчуждаемые земли поступают в государственный фонд. Начала, на которых поступающие из этого фонда в надел земли будут переданы отдельным хозяевам-земледельцам, общинам или другим союзам в полную собственность или только пользование, должны быть установлены сообразно с особенностями землевладения и землепользования в различных областях России.

3. Широкая организация государственной помощи для переселения, расселения и устройства хозяйственного быта крестьян. Реорганизация межевого дела и другие меры для подъема благосостояния сельского населения и улучшения сельского хозяйства.

4. Упорядочение законом арендных отношений путем обеспечения права возобновления аренды, права арендаторов, в случае передачи аренды, на вознаграждение за произведенные, но неиспользованные к сроку затраты на улучшения и учреждение примирительных камер для регулирования арендной платы и для разбора споров и несогласий между арендаторами и землевладельцами.

5. Отмена действующих правил о найме сельских рабочих и распространение рабочего законодательства на земледельческих рабочих, применительно к техническим вопросам земледелия"[41].

Итак, расширение крестьянского землепользования, отчуждение в пользу крестьян казенных, удельных, монастырских земель, а также части помещичьих за умеренную плату, учет региональных особенностей, государственная помощь, правовое обеспечение аренды и наемного труда.

Александр Аркадьевич Кауфман (1864–1919), выпускник Петербургского университета, профессор политэкономии и статистики, был одним из главных идеологов кадетской партии по аграрному вопросу. Он – автор таких работ, как "Крестьянская община в Сибири" (1897), "Переселение и колонизация" (1905), "Формы хозяйства в их историческом развитии" (1910), "Статистика. Ее приемы и значение для общественных наук" (1911), "Аграрный вопрос в России" (1918). Кауфман видел суть решения аграрного вопроса в преодолении крестьянского малоземелья путем наделения землей на основе отчуждения казенных, удельных, пустующих, рентных, за исключением леса, а также части помещичьих земель за справедливое вознаграждение[42].

Александр Иванович Чупров (1842–1908), видный экономист и статистик, близкий по идеологическим взглядам к кадетам, или, как его называли, "глава либерально-народнического направления" в экономической мысли, считал необходимым проведение реформ при сохранении одновременно и крупного землевладения и крестьянской общины. Он писал: "...Единственным надежным способом разрешить аграрный вопрос и открыть сельскому люду пути к благосостоянию является поднятие производительности земледельческого труда... Поэтому аграрная реформа должна быть проведена такими способами и приемами, которые не мешали бы осуществлению необходимых агрикультурных улучшений... Среди крестьян популярна мысль об экспроприации частновладельческих земель без выкупа... Было бы ошибкой думать, что прирезка земли сейчас же преобразит психику мужика"[43].

А.И. Чупров выступает за развитие образования и технический прогресс на селе, расширение перерабатывающей промышленности в деревне, постепенный переход земли к крестьянам, за крестьянскую кооперацию. Он пишет: "Не эти владельцы латифундий познакомят деревню с великим искусством добывать два колоса там, где прежде рос один, – искусством, без которого страна неизбежно придет к позорному банкротству, а те скромные труженики и труженицы, которые за грошовую плату тянут свою лямку не покладая рук в тиши сел и весей необъятной России и встречают в благодарность за святой труд лишь оскорбления, а часто и гибель личной жизни. Когда со всею яркостью представишь себе тесную связь измывательств, творимых над бедной русской интеллигенцией, с настоящим и грядущим упадком народного благосостояния, то невольно вырывается из груди крик отчаяния за будущность нашей несчастной страны"[44]. Эти вырвавшиеся из глубины души слова взяты из статьи "Горькие мысли", написанной в связи с увольнением и арестом московского земского агронома Алексея Зубрилина. Это слова, не утратившие актуальности и сегодня.

А.И. Чупров считает необходимым отчуждение большей части помещичьих земель в пользу крестьян. Он называет вандализмом и делом вредным как для государства, так и для самих крестьян раздел образцовых имений, таких как шатиловское в Орловской губернии, стебутовское в Тульской, а также высокоинтенсивных свеклосахарных, винокуренных, маслодельных и сыроваренных заводов с образцовым оборудованием. Но таких имений 2–3%, и в целом в начале XX в., например, в Московской губернии в 46% имений пашня вообще отсутствует, в остальных же она занимает 11,7%. Да и из этой площади половина сдается в аренду крестьянам. Аренда обычно погодовая, поэтому арендатор стремится урвать, но землю не улучшить. Поэтому отчуждать у помещиков землю необходимо[45].

Уже в I Государственной думе кадеты повели атаку на правительственную программу реформы. Их позиция была изложена в "Записке 42-х членов партии"[46]. Борьба продолжалась во II и III Государственных думах. Главным вопросом было отчуждение помещичьих земель, на что правительство не шло. Позднее П.Н. Милюков писал: "Наш план мирной крестьянской реформы оставался красной тряпкой для дворянских зубров и мишенью для правительственных атак; самих крестьян наши "друзья-враги" настраивали против нас, обещая черный передел, социализацию земли, что угодно, только не мирный компромисс с участием государства и по "справедливой оценке"[47].

Депутаты-кадеты профессора А.А. Кауфман, А.А. Мануйлов (1861–1929), политэконом, преподаватель и ректор Московского университета; Н.А. Каблуков (1849–1919), экономист, статистик, а также Н.Н. Кутлер, С.А. Котляровский и другие аргументированно критиковали программу правительства, называя ее доктринерской, полицейской, в которой "чувствуются зловещие признаки невиданной гражданской войны"[48].

Кадеты не выступали против частной собственности на землю, против крупных культурных хозяйств, против выхода из общины. Но они категорически отвергали административный и принудительный путь. Община, по их мнению, должна подвергнуться исторической эволюции. Нельзя возбуждать деревню.

Андрей Иванович Шингарев (1869–1918), кадет, врач-подвижник, автор известной книги "Вымирающая деревня" (1901), единомышленник П.Н. Милюкова, министр во Временном правительстве, зверски убитый матросами и красногвардейцами в больничной палате 7 января 1918 г., в то время говорил: "...этот кошмарный аграрный вопрос в России обладает странным свойством феникса, вновь возрождающегося из, казалось бы, потухшего огня"[49]. По его предложению 25 марта 1917 г. был принят закон о хлебной монополии. О нем А.И. Шингарев сказал: "Это неизбежная, горькая, печальная мера – взять в руки государства распределение хлебных запасов. Без этой меры обойтись нельзя"[50].

Не возражая в принципе против фермерства, некоторые кадеты считали организацию фермерских хозяйств преждевременной. По их мнению, крестьянин не имеет средств для ведения хуторского хозяйства. По выражению депутата Родичева, это – невероятный "скачок в будущее"[51]. Это тот Федор Измайлович Родичев (1853–1932), выходец из дворян Тверской губернии, адвокат, лучший оратор партии, названный за темпераментные выступления "первым тенором партии Народной Свободы"[52], который бросил с трибуны Государственной думы крылатые слова о "столыпинских галстуках", но после объяснения с П.А. Столыпиным извинился и взял свои слова обратно. И тем не менее эти "галстуки" прочно вошли в литературу вплоть до "Краткого курса истории ВКП(б)".

Аграрная программа кадетов была слишком радикальной для того, чтобы стать государственной в дореволюционные годы. Она могла бы стать таковой, если бы устранила "левые" увлечения и, по выражению С.Ю. Витте, отрезала "революционный хвост"[53]. Но она была слишком умеренной со своими призывами к эволюционному процессу в момент высочайшего накала страстей возбужденных крестьянских масс, да еще с оплатой отчуждаемой помещичьей земли крестьянами. В сложнейшей социально-политической обстановке 1917 г. этой партии не хватило столь необходимого понимания действительности, чтобы ее программа была воспринята и поддержана. Если со Столыпиным партия кадетов не могла найти взаимопонимания из-за отчуждения помещичьих земель и поддержки общины, то после октября 1917 г. она восстала против большевистских методов. Итог: декретом за подписью В.И. Ленина от 28 ноября 1917 г. кадеты были объявлены партией "врагов народа"[54] со всеми вытекающими отсюда последствиями, которые не замедлили сказаться.

Всемерного внимания заслуживает аграрная программа Партии социалистов-революционеров – эсеров (ПСР). Прежде чем изучать ее, необходимо сказать несколько слов об этой партии. Она оформилась в декабре 1901 г. путем объединения ряда групп и организаций народнического направления. В течение четырех лет оживленно обсуждались программные положения на страницах официальных органов "Революционная Россия" и "Вестник русской революции". Программа принята на первом съезде ПСР, который состоялся на острове Иматра в Финляндии с 29 января 1905 г. по 4 января 1906 г. К концу 1906 г. в партии состояло 65 тыс. членов[55].

Во главе ПСР стояли Е.К. Брешко-Брешковская (1844–1934), В.М. Чернов (1873–1952), М.Р. Гоц (1866–1906), Н.С. Русанов (1859–1939), М.А. Натансон (1850–1919) и другие. В рамках партии действовала независимая от ЦК Боевая организация (БО), которая осуществляла террористические акты. Эту организацию возглавляли Г.А. Гершуни, провокатор Е.Ф. Азеф, затем Б.В. Савинков. В период революции 1905–1907 гг. ими проводилась кампания "аграрного террора" по поджогу усадеб, захвату имущества, вырубке лесов[56].

В Государственной думе ПСР занимала промежуточное место между социал-демократами и кадетами. Популярная после Февральской революции среди крестьян, она несколько утратила доверие из-за проволочек с аграрной реформой, откладывая ее до созыва Учредительного собрания. На выборах Учредительного собрания получила большинство голосов избирателей.

Идеологом ПСР, включая и аграрные вопросы, был Виктор Михайлович Чернов, уроженец города Камышина, из дворян, воспитанник юридического факультета Московского университета. Народоправец. Чернов – узник Петропавловской крепости, один из основателей Аграрно-социалистической лиги, а затем и ПСР. Долгие годы находился в эмиграции, занимаясь аграрной теорией. Участник Циммервальдской и Кинтальской конференций интернационалистов. Вернулся в Россию в апреле 1917 г. Будучи министром земледелия во Временном правительстве, противостоял правым силам в нем. Октябрьской революции не принял. Был избран председателем Учредительного собрания. В эмиграции с 1920 г. Пытался поддержать восстание в Кронштадте и крестьянскую войну на Тамбовщине. В годы второй мировой войны участвовал во французском движении Сопротивления. Умер в США. Автор работ: "Собрание сочинений" (1917), "Наша программа" (1917), "Интернационал и война" (1915), "Марксизм и славянство" (1917), "Сквозь туман грядущего" (1917), "Записки социалиста-революционера" (1922), "Рождение революционной России" (1934), "Перед бурей" (1953). Суть своих воззрений высказал в речи на заседании Учредительного собрания 5 января 1918 г. Он предлагал всю землю передать в общенародное достояние, считал земельную реформу фундаментом всех преобразований. "Социализм не есть скороспелое приближение к равенству в нищете (не есть азартные и рискованные ответы на почве общего упадка, лишь ускоряющие разложение и разруху...), а это есть огромное строительство, развивающее одновременно производительные силы страны... производительную мощь его трудового населения"[57].

Чернов выступал против частной собственности на землю. Он писал: "...для социалиста в деревне нет ничего опаснее, как насаждение частной собственности, приучение мужика к мысли о праве торговать, барышничать землей... Поэтому партия эсеров, как социалистическая, должна увеличивать крестьянское землепользование на основе не личной, а социализированной собственности"[58].

Суть аграрной программы ПСР является ядром всей ее программы. Она выражена следующими словами: "В вопросах переустройства земельных отношений партия социалистов-революционеров стремится опереться в интересах социализма и борьбы против буржуазно-собственнических начал на общинные и трудовые воззрения, традиции и формы жизни русского крестьянства, в особенности – на распространенное среди них убеждение, что земля ничья и что право на пользование ею дает лишь труд. В согласии со своими общими воззрениями на задачи революции в деревне партия будет стоять за социализацию земли, то есть изъятие ее из частной собственности отдельных лиц или групп в общенародное достояние на следующих началах: все земли поступают в заведование центральных и местных органов народного самоуправления, начиная от демократически организованных бессословных сельских и городских общин и кончая областными и центральными учреждениями (расселение и переселение, заведование резервным земельным фондом и т. п.); пользование землей должно быть уравнительно-трудовым, то есть обеспечивать потребительскую норму на основании приложения собственного труда, единичного или в товариществе; рента, путем специального обложения, должна быть обращена на общественные нужды; пользование землями и угодьями, имеющими не узко местное значение (обширные леса, рыбные ловли и т. д.), регулируется соответственно более широкими органами самоуправления; недра земли остаются за государством; земля обращается в общенародное достояние без выкупа; за пострадавшими от этого имущественного переворота признается лишь право на общественную поддержку на время, необходимое для приспособления к новым условиям личного существования...

В вопросах общинного, муниципального и земельного хозяйства партия будет стоять за развитие всякого рода общественных служб и предприятий (бесплатная врачебная помощь и т. д.)"[59].

В архивных материалах партии левых эсеров за 1918 г. сохранилась статья М.А. Спиридоновой, комментирующая понимание идей программы "О социализации". Но несколько слов об авторе этой статьи. Мария Александровна Спиридонова (1884–1941), из дворян Тамбовской губернии, еще в гимназии включилась в революционную деятельность, в 1906 г. была приговорена к смертной казни, над арестованной девушкой надругались жандармские офицеры. Ее жизнь, большая часть которой прошла в царских и советских тюрьмах и ссылках, оборвалась от пули энкаведистского палача 11 сентября 1941 г. в Медведевском лесу близ Орла. Она – авторитетный и признанный лидер левых эсеров[60]. Вместе с тем это героиня-мученица.

Спиридонова пишет: "Земля, не будучи продуктом человеческого труда, не есть капитал сама по себе, хотя при существовании частной собственности на землю может служить средством эксплуатации. В мировоззрении трудовых крестьянских масс – земля или Божья или "ничья".

Существование частной собственности на землю противоречит всему общинному укладу трудового крестьянского миропонимания.

Русское трудовое крестьянство, как и многие другие славянские племена, жило встарь "коммунальной" жизнью – " великой кучей", "дворищами", "печищами", знает в своей истории круговую поруку, до сих пор сохраняло общину с уравнительными периодическими переделами земли.

Широкое развитие кооперации в русском крестьянском сельском хозяйстве, постоянная ожесточенная его борьба за землю и волю и все вышеуказанное еще раз подтверждает в наших глазах, что этот класс является могущественным отрядом единой международной армии труда, борющейся за свое освобождение, за социализм"[61].

Из всего сказанного Спиридонова резюмирует: "Социализация земли заключается в: 1) отмене частной собственности на землю; 2) уравнительно-трудовом начале землепользования; 3) децентрализации в распоряжении и заведывании землей; 4) ряде мер экономического и юридического характера, направленных к переходу от единичного хозяйства к коллективному"[62].

Программа ПСР по аграрным вопросам подвергалась острой критике как справа, то есть со стороны правительственных кругов и правых партий, включая кадетов, стоявших в центре, так и слева, со стороны марксистов. Петр Павлович Маслов (1867–1946), социал-демократ, в то время меньшевик, экономист, академик Академии наук СССР с 1926 г., назвал программу эсеров "реакционно-утопической программой мещанского социализма"[63], "безжизненной, имеющей право на существование лишь в мечтах"[64].

В.И. Ленин от имени большевиков откликнулся следующими словами: "Старинное народничество, подновленное модным европейским оппортунизмом (ревизионизм, бернштейнианство, критика Маркса), составляет весь оригинальный идейный багаж так называемых социалистов-революционеров"[65].

Вот так легко и быстро расправились марксисты с эсерами. Что ж, язык у них был острый, ярлыки они наклеивать умели. Но сами-то в 1917 г. пошли к народу с программой эсеров за непригодностью собственной. В то же время в их критике есть много правды. Все-таки аграрная программа ПСР исходила из устаревшего представления о положении в сельском хозяйстве, особенно в отношении неприкосновенности общины. Диалектика развития такова, что этот институт размывался, не стимулировал прогресса. Но силой, на которую во всем и всегда делали ставку марксисты-ленинцы, ничего в экономике и в обществе решать нельзя.

Важной вехой в развитии аграрной программы ПСР была ее деятельность в Государственной думе. Хотя I, III, IV созывы Думы эсеры бойкотировали, они влияли на обсуждение аграрных вопросов через думскую фракцию трудовиков – "Трудовую группу". Эта группа состояла из крестьян и интеллигенции, отражавшей крестьянские интересы. Идеологи ПСР – В.М. Чернов, Н.И. Ракитников (1864–1938) выступали консультантами "Трудовой группы". В I Государственную думу представлен был "Проект 33-х", подписанный 33-мя депутатами (24 трудовика, 5 социал-демократов: 2 кадета и 2 беспартийных). Он предусматривал отмену частной собственности на землю; равное право пользования землею для ведения сельского хозяйства, сооружения усадеб и промышленных заведений; выделение земли общинам, артелям и отдельным лицам в размере потребительной нормы, но не выше трудовой; право передачи земли по наследству; заведование всеми земельными богатствами народным правлением и земством, избираемым общей подачей голосов. В общее управление передаются важнейшие лесные, рыбные и горные промыслы, а менее значительные ресурсы – отдельным лицам[66].

Вторую Государственную думу эсеры не бойкотировали и имели в ней 37 депутатов. Будучи неудовлетворенными "Проектом 33-х", ко II Думе они подготовили "Проект 104-х", который подписали депутаты "трудовики", эсеры, социал-демократы и беспартийные крестьяне. Это – компромиссный проект по соглашению названных фракций. Компромисс по сравнению с эсеровским проектом заключался в следующем:

Уравнительность землепользования достигалась прежде всего налоговым обложением излишков земли и переселением безземельных;

поравнительные переделы предусматривались лишь в крайних случаях;

отсутствовал прямой запрет аренды земли; устанавливалась очередность наделения землей в противоположность эсеровскому принципу равного права всех трудящихся на землю[67].

Трудовики во II Государственной думе вели активную работу. В большинстве своем это были крестьяне. Среди них не было юристов, экономистов, лиц с опытом государственной деятельности. Зато они выступали образно, с примерами из практики. Так, депутат А.Л. Караваев дважды выступал, пользуясь "языком цифр", с докладами против правительственного проекта. Особенно ярким был его ответ на знаменитую речь Столыпина в Государственной думе 10 мая 1907 г.[68]

Февральская революция 1917 г. внесла раскол в ряды ПСР. Из нее выделилась самостоятельная группа "народных социалистов – энесы" со своей программой. Они группировались вокруг журнала "Русское богатство". Лидеры – Алексей Васильевич Пешехонов (1867–1933), земский статистик, автор работ по аграрному вопросу, неоднократно арестовывался, министр продовольствия в составе Временного правительства, в 1922 г. выслан из России, умер в Риге; Венедикт Александрович Мякотин (1867–1937), окончил историко-филологический факультет Петербургского университета, сотрудник "Русского богатства", репрессировался царским режимом, Октябрьскую революцию не принял, в 1922 г. эмигрировал, умер в Праге; Николай Васильевич Чайковский (1850–1926), организатор народнического кружка "чайковцев" в 1869 г., был в эмиграции, сидел в Петропавловской крепости, оборонец, Октябрьскую революцию не принял, в 1919 г. эмигрировал, умер в Лондоне.

В аграрной программе энесов и эсеров общим было требование ликвидации помещичьего землевладения, отмена частной собственности на землю, трудовой принцип землевладения. Различие состояло в оценке роли государства, энесы отвергали социализацию и стояли за национализацию земли.

В июне 1917 г. энесы и трудовики объединились в единую Трудовую народно-социалистическую партию.

В этом же году, после Февральской революции произошел раскол в ПСР, окончательно оформившийся после Октябрьской революции, когда левые эсеры вошли в состав Советского правительства.

Лидеры левых эсеров: М.А. Спиридонова; Борис Давидович Камков (1885–1938), уроженец Бессарабии, выпускник Гейдельбергского университета, многократно репрессировался царским режимом, расстрелян 29 августа 1938 г. по делу "правотроцкистского блока"; Марк Андреевич Натансон, из мещан Виленской губернии, учился в Петербургской медико-хирургической академии и в Земледельческом институте, один из организаторов "Земли и воли", многократно репрессировался, последовательный сторонник союза с большевиками, осудил левоэсеровский мятеж, умер в Швейцарии; Прош Перчевич Прошьян (1883–1918), из семьи писателя, учился на юридическом факультете Новороссийского университета, эсер с 1903 г., в первую мировую войну интернационалист, участник покушения на Мирбаха, умер в Москве от тифа.

Лидеры правых эсеров: Николай Дмитриевич Авксентьев (1878–1943), из дворян, учился в Московском университете, активный противник Советской власти, умер в эмиграции, в США; Е.К. Брешко-Брешковская; Александр Федорович Керенский (1881–1970), из семьи директора гимназии в Симбирске, внук священника, выпускник юридического факультета Петербургского университета, приобрел популярность в качестве защитника на политических процессах, депутат IV Государственной думы от группы трудовиков, масон, премьер-министр Временного правительства, автор ряда работ, умер в Нью-Йорке; Борис Викторович Савинков (1879–1925), писатель, участник многих террористических акций, товарищ военного министра во Временном правительстве, враждебно встретил Октябрьскую революцию, покончил жизнь самоубийством после оглашения решения Верховного суда над ним.

Левые эсеры недолго сотрудничали с большевиками в правительстве. Хотя методы управления тех и других были близкими, те и другие были революционными экстремистами, но эсеры обвинили большевиков в том, что, приняв принцип социализации земли, на деле они стали осуществлять национализацию. Усилились реквизиции крестьянского имущества и другие революционные, пролетарские крайности якобинского характера. 18 ноября 1918 г. Мария Спиридонова выступает с открытым письмом в ЦК РКП (большевиков), где, ссылаясь на массовые жалобы крестьян на действия комитетов бедноты, продотрядов, произносит такие слова: "Этой крови вам не смыть, не очиститься от нее даже во имя самых "высоких" лозунгов"[69].

В.М. Чернов возглавил центральное крыло эсеров. Он полностью переключился на работу во Временном правительстве, приняв портфель министра земледелия. Министерство тогда решало следующие задачи: а) устранение некоторых дореволюционных земельных порядков, не затрагивающих землевладения в целом; б) приостановка работы столыпинских комиссий; в) локализация анархических выступлений крестьян по захвату земель, усадеб и др.; г) расширение земельной аренды, с целью частичного утоления земельного голода; д) запрещение сделок по купле-продаже для предотвращения спекуляции землей[70]. В своей работе Чернов опирался на созданный 21 апреля 1917 г. Главный земельный комитет с Советом Комитета в качестве постоянно действующего органа. В этот Совет первого состава на паритетных началах входили представители четырех партийных групп: кадетов, прогрессистов и правых; трудовиков и энесов; эсеров и социал-демократов интернационалистов и меньшевиков. Позднее, в третьем составе эсеры составляли 60% общей численности Совета[71].

Функции Главного земельного комитета сводились к подготовке земельной реформы и принятию временных мер по предупреждению и разрешению разного рода споров[72]. Созданы примирительные камеры для разбора жалоб. В порядке подготовки основ земельной реформы рассматриваются вопросы: ликвидация крупного землевладения; расчет норм землепользования; очередности при наделении землей; контингента наделяемого землей населения и др.

Вопрос "О ликвидации крупного землевладения" рассматривался на "комиссии о перераспределении земельного фонда". В архивах имеются протоколы четырех заседаний: от 24, 26, 27 июля и 7 августа. Докладчиками выступали А.А. Кауфман и Александр Николаевич Челинцев (1874–1962), экономист, ученик А.Н. Скворцова, профессор ТСХА и НИИ сельскохозяйственной экономии и политики, репрессирован по делу так называемой "Трудовой крестьянской партии", посмертно реабилитирован. В этой комиссии активно работали: Николай Павлович Макаров (1886–1980), экономист, профессор ТСХА, соратник А.В. Чаянова, Н.Д. Кондратьева, автор многих крупных работ, в том числе "Крестьянское хозяйство и его эволюция" (1920), также был в 1930 г. репрессирован; Семен Леонтьевич Маслов (1873–1938), экономист, правый эсер, работал в земских статистических органах, автор ряда трудов по сельскохозяйственной кооперации, после 1917 г. – на преподавательской работе, в 1938 г. расстрелян; Николай Петрович Огановский (1874–1938), из семьи военных, экономист, работал в земствах, профессор ряда университетов, состоял в ПСР и энесах, расстрелян в 1938 г.

Эта комиссия разработала принципы и порядок ликвидации помещичьего землевладения. Земли помещиков предполагалось передать трудовому крестьянству; не подлежали передаче владения или их части, за которыми признана особая народнохозяйственная ценность; прежним владельцам сохранялся участок в размере не свыше трудовой нормы, а также усадьба с возведенными постройками[73].

5 января 1918 г. открылось Учредительное собрание. Большевики, хотя и захватили в октябре власть, выборы проиграли. Из 715 избранных депутатов эсеры имели 412, или 57,6%, тогда как большевики только 183 мандата, или 25,6%. У кадетов было только 16 мест[74]. Собрание осудило большеви-

ков как "захватчиков власти, которые ввергли страну в бездну гражданской войны и анархии, вконец разрушили ее государственную и хозяйственную жизнь и создали почти неодолимое препятствие для спасения России"[75]. Председатель В.М. Чернов зачитал проект закона о земле, предложенный фракцией эсеров. Однако успели проголосовать только десять пунктов, как появился легендарный матрос Железняк (Анатолий Григорьевич Железняков, 1895–1919) и произнес историческую фразу: "Караул устал"[76]. На этом работа Учредительного собрания закончилась. Вот эти первые десять пунктов Закона:

"1. Право собственности на землю в пределах Российской Республики отныне и навсегда отменяется.

2. Все находящиеся в пределах Российской Республики земли, со всеми их недрами, лесами и водами, составляют народное достояние.

3. Распоряжение всей землей с ее недрами, лесами и водами принадлежит Республике в лице ее центральных органов и органов местного самоуправления, на основаниях, установленных настоящим законом.

4. Самоуправляющиеся на государственно-правовых началах области Российской Республики осуществляют свои земельные права на основаниях сего закона и в согласии с федеральной конституцией.

5. Задачи государственной власти в области распоряжения землей, недрами, лесами и водами составляют: а) создание условий, благоприятствующих для наилучшего использования естественных богатств страны и для наивысшего развития производительных сил; б) справедливое распределение всех естественных благ среди населения.

6. Права лиц и учреждений на землю, недра, леса и воды осуществляются только в форме правопользования.

7. Пользователями землей, недрами, лесами и водами могут быть все граждане Российской республики, без различия национальностей и вероисповеданий, и их союзы, а равно государственные и общественные учреждения.

8. Земельные права пользователей приобретаются, осуществляются и прекращаются на началах, установленных настоящим основным законом.

9. Принадлежащие ныне отдельным лицам, союзам и учреждениям земельные права, поскольку они противоречат сему закону, отменяются.

10. Отчуждение в народное достояние земель, недр, лесов и вод, находящихся ныне у лиц, союзов и учреждений на праве собственности, или ином вещном праве, производится без выкупа"[77].

Состоявшийся 7–16 мая 1918 г. VIII Совет ПСР записал в своей резолюции: "Шестимесячная большевистская политика привела страну к государственному распаду... Россия перестала существовать как национальное государственное целое"[78]. Позднее В. Чернов обвинял большевистскую партию в том, что она "чисто индустриальная, исключительно пролетарская", не способная понять крестьян. Похитив у ПСР программу, обюрократила ее[79].

Столь подробно мы остановились на аграрной программе социалистов-революцинеров по двум причинам:

во-первых, это была наиболее разработанная и наиболее популярная среди крестьян программа и, во-вторых, ее мало знает наша общественность, так как советская историография всю честь принятия Декрета о земле приписала Второму Всероссийскому съезду рабочих, солдатских и крестьянских депутатов и лично В.И. Ленину. В действительности же коротенький, всего из пяти пунктов Декрет о земле целиком построен на принципах эсеровской программы. Приложенный к Декрету "Крестьянский наказ о земле" – это наказ, составленный на основании 242-местных крестьянских наказов редакцией "Известий Всероссийского Совета Крестьянских Депутатов" и опубликованный в "Известиях" за 19 августа 1917 г.[80)] Позднее, 27 января 1918 г. был принят декрет "О социализации земли"[81]. Его содержание также хорошо известно.

Обобщая раздел об аграрных программах различных партий, сошлемся на табличку из лекции А.К. Болдырева, прочтенной в 1917 г. Она изложена в вопросах и ответах (табл. 4.2)[82].

Таблица 4.2

Вопросы		Ответы		
		Эсеров	С.-большевиков	С.-д.-меньшевиков
1.	Название предлагаемого земельного устройства?	Социализация	Национализация	Муниципализация
2.	Что делать с частновладельческой землей?	Отобрать	Отобрать	Отобрать,кроме мелкого землевладения
3.	С выкупом отбирать или без выкупа?	Без выкупа	У помещиков без выкупа	?
4.	Кто будет владеть землей?	Народ	Государство	Область, земства, города
5.	Кто будет распоряжаться земельным фондом? Кому будет отводиться земля?	Тот, кто ее обрабатывает своим трудом, а не наемным (трудовое землепользование)	Тот, кому постановят распоряжающиеся землей выборные. Наемный труд допускается	То же, что и большевики
8.	Кто будет верховным распорядителем земельного фонда?	Центральные выборные учреждения, общие для всего государства	Местные выборные учреждения	Областные выборные учреждения
7.	Будут ли земельные наделы уравниваться?	Земельные наделы уравниваются переделами, расселением, переселением, обложением излишков налогом (уравнительное землевладение)	Против уравнительности	Против уравнительности

ЛИГА АГРАРНЫХ РЕФОРМ

По инициативе Вольного экономического общества, Всероссийского кооперативного съезда, Всероссийского земского союза, Московского общества сельского хозяйства и Харьковского общества сельского хозяйства в начале 1917 г. была создана Лига аграрных реформ с отделениями в 33 губерниях. Костяк этой структуры составили ученые-экономисты, работающие по проблемам аграрной экономики.

В Организационный комитет Лиги вошли: Н.П.Макаров, П.П. Маслов, С.Л. Маслов, К.А. Мацеевич, Н.П. Огановский, А.В. Пешехонов, М.И. Туган-Барановский и А.В. Чаянов. Вскоре в работу Лиги включились Б.Д. Бруцкус, П.А. Вихляев, А.Г. Дояренко, В.Я. Железнов, Н.А. Каблуков, Л.Б. Кафенгауз, Б.Н. Книпович, Е.Д. Кускова, Л.Н. Литошенко, П.И. Лященко, А.Н. Минин, С.Н. Прокопович, Н.А. Рожков, А.А. Рыбников, П.Б. Струве, А.В. Тейтель, А.Н. Челинцев и многие другие. Фактически весь цвет аграрной науки был здесь.

Анализ персонального состава Лиги показывает, что в ней были представлены видные ученые, придерживавшиеся различных политических взглядов, принадлежавшие к различным политическим партиям и группам. Здесь были и марксисты (П.П. Маслов, Н.А. Рожков и др.), и кадеты (М.И. Туган-Барановский и др.), и народные социалисты (Н.П. Огановский, А.В. Пешехонов), и эсеры (С.Л. Маслов и др.) и многие беспартийные. А.В. Чаянов считал себя "беспартийным социалистом." Все эти люди, за немногими исключениями, в период великих репрессий были либо расстреляны (А.В. Чаянов, Н.П. Огановский, Л.Н. Литошенко, Л.Б. Кафенгауз, А.В. Тейтель и др.), либо прошли круги Гулаговского ада (Н.П. Макаров, А.Г. Дояренко, А.Н. Челинцев, А.А. Рыбников и др.), либо еще в 1922 г. депортированы из России (Е.Д. Кускова, С.Н. Прокопович и др.). Для нашей Родины и науки они на долгие десятилетия были потеряны и забыты.

16–17 апреля 1917 г. состоялся учредительный съезд Лиги аграрных реформ. С основным докладом на нем от Оргкомитета выступил А.В. Чаянов. Он изложил проект положения и план работы. Затем с докладами выступали Н.П. Огановский, Н.Н. Черненков, П.А. Вихляев и П.П. Маслов. Еще Оргкомитет в преддверии съезда выдвинул следующие положения:

"1) трудовое крестьянское хозяйство должно лечь в основу аграрного строительства России и ему должны быть переданы земли нашей Родины;

2) передача эта должна совершиться на основе государственного плана земельного устройства, разработанного при учете бытовых и экономических особенностей отдельных районов нашего Отечества, планомерно и организованно осуществляемого без нарушения производственного напряжения нашего народного хозяйства;

3) земельное устройство есть только часть решения аграрной проблемы, которая включает в себя все вопросы, связанные с общими условиями сельскохозяйственного производства, организацией трудовых хозяйств и организацией связи этих хозяйств с общим мировым хозяйством"[83].

Следующий съезд Лиги состоялся в июне и третий – в ноябре 1917 г. Труды Лиги изданы отдельными выпусками, а также отдельными работами Чаянова, Макарова, Бруцкуса, Мозжухина, Маслова, Вихляева и других ученых. Наиболее полно взгляды и предложения Лиги отражает работа А.В. Чаянова "Что такое аграрный вопрос?"[84] Автор стоит на позиции социализации земли, которая является общенародным достоянием, а не чьей то собственностью, ни отдельных лиц, ни государства. В основном к этой позиции склонялась Лига аграрных реформ в целом (кроме марксистов). "Земледелие должно быть организовано исключительно на трудовых началах, никакой наемный труд не может быть допускаем"[85]. Постройки же, скот, техника и произведенная продукция являются частной собственностью.

Идея национализации земли исходит из того, что она является объектом собственности, но собственник только один – государство, которое присваивает себе земельную ренту и распоряжается всеми земельными ресурсами.

Этих взглядов придерживались, как уже упоминалось ранее, большевики и не находили на этой почве понимания и поддержки крестьянства.

Разновидностью национализации можно считать муниципализацию земли, которая является собственностью местных органов власти. Такой подход разделяли марксисты-меньшевики.

К этим взглядам примыкает принцип единого налога на землю в размере ренты, что, по мнению его сторонников, вполне достаточно для решения аграрного вопроса, так как с изъятием ренты земля утрачивает притягательную силу для капитала. Это корреспондируется с идеей государственного регулирования землевладения.

Сторонники социализации были приверженцами крестьянской общины и уравнительного распределения земли. При этом "право на труд" предусматривает получение земли для полной загрузки всех членов семьи, а в малоземельных и густонаселенных районах "право на жизнь" диктует необходимость обеспечения угодьями в размерах, удовлетворяющих потребности семьи. Лига аграрных реформ резко выступала против шаблона и унификации в аграрном вопросе вообще, в формах собственности и хозяйствования в особенности. А.В. Чаянов писал: "...по мере разтития торгового земледелия, по мере того как земля становится ценностью и капиталом, уравнительная община начинает умирать, и идеология частной собственности на землю начинает завоевывать ум земледельца. Кое-где мы встречаемся только с зарождением этого процесса, но весь Запад и Юго-Запад России уже давно перестроился на подворное владение"[86]. И дальше: "Мы обязаны учесть бытовые и хозяйственные особенности отдельных районов, мы не можем навязывать местной жизни рецептов в тех сторонах аграрного устроения, которые касаются только их, но мы все в своем аграрном строительстве ни на минуту не должны забывать интересов всего нашего народного хозяйства в целом"[87].

Чаянов выступает против кампанейщины и любых скоропалительных решений. Он пишет: "...какой бы мы режим ни приняли за идеал, мы можем подойти к нему только после довольно значительного переходного периода"[88].

Таким образом, Лига аграрных реформ как в решениях своих конференций, так и в работах ее членов – видных ученых страны, целиком стояла на стороне трудового крестьянства, трудового распределения земли, необходимости проведения всесторонней аграрной реформы с максимальным учетом региональных особенностей и свободного выбора форм хозяйствования. Она вместе с тем считала нецелесообразным какие-либо стихийные и самоуправные действия и не поддерживала самозахвата земель, полагая, что столь крупный вопрос правомочно решить только Учредительное собрание. Правительство же в это время, предупреждая стихийные захваты, давало противоречивые указания на места. Крестьяне проявляли нетерпение, вспыхивало недовольство, устраивались и погромы. И когда во Временном правительстве в большинстве были социалисты (А.Ф. Керенский, В.М. Чернов и др.), уже имевшие Аграрную программу в духе разработок Лиги и своих партий, продолжало расти упование на будущее Учредительное собрание. Крестьяне теряли веру в справедливое решение своего вопроса, обвиняли правительство в защите интересов помещиков. А когда собралось Учредительное собрание, оказавшиеся в нем в меньшинстве большевики его просто разогнали.

РАЗВИТИЕ СЕЛЬСКОХОЗЯЙСТВЕННОЙ КООПЕРАЦИИ

Первые полтора десятилетия XX в. отмечены таким прогрессивным явлением в экономической и научной жизни России, как бурное развитие сельскохозяйственной кооперации. Не кооперации вообще, а исключительно сельской, крестьянской. Дело в том, что всего лишь около 10% кооперативов было в городах, главным образом в форме потребительских и ссудно-сберегательных товариществ, основная же масса кооперативов (около 90%) создавалась в деревнях. О росте кооперативного движения в России свидетельствуют следующие данные (табл. 4.3)[89]:

Таблица 4.3

Общее число кооперативов в России

	1.01.1901 г.	1.01.1917 г.	Рост (раз)
Кредитых кооперативов	837	16055	19
Потребительских обществ	600	20000	33
Сельскохозяйственных обществ	137	6032	44
Сельскохозяйственных товариществ	–	2100	–
Маслодельных артелей	51	3000	59
Кустарных и иных артелей	–	600	–
Итого	1625	47787	29

Россия уже к 1915 году вышла по числу кооперативов на второе место в мире, вслед за Германией, занимавшей со своими 37 тысячами первое место. В 1917 г. в кооперативах России состояло до 14 млн. человек. Если принять во внимание, что в среднем семья составляла 6 человек, то общий охват населения товариществами достигал 84 млн. граждан[90].

Быстрый рост кооперации начался только после 1905 г. Россия серьезно отставала от таких стран Европы, как Германия, Англия, Голландия, Дания, Швеция, Франция, Италия. Однако начавшаяся аграрная реформа П.А. Столыпина, крупное железнодорожное строительство, особенно прокладка Транссибирской магистрали, развитие российского рынка и включение его в мировой ускорили этот процесс. Дело в том, что раздробленное и распыленное, закабаленное ростовщиками и перекупщиками крестьянство не имело доступа на рынок и не могло на него пробиться порознь, вне кооперации.

Колыбелью и родиной кооперации является Западная Европа. Отсюда она пошла на все континенты мира. Ее отцами стали великие гуманисты и реформаторы общества англичане Роберт Оуэн (1771–1858) и Уильям Кинг (1776–1865), француз Шарль Фурье (1772–1835), немцы Франц Герман Шульце-Делич (1808–1883) и Фридрих Райфайзен (1818–1888). Сам термин "кооперация" был предложен Оуэном, хотя существовала она в жизни в различных формах с незапамятных времен.

Роберт Оуэн изложил свои взгляды в "Книге о новом нравственном мире, содержащей рациональную систему мира" (1842 и 1844), а также в работе "Революция в понятиях и деятельности человеческого рода" (1849). Этот неутомимый и благородный сын шорника и почтальона попытался осуществить на практике свои гуманные идеи. Он накопил денег, приобрел землю в штате Индиана (США) и организовал коммунистическую общину, получившую название "Новая гармония". Жизнь общины строилась на таких принципах: добровольный труд по способностям и влечению; все продукты (физические и умственные) изготовляются совместно; земля и все средства производства находятся в общей собственности; предметы потребления становятся собственностью потребителя во время потребления; права и обязанности всех равны; полная свобода и никакого принуждения; богатые уравниваются с бедными; разногласия улаживаются путем соглашения, самое строгое наказание – удаление из общины; дети воспитываются общиной вместе после того, как они перестают нуждаться в заботе матери.

"Новая гармония" Оуэна просуществовала всего лишь три года. За это время Оуэн семь раз менял конституцию общины дойдя до предоставления себе диктаторских полномочий. Но и это не спасло ее. Создавшиеся новые общины также быстро распадались. Оуэн пришел к выводу, что для функционирования подобных структур необходимы такие качества как честность, трезвость, прилежание, опрятность, забота об общем благе, стремление к знанию. Всего этого не хватало[91].

Основоположником теории кооперации является Уильям Кинг. Он изложил свои взгляды в издававшемся им с мая 1828 г. по август 1830 г. ежемесячном журнале "Кооператор." Кинг считал, что в основе всего лежит труд. Кто трудится, у того должно быть все. Труд же надо объединить и разделить на основе кооперации. Но у людей труда нет капитала, и никто его не даст. Капитал можно собрать путем объединения и сбережения. Кинг не питал тех коммунистических иллюзий, которыми страдали Оуэн и другие утописты. Он видел выход в сознательном труде, объединении усилий и средств самих рабочих. Кооперативное движение должно исходить из возможностей самих трудящихся. Его высказывания: "Сила рабочего класса заключается в его потребительской способности", отсюда – собственные кооперативные лавки. Дальше: "капитал есть не что иное, как сбереженный продукт труда". Отсюда – собственные кассы. Затем: "...социально-экономическая основа кооперации – это организация труда в интересах тех, кто эту работу исполняет"[92].

Кинг отделяет кооперацию от политических партий, профсоюзов, не приемлет революционных методов. Он пишет: "Революционный принцип – разрушительный, кооперативный же созидательный и собирательный. Первый – ниспровергает, последний – воздвигает, первый рассеивает, последний соединяет, первый желает жать не сея, последний же – сеет, для того чтобы пожать"[93].

Франц Герман Шульце-Делич – отец германской кооперации, прежде всего кредитной. Он считал, что все формы кооперации должны начинаться с кредита и потребительских обществ. Затем следуют закупки и сбыт, приобретение сырья. Влияние этого деятеля распространялось далеко за пределами Германии, охватило оно в известной мере и Россию.

Зачинателем и отцом крестьянской кооперации считается Фридрих Райфайзен, ближайший сотрудник Шульце, в течение долгих лет бургомистр малых городов Германии. В 1849 г. создал объединение для защиты малоимущих крестьян от ростовщиков. Основатель крестьянской кредитной кооперации. Его посещали и у него учились пионеры российского крестьянского кооперативного движения. Кооперация привлекала внимание многих ученых экономистов и социологов.

Хотя Россия в кооперативное движение включилась позднее стран Западной Европы, она дала миру много талантливых теоретиков и практиков кооперации. Литература по этой проблеме чрезвычайно обильна. И сейчас ведутся научные исследования, выпускаются монографии, защищаются диссертации. Мы еще вернемся к этой проблеме во второй и третьей частях настоящей работы. Сейчас же ограничимся наследием ученых начала XX в., а также обобщением практики этого же времени.

Если Пестель, Герцен, Огарев в свое время изучали и знали утопистов, то Чернышевский был открытым пропагандистом и теоретиком идеи ассоциации трудящихся. Затем к этим идеям подключился и Н.А. Добролюбов. Глубокие исследования проблем кооперации на грани веков и позднее вели Михаил Иванович Туган-Барановский (1865–1919), Александр Иванович Чупров, Константин Алексеевич Пажитнов (1879–1937), Николай Павлович Макаров и многие другие. М.Н. Туган-Барановским написаны классические работы:" Социальные основы кооперации" (1916); "Экономическая природа кооперативов и их классификация" (1914); "О кооперативном идеале" (1918). Перу К.А. Пажитного принадлежит замечательная книга: "История кооперативной мысли" (1918). Весьма ценная работа, обобщавшая дореволюционную практику российской кооперации, выпущена С.Н. Прокоповичем – "Кооперативное движение в России. Его теория и практика" (1918). О работах А.В. Чаянова и Н.П. Макарова будет сказано во второй части настоящей книги. Сейчас же остановимся на наиболее характерных мыслях и обобщениях названных авторов для уяснения сути кооперации и ее опыта в условиях дореволюционной России.

Мы уже знаем, что кооперация не партия, не профсоюз, не революционная организация. В основе кооперации эволюционная тактика и идеология, это не разрушительная, а созидательная сила. Сфера ее деятельности – экономика. И она объединяет людей труда, физического и умственного, включая и сельскохозяйственную практику. Кооперативное движение – движение социальное, защитное.

М.И. Туган-Барановский пишет: " ...кооператив есть хозяйственное предприятие, как и всякое другое. Кооператив обращается, прежде всего, к хозяйственному интересу человека, и в этом существенное сходство кооператива со всеми другими хозяйственными организациями капиталистической системы. В этом же и его огромная сила"[94]. Дальше он пишет, что "кооператив не только есть капиталистическое предприятие, но именно в борьбе с капиталом и заключается самая сущность кооперативного движения. В своем капиталистическом теле кооператив скрывает душу, враждебную капиталу. Кооперативы служат интересам не капиталистов, а тех, кто страдает от капитализма. Кооперация есть одна из форм самозащиты трудящихся классов от натиска капитала"[95]. И, наконец, "кооперация отнюдь не является социальным миром, а социальной борьбой, столь же принципиальной и идущей до конца, как и политическая борьба... Но кооперация борется не насилием, не оружием и не баррикадами, а мирным строительством нового общественного строя. Кооперация есть, конечно, борьба, но борьба мирными средствами"[96].

Принципиальное значение имеет различие между кооперацией и коллективизмом. Это важно понять, так как в дальнейшем по этой линии пойдут извращения и бирку кооперации навесят на нечто прямо противоположное. Вот как толкует и понимает эту разницу М.И. Туган-Барановский: "...Кооперация представляет собою более высокий социальный тип, чем коллективизм, ибо коллективизм является организацией, основанной на принудительной власти большинства над меньшинством, между тем как кооперация является типом вполне свободного хозяйственного и общественного союза... Дальнейшее развитие будет заключаться в постепенном вытеснении в общественном строе более грубого и насильственного начала коллективизма более высоким и свободным началом кооперации". Эти провидческие слова сказаны в третьем издании его "Социальных основ кооперации"[97]. Запомним это на будущее. Сегодня, к сожалению, на смену грубому и насильственному коллективизму приходит не свободный кооперативизм, а нечто хаотичное, напоминающее первоначальное накопление капитала путем форсированной приватизации и разрушения созданной инфраструктуры.

Туган-Барановский делает вывод, что "крестьянская кооперация ни в каком случае к коллективизму вести не может, какого бы развития она ни достигала... Наоборот, факты показывают, что по мере развития кооперации крестьянин все крепче сидит на своем поле и не обнаруживает ни малейшей охоты отказаться от своего хозяйственного предприятия и передать его какому-либо кооперативу... Благодаря кооперации создается новый тип крестьянского хозяйства, в котором для индивидуального хозяйства остается только одна область – сельскохозяйственного труда, все же остальные хозяйственные операции, – купли, продажи, получения кредита и переработки сельскохозяйственных продуктов – используются не единичными силами сельскохозяйственного производителя, а коллективной силой организованных в кооперативы производителей. В результате получается некоторая новая система крестьянского хозяйства, но система совершенно иная, чем та, к которой приводит естественный ход развития пролетарской кооперации"[98].

Это положение позднее получило развитие в трудах А.В. Чаянова. Он писал, что "кооперация крестьянская... представляет собой весьма совершенный вариант крестьянского хозяйства, позволяющий мелкому товаропроизводителю, не разрушая своей индивидуальности, выделить из своего оригинала те его элементы, в которых крупная форма производства имеет несомненные преимущества над мелкой, и организовать их совместно с соседями..."[99].

Имеются различные подходы к классификации кооперативов. Например, Кауфман выделяет денежные, товарные и потребительские, Якоб же все многообразие кооперативов сводит к двум большим группам: производителей и потребителей. Туган-Барановский предпочитает принцип Якоба и различает следующие 9 видов кооперации: 1) кредитные, 2) потребительские, 3) домостроительные, 4) закупочные, 5) бытовые, 6) по переработке, 7) производительно-подсобные артели, 8) трудовые артели и 9) производительные артели. Все они расположены в порядке возрастающей сложности их функций. Самые простые – кредитные, затем потребительские. Первые четыре группы сводятся по своим функциям к приобретению хозяйственных предметов. Сбытовые действуют в сфере обращения, переработка кроме сбыта осуществляет производство товарной продукции из сельскохозяйственного сырья. В производительно-подсобных артелях люди работают порознь, но сообща владеют некоторыми средствами производства (артельными кузницами, молотилками и другими машинами). В трудовых артелях сообща работают и совместно владеют средствами производства (строительные артели, грузчики и др.). Производительные артели владеют средствами производства, совместно работают и являются собственниками произведенного продукта. Это наиболее сложная форма и нуждается в учете многообразных факторов[100].

Не имея возможности рассматривать все типы кооперативов, ведь они, в свою очередь, дробятся на подтипы и виды, остановимся лишь на российском опыте того времени в кредитном и маслодельном кооперировании.

С.Н. Прокопович сообщает, что в 1863–1865 гг. двое русских, Св. Ф. Лучинин и Н.П. Колюпанов, посетили Германию, где ознакомились с деятельностью кредитных товариществ. В 1865 г. в селе Дороватове Рождественской волости Ветлужского уезда Костромской губернии создается первое русское ссудо-сберегательное товарищество. В 1869 г. Новгородское и Псковское губернские земства выступают с поддержкой ссудных товариществ. Колюпанов, Лучинин и другие выступают по этим вопросам в печати. Проводятся съезды представителей товариществ. В Пскове они состоялись в 1875, 1879, 1884, 1889, 1896 и 1900 гг. Проходят они и в Смоленске, Перми, Мелитополе[101].

Характерно, что членами таких товариществ становились преимущественно крестьяне среднего достатка, но уже вовлеченные в меновой оборот. Богатые обходились своими средствами, а бедняки были некредитоспособны, они вели натуральное хозяйство. Прокопович пишет: "Особенности русской жизни таковы, что не имеющий имущества фабричный рабочий в общем кредитоспособнее имеющего землю крестьянина. Участие в ссудных товариществах не нужно зажиточным и богатым крестьянам, невозможно для бедных; оно доступно только средним, маломощным, но хозяйственным крестьянам"[102].

Кроме ссудо-сберегательных, с 1895 г. существовали кредитные товарищества. От первых они отличались двумя особенностями: а) отсутствием паевого капитала, следовательно, принудительного накопления и б) наблюдением со стороны правительственных кредитных инспекторов. В их деятельность нередким было вмешательство этих инспекторов и других чиновников. Однако отсутствие паевых взносов облегчает создание таких товариществ. Характерно, что в западных губерниях (Прибалтийских, Польских, Северо-Западных) преобладают ссудо-сберегательные товарищества (88% из общего количества), тогда как в остальной России – кредитные. Это объясняется большей зажиточностью крестьян в западных регионах, а также ограниченным доступом к ссудам Государственного банка для поляков, латышей и евреев. Кредитные товарищества бурно росли. Если в 1900 г. их было всего 40, в 1905 г. – 782, то в 1910 г. уже 4 543 и в 1913 г. – 9 552[103].

9 мая 1912 г. был открыт и начал функционировать Московский народный банк. Он обеспечивал ссудами только кооперативные товарищества. Акционерами банка состояли 1 483 товарищества и 148 частных лиц. Только за один год, с 1.01 1913 по 1.01 1914 г. вклады на текущие счета его выросли в 3,4 раза, учет векселей и прочие ссудные операции удвоились, а закупка товаров за год возросла в 64 раза[104].

В связи с развитием рыночных отношений и проникновением их в деревню потребовалось менять всю систему крестьянского хозяйства, приспосабливать его к новым требованиям. Это значило: производить больше продукции, повышать ее качество и конкурентоспособность, получать определенную прибыль. Для этого приходилось мелиорировать землю, приобретать машины, подбирать высокоурожайные сорта, заводить племенной скот, устанавливать связи с покупателями, строить добротные склады и хранилища, перерабатывать сельскохозяйственное сырье в готовую продукцию. Крупные машины, даже молотилки среднему крестьянину купить не просто. Еще сложнее ему приобрести перерабатывающее оборудование. В этой обстановке перед крестьянином стояла дилемма: либо обратиться за помощью к перекупщику, либо объединиться в кооперативы. Такая же альтернатива возникала при решении финансовых вопросов: либо идти в кабалу к ростовщику, либо создавать ссудо-сберегательные и кредитные товарищества. Крестьяне России, как и всего мира, избрали второй путь.

В 1847 г. на острове Эзель Лифляндской губернии (современный Сааремаа Эстонской республики) возникло первое в России сельскохозяйственное общество. Процесс создания таких обществ и товариществ поначалу шел медленно, прибавлялось по одному-два в год. Процесс бурно ускорился после 1905 г. Так, в 1906 г. организовано 265, в 1907 г. – 363, в 1908 г. – 324, в 1909 г. –310, 1910 г. – 418[105]. Позднее общества и кооперативы стали объединяться в союзы. Первый союз был основан в 1906 г. в Риге, в 1907 г. – в Петербурге, в 1910 г. – в Ревеле (Таллин), в 1911 г. – в Пскове. Сельскохозяйственные товарищества обычно сотрудничали с потребительскими обществами. Прокопович пишет, что “добрый хозяин всегда будет членом обоих кооперативов”[106]. В этих обществах, как и вообще в кооперативах, преобладал “хозяйственный мужичок,” то есть относительно состоятельный средний крестьянин, работающий своими руками на своей земле. По данным кооперативного съезда 1908 г., крестьяне составляли 91% общего числа членов кооперативов. Данные за 1911 г. показывают, что 427 кооперативов (17,5%) охватывают несколько волостей, 863 (35,4%) – одну волость, 635 (26,0%) – менее волости и 516 (21,1%) – неопределенную территорию[107].

Сельскохозяйственные товарищества работали в тесном контакте с земскими агрономами, последние на них опирались. Средства обществ формировались из членских взносов, которые обычно составляли в пределах от 50 коп. до 1 руб. 50 коп. в год. Некоторые субсидии выделяло земство, а также поступали доходы от коммерческих операций. Основные функции этих товариществ: а) выяснение хозяйственных нужд и потребностей своих членов; б) распространение теоретических и практических знаний; в) освоение передовых приемов хозяйствования, усовершенствование пород скота, орудий, машин, семенного дела; г) посредничество в снабжении крестьян нужными предметами и товарами, а также в сбыте продукции хозяйств. Товарищества следили за рыночной конъюнктурой, ценами и в случае необходимости принимали соответствующие меры.

В качестве примера деятельности сельскохозяйственных товариществ может служить товарищество по сбыту и обработке молока. Пионером в устройстве кооперативных сыроварен в России является Н.В. Верещагин, брат знаменитого художника-баталиста В.В. Верещагина, организовавший в 1866 г. в селе Отроковичи Тверского уезда Тверской губернии первую сыроварню. Отсюда они распространились в Новгородскую, Петербургскую, Ярославскую, Вятскую, Архангельскую, Вологодскую губернии, на Кавказ и в Сибирь. Содействовало этому делу и Императорское Вольное экономическое общество. Поначалу дело шло плохо. Многие сыроварни закрывались. Верещагин и его помощники, обстоятельно исследовав причины неудач, выявили, что прежде всего это – отсутствие квалифицированных мастеров, низкий уровень кормления животных, разногласия среди крестьян. Мастеров выписали из стран Западной Европы для организации обучения отечественных; сыроделие переместили в богатые кормовыми угодьями губернии: Вологодскую, Тобольскую, Томскую.

Особенно в артельном сыроделии преуспели сибиряки. Здесь быстро расширялась сеть сыроварен, а кооперативные стали преобладающими. Об этом свидетельствуют данные только по двум губерниям: Тобольской и Томской (табл. 4.4)[108].

Таблица 4.4

Годы	Число сыроваренных заводов в Тобольской и Томской губерниях	в т.ч. артельных	% артельных
1895	15	–	–
1900	277	35	12,6
1905	1181	359	30,4
1910	3109	1337	43,0

Молочные товарищества объединяются в союзы, которые строят склады, базы, конторы. В 1908 г. в Кургане создается Союз сибирских маслодельных артелей, затем филиалы в Петропавловске, Барнауле, Бийске, Челябинске. В 1911 г. образовался Союз прибалтийских кооперативных товариществ молочного хозяйства и скотоводства в Риге, затем союзы в Юрьеве (Тарту) и Петербурге. Крупными центрами маслоделия на кооперативной основе становятся Вологда, масло- и сыроделия – Ярославль. В Московской губернии первое молочное товарищество возникает в 1909 г., через четыре года их уже 17[109].

Маслодельные и сыродельные заводы обычно обслуживаются наемными рабочими и специалистами, получающими заработную плату. Сами заводы являются собственностью кооперативов. Оплата труда членов кооператива ведется по количеству сданного молока, тогда как работников завода – по затратам труда.

Товарищества виноградарей, садоводов, огородников, пчеловодов занимаются сбытом и переработкой продукции, снабжением своих членов инвентарем, посадочным материалом. В 1909 году в Костромском уезде появляется картофелеводческое товарищество. Отсюда они распространяются в села Владимирской, Ярославской, Нижегородской губерний. В южных губерниях получили распространение кооперативные мельницы[110].

Из всего сказанного видно, что к началу первой мировой войны Россия вышла на широкую дорогу кооперации, шагала в ногу с Европой. И не будь дальнейших катаклизмов, страна имела бы стабильное положение в аграрной сфере. Кооперация развивалась снизу, иногда при поддержке земств. Она строилась на принципах добровольности, выборности, отчетности перед низами, демократичности, взаимопомощи, защиты интересов крестьянина. И еще раз стоит вспомнить, продолжая мысли М.Н. Туган-Барановского, что она – антипод того коллективизма, который Россия получила в результате "Великого перелома". Там не было добровольности, там не было демократизма, там была отчетность только перед верхами, там были только команды и их беспрекословное выполнение.

НАУЧНЫЕ УЧРЕЖДЕНИЯ И УЧЕБНЫЕ ЗАВЕДЕНИЯ СЕЛЬСКОХОЗЯЙСТВЕННОГО ПРОФИЛЯ

Годы, предшествовавшие началу первой мировой войны и революции в России, ознаменованы активным открытием научных учреждений и учебных заведений сельскохозяйственного профиля. Только за пять лет, с 1909 по 1914 гг., расходы на содержание сельскохозяйственных заведений возросли с 4 337,3 тыс.руб. до 11 200,0 тыс.руб. или в 2,58 раза, в том числе за счет государственной казны – с 1 929,5 тыс. до 6 835,9 тыс.руб., или в 3,5 раза[111].

Общие затраты Департамента земледелия на агрономические мероприятия в 1895 г. составляли 2,4 млн. руб., а в 1913 г. – 29,4 млн., то есть в 12 раз больше. Если на 1 января 1910 года в стране насчитывалось 239 сельскохозяйственных учебных заведений, то на начало 1915 г.– 341[112]. В их финансировании неуклонно возрастала доля государства (с 42% в 1909 г. до 60% в 1914 г.), тогда как доля земств и других источников сокращалась.

К 1 января 1915 г. было зарегистрировано 287 казенных опытных учреждений, из которых только за последние 10 лет было создано столько, сколько за всю предшествующую историю[113]. Страна была покрыта сетью опытных станций и полей от Вислы до берегов Тихого океана и от Полярного круга до Закавказья.

Учебная сеть и вся система сельскохозяйственного образования в дореволюционной России была довольно сложной. Так, высшее образование было сосредоточено в университетах с их соответствующими кафедрами. Создаются специальные сельскохозяйственные вузы в системе Министерства государственных имуществ, а затем Министерства земледелия. В начале XX в. возникают высшие сельскохозяйственные женские курсы. Позднее Д.Н. Прянишников писал: "Основным злом в жизни русской высшей школы является ее постоянное реформирование сверху, в самых противоположных направлениях, поэтому нет характерного, исторически сложившегося типа русской школы, в отличие от школы, например, немецкой или противоположной ей, но строго специальной школы французской"[114]. Прянишникову, хорошо знавшему дореволюционную высшую школу, можно верить. Но это были только "цветки". Что пережили наша школа и наука в эпоху постреволюционную, при диктатуре пролетариата и тоталитарной системе, уму непостижимо. Эти перманентные реорганизации, перемещения, переименования, разукрупнения и укрупнения, чехарда с методами обучения, программами, политический диктат... Все это в полной мере испытает на себе система сельскохозяйственных учебных заведений.

Кроме высших, в ведении Департамента земледелия было 18 средних учебных заведений, 61 сельскохозяйственное училище, 74 низших сельскохозяйственных школы I разряда, 35 – II разряда, 60 практических низших сельскохозяйственных школ, 34 начальных и народных сельскохозяйственных школы, 26 постоянных сельскохозяйственных курсов, 9 исправительных приютов с обучением сельскому хозяйству, 9 детских сельскохозяйственных приютов, 4 учебные фермы. Все эти школы и курсы были мужскими, женскими и смешанными, общими и специализированными[115].

Несколько подробнее остановимся на высших учебных заведениях, поскольку здесь наряду с учебным процессом была сконцентрирована фундаментальная наука. Соответствующие факультеты и кафедры вели учебную работу в аудиториях и лабораториях, на опытных фермах, лесничествах, имениях, где студенты проходили практику и ставились эксперименты. В опытных учреждениях велись исключительно прикладные работы, связанные с селекцией и семеноводством, племенным делом, технологиями производства.

В Московском университете кафедра земледелия, или сельскохозяйственного домоводства с 1770 по 1777 г. возглавлялась М.И. Афониным, в конце XVIII в. А.А. Антонским-Прокоповичем, в течение 20 лет (1820–1840 гг.) – М.Г. Павловым. Уставом 1804 г. подобные кафедры были созданы в Харьковском и Казанском университетах. В 1827 г. при Виленском университете учрежден Институт сельского домоводства с двумя имениями, которым руководил профессор А. Огановский. Однако он существовал недолго, так как в 1830 г. Виленский университет был закрыт в связи с польским восстанием[116].

В мае 1834 г. при Юрьевском (Дерптском, Тартуском) университете открывается Альткустгофский институт сельского хозяйства. Предводитель дворянства Лифляндской губернии предоставил институту имение. Сюда прибыли казеннокоштные студенты. Окончило этот институт только 42 человека, в апреле 1839 г. он был закрыт в связи со сменой хозяина имения[117]. Вот так решалась судьба высшего учебного образования.

В апреле 1836 г. Министерству просвещения было предписано открывать кафедры агрохимии во всех университетах, где их еще не было. Кроме того, вскоре эти кафедры появляются в Ришельевском лицее в Одессе и в Демидовском лицее в Ярославле[118]. В Петербургском университете с 1836 г. сельское хозяйство, лесоводство и счетоводство преподает профессор С.М. Усов, позднее здесь долгие годы будет работать А.В. Советов.

В Киевском университете Святого Владимира еще с 1835 г. была кафедра агрономии, землепашества и экономики, на которой работали: Э.О. Мерц, а затем профессор П. Якубович[119]. Созданный в 1865 г. на базе Ришельевского лицея Новороссийский университет в Одессе, к чему много сил приложил великий русский хирург Н.И. Пирогов, уделял серьезное внимание не только медицинской и другим традиционным наукам, но и аграрным. Здесь работали Н.И. Мечников, И.М. Сеченов, В.В. Марковников, Н.А. Умов. Здесь также трудился с 1905 по 1928 годы Гавриил Иванович Танфильев (1857–1928), выдающийся геоботаник и почвовед, ученик А.Н. Бекетова и В.В. Докучаева, крупнейший исследователь географии и истории культурных растений, болот и торфяников[120]. (Его сын Вадим Гавриилович Танфильев, один из создателей Ставропольского ботанического сада, ботаник, доктор сельскохозяйственных наук, последние годы жизни работал в Ставропольском НИИСХ.)

Уставом университетов 1884 г. кафедры агрохимии были заменены кафедрами агрономии, куда входили общее и частное земледелие, агрохимия, учение о системах хозяйства и севооборотах[121]. На этих кафедрах работало много выдающихся ученых. Например, в Московском университете с 1894 г. по 1931 годы читал лекции Д.Н. Прянишников.

В декабре 1910 г. Государственной думой был рассмотрен вопрос о создании самостоятельных агрономических факультетов в университетах[122]. Факультеты были организованы в Юрьевском, Казанском, Новороссийском, Киевском и других университетах. Но они были малочисленными[123].

Первым самостоятельным высшим сельскохозяйственным учебным заведением был Горыгорецкий земледельческий институт. Он был открыт в 1848 г. в Могилевской губернии на базе созданной здесь земледельческой школы. Он готовил ученых агрономов с высшими теоретическими и практическими познаниями для организации управления, а также преподавания в других сельскохозяйственных училищах, работы в своих и чужих имениях. При институте было училище – среднее учебное заведение, а также земледельческие классы. Для прохождения практики полевых работ, по скотоводству, пчеловодству, лесоводству, ветеринарии, ботанике, геодезии, архитектуре, механике были лаборатории, опытные поля и фермы. Действовал завод по изготовлению машин и орудий. Здесь работали видные ученые России: агроном И.А. Стебут; экономисты Ю.Э. Янсон (1835–1893), член-корреспондент Академии наук, автор крупных работ по статистике и политэкономии, а также А.П. Людоговский. Многие выпускники позднее сами стали крупными учеными, например, академик ВАСХНИЛ М.Ф. Иванов, профессор М.В. Рыжов и многие другие. Всего этот институт окончило 566 человек. В 1865 г. институт был переведен в Петербург в связи с участием многих студентов в польском восстании в 1863–1864 годах[124].

Позднее Петербургский земледельческий институт из Горок был реорганизован в лесной, а в Горках была открыта Белорусская сельскохозяйственная академия с использованием базы Горыгорецкого института.

Ново-Александрийский институт сельского хозяйства и лесоводства создан в 1862 г., реорганизован после восстания 1863–1864 гг. Расположен на правом берегу Вислы (современный г. Пулавы), с прекрасным парком, ботаническим и плодовым садом, опытной фермой, имением. Здесь работали многие видные ученые: В.В. Докучаев, К.Д. Глинка, В.И. Зайончковский, В.К. Залесский, В.Н. Палладин, А.И. Скворцов, А.Ф. Фортунатов. Почетными членами института были: Д.Н. Прянишников, И.П. Павлов, К.А. Тимирязев,

И.А. Стебут и другие ученые[125]. В 1914 г., когда германские войска подходили к Висле, институт был переведен в Харьков.

Петровская земледельческая и лесная академия открыта в 1865 г. в имении графа Кирилла Разумовского "Петровско-Разумовское" Дмитровского уезда Московской губернии. Неоднократно реорганизовывалась. В настоящее время – Московская сельскохозяйственная академия имени К.А. Тимирязева (ТСХА). Поначалу это было нетрадиционное учебное учреждение с весьма демократическим режимом. Оно строилось на следующих принципах: а) свобода и доступность без различия сословий для обучения в академии; б) свобода в выборе изучаемых предметов, отсутствие вступительных и переводных экзаменов; в) выпускной экзамен для желающих получить диплом об окончании; г) оплата за год 25 рублей...[126] Бывший студент, известный писатель-демократ В.Г. Короленко писал, что "свобода изучения и вера в молодые силы обновляющейся страны – таковы были основания устава"[127]. В жизни академии были черные дни. Она закрывалась. Даже обсуждался проект размещения здесь кавалерийского училища, но министр земледелия А.С. Ермолов отстоял это учебное заведение. По данным А.Ф. Фортунатова за 50 лет, до 1915 г. Петровская академия выпустила 2 792 специалиста, в том числе 2 455 агрономов и 337 лесоводов[128]. Это крупнейший сельскохозяйственный вуз России как в дореволюционный, так и в послереволюционный период. Здесь в свое время был сосредоточен мощный научный потенциал страны. Бывший воспитанник, а затем профессор А.В. Чаянов писал: "Бывшая Петровская сельскохозяйственная академия... является по числу студентов самой большой высшей сельскохозяйственной школой во всем мире... Однако наша академия не только школа. Здесь не только учатся, но и изучают, не только черпают знания, но и создают их, творят агрономическую науку"[129].

Видное место в высшем сельскохозяйственном образовании занимали отделения при политехнических институтах. Заслуживает внимания опыт работы Рижского и Киевского политехнического институтов. Созданное в мае 1861 г. Рижское политехническое училище с 1876 г. было причислено к первому разряду, то есть стало высшим учебным заведением с 4-летним курсом обучения. Сюда принимались лица всех сословий не моложе 17 лет, окончившие полный курс гимназии или реального училища. По данным за 1894 г., оно состояло из семи отделений: сельскохозяйственного, землемерного, архитектурного, химико-технического, инженерного, машиностроительного и коммерческого. Сельскохозяйственное отделение было по тем временам крупным, в 1912 г. на нем обучалось 300 человек. После трехлетнего теоретического обучения студенты работали на опытной ферме "Петергоф". Кроме того, в 1912 г. политехникуму было передано 1 200 десятин казенного леса. При училище была контрольная станция по применению удобрений, проводились курсы по луговодству и окультуриванию болот. В качестве субсидий училище ежегодно получало по 10 тыс. руб. от казны, от г. Риги, от рижского купечества, понемногу от лифляндского и курляндского дворянства, поступали доходы от реализации химических удобрений.

В Рижском училище сложилась сильная школа химиков. Здесь работали такие крупные ученые профессора, как Вильгельм Фридрих Оствальд (1853–1932), уроженец Риги, лауреат Нобелевской премии за 1909 г., член-корреспондент Петербургской Академии наук, автор известного закона Оствальда, а также Павел Иванович Вальден (1863–1957), родом из латышской многодетной семьи бывших крепостных Вольмарского уезда, член Петербургской Академии наук почетный член – Академии наук СССР с 1927 г., автор работ по процессам ионизации и истории химии, в 1919 г. при Советском правительстве П. Стучки – ректор Латвийского университета.

К сожалению, последние годы жизни они работали в университетах Германии. Здесь учились многие известные люди, например, Михаил Михайлович Пришвин, Степан Шаумян и др[130].

На базе этого училища позднее были созданы Латвийский университет, Рижский политехнический институт и Латвийский сельскохозяйственный университет.

Образованный в 1898 г. Киевский политехнический институт положил начало высшему сельскохозяйственному образованию на Украине. Его агрономический факультет дал жизнь современному Украинскому сельскохозяйственному университету. С начала века здесь кафедры возглавляли крупные ученые профессора: Н.П. Чирвинский, Д.В. Ключаров, В.В. Колкунов, Е.Ф. Вотчал, А.Г. Лебедев, И.М. Щеголев. До 1917 г. институту принадлежало хозяйство "Затишье" в Нежинском уезде Черниговской губернии, а также опытное поле под Киевом. С 1898 по 1917 гг. сельскохозяйственное образование получили 750 человек[131]

Межевой институт был образован из землемерного училища по инициативе писателя Сергея Тимофеевича Аксакова (1791–1859), который некоторое время был его директором. Он также претерпел различные реорганизации, несколько лет находился на положении военного заведения. Готовил межевых инженеров, а также старших землемерных помощников. Срок обучения был увеличен до 8 лет. В настоящее время это – Московский университет инженеров землеустройства[132].

В 1894 г. в Никитском ботаническом саду близ Ялты были созданы высшие курсы по виноделию на базе существовавших здесь же практических курсов по виноделию и садоводству. На эти курсы принимались лица с высшим или средним естественно-научным образованием. Здесь готовились преподаватели для винодельческих школ и управляющие крупными винодельческими хозяйствами. Обучение было бесплатным, учащиеся получали стипендию 300 рублей в год[133].

Доступ женщин в высшие учебные заведения России долго был запрещен. Попытки изменить ситуацию предпринимались при императоре Павле, но широкого развития они не получили. Горячим энтузиастом подлинной эмансипации и допуска девушек в вузы выступил профессор И.А. Стебут в 90-х гг. прошлого века. По его инициативе было создано общество, которое начало действовать с 1899 г. под девизом: "Вера и терпение все преодолевают". Тогда министр земледелия и государственных имуществ А.С. Ермолов утвердил Положение этого общества. Наконец, в Санкт-Петербурге в 1904 г. открылись высшие женские сельскохозяйственные курсы, названные позднее Стебутовскими в честь поборника женского образования и 50-летия его научной деятельности[134].

В 1908 г. в Москве создаются Голицынские женские сельскохозяйственные курсы также с правами высшего учебного заведения. Их учредителем и куратором была княгиня С.К. Голицына. Поначалу на этих курсах было только 56 слушательниц, а в 1912 г. уже 539. Первым директором был Д.Н. Прянишников. Преподавание, кроме Дмитрия Николаевича, вели А.Ф. Фортунатов, А.Г. Дояренко, В.Р. Вильямс и др. Московское общество сельского хозяйства передало курсам Богородицкую ферму[135]. Наконец, 30 июня 1913 г. получил Высочайшее утверждение законопроект "О допущении лиц женского пола, имеющих соответствующую подготовку, к педагогической деятельности в сельскохозяйственных учебных заведениях".

В 1910 г. Совет Департамента земледелия рассматривает перспективный план развития высшего сельскохозяйственного образования в России. В смете департамента на 1914 г. говорится: "Ведомство ввиду всевозрастающей потребности страны в работниках с высшим сельскохозяйственным образованием, а также во исполнение пожеланий Государственной думы об учреждении в главных земледельческих районах России высших сельскохозяйственных заведений... озабочено осуществлением выработанного им проекта... 1910 года"[136].

И все-таки в соответствии с этим планом до начала войны кое-что успели сделать. В июне 1911 г. открывается Вологодский молочно-сельскохозяйственный институт, имеющий "особое значение как первое высшее молочнохозяйственное учебное заведение". Место размещения выбрано не случайно. Благодаря крестьянской кооперации, здесь возник крупный район маслоделия всероссийского порядка с выходом на мировой рынок. При институте была опытная станция, рассадник кормовых растений, машиноиспытательная станция и низшая школа молочного хозяйства и скотоводства[137].

В 1912 г. создается Воронежский сельскохозяйственный институт, рассчитанный на 400 студентов. Его первым директором стал К.Д. Глинка. Здесь также имеется опытное поле, ботанический сад, библиотека. Он предназначен для подготовки специалистов для работы в Центрально-Черноземной зоне[138].

В 1913 г. учреждены Саратовские высшие сельскохозяйственные курсы с правами института, 4-летним сроком обучения. Принято в этом же году 105 человек из всех слоев российского общества[139].

Своеобразно складывалось ветеринарно-медицинское образование в России. В соответствии с университетским уставом 1804 г. ветеринария преподавалась на кафедрах "скотоврачебных наук" медицинских факультетов, с 1808 г. – в Московской и Петербургской медико-хирургических академиях. В 1835 г. при медицинских факультетах Московского, Харьковского и Казанского университетов вводятся "ветеринарные" заведения с зооанатомическим театром.

В 1873 г. открывается Юрьевский ветеринарный институт на базе существовавшей с 1848 г. здесь ветеринарной школы. Поначалу это учреждение предназначалось для Прибалтийских губерний и преподавание велось на немецком языке, а с 1873 по 1918 г. стало всероссийским и основным языком стал русский. Лишь публикации были как на русском, так и на немецком[140]. За 45 лет этот институт окончило 1742 человека.

Столь подробно мы остановились на высших учебных заведениях потому, что кроме подготовки кадров там была сосредоточена практически вся аграрная наука. Средние учебные заведения имели другую задачу – готовить грамотных управляющих имений, а с началом реформы П.А. Столыпина – компетентных хозяев, наряду с работой в различных учреждениях, низших школах и другой деятельностью в аграрной сфере. В сельскохозяйственных училищах по полному курсу занимались 6 лет, причем последние полтора года отводились практике в частновладельческих имениях. На первый курс принимались юноши любых сословий и вероисповеданий не моложе 14 и не старше 16 лет, окончившие курс в уездных и городских низших сельскохозяйственных школах, сельских 2-классных училищах. Учащиеся разделялись на пансионеров (казеннокоштных и своекоштных), полупансионеров и приходящих. Плата за обучение взималась разная. Имелись казенные стипендии. Окончившие с аттестатом первого разряда получали звание личного почетного гражданина[141].

Средние училища существовали с XVIII в. Их было немного. Они претерпевали различные реорганизации, перемещения и другие изменения. Их открывали и содержали и казна, и земства, и отдельные именитые землевладельцы. Так, Петербургская практическая школа земледелия была открыта Именным указом Павла I в 1797 г. вблизи Павловска. Московская земледельческая школа основана в 1822 г. в помещениях, подаренных ей князем Д.А. Голицыным. Школа земледелия и горнозаводских наук с 4-летним курсом была основана в 1825 г. в Петербурге и Марьино Новгородской губернии членом ИВЭО графиней С.В. Строгановой. Были созданы училища в 1902 г. в Харькове, Казани, Умани, Херсоне, Красноуфимске, Богородицке Тульской губернии, Кинели Самарской губернии, Пскове, в 1907 г. близ Новочеркасска Донской области, в 1911 г. Ковенское в имении П.А. Столыпина близ Дотнува, в 1912 г. Омское и Тамбовское, в 1914 г. Таврическое. В 1915 г. было открыто несколько частных училищ, в том числе в Петербурге, Киеве и Одессе.

Опытные учреждения, существовавшие в конце XIX и начале XX в. в России, подразделялись следующим образом:

опытные станции – общие и специализированные (селекционные, садоводческие, винодельческие, шелководческие, машиноиспытательные). В их задачу входило проведение научных исследований и постановка опытов по почвам, удобрениям, приемам возделывания культур, кормам, выведению сортов и др.;

опытные поля для постановки различных экспериментов на отдельных участках применительно к климату, почвам и другим объективным условиям данной местности;

опытные хозяйства для проведения полевых опытов в конкретных условиях данной местности;

лаборатории и питомники для выращивания посадочного материала.

Если на Западе преобладающим типом была опытная станция, то в России – опытное поле. Станции представляли собой более крупные учреждения, и их было мало[142,143].

По ведомственной принадлежности опытные учреждения были: казенными (в ведении Департамента земледелия), губернских земств, уездных земств, сельскохозяйственных обществ, городских управлений, промышленных обществ, ученых обществ, отдельных групп землевладельцев, частных лиц. Больше всего было государственных[144].

Большую роль в создании сети опытных учреждений сыграли видные ученые, прогрессивные общественные деятели, трезво мыслящие помещики. Среди них следует назвать князя Л.В. Кочубея – президента и основателя Полтавского сельскохозяйственного общества, Д.И. Менделеева, В.В. Докучаева, А.В. Советова, И.Н. Толстого, князя П.П. Трубецкого, баронов А.А. Мааса и П.А. Бильдерлинга, И.И. Шатилова, К.А. Тимирязева. Пожалуй, решающая роль принадлежит трем выдающимся ученым и организаторам науки: И.А. Стебуту – председателю Ученого комитета Министерства, П.А. Костычеву – директору Департамента земледелия и А.С. Ермолову – министру земледелия[145]. Они разработали план создания, размещения и развития опытных учреждений по различным регионам России и начали его осуществлять.

Профессор В.В. Винер писал, что "возникновение опытных учреждений обязано прежде всего частной инициативе, которая затем встретила поддержку и развитие в инициативе общественной (сельскохозяйственных обществ) и только значительно позже, с середины 90-х гг. проявилась инициатива государственная"[146].

Посмотрим, как протекал этот процесс создания станций. В 1894 г. открывается Валуйская (Костычевская) станция в Новоузенском уезде Самарской губернии, в 1896 г. – Шатиловская в имении И.И. Шатилова Новосильского уезда Тульской губернии, в 1899 г. – Энгельгардтская в имении Батищево Дорогобужского уезда Смоленской губернии[147].

Станции учреждаются государством в лице Министерства сельского хозяйства, земствами, обществами. Так, Вятская станция создана губернским земством в 1895 г. и занялась изучением кормовых трав, хлебных растений, удобрений. Верхнеднепровская в Екатеринославской губернии также учреждается земством с участием пожертвований землевладельца Э.К. Броцкого, занимается повышением урожайности сельскохозяйственных культур.

Безенчукская организуется в 1903 г. Главным управлением уделов в Самарском уезде той же губернии. Ее главная задача – выработка приемов борьбы с засухой, подбором засухоустойчивых растений.

Московская селекционная станция учреждается при Сельскохозяйственном институте (ТСХА). Заведует ею отец русской селекции Дионисий Леопольдович Рудзинский.

Ростово-Нахичеванская станция, организованная в 1908 году на средства Доно-Кубано-Терского общества сельского хозяйства, занимается испытанием машин и орудий.

Владимирская опытная станция существует с 1909 г. на средства губернского земства и казенных субсидий. Занимается полевыми культурами, семеноводством, удобрениями.

Псковская опытная станция учреждена в 1910 г. губернским земством с участием пособий Департамента земледелия.

Виленская станция в Лидском уезде Виленской губернии также основана в 1910 г. на средства местного общества с субсидиями Департамента земледелия.

Балтийская станция по культуре болот существует с этого же года за счет Лифляндского экономического общества и субсидий Департамента земледелия.

Саратовская и Симбирская опытные станции основаны тогда же земствами Саратовской и Симбирской губерний при поддержке Департамента земледелия. На первой преобладают селекционнные работы, на второй – по борьбе с засухой.

Печорская сельскохозяйственная опытная станция открыта в 1911 г. в Печорском уезде Архангельской губернии Департаментом земледелия. Занимается луговодством, изучает экономические и климатические возможности отдельных культур и сортов.

Каменно-степная опытная станция им. В.В. Докучаева в Бобровском уезде Воронежской губернии организована в 1911 г. на средства казны целиком. Земли имеет – 1 214 десятин. Изучает водный баланс, приемы накопления и сбережения влаги в условиях степи.

Прибалтийская машиноиспытательная станция организована в 1911 г. Рижским сельскохозяйственным обществом. Находится близ г. Венден (современный Цесис) Лифляндской губернии.

Минская болотная станция создана губернским земством и Департаментом земледелия в 1911 г. С 1912 г. здесь издается журнал "Болотоведение". Изучается культура болот.

Николаевская опытная станция основана в Лужском уезде Санкт-Петербургской губернии на средства казны и губернского земства. Занимается разработкой методов ведения опытного дела, мерами борьбы с вредителями, изучает сорта кормовых растений.

Столь длинный перечень опытных станций позволяет сделать по крайней мере следующие выводы, уже высказанные достаточно в работах В.В. Винера. Во-первых, при создании сети опытных учреждений использовались инициатива и средства отдельных лиц, общественности и государства. Во-вторых, с 1910 г., в условиях аграрной реформы и развития рыночных отношений, ускоренными темпами эта сеть расширялась. В-третьих, делалась попытка охватить многие стороны земледелия с максимальным учетом региональных особенностей и сложившейся структуры хозяйства. В-четвертых, процесс развертывания сети этих учреждений опирался на инициативу заинтересованных людей, но он осмысленно направлялся государством и наукой.

Заключая главу о науке и политике начала XX в., нетрудно заметить, что Россия, хотя и медленно, может быть, спотыкаясь, но последовательно стала на тот путь развития, каким шли все цивилизованные страны Европы и Америка. Активно велось дорожное и промышленное строительство, страна втягивалась в рынок, началась аграрная реформа, быстро росла крестьянская кооперация. Несмотря на тяжелые последствия двух войн, успешно развивались наука и система образования. Дело шло к лучшему. И вместе с тем бурлили партии, обострялись социальные противоречия, И, как всегда в России, они проявлялись в самых экстремальных формах. Эволюционный путь развития был прерван. Революция 1917 г. действительно потрясла мир. Джон Рид был прав. Но глубже, болезненнее и разрушительнее всего она потрясла Россию, которая положила на жертвенник истории десятки и десятки миллионов жизней своих сынов и дочерей. Это оправдать нельзя.

ЛИТЕРАТУРА

1. **Лященко П.И.** История народного хозяйства СССР. М.: ОГИЗ, 1948. Т. 2. С. 274.
2. Сельскохозяйственный промысел в России. Изд. Департамента земледелия, Пг., 1914. С. 125–126.
3. **Лященко П.И.** История народного хозяйства СССР, М.: ОГИЗ, 1948. Т. 2. С. 348.
4. **Там же.** С. 275.
5. **Там же.** С. 275.
6. **Там же.** С. 276.
7. **Там же.** С. 277.
8. **Там же.** С. 279.
9. **Там же.** С. 280.
10. **Витте С.Ю.** Записка по крестьянскому делу. Спб., 1905.
11. **Там же.** С. 42.
12. **Там же.** С. 45.
13. **Там же.** С. 106–107.
14. **Там же.** С. 108–109.
15. **Там же.** С. 109.
16. **Там же.** С. 114.
17. **Там же.** С. 121.
18. **Там же.** С. 123.
19. **Там же.** С. 129.
20. **Витте С.Ю.** Избранные воспоминания. М.: Мысль, 1991. С. 510–511.
21. **Там же.** С. 511.
22. **Там же.**
23. Аграрный вопрос в Совете министров. М.;Л., 1924, вып. 4. С. 27–41.
24. **Там же.** С. 23–27.
25. Смена, 1991, № 6. С.31–32.
26. **Столыпин П.А.** Полное собрание речей в Государственной думе и Государственном совете. М.: Мол. гвардия, 1991. С. 93–94.
27. **Там же.** С. 176–177.
28. **Там же.** С. 52.
29. **Там же.** С. 94.
30. **Там же.** С. 95.
31. **Там же.** С. 89.
32. **Там же.** С. 96.
33. Полное собрание законов Российской империи. 3-е. собр. Спб., 1909. Т. 26, № 28528.
34. **Там же.** Т. 3, № 33745.
35. **Там же.** Т. 31, № 35370.
36. **Лященко П.И.** Указ. соч. С. 266.
37. **Чернышев И.В.** Община после 9 ноября 1906 г. 1917, ч. 1. С.153–158; ч. 2. С. 125–128.
38. **Лященко П.И.** Указ. соч. С. 269.
39. **Там же.** С. 270.
40. **Бруцкус Б.Д.** Очерк аграрной политики иностранных государств и России. Пг., 1918. С. 64.
41. ГАРФ. Ф. 523. Оп.3. Д.1. Л.13.
42. **Кауфман А.А.** Аграрный вопрос в России. Курс лекций. М. 1917.
43. Аграрный вопрос. Сб.статей. М.: Беседы, 1907. Т. 2. С. 1–43.
44. **Чупров А.И.** Речи и статьи. М.: изд. Сабашниковых, 1909. Т. 2. С. 168.
45. **Там же.** С. 435–464.
46. ГАРФ. Ф. 523. Оп. 1. Д. 420. Л. 30.
47. **Милюков П.Н.** Воспоминания. М.: Современник, 1990. С. 406–407.
48. **Котляровский С.А.** Законодательное творчество министров. Московский еженедельник, 1906, № 37. С. 19.
49. Государственная Дума. Созыв 3. Сессия 5. Стенографический отчет. Спб., 1909. С. 133.
50. Политические деятели России. 1917. Биографический словарь. М.: БРЭ, 1993. С. 359–360.
51. Государственная Дума... С. 112.
52. Политические деятели России. 1917 ... с. 276–277.
53. **Витте С.Ю.** Избранные воспоминания. М.: Мысль, 1991. С. 614.
54. Декреты Советской власти. М., 1957. Т. 1. С. 161.

55. Непролетарские партии России в трех революциях. М.: Наука, 1989. С. 135.
56. БСЭ. 3-е изд. Т. 30. С. 246–247.
57. Политические деятели России... С. 350.
58. **Чернов В.М.** Пролетариат и трудовое крестьянство. М., 1906. С. 47–48.
59. РЦХИДНИ. Ф.274. Оп.1. Д.33. Л.62.
60. Политические деятели России... С. 300–303.
61. РЦХИДНИ. Ф.274. Оп.1. Д.30. Л.16.
62. **Там же,** Л.18.
63. **Маслов П.П.** Критика аграрных программ и проект-программы. М., 1905. С. 15.
64. **Там же.** С. 19.
65. **Ленин В.И.** Полн. собр. соч. Т. 12. С. 40.
66. Аграрный вопрос в Думах. ЦГАРФ. Ф.520. Оп.1. Д.1. ЛЛ.15–16.
67. **Гинев В.Н.** Борьба за крестьянство и кризис русского неонародничества. 1902–1914 гг. Л.: Наука, 1983. С.164.
68. ЦГАРФ. Ф.522. Оп.1. Д.2. ЛЛ.19, 20, 25, 26.
69. РЦХИДНИ. Ф.274. Оп.1. Д.30. Л.63.
70. Известия. Главного земельного Комитета, 1917, №№ 2–3. С. 3.
71. **Першин П.Н.** Аграрная революция в России. Кн. 1. М.: Наука, 1966. С. 295.
72. РЦХИДНИ. Ф.274. Оп.1. Д.4. Л.51.
73. **Там же,** Л.45.
74. **Там же,** Д.50. Л.6.
75. **Там же,** Д.49. Л.1.
76. **Там же,** Д.50. Л.126.
77. Стенографический отчет Всероссийского Учредительного собрания 5–6 января 1918 г. ЦХИДНИ. Ф.274. Оп.1. Д.50. Л.327.
78. РЦХИДНИ. Ф.274. Оп.1. Д.5. Л.52.
79. **Там же,** Д.1. ЛЛ.48–49.
80. Решения партии и правительства по хозяйственным вопросам. М.: Политиздат, 1967. Т. 1. С. 15–17.
81. **Там же.** С. 33–35.
82. ЦХИДНИ. Ф.274. Оп.1. Д.5. Л.159.
83. Лига аграрных реформ. Серия А. Органы земельной реформы. М.: Универсальная библиотека, 1917. С. 25–26.
84. **Чаянов А.В.** Что такое аграрный вопрос? Серия С. М.: изд. Лиги аграрных реформ. 1917. С. 42.
85. Там же.
86. **Там же.** С. 51.
87. **Там же.** С. 52–53.
88. **Там же.** С. 55.
89. **Туган-Барановский М.И.** Социальные основы кооперации. 3-е изд. 1922. С. 316.
90. **Там же.** С. 317.
91. **Пажитнов К.А.** История кооперативной мысли. Пг.: Кооперация, 1918. С. 7–10.
92. **Там же.** С. 23–44.
93. **Там же.** С. 427.
94. **Туган-Барановский Н.И.** Социальные основы кооперации. 3-е изд. 1922. С. 68.
95. **Там же.** С. 96.
96. **Там же.** С. 107.
97. **Там же.** С. 504–505.
98. **Там же.** С. 500–501.
99. **Чаянов А.В.** Основные идеи и формы организации сельскохозяйственной кооперации. М.: Книгосоюз, 1927. С. 20.
100. **Туган-Барановский Н.И.** Социальные основы кооперации. 3-е изд. 1922. С. 114–119.
101. **Прокопович С.Н.** Кооперативное движение в России. 2-е изд. М., 1918.
102. **Там же.** С. 179.
103. **Там же.** С. 191–192.
104. **Там же.** С. 211.
105. **Там же.** С. 101.
106. **Там же.** С. 104–105.
107. **Там же.** С. 99.

108. **Там же.** С. 114.
109. **Там же.** С. 116–117.
110. **Там же.** С.121–123.
111. Краткие статистические сведения по подведомственным Департаменту земледелия сельскохозяйственным учебным заведениям к 1 января 1915 г. Пг., 1915, вып. 4. С. 10.
112. **Там же.** С. 1–2.
113. **Винер В.В.** Сельскохозяйственное опытное дело. М.: Новая деревня, 1922. С. 18.
114. **Прянишников Д.Н.** Quo vadis, Academia? М., 1922. С. 1.
115. Краткие статистические сведения ... с. 6–72.
116. **Мещерский И.И.** Высшее сельскохозяйственное образование в России и за границей. Спб., 1893. С. 6 и 240.
117. **Там же.** С. 9–10.
118. **Там же.** С. 11–12, 17, 23.
119. **Цитович С.Г.** Горыгорецкий земледельческий институт. Горки, 1960. С. 33.
120. Труды Одесского государственного университета имени И.И.Мечникова. Одесса, 1955. Т. 145. С. 7–12.
121. **Остряков А.Н.** Об учреждении агрономического института в Казани. Казань, 1914. С. 14.
122. **Там же.** С. 1.
123. Университет и агрономия. М., 1916, ч. 1. С. 30–31.
124. **Мещерский И.И.** Высшее сельскохозяйственное образование в России и за границей. Спб., 1893. С. 74–82. Труды Белорусской сельскохозяйственной академии. Горки, 1959. Т. 29. С. 1–5.
125. Труды Харьковского сельскохозяйственного института. Киев, 1966. Т. 59 (96). С. 46, 88.
126. **Мещерский И.И.** Высшее сельскохозяйственное образование в России и за границей. Спб., 1893. С. 100–107.
127. **Немчинов В.** Академия имени Тимирязева. – Социалистическое сельское хозяйство, 1941, № 1. С. 75.
128. **Катаев Н.М.** Петровская академия ... Пг., 1915. С. 33.
129. **Чаянов А.В.** Петровско-Разумовское в его прошлом и настоящем. М., 1915. С. 47.
130. Изложено по:
    1. **Мещерский И.И.** Высшее сельскохозяйственное образование в России и за границей. Спб., 1893. С. 230–240.
    2. Университет и агрономия. М., 1916, ч. 1. С. 99.
    3. БСЭ, 3-е изд. т. 4. С. 270 и т. 18. С. 580
    4. **Janis Stradins.** Tresa atmoda. Riga, 1992, lpp. 313–316.
131. Труды Киевского сельскохозяйственного института. Киев–Харьков, 1949. Т. 5. С. 36–83.
132. Московский институт инженеров землеустройства. Научные труды, М., 1979, вып. 100. С. 3–4.
133. Сельскохозяйственное образование в России в конце 1894 г. Спб., 1895. С. 11–57.
134. Сборник статей по вопросам женского сельскохозяйственного образования. Спб., 1905. С. 3, 11–12, 22, 23, 99.
135. Отчет Голицынских женских сельскохозяйственных курсов за 1912 г. М. 1913. С. 1–10, 92.
136. Университет и агрономия. М., 1916, ч. 1. С. 90.
137. Труды Вологодского молочнохозяйственного института. Т. 1, №2. С. 77; т. 1, № 1. С. 135.
138. Воронежский сельскохозяйственный институт имени К.Д.Глинки. Воронеж, 1988. С. 19–21; 24–27; 192.
139. Труды Саратовского сельскохозяйственного института. Саратов, 1939. Т. 1 (6). С. 3–4.
140. Ветеринарный факультет ЭСХА. 1848–1983 гг. Тарту, 1984. С. 5, 656 82, 132.
141. Сборник сведений по сельскохозяйственному образованию. 1907, Спб. Вып. 10. С. 7–8, 112.
142. **Масальский В.** Сельскохозяйственные опытные учреждения в России... Спб., 1899. С. 3.
143. Сборник сведений о сельскохозяйственных опытных учреждениях России. Спб., 1911. С. 9–10.
144. **Там же,** с . 16–17.
145. **Винер В.В.** Сельскохозяйственное опытное дело. М.: Новая деревня, 1922. С. 10.
146. **Там же.** С.12.
147. В дальнейшем все данные взяты из Справочника по сельскохозяйственным опытным учреждениям ... за соответствующие годы.

Россия вдруг представилась мне огромной опытной клеткой, в которой некоей целенаправленной волей проводится сейчас чудовищный по своему замыслу эксперимент.

Владимир Максимов

ЧАСТЬ II

АГРАРНАЯ НАУКА И ПОЛИТИКА В СОВЕТСКИЙ ПЕРИОД (1918 – 1991 гг.)

Рассматриваемый в этой части работы период является едва ли не самым драматическим в истории России. Во всяком случае по отношению к крестьянству и той части интеллигенции, которая связана с аграрной сферой, это, бесспорно, самое мрачное и трагическое время за всю известную нам историю. Прежде чем излагать саму суть предмета, следует уточнить по крайней мере три вопроса: что представляло собой тоталитарное государство, называвшееся Советской Россией, а затем СССР; почему коммунистическая идеология "завоевала" Россию с ее крестьянским, и в основном православным, населением и все ли абсолютно было плохо?

Под тоталитарным государством (от латинского слова totalis – целый, полный, весь) обычно понимается такой его тип, в котором все сферы общественной жизни, все виды деятельности, материальное производство, культура и наука, духовная и личная жизнь человека находятся под его контролем. Права и свободы человека в таком государстве урезаны и принижены до минимума. Конституция и представительство существуют для проформы. Непременным атрибутом государства является сильная пропагандистская машина. Людям всеми возможными формами и методами внушается мысль о приоритетности государства над человеком, создается культ руководителей, как бы они ни назывались: императорами, царями, королями, фюрерами, дуче, каудильо или генеральными секретарями. Этот культ вырастает в религию. Господствующая идеология, какая бы она ни была и как бы она ни называлась, не допускает никакой "ереси". Отступников жестоко карают: держат в тюрьмах и лагерях, депортируют, казнят. Часто это вершится без суда и следствия, по непроверенному доносу, а то и по спущенному "сверху" графику. Люди живут в страхе, боятся откровенно говорить, общаться. Повсюду всевидящее око и все слышащее ухо государственного сыска. Судьбы людей решаются всякими незаконными"тройками".

Как-то в начале 60-х гг. ко мне зашел отставной полковник милиции, которого я знал по работе в первые послевоенные годы – в одном из уездов Латвии. В ходе беседы гость сказал, что у него есть камень на сердце и он хотел бы рассказать об этом. Но предварительно спросил, знаю ли я, что такое "тройка". Разумеется, к этому времени я уже был наслышан о многом, в том числе из доклада Н.С. Хрущева на XX съезде партии. Полковник рассказал, что в 1937 г. он, будучи молодым человеком, работал в милиции г. Смоленска в невысоком офицерском звании. Однажды ночью начальство послало его в обком партии, поручив передать пакет лично в руки первого секретаря. В кабинете, рассказывал он, сидели трое (его хозяин, начальник НКВД и прокурор области) и пили чай с лимоном. Председательствующий спросил: "Сколько там в списке? А-а, 70". Затем он обратился к остальным: "Возражений нет?" Те кивнули, список был подписан, и в ту же ночь 70 человек были вывезены за город, расстреляны и закопаны. Процедура "суда" заняла не больше минуты без отрыва от чаепития. Мой собеседник сказал, что он кое-кого знал из этих семидесяти... Случай этот не может забыть и часто бессонными ночами видит и пьющих чай с лимоном и увезенных за город...

И.В. Сталин в своей работе "К вопросам ленинизма"[1], ссылаясь на В.И. Ленина, в популярной форме раскрывает сущность и структуру тоталитарного государства. Прежде всего он говорит, что главное в ленинизме – это учение о диктатуре пролетариата. Вопрос о крестьянстве – производный, как о союзнике пролетариата. Заметим, что в стране, где сельское население составляет 82%, крестьянскому вопросу отводить второстепенную роль уже большой риск для судеб страны. Из дальнейшего изложения вытекает, что костяк в архитектонике общества и государства представляет партия как авангард пролетариата. "Ее назначение состоит в том, чтобы объединять работу всех без исключения массовых организаций пролетариата и направлять их действия к одной цели, к цели освобождения пролетариата"[2]. И дальше: "Партия есть основная руководящая сила в системе диктатуры пролетариата" [3]. Затем: "Ни одно важное решение массовых организаций пролетариата не обходится без руководящих указаний со стороны партии... Диктатура пролетариата состоит из руководящих указаний партии, плюс проведение этих указаний массовыми организациями пролетариата, плюс их претворение в жизнь населением"[4].

Партия имеет "рычаги или привода", или "приводные ремни", которыми и являются массовые организации: профсоюзы, советы, кооперация, союз молодежи (комсомол). Сама партия построена по территориально-производственному признаку: первичная организация на предприятии или учреждении каждого города и села, затем районный (городской), областной (красвой) комитет, республиканский ЦК и,наконец, ЦК партии (РКП(б) – ВКП(б) – КПСС). Во главе каждого комитета стоит первый секретарь, а всей партии – Политбюро с Генеральным секретарем. Партия построена по принципу строгой централизации и жесткого подчинения вышестоящим иерархическим инстанциям. Так же строится и вся система "привода". Получается стройная пирамида с вертикальной подчиненностью и суровой дисциплиной, ответственностью.

Фактическая власть в стране находится не в руках правительства или парламента, и решения судебных органов определяет не сам суд, а все решает в стране Политбюро ЦК и Генеральный секретарь, а в нижних иерархиях – первый секретарь соответствующего парткома. Если сравнить фактические права и возможности, например, дореволюционного губернатора и первого секретаря обкома партии тоталитарного периода, то они несопоставимы. Власть губернатора ограничивалась административными и полицейскими функциями. Он вмешивался в экономику, земские дела, науку и культуру, семью лишь в пределах компетенции. Обком же брал на себя абсолютно все. Да еще в придачу секретари райкомов и других комитетов, в лучшем случае по согласованию с профсоюзом, а зачастую лично распределяли "дефицит": технику, автомобили, строительные материалы, даже предметы личного пользования, например, импортную одежду, что имело не последнее значение в условиях перманентно дефицитной экономики. Генеральному секретарю ЦК, имеющему неполное среднее духовное образование, позволялось редактировать доклад президента Академии наук по биологическим вопросам. А другому секретарю этого же ранга, слабо разбирающемуся в вопросах искусства, "распекать" прилюдно в Манеже выдающихся художников и скульпторов. Или ему же брать на себя функции "Главного агронома СССР" и определять, сколько семян надо вложить в гнездо для всех регионов страны, чтобы быть с кормами. Этот пост давал право решать все. И все исполнители должны были выстраиваться по стойке "смирно".

Хорошо это или плохо? Это незаменимая система для экстремальных условий, например, во время войны или стихийных бедствий. Она хороша для разрушения. Возможна и для созидания, если во главе ее стоят гуманные, компетентные люди. Но горе, когда во главе оказываются безнравственные, жестокие или некомпетентные люди. Россия полной мерой испила эту чашу. Во всех случаях особенность этой системы состоит в принижении личности человека, превращении его в "винтик" огромной машины. Винтик должен быть хорошо подогнан по всем параметрам к своему месту. Иначе его удаляют, переплавляют, а в периоды жестоких репрессий превращают в "лагерную пыль"!

Почему Россия первой в мире восприняла коммунистическую систему, объявила себя страной победившего социализма, затем развитого социализма? Ведь по уровню экономического развития она была отсталой в сравнении с развитыми странами Запада, а по социальной структуре – крестьянской, где рабочий класс, пролетариат, составлял мизерный процент по сравнению с крестьянством. Ведь перед первой мировой войной, в 1913 г., в промышленности и строительстве было занято только 9% самодеятельного населения, столько же и в торговле, 7% во всех остальных сферах деятельности, тогда как в сельском и лесном хозяйстве – 75%[5].

Вот как объясняет победу большевиков в Октябрьской революции "Краткий курс истории ВКП(б)":

"1. Октябрьская революция имела перед собой такого, сравнительно слабого, плохо организованного, политически мало опытного врага, как русская буржуазия...

2. Во главе Октябрьской революции стоял такой революционный класс, как рабочий класс России...

3. Рабочий класс России имел такого серьезного союзника в революции, как крестьянская беднота, составлявшая громадное большинство крестьянского населения...

4. Во главе рабочего класса стояла такая, испытанная в политических боях, партия, как партия большевиков... достаточно смелая для того, чтобы повести народ на решительный штурм, и достаточно осмотрительная для того, чтобы обойти все и всякие подводные камни на пути к цели...

5. Октябрьская революция началась в такой момент, когда империалистическая война была еще в разгаре, когда главные буржуазные государства были расколоты на два враждебных лагеря..."[6]

А теоретик и практик русской революции Л.Д. Троцкий пишет: "Правильно понять Октябрьский переворот можно лишь в том случае, если не ограничивать поле своего зрения его заключительным звеном. В конце февраля шахматная партия восстания разыгрывалась с первого хода до последнего... В октябре правительство Керенского, утеряв безвозвратно душу солдата, еще цеплялось за командные высоты... Демонстраций, уличных боев, баррикад – всего того, что входит в привычное понятие восстания, почти не было: революции незачем было разрешать уже разрешенную задачу... Восставшие не были человеческой саранчой. У них был свой политический опыт, свои традиции, свои лозунги, свои безымянные вожди... Спокойствие на октябрьских улицах, отсутствие толп и боев давали противникам повод говорить о заговоре ничтожного меньшинства, об авантюре кучки большевиков... В действительности же большевики могли свести в последний момент борьбу за власть к "заговору" не потому, что были маленьким меньшинством, и, наоборот, потому, что имели за собой в рабочих кварталах и казармах подавляющее большинство, сплоченное, организованное, дисциплинированное"[7].

Л.Д. Троцкий, как и авторы "Краткого курса", был в числе непосредственных организаторов Октябрьского переворота, хорошо знавший, как он готовился, осуществлялся, на какие социальные силы они опирались, какие ошибки противника, и прежде всего Временного правительства, социалистических партий, сумели использовать. Они гибко меняли тактику для завоевания доверия у широких слоев населения. Особенно показателен в этом отношении факт – временный, тактический отказ большевиков от собственной аграрной программы с непопулярной идеей национализации земли и принятия эсеровской программы.

Бесспорный интерес для понимания факта восприятия коммунизма многомиллионными слоями населения России представляют взгляды крупнейшего философа XX в. Николая Александровича Бердяева (1874–1948). Н.А. Бердяев в молодости увлекался марксизмом, изучал его, считался "легальным марксистом". Будучи студентом, он в 1898 г. был арестован и выслан в Вологодскую губернию, где познакомился с А.А. Богдановым, А.В. Луначарским и другими революционерами. Позже, в 1922 г., за отход от марксизма, за свои новые взгляды Бердяев был выслан из Советской России, жил во Франции. В годы немецкой оккупации его дом был центром русского патриотического движения. Он в самые трудные дни верил в победу русского народа. Мечтал вернуться на Родину, надеясь на смягчение жесткого режима. Но надежды не сбылись. Его авторитет в мире был высок. В 1947 г. Кембриджский университет присвоил ему звание доктора Honoris causa. Он – третий русский, после И.С. Тургенева и П.И. Чайковского, удостоенный этого звания престижнейшим университетом мира.

Н.А. Бердяев разглядел глубинные корни русского коммунизма, его суть, возникновение и развитие. Он это делал мастерски, объективно и честно, со знанием дела. Помогало такому анализу прекрасное знание истории России, психологии народа (к сожалению, это часто недооценивают), личное знакомство с Лениным и другими вождями русской революции. О диктатуре пролетариата, советском строе, коммунизме в XX в. написаны горы книг, монографий, статей, проведено огромное количество исследований. В СССР издавалась исключительно апологетическая литература. (Сейчас наметилась другая крайность.) Работы же добросовестных зарубежных советологов отмечены часто общим недостатком: слабым знанием истории, психологии различных классов и всей российской специфики. На этом фоне выделяются объективность и глубина суждений Н.А. Бердяева. Так, его небольшая, всего в полторы сотни страниц, итоговая работа "Истоки и смысл русского коммунизма"[8] – классика, из которой нельзя выбросить ни одной строчки. Она вышла в 1937 г. на английском, затем немецком, французском, испанском, итальянском, голландском языках. JMCA-Press в Париже выпустила на русском, а недавно издательство "Наука" осуществило ее репринтное издание. Взгляды Бердяева, его оценки столь важны для объективного понимания сути вопроса, что мы совершим подробный экскурс по страницам этой книги.

Основная идея Бердяева состоит в том, что русский коммунизм не является чистым марксизмом западного типа. Он представляет собою как бы сплав учения Маркса и старого российского этатизма. Государственного тоталитаризма и сформированного в ходе исторического развития русского характера с его мессианством, добротой и жестокостью. Он видит как бы пять разных Россий: Русь Киевскую, Русь татарского периода, Русь Московскую, Россию петровскую, императорскую и, наконец, новую советскую Россию. Он отмечает, что культура в Киевской Руси была не ниже, чем в Западной Европе того времени. Но уже Московское царство было тоталитарным. Иван Грозный, как глава этого государства, пытался стать и духовным отцом нации. Уже тогда была мессианская идея "Третьего Рима".

На формирование русского характера большое влияние оказала, с одной стороны, природа, бескрайние просторы, а с другой, полученная от Византии Православная Церковь. Бердяев пишет: "Религиозная формация русской души выработала некоторые устойчивые свойства: догматизм, аскетизм, способность нести страдания и жертвы во имя своей веры... устремленность... к вечности, к иному миру, к будущему... Русские всегда ортодоксы или еретики, раскольники, они апокалиптики или нигилисты"[9]. Раскольниками были старообрядцы XVII в., революционеры, нигилисты, коммунисты в XIX в. Но всегда они остаются ортодоксами своей веры. Раскол нанес первый удар идее Третьего Рима и мощному влиянию церкви, реформы Петра Великого – второй.

Реформы Петра по их оценке разделили мыслящую часть общества на два лагеря: славянофилов и западников. Но неправы были те и другие. Славянофилы, "болевшие" за исконно русские основы, не видели объективной необходимости реформ для отсталой России, не поняли, что эти реформы предопределили взлет русской мысли и слова, феномен Пушкина, приобщение России к мировой жизни, культуре, хозяйству. Западники тоже были неправы в том, что не видели особенностей России, говорили лишь о ее отсталости. Хотя реформа была неизбежна, но осуществлялась она варварскими методами, через насилие души человеческой.

Бердяев сравнивает Петра по методам проведения реформ с большевиками и Лениным. Он пишет: "Приемы Петра были совершенно большевистские... Та же грубость, насилие, навязанность сверху народу известных принципов, та же прерывистость органического развития, отрицание традиций, тот же этатизм, гипертрофия государства, то же создание привилегированного бюрократического слоя, тот же централизм, то же желание резко и радикально изменить тип цивилизации. Но большевистская революция путем страшных насилий освободила народные силы, призвала их к исторической активности, в этом ее значение"[10].

В самодержавной и крепостнической России сформировалась самая радикальная интеллигенция. Первым был Радищев. Религиозная энергия переключается на социальную сферу. Чутко воспринимаются западные идеи. Особенно после Отечественной войны 1812 г., когда русское офицерство побывало в Европе. Отсюда декабристы. Из них самый яркий представитель левого крыла – Пестель, автор "Русской Правды" уже был, по выражению Герцена, "социалистом до социалистов". Он не либерал, склонен к насилию. Славянофилы и западники не были между собою противниками по существу. Они были "враги-друзья". Они все болели за Россию, но по-разному. Революционерами были народники. Анархизм же был, как и нигилизм, по словам Бердяева, "характерным порождением русского духа"[11]. Идеология анархизма – это "создание высшего слоя русского барства"[12]. Породили русский и мировой анархизм дворянин Бакунин, князь Кропоткин, граф Толстой. И если Маркс был интеллектуален, то Бакунин – эмоционален, ненавидел ученых.

Бердяев показывает, что большая русская литература, начиная с Гоголя, учит добру, ищет правды. "Русской литературе свойственны сострадательство и человечность, которые поразили весь мир"[13]. Русская поэзия устами его гениев: Пушкина, Лермонтова прямо призывала к бунту, восхваляя вольность, борьбу, свободу ("Памятник", "Деревня", "Вольность" Пушкина; лермонтовское "Предсказание" и др.). Третий великий поэт Ф.И. Тютчев чувствует непрочность, хрупкость мира, грядущий хаос. Бердяев считает, что "и Толстой и Достоевский восстают против неправды закона, выражают русский дух антизаконничества, оба враги буржуазного мира и его норм"[14]. В какой-то мере их обоих можно считать революционерами.

Во второй половине XIX в. в России распространилось марксистское учение. Бердяев пишет: "Произошло незаметное соединение традиций революционного марксизма с традициями старой русской революционности, не желавшей допустить капиталистической стадии в развитии России, с Чернышевским, Бакуниным, Нечаевым, Ткачевым. На этот раз не Фурье, а Маркс был соединен со Стенькой Разиным"[15]. Отсюда идет и всемерное отстаивание крестьянской общины. Отсюда блиставший на поверхности либерализм оказался в условиях России утопичным, а большевизм – реалистичным, "наиболее соответствующим всей ситуации, как она сложилась в России в 1917 году"[16].

Бердяев считает, что "Ленин был революционер-максималист и государственный человек. Он соединял в себе предельный максимализм революционной идеи, тоталитарного революционного миросозерцания с гибкостью и оппортунизмом в средствах борьбы, в практической политике. Только такие люди успевают и побеждают. Он соединял в себе простоту, прямоту и нигилистический аскетизм с хитростью, почти коварством. В Ленине не было ничего от революционной богемы... В своей личной жизни Ленин любил порядок и дисциплину, был хороший семьянин, любил сидеть дома и работать... Он громил коммунистическое чванство и коммунистическое вранье... Ленин делает нечеловеческие усилия дисциплинировать русский народ и самих коммунистов. Он призывает к труду и дисциплине, к ответственности, к знанию и к учению, к положительному строительству, а не к одному разрушению... Он остановил хаотический распад России, остановил деспотическим, тираническим путем"[17].

Характеризуя дальше Ленина как политика и человека, Бердяев пишет: "Ленин не теоретик марксизма, как Плеханов, а теоретик революций... Все мировоззрение Ленина было приспособлено к технике революционной борьбы... и он допускал все средства для борьбы, для достижения целей революции. Добро было для него все, что служит революции, зло – все, что ей мешает... он не мог вынести несправедливости, угнетения, эксплуатации. Но, став одержимым максималистической революционной идеей, он в конце концов потерял непосредственное различие между добром и злом... допуская обман, ложь, насилие, жестокость. Ленин не был дурным человеком... он был бескорыстный человек, абсолютно преданный идее, он... не был честолюбивым и властолюбивым... он мало думал о себе... Для Ленина марксизм есть прежде всего учение о диктатуре пролетариата... Ленин отрицал свободу внутри партии, и это отрицание свободы было перенесено на всю Россию"[18].

Бердяев делает важное обобщение: "Как это парадоксально ни звучит, но большевизм есть третье явление русской великодержавности, русского империализма, – первым явлением было Московское царство, вторым явлением петровская империя. Большевизм – за сильное, централизованное государство... Но старое русское государство всегда было милитаризованным"[19].

И дальше он продолжает о Ленине: "Ленин был марксист и верил в исключительную миссию пролетариата... Он решил воспользоваться крестьянством для пролетарской революции, и он успел в этом деле, столь смущавшем марксистов-доктринеров... Ленин сделал все лучше, скорее и более радикально, он дал больше... Ленин – антигуманист, как и антидемократ. В этом он человек новой эпохи, эпохи не только коммунистических, но и фашистских переворотов. Ленинизм есть вождизм нового типа, он выдвигает вождя масс, наделенного диктаторской властью. Этому будут подражать Муссолини и Гитлер. Сталин будет законченным типом вождя-диктатора. Ленинизм не есть, конечно, фашизм, но сталинизм уже очень походит на фашизм"[20].

О Сталине Бердяев скажет: "Сталин – государственник восточного, азиатского типа. Сталинизм, т.е. коммунизм периода строительства, перерождается незаметно в своеобразный русский фашизм. Ему присущи все особенности фашизма: тоталитарное государство, государственный капитализм, национализм, вождизм и, как базис – милитаризованная молодежь"[21].

Бердяев показывает, в чем выражается государство реальной диктатуры пролетариата. Он пишет: "Диктатура пролетариата, усилив государственную власть, развивает колоссальную бюрократию, охватывающую, как паутина, всю страну и все себе подчиняющую. Эта новая советская бюрократия, более сильная, чем бюрократия царская, есть новый привилегированный класс, который может жестоко эксплуатировать народные массы. Это и происходит... Советская Россия есть страна государственного капитализма, который может эксплуатировать не менее частного капитализма... Это прежде всего государство военно-полицейское. Его международная политика как две капли воды напоминает дипломатию буржуазных государств. Коммунистическая революция была оригинально русской, но чуда рождения новой жизни не произошло"[22].

Бердяев считает, что в такой крестьянской стране как Россия революция должна бы быть аграрной. Крестьянство было недовольно своей неустроенностью, а также горело ненавистью к помещикам за своих дедов и прадедов, бывших крепостных. Но вышло иначе. Крестьяне пошли за большевиками и получили диктатуру. "Диктатура эта оказалась также диктатурой и над крестьянством, и она совершила жестокие насилия над крестьянами, как то было при насильственной коллективизации"[23]. Русское крестьянство прошло иной путь развития, чем западное. Бердяев верно замечает, что "русским крестьянам были чужды понятия римского права о собственности. Крестьяне считали, что земля Божья, т.е. ничья... Общинное, коллективное владение землей было более свойственно русскому народу, особенно великороссам, благодаря существованию общины"[24]. Поэтому они мечтали о "черном переделе". Большевики бросили понятный лозунг: "Земля – крестьянам". И этот могучий великан пошел за ними. В крестьянстве же – "огромная витальная сила"[25].

Надо иметь в виду и то обстоятельство, что "русская коммунистическая революция родилась в несчастье и от несчастья, несчастья разлагающейся войны, она не от творческого избытка сил родилась... нет ничего ужаснее разлагающейся войны, разлагающейся армии и притом колоссальной, многомиллионной армии. Разложение войны и армии создает хаос и анархию"[26]. Понятно, что в подобных условиях демократические методы мало эффективны. В революционную эпоху выдвигаются люди крайних взглядов и склонные к диктатуре. Взбунтовавшимся массам нужны убедительные лозунги. Большевики их дали. В демагогических целях они воспользовались всем: бессилием либерально-демократической власти, объективной невозможностью дальше вести войну, недовольством крестьян, деспотическим управлением сверху, русским максимализмом в искании правды, историческим расколом между народом и культурным слоем, крушением патриархального быта и разложением веры[27].

Третий Рим, о чем веками мечтали в России, не получился. Бердяев пишет, что "вместо Третьего Рима в России удалось осуществить Третий Интернационал и на Третий Интернационал перешли многие черты Третьего Рима. Третий Интернационал есть тоже священное царство, и оно тоже основано на ортодоксальной вере"[28]. Здесь следует сказать об отношении коммунизма и коммунистического государства к религии, к христианству. Оно общеизвестно как крайне негативное, нетерпимое, репрессивное. Бердяев дает удивительно простое объяснение этой нетерпимости: коммунизм сам хочет стать религией, владеть душами людей. И все для этого делалось: храмы закрывались, взрывались и превращались в склады, священники арестовывались и расстреливались, сама религия шельмовалась.

И последнее в затянувшемся экскурсе: отношение самого Бердяева к революции, коммунизму, советскому строю. Он пишет, что "русский коммунизм есть явление вполне объяснимое, но объяснение не есть оправдание. Неслыханная тирания, которую представляет собой советский строй, подлежит нравственному суду, сколько бы вы ее ни объясняли"[29]. И дальше: "...я являюсь сторонником бесклассового общества, т.е. в этом отношении я наиболее близок к коммунизму..."[30] Он не приемлет капитализма, критикует его. Считает, что крупная промышленность должна быть в руках государства, но вместе с тем должна быть признана "кооперация людей, трудовой синдикат и отдельный человек... Более соответствует свободе человеческого духа не монистическая, а плюралистическая социальная система"[31].

Бердяев тревожится по поводу происходящей дегуманизации человеческой жизни, проявлений жестокости и насилия. Он – гуманист, плюралист, демократ, христианин.

Принося извинение уважаемым читателям за столь длинный экскурс по книге Н.А. Бердяева, хочу объяснить и оправдать это только тем, что она дает ключ к пониманию нашей эпохи тоталитаризма. Отвергнутый и запрещенный тоталитарной советской системой, этот самобытный русский философ сегодня, возвратившись к отечественному читателю, способен, как никто другой, побуждать к поиску истины. Бердяев видел в советском строе не только плохое, но и хорошее. Как глубокий мыслитель он находит не только черно-белые тона, а всю богатую палитру жизни, общественных отношений.

Для людей старшего поколения, вся сознательная жизнь которых прошла в условиях советского режима, объективная оценка далекого и недавнего прошлого особенно сложна и болезненна. Это – сама жизнь с ее горестями и радостями, потерями и находками. А сам человек не наблюдатель, а участник. Он многого не знал, многому верил, но жил и работал. Ни при каких условиях нельзя оправдать, забыть и простить репрессий, насилий и жестокости, всей атмосферы подозрительности, недоверия и сыска. Но при всем этом следует помнить, было сделано много позитивного. Страна спасена от внешнего агрессора. Создана, хотя теперь уже ставшая архаичной, крупная индустрия. Совершены прорывы в науке. Резко расширена сеть учебных заведений и научных учреждений. Хотя и на низком уровне, но были гарантированы лечение, отдых, минимум социального обеспечения. Повсеместно бесплатным было образование. За символическую плату люди пользовались жильем. И эта система рухнула. Не от внешнего нападения, не от буржуазных захватчиков, а от внутренних противоречий и центробежных сил. С плохим рухнуло, распалось и много хорошего, порвались экономические связи, в экономике наступил хаос, а в обществе – аномия. Но обо всем этом по порядку.

ГЛАВА 5. БОЛЬШИЕ НАДЕЖДЫ И ИХ КРУШЕНИЕ
(20-е гг.)

Октябрь 1917 г. стал поворотным пунктом не только в судьбах России, но и оказал сильное влияние на весь ход мировой истории. Часто революцию в России называли главным событием XX в. Она назревала давно, не была неожиданностью. Царский режим был обречен своей неспособностью преодолеть глубокие внутренние противоречия прежде всего социального характера. Его падение было встречено с энтузиазмом. Однако народившаяся демократия оказалась слабой и не сумела преодолеть обострившийся кризис в обществе. Власть взяла в свои руки самая радикальная партия – большевики. Октябрьский переворот уже не был встречен столь единодушно, как Февральский. Самыми обманутыми чувствовали себя те, кто вместе с большевиками в царском подполье боролись за свержение монархии. Прежде всего это – самая популярная партия социалистов-революционеров, а также кадеты, меньшевики и другие демократы. Но что поделаешь, если партии социалистов оказались организационно разными, не улавливали веяний времени, психологии различных слоев населения, затянули с проведением аграрной реформы.

П.А. Сорокин 28 октября 1917 г. в газете “Воля народа” опубликовал обличительное, под названием “Победителям”, гневное, полное эмоций письмо-памфлет, обвинив большевиков во лжи, вероломстве и предательстве родины и революции[32]. Подобные настроения активного члена партии эсеров, депутата Учредительного собрания, неоднократно репрессировавшегося царскими властями, а в дальнейшем – крупнейшего ученого-социолога XX в. разделяли многие. Однако широкие массы народа поверили большевикам и пошли за ними.

ДЕКРЕТ О СОЦИАЛИЗАЦИИ ЗЕМЛИ
БОЛЬШИЕ НАДЕЖДЫ

Второй Всероссийский съезд Советов рабочих, солдатских и крестьянских депутатов, как уже говорилось, принял Декрет о земле с приложением к нему крестьянского наказа, 27 января 1918 г. ВЦИК Советов рабочих, солдатских и крестьянских депутатов – декрет о социализации земли. Основные его положения сформулированы следующим образом:

“Ст.1. Всякая собственность на землю, недра, воды, леса и живые силы природы в пределах Российской Федеративной Социалистической Республики отменяются навсегда.

Ст.2. Земля без всякого (явного или скрытого) выкупа отныне переходит в пользование всего трудового народа.

Ст.3. Право пользоваться землей принадлежит лишь тем, кто обрабатывает ее собственным трудом, кроме случаев, особо предусмотренных настоящим законом.

Ст.4. Право пользования землей не может быть ограничено: ни полом, ни вероисповеданием, ни национальностью, ни подданством.

Ст.5. Распоряжение недрами земли, лесами, водами и живыми силами природы предоставляется, в зависимости от их значения, уездной, губернской, областной и федеральной Советской власти, под контролем последней...

Ст.6. Весь частновладельческий живой и мертвый сельскохозяйственный инвентарь переходит без всякого выкупа из нетрудовых хозяйств в распоряжение, в зависимости от их значения, земельных отделов: уездного, губернского, областного и федерального Советов.

Ст.7. Все постройки означенных в ст.6 хозяйств, а равно имеющиеся при них сельскохозяйственные предприятия без всякого выкупа переходят, в зависимости от их значения, в распоряжение уездного, губернского, областного и федерального Советов.

Ст.8. Все неработоспособные лица, которые в силу настоящего закона... лишатся средств к существованию, могут... пользоваться правом получения пенсий... в размере существующей солдатской пенсии.

Ст.9. Распределением земель сельскохозяйственного значения между трудящимися ведают сельские, волостные, уездные, губернские, областные, главные и федеральный земельные отделы Советов...

Ст.12. Распределение земли между трудящимися должно производиться на уравнительно-трудовых началах так, чтобы потребительно-трудовая норма, применяясь в данном районе к исторически сложившейся системе землепользования, не превышала трудоспособности наличных сил каждого отдельного хозяйства и в то же время давала бы возможность безбедного существования семье землевладельца...

Ст.13. Общим и основным источником права на пользование землей сельскохозяйственного значения является личный труд..."[33] (Далее здесь же говорится о возможности устройства образцовых ферм или опытных полей с наемным трудом.)

"Ст.17. Излишек дохода, получаемый от естественного плодородия лучших участков земли, а также от более выгодного их расположения в отношении рынков сбыта, поступает на общественные нужды в распоряжение органов Советской власти.

Ст.18. Торговля сельскохозяйственными машинами и семенами монополизируется органами Советской власти.

Ст.19. Торговля хлебом, как внешняя, так и внутренняя, должна быть государственной монополией"[34].

Декрет устанавливает порядок пользования, при котором для сельскохозяйственных целей прежде всего земля выделяется сельскохозяйственным коммунам, сельскохозяйственным товариществам, сельским обществам и, наконец, отдельным семьям и лицам. Здесь очередность такая: а) безземельные и малоземельные местные крестьяне и рабочие (батраки), б) пришлое земледельческое население и в) наконец, неземледельческое население в порядке регистрации[35].

Ст.25. Предусматривает, что "количество земли, отводимой отдельным хозяйствам для занятия земледелием... не должно превышать потребительно-трудовой нормы данного пояса"[36]. Здесь же дается инструкция по исчислению этой нормы. Устанавливается порядок переселения на новые места, причем переселение осуществляется за счет государства.

В статье 35-й отдается "преимущество трудовому коммунистическому, артельному и кооперативному хозяйствам перед единоличным", а в статье 45-й сказано: "Никто не может передавать прав на пользование находящимся у него участком земли другому лицу"[37].

Таким образом, декрет "О социализации земли" фактически провозгласил ее национализацию. Он по форме соответствует декрету II съезда, в нем заложен принцип уравнительности, передачи земли без выкупа. Об этом крестьяне давно мечтали, это обещали в своих программах эсеры, это крестьяне осуществляли явочным порядком летом 1917 г. Горели поместья, захватывалось имущество. Приводилась в исполнение формула об "экспроприации экспроприаторов", или попросту говоря, лозунг "грабь награбленное". Легко начать. Позднее грань между помещиком и зажиточным крестьянином стала стираться, под бирку кулацких пошли и средние хозяйства, у которых был дом покрепче, крыша хорошая, скота побольше. Потом начнутся продовольственные трудности. И Советская власть не найдет ничего более разумного, чем применить силу, создать продотряды, сформировать комитеты бедноты и натравливать беднейшую и люмпенизированную часть деревни на состоятельных крестьян. В результате новая власть, которую с чистым сердцем встретило и поддержало трудовое крестьянство, получит крестьянскую войну – русскую Вандею. Но об этом отдельно. Сейчас же напомним, что в декрете уже зазвучали новые ноты: преимущество коммунам и артелям, не сметь передавать землю по наследству, хлебная торговля и реализация средств производства – монополия государства. Только государство имеет право владеть землей, только оно торговать машинами. Это уже – государственно-монополистический капитализм или прямой путь к нему как к основному экономическому укладу. Пока же, по Ленину, в России налицо пять укладов: патриархальный, мелкотоварный (большинство крестьян, продающих хлеб), частнохозяйственный капитализм, государственный капитализм и социализм[38]. И пока что большинство крестьян поддерживают новую власть, ее декреты о земле и мире как нельзя близко к сердцу принимают исстрадавшиеся в холодных и сырых окопах миллионы крестьян в солдатских шинелях. Их помыслы – о семье, о доме, о хлебной ниве. И они "голосуют ногами". Братаются через траншеи и колючую проволоку с такими же крестьянами и рабочими в шинелях мышиного цвета.

"ВОЕННЫЙ КОММУНИЗМ" И РУССКАЯ ВАНДЕЯ

Мировая война серьезно ослабила сельскохозяйственное производство и продовольственное дело. Но она не привела к полному разрушению производительных сил деревни. Крах продовольственного рынка и сельского хозяйства наступил позднее. Меры Советской власти, жестокие по своему характеру, делу помогли мало, но обострили политическую обстановку, доведя ее до взрыва.

Сошлемся на данные по производству зерна в РСФСР[39] (табл. 5.1).

Таблица 5.1

Годы	Посевная площадь, млн. дес.	1909 - 1913 = 100%	Урожайность, пуд/дес.	1909 - 1913 = 100%	Валовый сбор главных зерновых, млрд. пуд.	1909 - 1913 = 100%
1909 – 1913	63,5	100	47,2	100	2,7	100
1916	60,4	95	42,8	91	2,4	89
1917	60,2	95	41,1	87	2,2	81
1920	46,2	73	30,7	65	1,3	48
1921	41,6	66	27,8	59	1,0	37

Нетрудно подсчитать, что на третий год войны посевные площади сократились менее чем на 5%, урожайность упала на 9,3%, а валовые сборы снизились на 11%. Для такого потрясения, как мировая война, в которую были вовлечены миллионы людей и практически весь экономический потенциал России, такое снижение еще не говорит о катастрофе. Худшее началось позднее. В 1921 г. сокращение площадей достигло 34,5%, урожайность снизилась на 41%, а валовые сборы составили лишь 1/3 довоенного уровня. Это уже катастрофа, голод, массовая смертность. И если в 1921 г. известную роль сыграли такие природные факторы, как засуха, то ведь и 1920 г. был по показателям не намного лучше, когда сбор зерна составил половину довоенного уровня.

Развалу экономики сопутствовало расстройство денежного обращения неслыханных размеров. Денежная масса в обращении возросла с 1,6 млрд. руб. в июле 1914 г. до 22,4 млрд. на 1 ноября 1917 г. и 23,47 млрд. на 1 июля 1921 г.[40]. Индекс цен по Москве за это же время возрос в 20 339 раз, а по 39 губерниям Европейской России – в 12 900 раз. В октябре фунт печеного хлеба стоил в Москве 2 955, а в Петрограде – 3 593 рубля, пуд картофеля соответственно 20,6 и 28 тыс.руб., фунт сливочного масла – 32 200 и 36 750 руб., аршин ситца – 13 500 и 13 317 рублей[41]. Инфляция неслась на всех парах.

Особенно существенно сократились посевные площади под техническими культурами. Так, в 1920 г. посевы льна составляли лишь 41,2% от уровня 1916 г., конопли – 20,0%, свеклы – 17,3%, хлопка – 14,3% и табака – 7,7%[41]. Это автоматически сказалось на соответствующих отраслях промышленности, перерабатывающей сельскохозяйственное сырье. Так, в 1920 г. по отношению к 1916 г. произведено льняной пряжи 4,7%, хлопчатобумажной – 4,4, шерстяной – 36,5, сахара – 9,8, масла растительного – 6,7%[42].

Одновременно сокращалось поголовье скота. По данным ЦСУ по России и Украине в 1921 г. поголовье лошадей составило 76,0% к уровню 1916 г., крупного рогатого скота – 76,4%, овец – 56,0%, коз – 78,7 и свиней 72,7%[43].

Советская власть с первых месяцев занимает очень жесткую позицию по отношению к крестьянству, причем решение экономических вопросов переводит в политическую плоскость на базе классовой борьбы и расслоения крестьян. В этом отношении показательны два декрета. Декрет ВЦИК от 9 мая 1918 г. "О предоставлении Народному комиссариату продовольствия чрезвычайных полномочий по борьбе с деревенской буржуазией, укрывающей хлебные запасы и спекулирующей ими"[44], который предоставляет Наркомпроду чрезвычайные полномочия по продразверстке. Дело в том, что продразверстку изобрели не большевики и не Временное правительство. Началась она еще при царском правительстве, продолжалась правительством Керенского. Но Советы внесли в это дело элемент жестокости, насилия и террора. Констатирующая часть декрета начинается популистски и с угрозой. "...Сытая и обеспеченная, скопившая огромные суммы денег, вырученных за годы войны, деревенская буржуазия остается упорно глухой, безучастной к стонам голодающих рабочих и крестьянской бедноты, не вывозит хлеб к ссыпным пунктам в расчете принудить государство к новому и новому повышению хлебных цен и продает в то же время хлеб у себя на месте по баснословным ценам хлебным спекулянтам-мешочникам... На насилия владельцев хлеба над голодающей беднотой ответом должно быть насилие над буржуазией".

В постановляющей части декрета подтверждается "незыблемость хлебной монополии и твердых цен, а также необходимость беспощадной борьбы с хлебными спекулянтами-мешочниками". Все, не вывозящие излишки хлеба, объявляются врагами народа, их предлагается заключать в тюрьму сроком не менее 10 лет, конфисковать их имущество, изгонять с места жительства и общины. Излишки хлеба изымаются бесплатно, причем половина человеку, выдавшему "врага народа", за половину твердой цены, а вторая половина – сельскому обществу. Так положено начало разжигания розни в деревне и создан материальный стимул для массового доносительства. Еще дальше по этому пути пошел декрет ВЦИК от 11 июня 1918 г. "Об организации деревенской бедноты и снабжении ее хлебом, предметами первой необходимости и сельскохозяйственными орудиями"[45]. Этим декретом во всех волостях и селах созданы Комитеты деревенской бедноты, которым предложено немедленно приступить к работе. В эти комитеты могут быть избраны все без исключения местные и "пришлые жители сел и деревень, за исключением заведомых кулаков и богатеев, хозяев, имеющих излишки хлеба или других продовольственных продуктов, имеющих торгово-промышленные заведения, пользующиеся батрацким или наемным трудом и т.п.". К сожалению, в жизни все эти понятия часто толковались весьма вольно и расширительно.

В обязанности Комитетов бедноты входило распределение хлеба, предметов первой необходимости и сельскохозяйственных орудий, содействие продорганам в изъятии хлеба у крестьян. При этом из изъятого до 15 июля половина хлеба выдается бедноте бесплатно, с 15 июля по 15 августа – с оплатой половины твердой цены, а во второй половине августа – со скидкой 20% с твердой цены. Это был сильный стимул для активности бедноты. Отсюда идет долго державшаяся спешка, нажим и нервозность в досрочном выполнении "первой заповеди" крестьянина. Разумеется, имело место и недоверие к крестьянству. В государственном складе надежнее.

Этот же декрет установил порядок льготной продажи для деревенской бедноты предметов первой необходимости и простейших сельскохозяйственных орудий: если волость изъяла хлеб до 15 июля – скидка 50%, если к 15 августа – 25% и во второй половине августа – 15% с установленных цен. В распоряжение Комитетов бедноты передаются сложные машины и техника, причем плата за их использование с бедноты не будет взиматься в волостях, где успешно прошло изъятие хлеба.

Таким образом, на селе появилась новая власть с довольно широкими экономическими, социальными и политическими возможностями. Она была прямо и строго ориентирована на разжигание классовой борьбы, на расчленение сельского общества. "Излишки" хлеба часто толковались весьма вольно, из амбаров подчас выгребалось все под метелку. "Твердая" цена в условиях инфляции имела символическое значение.

В дефиците тогда было все: хлеб, одежда, обувь, керосин, спички, стройматериалы, машины и орудия. При этом обмен продукцией между промышленностью и сельским хозяйством – был крайне разорителен для крестьян. Так, если в 1913 г. для покупки плуга крестьянину надо было продать 20 пудов зерна, то в 1923 г. – 150, косилки, соответственно, 150 и 847, жатки – 120 и 705[46]. Такое же примерно соотношение сложилось и на товары личного потребления крестьян. При данном ценовом соотношении даже имевшийся мизер промышленной продукции оставался нереализованным при острой в ней нужде селян.

Итак, жесткая разверстка, ценовой беспредел, политическая дискриминация широкого круга крестьян, травмировавшие их продотряды быстро охладили горячие чувства по отношению к партии большевиков и диктатуре пролетариата. Трудовое крестьянство стало понимать, что это не их власть. Это власть городских рабочих и сельской бедноты, то есть слоев, которые не составляли большинства народа. Но они формировали органы власти. С подобной аграрной политикой не могли смириться даже левые эсеры, которые состояли в союзе с большевиками, поддержали их в лице Марии Спиридоновой и ее единомышленников в октябре 1917 г., входили даже в Советское правительство. В различных губерниях начались крестьянские волнения, переходившие в вооруженные выступления, крестьянские восстания на Украине, в Сибири, на Волге, в Воронежской и особенно Тамбовской губернии.

В марте 1921 г. восстали моряки Кронштадта, всегда бывшего оплотом революции. Численность участвовавших в мятеже матросов и солдат достигла 27 тысяч. В их распоряжении было 2 линкора, 140 орудий береговой обороны, свыше 100 пулеметов. Кроме экономических требований, восставшие выдвигали лозунг Советов без коммунистов, обманувших ожидания народа,' и прежде всего крестьян. По официальной версии, одна из причин Кронштадского восстания состоит в том, что новое пополнение матросов представлено преимущественно крестьянами, находившимися под сильным влиянием эсеров. Восстание было жестоко подавлено. Возглавил подавление М.Н. Тухачевский с армией в 45 тыс. человек. На эту операцию в войска было послано 300 делегатов Х съезда партии и видные военачальники, в их числе К.Е. Ворошилов, А.С. Бубнов, И.С. Конев, П.Е. Дыбенко, И.Ф. Федько, И.В. Тюленев и др. Было убито свыше 1 тыс. восставших, ранено свыше 2 тысяч, захвачено с оружием в руках 2,5 тыс., около 8 тыс. бежало в Финляндию. Советские войска потеряли на льду Финского залива 527 убитыми и 3 285 ранеными[47].

Восстание крестьян Тамбовской губернии, вошедшее в советскую историографию под названием "антоновщина", было гораздо масштабнее как по численности участников, широте охвата территории, так и по политическому значению. Это была в подлинном смысле крестьянская война – русская Вандея. Недаром Ленин посылал такие телеграммы Э.М. Склянскому, заместителю наркома по военным и морским делам: "Надо ежедневно и в хвост и в гриву гнать (и бить и драть) Главкома*) и Фрунзе**), чтобы добили и поймали Антонова и Махно"[48]. Или: "Как дела у Тухачевского? Все еще не поймали Антонова? Нажимаете ли вы? Когда доклад в Политбюро?" Оказывается, Антоновым и "антоновщиной" постоянно занимались и Политбюро, и Оргбюро ЦК ВКП(б), и Наркомат по военным и морским делам, были подтянуты многочисленные войсковые части и соединения, боевая техника, интернациональные полки, включены видные военные начальники. Как Тухачевскому Антонова, так и Фрунзе Махно живыми поймать не удалось: первый был вероломно предан и убит вместе с братом 24 июня 1922 г. сотрудниками ГПУ во время болезни в деревне Нижний Шибряй Борисоглебского уезда Тамбовской губернии, а Махно в бедности и болезнях скончался 6 июля

* Главком – С. С. Каменев.

** М. В. Фрунзе – командующий войсками Украины и Крыма.

1934 г. в Париже. Действительно, "антоновщина" была для Советской власти тогда опаснее Деникина, Колчака и Врангеля, вместе взятых.

Так кто же был в действительности Антонов, в чем истоки русской Вандеи и как она была удушена? Обратимся к источникам. Официальная версия историков советского периода такова. Антоновщина – это "антисоветский кулацко-эсеровский мятеж в 1920–21 гг... была одной из самых значительных попыток осуществления новой политики классовых врагов против диктатуры пролетариата – тактика "взрыва изнутри". Международный империализм и внутренняя контрреволюция... рассчитывали использовать колебания мелкобуржуазных слоев, противопоставить крестьянство рабочему классу и свергнуть диктатуру пролетариата. Контрреволюционные силы стремились использовать недовольство крестьянства продразверсткой"[49]. Дальше автор статьи в Большой советской энциклопедии ссылается на то, что Тамбовская губерния была типично крестьянская с "мелкобуржуазным населением", сильным кулацким и эсеровским влиянием.

Мятеж начался в селе Каменка Кирсановского уезда в августе 1920 г. Отсюда распространился на территорию Тамбовского, Борисоглебского, Моршанского, Козловского и других уездов. Основные лозунги были: "Долой продразверстку! Да здравствует свободная торговля!" В январе 1921 г. армия повстанцев достигла 50 тыс. человек. Была перерезана Юго-Восточная железная дорога, и центр страны отрезан от хлебных районов России. В августе 1920 г. в Тамбовской губернии вводится осадное положение. Ленин поручает Ф.Э. Дзержинскому, Э.М. Склянскому, С.С. Каменеву возглавить борьбу с мятежом. В Тамбов посылаются комиссия ВЦИК во главе с В.А. Антоновым-Овсеенко (1883–1938), 300 коммунистов из Москвы, Петрограда и других промышленных центров.

В январе-феврале 1921 г. в район восстания посылаются дополнительные части войск. К лету 1921 г. общая численность превышает 100 тыс. красноармейцев. Итак, 100-тысячная армия, вооруженная артиллерией, пулеметами, разведывательными аэростатами, снарядами с удушливыми газами пошла войной на своих граждан, крестьян одной губернии. Руководят операциями видные военачальники: М.Н. Тухачевский, И.П. Уборевич, И.Ф. Федько, И.В. Тюленев, Г.И. Котовский, и др. Здесь же профессиональные каратели, такие как Г.Г. Ягода и В.В. Ульрих. Самые ожесточенные бои были с 28 мая по 26 июля 1921 г. За это время, только за два месяца крестьянская армия потеряла убитыми и ранеными 11 тыс. человек. С учетом захваченных в плен армия повстанцев сократилась на 37 тыс. человек. В августе 1921 г. восстание было подавлено.

Тамбовские крестьяне вовсе не сразу подняли оружие. На выгребание хлеба, сокращение нормы выдачи муки и пшена самим хлеборобам до недопустимого минимума они поначалу писали жалобы, принимали петиции на сельских сходах, молили власти увеличить эти нормы, не обрекать самих землепашцев на голод. Они не хотели обострять ситуацию, не "доводить дело до греха". Когда это не помогало, крестьяне стали сокращать посевы до размеров удовлетворения потребности собственной семьи. А затем, когда мирные средства были исчерпаны, последовали вооруженные выступления.

Со знанием дела объясняют причины возникновения "антоновщины" главные организаторы и исполнители ее подавления. Так, М.Н. Тухачевский в своей записке В.И. Ленину 16 июля 1921 г. пишет: "Причины восстания – общие для всей РСФСР, то есть недовольство продразверсткой и неумелое и исключительно жестокое ее проведение продорганами на местах. Причины, организовавшие восстание, следующие: а) сильное эсеровское гнездо, свитое в Тамбовской губернии; б) искусная тактика, проявленная эсерами в создании СТК*; в) скрытый большой запас оружия, сделанный Антоновым за время его начальствования Кирсановской уездмилицией, и, наконец, военно-организаторский талант Антонова..."[50]

В.А. Антонов-Овсеенко в пространном докладе в ЦК РКП(б) 20 июля 1921 г. резюмирует: "...1. Крестьянские восстания развертываются на почве широко разлившегося недовольства мелких собственников деревни пролетарской диктатурой, повернутой к ним острием неумолимого принуждения, мало считающейся с хозяйственными особенностями крестьянства и не обслуживающей деревню сколько-нибудь ощутительно ни с хозяйственной, ни с просветительской стороны"[51].

Лучше не скажешь. Диктатура пролетариата в лице органов Советской власти проводила реквизиции, все отбирала, осуществляла репрессии, брала непосильную дань, совершенно не считаясь с положением и нуждами самого крестьянства. Эта власть была чужда интересам крестьянства. "Мавр сделал свое дело..." Крестьяне пошли за большевистскими лозунгами в 1917 г., пошли в Красную Армию. А вот для мировой революции, о которой мечтали коммунистические лидеры в Смольном и позднее в Кремле, очевидно, крестьяне не годятся. Они очень привязаны к земле, к своему дому, к своему делу. Они хотят за свой нелегкий труд, кроме хлеба насущного, что-то получать от города, в обмен, разумеется. А власти хотят просто брать, ничего не давая в обмен. Так поступают только оккупационные власти и то не всякие. Такой увидело Советскую власть крестьянство России. И не только в Тамбове. Архивы уже открываются, леденящие сердце документы публикуются.

Тамбовская губерния была очень крупной. В нее входили, кроме районов современной Тамбовской области, Борисоглебский уезд ныне Воронежской области, Липецкий, Лебедянский и Усманский уезды ныне Липецкой области, Темниковский уезд Мордовской автономной республики. Она была наиболее крестьянской из всех губерний России: из 3,5 млн. человек населения горожане составляли всего лишь 0,25 млн. человек, или немногим более 7%.

Она причислялась к производящим губерниям, поставляла на экспорт перед первой мировой войной до 60 млн. пудов сельскохозяйственных продуктов, в том числе до 26 млн. пудов зерна. С первых же дней установления Советской власти, от нее пострадало более 60 тыс. крестьянских хозяйств. Уже в 1918 г. восстанием было охвачено более 40 тыс. крестьян, создавались "зеленые армии". Власти же сразу приступили к насаждению колхозов и совхозов, которые стали убежищем для инвалидов и бездельников; лишь очень немногие из них являют хозяйственную ценность[52]. В 1920–1921 гг. здесь был сильный неурожай. По данным Губпродкома, на душу населения приходилось по 4,2 пуда, тогда как фактическое потребление за 1909–1913 гг. составляло 17,9 пуда (кроме фуража). И в этой обстановке продотряды насильно выгребают последнюю горсть зерна.

* "Союз трудового крестьянства".

Тамбовская губерния была родиной выдающихся лидеров партии социалистов-революционеров: М.А. Спиридоновой и В.М. Чернова. Здесь были сильные организации этой партии. В губернии проводились частые экспроприации в пользу партии. Авторитет эсеров среди крестьян был высок. Большевиков они не знали. А когда столкнулись с созданной ими властью, то взаимопонимания не получилось.

Эсерами был создан "Союз трудового крестьянства" (СТК), построенный по территориальному принципу с комитетами в селах, волостях, районах, уездах и губернии. Только в пяти уездах было более 900 комитетов СТК. При каждом комитете была вооруженная охрана (ВОХР) от 5 до 50 человек на село.

Для иллюстрации возьмем уком СТК – уездный комитет. В нем был председатель, товарищ председателя, контролирующий работу отделов и технический секретарь. При укоме были продовольственный, политический и военный отделы, связь, суд и милиция. Группы волостей объединялись в районы, например, в Борисоглебском уезде было 4 района. Здесь структура была аналогичной укому. Волостные комитеты также занимались продовольствием (хозяйством), милицией, военным делом и связью. Сельские комитеты работали непосредственно с крестьянами, имели охрану. Губернский комитет координировал работу уездов и был непосредственно связан с Главным оперативным штабом крестьянской армии, войсковыми соединениями. Губком имел агитационный отдел и политработников. Занимался также вопросами продовольствия, связи, милиции[53].

СТК имел свою программу, очень короткую, всего из 17 пунктов, среди которых предусматривалось: политическое равенство всех граждан, без разделения на классы; всемерное содействие установлению прочного мира со всеми иностранными державами; созыв Учредительного собрания на основе всеобщего, прямого, равного голосования; свобода слова, совести, печати, союзов и собраний; проведение в жизнь закона о социализации земли в полном его объеме, принятого и утвержденного бывшим Учредительным собранием; удовлетворение предметами первой необходимости, в первую очередь продовольствием, населения города и деревни через кооперативы; частичная национализация фабрик и заводов с оставлением крупной промышленности в руках государства; допущение русского и иностранного капитала для восстановления хозяйственно-экономической жизни страны; открытие широкого государственного кредита личности; свободное производство кустарной промышленности[54].

Был также и Устав "Союза трудового крестьянства". В качестве цели СТК ставил свержение власти коммунистов (большевиков). Членами принимались лица обоего пола, достигшие возраста 18 лет, строго соблюдающие дисциплину, разделяющие программу и задачи Союза. При вступлении требовалось два поручительства. Не принимаются члены коммунистических и монархических партий. Исключаются не посещающие без уважительных причин до трех собраний, а также за безнравственное поведение, опороченные по суду за кражи, грабежи, поджоги, убийства, шпионаж и прочее. Устав принимается за основу и может быть дополнен уездным, губернским и Всесоюзным съездами[55].

Крестьянская (партизанская) армия строилась на общих принципах. Функционировал Главный оперативный штаб, который возглавлял Антонов. Были две армии, которые состояли из дивизий, полков, эскадронов, команд, взводов и так далее. Имелись знаки различия для партизан и командного состава: красные нашивки на левом рукаве, ленточки, треугольники углом вниз и вверх, ромбы.

Александр Степанович Антонов (1889–1922) родился в Москве, в семье садовника и портнихи. Семья вскоре переехала в Кирсанов Тамбовской губернии, где отец завел слесарную мастерскую. Окончил городское училище, по некоторым данным учился в реальном училище. Работал волостным писарем, рабочим на заводе, учителем народной школы. С 1905 г. состоял в партии эсеров. Участвовал в ряде дерзких экспроприаций, долго считался неуловимым. В феврале 1909 г. арестован в Саратове, приговорен к смертной казни, замененной пожизненной каторгой. Наказание отбывал в тюрьмах Тамбова и Владимира. Амнистирован Временным правительством как политкаторжанин. Поначалу работал помощником начальника милиции города Тамбова, затем возглавлял милицию Кирсановского уезда. Здесь он показал себя в условиях правового беспредела сильным организатором. Боролся с "аграрным террором", разоружал проходившие через Кирсанов эшелоны чехословацких войск. Добровольно покинул пост начальника уездной милиции из-за несогласия с политикой Советской власти по крестьянскому вопросу, некоторое время находился в Самаре, затем вернулся на Тамбовщину и организовал для борьбы с диктатурой пролетариата "боевую дружину", которая впоследствии стала ядром партизанской армии. В эту армию вольются тысячи и тысячи крестьян. Многие из них прошли первую мировую войну, приобрели опыт, даже стали офицерами. Придут и кадровые офицеры, даже в чине полковника. И эта война выдвинет из крестьянской среды способных командиров.

Вспоминая действующих лиц этой трагедии, кроме крестьян и их вождей, еще раз задумываешься о судьбах таких людей, как Тухачевский, Уборевич, Антонов-Овсеенко и другие военачальники, руководивших кровавой расправой над мятежниками. Михаил Николаевич Тухачевский (1893–1937) – дворянин, блестящий гвардейский офицер, участник первой мировой войны, в немецком плену находился вместе с будущим президентом Франции Шарлем де Голлем, тогда капитаном французской армии, бежал из плена, герой Гражданской войны, позднее начальник Генерального штаба Красной Армии, маршал, реформатор армии, автор многих трудов по военной стратегии и ...исполнитель жестоких решений по расправе с крестьянами, восставшими против несправедливости. Пройдет немного времени, и он сам погибнет от пули палачей...

Или Иероним Петрович Уборевич (1896–1937), сын литовского крестьянина, офицер русской армии, участник первой мировой войны, один из организаторов Красной Армии, командарм 1 ранга, военный министр Дальневосточной республики в 1922 г., командующий военным округом. И он отдает приказы стрелять в крестьян-матросов под Кронштадтом и восставших в деревнях Тамбовщины. И его жизнь оборвется в один день с жизнью Тухачевского – 11 июня 1937 г., может быть, от пули одного и того же палача, исполнявшего решение, подписанное тем же зловеще знаменитым Василием Ульрихом.

Владимир Адександрович Антонов-Овсеенко, сын офицера и сам офицер русской армии. Революционер, писатель, государственный деятель, дипломат. За организацию восстаний в Польше и Севастополе в 1905–1907 гг. царским судом приговорен к смертной казни, замененной 20 годами каторги, откуда бежал, эмигрировал, был советским послом в Литве, Польше. В 1937 г. генерального консула СССР Антонова-Овсеенко вызовут из сражающейся Барселоны в Москву, 8 февраля 1938 г. приговорят второй раз к смертной казни и через два дня расстреляют. Так "отблагодарит" большевистское руководство этих людей за подавление крестьянской войны в 1921 г., что спасло тогда Советскую власть от весьма вероятного свержения.

Завершая повествование об антоновщине, приведем ссылки на некоторые документы, обнаруженные в Государственном архиве Российской Федерации. Здесь сосредоточены подлинники приказов, донесений, аналитических записок, писем и телеграмм. Из этих документов видно, каковы были масштабы войны на Тамбовщине, в эпицентре крестьянской войны, они свидетельствуют о безмерной жестокости, разрушительности и бесчеловечности гражданской войны.

После того как советское руководство сочло подготовленность своих сил достаточной для тотального наступления на повстанцев, был отдан следующий приказ:

"Тамбов, 30 мая 1921 г. 23 часа 55 минут. С рассветом 1-го сего июня приказываю приступить во всех участках к массовому изъятию из сел бандитов, а где таковых не окажется, их семей. Эта операция должна проводиться настойчиво и методически, но вместе с тем быстро и решительно. Изъятие бандитского элемента не должно носить случайного характера и должно определенно показать крестьянству, что бандитское племя и семя неукоснительно удаляются из губернии... Поменьше обывательской сентиментальности, побольше твердости и решительности. Командвойск Тухачевский"[56].

Так началось широкомасштабное истребление повстанцев силами регулярной армии.

Через 12 дней этого наступления издается зловещий по своей жестокости приказ №171. Вот его подлинный текст:

"Приказ Полномочной комиссии ВЦИК №171
г. Тамбов, 11 июня 1921 г.

Начиная с 1 июня, решительная борьба с бандитизмом дает быстрое успокоение края. Советская власть последовательно восстанавливается... Банда Антонова решительными действиями наших войск разбита, рассеяна и вылавливается поодиночке. Дабы окончательно искоренить эсеробандитские корни и в дополнение к ранее отданным распоряжениям, Полномочная Комиссия ВЦИК приказывает:

1. Бандитов, отказывающихся называть свое имя, расстреливать на месте без суда.

2. Селениям, в которых скрывается оружие, властью Уполиткомиссий или Райполиткомиссий объявлять приговор об изъятии заложников и расстреливать таковых, в случае несдачи оружия.

3. В случае нахождения спрятанного оружия, расстреливать на месте без суда старшего работника в семье.

4. Семья, в доме которой укрылся бандит, подлежит аресту и высылке из губернии, имущество ее конфискуется, старший работник в этой семье расстреливается на месте без суда.

5. Семьи, укрывающие членов семьи или имущество бандитов, расстреливать как бандитские и старшего работника этой семьи расстреливать на месте без суда.

6. В случае бегства семьи бандита, имущество таковой распределять между верными Советской власти крестьянами, а оставленные дома разбирать или сжигать.

7. Настоящий приказ проводить в жизнь сурово и беспощадно.

Председатель Полномочной Комиссии ВЦИК	**Антонов-Овсеенко**
Командующий войсками	**Тухачевский**
Председатель губисполкома	**Лавров**
Секретарь	**Васильев**"[57]

И вот еще один приказ, изданный на следующий день.

ПРИКАЗ
Командующего войсками Тамбовской
губернии №0116/
оперативно-секретный
г.Тамбов, 12 июня 1921 г.

Остатки разбитых банд и отдельные бандиты, сбежавшие из деревень, где восстановлена Советская власть, собираются в лесах и оттуда производят набеги на мирных жителей.

Для немедленной очистки лесов ПРИКАЗЫВАЮ:

1. Леса, где прячутся бандиты, очистить ядовитыми газами, точно рассчитывать, чтобы облако удушливых газов распространилось полностью по всему лесу, уничтожая все, что в нем пряталось.

2. Инспектору артиллерии немедленно подать на места потребное количество баллонов с ядовитыми газами и нужных специалистов.

3. Начальникам боевых участков настойчиво и энергично выполнять настоящий приказ.

4. О принятых мерах донести.

Командующий войсками	**Тухачевский**
Начальник штаба войск Генштаба	**Какурин**[58]

Примерно через месяц, 9 июля 1921 г. издается приказ №189:

"Разгромленные банды прячутся в лесах и вымещают свою бессильную злобу на местном населении, сжигая мосты, портя плотины и прочее народное достояние. В целях охранения мостов Политком ВЦИК ПРИКАЗЫВАЕТ:

1. Немедленно взять из населения деревень, вблизи которых расположены важные мосты, не менее пяти заложников, коих в случае порчи моста надлежит немедленно расстреливать.

2. Местным жителям под руководством ревкомов организовать оборону мостов от бандитских налетов, а также вменить населению в обязанность исправление разрушенных мостов не позднее, чем в 24-часовой срок.

3. Настоящий приказ широко распространить по всем деревням и селам.

Предполком ВЦИК	**Антонов-Овсеенко**
Командвойск	**Тухачевский**
Предгубисполкома	**Лавров**[59]

Думается, что комментарии к таким приказам излишни. Подписи представителей высших органов власти свидетельствуют о том, что изобретен подобный изуверский подход сдва ли в Тамбове. В Тамбове были только исполнители. Война шла на истребление. Подобных приказов издавалось много. И они выполнялись.

В Тамбовском областном архиве имеется запись телефонного разговора начальника оперативного штаба при губчека Благонадеждина из Ржаксы с секретарем губчека Куликовым, состоявшегося 29 августа 1920 г. Благонадеждин просит санкции губисполкома, чтобы в течение 48 часов в 21 селе, включая поселок Ржакса, арестовать всех граждан в возрасте от 16 до 40 лет, конфисковать все их имущество, уничтожить все эти селения. На вопрос из Тамбова, относится ли эта мера ко всему населению этих сел или же к отдельным лицам, последовал ответ:

> "Поголовно ко всему населению, так как в этих селах все активно участвовали и теперь участвуют. Эти села нужно стереть с лица земли"[60].

И стирали. Потому восстание было столь массовым, а авторитет Антонова высок.

Командир 5-го партизанского полка армии Антонова по имени "Костя" 25 июня 1921 г. пишет командиру 10-го стрелкового полка Красной Армии в ответ на предложение последнего "прийти с повинной головой" следующее:

> "...У Вас хватает нахальства говорить, что мы грабители и насильники. Вы оглянитесь назад, что Вы сделали за эти четыре года Вашей власти: только насилие, грабеж и уничтожение неповинных людей... Теперь посмотрите как следует и одумайтесь, что происходит от Вас – кругом только стон, грабеж и смерть. От кого летят в щепки сундуки, двери у амбаров и льется невинна кровь? Только от Вас... Кого мы обидели, кого лишали жизни и взяли имущество, только этих вампиров коммунистов, а после всего этого называете нас бандитами; не мы, а Вы бандиты... Если Вы будете забирать семьи партизан и отправлять их на голодную смерть – это невинных жен, отцов, матерей и детей, то помните, что то же самое будем делать и мы, т.е. выгонять из пределов своего партизанского края все семьи коммунистов и красноармейцев. "Костя"[61].

Таково лицо гражданской войны. Жестокость всегда порождает жестокость. Войну начинали не крестьяне. Но они стали давать адекватный ответ в рамках своих возможностей.

В используемых нами архивных фондах имеются воспоминания члена одного из продовольственных отрядов 25-тысячника А.Е. Медведкова из Петрограда. Он пишет, что обозленные реквизициями крестьяне в селе Нижние Мытренки Усманского уезда Тамбовской губернии напоили самогоном собравшихся в одной избе 20 продотрядовцев, снаружи дверь заперли кольями, саму избу облили керосином и подожгли. Все продотрядовцы сгорели[62].

Жестокость исполнителей упомянутых приказов не привела к ослаблению войны. Но сила уже была не на стороне крестьян. Каратели были сильнее. В очередном докладе ВЦИКу (в архиве рукописный текст) Антонов-Овсеенко пишет, что с 1 июня по 2 июля 1921 г. взято "бандитов" 1 748, дезертиров 2 452, явились добровольно "бандитов" 1 449 (из них с оружием до 400 человек), дезертиров – 6 672. Заложников взято одиночек 3 430, семей – 913. Конфисковано 157 хозяйств, сожжено или разобрано 85 домов... За последнюю неделю эти цифры сильно возросли: число извлеченных "бандитов" и дезертиров достигло 16 тыс. человек, семей изъято всего до 1 500; конфисковано до 500 хозяйств, сожжено или разобрано до 250 домов...[63]

Дальше цифры продолжают нарастать. Приводятся данные по отдельным волостям и уездам. Губерния покрывается сетью концентрационных лагерей. В лагеря отправляют тысячами. Там содержат даже детей. Так, в десяти концлагерях Тамбовской губернии на 1 августа 1921 г. находилось 1 155 детей[64].

Многие крестьяне и представители местной интеллигенции обращались с письмами к властям, требуя прекратить кровопролитие, заняться решением коренных вопросов крестьянской жизни. Вот письмо землемера Кирсановского уезда Насонова, адресованное Антонову-Овсеенко. "...душа моя болит об одном: о бандитах. Мне тяжело и горько слышать, как эти темные и несознательные крестьяне сами себе роют могилу... Я пришел к глубокому убеждению, что ни пушками, ни пулеметами, ни расстрелами можно остановить... крестьян... а решительным и быстрым проведением в жизнь Декрета о земле... и тогда крестьянская масса почувствует, что земля действительно принадлежит им, и они все потянутся к земле... а бомбы и винтовки побросают в мусорные ямы, как ненужный хлам"[65].

Крестьянин обращается к председателю Губернского исполнительного комитета Лаврову: "Товарищи, вы одумайтесь. Крестьянину нельзя спекулировать, а городу можно. За коробку спичек гражданин должен отдать Совету 12 пудов хлеба..."[66]

Или еще одно письмо: "Просим огласить вашему собранию от граждан... Моршанского уезда... Довольно нам кровь проливать. Довольно из нас жилы тянуть... мужика-дурака отбили от хозяйства... Тогда только богатство будет, когда мужику дадут свободу работать около земли... тогда только обогатится наша матушка-Россия"[67].

Кажется, авторы приведенных писем смотрели более трезво и гуманно на события, чем более высокое начальство, облеченное властью. Крестьяне не были фанатами мировой революции. Они не рассматривали человека через призму классовой борьбы. И не они первыми подняли руку с винтовкой. Им винтовка уже надоела. Они хотели выращивать хлеб на своем поле и получать честную оплату за свой труд.

В рамках крестьянской войны стоит и такое оригинальное явление как "махновщина" на юге Украины. Хотя она была окрашена анархистской идеологией и риторикой, в рядах этой армии были не только крестьяне, но и рабочие, не только украинцы, но люди разных национальностей, в основе движения все же был крестьянский вопрос. Потому армия Махно боролась против войск германского кайзера, гетмана Скоропадского, Симона Петлюры, не пошла на союз с Врангелем. С Советской властью и Красной Армией отношения были сложными. Не раз заключались союзы, проводились совместные операции, затем соглашения нарушались, и все закончилось уничтожением армии Махно Красной Армией после штурма Перекопа совместными усилиями.

Личность Нестора Ивановича Махно (1888–1934) весьма колоритна. Выходец из бедной крестьянской семьи смог окончить лишь начальную школу, после чего работал в экономиях немецких колонистов и помещичьих имениях. В 1906 г. вступил в группу "хлеборобов анархистов-коммунистов", участвовал в террористических актах. Приговорен к смертной казни, замененной бессрочной каторгой. Отбывал наказание в Бутырской тюрьме, где упорно занимался самообразованием. Изучал математику, русскую литературу, историю культуры, политическую экономию. Сблизился с анархистом П.А. Аршиновым, который позднее написал монографию о махновцах[68]. Часто находясь в тюремных карцерах, заболел туберкулезом. Освобожден после Февральской революции как политкаторжанин.

Возвратясь в родное Гуляйполе (ныне Запорожская область Украины), включился в деятельность Крестьянского союза, был избран председателем его комитета. Вел большую организаторскую работу на юге Украины. Выступал против украинских шовинистов из "Селянской спилки". Формировал повстанческие отряды. Украинские и германские оккупационные власти сожгли его дом и расстреляли старшего брата. Октябрьскую революцию встретил неоднозначно: приветствуя раскрепощение рабочих и крестьян от буржуазного государства, он не мог принять диктатуру коммунистического государства и его вмешательства в жизнь народных масс.

В мае 1918 г. Махно прибыл в Москву, встретился с В.И. Лениным, Я.М. Свердловым, П.А. Кропоткиным, П.А. Аршиновым. Имел длительную и откровенную беседу с Лениным по крестьянскому вопросу и анархистско-коммунистическому движению. Очень жалел, что не сумел обсудить детальные многие вопросы. Питал к Ленину искреннее уважение. Позднее в своих воспоминаниях он напишет: "Без тесного сотрудничества с крестьянством властолюбивому городу и заражающемуся поневоле его властолюбием городскому пролетариату самому не построить новой свободной общественной жизни"[69]. Возвратясь на Украину, развернул большую работу по созданию армии. В разные периоды под командованием Махно были десятки тысяч людей. Абсолютное большинство составляли крестьяне, и бились они за землю и волю.

Н.И. Махно отличался личным бесстрашием, высоким организаторским талантом. Он был 14 раз ранен в боях. По соглашению с командованием Красной Армии в сентябре 1919 г. прорвал фронт Белой армии и совершил глубокий рейд по ее тылам, за что был награжден орденом Красного Знамени. Но отказался выступить против поляков и был объявлен вне закона. После взятия Перекопа и Крыма отказался влиться в состав Красной Армии и опять оказался вне закона, его отряды были уничтожены. В декабре 1920 г. Махно формирует свою последнюю армию (около 10–15 тыс. человек) и ведет борьбу до августа 1921 г. против "большевистской диктатуры и ее контрреволюции". Преследуемый Красной Армией, он с небольшим отрядом переходит Румынскую границу. Некоторое время живет в Польше, затем во Франции. Работает в типографии и сапожничает. Часто болеет. Оставил "Воспоминания", к сожалению, не законченные.

Сравнивая крестьянскую войну на Тамбовщине и махновское движение, нетрудно заметить много общего и много различий. Общим было недовольство крестьянства жестокими мерами военного коммунизма, поборами и реквизициями, командованием со стороны властей и опорой последних только на сельскую бедноту и городской пролетариат. Потому социальная база для крестьянской армии была весьма широкой. И лишь с переходом к нэпу она стала сокращаться. Различие было в том, что на Тамбовщине основа была чисто экономическая – антикрестьянская аграрная политика властей, тупая и безжалостная продразверстка с явно выраженной идеологией партии эсеров. У Махно же была политическая программа на анархистской основе, он выступал против всякой власти, ограничивающей и сковывающей инициативу людей и урезывающей местное самоуправление. Он трижды заключал соглашения с Советской властью и Красной Армией, по стратегическим вопросам иногда выступая совместно. Но итог тот же: как тамбовское крестьянское движение, так и махновщина были подавлены и уничтожены превосходящими военными силами Советской власти.

НОВАЯ ЭКОНОМИЧЕСКАЯ ПОЛИТИКА (НЭП) И РАЗВИТИЕ КООПЕРАЦИИ

Крестьянская война и особенно Кронштадтское восстание, восстание крестьян в Тамбовской губернии, махновщина, а также многочисленные выступления крестьян против Советской власти в различных регионах России показали тупиковость политики военного коммунизма с присущими ему методами насилия, террора, реквизицией. Это грозило полным экономическим крахом и бесконечной войной с собственным народом. Никакое государство при таких условиях не только развиваться, но и сохраниться не может даже и при отсутствии внешней опасности. Поэтому смена курса экономической политики вообще, и аграрной в особенности, стала вопросом выживания государства. Это начали понимать вожди партии и Советского правительства. Историческая роль и значение русской Вандеи в том и состоит, что она на какое-то время образумила советское руководство, вождей партии и правительства, показала пропасть, вырытую руками коммунистических лидеров России между ними и народом, прежде всего крестьянством, составившим $^4/_5$ населения страны. Она показала антинародность политики военного коммунизма.

Объективно необходимым стал переход к нормальным методам хозяйствования с использованием товарно-денежных отношений, хозрасчета, материальной заинтересованности, поощрения личной инициативы. Это и должно было составить суть так называемой новой экономической политики. Фактически же это означало просто восстановление попранных методов нормального хозяйствования. Прежде всего нужно было отменить продразверстку. Резолюция "О замене разверстки натуральным налогом"[70] была продублирована в декрете ВЦИК от 21 марта 1921 г. Ее основные положения сводятся к следующему.

"1 ...Разверстка как способ государственных заготовок продовольствия, сырья и фуража заменяется натуральным налогом.

2. Этот налог должен быть меньше налагавшегося до сих пор путем разверстки обложения...

3. Налог взимается в виде процентного или долевого отчисления от произведенных в хозяйстве продуктов...

4. Налог должен иметь прогрессивный характер; процент отчисления от хозяйств середняков и маломощных хозяев... должен быть пониженным. Хозяйства беднейших крестьян могут быть освобождены от некоторых, а в исключительных случаях и от всех видов натурального налога. Старательные хозяева-крестьяне, увеличивающие площади засева в своих хозяйствах, а равно увеличивающие производительность хозяйства в целом, получают льготы по выполнению натурального налога либо в порядке понижения ставок налога, либо в порядке частично освобождения от налога...

5. Все запасы продовольствия, сырья и фуража, остающиеся у земледельцев после выполнения ими налога, находятся в полном их распоряжении..."

Во исполнение этих решений правительство существенно снижает объемы заготовок. Так, по зерну продналог ниже разверстки на 43,3%, по масличным семенам – в 2 раза, по мясу – на 74,5%, по маслу – на 36,1%, по льноволокну – в 15 раз[71]. Поначалу продналог предусматривался в хлебных единицах и считался единым, один продукт можно было заменить другим. В 1923–1924 гг. взимался как продуктами, так и деньгами. С 1924–1925 гг. введено денежное обложение и продналог перестал существовать[72]. В 1923–1924 гг. полностью или частично были освобождены от уплаты налога 5,9 млн. крестьянских хозяйств[73]. Несколько снижены отпускные цены на продаваемые крестьянам промышленные товары, однако "ценовые ножницы" еще сохраняются не в пользу села. Однако крестьяне начинают покупать сельскохозяйственные орудия в больших количествах, чем в годы военного коммунизма, когда все это было просто невозможно.

Декретом Совета народных комиссаров от 17 мая 1921 г. разрешено развитие "кустарной и мелкой промышленности как в форме частных предприятий, так и в кооперативной форме", а также всемерное развитие сельскохозяйственной кооперации на принципах явочного образования... добровольного вхождения... свободного избрания...[74] Этим дается старт возрождению мелких заводов, фабрик и других предприятий, предпринимательству вообще.

Через неделю, 24 мая 1921 г. декретом Совнаркома "разрешается свободный обмен, покупка и продажа остающихся у населения после выполнения натурального налога продуктов сельского хозяйства. Право обмена, покупки и сбыта распространяется также на изделия и предметы кустарной и мелкой промышленности... Обмен, покупка и продажа разрешается отдельным гражданам и кооперативным объединениям, потребительским, сельскохозяйственным и кустарным, и может проводиться как на рынках и базарах, так и других местах, с лотков и ларей и в закрытых торговых помещениях"[75]. Затем был дан зеленый свет частной и кооперативной торговле. С осени 1921 г. возрождаются ярмарки, биржи. Создаются смешанные общества. ВЦИК и Совнарком РСФСР в июле 1921 г. разрешают организацию частных предприятий с числом рабочих до 20 человек, а позднее и больше. Таким образом, личная инициатива поощряется как в городе, так и в деревне.

В октябре 1921 г. создается Государственный банк, в феврале 1924 г. – Центральный сельскохозяйственный банк. Осуществляется денежная реформа, выпускаются устойчивые денежные знаки, обеспеченные золотом – червонцы. Начинает возрождаться после катастрофической гиперинфляции и финансовая система.

В целом меняются стиль и методы работы государственных, хозяйственных и партийных органов. Это зафиксировано в резолюции Одиннадцатого съезда ВКП(б) "О работе в деревне". В ней сказано: "...7. Работа партии в деревне должна быть направлена преимущественно в сторону хозяйственно-организационную и культурно-просветительную, взамен предлагаемого ранее административно-принудительного и политически-агитационного подхода."[76)]

В числе крупных мер, составляющих всю гамму новой экономической политики, следует назвать возрождение кооперации. Это очень важное направление актуальное и в наши дни. Потому рассмотрим его подробнее. Но сейчас отметим, что нэп оказал благотворное влияние на развитие производства. Об этом свидетельствуют следующие данные ЦСУ СССР (табл. 5.2).

Таблица 5.2

Производство сельскохозяйственной продукции в СССР за годы нэпа

Годы	Валовая продукция*, млрд.руб.	1921г. = 100%	Зерна, млн.т.	1921г. = 100%	Мяса, млн.т	1921г. = 100%
1920	36,8	112	45,2	125	2,6	88
1921	32,9	100	36,2	100	3,3	100
1922	35,7	108	50,3	139	2,2	66
1923	47,2	143	56,6	156	2,6	78
1924	49,4	150	51,4	142	3,4	103
1925	61,5	187	72,5	200	3,8	115
1926	64,8	197	76,8	212	4,2	121
1927	66,4	202	72,3	199	4,5	136
1928	71,9	219	73,3	202	4,9	148
1929	66,4	202	71,7	198	5,8	175

* в сопоставимых ценах 1983 г.

Приведенные данные свидетельствуют о быстром подъеме производства после глубокого упадка, вызванного не только, а может быть, и не столько последствиями двух войн и разрухи, сколько удушением инициативы, стимулов и всякого интереса производить сверх потребностей семьи. Нетрудно подсчитать, что среднегодовые темпы роста производства превышали 10%. Это весьма высокий рост.

Статистика тех лет добросовестно отражала происходящие процессы. В этой системе еще со времен земства сохранилось много квалифицированных кадров. Да и совесть не позволяла им заниматься лакировкой действительности, моральные устои еще не были размыты. Возьмем для примера состав рациона сельского населения потребляющей полосы за 1922–1927 гг. по обследованиям за октябрь каждого года (табл. 5.3).

Приведенные данные свидетельствуют о неуклонном улучшении качества питания сельского населения, хотя оно и ниже рациона горожан. Например, по расчету на октябрь 1927 г. годовое потребление мяса составляло в семьях рабочих 55,0 кг, а служащих 62,9 кг, а по расчету на февраль соответственно – 55,5 и 63,9 кг, у сельских жителей – 36,5 кг[78].

За последние годы этого десятилетия рост сельскохозяйственного производства замедлился. Тогда уже усилились атаки на нэп. Деревня становится донором сверхвысоких темпов индустриализации страны. С крестьян, по выражению И. Сталина, следовало брать высокую "дань". Стоит подробнее рассмотреть вопрос о сельскохозяйственной кооперации, пережившей мировую, гражданскую войны и даже эпоху военного коммунизма. Она не только сохранилась, но продолжала расти и развиваться. И все это вопреки тому, что новые власти проводили над нею всевозможные эксперименты. Вызывались они, прежде всего, тем, что кооперацию рассматривали как институт буржуазный или мелкобуржуазный, который надо держать на привязи. С другой стороны, эта организация массовая, объединяет миллионы людей, и отнюдь не миллионеров. К тому же сумела воспитать кадры высокой компетенции, каким может позавидовать любая система. А у Советской власти энергию поглощают митинги, реквизиции, классовая борьба. Поэтому первые шаги Советской власти в отношении кооперации состояли в том, чтобы найти с нею компромисс, использовать ее технические кадры и управленческий аппарат.

Таблица 5.3

Потребление продуктов питания на душу населения в день, в граммах[77]

Продукты питания	Годы				
	1922	1924	1925	1926	1927
Мука ржаная	466,7	512,9	475,2	465,8	451,0
Мука пшеничная	27,4	26,9	34,6	47,1	43,5
Мука прочая	41,7	35,5	52,5	48,0	54,3
Крупа и бобовые	56,2	74,5	70,0	65,1	61,5
Картофель	951,4	842,8	710,8	716,7	679,9
Овощи и фрукты	249,2	212,5	212,5	183,9	213,3
Сахар и сахаристые вещества	2,5	8,2	11,5	13,5	17,6
Мясо	53,3	64,3	115,1	106,1	100,0
Рыба	16,8	23,8	19,2	20,9	23,8
ЖИРЫ:					
сало	4,9	6,1	9,8	7,8	8,6
масло коровье	4,5	4,9	4,5	4,5	4,5
масло растительное	2,5	5,3	5,3	6,1	4,9
Молоко и молочные продукты	286,2	349,3	303,0	333,7	345,6
Яйца	4,5	6,1	4,9	4,1	3,7

20 марта 1919 г. принимается декрет “Об единых потребительских обществах”, в соответствии с которым во всех городах и сельских местностях потребительские кооперативы реорганизуются и объединяются в единое потребительское общество (ЕПО). В ЕПО включается все население данной местности. Паевые взносы упраздняются. Все ЕПО объединяются в единую иерархическую систему, или союзы (райсоюзы, губсоюзы), возглавляемые Центросоюзом. Правом избирать и быть избранным в руководящие органы ЕПО обладают только те граждане России, которые по Конституции РСФСР не лишены права голоса (в условиях диктатуры пролетариата появились так называемые “лишенцы”, не имевшие права голоса: представители буржуазных классов, священники, кулаки и др.).

27 января 1920 г. издается декрет “Об объединении всех видов кооперативных организаций”, по которому кредитная кооперация ликвидируется путем ее слияния с потребительской. Все остальные ветви сельскохозяйственной кооперации также сливаются с потребительской. Их центры становятся отдельными секциями Центросоюза. Итак, фактически остается только потребительская кооперация, которую государство приспосабливает к целям изъ-

ятия у крестьян продукции. Это особенно четко выражено в решениях IX съезда ВКП(б), состоявшегося 29 марта – 4 апреля 1920 г.

В резолюции съезда "Об отношении к кооперации" предусмотрено "завершить начатое декретом от 20 марта 1919 г. и последующей работой партии закрепление за нашей партией руководящего значения во всех организациях потребительской кооперации снизу доверху... приступить к постепенному изъятию из местных потребительских обществ, губсоюзов и Центросоюза и к передаче соответствующим центральным и местным советским органам (ВСНХ, Наркомпрод, Наркомзем, Наркомпрос и др.) всех тех отделов, которые являются параллельными и конкурирующими с соответствующими отделами этих органов... привлекать кооперативный аппарат к делу снабжения населения на основе продовольственной политики, устанавливаемой компродом... потребительская кооперация, находясь в центре и на местах в ведении Наркомпрода, выполняет технические хозяйственные операции и по его заданиям и под его контролем... Задания государственных органов в области заготовок должны быть обязательными для кооперативных организаций"[79].

Таким образом, все виды кооперации поглощаются потребительской, последняя подчиняется Наркомпроду и выполняет поручения этого государственного органа по изъятию хлеба у крестьян. Вот такая метаморфоза произошла со свободной, демократичной структурой общества по решению правящей партии.

Положение кардинально меняется после перехода к новой экономической политике. Десятый съезд ВКП(б), состоявшийся 8–16 марта 1921 г., отменяет резолюцию IX съезда по кооперации, построенную "на признании принципа разверстки"[80], и поручает выработать меры по улучшению и развитию кооперации.

17 мая 1921 г. Совнарком принимает декрет, в котором определяет принципы кооперирования: явочность образования товариществ и структур не свыше губернского уровня; добровольность вхождения в них членов и свободное избрание правлений. При этом поощряется стремление мелких товаропроизводителей к кооперированию[81].

ЦК РКП(б) обращается ко всем партийным организациям с письмом "О кооперации"[82]. Предлагается принять активное участие во всех кооперативных мероприятиях, делегировать коммунистов в руководящие органы кооперативов, принять меры к возвращению в кооперативы ранее изъятых оттуда опытных работников, в совпартшколах ввести предмет основ кооперации, пропагандировать новую роль кооперации. С аналогичным письмом "О сельскохозяйственной кооперации" ЦК РКП(б) обращается еще раз 18 марта 1922 г. В нем напоминается, что "кооперация становится... на одно из самых видных мест в схеме развертывания нашей сельскохозяйственной политики"[83].

В августе 1921 г. правительство издает декрет о сельскохозяйственной кооперации. Она получает право образовывать свои союзы, секции при потребсоюзах упраздняются. Иначе говоря, сельскохозяйственная кооперация восстанавливается организационно и юридически. Тогда же учреждается Всероссийский Союз сельскохозяйственной кооперации – "Сельскосоюз". К этому времени уже было 40 союзов, сотни первичных кооперативов. Возрождаются центры: "Льноцентр", "Союзкартофель" и другие.

24 января 1922 г. издается декрет о кредитной кооперации, деятельность которой предусматривается на тех же основах, что и сельскохозяйственной. Однако бурное развитие кредитных товариществ началось только после создания в 1924 г. Центрального сельскохозяйственного банка.

Все это создало правовую основу для восстановления кооперации. 1923–1924 гг. были переломными. Растет сеть потребительских товариществ, восстанавливается и развивается сельскохозяйственная и кредитная кооперативная сеть. Если в 1922–1923 гг. доля кооперации в снабжении и сбыте составляла 15–17%, то в 1923–1924 гг. уже 35%[84].

В.И. Ленин в январе 1923 г. выступает с известной работой-завещанием "О кооперации", где выдвигает предложение о всемерной поддержке кооперативного движения, в котором действительно участвуют широкие массы населения, и подчеркивает, что "...строй цивилизованных кооператоров при общественной собственности на средства производства, при классовой победе пролетариата над буржуазией – это есть строй социализма"[85].

Ленин понял неоценимую роль кооперации как инструмента построения более справедливого общества. Но нельзя это фундаментальное положение отождествлять с так называемым "ленинским кооперативным планом", приписанным Ленину. Это то же, что экспериментатору биологу И.В. Мичурину приписать лысенковскую "мичуринскую биологию".

Развернутое решение по сельскохозяйственной кооперации приняла состоявшаяся 27–29 апреля 1925 г. Четырнадцатая конференция РКП(б). В нем говорится, что в развитии и рационализации крестьянского хозяйства главное место принадлежит сельскохозяйственной и кредитной кооперации. Через кредит, снабжение, переработку и сбыт продукции можно воздействовать на отдельные распыленные предприятия. В выборные органы кооперативов нужно вовлекать больше передовых крестьян. Следует продолжать оправдавшуюся практику создания специализированных кооперативных объединений. Внутри самой кооперации необходимо: полностью разграничить функции между потребительской и сельскохозяйственной кооперацией; обеспечить доходность кооперативов; сокращать накладные расходы; строго соблюдать кредитную дисциплину; повышать ответственность каждой организации. Не допускать административного вмешательства в дела кооперации. Шире привлекать средства населения через паевые и иные капиталы. Оказывать кооперации финансовую помощь со стороны государства, активизировать деятельность Центрального и местных банков. Использовать кооперативную сеть для заготовки сырья и реализации промышленных товаров. Предоставить право выхода кооперации на внешний рынок[86].

После этих решений кооперация получает новые импульсы. Развитие ее идет как вширь, так и вглубь. Низовая сеть сельскохозяйственной кооперации насчитывает более 40 видов деятельности. Растет число союзов, центров. Повышается доля населения и хозяйств, охваченных сетью кооперативных товариществ. Так, если на 1.10 1927 г. в сельскохозяйственную кооперацию было вовлечено 15,5% взрослого населения и 39,0% крестьянских хозяйств, то через два года, на 1.10 1929 г., эти показатели были соответственно 26,8 и 68,4%[87].

Кооперация практически захватывает весь розничный товарооборот. Если в 1925–1926 гг. на долю государственной торговли приходилось 15,5%, частой – 43,8% и кооперативной – 40,7%, то в 1928–1929 гг. на долю государственной – 13,1%, частной – 19,4% и кооперативной – 67,5%, в том числе потребительской – 57,4% [88]. Что же касается оптовой торговли, то и здесь на долю кооперации уже в 1926–1927 гг. падало 49,3%[89]. Итак, половина оптового и более ²/₃ розничного товарооборота – в руках кооперации.

Разворачивается и внешнеторговая деятельность. Создаются банки, выполняющие валютные операции в стране и за рубежом. Обороты Московского народного банка выросли с 10,1 млн. фунтов стерлингов в 1922 г. до 178,4 млн. фунтов в 1927 г. Крупные обороты имел также Рижский транзитный банк[90].

По состоянию на 1.10 1927 г. в стране насчитывалось 94 360 кооперативов с 24 119 тыс. пайщиков. В потребительской кооперации было 28 612 кооперативов с 15 074 тыс. пайщиков; в сельскохозяйственной соответственно 33 991 и 7 379 тыс.; в промысловой – 10 957 и 616 тыс. и жилищной 21 100 и 1 050 тыс[91]. При этом надо иметь в виду, что 95% потребительских товариществ зародилось на селе, а среди промысловых кооперативов были рыбацкие, охотничьи, кустарные и инвалидные. Основная масса их также находилась на селе. Таким образом, практически вся кооперация, кроме жилищной, была сельской.

Григорий Наумович Каминский (1895–1938), председатель правления Союза сельскохозяйственной кооперации в 20-е гг. объяснял успехи кооперативного движения тем, что последовательно выдерживались общепризнанные основы и принципы: добровольность вступления и выбора форм; выборность руководящего состава на началах полной свободы без навязывания; материальная заинтересованность пайщиков; специализация; максимальное приближение союзной сети к производителю; хозрасчет и свобода хозяйствования[92]. Но этот светлый период был недолгим. Скоро настанут лихие времена, и вся кооперация ляжет под тяжелые катки той же диктатуры пролетариата. Будет ликвидирована и раздавлена сельскохозяйственная, кредитная, затем и промысловая кооперация, потребительская будет огосударствлена, как и все в эпоху "развитого социализма". Но пока кооперация живет, набирает силу, объединяет крестьян, защищает их от монополий и "нэпманов", завоевывает внутрений и внешний рынки.

Государство принимает созидательную роль кооперации. Оно оказывает существенную материальную поддержку этой всеохватывающей системе. Вот как выглядит структура средств кооперативных союзов (без низовой сети) по источникам их поступления по состоянию на 1.10 1926 г.[93] (табл. 5.4).

Из приведенных данных видно, что государство стало не на словах, а на деле поддерживать кооперацию. Половина ее средств поступила из Союзного бюджета, почти ¹/₅ составляют кредиты Госбанка, и лишь ¹/₆ приходится на долю вкладов и паевых взносов.

Костяк сельскохозяйственной кооперации составляет система кредитных товариществ, связанных с банком. Кредитные организации осуществляют финансирование сбыта, переработки, снабжения, производственных товариществ как по отдельным отраслям сельского хозяйства, так и по видам производственного обслуживания, например, мелиоративные товарищества, по использованию техники, племенные и семенные хозяйства. Динамика раз-

Таблица 5.4

Источники поступления	млн. руб.	%
1. Вложено по Союзному бюджету	226,9	49,4
в том числе:		
в основные капиталы	140,1	
специализированные средства (мелиорация, борьба с засухой и др.)	86,8	
2. Вложено из местных средств	37,3	8,1
в том числе:		
в основные капиталы	28,2	
специализированные средства	9,1	
3. Крестьянские паи	10,0	2,2
4. Запасной и специальный капитал	31,2	6,8
5. Кредиты от Госбанка	86,8	18,9
6. Кредиты от других банков	1,9	0,4
7. Вклады, текущие счета	65,6	14,2
Итого	459,7	100,0

вития кредитной кооперации только за два года показывает ее стремительный рост (табл. 5.5).

Таблица 5.5

Кредитная кооперация СССР[94]

	1.10.1924 г.	1.10.1926 г.	Рост, % (1924 = 100)
Число первичных кооперативов	6 774	9 114	135
Число членов (крестьянских хозяйств)	1 514 000	4 322 000	285
Среднее число членов в кооперативе	223	474	212
Сумма баланса (млн. руб.)	77,5	300	387
Сумма баланса на 1 кооператив	11 441	32 916	287
Сумма баланса на одного члена	51,2	69,4	136
Средняя сумма ссуд на 1 члена	18,5	32	173
Сумма вкладов на 1 члена	0,79	1,9	241

Конечно, паевые вклады крестьян невелики. Но как ссуды, так и вклады возрастают. Надо иметь в виду, что в те годы хозяйства только становились на ноги после перенесенных великих потрясений. Жестокий пресс был только что отпущен благодаря нэпу, и село еще превозмогало его разрушительные последствия. Но делало это быстро, хотя дамоклов меч взимателей "дани" над ним был занесен. Следует отметить, что передовая часть крестьянства нашла в кредитной кооперации ту форму организации мелкого кредита, которая наиболее удачно служила их интересам.

Потребность в кредитной кооперации в условиях рыночной экономики такова, что она самостоятельно будет пробивать себе дорогу по мере увеличения числа мелких и средних товаропроизводителей. Вопрос о возрождении кредитной кооперации актуален и в наши дни.

Сельскохозяйственные кооперативы объединялись в союзы, общее число которых на 1.01.1927 г. приближалось к сотне. Так, молочных союзов было 38, союзов льноводов – 1, хлебных – 1, свекловодов – 10, семеноводов – 8, плодоводов и виноградарей – 7, табаководов – 6, картофелеводов – 4, коневодов и овцеводов – 5, пчеловодов – 2 и прочих – 11[95].

Большинство союзов объединяются в центры. Например, молочные союзы возглавляются маслоцентром, в который входит 5 918 кооперативов, из них 4 006 специализированных молочных с более чем 2 млн. коров, 5 900 маслодельных и 680 сыроваренных заводов. Создано около 400 контрольных товариществ, занимающихся повышением племенных и продуктивных качеств скота.

Союзкартофель в 1926 г. объецинял 14 союзов, их них 4 картофелеводческих с 67 товариществами, 25 тыс. крестьянских хозяйств, 138 заводов (картофелетерочных, крахмалосушильных, паточных, картофелесушильных), 30 мельниц, 14 просорушен, 5 лесопильных заводов и 14 электростанций.

Льноцентр объединял 6 778 первичных кооперативов, с 1,2 млн. крестьянских хозяйств, имея за 1925–1926 гг. оборот 32,2 млн. руб.

Центротабаксоюз объединял союзы, 165 товариществ с 39 тыс. членов, что составляло 80% всех табакосеющих хозяйств[96].

Таким образом, кооперация в России возникла несколько позднее, чем в западноевропейских странах, но уже к 1917 г. она играла важную роль в аграрной экономике. Годы военного коммунизма задержали ее развитие. С конца 1921 г. она начинает оживать. Эксперимент с единым потребительским обществом оказался нежизнеспособным, надуманным. Зато обретя общепризнанные формы и методы деятельности, кооперация стала полнокровной. Через кооперацию крестьянин вошел в рынок. И будь у нас сегодня подобная система, не хозяйничали бы на рынке крупные и мелкие мафиози, не сгнивала бы выращенная продукция, не взвинчивались бы так розничные цены, легче преодолевалась бы инфляция. От этого выиграли бы село и город. Середина 20-х гг. в истории российской кооперации – золотой век, если можно так сказать о таком коротком периоде. И Россия тогда шла в ногу со всем миром. Но судьба России такова, что она не знает плавного поступательного развития. Противоречия и борьба взглядов, подходов, концепций, методов естественна, неизбежна и необходима. Но вовсе не обязательны сознательно инициируемые потрясения, разрушения всего и вся во имя несбыточной, но навязчивой идеи.

ПОДЪЕМ В АГРОЭКОНОМИЧЕСКОЙ НАУКЕ. ОРГАНИЗАЦИОННО-ПРОИЗВОДСТВЕННАЯ ШКОЛА

Двадцатые годы XX в., пожалуй, наиболее сложный и интересный период в жизни нашего общества. Он отмечен богатством поисков путей построения социализма, свободой мысли, разнообразием школ и направлений, обилием оригинальной и переводной литературы, широкого экспериментирования, множеством политических платформ и фракций. Но репрессивная машина набирает обороты. Партийный аппарат во главе с генсеком, после различных маневров и рокировок потихоньку прибирает к своим рукам всю власть в государстве. Вскоре Россия получит некоронованного монарха с таким объемом полномочий, какие даже не снились королям, царям и императорам всех времен и народов. Уже в начале 20-х гг., как мы видели, появляются концентрационные лагеря для граждан собственной страны. И не только на Соловецких островах, но и в Черноземном центре. И талантливые полководцы, прославившие себя на полях брани, отдают приказы расстреливать крестьян. Так и хочется спросить словами к потрясающей своим трагизмом картине Валентина Александровича Серова: "Солдатушки, бравы ребятушки, где же ваша слава?"

В России был накоплен огромный интеллектуальный и культурный потенциал. Казалось, революция должна была развязать творческую инициативу, созидательный порыв миллионов. Многим она действительно дала сильный заряд, подняла из глубин общества талантливых людей. Но тут же вытолкнула из страны уже сложившиеся духовные творческие силы. Уезжает в Америку Владимир Кузьмич Зворыкин (1889–1982), создавший в 1931 г. иконоскоп – первую передающую телевизионную трубку. Туда же отбывает Игорь Иванович Сикорский (1889–1972), творец русских самолетов "Илья Муромец", "Русский витязь". А в США он сконструировал 15 типов самолетов и первые в мире турбинные вертолеты. Униженный многократными обысками уезжает из России великий Шаляпин (1873–1938), а через некоторое время безосновательно его лишают российского гражданства и звания народного артиста. После пережитых "окаянных дней" (имеется в виду не название книги, а сами дни) отбывает за рубеж Иван Алексеевич Бунин (1870–1953), будущий лауреат Нобелевской премии. По приказу Лубянки после своих "Ценных признаний" высылается из России Питирим Александрович Сорокин (1889–1968), который создаст современную социологию, напишет более 50 книг, и за океаном его назовут великим социологом XX в. А 26 сентября 1922 г. на пароходе "Обер-бургомистр Хаке" из России в Германию отправят навсегда многих ученых, философов, литераторов. Из Германии в дальнейшем нацизм их вытолкнет и рассеет по всему свету, но большая часть окажется опять же в США. Пройдут десятилетия, прежде чем по крохам российский народ начнет получать творческое наследие изгнанников. Большинство из вынужденных эмигрантов, несмотря на мстительную ненависть к ним Советского государства, сохранили в себе любовь к Отечеству, поддержали фронт сопротивления фашизму; дети и внуки многих из них содействуют сегодня возрождению России.

Трудно найти в России экономиста, социолога и даже философа, который не касался бы в своих трудах того или иного аспекта аграрного вопроса. Это и понятно: ведь Россия была на 80% крестьянской страной. И дело даже не в этом – она переживала и по сей день переживает аграрный кризис, ставший перманентным. О нем всегда много говорили, писали, предпринимали попытки выйти из него, но никогда ничего до конца не доводили. А между тем обстановка продолжала обостряться, временами принимая острый и драматический характер.

В аграрно-экономической мысли 20-х гг. выделяются три направления: либерально-демократическое, марксистское, организационно-производственное. Разумеется, эта классификация условна. Были крупные ученые, которых нельзя целиком отнести ни к одной из названных школ, но в работах которых имелись элементы той или иной из них, плюс нечто только им присущее. Это относится прежде всего к Н.Д. Кондратьеву. Он не входил в состав организационно-производственной школы, был с ранних лет в партии социалистов-революционеров, его научные интересы выходят далеко за пределы аграрного вопроса.

Либеральные демократы стояли за частную собственность на землю, с пониманием относились к реформе Столыпина, общину считали изжившим себя институтом, сдерживающим инициативу и предпринимательство, горячо отстаивали крестьянскую кооперацию. Марксисты придерживались ортодоксальных позиций, отвергали частную собственность на землю, все надежды возлагали на коллективные формы хозяйствования, занимались обоснованием радикальной социалистической реконструкции сельского хозяйства. Организационно-производственная школа ориентировалась на трудовое семейное хозяйство в сочетании с различными видами кооперации, преимущественно вертикальной.

Судьба всех трех ветвей аграрной науки России 20-х гг. трагична. Либеральные демократы были высланы из страны в 1922 г., если они сами не успели эмигрировать сразу же после Октябрьской революции или гражданской войны. Представители организационно-производственной школы были арестованы в июне 1930 г. по обвинению в принадлежности к вымышленной "Контрреволюционной трудовой крестьянской партии", и многие в 1937–1938 гг. были расстреляны. Ученые-марксисты, пытавшиеся осуществлять аграрную политику своей партии, также в 30–40-х годах прошли систему ГУЛАГа, а наиболее видные из них в 1937–1940 гг. были расстреляны. Рассмотрим подробнее каждую из этих ветвей.

Выдающийся русский философ Иван Александрович Ильин (1882 – Москва, 1954 – Цюрих) в 1928 г. выступил со статьей "Будущее русского крестьянства."[97] Он показывает, что крестьянство России всегда было главной движущей силой в развитии государства, армии, рынка, колонизации. И для будущего России не нужны ни аграрная реставрация, ни аграрная утопия. Нужно "...живое и творческое равновесие между интенсивно ведущимся земледелием и интенсивно развертывающейся промышленностью: то и другое на основе частной собственности и частной инициативы. И прежде всего – крестьянин должен стать полноправным собственником и культурной, гражданственной личностью. Вне этого – великой России не быть". Дальше Ильин пишет, что крестьянин должен быть не "богатеющим мещанином", но личностью и гражданином с чувством "собственного духовного достоинства".

В его работе "Путь духовного обновления" есть специальная глава о частной собственности. Здесь он обосновывает "новое социальное понимание собственности", исходящее из древних христианских принципов. Суть этого понимания сводится к следующему: иметь частную собственность – великое благо; поравнение имущества бесцельно и вредно, так как приведет к новому неравенству. Преодолевать неравенство надо творческим трудолюбием. Важно не столько имущественное неравенство, важно "чтобы в стране не было хозяйственно-беспочвенных, бессильных, безработных, бесперспективных людей... чтобы у каждого был хозяйственно-отправной пункт... чтобы масса живо чувствовала поощряющее влияние частной собственности, а также успешность и почетность честного труда". Частная собственность не просто право, а "нравственно обязывающее право". Обязательства эти сводятся к творческому использованию, несению общественных и государственных повинностей, человеческому обращению, заботе о хозяйственно-беспочвенных людях. Необходима борьба "с противообщественным пользованием собственности", эксплуатацией человека и ростовщичеством. В нравы народа должны быть включены три требования: изобилие, качество продуктов и щедрость. Это приведет к строгой экономии и дисциплине в труде, справедливости и доступности в распределении дохода. Подытоживая сказанное, И.А. Ильин пишет: "Частная собственность должна быть утверждена, но народ должен систематически воспитываться к верному пониманию ее идеи... Частная собственность есть власть: непосредственно – над вещами, но опосредственно – над людьми. Нельзя давать власть, не воспитывая к ней. Частная собственность есть свобода. Нельзя предоставлять свободу, не приучая к ее благоупотреблению... Частная собственность означает самостоятельность и самодеятельность человека: нельзя исходить от предположения, что каждый из нас "от природы" созрел к ней и умеет ее осуществлять в жизни"[98].

В этих словах большого мыслителя заложен глубокий смысл. Практика показала, к каким бедствиям приводит бесхозяйственность, всеобщая и поголовная огосударствленность. Особенно опасно, когда уровень моральной ответственности человека отстает от предоставленных ему материальных возможностей или же власти. Часто эти два понятия являются фактически синонимами: имущество дает власть над людьми, власть порождает имущественное превосходство и создает возможности дальнейшего обогащения.

Видным экономистом-аграрником либерального направления был Борис Давидович Бруцкус (1874–1938). Он родился в Паланге (ныне Литовская республика), гимназию окончил в Москве, высшее образование получил в Новоалександрийском институте сельского и лесного хозяйства (г.Пулавы). С 1907 г. жил и работал в Санкт-Петербурге, профессор сельскохозяйственного института (1907–1922). В августе 1922 г. арестован, в ноябре – выслан в Германию. Здесь он работал до прихода к власти нацистов, затем выехал в Израиль. Среди изданных в России работ следует отметить такие: "К критике учений о системах хозяйства" (б.г.и.), "Землеустройство и расселение за границей и в России" (1909), "Очерки крестьянского хозяйства на Западе" (1914), "Обобществление земли и аграрная реформа" (1917), "К современному положению аграрного вопроса" (1917), "Аграрный вопрос и аграрная политика" (1922), "Экономия сельского хозяйства. Народнохозяйственные основы" (1924).

Наибольший интерес из названных работ представляет "Аграрный вопрос и аграрная политика"[99]. Фактически – это серия крупных статей об истории основных течений в аграрной политике, аграрной эволюции и политике России, землеустройстве, земельной политике иностранных государств и социально-экономических основах крестьянского хозяйства. Остановимся лишь на некоторых моментах, не утративших своего значения до настоящего времени.

Прежде всего, Бруцкус последовательно отстаивает частную собственность, индивидуальное хозяйство, солидаризуясь по этому вопросу с А.И. Скворцовым, не поддавшимся многочисленному хору экономистов, горячо цеплявшихся за общину. Он не согласен с программой эсеров по аграрному вопросу, считая, что она "соответствовала и хорошо формулировала чаяния наиболее многочисленных экономически отсталых кругов крестьянства"[100]. Но все-таки он видит принципиальную разницу между эсеро-народническим и марксистским подходом к общине и аграрному вопросу в целом. А.И. Герцен, а затем и Н.Г. Чернышевский в трех началах: 1) праве на землю, 2) общинном владении ею и 3) мирском управлении – видели человека. Несмотря на уравнительность, регулярные и нерегулярные переделы, подчеркивалось право индивида. У марксистов же на первый план выдвигается общество в целом[101]. Это очень важное положение. В дальнейшем оно получит последовательное применение в практике управления и основах всего колхозно-совхозного строя. Первый хлеб – государству, вся продукция – в первую очередь на поставки, крестьянину – производителю этой продукции – по остаточному принципу. Как право собственности, так и рента, а часто не только добавочный, но и необходимый продукт изымался у крестьянина. Не на этом ли споткнулась вся социалистическая колхозно-совхозная система и весь аграрный строй?! Вернее, это сделали люди, для которых крестьянин был и оставался человеком второго сорта. Трудно примирить лозунг союза рабочего класса с крестьянством (в основе своей правильный и справедливый) с диктатурой пролетариата. Всякая диктатура антигуманна, но по своей жестокости пролетарская не имела в истории человечества себе равных. Но вернемся к Бруцкусу.

Реформу 1861 г. он называет великой, так как она "действительно явилась поворотным моментом в социально-экономической жизни России"[102]. Конечно, крестьянскую жизнь омрачали "отрезки", высокие платежи, положение "временно-обязанных" и другие рудименты крепостничества. Поэтому мира в российской деревне не было. Но и "хождение в народ" с антиправительственной агитацией большого успеха у крестьян не имело. В этом народническая интеллигенция просчиталась. Правительство, очевидно, понимало взрывоопасность ситуации в деревне, потому в дальнейшем были снижены платежи, в 1895 г. проведена реформа Крестьянского банка, удлинен предельный срок выплаты ссуд до 51 года, снижен процент на ссуды.

Бруцкус делает весьма интересный вывод о крестьянской общине: "Русский аграрный строй не только вел к глубокому кризису крестьянского хозяйства, но он создавал в крестьянстве и настроения, благоприятные для аграрного переворота. Община, нивелируя крестьянство, сплачивала его воедино"[103]. Это понимали как революционеры, возлагая надежды на общину в ее использовании для своих целей, так и реакционеры типа Победоносцева. Это же поняли и более проницательные, дальновидные дворяне, для которых община стала опасной. Для народного хозяйства она была неэффективной. В этом ключ для понимания позиции сил общества, выдвинувших и поддерживавших П.А. Столыпина.

П.А. Столыпина Бруцкус считал талантливым, смелым и решительным представителем тех дворянских кругов, которых беспокоили судьбы России. Его правительство было контрреволюционным, и политику он проводил классовую, но она сливалась с народнохозяйственными интересами страны. Столыпин понимал, что "путь развития личной инициативы, личной предприимчивости есть единственный, который ведет к прочному преодолению аграрного кризиса...". Указанные две точки зрения, классовая и народнохозяйственная, причудливо перекрещивались, покрывая друг друга, и нашли свое общее выражение в известном лозунге, гласившем, что правительство поставило "...ставку не на убогих и пьяных, а на крепких и сильных"[104]. Сельское хозяйство нуждается в интенсификации. Но "интенсифицирование хозяйства возможно только с развитием торговли, с ростом промышленности и городов в пределах тех же районов или в пределах соседних районов, с которыми первые находятся в тесном контакте". Правительство это делало. Особенно ожесточенным нападкам подвергалась политика правительства Столыпина в отношении общины. Если в прошлом крестьяне, по выражению Бруцкуса, "мариновались в общине", то сейчас "перегнули палку в другую сторону. В деликатном вопросе о разграничении прав личности и общины оно не заняло беспристрастной позиции"[105]. Однако процесс разрушения общины не был искусственным, а скорее стихийным, как считает Бруцкус. Об этом говорит факт выхода из общины более 2 млн. человек вскоре после опубликования Указа 9 ноября 1906 г.

Сравнивая реформу 1861 г. и столыпинскую, Бруцкус пишет: "Они являются выражением, последовательными ступенями непрерывно идущего процесса превращения земли в частнохозяйственный капитал"[106]. В целом он считает, что для народного хозяйства результаты столыпинской реформы благоприятны, если не считать форм законодательства об общине, а видеть только его существо. Здесь же он говорит о необходимости кооперации, но такой, которая не сковывала бы инициативу крестьян.

И еще один вопрос. Бруцкус опровергает широко пропагандируемую марксистами мысль о том, что реформа Столыпина мыслилась для каких-то привилегированных слоев крестьянства. Он утверждает обратное, что она использована "широкими массами крестьянства"[107]. Что касается дифференциации крестьянства, то она вообще неизбежна. Однако идет не в том направлении, о котором говорят марксисты (речь идет о поляризации с латифундиями и богатеями на одной стороне и парцеллами с сельским пролетариатом на другой). При нормальном развитии какая-то часть людей всегда уходит из деревни. Поэтому надо готовить рабочие места в других сферах народного хозяйства. И дальше..."Свободная продажа земли и хорошо налаженный ипотечный кредит этот процесс профессионального разделения облегчает"[108]. Развитие внешнего рынка и возрастание внутреннего также толкают на интенсификацию, предпринимательство, самостоятельность.

Б.Д. Бруцкус считает, что революция 1917 г. произошла вовсе "не на почве аграрной политики старого режима... Распад русского народного хозяйства начался с его истощения непосильной для России войной"[109]. В подтверждение этого можно сказать, что недовольство и озлобление было общим и практически во всех слоях общества. Данные же сельскохозяйственной переписи 1916 г. говорят о том, что катастрофа произошла не в деревне. Крестьяне здесь не виноваты. Они жаждали мира и земли. Большевики им это всенародно пообещали. И они пошли за большевиками.

Закон 1918 г. о социализации земли Бруцкус справедливо называет народническим. Но вывод он делает знаменательный: "Народное хозяйство, поскольку оно было построено на частной собственности и свободном обмене, на территории России больше не существовало, и новое социалистическое хозяйство можно было строить на чистом месте..."[110]

Б.Д. Бруцкус выступает как горячий поборник и сторонник крестьянского хозяйства, не признавая целесообразными ни крупнокапиталистические предприятия, ни навязанный крестьянину коллективизм, идущий в какой-то мере от общины. Он полемизирует с расхожим мнением о крестьянах, как отсталой, некультурной массе. Этим мнением грешили марксисты. Опыт Дании, например, на который всегда ссылался Бруцкус, опровергает столь уничижительное и высокомерное отношение.

Успехи крестьянского хозяйства достигаются на путях образования и кооперации. Кооперативы оказались исключительно эффективными в условиях рыночной экономики как для сельского хозяйства, так и ремесел, промыслов. На огромном рынке, обычно кем-то уже захваченном, крестьяне друг с другом не могут быть конкурентами, а только союзниками. Крестьянские хозяйства не обеспечивают высокого процента на капитал, и в этом отношении они уступают крупнокапиталистическим. Однако у крестьян производство ведется интенсивнее, а труд используется полнее, эластичнее.

Слабая сторона крестьянского хозяйства состоит в невысокой оплате труда, в трудностях сбыта, которые преодолеваются путем кооперации, а доходность повышается с развитием промыслов и работой крестьян вне хозяйства. Отсутствие рынка земли, свободной купли-продажи ее, по мнению Бруцкуса, "снимает с крестьянина ответственность за надлежащее ее использование". Что же касается возможности концентрации в одних руках больших площадей, то с этим надо бороться правовыми и экономическими методами[111].

Экспроприация земель крупных владельцев является, по Бруцкусу, "здоровой реакцией против тех насильственных способов, благодаря которым оно (крупное землевладение. – *А.Н.*) в свое время возникло, и против политики специального покровительства крупному хозяйству, которая искусственно замедляла его ликвидацию". Далее... "Трудовое сельское хозяйство, а не аграрный капитализм, является в настоящую эпоху наиболее приспособленной к условиям хозяйственной организацией"[112].

Бруцкус считает, что крестьянство может стать полноценным участником в обмене на рынке, политической опорой демократизации культуры, оно противник крайнего индивидуализма вследствие заинтересованности в кооперации, оно не может быть в противоречии с рабочими, ибо само постоянно выделяет из своей среды людей труда.

К сожалению, в 1922 г. научная деятельность Бруцкуса в России была прервана. Но экономика своей страны и в эмиграции была в центре его научных интересов. Последние годы журналы "Новый мир", "Вопросы экономики", "Эко" кое-что из его работ опубликовали. Не вдаваясь в их подробные комментарии (они должны стать предметом особого рассмотрения), отметим лишь отдельные мысли ученого.

В предисловии к своей статье "Социалистическое хозяйство", написанной в Берлине, Бруцкус замечает: "...строй частной собственности и частной инициативы можно преобразовывать, но его нельзя разрушать, ибо на нем зиждется европейская цивилизация, его нельзя разрушать, ибо среди развалин ничего построить нельзя, его нельзя разрушать, ибо неизвестно, что, собственно, придется строить, ибо социалистический строй есть мираж, в погоне за которым можно прийти не в обетованную землю, а в долину смерти"[113]. Эта теоретическая статья показывает не только полный крах экономической политики Советской России первых лет, но и методов социалистического хозяйствования вообще. Нельзя успешно вести хозяйство, игнорируя интересы людей, совершая насилие над товаропроизводителем. Нельзя ожидать успеха на путях реквизиций и ограбления крестьян.

Бруцкус приветствовал переход к нэпу. Эти вопросы рассматриваются в статье "О новой экономической политике"[114]. Он показывает, что уроки военного коммунизма говорят в пользу рыночной экономики. Сетует на всевластие политиков, от которых скоро пошло разрушение нэпа вместо обещанного длительного его курса. Крестьянство несет огромные потери от инфляции, ценового диспаритета. Приводятся данные о том, что в октябре 1923 г. индекс оптовых цен промышленных товаров составлял к уровню 1913 г. 2,757, а сельскохозяйственных продуктов только 0,888, то есть отношение 3 к 10. Покупая зерно по заниженным ценам, Советское правительство экспортирует по высоким. За счет этого накапливаются средства для индустриализации. Об этом мы уже говорили раньше. В январе 1928 г. советское руководство принимает решение "закрыть рынки в сельских районах и вернуться к обязательной экспроприации зерна и некоторых видов сырья. Разрушается последняя опора нэпа"[115].

В 1929 г. Бруцкус выступает с большой статьей "Народное хозяйство Советской России, его природа и его судьба"[116]. Наша статистика в те годы еще находилась на таком уровне, который позволял проводить серьезный анализ и делать соответствующие выводы. В середине 20-х гг. на Западе много писалось о том, что Россия идет к капитализму. На деле это не так. Со второй половины 20-х гг. частный сектор резко пошел на спад, сохраняла свои позиции только кооперация. Жесткая налоговая система остановила дифференциацию крестьянства в деревне. И на вопрос "кто кого?" ответ только один: "социализм" противостоит не капитализму, а безбрежному морю середняцких, плохо технически оснащенных крестьянских хозяйств и ремесленников. Соотношение цен на промышленную и сельскохозяйственную продукцию все больше складывается не в пользу деревни. Доля доходов производителя в реализационных ценах примерно вдвое ниже, чем она была в 1913 г. Говоря о непримиримости между социализмом и коммунизмом, Бруцкус пишет: "Чтобы Россия вышла из того тупика, в который она попала, коммунизм должен быть окончательно преодолен и без остатка элиминирован из народной жизни"[117].

Столь подробное рассмотрение работ и взглядов Бруцкуса вызвано тем, что он четко и последовательно стоял на позициях рыночной экономики, все его труды посвящены исключительно аграрному вопросу и они давно уже стали библиографической редкостью. На таких же позициях стоял Лев Николаевич Литошенко (1886–1937). Но его судьба была более трагична – он был репрессирован и расстрелян. Его работы "Социализация земли" (1918),

"Эволюция и прогресс крестьянского хозяйства" (1923), "Крестьянский бюджет в 1922–1923 гг." (1923), "Национальный доход СССР" (1925) и другие написаны на основе богатого фактического материала и содержат здоровые, рациональные предложения.

Л.Н. Литошенко – уроженец г. Купянска Харьковской губернии, выпускник экономического отделения юридического факультета Московского университета, профессор Тимирязевской академии, Института экономики Госплана СССР. В его крупной работе "Социализация земли в России" (пролежавшей более 70 лет по известным причинам невостребованной в архивах) дается широкая панорама развития аграрного вопроса с дореволюционных лет до осуществления нэпа. Во введении автор пишет: "Обвиняя буржуазный строй в анархии производства и бесполезной растрате сил, социализм обещает величайшую экономию, максимальную производительность и строгую пропорциональность всех отраслей производства, объединенных единым планом народного хозяйства"[118]. Дальше он продолжает: "Осторожно и ощупью продвигалась Советская власть между всеми подводными камнями социализма, не теряя направления и постоянно помня конечные цели своего пути. И если в конце концов социалистическое здание лежит в обломках, то в этом вина не строителей, а тех принципов, по которым воздвигалась постройка"[119]. Основное противоречие и слабость нэпа автор видит в том, что, отдавая одну за другой отрасли социализированной экономики частному предпринимательству, государство тут же вводит жесткие меры регулирования, которые сводят на нет все достижения. Призвав на помощь частный капитал, государство не создало объективных условий для проявления инициативы. Всей силой бюрократического аппарата оно давило на предпринимателей. Завершается эта глубоко аргументированная работа такими словами: "...есть только один выход из того экономического тупика, в котором находится теперь Россия. Этот выход заключается в честном отказе от принципов регулирования народного хозяйства и в предоставлении свободы действий частной инициативе... Предстоит тяжкий подъем, а не спуск к ровной дороге. Хороший кучер не станет в таком случае натягивать вожжи и править лошадьми. Надо предоставить им свободу самим выбирать дорогу и наименее крутые уклоны подъема. Можно быть уверенным, что это будет самый короткий и дешевый путь экономического возрождения"[120].

Колоритнейшей фигурой в российской науке 20-х гг. является Николай Дмитриевич Кондратьев (1892–1938). Круг его научных интересов простирается далеко за рамки аграрного вопроса. Однако аграрный материал им использовался в методологических и других исследованиях. Село и крестьянство занимали столь видное место в его работах, что мы с полным правом ставим его в ряд выдающихся ученых-аграрников.

Н.Д. Кондратьев родился 17 марта 1892 г. в деревне Галуевская Кинешемского уезда Костромской губернии в многодетной крестьянской семье старшим из десяти детей. Отец работал гравером на текстильной фабрике. После окончания церковно-приходской школы учился в церковно-учительской семинарии и земледельческой школе, которых не окончил по "политической неблагонадежности". В семинарии он познакомился и подружился с будущим социологом Питиримом Сорокиным. Оба активно включились в революцию, став членами партии эсеров. Подвергались репрессиям, сидели в тюрьме. В 1911 г. Кондратьев экстерном сдает экзамены в Костромской гимназии, получает аттестат зрелости и в том же году поступает на юридический факультет Петербургского университета. Здесь его учителями были замечательные ученые М.И. Туган-Барановский, академик А.С. Лаппо-Данилевский, профессор М.М. Ковалевский, М.И. Петражицкий и др. Здесь он встречается с другом детства П.А. Сорокиным, а также будущими видными государственными деятелями Г.Л. Пятаковым и Л.М. Караханом. По окончании университета в 1915 г. оставлен для подготовки к профессорскому званию. Сдает магистерские экзамены. Работает в Земском союзе, заведуя экономическим отделом. Не прерывает революционной деятельности. В 1917 г. ведет активную общественную работу, некоторое время исполняет обязанности товарища (заместителя) министра продовольствия, избирается депутатом Учредительного собрания. В 1918 г. переезжает в Москву, в 1919 г. порывает с партией эсеров. Полностью переходит на научную работу. Преподает в Тимирязевской академии и Кооперативном институте, заведует отделом в институте А.В. Чаянова, создает Конъюнктурный институт и возглавляет его сначала в системе Наркомзема, затем Наркомфина. Работает в различных комиссиях и комитетах Наркомзема, Госплана, других ведомств, в Союзе кооперативов. Несколько раз арестовывался теперь уже органами Советской власти. Приговаривался к смертной казни, но был амнистирован ВЦИКом. Все 20-е гг. жизнь Н.Д. Кондратьева заполнена напряженным творческим трудом, острыми дискуссиями, реалистическими, хорошо аргументированными предложениями. Она была прервана 19 июня 1930 г. арестом и заключением в Бутырскую, а затем Суздальскую тюрьму. Будучи тяжело больным в тюрьме продолжал работать. Подготовил фундаментальную монографию, сохраненную его женою и дочерью, ныне академиком РАН Еленой Николаевной Кондратьевой, и изданную в 1991 г. 17 сентября 1938 г. он был приговорен к смертной казни и в тот же день расстрелян. Ему было только 46 лет...

За последние годы под грифом Института экономики РАН изданы следующие работы Н.Д. Кондратьева: "Проблемы экономической динамики" (1989), "Рынок хлебов..." (1991), "Основные проблемы экономической статики и динамики" (1991), "Особое мнение. Книга 1 и 2" (1993). В двухтомнике собраны отдельные работы Кондратьева, а также весьма обширное послесловие В.В. Симонова и Н.К. Фигуровской с подробной, оснащенной различными документами биографией ученого.

Мировую известность получила теория "длинных волн Кондратьева", или, как он сам называл это явление, – "больших циклов конъюнктуры". Средние волны длиною в 7–10 лет, с которыми обычно связаны периодически повторяющиеся кризисы, были хорошо изучены. Известны были и короткие в 3–3,5 года. Однако честь открытия длинных волн продолжительностью в 47–60 лет принадлежит Н.Д. Кондратьеву.

Еще в 1922 г. он высказал мысль о возможности существования таких циклов. После сбора и обработки огромной массы данных по экономической конъюнктуре ряда стран с конца XVIII в. до 1920 г. он пришел к выводу о наличии длинных волн и 6 февраля 1926 г. выступил с большим докладом на эту тему в Институте экономики РАНИОН[121]. Чтобы исключить влияние средних и малых волн, а также случайных колебаний, Кондратьев полученные ряды выравнивает по методу подвижной средней, взяв среднюю за 9 лет. Получены средние данные по уровню товарных цен, проценту на капитал, номинальной заработной плате, обороту внешней торговли, добыче и потреблению угля, производству чугуна и свинца и некоторым другим показателям.

Каждый большой цикл состоит из повышательной и понижательной волны. По каждому из конкретных показателей эти волны не совпадают, но отклонения невелики. Имеют они не локальный или национальный, а международный характер. В развитии больших волн Кондратьев выявил четыре "эмпирические правильности" (закономерности. – *А.Н.*). Первая сводится к тому, что повышательная волна начинается с крупных изменений в условиях хозяйствования, технике и технологии, производственных отношениях. А этим изменениям в свою очередь предшествуют крупные открытия в науке и технике. Вторая эмпирическая закономерность состоит в том, что повышательные волны обычно связаны с крупными социальными переворотами и потрясениями, например, революциями, войнами. Третья свидетельствует, что понижательные волны сопровождаются длительной депрессией сельского хозяйства. Четвертая состоит в том, что средние и короткие волны как бы накладываются на длинные, ослабляя или усиливая подъем или депрессию в коньюнктуре. Все эти положения Н.Д. Кондратьев иллюстрирует многочисленными фактами, данными из истории науки, техники и общественных движений.

Теория длинных волн в нашей стране была запрещенной, "вредительской", поскольку ее автор осужден, и с конца 20-х годов велась яростная травля "кондратьевцев" и "кондратьевщины", равно как и "чаяновщины". Однако за рубежом эта теория изучалась и развивалась. Она получила продолжение в трудах Иозефа Шумпетера (1883–1950), Саймона Кузнеца (1901–1985), Уолта Ростоу (р. 1916 г.) и многих других ученых применительно к различным аспектам экономики, социологии и других наук. В России обращение к теории больших циклов стало возможным только после окончательной и полной реабилитации ученого в 1987 г. Фактически же негласно некоторые специалисты, например, С.М. Меньшиков в ИМЭМО, уже давно занимались этой проблемой, имеющей общенаучную, глобальную значимость[122]. В настоящее время эти проблемы в рамках созданного в 1992 г. Фонда Кондратьева активно развивает профессор Юрий Владимирович Яковец (р.1929).

Кондратьев участвует в составлении плана первой пятилетки, отстаивает на разных заседаниях и комиссиях реалистические планы. В планировании он отдает предпочтение не столько количественным, сколько качественным показателям. Он выступает против чрезмерного "планотворчества", когда, например, план по Томской губернии представляет собой фолиант на 718 страницах, по Северному Кавказу – на 1 877, а "пятилетние гипотезы по 26 отраслям промышленности – свыше 3 000 страниц"[123]. Планы Кондратьев увязывает с предвидением. Предвидение же возможно при правильном учете действительности и доступных средств воздействия на нее. Кондратьев пишет: "...план – не только предвидение: он одновременно и программа действий; но план без всякого предвидения – ничто". Далее он ссылается на известную формулу Канта: "Знать, чтобы предвидеть; предвидеть, чтобы управлять"[124].

Кондратьев считает, что управление народным хозяйством должно базироваться на хорошо обоснованных планах. Он формулирует шесть выводов, или условий планирования: а) не допускать введения произвольных элементов; б) избегать детализированных количественных перспектив и фетишизма цифр; в) всегда указывать вероятную ошибку; г) не принимать план за "казенную" директиву, но рассматривать его как ориентир, требующий творческой гибкости; д) в перспективных планах на длительный срок цифровые показатели допускать лишь в крайне необходимых случаях; е) максимум внимания уделять углубленному экономическому изучению действительности[125]. Критикуя С.Г. Струмилина за упрощенческий подход к плану, Кондратьев пишет, что формулируя задания, надо не только ставить цели, но с максимальной полнотой учитывать: "1) объективное положение окружающих хозяйственных условий; 2) вероятные тенденции их развития; 3) вероятные ресурсы и возможности нашего воздействия на процесс хозяйственного развития; 4) наконец, вероятные результаты нашего воздействия на него"[126].

Кондратьев резко и аргументированно возражает против завышенных темпов индустриализации, искусственного увеличения накоплений и игнорирования необходимости снижения цен на промышленную продукцию. Он показывает несостоятельность схематических построений С.Г. Струмилина, план которого внутренне не увязан, он "с неправильным диагнозом положения и значения сельского хозяйства"[127]. Но, увы, при блестящей аргументированности возражений Кондратьева, к его голосу не прислушивались. Это нетрудно понять: его взгляды не соответствовали генеральной линии партии на быструю индустриализацию и урбанизацию страны за счет финансовых, материальных и людских ресурсов деревни.

Видное место в трудах Н.Д. Кондратьева занимает проблема регулирования рынка. Он исследует ее на примере рынка хлебов в годы войны и революции и излагает в монографии "Рынок хлебов и его регулирование" (1922). Одним из рецензентов книга названа отменной энциклопедией по этому вопросу. Она оснащена огромной массой фактических данных, на анализе которых и построены принципиальные выводы. Кондратьев мог это сделать в силу своего незаурядного ума, богатой эрудиции и практического опыта. Последний он накопил, возглавляя вместе с С.Н. Прокоповичем Министерство продовольствия осенью 1917 г., будучи товарищем министра (заместителем) в 25-летнем возрасте.

В начале первой мировой войны хлебный рынок функционировал в обычном порядке. Но уже в 1915 г. начинается регламентация цен, перевозок, запрещается вывоз зерна. Причина – потребности армии. Если в мирное время ее численный состав в России был 1 370 тыс. человек, то в конце 1914 г. уже 6 485 тыс., 1915 – 11 695 тыс., 1916 – 14 440 тыс., 1917 – 15 070 тыс. человек[128]. Цены на хлеб быстро росли, причем в России рекордными темпами. Если за исходный взять 1913 г., – 100, то в 1914 г. в Англии они достигли 110, в 1915 – 168, 1916 – 184 и в 1917 – 240. В России же соответственно начиная с 1914 г. – 104; 160; 259 и в 1917 г. – 1 404[129].

Поначалу заготовки шли по обычным трем каналам: во-первых, путем покупки у крестьян и землевладельцев; во-вторых, путем приобретения у кооперативов и, в-третьих, от хлеботорговцев. В ходе войны соотношение их изменилось: доля посредников снизилась с 60 до 50%, кооперативов возросла с 12 до 17% и землевладельцев – повысилась с 13 до 18%; доля крестьян оставалась неизменной, на уровне 15%[130]. Этот сравнительно спокойный метод заготовок постепенно ужесточается. Кроме установления твердых цен, уже с 29 августа 1914 г. командующим военных округов предоставляется право запрета вывоза хлеба. А с 17 февраля 1915 г. командующие военными округами по соглашению с гражданскими властями получают право реквизиции хлеба. 9 ноября 1916 г. министром земледелия принято постановление "О разверстке зерновых хлебов и фуража, приобретаемых для потребностей, связанных с обороной"[131]. Сроки устанавливаются сжатые: около 8 декабря разверстка погубернская, к 14 декабря – поуездная, к 20 декабря – по волостям и экономиям, до 24 декабря – по селам и до 31 декабря – подворная. Твердые цены выплачиваются франко-амбар. Если владелец отказывается везти на ссыпной пункт, транспортные издержки высчитываются из твердой цены.

Сложившаяся практика разверстки переходит от царского правительства к Временному, а от последнего – Советскому. Если поначалу она носила характер создания благоприятных условий сбыта для производителя, то вскоре оборачивается системой принудительного обеспечения потребителя. Твердые цены, запреты вывоза становятся стимулом создания монополии хлебной торговли. Частный хлеботорговый оборот этой монополией уничтожается. Если при Временном правительстве монополия носила форму уговоров, то при Советской власти реквизиции ведутся уже методами вооруженной борьбы и насилия. Декрет 9 мая 1918 г. приводит к расслоению деревни на два враждующих лагеря. Укрывающий хлеб или занижающий его количество объявляется "врагом народа" со всеми вытекающими отсюда последствиями. Беднота получает часть реквизированного хлеба бесплатно, о чем уже говорилось выше. Начинаются массовые репрессии. Вспыхивает крестьянская война. Такова диалектика разверстки в России.

В заключении своей работы "Рынок хлебов..." Кондратьев приходит к следующим выводам, не утратившим своего значения и в наши дни:

1) Все мероприятия по регулированию цен, перевозок, распределения и потребления между собой органически взаимосвязаны; 2) вмешательство государства постепенно нарастает. Оно вызвано расстройством рынка и вместе с тем само является стимулом разложения этого рынка; 3) постепенно усиливается централизация и унификация мер регулирования; 4) регулирование и вмешательство в одной области экономики переходит и на другие, ибо все взаимосвязаны; 5) эффект вмешательства не проявился, дело неуклонно ухудшалось; 6) кроме регулирования, важно учитывать и другие факторы, например, урожайность, общее состояние экономики и военное положение; 7) регулирование выделить из общей системы и оценить его влияние очень трудно; 8) "...мероприятия регулирования иногда не приводят ни к каким положительным результатам, иногда приводят не к тем результатам, которые ожидались; и эти неожиданные результаты... отнюдь не могут быть рассмотрены как показатели успеха регулирования. Прямых показателей положительного воздействия регулирования мы имеем очень немного... во всяком случае существовавшая система регулирования не вывела и не выводила страну из нараставшего продовольственного кризиса"[132].

Н.Д. Кондратьева интересуют вопросы аграрной политики и аграрной реформы. Он ищет критерий их рациональности и формулирует его следующим образом: "...рациональными являются только те меры... которые, с одной стороны, могли бы действительно быть осуществлены, а с другой стороны, приводили бы к повышению производительности или по меньшей мере не приводили бы к понижению ее. Наконец, меры эти должны удовлетворять требованиям справедливости"[133]. Таким образом, критерий триедин: реалистичность, производительность, справедливость. Против этого трудно возражать. Исходя из этого критерия – крупнокапиталистические и полукапиталистические хозяйства нерациональны. Рационально лишь трудовое крестьянское хозяйство в условиях всесторонней кооперации, снимающей недостатки мелкотоварного производства.

Кондратьев видит будущее, перспективу только в трудовом крестьянском хозяйстве. Но он допускает и исключения, диктуемые региональными условиями и другими особенностями. Он пишет: "Мы не сможем всю жизнь подстричь под один номер. Несомненно, будут и должны быть исключения"[134]. Он против бездумной унификации, против упрощенного схематизма. К сожалению, жизнь пошла по другому пути.

На вопрос, какую форму трудового землепользования следует признать: личную, общинную или арендную, Кондратьев отвечает: "И ту, и другую, и третью. Вот единственный ответ, который можно дать на этот вопрос"[135]. Он критикует Столыпина за попытку унификации: всех разместить по хуторам. Хотя тут же подсчитал, что с учетом выделившихся по реформе, а также живущих в мертвых общинах по России набирается 5,5 млн. хозяйств, находящихся вне общины и отвергающих ее[136].

Кондратьев, как и все социалисты-революционеры, выступает за социализацию земли, за уравнительно-трудовое землепользование. Однако он считает неприемлемыми частые переделы. Это не создает уверенности у крестьянина и не дает стимула к вложениям в землю, ее рациональному использованию. Поэтому переделы могут быть заменены другими мерами выравнивания, например, финансово-налоговыми. Итак, аграрная структура по Кондратьеву видится такой: трудовое землепользование, семейное крестьянское хозяйство, кооперация, рынок.

Но в жизни все время наблюдается дифференциация. К этой проблеме Кондратьев обращается также, солидаризуясь с Чаяновым, во время состоявшейся в 1927 г. дискуссии в Институте сельскохозяйственной экономии и политики[137]. В данном случае он рассматривает дифференциацию не с широких общесоциологических позиций, а более узко, со стороны зажиточности крестьянских хозяйств. При этом ставит три вопроса: наблюдается ли она, чем вызывается и какое имеет социально-экономическое значение? Для ее измерения используется статистический метод, и проблема рассматривается в динамике.

До войны дифференциация крестьянских хозяйств имела место. Данные семейных бюджетов позволяют судить о доходности хозяйства по таким показателям как наем рабочей силы, сдача инвентаря в аренду и т.п. Дифференциация вызывалась различиями в плодородии земельных участков, местоположением их по отношению к рынкам сбыта и путям сообщения, размером семьи, личными способностями и энергией, постигавшими бедами и другими факторами. Экономически крепкие хозяйства отличались более высоким накоплением капитала, более высокой товарностью, менее зажиточные часто пролетаризировались, и крестьяне уходили в город.

В постреволюционной деревне дифференциация также идет, но в несколько сглаженной и осложненной форме. Наблюдается некоторый общий подъем благосостояния (речь идет о середине 20-х годов), нивелировка. Экономическая политика государства направлена на поддержку беднейших и ущемление зажиточных. Кондратьев отмечает, что "регулирующие мероприятия государства – это меч, который срезает самую верхушку деревни и, несомненно, задерживает рост наиболее богатых, полукапиталистических и капиталистических слоев ее"[138]. Причины дифференциации те же, что и до революции. С введением нэпа возник рынок, и он стимулировал дифференциацию. Социально-экономическое значение ее в том, что в более сильных группах хозяйств выше производительность труда, быстрее идет накопление материальных средств, выше уровень товарности.

Исходя из сказанного, Кондратьев делает следующий вывод: "...если мы хотим иметь более высокую производительность труда, если мы хотим более быстрого роста производительных сил в сельском хозяйстве, мы не можем допускать слишком значительного измельчения хозяйства"[139]. И дальше он предлагает широко кооперироваться, переводить на кооперативную основу сбыт, снабжение, переработку продукции, использование техники, кредит, мелиорацию, землеустройство.

Последние годы жизни, уже в заключении, Н.Д. Кондратьев начал работать над многотомным циклом теоретических исследований. Полученная рукопись увидела свет только после его полной реабилитации, юридической, политической и научной. Эта монография названа "Основные проблемы экономической статики и динамики. Предварительный эскиз". Она мыслилась как вводная. Здесь подняты крупнейшие вопросы методологии экономики и философии. Например, строение общества и основные категории общественной жизни, хозяйство и хозяйственные явления; категории целесообразности, необходимости и случайности в социально-экономических науках; категория сущего и должного; экономическая статика, динамика и генетика. Кондратьев выступает здесь как крупный теоретик, хорошо владеющий диалектикой. Говоря об экономике, он имел в виду зависимость хозяйственной деятельности от общественных условий: "Чистое или простое хозяйство есть миф. Никакого хозяйства вне общества история не знает, как не знает и человека вне общества"[140].

В 20-е гг. в агроэкономической науке получила развитие организационно-производственная школа. Она сформировалась еще перед первой мировой войной. В 1911 г. на Московском областном агрономическом съезде встретились агрономы, кооператоры и статистики, составляющие ядро школы и игравшие активную роль в исследовании проблем, связанных с крестьянским хозяйством: А.В. Чаянов, Н.П. Макаров, А.Н. Челинцев, А.А. Рыбников, А.Н. Минин, Г.А. Студенский. Основным печатным органом этого научного направления стал выходивший в Харькове "Агрономический журнал", который редактировал К.А. Мацеевич, с ним сотрудничали экономисты Н.Н. Суханов (Гиммер) и П.П. Маслов.

Уже тогда выявился интересный феномен: многие формы крестьянской жизни не укладывались в марксистскую схему расслоения деревни и были необъяснимы законами рыночных отношений. Углубленным исследованием этих явлений и занялась названная группа ученых. Предметом их внимания был широкий круг вопросов сельской экономики: методы районирования, бюджетные исследования, организация агрономической помощи населению, монографическое описание различных форм кооперации, оптимальные размеры предприятий, экономика мелиораций, сельские промыслы. Но прежде всего изучалось крестьянское хозяйство, в котором подчас затраты труда превышали расчетный выход продукции, а арендная плата за землю была выше выручки. Мотивация труда в таком хозяйстве, это не мотивация предпринимателя, получающего "в результате вложения своего капитала разницу между валовым доходом и издержками производства, а скорее как мотивация рабочего, работающего на своеобразной сдельщине, позволяющей ему самому определять время и напряжение своей работы"[141]. Организационно-производственная школа отвергает концепцию "фиктивного двоедушия крестьянина", являющегося якобы одновременно и предпринимателем и рабочим, нанимающим самого себя. Она стоит на позиции семейного трудового хозяйства с указанной выше мотивацией труда. Эта организационная форма существует при различных общественных формациях: феодальной (натурального быта), капиталистической. В последнем случае наряду с семейно-трудовыми существуют и полукапиталистические и полупролетарские хозяйства. Трудовое семейное хозяйство – одна из организационных форм частнохозяйственного предприятия. Оно не капиталистическое, и нельзя его вталкивать в прокрустово ложе капиталистических категорий.

Теорию крестьянского хозяйства и всю организационно-производственную школу нещадно критиковали как справа, так и слева, либералы и марксисты. Здесь они были едины. Причем среди критиков были такие ученые как Бруцкус, Литошенко, Прокопович (справа), Крицман, Маслов (слева), Кондратьев и многие другие. Критика сводилась к пяти основным пунктам, которые Чаянов обоснованно опровергает.

Первое обвинение состоит в том, что школа Чаянова рассматривает семейное хозяйство якобы статично, оторванно от окружающей обстановки. Это неверно, так как, например, Н.П. Макаров провел исследование и издал монографию "Крестьянское хозяйство и его эволюция". Но главным образом школа сосредоточивает внимание не на истории, а на организационной структуре хозяйства. Статика всегда является элементом исследования, и не надо динамику противопоставлять статике.

Затем идут упреки в приверженности австрийской школе предельной полезности и игнорировании марксистского метода. На деле же А.Н. Челинцев – последовательный противник закона убывающего плодородия, а у Н.П. Макарова, А.А. Рыбникова и А.Н. Минина нет по этому вопросу ни строчки.

Критики заявляют, что семейное трудовое хозяйство себя изживает, это – анахронизм. Неверно и это. Таких хозяйств в 20-е гг. было очень много, возможно, они преобладали. Теория же трудопотребительского баланса взята не из головы, а из жизни, массовой практики. Обвинения в игнорировании рынка также безосновательны. Крестьянское хозяйство связано с кредитной системой, снабжением, сбытом и переработкой продукции. И это в работах показано.

Упрек в идеализации "распыленных, пропитанных мелкобуржуазным духом крестьянских хозяйств" также бьет мимо цели. Чаянов пишет, что "изучая современное сельское хозяйство как оно есть, мы изучали прежде всего тот исходный материал, из которого, по нашему мнению, исторически должна в ближайшее десятилетие вырасти новая деревня, превратившая путем кооперации значительную часть своего хозяйства в формы общественно-организованного производства, деревня, индустриализованная во всех областях технической переработки, механизированная и электрифицированная, деревня, использовавшая все завоевания агрономии и техники"[142].

Александр Васильевич Чаянов (1888–1937) – глава организационно-производственной школы, выдающийся экономист России, прожил короткую жизнь, оборвавшуюся на 49-м году в сталинском застенке от пули палача. Он был необыкновенно одаренной, яркой личностью. Исследователь-ученый, создатель теории крестьянского хозяйства, автор многочисленных трудов по различным аспектам аграрной экономики, теоретик и практик кооперативного движения, блестящий педагог и воспитатель научной молодежи, писатель-фантаст, археолог, искусствовед. И ко всему этому – удивительно доброжелательный и коммуникабельный человек. В качестве научного наследия он оставил труды на русском, немецком, английском, французском, испанском, итальянском и японском языках.

А.В. Чаянов родился 29 января 1888 г. в Москве. Отец его, Василий Иванович, выходец из крепостных крестьян деревни Богданиха Шуйского уезда Владимирской губернии, еще мальчиком ушел на фабрику, а затем стал купцом, рано умер. Мать – Елена Константиновна Клепикова, из культурной семьи мещан города Вятки, была одной из первых женщин России, получивших высшее агрономическое образование. Молодой Чаянов в 1899 г. поступает в реальное училище, а в 1906 г. – в Московский сельскохозяйственный институт (современная Тимирязевка). Здесь его учителями были А.Ф. Фортунатов, Н.Н. Худяков, Д.Н. Прянишников. А из студентов он подружился со своим однокурсником Николаем Вавиловым, будущим гениальным биологом и первым президентом ВАСХНИЛ. В 1911 г. окончил институт и оставлен для подготовки к профессорскому званию. К этому времени он уже был автором 18 печатных работ. Еще в 1908 г. во время каникул он посетил Италию. Позднее был командирован в Швейцарию, Бельгию, Германию, Францию.

С 1911 г. начинается его активная научная, педагогическая и общественная деятельность. Он участвует в агрономических съездах, преподает в народном университете А.Л. Шанявского, работает в кооперативных союзах. После сдачи экзаменов на звание магистра в 1912 г. получает годичную командировку в Европу. Совместно с С.Л. Масловым, А.А. Рыбниковым и другими учеными создает льноводческую кооперацию и с 1915 г. становится ее руководителем. В условиях войны и блокады проводит успешные операции по продаже на западные рынки (через Финляндию и Швецию) российского льна, пополняя этим валютные фонды. В университете и кооперативных союзах сотрудничает с М.И. Туган-Барановским, С.Н. Прокоповичем, другими видными учеными и кооператорами. Университет Шанявского становится мировым центром кооперативного движения. В июле 1915 г. здесь формируется Всероссийский центральный кооперативный комитет, ставший в 1917 г. Всероссийским Советом кооперативных съездов. Все эти годы А.В. Чаянов не прекращает преподавательской работы в Московском сельскохозяйственном институте (с 1913 г. – доцент, а с 1918 г. – профессор).

Весной и летом 1917 г. Чаянов активно работает в Лиге аграрных реформ. Он искренне верит в возможность Временного правительства решить аграрный вопрос. Некоторое время даже исполняет обязанности товарища (заместителя) министра земледелия С.Л. Маслова. Ни в каких партиях А.В. Чаянов никогда не состоял, но считал себя "беспартийным социалистом". В 1918–1922 гг. Чаянов активно работает, кроме вузов, в земельных, плановых и кооперативных организациях. Он – член коллегии Наркомзема, заместитель председателя экономического совещания при Плановой комиссии Наркомзема. По предложению В.И. Ленина включается в состав организуемого Госплана. Участвует в переговорах с Лениным о судьбе Московского народного банка.

В 1919 г. Чаянов организует Высший семинарий по сельскохозяйственной экономике и политике, который в 1922 г. был реорганизован в Институт сельскохозяйственной экономии и политики. Александр Васильевич – его бессменный руководитель вплоть до 1928 г., когда институт был реорганизован в НИИ крупного социалистического хозяйства и Чаянов был освобожден от обязанностей директора, но сохранен на работе в институте. Этот институт за короткое время сумел стать видным центром мировой аграрной науки, и о нем стоит сказать подробнее. Но до этого заметим, что А.В. Чаянов с весны 1922 г. в течение полутора лет находился в зарубежной командировке, содействуя возвращению на родину Н.П. Макарова и А.Н. Челинцева. Здесь следует отметить неподдельный патриотизм А.В. Чаянова, равно как и Н.Д. Кондратьева; ведь они получали лестные предложения остаться в престижных университетах Запада, но не приняли их. Вернулись в неуютную, полуголодную, злую Россию, где их подвергали критике, а позднее и травле. Вернулись, потому что иначе не могли.

Чаяновский Институт сельскохозяйственной экономии и политики объединял до его реорганизации почти всех ведущих экономистов страны, а также видных зарубежных ученых – членов этого института. По своей структуре он состоял из 11 ученых кабинетов (так у Чаянова), каждый из которых возглавлялся крупным исследователем в соответствующей области. В институте были кабинеты: 1) сельскохозяйственной экономии, 2) организации хозяйств, 3) сельскохозяйственной кооперации, 4) таксации и счетоводства, 5) конъюнктуры рынка, 6) агрономической помощи населению, 7) географии, 8) истории сельского хозяйства, 9) земельных отношений и землеустройства, 10) статистики, 11) сельскохозяйственного кредита. Возглавляли кабинеты и вели исследования А.В. Чаянов, Н.Д. Кондратьев, Н.П. Макаров, А.А. Рыбников, А.Н. Минин, Г.А. Студенский, А.О. Фабрикант, В.Я. Железнов, П.П. Маслов, А.Ф. Фортунатов, В.А. Харченко, Н.И. Костров и др.[143]

Этот институт решал фундаментальные проблемы, но выходил и на практику, обосновывая конкретные программы и проекты. Многое в институте инициировалось неординарной творческой натурой самого Чаянова. Широко практиковались экспедиции. Институт проводил семинары, причем у каждого крупного ученого был свой семинар. Существовали пленум и коллегия института. На лекции и дискуссии приглашались представители других научных учреждений. Институт поддерживал регулярные связи с 60 зарубежными экономистами и эпизодические со 120 из 30 стран мира, обмениваясь с ними результатами исследований и другой информацией. Этим Чаянов в какой-то мере предвосхитил ныне действующий в Вашингтоне Институт политики реформ, возглавляемый профессором Стэнли Джонсоном, иностранным членом ВАСХНИЛ: здесь всего 5 штатных сотрудников, но в университетах США, Канады, Великобритании и других стран работают 50 ведущих профессоров – членов этого института. Институт Чаянова регулярно издавал свои труды, некоторые переводные книги крупных экономистов мира, имел аспирантуру.

Конец 20-х гг. в жизни А.В. Чаянова был омрачен необоснованной критикой, всевозможными обвинениями, недоверием и травлей, закончившейся его арестом 19 июня 1930 г. прямо в служебном кабинете здания института. О дальнейшей судьбе Александра Чаянова речь пойдет позднее при освещении проблем и событий 30-х гг., а сейчас вернемся в 1917 г., к его интересной работе "Что такое аграрный вопрос?", написанной в серии трудов Лиги аграрных реформ.

Аграрный вопрос автор рассматривает в динамике, придавая большое значение региональным особенностям. Вопрос этот, считает он, "не может получить одного для всей России решения и каждый район должен иметь свое особое аграрное устройство"[144]. Он подчеркивает, что надо решать аграрный вопрос в целом, а не только земельный. Ведь для "земледельческого труда нужна не только одна земля, необходимы и другие средства производства: постройки, машины, орудия, семена"[145].

Чаянов, согласно программе эсеров, предлагал социализацию земли, в соответствии с которой она является "общенародным достоянием... именно... достоянием, а не собственностью. Она в равной мере принадлежит всем, подобно свету и воздуху... Земледелие должно быть организовано исключительно на трудовых началах, никакой наемный труд не может быть допускаем"[146].

Чаянов не догматик. Он по отношению к собственности и общине проявляет максимум здравого смысла и учета реалий, в том числе степени общественного развития. Так, в Сибири он видит "захватное право", когда крестьянин запахивает свободную землю и остается ее собственником до тех пор, пока ведет на ней хозяйство. По мере уплотнения населения, возникает трудовое право и появляется община. Пока жива община, господствует трудовое право с уравнительными переделами. При дальнейшем уплотнении населения уже речь идет о "праве на жизнь". С возникновением рынка и развитием торгового земледелия умы крестьян завоевывает частная собственность на землю. Община начинает умирать. Этот обзор Чаянов завершает образным сравнением. Он пишет: "Общинник-самарец, пожелавший перенести целиком свою аграрную идеологию, наверное, будет встречен кольями в губернии Могилевской. Не лучшая участь постигнет фанатика-могилевца в Балашовском уезде. И как бы мы, деятели демократической России, глубоко ни веровали в наши аграрные идеалы, мы не можем пойти по пути "просвещенного абсолютизма" и принудительно ввести единый земельный режим во всех областях России, не считаясь с ее бытовым и хозяйственным укладом"[147]. Добавить к этому нечего. Жаль только, что в жизни дело повели по-иному. И не только во всех губерниях и областях, но и во всех деревнях крестьян перевели на единый режим коллективизированного труда, быта.

Поиски путей проведения аграрных преобразований сопровождались ожесточенной полемикой. По этому поводу Чаянов сетует: "...есть стихия и есть разум. Эти два элемента проявляют себя не только в будущем аграрном строе, но, к сожалению, и в самом проведении и обсуждении аграрной реформы"[148]. Он считает, что независимо от принятой программы, для ее реализации потребуется значительный переходный период. Реформа – не разовый акт, а длительный преобразовательный процесс, где перераспределение земли всего лишь один из многих взаимосвязанных элементов, составляющих единое целое. Все это очень важно и для современников: кое-кто считает неэффективным крестьянское хозяйство потому, что оно в первый же год существования не ставит рекордов по урожайности.

Второе место после теории и организации крестьянского хозяйства в трудах А.В. Чаянова занимает проблема сельскохозяйственной кооперации. Достаточно сказать, что из 208 его работ, отмеченных в указателе литературы Института научной информации по общественным наукам АН СССР[149], 40 работ посвящено различным аспектам кооперации. В предисловии к своему главному труду по этой проблеме он пишет, что в основу его положен двадцатилетний опыт автора, наблюдения над кооперативным движением в Италии, Бельгии, Германии, Швейцарии, Франции, а также материалы многолетнего семинара по сельскохозяйственной кооперации, проводившегося автором в Тимирязевке с 1913 г.[150]

Красною нитью через все работы Чаянова по кооперации проходит одна мысль – как в бедной, бездорожной России при безразличии крестьян, сидящих на своих клочках земли, быстрее создать процветающую экономику. Как рассеянную массу крестьян организовать, чтобы лучше использовать их силы и средства. Ясно, что путь этот – эволюционный, так как революция несет разрушение, взрыв. Кооперация – это процесс концентрации. Но последняя может вестись по горизонтали и по вертикали. В промышленности эффективна горизонтальная, в сельском хозяйстве – вертикальная концентрация. Дело в том, что в земледелии сама природа ставит жесткие рамки для этой формы концентрации (нельзя на одном гектаре собрать энергию солнца, рассеиваемую на тысяче гектаров!). Но дело еще и в другом: эффект от экономии на концентрации поглощается возрастающими издержками на транспорте. И везде надо искать оптимум. Поэтому основное направление концентрации в аграрной сфере, по Чаянову, лежит в вертикальной кооперации. К сожалению, и здесь практика пошла не по Чаянову: создавали гигантские, на десятках тысяч гектаров, колхозы и совхозы, но не позаботились о хранении, затаривании, переработке, транспортировке, реализации продукции. Потому и получили исключительно затратное хозяйство с недопустимо высокими потерями произведенного.

Вертикальная кооперация включает изготовление средств производства, материально-техническое снабжение и производственное обслуживание, сбыт и переработку сельскохозяйственной продукции, транспортировку и хранение ее, поставку семенного и племенного материала, строительство дорог и производственных помещений, систему кредитования и многое другое. Все это требует времени. Революционный путь здесь неприемлем.

В кооперации следует различать две стороны: первая – это организационно-хозяйственная, или экономическая, кооператив как предприятие и вторая – социальная, кооперация как общественное движение. Говоря о кооперативном предприятии, надо иметь в виду, что "оно никогда не может являться самодовлеющим предприятием, имеющим собственные интересы, лежащие вне интересов создавших его членов; это предприятие, обслуживающее своих клиентов, которые являются его хозяевами и строят его управление так, чтобы оно было непосредственно ответственно перед ними, и только перед ними"[151].

Как социальное движение кооперация уже не может быть однородной в классовом обществе. Она борется не за интересы трудящихся вообще, а за интересы рабочих (рабочие кооперативы), городских жителей (городская кооперация), ремесленников и крестьян. Здесь уже нет общности, и кооператив "представляет собою организованную на коллективных началах часть экономической деятельности той или иной группы лиц и призван обслуживать интересы этой группы, и только этой группы... кооперация крестьянская... представляет собой весьма совершенный организованный вариант крестьянского хозяйства, позволяющий мелкому товаропроизводителю, не разрушая своей индивидуальности, выделить из своего организованного плана те его элементы, в которых крупная форма производства имеет несомненные преимущества над мелкой, и организовать их совместно с соседями на степень той крупной формы производства, часто используя наемный труд"[152].

Чаянов выделяет шесть основных типов крестьянских хохяйств: а) классическое кулацкое хозяйство, которое может обойтись и без наемного труда, но его доходы – в торговых оборотах, ростовщическом кредите, сдаче на кабальных условиях средств производства. Их немного, но по своему влиянию это большая сила; б) хозяйства полукапиталистические, использующие постоянно и в большом количестве наемный труд. Таких хозяйств много в многоземельных районах, а также в отраслях с выращиванием экспортно-товарных культур (табак, пшеница, овощи); в) хозяйства, построенные на личном труде членов своей семьи, часто преуспевающие, хорошо оснащенные технически, прибегающие к найму рабочей силы эпизодически, в страдную пору. И сами не подвергающиеся эксплуатации, кроме случаев особой рыночной ситуации или при отходническом промысле; г) хозяйства, не нанимающие и сами не нанимающиеся, однако, в силу маломощности семьи или недостатка средств производства не способны развить сильное хозяйство. Также преобладают из-за недостатка земли, средств производства или других причин; е) пролетарские хозяйства, главным доходом которых является продажа рабочей силы. В чистом виде каждый из названных типов встречается редко, есть смешанные и переходные формы.

Первый тип – классический кулак антагонистичен кооперации. Кооперация его уничтожает самим фактом своего существования и деятельности.

Социальной базой кооперации являются средние слои крестьянства, его основная масса, или семейно-товарные хозяйства[153].

По Чаянову, в кооперации существует "дифференциальный оптимум", заключающийся в том, что для каждой отрасли, входящей в хозяйство в качестве его элемента, имеется свой оптимальный размер. Совместить их в одном хозяйстве невозможно, так как они для каждой отрасли различны, со своими параметрами. Потому хозяйство выделяет их и передает в кооператив. Ввиду этого кооперация и существует. "Успех кооперации измеряется ростом доходов ее членов, а не прибылями самого кооператива"[154]. И дальше: "...сельская кооперация самодовлеющего существования не имеет, но является коллективноорганизованной частью семейного производства, живущего одной жизнью с материнским организмом". Здесь же Чаянов ссылается на высказывание А.И. Чупрова о том, что в "отношении земледелия идея кооперации имела не меньшее значение, чем все крупнейшие технические завоевания"[155].

Чаянов дает свою классификацию кооперативов по общим группам хозяйственных процессов. Она выглядит следующим образом.

1.Механические процессы, связанные с пространством обрабатываемых земель: а) машинные товарищества; б) товарищества по совместной обработке земли; в) мелиоративные и водные товарищества.

2. Биологические процессы: а) племенные союзы; б) общества племенных книг; в) контрольные товарищества; г) селекционные товарищества.

3. Механические процессы первичной переработки: а) молотильные товарищества; б) маслодельные товарищества; в) картофелетерочные, овощесушильные и им подобные товарищества.

4. Хозяйственные операции, связывающие предприятие с внешним миром: а) кооперативы по закупке; б) кооперативы по сбыту; в) кредитные товарищества; г) страховые союзы[156].

Чаянов подробно исследует кредит в крестьянском хозяйстве и кредитную кооперацию, кооперативный товарооборот, организацию кооперативного сбыта и переработки земледельческой продукции, постановку молочной кооперации, работу машинных и мелиоративных товариществ, страховое дело и принципы построения аппарата кооперации. Он сдержанно относится к "полной сельскохозяйственной кооперации", или коллективизации. Прежде всего здесь исчезает крестьянин как хозяин, он становится просто работником. Но дело не только в этом. В таком крупном предприятии очень трудно налаживаются организация труда и его мотивация. "Для того чтобы избежать равнения всех работников по наихудшему, требуется либо рабочий энтузиазм всего коллектива, либо такая система организации труда и его стимуляции, которые обеспечили бы нужную напряженность работы каждого из участников коллектива"[157]. Кроме того, возникает проблема руководителя, обеспечивающего единую волю и дисциплину. Для сплочения ядра коллектива нужны как минимум четыре условия:

1) достаточная материальная заинтересованность с получением дохода не ниже того, что получали раньше;

2) привычка к земледельческому труду;

3) примерно одинаковый уровень образования и общественного развития,

4) достаточная общественная и техническая приспособленность к коллективному хозяйствованию[158].

Были ли эти условия учтены при массовой коллективизации? Конечно же нет. В ход пошло принуждение.

Работы Чаянова по кооперации заполнили образовавшийся пробел в теории, когда в 20-х гг. кооперативное движение ожило, а "теория поплелась в хвосте". Речь шла о захвате возрождавшегося рынка кооперацией. Сегодня эти работы исключительно актуальны для нас по той же причине. Много времени упущено. Разрушенный рынок возрождается с неприятными гримасами. После государственной монополии сюда хлынула масса спекулятивных и мафиозных элементов. Рынок продовольствия должен быть отвоеван сельскохозяйственной кооперацией, которая сама нуждается в возрождении после тотального ее уничтожения. Как практический опыт, так и теоретические работы 20-х гг. для нас сегодня очень важны.

После длительного безраздельного господства государственного аппарата, тоталитарного подчинения низов верхам предстоит и в управлении поставить все с головы на ноги. И здесь немаловажен тезис Чаянова о том, что "принцип непосредственной ответственности органов кооперативной организации перед обслуживаемыми ею членами есть основной принцип кооперативного движения и вне его, в сущности говоря, кооперация перестает быть таковой"[159].

Чаянов оптимистически смотрел на кооперацию, видел в ней спасителя и организатора крестьян. При самых трудных экономических условиях есть один путь их преодоления, – писал он, – "переложить тяжесть удара на плечи того Атланта, которым держится вся наша работа – на плечи крестьянского хозяйства, на его десятки миллиардов капитала, на его рабочую сопротивляемость, на его сознательность"[160].

Исследование А.В. Чаянова об оптимальных размерах сельскохозяйственных предприятий дает методологический подход для расчета разумных экономически выгодных параметров хозяйств. Оптимум он видит в нахождении "таких размеров площади эксплуатации, при которых, при прочих равных условиях, себестоимость получаемых продуктов будет наименьшая"[161]. В расчетах все элементы себестоимости группируются на: а) уменьшающиеся при укрупнении хозяйства (машинопользование, постройки, административные расходы и др.); б) увеличивающиеся при укрупнении (транспорт, потери от снижения управляемости и надзора) и в) независящие от размеров хозяйства (семена, удобрения и др.)[162]. Это главные и общие элементы. Приходится учитывать и многое другое, включая конъюнктуру рынка, конфигурацию полей, вид транспортных средств. Однако нахождение оптимума при математической обработке необходимых данных, полученных вначале по трем группам элементов, позволит дать нужный ответ.

Уже упоминалось, что диапазон научных интересов Чаянова был весьма широк. Здесь и экономика мелиораций, и теория водного хозяйства, и организация кредита, и агрономическое обслуживание, и организация северного хозяйства. В последние годы жизни, будучи еще на свободе, он занимался организацией крупных государственных хозяйств. Но сердцевину всех его работ составляет теория трудового хозяйства с сельскохозяйственной кооперацией. Эта теория стала достоянием мировой науки. Ею пользовались в развитых странах, но особенно в странах третьего мира, даже в годы, когда после убийства ученого 3 октября 1937 г. в Алма-Атинской тюрьме власть предержащие на родине предали анафеме, а затем и забвению его научные труды. Мы еще вернемся к "воскрешению" Чаянова. Но сейчас несколько слов о его художественных произведениях, замыслы которых несут на себе печать научных обобщений и пророчеств автора.

Его фантастические миниатюры столь изящны, остроумны, интригующи, что, начав читать, от них нельзя оторваться. Но есть среди них более крупная работа с глубоким философским смыслом. Это – "Путешествие моего брата Алексея в страну крестьянской утопии"[163]. Она интересна тем, что здесь изложены думы автора относительно будущего России, каким оно виделось через шесть с половиной десятилетий, в 1984 г. Главный герой книги, бывший видный деятель советской эпохи, Алексей Кремнев выходит из летаргического состояния и знакомится с новой Россией. Уже нет жестокой власти большевиков, и страна представляет собой федерацию крестьянских республик с общинным хозяйством, развитыми наукой и искусством, высокой моралью, передовой техникой. Нет и городских агломераций, индустрия рассредоточена по территории страны, соблюдается экологическая чистота, процветают народные промыслы. Внезапно Германия нападает силами миллионных армий, тучами самолетов и танков на Россию и за несколько часов продвигается до 100 км в глубь страны. Но русская армия крестьянских республик с помощью сильных технических устройств уничтожает самолеты и танки противника, и агрессор запросил мира, уплатив контрибуцию художественными произведениями классиков и племенными животными породы "Nur fur Deutsche". Автор, к сожалению, просчитался: Германия напала на Россию на 43 года раньше, а победа далась нам великой кровью. И Москва стала не цветущим садом, какой ее хотел видеть в своих мечтах великий патриот и ученый. Она стала грязным мегаполисом с отравленным воздухом, переполненной ядовитыми металлами речной артерией и ежечасно совершающимися многими тяжкими преступлениями, обманом и насилием над людьми. Конечно, есть здесь и зеленые островки, и парки, и театры, и много хороших людей, но жить человеку стало трудно и неуютно.

Интересны рассказы Никифора Алексеевича Минина, сопровождающего Алексея по новой России. Вот некоторые фрагменты..."В прежнее время весьма наивно полагали, что управлять народнохозяйственной жизнью можно, только распоряжаясь, подчиняя, национализируя, запрещая, приказывая и давая наряды... Нужно отдать должное организационному остроумию Ю. Ларина и В. Милютина: их проекты были очень хорошо задуманы и разработаны в деталях. Но мало еще разработать, нужно осуществить, ибо экономическая политика есть прежде всего искусство осуществления, а не искусство строить планы... Система коммунизма посадила всех участников хозяйственной жизни на штатное поденное вознаграждение и тем лишила их работу всяких признаков стимуляции. Факт работы, конечно, имел место, но напряжение работы отсутствовало, ибо не имело под собой основания... Беря в свои руки организацию хозяйственной жизни, мы немедленно пустили в ход все моторы, стимулирующие частнохозяйственное действие – сдельная плата, тантьемы организаторам и премии сверх цен за те продукты крестьянского хозяйства, развитие которых нам было необходимо... Мы в первую очередь обратились к ослаблению доли, падающей на нетрудовые доходы – главнейшие мероприятия в этой области – рентные налоги в земледелии, уничтожение акционерных предприятий и частного кредитного посредничества... Гораздо более сложный и трудной была для нас проблема социальная, удерживание и развитие культуры при уничтожении городов и высоких рентных доходов... Нашей задачей являлось разрешение проблемы личности и общества... При этом мы никогда не делали из общества кумира, а из государства нашего – фетиша..."[164]

Мы уделили больше внимания А.В. Чаянову прежде всего потому, что он был признанным лидером организационно-производственной школы. Но сюда входит ряд других видных ученых экономистов. Николай Павлович Макаров, ближайший сотрудник Чаянова по Тимирязевке, Высшему семинарию, Институту сельскохозяйственной экономии и политики. Круг его научных интересов также связан с крестьянским хозяйством, сельскохозяйственной кооперацией, общественной агрономией. Родился в г. Харькове в семье служащего. Окончил экономическое отделение юридического факультета Московского университета. В 1914 –1918 гг. заведовал кафедрой политэкономии Воронежского сельскохозяйственного института. С 1920 по 1924 г. в США и Европе изучал организацию сельскохозяйственного производства. Автор крупных монографий: "Крестьянское хозяйство и его эволюция" (1920), "Зерновое хозяйство Северной Америки" (1924), "Рыночное молочное хозяйство и кооперация" (1926), "Организация сельского хозяйства" и др. Он в 30-е годы прошел круги гулаговского ада. Прожил долгую жизнь. Его работы 60–70-х гг., созданные после тридцатилетнего перерыва в научной деятельности, посвящены организации крупных сельскохозяйственных предприятий. Николай Павлович сохранял работоспособность до глубокой старости. Последние годы он работал во Всесоюзном сельскохозяйственном институте заочного образования, умер за письменным столом.

Александр Николаевич Челинцев окончил Новоалександрийский институт сельского и лесного хозяйства. Ученик А.И. Скворцова. Там же оставлен на преподавательской работе. В течение двух лет стажировался в Германии и Франции. Первая научная работа опубликована в 1901 г. С 1913 г. профессор и заведующий кафедрой Тимирязевки. На несколько лет выезжал за рубеж. С 1925 г. – в институте Чаянова. Основные труды посвящены географии и размещению сельскохозяйственного производства, системам ведения хозяйства, крестьянскому хозяйству. В 1930 г. арестован. После 16-летнего перерыва вышло еще несколько публикаций. Еще одна сломанная судьба и жизнь ученого.

Александр Никифорович Минин (1881–1939) – агроном, экономист, кооператор, статистик. Родился в Курской губернии в семье управляющего имением, окончил Курское реальное училище и Московский сельскохозяйственный институт. Работал земским статистиком, участковым агрономом в Харьковской и Херсонской губерниях, губернским агрономом в Чернигове. Участвовал в Лиге аграрных реформ, был членом президиума Всероссийского Совета кооперативных съездов, преподавал в университете Шанявского, Кооперативном институте, с 1920 по 1929 г. – профессор Воронежского сельскохозяйственного института. Ближайший соратник А.В. Чаянова по организационно-производственной школе. Автор многих работ по кооперации и агрономической помощи населению, организационных планов многих сельскохозяйственных предприятий. Арестован в 1930 г. и расстрелян в 1939 г.

Александр Александрович Рыбников (1877–1938), экономист и статистик. Видный представитель организационно-производственной школы. Профессор Тимирязевской академии, руководитель кабинета географии сельского хозяйства в Институте сельскохозяйственной экономии и политики Чаянова. Занимался экономикой льноводства, сельскими промыслами, кооперацией, организацией сельскохозяйственного производства в различных регионах России, США, особое внимание уделял засушливым районам, изучал роль транспорта в сельском хозяйстве. Арестован в 1930 г. Расстрелян 16 сентября 1938 г.

Геннадий Александрович Студенский (1898–1930), экономист, профессор с 1926 г. Родился в семье дьякона в Чембарском уезде Пензенской губернии. Окончил духовную семинарию и Тимирязевку. Работал в своей alma mater, параллельно в Самарском сельскохозяйственном институте, а также в Институте сельскохозяйственной экономии и политики Чаянова. Здесь он занимался проблемами сельскохозяйственного капитала и местных комбинатов по переработке сельскохозяйственной продукции. Изучал опыт альпийского хозяйства в Швейцарии и организовал его внедрение в Дагестане. Изучал природу крестьянского хозяйства и его связи с рынком. Автор многих работ на русском, немецком, английском языках по теории и эволюции крестьянского хозяйства, его бюджетам, экономике отдельных отраслей и регионов, интенсификации и научно-техническому прогрессу. Арестован в 1930 г. Покончил с собой в заключении.

Семен Леонтьевич Маслов не входил в организационно-производственную школу, но по своим взглядам был близок к ней. Он родился в семье малоземельного крестьянина Ливенского уезда Орловской губернии. Окончил юридический факультет Казанского университета. Работал земским статистиком. Редактировал “Крестьянскую газету” (Казань), был членом редколлегии нелегальной газеты “Земля и воля”, член партии эсеров с 1902 г. Исследовал крестьянские хозяйства некапиталистического типа, сельскохозяйственную кооперацию. Будущее сельского хозяйства видел в переходе к крупному производству на основе всех форм кооперации. Считал кооперацию “антикапиталистическим” движением. Работал в кооперативных организациях, входил в руководство созданного Чаяновым Льноцентра в 1915 г. С 1902 г. по 1928 г. опубликовал около 200 работ по проблемам кооперации, крестьянского хозяйства, кредита, работы земств, льноводства, экономической жизни села. Участвовал в работе Лиги аграрных реформ. В 1917 г. сменил Чернова на посту министра земледелия в последнем правительстве Керенского. Позднее отошел от политической деятельности. Работал в Центросоюзе, преподавал в Московском университете и других вузах. Арестован в 1930 г., расстрелян 20 июня 1938 г.

Итак, мы познакомились со взглядами и работами экономистов либерального направления и организационно-производственной школы, которых марксисты называли, соответственно, буржуазными и мелкобуржуазными учеными, наклеивая на них соответствующие ярлыки. Сейчас мы познакомимся со взглядами экономистов марксистской школы 20-х гг. Нам еще предстоит в дальнейшем не один раз возвращаться к этой группе ученых-аграрников. Рассмотрим весьма важное событие в жизни экономической науки – конференцию аграрников-марксистов, состоявшуюся 20–27 декабря 1929 г. в Институте экономики Коммунистической академии на Волхонке, в Москве.

ПОГРОМ НА ВОЛХОНКЕ

Это мероприятие нельзя назвать конференцией в обычном смысле этого слова. Здесь не было общепринятых в научном мире дискуссий. Не было оппонентов. Были только обличители, и они разоблачали "врагов" самой передовой науки – марксизма-ленинизма. В пленарных заседаниях участвовал И.В. Сталин, выступивший с известной речью, на которой мы позднее остановимся. Она была не обычным дискуссионным выступлением, а речью-директивой. В президиуме – элита аграрников-марксистов того времени. Назовем некоторых из них.

Лев Натанович Крицман (1890–1937), директор Аграрного института Комакадемии, участник революционного движения с 1905 г., выпускник химического отделения Цюрихского университета, редактор журнала "На аграрном фронте", автор многих работ по социалистической реконструкции сельского хозяйства и критике антимарксистских теорий в экономике.

Владимир Павлович Милютин (1884–1937), сын сельского учителя из Курской губернии, член РСДРП с 1903 г., воспитанник Петербургского университета, один из основоположников советской статистики, начальник ЦСУ СССР, заместитель председателя Госплана СССР, редактор многих журналов, один из руководителей Коммунистической академии. В.П. Милютин написал ряд работ:"Социалистическая этика" (1909), "Роль труда в сельском хозяйстве в связи с войной" (1914), "Сколько стоит война и кто должен расплачиваться за нее?" (1917), "Земельный вопрос в России" (1918), "Современная кооперация и ее задачи" (1925), "Вопросы социалистического сельского хозяйства" (1930), "На пороге второй пятилетки" (1931) и др.

Арон Израилевич Гайстер (1899–1937). Окончил Институт красной профессуры, вел преподавательскую работу в вузах, был избран академиком ВАСХНИЛ, назначался заместителем наркома земледелия СССР. Автор работ: "Сельское хозяйство капиталистической России" (1928), "Расслоение советской деревни" (1928), "Достижения и трудности колхозного строительства" (1929), "Проблемы Севера" (1933) и др.

Михаил Ильич Кубанин (1898–1941), экономист-аграрник, выпускник Института красной профессуры. Работал в Международном аграрном институте и Институте экономики Комакадемии. Член коллегии Наркомата земледелия. Исследовал социально-экономические процессы развития деревни в период аграрной революции. Автор работ: "Классовая сущность процессов дробления крестьянских хозяйств" (1929), "Производственные типы колхозов" (1936) и др.

Пройдет несколько лет, и все упомянутые ученые тоже будут казнены. Для каждого найдется один или несколько пунктов 58-й статьи Уголовного кодекса РСФСР. Все они будут объявлены "врагами народа". Их имена будут забыты, а книги изъяты из всех библиотек страны и уничтожены. Ромен Роллан назвал якобинскую диктатуру "Драмой революции". Но такое название было бы бледно для характеристики массовых казней в стране "победившего, или реального, социализма". Прав был тот мудрый человек, кто однажды сказал, что революции пожирают своих детей.

Однако вернемся к 1929 г. Будущие жертвы, облаченные профессорскими званиями и докторскими степенями, неистово осуждают "буржуазных" и "мелкобуржуазных" ученых. Едва ли можно сомневаться в том, что делают они это искренне, веря в свою правоту и неправоту отсутствующих оппонентов. Может быть, в глубине души у кого-то и шевельнется, больно уколет сомнение. Но ведь они отстаивают генеральную линию партии, за дело которой боролись еще в глубоком подполье, нередко рискуя собственной головой. Ведь они идут "в ногу" со временем, а вот те "буржуазные экономисты" вроде бы тянут народ назад, в сторону от светлого будущего.

С основным докладом на конференции выступает В.П. Милютин. Тема доклада: "Борьба на аграрном фронте и реконструкция сельского хозяйства". Он формулирует теоретические положения марксизма по аграрному вопросу следующим образом: "...законы капитализма, законы капиталистического развития в деревне в основном те же, что и в городе. Это означало, что развитие производительных сил деревни, развитие крупного производства, развитие наемного труда происходит в сельском хозяйстве в тех же направлениях, что и в городе, что в промышленности... основные законы товарооборота приложимы также и к сельскому хозяйству... те классовые противоречия, та классовая борьба, которые мы в яркой форме наблюдаем в городе, эта классовая борьба пролагает себе дорогу и в деревне... проникновение капитализма в сельское хозяйство обостряет тем самым классовую борьбу как в городе, так и в деревне, увеличивая руководящую роль пролетариата"[165]. Итак, установленные марксистской наукой законы развития капитализма в равной мере распространяются и на сельское хозяйство, классовая борьба обостряется, первую скрипку и в деревне должен играть пролетариат. Все просто, все ясно. Никаких некапиталистических путей быть не может. А в деревню для руководства "неразумной крестьянской массой" следует двинуть тысячи и тысячи шолоховских Давыдовых. И двигали, отстраняя крестьян. Это делалось многократно. (Припоминаю факт, происшедший через четверть века после описываемых событий. По решению сентябрьского (1953 г.) Пленума ЦК КПСС из крупных городов в МТС и совхозы посылалось несколько тысяч инженеров. Один из них, присмотревшись к делам, заглянул ко мне за консультацией: как при закладке гончарного дренажа укладывать трубки, горизонтально или вертикально? Поскольку этого человека переучивать уже было поздно, я сделал все, чтобы побыстрее вернуть его обратно в город.)

Милютин ополчался на Каутского, Бернштейна, Отто Бауэра, II Интернационал в целом, прежде чем повести атаку на отечественных отступников. Кто же здесь стал мишенью? Во-первых, "буржуазная" школа, наиболее яркими представителями которой названы Кондратьев, Литошенко, Вайнштейн; во-вторых, "мелкобуржуазная" школа, или неонародники – Чаянов, Челинцев и другие; в-третьих, правые уклонисты троцкистского толка в партии в лице самого Троцкого и Преображенского и, в-четвертых, Бухарин и его сторонники, отражающие "кулацкую часть деревни"[166]. Дальше следуют цитаты из работ Н.Д. Кондратьева, Л.Н. Литошенко, А.В. Чаянова, Н.П. Макарова, Г.А. Студенского, А.Н. Челинцева, Е.А. Преображенского, Н.И. Бухарина, якобы свидетельствующие о грубых ошибках последних, приводящих к гибели российскую деревню.

Расправившись с противниками, докладчик переходит к конструктивным предложениям, или теоретическим задачам, выдвигающимся в эпоху социалистической реконструкции экономики. При этом имеется в виду, что социалистический сектор в сельском хозяйстве уже с этого года становится преобладающим как по его организующей роли, так и по доле в производстве. В течение 1–2-х лет в основных сельскохозяйственных районах (Северный Кавказ, Нижнее Поволжье, Украина) коллективизация будет полной, сплошной. Это обязывает усилить научно-исследовательские работы в отношении социалистических форм экономики, анализа законов развития социалистического хозяйства, новых проблем техники и организации труда, электрификации.

В ближайшее время сельское хозяйство станет "одной из отраслей промышленности", будет усиливаться специализация, а также комбинация с промышленностью. На повестку дня стал переход от регулирования к прямому управлению сельским хозяйством. Нужно закладывать новые формы организации труда по аналогии с промышленностью.

Предстоит уяснить роль и природу колхозов, устранить неверные подходы. Они состоят, во-первых, в отрыве от новой техники и, во-вторых, в представлении колхоза как модернизированной общины с общинным воспитанием и бытом. Необходимо же, чтобы колхоз перерастал в крупное предприятие типа совхоза "Гигант". Колхоз должен стать таким же предприятием, как фабрика и завод.

Говорит Милютин и об обострении классовой борьбы, необходимости изучать процессы дифференциации, повышать степень обобществления. Снабжение, финансирование и землеустройство должны исходить из этой задачи. Необходимо усиливать пролетарское влияние. Для этого в деревню посылаются 25 тысяч рабочих. Учитывая наличие капиталистического окружения, борьбу с буржуазными и неонародническими идеями вести и за пределами Союза ССР. Вот такую программу предложили конференции аграрники-марксисты[167].

Почти на 1 200 страницах "трудов" немало бранных слов в адрес "буржуазных" и "мелкобуржуазных" ученых, не до конца разоружившихся, непоследовательных марксистов, уклонистов, не освободившихся от неонароднического влияния. В принятой резолюции требуется "продолжать решительную борьбу за выкорчевывание всех остатков неонароднической идеологии... беспощадный разгром всех реакционных буржуазных и мелкобуржуазных идеологий... разоблачение основных концепций правого уклона... разрушение базы для роста капитализма, коренящегося в мелком крестьянском хозяйстве..."[168]

Гвоздем программы конференции было выступление И. Сталина, в котором он поставил все точки над i, отметил отставание теоретической работы от практических успехов социалистического строительства и потребовал быстрее покончить с "буржуазными предрассудками" в теории. При этом он развенчал некоторые из этих "предрассудков" и выдвинул вполне конкретные задачи нового этапа в развитии советской деревни. Что это за осужденные теории и каковы задачи?

а) Теория "равновесия", заключающаяся в одновременном, как бы параллельном, существовании социалистического (колхозы, совхозы, промышленность) и несоциалистического, то есть капиталистического, сектора экономики, представленного мелкотоварным производством. Эта теория, по Сталину, не выдерживает критики. Может быть либо путь капиталистического развития, либо "другой путь, путь социалистический, состоящий в насаждении колхозов и совхозов... Стало быть, вопрос стоит так: либо один путь, либо другой, либо назад – к капитализму, либо вперед – к социализму. Никакого третьего пути нет и быть не может"[169].

б) Теория "самотека" в социалистическом строительстве. Ее суть в том, что к капитализму поначалу шел город, промышленность, а затем пошло и сельское хозяйство. К социализму также первой пошла промышленность. Пойдет постепенно и село. Не следует гнать лошадей. Сталин называет эту теорию "самотека "антимарксистской" и опять требует, чтобы "социалистический" город повел за собой "мелкобуржуазную" деревню, насаждая в деревне колхозы и совхозы..."[170]

в) Теория "устойчивости" мелкокрестьянского хозяйства. Сталин отвергает положение об устойчивости мелкого хозяйства, требует перехода к крупному, более выгодному. На Западе к мелкому хозяйству крестьянина привязывает частная собственность на землю. В СССР она отменена, и в связи с этим отпадает необходимость держаться за мелкое.

г) Город и деревня. Сталин пытается опровергнуть мнение, что Октябрьская революция дала крестьянину меньше, чем Февральская. Приводит известную таблицу В.С. Немчинова о хлебном балансе по социальным группам производителей (помещики, кулаки, середняки и бедняки) и делает вывод, что бедняцко-середняцкая масса крестьянства стала основным производителем хлеба и, следовательно, выиграла после Октября. Город же поставляет средства производства (как будто бы раньше он этого не делал!).

д) О природе колхозов. Суть сводится к социалистическому характеру колхоза. Делается вывод, что "колхозы являются той именно формой социалистического хозяйства, через которую только и может приобщиться многомиллионное мелкое крестьянство к машинам и к тракторам как к рычагам хозяйственного подъема..."[171] (Так рассуждает И. Сталин. Но ведь американские и западноевропейские крестьяне "приобщились" к тракторам и комбайнам без колхозов, и немножко раньше российских.) Запомним этот тезис: он будет долго звучать как один из главных аргументов коллективизации.

е) Классовые сдвиги и поворот в политике партии. Суть классовых сдвигов Сталин усматривает в том, что партия и Советская власть "развернули наступление по всему фронту против капиталистических элементов деревни, это наступление дало и продолжает давать... весьма ощутительные положительные результаты... от политики ограничения эксплуататорских тенденций кулачества мы перешли к политике ликвидации кулачества как класса"[172]. Колхозы теперь уже смогут заменить кулаков как производители зерна.

Итак, никакого сосуществования социалистических с несоциалистическими, мелкотоварными хозяйствами; никакого самотека в насаждении колхозов и совхозов; никакого мелкотоварного производства; только продукция города приобщит крестьян к прогрессу; только колхоз – социалистическое предприятие; от ограничения кулачества перейти к его ликвидации как класса. Яснее не скажешь. С декабря 1929 г. теория "подтянулась" до уровня практики и стала методологической основой для социалистического строительства в деревне.

ЛИТЕРАТУРА

1. **Сталин И.** Соч. М.: ОГИЗ, 1948. Т. 8. С. 15–60.
2. **Там же.** С. 34.
3. **Там же.** С. 35.
4. **Там же.** С. 39.
5. Народное хозяйство СССР в 1958 г. М.: Госстатиздат, 1959. С. 654.
6. История Всесоюзной коммунистической партии (большевиков). Краткий курс. М.: Правда, 1938. С. 202–204.
7. **Троцкий Л. Д.** К истории русской революции. М.: Политиздат, 1990. С. 284–286.
8. **Бердяев Н. А.** Истоки и смысл русского коммунизма. Репринтное издание. М.: Наука, 1990.
9. **Там же.** С. 9.
10. **Там же.** С. 12.
11. **Там же.** С. 52.
12. **Там же.** С. 54.
13. **Там же.** С. 63.
14. **Там же.** С. 74.
15. **Там же.** С. 86.
16. **Там же.** С. 93.
17. **Там же.** С. 95.
18. **Там же.** С. 96–99.
19. **Там же.** С. 99.
20. **Там же.** С. 102–103.
21. **Там же.** С. 120.
22. **Там же.** С. 105.
23. **Там же.** С. 111.
24. **Там же.** С. 112.
25. **Там же.**
26. **Там же.** С. 114.
27. **Там же.** С. 115.
28. **Там же.** С. 118.
29. **Там же.** С. 116.
30. **Там же.** С. 145.
31. **Там же.** С. 152.
32. **Питирим Сорокин.** Дальняя дорога. Автобиография. М.: Терра, 1992. С. 240–241.
33. Решения партии и правительства по хозяйственным вопросам. М.: Политиздат, 1967. Т. 1. С. 33–35.
34. **Там же.** С. 35.
35. **Там же.** С. 35–36.
36. **Там же.** С. 37.
37. **Там же.** С. 42–43.
38. **Ленин В. И.** Полн. собр. соч. 5-е изд. Т. 36. С. 296.
39. **Лященко П. И.** История народного хозяйства СССР. М.: Политиздат. Т. 3, 1956. С. 93.
40. **Там же.** С. 114.
41. **Там же.** С. 115.
42. **Литошенко Л. Н.** Социализация земли в России. Рукопись. 476 стр. машинописи. (Работа написана в 20-е гг. Рукопись хранилась в архивах. Готовится к изданию под ред. проф. В. П. Данилова). С. 353–469.
43. **Там же.** С. 448.

44. Решения партии и правительства по хозяйственным вопросам. Т.1. С. 55–57.
45. **Там же.** С. 91–94.
46. История социалистической экономики СССР. М.: Наука, 1976. Т. 2. С. 41.
47. **БСЭ.** 3–е изд. Т. 13. С. 480.
48. **Ленин В. И.** Полн.собр. соч. Т. 52. С. 42 и 240.
49. **БСЭ.** 3-е изд. Т. 2. С. 96.
50. Крестьянское восстание в Тамбовской губернии в 1919–1921 гг. "Антоновщина": Документы и материалы. Тамбов. Ред.-изд. отд., 1994. С. 222.
51. **Там же.** С. 241.
52. **Там же.** С. 130.
53. **Там же.** С. 211–217.
54. **Там же.** С. 293.
55. **Там же.** С. 95–96.
56. ГАРФ. Ф.Р.–8415. Оп.1. Д.122 (1). Л.44.
57. ГАРФ. Ф.Р.–8415. Оп.1. Д.122 (2). Л.73.
58. РГВА. Ф.34228. Оп.1. Д.292. Л.5.
59. РГВА. Ф.235. Оп.2. Д.31. Л.27.
60. Крестьянское восстание ... С. 97.
61. ГАРФ. Ф.Р.–8415. Оп.1. Д.122 (2). Л.97.
62. ГАРФ. Ф.7900. Оп.1. Д.64. Л.3.
63. ГАРФ. Ф.Р.–8415. Оп.1. Д.128. Л.3.
64. Крестьянское восстание ... С. 249.
65. ГАРФ. Ф.Р.–8415. Оп.1. Д.122 (3). Л.128.
66. **Там же,** Л.130.
67. **Там же,** Л.131.
68. **Аршинов П.** История махновского движения. Берлин, 1923.
69. **Нестор Махно.** Воспоминания. Кн. 2–3. Париж: Изд. Комитета Н.Махно, 1936–1937. Кн. 2. С. 109.
70. КПСС в резолюциях. 9-е изд. М.: Политиздат, 1983. Т.2. С. 370–371.
71. История социалистической экономики СССР. М.: Наука, 1976. Т. 2. С.35.
72. **Там же.** С. 36.
73. **Там же.** С. 38.
74. Решения партии и правительства по хозяйственным вопросам. М.: Политиздат, 1967. Т. 1. С. 232–233.
75. **Там же.** С. 233–234.
76. КПСС в резолюциях. 9-е изд. М.: Политиздат, 1983. Т. 2. С. 499.
77. Сельское хозяйство СССР. 1925–1928 гг. М.: Статиздат ЦСУ, 1929. С. 402.
78. **Там же.** С. 407.
79. **Там же.** С. 258–260.
80. **Там же.** С. 371–372.
81. Решения партии и правительства по хозяйственным вопросам. М.: Политиздат, 1967. Т. 1. С. 233.
82. **Там же.** С. 226–228.
83. **Там же.** С. 295–297.
84. **Коренев Д. (Д. Захаров).** Кооперация. М.: Заккнига, 1927. С. 251–255.
85. **Ленин В. И.** Полн. собр. соч. 5-е изд. Т. 45. С. 369–377.
86. КПСС в резолюциях. 9-е изд. М.: Политиздат, 1984. Т. 3. С. 368–376.
87. **Медведев В. В.** Кооперация. Краткий очерк теории и истории. М.: Центросоюз, 1930. С. 50.
88. **Там же.** С. 45.
89. Кооперация к десятилетию Октября. Изд.газетн. Кооперативная жизнь. С. 51.
90. **Там же.** С. 35.
91. **Там же.** С. 53.
92. **Там же.** С. 18–19.
93. Кооперация в СССР за десять лет. Отв. ред. В.П. Милютин. М.: изд. Комакадемии, 1928. С. 139.
94. **Там же.** С.138.
95. **Там же.** С. 14.
96. **Коренев Д. (Д. Захаров)** Кооперация... М.: Заккнига, 1927. С. 286.
97. Русский колокол. Берлин, 1928, №3. С. 14–21.

98. **Ильин И. А.** Собр. соч. М.: Русская книга, 1993. Т. 1. С. С. 278–280.
99. **Бруцкус Б. Д.** Аграрный вопрос и аграрная политика. П.: Право, 1922.
100. Там же. С. 43.
101. Там же. С. 25.
102. Там же. С. 24.
103. Там же. С. 87.
104. Там же. С. 103.
105. Там же.
106. Там же. С. 117.
107. Там же. С. 118.
108. Там же. С. 123.
109. Там же. С. 131.
110. Там же. С. 132.
111. Там же. С. 231.
112. Там же. С. 233.
113. Новый мир. М.: №8. 1990. С. 176.
114. **Бруцкус Б.** О новой экономической политике. // Эко, Новосибирск: Наука, 1989, №10. С. 84–93.
115. Там же. С. 92.
116. Вопросы экономики. М.: 1991, №9. С. 126–141.
117. Там же, №10. С. 137–160.
118. **Литошенко Л. Н.** Социализация земли в России. Рукопись. С. 14.
119. Там же. С. 29.
120. Там же. С. 426–427.
121. **Кондратьев Н. Д.** Проблемы экономической динамики. М.: Экономика, 1989. С. 170–226.
122. **Меньшиков С. М., Клименко Л. А.** Длинные волны в экономике. М.: Международные отношения, 1989.
123. **Кондратьев Н. Д.** Проблемы экономической динамики. М.: Экономика, 1989. С. 91.
124. Там же. С. 102.
125. Там же. С. 126–132.
126. Там же. С. 137.
127. Там же. С. 169.
128. **Кондратьев Н. Д.** Рынок хлебов и его регулирование во время войны и революции. М.: Наука, 1991. С. 158.
129. Там же. С. 146.
130. Там же. С. 192.
131. Там же. С. 200.
132. Там же. С. 310–312.
133. **Кондратьев Н. Д.** О крупно-крестьянских хозяйствах. Особое мнение. Книга 1. М.: Наука, 1993. С. 64–65.
134. Там же.
135. Там же. С.32.
136. Там же. С.33.
137. Там же, Книга 2. С. 155–176.
138. Там же. С. 170.
139. Там же. С. 173.
140. **Кондратьев Н. Д.** Основные проблемы экономической статики и динамики. М.: Наука, 1991. С. 76.
141. **Чаянов А. В.** Организация крестьянского хозяйства. М.: Кооперативное издательство, 1925. С. 10–11.
142. Там же. С. 18.
143. **Чаянов А. В.** Петровско-Разумовское в его прошлом и настоящем. М.: Новая деревня, 1925. С. 78–80.
144. **Чаянов А. В.** Что такое аграрный вопрос? М.: Универсальная библиотека, б/г. С. 10.
145. Там же. С. 35.
146. Там же. С. 42.
147. Там же. С. 51.
148. Там же. С. 54.

149. **Кондратьев Н. Д., Макаров Н. П., Чаянов А. В., Челинцев А. Н.** Указатель литературы. Под. ред. В. П. Данилова. М. 1988. С.28–45.
150. **Чаянов А. В.** Основные идеи и формы сельскохозяйственной кооперации. 2-е изд. М.: Книгосоюз, 1927. С.1.
151. Там же. С. 17.
152. Там же. С. 20.
153. Там же. С. 29–38.
154. Там же. С. 52.
155. Там же. С. 53.
156. Там же. С. 54–55.
157. Там же. С. 345.
158. Там же. С. 353.
159. Там же. С. 377.
160. Там же. С.383
161. **Чаянов А. В.** Оптимальные размеры сельскохозяйственных предприятий. 3-е изд. М.: Новая деревня, 1928. С. 13.
162. Там же. С. 14–21.
163. **Чаянов А. В.** Венецианское зеркало. Повести. М.: Современник, 1989. С. 161–208.
164. Там же, 187–195.
165. Труды первой Всесоюзной конференции аграрников-марксистов. М.: изд. Коммунистической академии, 1930. Т. 1. С. 17–18.
166. Там же. С. 25.
167. Там же. С. 50–60.
168. Там же. С. 460–463.
169. Там же. С. 435–436.
170. Там же. С. 437.
171. Там же. С. 446.

Тот, кто вчерашние жертвы забудет,
может быть, завтрашней жертвою будет.

Евгений Евтушенко

ГЛАВА 6. КОЛЛЕКТИВИЗАЦИЯ: ДРАМА 30-х гг.

Тридцатые годы в истории России и других бывших республик Советского Союза ознаменованы весьма драматическими событиями. На эти годы приходится пик репрессивных мероприятий Советской власти с гибелью миллионов ни в чем не повинных людей. Гибелью не на фронтах войны, а в лагерях смерти, ссылках. Это было время геноцида, осуществляемого органами власти против собственного народа на классовой и идеологической основе. Классовой – против так называемых буржуазных и полубуржуазных элементов, мелких товаропроизводителей, к которым относились крестьяне. Идеологической – против всех немарксистски мыслящих, прежде всего состоявших в других партиях, кроме большевистской, против духовенства, против мыслящих рабочих, выступивших в защиту или просто проголосовавших за не совсем большевистскую резолюцию. Это было время разрушения и осквернения храмов, время жесточайшего восточного деспотизма, это был конвейер смерти.

И вместе с тем это было время героических свершений наших людей. В те годы осваивали Арктику, летали через полюс, строили гигантские плотины и крупные заводы, сочиняли удивительно мелодичные лирические песни, создавали хорошие фильмы, открывали университеты и институты, дошли до расщепления атомного ядра. А гениальный и неукротимый Вавилов пешком обошел почти все континенты и установил мировые центры происхождения культурных растений, создал уникальную их коллекцию, которой восторгались ученые всего мира. Руководимый им Всесоюзный институт растениеводства (ВИР) стал Меккой для генетиков многих стран, как в 20-е гг. институт Чаянова был ею для экономистов-аграрников. Еще и еще раз приходится удивляться тому, как рядом уживаются добро и зло, верность и коварство, жестокость и гуманность, ненависть и любовь, культура и дикость, созидание и разрушение, всепрощение и садизм, трудолюбие и тунеядство, доверие и подозрительность, альтруизм и эгоизм, внимание и безразличие, мягкость и черствость, бережливость и расточительство.

ГОД “ВЕЛИКОГО ПЕРЕЛОМА”

Нэп обеспечил быстрое оздоровление сельского хозяйства. Параллельно шли поиски в науке. Но вокруг нэпа развертывалась острейшая политическая борьба. Влиятельные круги в правящей партии считали эту политику временным отступлением от генеральной линии. Ведь главным было не благополучие народа, а чистота марксистской догмы, да еще мировая революция, успехи классовой борьбы внутри страны. Многим нэп казался каким-то зигзагом, отступлением, временным компромиссом. Тем более что от него какой-то выигрыш имел не только пролетариат, а еще и “мелкобуржуазная” масса частных товаропроизводителей, рождающая капитализм “ежедневно, ежечасно и в массовом масштабе". К тому же в конце 20-х гг. начались трудности на хлебном фронте. Хлеб был, но крестьяне неохотно его сдавали. Стоило бы по-цивилизованному и по справедливости разобраться с ценами, стимулами с учетом элементарных требований законов экономики, и трудности были бы сняты. Но ЦК ВКП(б) и его Генсек не стали себя утруждать поисками экономических причин. Решили взять хлеб силой. Методы были выработаны во время сибирской командировки И.В. Сталина в январе 1928 г. Они общеизвестны. Накал насилия возрастал. 13 февраля 1928 г. Сталин направляет письмо во все организации ВКП(б) с требованием усилить нажим на крестьян и объяснением причин хлебозаготовительных трудностей. Он пишет: "...растет и богатеет деревня. Вырос и разбогател, прежде всего, кулак... Наши заготовительные организации оказались не на высоте своего призвания... Линия нашей работы в деревне в целом ряде районов оказалась искривленной..." В качестве конструктивных мер предлагается: "...поднять на ноги партийные организации... выкачать из деревни денежные излишки... сделать ударение на задаче борьбы с кулацкой опасностью..."[1]. Итак, нажимать, выкачивать, карать.

Большевистское руководство страны в аграрном вопросе всегда ориентировалось на коллективные формы хозяйствования. В Программе РКП(б), принятой VIII съездом в марте 1919 г., записано:

"Советская власть, осуществив полную отмену частной собственности на землю, перешла уже к проведению в жизнь целого ряда мер, направленных к организации крупного социалистического земледелия. Важнейшими из этих мер являются:

1) устройство советских хозяйств, т.е. крупных социалистических экономий;

2) поддержка обществ, а равно товариществ для общественной обработки земли;

3) организация государственного засева всех, чьих бы то ни было незасеянных земель;

4) государственная мобилизация всех агрономических сил для энергичных мер по повышению сельскохозяйственной культуры;

5) поддержка сельскохозяйственных коммун как совершенно добровольных союзов земледельцев для ведения крупного общего хозяйства".

Большевистское руководство страны всегда ориентировалось на тотальное обобществление и соответствующие формы хозяйствования в деревне, рассматривая все осуществляемые в этом направлении методы и меры "как единственный путь к абсолютно необходимому повышению производительности земледельческого труда"[2]. Глобальной из этих мер оказалась насильственная коллективизация, лозунги об опоре на индивидуального крестьянина и его добровольное кооперирование были отброшены.

Принудительные меры не дали желаемых результатов. Коллективизация шла медленно. Популярностью среди крестьян новые формы не пользовались. Если в 1918 г. (по состоянию на 1 июня) было коллективизировано 0,1% хозяйств, то в 1927 г. – 0,8, в 1928 г. – 1,7, к середине 1929 г. – 3,9%[3]. Поэтому в год "великого перелома" и позднее на насильственную коллективизацию направляется вся мощь партийных, государственных и карательных органов. В январе 1930 г. принимается постановление ЦК ВКП(б) " О темпе коллективизации и мерах помощи государства колхозному строительству", в котором говорится: "...коллективизация таких важнейших зерновых районов, как Нижняя Волга, Средняя Волга и Северный Кавказ, может быть в основном закончена осенью 1930 г. или, во всяком случае, весной 1931 г.;

коллективизация же других зерновых районов может быть в основном закончена осенью 1931 г. или, во всяком случае, весной 1932 г."[4] В таком административно-карательном нажиме на темпы коллективизации заключена вся суть "помощи". Как это восприняли крестьяне – общеизвестно. Власти это назвали "кулацким восстанием" и запустили машину репрессий.

Правда, в марте 1930 г. принимается постановление ЦК ВКП(б) "О борьбе с искривлениями партлинии в колхозном движении", в котором говорится о нарушениях принципа добровольности, принудительном обобществлении построек, мелкого скота, последней коровы и птиц, навязывании коммун, закрытии церквей, упразднении рынков и базаров. Здесь же говорится, что "дальнейший быстрый рост колхозного движения и ликвидация кулачества как класса невозможны без немедленной ликвидации этих искривлений"[5]. Но все это, как и статья Сталина "Головокружение от успехов", было полным лицемерием.

Состоявшийся в июне-июле 1930 г. XVI съезд ВКП(б) в одной из резолюций записывает: "...партия перешла от прежней политики ограничения и вытеснения капиталистических элементов в деревне к новой политике – политике ликвидации кулачества как класса... проводимой самими бедняцкими и середняцкими классами"[6].

Уже 24 сентября 1930 г. ЦК ВКП(б) наносит удар по сельскохозяйственной кооперации. В циркулярном письме он обрушивается на попытки "подменить организацию артелей сельскохозяйственными кооперативными товариществами"[7]. Поэтому, если где таковые пока остаются вследствие "слабого колхозного движения", они должны перерастать в колхозы". В августе 1931 г. принимается новое постановление ЦК ВКП(б) "О темпах дальнейшей коллективизации и задачах укрепления колхозов", в котором требуется во всех районах страны, включая потребительскую полосу, завершить коллективизацию в 1932–1933 гг.[8]

Трудно сказать, чего больше во всех этих документах: авантюризма, административного запала или лицемерия инквизиторов. Осуждать закрытие церквей, а затем самим же отдать распоряжение взорвать собранный на народные медяки и воздвигнутый лучшими архитекторами и художниками России храм Христа Спасителя?! Обвинять местных работников в нарушении принципа добровольности и тут же давать жесткий график коллективизации! Ссылаться на инициативы бедняков и середняков, а на деле мобилизовать транспорт и силы карательных органов для депортации миллионов крестьян в Сибирь. Выкачать зерно из северокавказской и украинской деревни, довести до голодной смерти миллионы крестьян и их же обвинить в саботаже! Роберт Конквест написал потрясающую книгу по этим событиям под названием: "Жатва печали. Советская коллективизация и голодный террор"[9]. В ней документально показаны разгром крестьянства, ударная коллективизация, голодный террор на Украине, Дону, Кубани и Волге.

Теперь посмотрим на ход коллективизации глазами ее участников, свидетелей, исполнителей. Процитируем несколько документов, подобранных научным сотрудником Аграрного института Ириной Ивановной Собко по нашей просьбе в Российском Государственном архиве экономики, в Фонде народного комиссариата земледелия. Возьмем докладную записку ответственного инструктора Наркомзема СССР Сниткова о перегибах при проведении коллективизации в Шацком районе Рязанского округа Московской области:

"В Шацком районе на 01.10.29 г. коллективами было охвачено 2% крестьянских хозяйств. При осуществлении коллективизации районными властями географическая карта района была разбита на пять примерно равных частей – будущих коммун. Несмотря на то что коммуны не встречали поддержки со стороны не только середняков, но и бедняков, местные работники добивались исключительно организации коммун. Для того чтобы заставить крестьян пойти в эти коммуны, принимались следующие меры: зачисление в колхоз производилось на основании постановлений общих собраний, привлечение к ответственности несогласных идти в коллективы, лишение их земли, обложение индивидуальным налогом... Вопросы о вступлении в колхоз голосовались, как правило, в следующей форме:"Кто против колхозов и Советской власти?"

В результате таких действий в районе Кулиновского сельсовета были арестованы 12 бедняков. В деревне Александровке обобществление имущества начали проводить даже без постановления сельского схода о вступлении в колхоз. Не удовлетворяясь подобными результатами, 24 января 1930 г. районный штаб приказывает: "Шире использовать приказ №1 окрштаба, в особенности в части наложения штрафов на лиц, мешающих проведению коллективизации".

Такая практика привела к открытым выступлениям против коллективизации. На 15 марта осталось в колхозах менее 2% крестьянских хозяйств. В некоторых местах достаточно было формальных оснований для ликвидации кулацких хозяйств, как-то: дополнительное задание по хлебозаготовкам, применение пятикратки, опись и продажа имущества с торгов и т.п. Под раскулачивание нередко попадал середняк. В Екатерининском сельсовете из 12 раскулаченных хозяйств – 7 середняцких. Есть случаи, когда раскулачивали бедняков за отказ вступить в колхоз.

Темешевский сельсовет постановляет: "Выдвинутые граждане группой бедноты и бедняцким собранием от 03.02 в числе шести человек (фамилии) ввиду того, что указанные граждане не являются кулаками и для принятия их в колхоз препятствий нет, предложить последним не позднее 05.02 подать заявление о добровольном вступлении в колхоз с передачей имущества в неделимый капитал колхоза. В случае отказа выслать их из пределов Рязанского округа".

Руководство работой по коллективизации и проведению раскулачивания осуществляется системой штабов. Имеются штабы окружной, районный и подрайонный, которые принимают решения и проводят их в жизнь. Сельсоветы же заняты обслуживанием этих штабов, созывают собрания, предоставляют приезжающим работникам подводы и оказывают иное содействие.

Массовая разъяснительная работа, в первую очередь работа с беднотой, отсутствует. Методы руководства можно характеризовать самим приказом окружного штаба от 7 января. В этом приказе (12) говорится следующее: "Сельсовет должен обуздать хулиганствующие элементы села, мешающие проведению собраний и других мероприятий. Хулиганов и пьяных не только удалять с собраний и общественных мест, но и налагать на них штраф... При повторении бесчинства штрафовать повторно. Тех же, на кого эти меры не будут влиять, предавать суду, ставя вопрос о высылке из района сельсовета и лишая их земли. С кулацких хозяйств штрафы взыскивать путем отчуждения земли, с.х. машин и инвентаря". Приказ подписан секретарем окружкома Тимофеевым и председателем окрисполкома Штродахом... Ответственный инструктор НКЗ СССР Снитков"[10]. В деле имеется записка наркома земледелия Я.А. Яковлева о том, что этот доклад инструктора направлен И.В. Сталину.

Вот выдержка из сообщения уполномоченного Наркомзема СССР в Тюменском округе Уральской области наркому Я.А. Яковлеву от 8.03.1930 г.

"...приведу несколько примеров извращения на местах политики партии при коллективизации, особенно при сборе семян. Шестаковский сельсовет Ново-Заимковского района. Избач совместно с учителем заподозрили батрачку в том, что она скрывает кулацкие вещи, в т.ч. горшок с золотом. Батрачку допрашивали, арестовали, ночью повели к проруби якобы расстреливать. Она отказывалась. Тогда ее опустили головой вниз в прорубь с водой... а затем повели в лес расстреливать. По дороге она потеряла сознание...[11]

Вот такими методами проводилась коллективизация, такими приемами осуществлялась борьба с "классовыми врагами", вот такой широкий круг людей втягивался во все эти преступные деяния. Крестьяне не молчали. Они жаловались, сопротивлялись, восставали. Но против них для реализации бредовых идей "шоковыми" методами стояли партия, карательные органы, вооруженная сила, малограмотный и малоцивилизованный "актив", на который опирались все эти новоявленные штабы областного, окружного, районного и подрайонного уровня. Но вернемся к документам.

Уполномоченный Наркомзема СССР по Козловскому (ныне Мичуринск Тамбовской области) округу по подготовке и проведению весенней посевной кампании Бураков докладывает наркому Я.А. Яковлеву:

"...политическое состояние Козловского округа. По 5 марта кулацкими беспорядками было охвачено 54 селения, участников в этих беспорядках по грубому подсчету числится 20 000 человек, что составляет немного больше 2% ко всему населению округа. Пострадавших от беспорядков смертельно 24 человека, есть раненые, и есть сильно избитые, большей частью с нашей стороны..."[12]

Это доклад №2 от 6 марта 1930 г. А вот выдержки из доклада №3 от 22 марта 1930 г. того же Буракова тому же наркому Яковлеву:

"...15 марта по Козловскому округу коллективизировано 79,03%. Таким образом, темп коллективизации приостановился, кулаку... в известной мере удалось парализовать работу по коллективизации. Сейчас наблюдается массовая подача крестьянами заявлений о выходе из колхозов. По одному Раненбургскому району (более пораженному беспорядками) подано 6 000 заявлений. Руководители районов (секретари райкомов – так и работники на селе) объясняют, что основанием подачи заявлений о выходе из колхозов послужила статья т. Сталина, которая говорит о добровольном вступлении в колхозы, но эти обоснования не верны, потому что заявления о выходе из колхозов поступали и до статьи т. Сталина. Тов. Каганович тоже об этом говорил на бюро Козловского окружного комитета партии и отмечал, что подача заявлений больше всего происходит от нашей недоработки на селе. Я лично выезжал в Раненбургский район для расследования этого вопроса, специально взял одно селение, характеристика которого имеется, средняя – по количеству домохозяев, средняя по политическому состоянию села, а также средняя в хозяйственном отношении.

Село "Ломовое" Раненбургского района – числится 620 домохозяев, из них кулацких хозяйств – 8, зажиточных – 32, середняцких – 243, бедняцких – 287. Хлебозаготовки прошли в следующем порядке: было разложено хлеба на кулаков – 724 пуда, на зажиточных – 2 163 пуда, на середняков – 3 913 пудов, бедняков – 250 пудов. Выполнено кулаками 734 пуда, зажиточными – 2 583 пуда, середняками – 4 439 пудов и беднотой – 1 917 пудов. Всего выполнено 9 683 пуда, или к предложенному заданию 136%. Теперь в хлебозаготовках на одно хозяйство в среднем ложится: на кулацкое хозяйство – 90 пудов, на зажиточных – 67 пудов, на середняка – 13 пудов и на бедноту – 5 пудов. Такие же приблизительно цифры составляют хлебозаготовки как по району, так и по округу.

Сопротивляемость населения или нежелание добровольно сдать хлеб государству – если взять определение в наложении различных административных мер взыскания (суд, штрафы и т.д.), то выразится в следующих цифрах: привлекалось кулаков – 8, или 100%, зажиточных – 32, или 100%, середняков – 161, или 69%, и бедняков – 50, или 17%. В итоге привлекался 251 домохозяин – или 40% к общему количеству домохозяев на селе...

С 8 марта по 19 марта в упомянутом селе было подано всех заявлений о выходе из колхозов – 449... 105 заявлений подано повторно, таким образом, действительно заявления о выходе из колхоза составляют 349, которые распределяются в следующем порядке: от должностных и выборных лиц на селе – 25 заявлений, от зажиточных (ремесленники) – 66 заявлений, от середняцких – 131 заявление, от бедняцких – 127 заявлений. Показанные цифры – 349 заявлений определяются в 56% к общему количеству домохозяев на селе...

С 18 (марта) по 22 в Козловском округе проходит кампания по выселению кулаков за пределы ЦЧО... Расселяемым кулакам на окраину дают 1 лошадь с упряжью и инвентарем на 4 двора, поселки кулацкие определены не свыше 30 домохозяйств, земли для посева отводится в каждом севообороте по норме немного ниже средней нормы на душу населения. Если кулаки не пожелают добровольно выехать, то намечено нами организовать бедноту для их перевозки. Задачу себе поставили, что к 1 апреля кулацкие хозяйства, подлежащие выселению, должны быть выселены из сел и деревень на новые кулацкие поселки...

Сеславинский район является районом сплошной коллективизации, где работа проводилась по коллективизации в течение целого года, бросались лучшие силы и тратились лишние средства. Работа по раскулачиванию проходила несерьезно, работники, проводящие эту работу, были увлечены, потеряв всякое чувство ответственности, на совещаниях давали директивы и указания... оставлять кулаков в одних подштанниках, выпустить в портянках и т.д... Например, у гр-на Кривошеина Семена Антоновича была отобрана чашка чайная, денег 3 руб.30 коп., у Иванова Василия Анисимовича – решето, кочерга, дерюга рваная, оцененная в 5 копеек. Как общее явление отбиралось абсолютно все – даже щи, которые выливались, а мясо поедалось уполномоченными... отбирались женские панталоны и т.д."[13]

Осуществление мероприятий по коллективизации и раскулачиванию поручались, мягко говоря, не лучшим людям. Тот же Бураков в одной из докладных записок на имя наркома земледелия сообщает:

"... уполномоченными рика Жевлатовым и Ивановым производились массовые аресты бедняков и середняков за невывоз семфонда, содержание их под стражей в подвале при сельсовете вместе со скотом, избиение бедняка, пьянство, сопровождаемое половым использованием учительницы, жены лишенца, бывшего офицера, стрельба по селу, обыски, приставание к девушкам, арест своих же уполномоченных – членов партии и сопровождение их в сельсовет с обнаженным оружием. Последнее имело место и в отношении других арестованных, которых водили и стреляли (Кругловский с.совет)"[14].

Указанные в процитированных документах беззакония, насилия и издевательства над человеческой личностью не были единичными. Они были повсеместными. Продолжим свидетельства по другим районам страны.

Уполномоченный Совнаркома РСФСР и Наркомзема СССР по ЦЧО Н. Чермаш 20.04.30 г. сообщает:

"...2. Предполагаемый мною спад колхозных хозяйств по некоторым районам до 12% оказался на самом деле даже ниже этого уровня. Особенно велико снижение % охвата... в тех районах Курского округа, где допущены были особо кричащие перегибы... В Золотухинском районе % колхозных хозяйств снизился даже до 2,6%, Фатежском – до 5,6% и т.д... Кроме общих причин, повлиявших на массовый отход из колхозов (администрирование, бесхозяйственность, отсутствие подготовки, перегибы антирелигиозного характера и т.д.), не последнюю роль в этом деле играет невозможность организационно-технического и хозяйственного обслуживания вовлеченных в колхозы хозяйств...

Однако на первое место среди причин распада колхозов нужно поставить меры принуждения и запугивания, применявшиеся при вовлечении в колхозы. Только этим можно объяснить то обстоятельство, что в районе Охачевской МТС Щигровского района Курского округа крестьяне селений Морозовки и Лавровки из опасения, что их против воли зачислят в колхоз, противодействовали обработке их полей тракторами, избили трактористов, угрожали лечь в борозды, чтобы помешать работе тракторов... 3. Раскулачивание в обследованных мною 4-х районах Курского округа (Солнцевском, Тимском, Щигровском и Курском) представляет довольно пеструю картину по степени перегибов. Но перегибы эти принимают прямо безобразные формы в Солнцевском районе, где раскулачивание сопровождается массовым закрытием церквей (осталась незакрытой только одна церковь на район), разрушением и уничтожением церковной утвари и колоколов, стрижкой и бритьем попов, отнятием всего имущества вплоть до коробки спичек без составления, как правило, описей отнимаемого у раскулаченных, к числу которых отнесены и учительницы, и семьи красноармейцев, и даже бедняки"[15].

Крестьяне, помимо угроз лечь в борозды, избиения уполномоченных, оказывали массовое сопротивление, выдвигали как экономические, так и политические лозунги. Уже упоминавшийся нами уполномоченный Наркомзема Бураков сообщает, что в марте 1930 г. в одном только Раненбургском районе в беспорядках участвовало около 10 тыс. человек. Власти подняли на крестьян оружие. Было убито 4 и ранено 12 человек. Среди убитых была одна монашка и две другие женщины (дочери кулака). Лозунги же выдвигались следующие: "...1) Долой колхозы! 2) Да здравствует Советская власть 1925 года! 3) Долой насилие, свободу народу! 4) У нас нет кулаков! 5) Возвратите семена!"[16]

Вдумайтесь в эти лозунги. Чего хотят и чего не хотят крестьяне? Подчеркиваю – крестьяне. Как мы уже видели из документов, карали зажиточных и бедных, середняков и кулаков, карали всех крестьян, кто не хотел идти в колхоз, кто не хотел отдать последний кусок хлеба, кто сопротивлялся реквизиции семенного фонда. И под видом уполномоченных Советской власти, наряду с фанатиками немедленного построения коммунизма, мы встречаем обыкновенных уголовников, грабителей, насильников, подонков. А хотели-то крестьяне всего лишь времен нэпа, хотели нормально жить и работать. И больше ничего. Но пирамида власти, на вершине которой восседал Иосиф Сталин, не желала обеспечить этих элементарных для любого человека условий. Для нее вообще человек был ничто, люди – просто "масса". Это отпугивающее слово "масса" нашло законное место в официальных документах, в речах вождей. И Ленин любил употреблять это слово "масса" в отношении своего народа.

Уполномоченные в приведенных нами документах пишут об искривлениях. Мягко пишут. Очевидно, это были нормальные, порядочные люди. Они понимали, что нельзя народ насиловать. А директивы о темпах коллективизации, о ликвидации кулачества как класса также рождались не в районах и не в сельсоветах, а в Политбюро ЦК ВКП(б). Инструкция о кулацких поселениях была утверждена коллегией Наркомзема РСФСР 1 апреля 1930 г. (протокол №33, п.8). Приводим выписку из этого постановления, которая была разослана на места для руководства.

"При выселении кулацких хозяйств из районов сплошной коллективизации... создавать поселки в размере, определяемом комиссией в каждом отдельном случае, но не менее 20 и не более 100 дворов. Размеры поселков должны обеспечивать возможность организации в них медикосанитарной помощи, школы, потребительских и иных с.х. производственных хозяйств. Поселки должны находиться... вне пограничной полосы, по возможности далеко от расположения ж.д., шоссейных и водных путей.

При отводе с.х. угодий для поселков с кулацкими хозяйствами необходимо учесть, что земли должны быть худшего качества. Запрещается организация хуторов и отрубов данных поселков. Форма землепользования должна быть аналогична поселковым товариществам. Допускается с особого разрешения организация в не уставных поселках товариществ, находящихся под административным руководством особого назначенного лица (коменданта).

Определение мест нахождения поселков, норм земельных наделов при отводе земель... а также администрации поселка в каждом отдельном случае производится комиссией в составе представителей земорганов, ОГПУ, административных управлений Облисполкомов (подчеркнуто нами. – *А.Н.*)... Народный комиссар земледелия РСФСР (подпись)"[17].

Читая это постановление, нельзя не вспомнить генерала Аракчеева, которому не удалось в свое время покрыть всю территорию России военными поселениями, хотя он и очень старался. И там, где они были заведены – в Новгородской, Петербургской, Могилевской, Херсонской, Екатеринославской и некоторых других губерниях, – в течение всего времени их существования с 1810 по 1857 г. в них постоянно бурлило недовольство, вспыхивали восстания. Особенно крупные выступления поселенцев были в 1819 г., когда было арестовано более 2 тыс. человек, многие были до смерти забиты шпицрутенами, а также восстание в июле 1831 г. близ Старой Руссы Новгородской области.

Сталин превзошел Аракчеева, покрыв всю Россию известными поселениями. И только Александру Исаевичу Солженицыну с его титанической работоспособностью и талантом удалось показать невиданный ранее архипелаг угнетения, куда входили и эти поселения 1930 г.

Наркомат земледелия, как видно из постановления коллегии, не забыл упомянуть и медицинское обслуживание, и школу, и лавку, и производство. А как было в действительности? Скорые приговоры выносила комиссия – "тройка", где не последнее место занимал представитель ОГПУ. И подобные злодеяния творились не только в Московской, Центрально-Черноземной областях и Средневолжском крае. Они вершились по всей России. Эти события требуют обстоятельных новых исследований, с которыми надо поспешить, пока еще кое-кто жив из обитателей этих поселков.

Но обратимся еще к документам этого страшного года. Уполномоченный Наркомзема СССР по Ивановской Промышленной области в своем докладе от 18 марта 1930 г. пишет:

"... Много повредило коллективизации массовое закрытие церквей и изъятие духовенства. В некоторых районах были случаи женских демонстраций (так, например, в Домнинском сельсовете Пучежского района собралась толпа в несколько сот женщин и направилась к сельсовету с требованием немедленно открыть церковь и освободить попа, причем председателя сельсовета всего заплевали, а уполномоченного рика защипали, но больше никаких насилий не производили. После этого церковь "по ходатайству граждан" открыли)...

Захвачен чрезвычайно большой процент середняков, а в тех случаях, когда раскулачивались кулаки, изъятие имущества допускалось буквально "до последней нитки" и "куска хлеба". Причем кулаки остаются в своих деревнях, ходят нищенствуют и пользуются помощью середняка и бедняка. Кроме того, при раскулачивании кулаков скот не сводили на общественные дворы, а передавали в пользование беднякам, и оставшийся в деревне кулак приходил к бедняку и его "усовещал", и бедняки в ряде случаев после этого приходили в сельсовет с просьбой взять от них коров обратно...

За последние дни областными, окружными и районными организациями принят ряд мер, направленных к устранению вышеперечисленных ошибок... Послан в районы ряд ответственных работников... При выяснении причин ликвидации базаров, нами установлено следующее: инспектора райфо выходили на базар, заставали крестьянина с корзиной фунтов 20 рыбы, наловленной в Волге, рыбу отбирали, штрафовали на 20–50 рублей "за торговлю без патента", дальше заставляли брать патент, лишали права голоса как "торговца", а затем он подлежал раскулачиванию. Были случаи аналогичного порядка с продажей и других с.х. продуктов..."[18]

Большой интерес представляют данные Информационного отдела ОГПУ НКВД. Этот отдел регулярно посылал сводки практически по всем регионам страны о ходе коллективизации, искривлениях и беззакониях, о голоде, настроении и высказываниях людей. Информационные записки посылались: Менжинскому, Ягоде, Мессингу, Евдокимову, Бокию, Товстухе (для И. Сталина), Молотову, Кагановичу, Микояну, Орджоникидзе, Яковлеву. Таким образом, руководство страны знало, что делается в российской деревне. Эти доклады мало чем отличаются от сообщений уполномоченных Наркомзема СССР, однако сошлемся на некоторые из них.

В сводке Информационного отдела ОГПУ от 01.02.30 г. говорится:

"...в Инзенском и Барышском районах у части местного сов. парт. актива была определенная установка на проведение коллективизации принудительными методами, что ярко выразилось в заявлении отдельных работников окружной комиссии по проверке и выявлению допущенных перегибов:"Демократией в колхоз не вгонишь", "Без арестов колхоза не создашь" и т.п. В ряде районов Самарского, Ульяновского округов и Молдавской области отдельные докладчики на собраниях угрожали, в случае отказа от коллективизации, высылкой в Соловки, Сибирь и другими репрессиями. Методы принудительной коллективизации вызывали сильное недовольство основных прослоек деревни (это признает ОГПУ! подчеркнуто нами. – *А.Н.*): "Как же это так, партия говорит, что вступление в колхоз добровольное, а тут Соловками угрожают... Секретарь Инзенского райкома ВКП(б) также производил аресты отказывающихся вступать в колхоз. По Шинганскому району уполномоченными арестовано 20 человек преимущественно бедняков и середняков... Бугурусланский округ. В с. Шанталы на пленуме сельсовета член сельсовета заявил, что: "Коллективная жизнь не есть свободная жизнь, а всегда человек будет находиться под начальством и принуждением: каждый член колхоза не имеет права распоряжаться своими трудами и все это поведет к развалу хозяйства. Партийцы стараются устроиться на службу, рабочие – на фабрику, за это получают деньги, а крестьянин в коллективе не может этого делать и этим самым заковывает себя в кандалы..."[19]

19 мая 1930 г. этот же Информационный отдел ОГПУ сообщает о том, что население многих районов Центрально-Черноземной, Иваново-Промышленной областей, Нижне-Волжского и Средне-Волжского краев "сильно нуждается в хлебе", "ощущает нужду в продовольственной помощи", "во всех округах отмечены случаи питания суррогатами и примеси их в хлеб". В больницах лежат страдающие от истощения. Много фактов самовольного захвата семенного материала на питание. Особенно женщины собираются толпами, взламывают склады и разбирают зерно. "...Шуйский округ. Норма снабжения нуждающихся в пайке недостаточна: на едока 4 кг муки (преимущественно ржаной) и 75 грамм сахара в месяц. С 1 октября 1929 г. кроме этих продуктов, ничего не получили..."[20]

Итак, крестьяне доведены до голода. У них опять отбираются хлеб, скот, инвентарь. Силой и угрозами загоняют в колхозы. Пройдет немного времени, и Сталин в одном из своих докладов скажет: "Жить стало лучше, жить стало веселей". В этом есть доля правды, а может быть и вся правда: ведь после того, что пережило крестьянство России в год "Великого перелома" любой ад покажется раем. Даже и в том случае, когда за срезание колосков поспевающей ржи или пшеницы на питание полагалась тюрьма. Изворотливый ум и упорное самообразование позволили Сталину хорошо овладеть византийским опытом, опытом Макиавелли и Талейрана в борьбе за власть, иезуитским умением говорить одно, а делать другое, сталкивать лбами и поодиночке уничтожать противников. Но судьбы простого человека, крестьянина, рабочего, интеллигента никогда не были близки ему и дороги. Солдатская шинель, сапоги и военная фуражка, которые он носил всю жизнь, не есть подлинное свидетельство его близости к народу.

Таким образом, теоретическая формула, сложившаяся во время сибирской поездки на хлебозаготовки, а затем четко и ясно высказанная в декабре 1929 г. на конференции аграрников-марксистов, успешно, по графику и даже опережая его, выполнялась. Колхозы насаждались, невзирая на нежелание и сопротивление крестьян. Кулачество ликвидировалось как класс. А вместе с кулаками увозились в места, не столь отдаленные, середняки и бедняки. Им предстояло осваивать таежные районы, засоленные и безводные степи. Вместе с мужиками в "телячьих" вагонах отправлялись их семьи: дети, жены, старики. Многие умирали в дороге. Эта эпопея еще ждет своих летописцев. Тайны уже сняты с документов, на которых недавно стоял гриф "секретно". Но наши писатели это уже показали образно и убедительно.

Советская статистика, при всех ее недостатках, не скрывает факта разрушения производительных сил деревни в ходе коллективизации. Резко сократились объемы производства продукции, уменьшилось поголовье скота (табл. 6.1).

Таблица 6.1

Поголовье скота в СССР, млн. голов

Вид скота	1929 г.	1933 г.	1933 г. к 1929 г., %
Лошади	34,0	16,6	48,8
Крупный рогатый скот	68,1	38,6	56,7
Овцы и козы	147,2	50,6	34,4
Свиньи	20,9	12,2	58,3

Эти данные приведены в докладе И. Сталина на XVII съезде ВКП(б)[21] и, как бы по иронии, в разделе "Подъем сельского хозяйства".

Если сравнить приведенные данные с потерями от мер военного коммунизма, то они их намного превосходят. Это и неудивительно. Ведь насилие, злоба и голое командование никогда не несут созидания. Сюда надо добавить еще и некомпетентность на всех уровнях: внизу отстраняются и подвергаются репрсссиям трудолюбивые и опытные крестьяне, заменяются представителями бедноты, неспособными рационально вести хозяйство. Наверху же вместо опытных специалистов и ученых, отправленных в тюрьмы и лагеря, к руководству приходят политические демагоги. Например, с установочными докладами по социалистической реконструкции сельского хозяйства выступает Лазарь Каганович – сапожник по профессии, в те годы секретарь ЦК ВКП(б). Он же ведает кадрами, подбирает людей и формирует политотделы в МТС и совхозах.

Ущерб, нанесенный коллективизацией, не ограничивается разрушением производительных сил – были подорваны крестьянский образ жизни, крестьянская мораль, этика и духовность, потенциал науки. Это последнее особенно страшно. Двадцатый век для России и других республик бывшего Союза ССР, но особенно для России, драматичен, если учесть потери в первой мировой и гражданской войнах, от голода в 1921 и 1932–1933 гг., от коллективизации и великих репрессий 30–40-х гг., в Отечественную войну 1941–1945 гг., от массовых эмиграций. Особенно пострадали крестьянство и интеллигенция.

СОЗДАНИЕ ВАСХНИЛ И ЕЕ ПЕРВЫЕ ШАГИ

Россия давно испытывала необходимость в едином научном центре по аграрным исследованиям. Громадные пространства, разнообразие природных и экономических условий, резко выраженные региональные особенности, развитие внутреннего рынка и вхождение в мировой, разраставшаяся сеть опытных учреждений и многое другое объективно обуславливали необходимость в таком центре. Ко всему этому еще добавились процессы социалистической реконструкции сельского хозяйства. Нужна ли была такая реконструкция, какой она оказалась на самом деле, – это другой вопрос.

В прошлом вопросами науки занималось непосредственно Министерство земледелия и государственных имуществ. Возглавляли этот участок работы выдающиеся ученые и организаторы науки. Например, с 1885 по 1895 г. в названном министерстве наукой ведал профессор Павел Андреевич Костычев, а в 1916 г. руководителем Ученого комитета министерства стал Николай Максимович Тулайков, до этого возглавлявший Безенчукскую опытную станцию и прошедший стажировку в университете Беркли, в Калифорнии. Кстати, оба они – крестьянские дети, причем Костычев из семьи крепостных, а Тулайков малоимущих земледельцев. В определенном смысле функции будущей ВАСХНИЛ в дореволюционной России выполняло ИВЭО, которое Советская власть упразднила.

Создание Всесоюзного центра аграрной науки и его деятельность широко освещены в специальной литературе, имеющейся во всех крупных библиотеках нашей страны, и потому отпадает необходимость подробного описания этой проблемы. Сошлемся лишь на некоторые источники последних лет[22,23,24]. Научное сообщество, названное ВАСХНИЛ, просуществовало 62 года, 7 месяцев и 10 дней, оставив заметный след в развитии всех основных отраслей аграрной науки, вырастив и объединив несколько школ ученых.

Еще 21 мая 1918 г. Совет народных комиссаров РСФСР под председательством В.И. Ленина признал необходимым создание Российского института сельскохозяйственной науки. В этом же году был организован Государственный институт экспериментальной ветеринарии, а затем Станция по изучению кормовых растений и кормовой площади (1922 г. – Государственный луговой институт, с 1930 г. – Всесоюзный НИИ кормов).

В 1919 г., открывается Научный институт по удобрениям (с 1933 г. Научный институт по удобрениям и инсектофунгицидам – НИУИФ). Тогда же А.В. Чаянов образовал уже упоминавшийся Высший семинарий сельскохозяйственной экономики и политики (с 1922 г. – институт с таким же названием). В 1920 г. создается Конъюнктурный институт Н.Д. Кондратьева, позднее перешедший из Петровской сельскохозяйственной академии в ведение Народного комиссариата финансов.

На I съезде Советов СССР 30 декабря 1922 г. В.И. Ленин выдвинул идею организации Центрального научного института сельского хозяйства с отделениями во всех союзных республиках для объединения сил научных и практических работников в целях быстрейшего подъема сельского хозяйства. В этом же году в Петрограде создается Институт прикладной зоологии и фитопатологии (современный ВИЗР), развертывает работу Государственный институт опытной агрономии. В следующем году на Кольском полуострове начинает функционировать Полярная опытная станция.

8 августа 1924 г. Президиум ЦИК принимает постановление об организации Всесоюзной академии сельскохозяйственных наук и присвоении ей имени Ленина. Однако до практического осуществления этого решения еще далеко. В этом году при Институте опытной агрономии по всей территории России начинает функционировать сеть сортоиспытательных участков – "Госсортсеть". Впервые проводится апробация сортовых посевов. В Средней Азии под Ташкентом и на Кубани появляются крупные опытные станции.

16 июня 1925 г. в Ленинграде учреждается Институт прикладной ботаники и новых культур при Совнаркоме СССР с отделениями во всех союзных республиках (с 1930 г. – Всесоюзный институт растениеводства – ВИР). Этот институт со дня основания до 6 августа 1940 г., то есть до дня ареста, бес-

сменно в течение 15 лет возглавлял великий ученый-биолог XX в. Николай Иванович Вавилов. В его судьбе выражен весь драматизм российской науки. Россия на протяжении веков не научилась беречь и хранить своих гениев и талантов. К сожалению, так было со многими лучшими представителями людей творческого, умственного труда. Многих из них либо убивали, либо изгоняли, либо им создавали невыносимые условия. На них насылали всяких шунденков* и шлыковых*, как в случае с Н.И. Вавиловым, глазами, ушами и руками которых Система проводила сыск и травлю.

ВИР под руководством Н.И. Вавилова становится крупнейшим в мире растениеводческим и генетическим научным центром. Благодаря энергии и инициативе великого ученого, институт быстро обрастает филиалами и станциями в различных природных зонах страны. Авторитет Вавилова растет, и это признает весь мир. Но кого-то в собственной стране это не устраивает, и вскоре в НКВД на него заводятся тома с доносами. Но наука продолжает развиваться. В 1927 г. создается Почвенный институт имени В.В. Докучаева.

25 июня 1929 г., через пять лет после решения Президиума ЦИК Совнарком СССР принимает постановление об организации Всесоюзной Академии сельскохозяйственных наук как ассоциации научно-исследовательских институтов. Эту дату и следует считать днем рождения академии. Одновременно президиуму академии поручается до 1 января 1930 г. организовать 10 новых институтов: Институт экономики сельского хозяйства, Институт организации крупного сельского хозяйства, Институт борьбы с вредителями и болезнями растений, Институт борьбы с засухой, Институт мелиорации, Институт земледелия, Институт животноводства, Институт рыбного хозяйства, Институт кукурузы, Фундаментальную сельскохозяйственную библиотеку. Все эти институты были созданы. Кроме того, в 1930 и 1931 гг. были открыты еще многие институты: микробиологии, сельскохозяйственной авиации, пропаганды и массового опытничества, лубяных культур, масличных культур, льна и конопли, молочного хозяйства, мясного скотоводства, овцеводства и козоводства, лесокультур и агромелиорации, пчеловодства, садоводства, гельминтологии и др.

Поначалу ВАСХНИЛ находилась в непосредственном подчинении Совнаркома – правительства СССР, в январе 1930 г. передана в ведение Наркомзема СССР. Президентом академии правительство утвердило Николая Ивановича Вавилова (1887–1943), вице-президентом Николая Петровича Горбунова (1892–1938) и Николая Максимовича Тулайкова (1875–1938). Все они погибли во время великих репрессий, равно как и назначенный президентом ВАСХНИЛ после Н.И. Вавилова Александр Иванович Муралов (1886–1937) и после А.И. Муралова – Георгий Карлович Мейстер (1873–1937).

Просьба к читателям не удивляться словам: "назначен" и "утвержден". Дело в том, что персонального членства в академии до 1935 г. не было. Поэтому и выборов не было. После установления персонального членства вплоть до 1956 г., то есть два десятилетия академиков и членов-корреспон-

---

* Г.С. Шунденко и Г.Н. Шлыков – внедренные в ВИР агенты НКВД, осуществлявшие слежку и травлю Н.И. Вавилова. Поначалу были аспирантами, затем один из них, после защиты кандидатской диссертации, без ведома и вопреки воле Вавилова, президентом ВАСХНИЛ Т.Д. Лысенко был назначен заместителем директора ВИРа.

дентов также не избирали, а утверждали постановлением правительства. Во время пребывания на посту президента ВАСХНИЛ Т.Д. Лысенко этот вопрос фактически решали два человека: Сталин и Лысенко.

При организации ВАСХНИЛ в ее состав были включены крупные ученые – члены Академии наук СССР, проблематика исследований которых была близка аграрной сфере и результаты их деятельности могли прямо влиять на развитие сельскохозяйственной науки и производства. Это были академики Иван Гаврилович Александров (1875–1936), крупный энергетик и гидротехник, один из авторов плана ГОЭЛРО и строительства Днепрогэса; Эргард Викторович Брицке (1877–1953), химик-технолог, выпускник и профессор Рижского политехнического института, создатель Института удобрений в Москве; Василий Робертович Вильямс (1863–1939), почвовед и луговод, проработавший практически всю жизнь в Тимирязевке, организатор станции, а затем Института кормов в Луговой Дмитровского уезда Московской губернии; Борис Александрович Келлер (1874–1945), ботаник, специалист по степной и пустынной растительности, возглавлял многие экспедиции, директор Московского ботанического сада и Почвенного института; Валериан Владимирович Осинский (1887–1938), экономист и статистик, революционер, возглавлял Государственный банк РСФСР, Высший Совет народного хозяйства, ЦСУ. Погиб в сталинских застенках; Дмитрий Николаевич Прянишников (1865–1948), агрохимик, биохимик и физиолог растений, создатель классического труда "Агрохимия". Работал в течение 53 лет в Тимирязевке, 40 лет – в МГУ, на Голицынских Высших женских курсах. Ряд лет возглавлял Тимирязевку и Голицынские курсы. Организовал и руководил Институтом удобрений и агропочвоведения (ВИУА), поставил Географическую сеть опытов с удобрениями; Андрей Александрович Рихтер (1871–1947), физиолог растений и биохимик, профессор Петроградского и ректор Пермского университетов, организатор и руководитель Института физиологии растений АН СССР; Николай Максимович Тулайков, агроном и почвовед.

В 1935 г. решением Совнаркома СССР утверждаются 42 члена ВАСХНИЛ, включая и упомянутых 8 академиков АН СССР. Однако в ходе репрессий 1937–1938 гг. 14 человек из них погибают. Тем не менее ВАСХНИЛ приобретает новое качество: она становится не только ассоциацией институтов, но и ассоциацией ученых. Сеть научных учреждений продолжает быстро расти. Создаются институты, их филиалы и станции в центре, союзных республиках и областях, комплексные и специализированные, научно-исследовательские и опытные. Этот рост приобретает во многом стихийный характер.

Совет Народных Комиссаров СССР 16 июля 1934 г. по докладу президента Н.И. Вавилова принимает постановление "О работе Всесоюзной Академии сельскохозяйственных наук имени В.И. Ленина"[25]. В этом документе признается большая работа, проведенная академией по открытию сети научно-исследовательских учреждений, впервые охвативших все важнейшие отрасли сельского хозяйства, а также отмечаются крупные работы, особенно по разработке "методов яровизации", искусственному осеменению животных, собиранию "мировых ассортиментов сельскохозяйственных культур", созданию ряда новых сортов и размещению их.

Вместе с тем Совнарком отметил, что "академия не выполнила основных возложенных на нее задач: систематически отставала в своей работе от предъявляемых к ней социалистическим земледелием требований, недостаточно боролась против вредных теорий упрощенной агротехники, в частности против теории мелкой пахоты, неудовлетворительно руководила селекционным делом, особенно по пшенице и хлопчатнику, не сигнализировала о недостатках в деле семеноводства и размножения высокоурожайных сортов, недостаточно занималась вопросами применения удобрений, не уделяла должного внимания задачам механизации пропашных культур и не преодолела отрыва научной работы от сельскохозяйственной практики". Далее отмечаются недостатки в области животноводства, кормопроизводства и ветеринарии, говорится о причинах неудовлетворительной работы академии, которые сводятся к следующему: "а) неправильное организационное построение самой академии, механически соединившей массу разрозненных научно-исследовательских учреждений, и превращение ее президиума в управленческий аппарат Народного Комиссариата Союза ССР; б) доведение до крайности узкой специализации в научной работе, создание значительного количества нежизненных учреждений, часто по отдельным случайным проблемам, что неизбежно вело к распылению научных кадров и материальных средств; в) совершенно недостаточное научное обобщение массового опыта передовых совхозов, машинно-тракторных станций и колхозов".

Совнарком постановил реорганизовать академию на следующих основаниях: "а) академия является высшим научным учреждением по сельскому хозяйству в Союзе ССР; она состоит из выбранных действительных членов (академиков), почетных членов и членов-корреспондентов... б) сессии академии созываются регулярно для обсуждения важнейших вопросов сельского хозяйства, планирования сельскохозяйственной науки, экспертизы крупнейших проектов... в) во главе академии стоит президент академии, выполняющий возложенные на него задачи с помощью двух заместителей – первого и второго вице-президентов и ученого секретаря; президент, вице-президенты и ученый секретарь утверждаются Советом Народных Комиссаров Союза ССР... г) филиалы академии ликвидируются..."

Правительство оставило в составе академии только следующие институты с их периферийной сетью: Всесоюзный институт растениеводства (ВИР), Селекционно-генетический институт (Одесса), ВИУА (Москва), ВИЗР (Ленинград), Институт микробиологии (Ленинград), Агрофизический институт (Ленинград), Центральную генетическую плодоягодную лабораторию (Мичуринск), Институт животноводства, Институт акклиматизации и гибридизации животноводства (Аскания Нова), Институт гидротехники и мелиорации, Институт электрификации сельского хозяйства, Институт болотного хозяйства (Минск), Институт экономики сельского хозяйства. Кроме того, в академию входили Центральная научная сельскохозяйственная библиотека, аспирантура и издательство. Все остальные институты переданы Народному Комиссариату земледелия СССР с распределением по Главкам, Народному Комиссариату совхозов, Наркомземам союзных и автономных республик. Некоторые были просто закрыты, некоторые преобразованы. Установлен порядок, по которому новые институты впредь могут открываться только с разрешения Совета Народных Комиссаров СССР.

Следует отметить, что похвала за разработку Т.Д. Лысенко методов яровизации была незаслуженной, а метод оказался бесплодным. Что же касается упрека за мелкую пахоту, то он был необоснованным. Дело в том, что в засушливых условиях подтвердилась высокая эффективность этого приема.

ВАСХНИЛ с первых дней своего существования проводила огромную работу по созданию научных учреждений, координации и консолидации работ, подготовке научных кадров, установлению связей и сотрудничества с зарубежными учеными и научными центрами. Это была уникальная, всеобъемлющая система, какой, пожалуй, не имела ни одна страна мира. В большой степени это определялось широкой эрудицией первого президента Николая Ивановича Вавилова. Основные задачи академии он сформулировал следующими словами: "Углубленная оригинальная исследовательская работа в направлении решения важнейших практических сельскохозяйственных задач... максимум внимания синтезу разрозненных знаний... быть на высоте мировой науки, помочь стране, помочь ее работникам в науке на местах, готовить новые кадры, тесно увязывать исследования, осваивать новые просторы на севере и юге"[26].

Данным принципам академия стремилась следовать всегда, хотя это было нелегко. Отрицательно сказывалось постоянное вмешательство в ее деятельность партийных и государственных структур. При Вавилове директивные указания выполнялись не всегда безотказно. Опеки он не любил, старался уходить от нее. В академии постоянно шла борьба между подлинными учеными, не бросающими нереалистичных обещаний и не исповедующими принцип "чего изволите", с одной стороны, и людьми, готовыми на любые фальсификации в подтверждение заданного решения, с другой. Последние вскоре найдут достойного лидера в лице Трофима Лысенко, доверят ему на долгие годы руководство аграрной наукой страны. Самое удивительное в том, что он будет приближен как к подозрительному Сталину, так и к открытому Хрущеву. О лысенковщине и борьбе Лысенко с Вавиловым написано много, имеется богатая литература как в России, так и за ее пределами. Недавно вышла крупная монография Валерия Сойфера[27]. Оставляя на совести автора его оценки отдельных людей, следует сказать, что здесь скрупулезно собран богатейший фактический материал о борьбе в генетике, о трагедии Вавилова и его школы. Но вернемся к тридцатым годам в работе ВАСХНИЛ.

В недрах академии выросло много плодотворно работавших школ, но еще больше было загублено. К сожалению,почти все видные экономисты погибли или находились в застенках ГУЛАГа. Добивали генетиков. Технологические, технические и некоторые ветви биологических наук хотя и в меньшей мере, но также испытывали надзор. Чудом сохранился академик Д.Н. Прянишников, несмотря на постоянное противостояние ему В.Р. Вильямса и Т.Д. Лысенко. Вот что писал В.Р. Вильямс в 1937 г. по адресу Д.Н. Прянишникова: "...Я утверждал и утверждаю, что травопольная система земледелия, как система агротехнических мероприятий, гарантирующая высокую производительность труда в сельскохозяйственном производстве, единственно достойна эпохи социалистического переустройства сельского хозяйства... Д.Н. Прянишников и его школа "минеральных" агрохимиков грубейшим образом игнорирует все факторы жизни растения, за исключением одного – пищи... Акад. Прянишников, вместо того чтобы авторитетом крупного ученого опровергнуть грубые, вредные и даже вредительские противопоставления одних приемов агротехники другим, оставаясь верным себе, сам впадает в порочное механистическое толкование... гнилое нутро агрохимической методологии... Читающему нетрудно обнаружить родство душ не только Либиха и Мальтуса, но и нашей агрохимической школы... идеологически чуждые "теории", которые служили и, при пропагандируемом Д.Н. Прянишниковым либерализме, еще могут долго служить базой вредительства в агротехнике"[28]. Вот такая "научная" дискуссия. Суть ее в том, что не согласный с Вильямсом Д.Н. Прянишников, читай, поощряет и покрывает вредительские теории. Вспомним, что это было опубликовано в год пика репрессий. К обвинениям в адрес Н.И. Вавилова еще вернемся. Но и из приведенных цитат Вильямса видно, насколько заидеологизирована и заполитизирована была аграрная наука, даже земледелие, как густо наука замешивалась на политике и как непорядочные люди могли использовать убийственное оружие в борьбе с научным оппонентом.

Самым крупным и влиятельным оппонентом Вильямса, пытавшегося на все регионы России, на все ее географические и почвенно-климатические зоны навязать травопольную систему земледелия, был Н.М. Тулайков, вице-президент ВАСХНИЛ, уроженец Поволжья, работавший долгие годы в научных учреждениях этого региона – эпицентре все чаще и чаще повторяющихся засух с трагическими последствиями, голодом. Тулайков в своей обширной работе "Рецензия на книгу В.Р. Вильямса. Почвоведение. Общее земледелие с основами почвоведения"[29] убедительно показал схематичность, противоречивость и необоснованность многих положений Вильямса, особенно для засушливых условий. Эта работа Тулайкова была рекомендована в 1936 г. Наркомземом в качестве учебного пособия для вузов. И тем не менее она сыграла роковую роль в жизни Тулайкова: он поднял голос на официально признанного властями законодателя в вопросах земледелия, или, попросту говоря, придворного ученого. Если учесть длительную стажировку Николая Максимовича в США да еще работу в Министерстве сельского хозяйства царского и Временного правительства, его принципиальность и неподкупность в отстаивании истины, то по тем жестоким временам, "компромата" набралось достаточно. Рецензия же Тулайкова выдержана последовательно в самой корректной форме, как и полагается подлинному ученому. И тем не менее он был арестован и 20 января 1938 г. расстрелян. Официально он обвинялся в распространении "вредительского" метода мелкой пахоты. Так погиб ученый с мировым именем, автор более 400 научных работ, член многих зарубежных научных обществ, лауреат Ленинской премии, создатель теории борьбы с засухой.

Проблема засухи и борьбы с нею всегда были для России актуальны. Это объясняется континентальностью климата на большой территории, широким распространением сухих степей в районах юго-востока, юга и центра страны, исчезновением здесь лесов и обеднением водного питания. Недавно вышедшая монография Е.П. Борисенкова и В.М. Пасецкого "Тысячелетняя летопись необычайных явлений природы"[30] показывает, что засухи, суховеи, голодные годы, великие дожди и прочие неблагоприятные явления повторялись из столетия в столетие, с конца IX в. до наших дней. Эта проблема для нас вечная.

В 1931 г., с 26 по 31 октября состоялась Всесоюзная конференция по борьбе с засухой. На ней была представлена практически вся агрономическая и биологическая наука Союза ССР. На открытии конференции выступили В.М. Молотов и М.И. Калинин. На заключительном заседании итоги подвел нарком земледелия Я.А. Яковлев. Вся основная работа велась на секциях. Было заслушано более 80 докладов. Головными из них были: по секции анализа причин, порождающих засуху и суховеи, проф. А.Ф. Вангенгейма, председателя Гидрометкомитета; по вопросам агротехники – проф. Н.М. Тулайкова; по вопросам селекции – Н.И. Вавилова, президента ВАСХНИЛ; по вопросам добывания воды – проф. А.Н. Костякова; по организационным и массовым мероприятиям в области борьбы с засухой – проф. В.И. Румянцева. Было принято 10 резолюций. Предлагалось осваивать противозасушливую систему обработки почвы, сокращать сроки работ, вводить севообороты, бороться с сорняками, не гнаться за расширением посевов (по Тулайкову); внедрять засухоустойчивые культуры и сорта (по Вавилову); начать широкие ирригационные работы и полезащитное лесоразведение[31]. ВАСХНИЛ в дальнейшем еще не раз вернется к проблеме борьбы с засухой, включая 40-е, 50-е, 60-е, 70-е и 80-е годы.

Таким образом, в земледельческой и почвоведческой науке сложились две школы: выросшая в сухих степях, в "солнечном, знойном, суровом краю", школа Тулайкова, закалявшаяся и проверявшаяся на практике южного земледелия, и школа Вильямса, всемерно поощрявшаяся и поддерживавшаяся власть предержащими. Это не был нормальный научный спор. Вильямс умел, как мы уже видели на примере с Прянишниковым, преподнести вопрос в политической обертке, что было угодно высшему руководству. Тулайков погибает, его теория объявляется " вредительской", сторонники Вильямса (Бушинский, Чижевский и др.) торжествуют.

В 30-е гг. в рамках ВАСХНИЛ получает развитие школа лесоводов и агролесомелиораторов. Ее признанным главой является Георгий Николаевич Высоцкий (1865–1940), выходец из села Никитовка Глуховского уезда Черниговской губернии, выпускник Московского сельскохозяйственного института, геоботаник и лесовод, соратник В.В. Докучаева, с 1892 по 1904 гг. заведующий Великоанадольским участком его экспедиции. С 1904 г. работал в Постоянной комиссии по лесному опытному делу в Петербурге, долго занимался степным лесоустройством. С 1918 г. профессор Киевского, затем Таврического университета, с 1926 г. работает в Харьковском (б. Новоалександрийском) институте. Академик ВАСХНИЛ с 1935 г. Автор более 200 работ по лесоводству, гидрологии и опытному делу. Установил закономерности водного режима и питания грунтовых вод в степных условиях. Первым начал изучать микроклимат.

К этой же школе, которая ведет свое начало от В.В. Докучаева, принадлежал Николай Иванович Сус (1880–1967), почетный академик ВАСХНИЛ, воспитанник Петербургского лесного института, с 1920 г. профессор Саратовского университета, с 1931 г. по 1938 г. одновременно работавший во Всесоюзном НИИ агромелиорации. Его работы посвящены укреплению оврагов, облесению песков, полезащитному лесоразведению. Основные труды: "Агролесомелиоративное дело" (1933), "Защитное лесоразведение" (1948), "Эрозия почвы и борьба с нею" (1949). Родоначальником мелиоративной школы выступает Алексей Николаевич Костяков (1887–1957), академик ВАСХНИЛ с 1935 г., член-корреспондент АН СССР с 1932 г., выпускник Московского сельскохозяйственного института. В 1912-1919 гг. он впервые в России начал гидромодульные исследования. Создал кафедру мелиорации в Тимирязевской академии, затем в Московском институте инженеров водного хозяйства. Возглавлял долгие годы Институт гидротехники и мелиорации, носящий сегодня его имя. Обосновал методы планирования, проектирования и строительства мелиоративных систем, а также режимы орошения, технику полива, борьбу с потерями воды. Основные труды: "Мелиорация в борьбе с неурожаем" (1924), "Перспективы мелиорации в СССР" (1925), "Основы мелиорации" (1927).

Школа механизаторов ведет свое начало от Василия Прохоровича Горячкина (1868–1935), уроженца села Выкса Нижегородской губернии, академика ВАСХНИЛ с 1935 г., почетного члена АН СССР с 1932 г. Горячкин окончил физико-математический факультет Московского университета и Московское высшее техническое училище им. Баумана. С 1896 г. преподавал курс "Сельскохозяйственные машины и двигатели" в Московском сельскохозяйственном институте, с 1899 г. – адъюнкт-профессор, с 1913 г. – профессор, секретарь Совета профессоров МСХИ. По его предложению Совет принял решение при приеме студентов руководствоваться только уровнем знаний, а не сословным или имущественным положением. В 1919–1920 гг. Горячкин – ректор Тимирязевской академии. По его предложению в 1931 г. организован Всесоюзный НИИ механизации сельского хозяйства (ВИМ), где до конца жизни он был председателем ученого совета. Василий Прохорович создал более 30 оригинальных измерительных приборов, вывел ряд классических формул, он заложил основы современной науки о сельскохозяйственных машинах. Автор более 300 работ, часть из них вошла в семитомное собрание сочинений (1937–1949).

С первых дней существования ВАСХНИЛ видное место в ней занимала ветеринарно-медицинская наука. Одним из ее классиков является Константин Иванович Скрябин (1878–1972), академик ВАСХНИЛ с 1935 г., действительный член АН СССР и АМН, основатель отечественной школы гельминтологов. Родился в семье инженера в Петербурге, воспитанник Юрьевского ветеринарного института и Юрьевского университета, шесть лет работал ветеринарным врачом в Средней Азии. В 1912–1914 гг. находился в научной командировке в Германии, Франции и Швейцарии, работая под руководством крупных гельминтологов. С 1916 г. – магистр наук. Впервые ввел понятие "гельминтофауна". С мая 1917 г. заведующий кафедрой Новочеркасского ветеринарного института, с 1920 г.– в Москве, заведует кафедрой Московской ветеринарной академии (МВА). Создает гельминтологические лаборатории. С 1935 по 1956 г. руководит ветеринарной секцией ВАСХНИЛ, с 1956 по 1961 г. – вице-президент академии. При его участии проведено с 1919 г. более 340 гельминтологических экспедиций. С 1922 г. возглавлял Постоянную комиссию по изучению гельминтофауны России, с 1940 г. это Всесоюзное общество гельминтологов при АН СССР. Главный редактор "Ветеринарной энциклопедии". Автор более 700 работ. Из них наиболее крупные: "Симбиоз и паразитизм в природе" (1923), "Гельминтозы человека", ч. 1–2 (1929–1931), "Основы общей гельминтологии" (1940). Для К.И. Скрябина характерно единство исследования, практики и подготовки специалистов и ученых. Его выступление на общем собрании ВАСХНИЛ в 1967 г. созвучно завещанию И.П. Павлова и может расцениваться как напутствие в жизнь и науку 89-летнего патриарха молодым.

Весомый вклад в ветеринарную медицину внес Сергей Николаевич Вышелесский (1887–1958), выходец из села Оболь Витебской губернии, выпускник Варшавского ветеринарного института, академик АН Белоруссии, почетный академик ВАСХНИЛ. До 1906 г. работал ветеринарным врачом в Невеле, затем в Петербургской ветеринарно-бактериологической лаборатории. В 1910–1913 гг. находился в научной командировке в Германии, в 1912 г. в Лейпцигском университете защитил диссертацию на степень доктора ветеринарной медицины. С 1922 г. работал в Институте экспериментальной ветеринарии. Исследования посвящены борьбе с сибирской язвой, чумой, рожей свиней, ящуром, бруцеллезом и туберкулезом скота. Основной труд: "Частная эпизоотология" (1935).

Зооинженерная наука также в 30-е гг. была представлена блестящей плеядой ученых, как непосредственно занятых практической селекцией животных, так и крупными генетиками. Прежде всего следует назвать Михаила Федоровича Иванова (1871–1935), академика ВАСХНИЛ с 1935 г. Выпускник Харьковского ветеринарного института, с 1897 г. работал ветеринарным врачом в Орловской губернии. Стажировался в Нидерландах, Италии и Швейцарии. Прослушал курс лекций в Цюрихском политехническом институте. С 1900 г. доцент, затем профессор Харьковского ветеринарного института. С 1914 г. до конца жизни – профессор Московского сельскохозяйственного института. В 1925 г. организовал опытную племенную станцию в Аскании-Нова. Вывел асканийскую породу овец, украинскую белую породу свиней. Является организатором опытного дела в животноводстве. Основные труды: "Каракулеводство на юге России" (1940), "Сельскохозяйственное птицеводство" (1931), "Овцеводство" (1935), "Свиноводство" (1937), Полное собрание сочинений, т. 1–7 (1963–1965).

Еще до войны началась плодотворная деятельность Виктора Константиновича Милованова (1904–1991), академика ВАСХНИЛ, одного из основоположников биологии воспроизводства сельскохозяйственных животных. Еще будучи студентом Московского зоотехнического института, работал ассистентом в МГУ. Участвовал в первых опытах по искусственному осеменению овец. Руководил лабораторией искусственного осеменения в Аскании-Нова. С 1937 г. до конца жизни работал в области биологии воспроизводства сельскохозяйственных животных ВИЖа. Открытие мирового значения, сделанное им – разработка метода замораживания и длительного хранения спермы животных. Многие работы сделаны совместно Ириной Ивановной Соколовской, биологом, женой и сотрудницей, участницей Великой Отечественной войны. Милованов – автор более 260 работ по вопросам биологии воспроизводства животных. Главные из них: "Основы искусственного осеменения"

(1934), "Искусственное осеменение сельскохозяйственных животных" (1940), "Биология воспроизведения и искусственного осеменения животных" (1962).

Одним из основоположников генетики в нашей стране является Александр Сергеевич Серебровский (1892–1948), академик ВАСХНИЛ с 1935 г., член-корреспондент АН СССР с 1933 г. Окончил Московский университет, он всю жизнь посвятил генетике, занимаясь с 1918 г. на птицеводческой станции в Тульской губернии, затем на генетической станции Наркомзема близ Звенигорода, на кафедре птицеводства Зоотехнического института, в секторе генетики ВИЖа, а с 1930 по 1948 гг. заведовал созданной им же кафедрой генетики Московского университета. Он первым предложил метод определения размеров гена, высказал идею его делимости, определил схему строения гена. Позднее работами по молекулярной генетике гипотезы Серебровского были подтверждены. Он создал новое направление в науке, получившее название геногеографии. Все это подводило строгую научную основу под практическую селекцию. Серебровский также первым предложил биологический метод борьбы с вредными насекомыми, суть которого состоит в размножении генетически неполноценных самцов. Результаты исследований опубликованы в его работах: "Генетика домашней курицы" (1926), "О новом возможном методе борьбы с вредными насекомыми (1940), "Генетический анализ" (1970), "Некоторые проблемы органической эволюции" (1973) и др. При жизни А.С. Серебровский, равно как и другие генетики, подвергался необоснованной травле и шельмованию со стороны Лысенко и его клевретов. Однако описание всех перипетий этой необоснованной и чуждой науке борьбы, нанесшей нашей стране огромный моральный и материальный ущерб, стоившей человеческих жертв, выходит за рамки нашей работы. Литература об этом есть. Значительно раньше уже названной выше книги В.Н. Сойфера были известны работы Ж.А. Медведева, М.А. Поповского. К сожалению, за рубежом их вышло больше. В силу известных обстоятельств в России до недавнего времени ничего подобного не издавалось, кроме "самиздатовских" списков. Вернемся к этому вопросу, говоря о сессии ВАСХНИЛ 1948 г. и объединенной сессии АН СССР и ВАСХНИЛ в 1987 году, поставившей окончательную точку на лысенковщине.

Видным генетиком, оставившим заметное наследие, был Михаил Михайлович Завадовский (1891–1957), академик ВАСХНИЛ с 1935 г. Выпускник Московского университета, профессор и заведующий кафедрой общей биологии, лаборатории динамики развития в университете, затем лаборатории физиологии развития в Институте животноводства. В течение нескольких лет – вице-президент ВАСХНИЛ. Его научные заслуги состоят в выяснении зависимости эмбрионального развития от внешних факторов, закономерностей индивидуального развития и размножения животных. Он показал возможности многоплодия у животных, особенно у овец, и внедрил метод многоплодия в производство. Его основные труды: "Пол и развитие его признаков" (1922), "Внешние и внутренние факторы развития" (1928), "Динамика развития организма" (1931), "Теория и практика гормонального метода стимулирования многоплодия сельскохозяйственных животных"(1963).

В 30-е гг. были широко развернуты работы по селекции культурных растений. Начатые еще в конце прошлого века Дионисием Леопольдовичем

Рудзинским на полях современной Тимирязевки испытания и интродукция продолжались и расширялись в опытных учреждениях России. Они получили мощный импульс в результате работ президента ВАСХНИЛ Н.И. Вавилова, сформулировавшего научные основы селекции.

Заметный вклад в селекцию внес Николай Васильевич Рудницкий (1877–1953), академик ВАСХНИЛ с 1935 г. После окончания Казанского университета и Московского сельскохозяйственного института практически всю жизнь прожил в Вятской губернии (ныне Кировской области). Был профессором местного сельскохозяйственного института, директором селекционной станции. Им выведены сорта ржи, ячменя, картофеля и других культур, приспособленные к условиям северо-востока Европейской части России. Особенно известны занявшая большие площади озимая рожь "Вятка", а также озимая пшеница.

В это же время дает о себе знать Алексей Павлович Шехурдин (1886–1951) в Саратове. Он прошел богатую жизненную школу, несколько лет работал в имении И.А. Стебута "Кроткое" в Тульской губернии. С 1911 по 1948 г. – на Саратовской опытной станции, а затем в НИИ сельского хозяйства Юго-Востока, с 1945 г. – профессор Саратовского сельскохозяйственного института. Он применил в селекции зерновых культур методы межвидовой, межродовой и сложной ступенчатой гибридизации. Автор многих засухоустойчивых сортов яровой пшеницы, высеваемых на обширной территории Поволжья и к востоку от Урала.

Таким образом, ВАСХНИЛ уже в первые годы своей деятельности объединяла широкий круг научных учреждений, большое число выдающихся ученых, решала крупные научные и практические задачи. Успехи были бы намного весомее, если бы в это же время не осуществлялось насилия над крестьянами, если бы психологический климат не отравлялся сыском, доносами, клеветой и травлей прогрессивных ученых. Это особенно наглядно видно на судьбе первого президента ВАСХНИЛ, великого гражданина России и гениального ученого Николая Ивановича Вавилова.

Н.И. Вавилов был всесторонне одаренным. Он ставил и решал проблемы крупнейших масштабов, был непримирим и бескомпромиссен в отстаивании науки, истины. Общеизвестно его выражение : "Мы пойдем на костер, мы сгорим, но от своих убеждений не откажемся. "И он сгорел, подобно Джордано Бруно, но не на костре, а погиб в Саратовской тюрьме. В истории советской и мировой науки Николай Вавилов занимает исключительное место. Крупнейший ботаник и растениевод, блестящий генетик и агроном, неутомимый географ и этнограф, талантливый публицист и историк, выдающийся организатор науки, государственный и общественный деятель – и во всей этой разносторонней деятельности он достиг высот, доступных только гениям. Обладая огромной эрудицией, колоссальными знаниями и опытом, феноменальной работоспособностью, одаренный исключительными способностями к глубоким теоретическим обобщениям, Николай Иванович оставил человечеству богатейшее научное наследие. Это, прежде всего, учение о центрах происхождения культурных растений, закон гомологичности рядов в наследственной изменчивости, основы современной фитоиммунологии, биосистематики и селекции.

Вавилов был пламенный патриот, он любил свою Родину и гордился ею, все собранное, добытое и накопленное он отдавал своей стране. Вместе с тем он был глубоким интернационалистом и гуманистом. Среди его друзей, сотрудников, учителей и учеников были люди разных национальностей и граждане разных государств. Он с большим уважением относился к культуре и укладу жизни других народов, изучал их историю, начиная с земледельческого Афганистана. Это и понятно – подлинный интернационализм и патриотизм не только совместимы, но это как бы две стороны одной медали – человеческой культуры и гуманизма. Поэтому Николай Иванович пользовался огромным международным авторитетом, состоял членом многих зарубежных академий и научных обществ.

Николай Иванович Вавилов родился 25 ноября 1889 г. в Москве. Его отец – инициативный, прогрессивный и трудолюбивый человек, выходец из крестьян Волоколамского уезда, стал видным предпринимателем. От умной, скромной и строгой к себе матери сыновья унаследовали любовь к труду и неприхотливость в быту. Из этой семьи вышли два академика – президенты двух академий, а также их сестры – врач-бактериолог и микробиолог. Ближайшими учителями Н.И. Вавилова были Д.Н. Прянишников и Д.Л. Рудзинский. С последним он не порывал связей и тогда, когда тот оказался за кордоном, в своей родной Литве. Повезло Вавилову в Петербурге, где он с 1911 г. работал в бюро Роберта Эдуардовича Регеля и Артура Артуровича Ячевского (1863–1932). Ячевский – позже член-корреспондент АН СССР, ботаник, микробиолог и фитопатолог, получивший образование в Швейцарии. Его перу принадлежит много работ по систематике, вирусным и бактериальным заболеваниям растений. Он один из основоположников службы защиты растений в стране. В 1913 г. Николай Иванович работает в Англии у основоположника генетики Вильямса Бэтсона, а затем в научных учреждениях Франции и Германии. Он относился с благоговейным уважением к своему английскому учителю и позднее писал, что "бесстрашный в критике и великодушный в оценке, он был апостолом в исследовании".

С 1917 г. начинается саратовский период в жизни Вавилова. Здесь он заведует кафедрой генетики и земледелия Саратовского университета. В этот период он написал работу "Полевые культуры Юго-Востока" (1922), "Иммунитет растений к инфекционным заболеваниям" (1919), сформулировал "Закон гомологических рядов в наследственной изменчивости". Это было сенсационное открытие. После выступления на эту тему на Международном фитопатологическом конгрессе в 1921 г. в Нью-Йорке к нему пришло мировое признание.

Когда в Поволжье и других районах разразилась засуха, Вавилов занялся разработкой радикальных мер борьбы с нею. Он отправляется в поиск засухоустойчивых культур и сортов. Его маршруты пролегают через Марокко, Алжир, Тунис, Грецию, Сирию, Ливан, затем Эфиопию (Эритрею). Он обошел, объехал более 50 стран, все континенты, кроме Австралии и Антарктиды. Наряду с научными публикациями, итогом многочисленных экспедиций было создание учения о центрах происхождения культурных растений, а также мировой коллекции семян, которая к 1940 г. достигла двухсот тысяч образцов и пополнялась в послевоенные годы.

Николай Иванович писал: “Сотни лучших селекционных иностранных сортов прошли в предыдущие годы через испытание на наших полях, не говоря уже об испытании в малых количествах огромного числа буквально тысяч сортов. Вся мировая коллекция как бы подверглась советскому экзамену... Скромные советские экспедиции обычно в составе одного-двух исследователей незаметно прошли огромные территории наиболее важных земледельческих районов мира и вскрыли впервые огромные, не подозревавшиеся в прошлом наукой и селекцией видовые и сортовые богатства... Перед советскими селекционерами открылся новый мир, целые области... Можно без преувеличения сказать, что советские растениеводы овладели ключами к мировым сортовым ресурсам...”[32]

Вавилов из года в год публикует фундаментальные труды. В 1926 г. выходит работа “Центры происхождения культурных растений”, в 1932 г. – “Проблемы новых культур”, в 1935 г. “Научные основы селекции пшеницы” и “Учение об иммунитете растений к инфекционным заболеваниям”, в 1934 г. “Селекция как наука”, затем “Мировые ресурсы сортов хлебных злаков” и др.

Н. Вавилов еще до создания ВАСХНИЛ организовал сеть опытных станций своего института под Мурманском и Дербентом, под Ташкентом и Армавиром, в Крыму и Приаралье, в Туркмении и Азербайджане, на Памире и в Приморье. В его институте было целое созвездие талантливых ученых: физиолог Н.А. Максимов, цитолог Г.А. Левитский, анатом В.Я. Александров, генетик Г.Д. Карпеченко, плодовод В.В. Пашкевич, селекционер В.Е. Писарев, К.А. Фляксбергер, Е.Н. Синская, В.В. Таланов и многие другие.

Казалось бы, что с такими данными, с таким потенциалом работать да работать. Тем более что Н.И. Вавилов какими-то гипертрофированными амбициями не страдал, он весь без остатка отдавался делу. Но кого-то это не устраивало. За ним устанавливается сыск. Многих ближайших сотрудников арестовывают. И находится человек, который власть предержащим обещает все делать быстрее, лучше и дать от науки больше. Таким человеком был Трофим Денисович Лысенко (1898–1976). Поначалу Николай Иванович поддерживает молодого, бойкого агронома-опытника. Он даже рекомендует его академиком АН Украины и членом-корреспондентом АН СССР. Лысенко создал себе цитадель в Одессе. Здесь формируется группа его клевретов. Вскоре они появляются в Москве. Вавилову уже противостоят две силы: НКВД и Лысенко. Сложная и длительная борьба заканчивается поначалу освобождением Н.И. Вавилова 4 июня 1935 г. от поста президента ВАСХНИЛ. Но он остается вице-президентом, директором ВИРа и в Институте генетики АН СССР.

Вместо Вавилова президентом ВАСХНИЛ 21 июня 1935 г. назначается Александр Иванович Муралов (1886–1937). Сын мелкого крестьянина-хуторянина из-под Таганрога, рано включился в революционное движение, с 1905 г. член РСДРП, неоднократно арестовывался. В 1912 г. окончил Московский университет, агроном-химик. С 1913 г. работал земским агрономом Каширского уезда Тульской губернии, затем заведующим лабораторией Верхнеднепровского опытного поля. С 1917 по 1919 г. – председатель Алексинского уездного исполкома и укома партии, затем – тульский губернский военком. В 1920 г. – председатель Московского совнаркома, с конца 1920 по 1923 г.

на аналогичной должности в Ростове-на-Дону. С 1923 по 1928 г. – председатель Нижегородского губернского исполкома. С марта 1928 по январь 1930 г. – заместитель наркома, затем нарком земледелия РСФСР. С марта 1935 по сентябрь 1936 г. – заместитель наркома земледелия СССР, будучи уже с июня этого года президентом ВАСХНИЛ. Его научная работа (в архивной справке список из 42 работ) посвящена вопросам планирования, земельного регулирования, антикризисным мерам, социалистической реконструкции сельского хозяйства, итогам сессии ВАСХНИЛ и мерам по реализации научных разработок. Под руководством и редакцией А.И. Муралова в 1936 г. вышел впервые в СССР ежегодник "Сельское хозяйство СССР", не утративший своего значения и поныне. В июне 1937 г. его работа в ВАСХНИЛе прервана[33]. Он был арестован и расстрелян.

Исполнение обязанностей президента было возложено на вице-президента Георгия Карловича Мейстера (1878–1937), академика ВАСХНИЛ с 1935 г., профессора и заслуженного деятеля науки с 1929 г. Г.К. Мейстер из семьи российских немцев, выпускник Новоалександрийского института. С 1902 г. работал земским агрономом Балашовского уезда Саратовской губернии, с 1908 г. – директор Балашовского опытного поля, с 1918 г. – Саратовской селекционной станции, объединенной позднее с Институтом сельского хозяйства Юго-Востока. В течение 10 лет (1920–1931 гг.) заведовал кафедрой генетики и селекции Саратовского сельскохозяйственного института. Создатель ряда сортов озимой и яровой пшеницы, озимого ржано-пшеничного гибрида. Его сорт "гостиниум-237" является родительской формой сортов мироновской и одесской селекции. Полученный же совместно с Шехурдиным и Мамонтовой сорт яровой пшеницы Саррубра – межвидовой гибрид твердой и мягкой пшеницы. Сорта Мейстера занимали миллионы гектаров посевов. Его перу принадлежит свыше 50 печатных работ, в том числе: " Критический очерк основных понятий генетики" (1934), "Проблема межвидовой гибридизации в освещении современного экспериментального метода" (1927). В конце 1937 г. Георгий Карлович был арестован и вскоре погиб в заключении. Он был исключительно авторитетен как ученый и человек среди научной и аграрной общественности.

Положение Н.И. Вавилова становилось все более опасным и тяжелым. Он окружен сексотами и прямыми недругами, завистниками. Его демонстративно лишают возможности провести уже подготовленный очередной генетический мировой конгресс в России, не выпускают в Шотландию, когда этот несостоявшийся в Москве VII конгресс собрался там в 1939 г. Президентом ВАСХНИЛ становится Трофим Денисович Лысенко. Вокруг последнего уже сколочена группа подхалимов и угодников, которую возглавляет "Исайка" – Исаак Израилевич Презент. Трофиму Денисовичу воскуривают фимиам философы сталинской выучки, академики Марк Борисович Митин (1901–1987), член ЦК КПСС с 1939 по 1961 г., а также Павел Федорович Юдин (1899–1968), также долгие годы состоявший в ЦК КПСС.

Угодливые писатели нарекут Лысенко "народным" академиком, он станет членом ЦИК СССР, затем многократно будет избираться депутатом Верховного Совета СССР, трижды становится – лауреатом Государственной премии. А в ВАСХНИЛе он будет править долго, с 1938 по 1956 г., а затем еще раз в

1961–1962 гг. Если же учесть, что избранный после него в 1962 г. М.А. Ольшанский был тенью Лысенко еще с одесских времен, то можно себе представить, каким деформациям подверглась ВАСХНИЛ под влиянием лысенковцев. Добросовестный ученый и человек Жорес Александрович Медведев, заканчивая свою книгу о Лысенко, пишет: " Я могу сказать вполне определенно, что главные герои книги действительно вошли в мировую историю – Николай Вавилов, "как сделавший величайший индивидуальный вклад в изучение популяций культурных растений, в теорию гибридизации растений, систематику и эволюцию" (цитируется по Британской энциклопедии), Трофим Лысенко,"как самый знаменитый псевдоученый XX века, ставший диктатором биологии в коммунистическом мире в период Сталина и Хрущева" (там же)[34].

Трагический конец светлой жизни Николая Вавилова теперь хорошо известен. Во время своей последней экспедиции в Западную Украину в августе 1940 г. в Черновицкой области он был арестован, 9 июля 1941 г. Военной коллегией Верховного суда СССР из трех человек, после длившегося несколько минут заседания приговорен к смертной казни, во время октябрьской паники вывезен из Москвы в Саратовскую тюрьму, там помещен в находившуюся в сыром подземелье камеру смертников. После отчаянных попыток Д.Н. Прянишникова через жену Лаврентия Берия, работавшую в ТСХА, вырвать из рук смерти гениального ученика смертный приговор был заменен 10-летним тюремным заключением. Но было уже поздно, он умер 26 января 1943 г. Его жена после эвакуации из Ленинграда находилась в том же Саратове, в паре километров от тюрьмы, не ведая об участи Н.И. Вавилова.

Обвинения были стандартными для тех времен (шунденки богатой фантазией не отличались): "...принадлежность к заговору "правых", шпионаж в пользу Англии, руководство так называемой "Трудовой крестьянской партией", вредительство в сельском хозяйстве, связь с белоэмигрантами..."[35] Стала известна и постыдная роль некоторых ученых, выступавших в качестве привлеченных "экспертов" по "делу" Вавилова, включая и некоторых известных ученых, подхалимничавших перед Лысенко, а кое-кто из них был завербован органами НКВД в качестве сексотов. Снова вспомним древних: "O tempora, o mores!" (О времена, о нравы!). Но увы, такие нравы пронизывали тогда все общество сверху донизу.

Вавилов был обречен на конфликт и борьбу с Лысенко. Эти два человека – антиподы. Вавилов – страстность и горение в науке, всепоглощающая работоспособность, энциклопедические знания, широчайший кругозор, высочайшая культура, величайшая терпимость и уважение к оппоненту, личная скромность, обаятельность, общительность, доброжелательность и всемерная поддержка молодежи, неподкупная честность.

Лысенко – не лишен даровитости и трудолюбия, напорист и энергичен, но малокультурен, малообразован, груб, нетерпим к оппонентам, хитер и конъюнктурен, крайне честолюбив, неряшлив и некорректен в исследованиях, деспотичен, утилитарист до крайности. Как-то автору этих строк академик С.Г. Колеснев рассказывал, что в одном из санаториев Кисловодска между ним и Лысенко, произошел такой разговор: "Что ты читаешь, такой толстый фолиант?" – "Да вот перечитываю "Войну и мир" Толстого". – "А зачем зря время тратить на такую большую книгу?!" – "А разве Вы, Трофим Денисович, этот роман не читали?" – "Никогда, у меня нет времени на это". И второй случай, уже с участием автора этих строк. Однажды, в середине 50-х гг., на заседании Комитета Всесоюзной сельскохозяйственной выставки рассматривали тематический план павильона экономики. Вдруг Лысенко подает свой хриплый, трескучий голос: "А зачем нам нужна экономика? Разве есть такая наука "экономика"? Всем сидящим стало неловко. Подобных примеров можно приводить много.

Лысенковщина заняла изрядный отрезок времени в истории аграрной науки, покалечила много человеческих судеб, изолировала нашу науку от мировой, отбросила ее далеко назад. В чем же ее суть и корни? Лысенковщину можно считать уродливым социальным явлением в советской науке, возникшим в эпоху тоталитаризма и выражавшимся в монополизме, попытках уничтожения всех других школ, включая общепризнанные классические, в их шельмовании и объявлении буржуазными и антисоциалистическими, создании обстановки угодничества и культа личности самого Лысенко, пренебрежении к методологии и корректному эксперименту, в широковещательной рекламе недостаточно проверенных рекомендаций для производства, не говоря о теоретических построениях, сводившихся к давно отвергнутому ламаркизму. Лысенковщина возникла в условиях отсутствия гласности и демократии, сама была продуктом эпохи культа личности и диктатуры и утрачивает свою социальную базу только с уходом с политической сцены диктатуры. Кратко подытожим научные дискуссии 30-х гг.

В 30-е гг. выявилось несколько школ сельскохозяйственной науки, которые вели оживленные дискуссии. В почвоведении и земледелии были школы В.Р. Вильямса, Д.Н. Прянишникова и Н.М. Тулайкова. Споры шли между Вильямсом и Прянишниковым вокруг роли многолетних трав, химизации. Вильямс признавал только травосмеси (бобовые+злаки), Прянишников только клевер и люцерну в чистом виде, исходя из их азотфиксирующей роли. Вильямс считал, что только травосмеси и комковатая структура почвы обеспечат успех. Строительство туковой промышленности, по Прянишникову, решает две задачи: народнохозяйственную и оборонную. Вильямс отвечал бранью и переходил к наклеиванию политических ярлыков. Жорес Медведев в связи с этим пишет: "Путь Д.Н. Прянишникова – это был путь, предлагаемый настоящим ученым и патриотом, путь научного земледелия. Путь В.Р. Вильямса – был путь кабинетного теоретика, фантазера и фанатика, у которого под прикрытием громких фраз о родине и социализме скрыто желание любыми средствами установить в науке и практике господство собственных идей"[36]. Дискуссия Вильямса с Тулайковым кончилась трагично для Николая Максимовича. Итак, научная дискуссия в условиях 30-х гг. вылилась в поиск "врагов народа" и борьбу с ними.

Столь же острой была дискуссия по вопросам биологии и генетики в частности. Здесь четко определились два лагеря, два направления, две школы. В одну из них, признававших классическую генетику, входили Н.И. Вавилов, Г.К. Мейстер, П.Н. Константинов, А.С. Серебровский, Н.К. Кольцов, А.А. Сапегин, М.М. Завадовский, П.И. Лисицин, Н.В. Рудницкий, профессор М.С. Навашин, В.Е. Писарев, Д. Костов, А.Р. Жебрак, Н.П. Дубинин, А.П. Шехурдин и многие другие.

Другое направление возглавлял Т.Д. Лысенко и его идеолог, юрист по образованию, популяризатор и пропагандист "мичуринской биологии" И.И. Презент. Сюда входили М.А. Ольшанский, Д.А. Долгушин, И.Е. Глущенко, зоотехники А.А. Нуринов и Д.А. Кисловский, академики С.С. Перов и Б.М. Завадовский (брат М.М. Завадовского). Вильямс также поддерживал Т.Д. Лысенко.

Сущность спора состояла в том, что классическая генетика признавала наличие в хромосомах клеток особых крупных молекул – генов. Они и были носителями наследственности. Основные законы генетики были открыты и сформулированы Грегором Менделем еще 1865 г. и затем многократно подтверждены. Наименование носителю наследственности "ген" дал в 1909 г. датский биолог Вильгельм Иогансен, иностранный член АН СССР. Решающий вклад в становление хромосомной теории (1911) сделал со своими сотрудниками американский ученый Томас Морган, почетный член АН СССР и признанный мировой наукой (лауреат Нобелевской премии). Все их выводы экспериментально доказаны. В этом же ключе работали Н.И. Вавилов и его единомышленники.

Лысенко и Презент отрицали наличие особых носителей наследственности – генов. Наследственность, по их представлениям, передается всем веществом. Казалось бы, этот научный вопрос должен решаться путем проведения эксперимента и его обсуждения. Ан нет! Если ты признаешь наличие генов, то ты – "вейсманист-морганист", твое мировоззрение – идеалистическое, то есть антимарксистское, значит, ты – антипартийный, антисоветский элемент, ты – "агент мирового империализма", "враг народа" и т.д. Звучит все это настолько примитивно, нелогично, даже дико, но так говорили, так писали. На таком уровне велись дискуссии со стороны Лысенко, Презента и даже Вильямса.

ОТСТРЕЛ УЧЕНЫХ: КОНВЕЙЕР СМЕРТИ НАД РОССИЕЙ

Это страшное слово "отстрел" не ошибка. Это правдивое отражение тех страшных деяний органов Советской власти, которые они чинили в 20–30–40-е гг. над людьми, гражданами вверенной этой власти державы.

Расстрелы проводились без суда, решением "тройки", часто списками, по доносам, после допросов жертв полуграмотными "следователями", побоев и пыток. Убивали ночью, в подвалах, переходах и застенках, выстрелом в затылок. Или в темном лесу большими группами у рвов, тут же закапывая.

Доказательств вины этих несчастных людей не было. Преступлений никаких они не совершали. Их просто выдумывали следователи и прокуроры на основе подметных донесений, а потом "выбивали" у доведенных до потери сознания и нервного истощения несчастных жертв. Редко кто не подписывал "признаний". Они были стандартными, но и чудовищными, соответствующими убогому уму, размытой совести режиссеров этого кровавого фарса.

Уже говорилось о том, что первыми жертвами стали экономисты. Роковым для них был июнь 1930 г. Затем настала очередь почвоведов и земледелов, и, наконец, пошли на плаху генетики. После ареста экономистов либерального и "неонароднического" направлений еще оставались на воле аграрники-марксисты. Многие из них лягут в могилу в 1937–1938 гг. вместе с либералами и "неонародниками", которых эти годы выдерживали в тюрьмах и ссылках. Те, кто рьяно нападал в декабре 1929 г. на Кондратьева, Чаянова и их единомышленников, в конце 30-х годов погибнут сами. Для Сталина и установленного им кровавого режима все они, вместе взятые, – "враги народа", "изменники дела социализма", лакеи "мирового капитализма" и т.п.

Для того, чтобы как-то объяснить и оправдать в глазах общественности эти преступления, раздувается шумная пропагандистская кампания. В том же 1930 г. Международный аграрный институт (был такой в 30-е гг. в Москве!) проводит специальное собрание по поводу "вредительской" деятельности "кондратьевцев", "чаяновцев" и "сухановцев". Материалы этого собрания рассылаются по стране в виде книжки[37].

Первую скрипку на этом собрании играет главный атеист СССР, руководитель "Общества воинствующих безбожников" Емельян Михайлович Ярославский (1878–1943), он же – Миней Израилевич Губельман. Всю свою обвинительную речь оратор построил на работе А.В. Чаянова "Путешествие моего брата Алексея в страну крестьянской утопии". Он называет эту повесть "Кулацким манифестом". Особенно его раздражают программа концерта колокольных звонов, антиурбанистские высказывания Александра Васильевича и общая направленность против диктатуры пролетариата.

Докладчики подробно излагают "контрреволюционные" позиции ученых, разделяют их на три группы. К первой группе, стоящей на кадетских принципах, причисляются Н.Д. Кондратьев, Л.Н. Литошенко, Л.Н. Юровский, А.О. Фабрикант, А.Г. Дояренко. "Программными требованиями этой группы было развязывание внутреннего рынка, содействие развитию сильных и крепких кулацких хозяйств, развитие кулацкой кооперации, развитие широкого обмена на базе кулацких хозяйств... Эта группа резко отрицательно относилась к колхозному и совхозному строительству, социалистической индустриализации..."[38]

Вторую группу называют неонароднической, и к ней причисляют А.В. Чаянова, А.Н. Челинцева, Н.П. Макарова, Г.А. Студенского. Группа многочисленна и влиятельна в агрономических кругах и высшей школе. От мелкобуржуазных народнических иллюзий они перешли к открытой апологетике "реставрации" капитализма в России.

Большое внимание уделяется деятелям третьей группы: Суханову, Громану, Базарову. Николай Николаевич Суханов (настоящая фамилия – Гиммер, 1882–1940), из семьи обрусевших немцев, служащих. Учился в Московском университете и Парижской высшей школе общественных наук. Был эсером, затем меньшевиком. Масон. Жена – большевичка. В их квартире состоялось совещание большевиков, принявшее решение о вооруженном восстании. Талантливый публицист, экономист. Писал по аграрным проблемам. Автор "Записок о революции". Расстрелян 29 июня 1940 г. Владимир Густавович Громан (1874–1932), русский экономист и статистик. Работал в органах земской статистики, возглавлял Пензенское губернское бюро, член РСДРП – меньшевик. Автор многих работ по статистике. Владимир Александрович Базаров (настоящая фамилия Руднев, 1874–1939), экономист и философ. Член РСДРП с 1898 г. Репрессирован, реабилитирован посмертно. На эту группу докладчики наступают столь же жестоко, как и на первых. Считают, что они целиком стоят на позициях II Интернационала. Упрекают Суханова за его теорию о мирном врастании крестьянских хозяйств в социализм в условиях капитализма через кооперацию. Громана и Базарова обзывают "богдановцами". За их поддержку богоискательства Александра Александровича Богданова (настоящая фамилия Малиновский, 1873–1928). Богданов – член РСДРП с 1896 г., затем большевик, создатель новой науки об общих принципах организации – тектологии. Этим трудом Александр Александрович предвосхитил принципы кибернетики как науки. Будучи по образованию врачом, организовал в Москве Институт переливания крови. Погиб в 1928 г. при проведении опыта на себе. Организаторы собрания имя патриота и крупного ученого, пожертвовавшего собой, цинично превратили в ругательный ярлык. Но таковы тогда были нравы.

Ортодоксы большевизма говорят об этих трех группах, что "они все сошлись на борьбе против диктатуры пролетариата, за ее свержение и реставрацию капитализма"[39]. В итоге предлагаются широкомасштабные меры по разоблачению "кондратьевщины", чаяновщины" и "сухановщины", выявлению носителей этих взглядов, принятию соответствующих организационных выводов. И пошли искать по областям, краям и губерниям "кондратьевцев", "чаяновцев" и "сухановцев". И, разумеется, везде находили, и меры принимали.

Некто Ф. Хоробрых выпустил в Новосибирске брошюру о "кондратьевщине" в Сибири. Он не останавливается на различиях во взглядах экономистов, а валит всех в одну кучу – и Кондратьева, и Чаянова, и Челинцева, и Макарова, называя "кондратьевцами". Суханова и Громана величает просто контрреволюционерами. Последних причисляет к "Промпартии", а первых – к "Трудовой крестьянской партии". Сообщает, что неонароднические группы были в Воронеже, Харькове, Саратове, Самаре, в Белоруссии и в Сибири. Автор разоблачает сибирских "кондратьевцев", особенно профессора Осипова, Генделева, Месяцева. Суть борьбы видит в том, что коммунистическая партия стремится превратить "Россию нэповскую в Россию социалистическую", а "кондратьевцы" – в капиталистическую. В итоге опять призыв к разоблачению "правых" и "левых", к ликвидации осколков "кондратьевщины"[40].

Подобной литературой в то время страна наводнялась. Особенно усердствовал Емельян Ярославский. Он писал в "Правде": "...Чаяновым не дождаться времени, когда народные массы будут слушать концерты на колоколах рахманиновской литургии... Вопреки всем Чаяновым, Коммунистический Интернационал сплачивает под свои знамена миллионные массы и не только в нашей стране... Капиталистическая система задыхается в тисках противоречий, ею самой порожденной. Мы присутствуем при распаде этой капиталистической системы..."[41] Плохим пророком оказался главный безбожник. Но это уже другой вопрос.

Напряженная работа шла в следственных изоляторах, тюрьмах и в прокурорских кабинетах. Следователи работали денно и нощно. Разматывали нити "контрреволюционных заговоров", которые якобы плели такие организации как, например, вымышленная "Трудовая крестьянская партия" (ТКП). С любезного разрешения сына Александра Васильевича Чаянова, Василия Александровича (род. в 1925 г.), ученого, математика, автор имеет возможность воспользоваться протоколами допросов, письмами и другими материалами, содержащимися в 10-м и 11-м томах 29-томного дела ОГПУ, заведенного на членов ЦК ТКП. (Старший сын А.В. Чаянова Никита Александрович, родившийся в 1923 году, в октябре 1941 года вступил в Коммунистический батальон Фрунзенского района столицы, участвовал в обороне Москвы, был смертельно ранен 26 февраля 1942 г. при наступлении на Калининском фронте, в лесу недалеко от Осташково, и скончался 27 марта 1942 г. после сложной операции в эвакогоспитале, располагавшемся на территории Тимирязевской академии. Одноклассники считали Никиту гениальным мальчиком. Ему было тогда 19. В 1943 г. ушел на фронт и восемнадцатилетний Василий. Стал танкистом. Прошел много боев. Воевал до Победы. Затем работал в научно-исследовательских учреждениях Москвы. Занимается обработкой научного наследия отца)[42].

Александр Васильевич Чаянов по выписанному 19 июня 1930 г. ордеру № 4422 был арестован 21 июня на рабочем месте. После многократных изнурительных допросов, длившихся долгие месяцы, 6 апреля 1931 г. ему было предъявлено постановление ОГПУ следующего содержания.

"Уполномоченный 2-го отделения СПО ОГПУ, рассмотрев следственный материал по делу №102735, нашел:

Что гр-н Чаянов Александр Васильевич материалами следственного производства и собственным признанием изобличается как участник контрреволюционной нелегальной организации, именовавшейся "Трудовая крестьянская партия" и ставившей своей целью свержение Советской власти и замену ее буржуазной республикой.

В соответствии с общими установками ТКП, Чаянов принимал участие во вредительской деятельности ТКП и в ее деятельности, направленной к подготовке интервенции.

По собственному признанию Чаянова, он является членом Центрального Комитета ТКП и осуществлял руководство деятельностью всей организации.

Из вышесказанного устанавливается, что гр-н Чаянов А.В. достаточно изобличается в преступлениях, предусмотренных ст.ст. 58/11, 58/7, и 58/4, а потому на основании 128 ст. УПК ПОСТАНОВИЛ:

Гр-на Чаянова А.В. привлечь в качестве обвиняемого по 58/11, 58/4 и 58/7 ст. ст УК.

Уполномоченный 2 Отд. СПО ОГПУ: **Соловьев**
Согласен: п/нач 2 Отд. СПО ОГПУ: **Славатинский**
Утверждаю: зам. нач. СПО ОГПУ: **Запорожец**
Настоящее постановление мне объявлено:
подпись **А.Чаянов**[43]

Таков плод "трудов"следователей Агранова, Славатинского, Каплана и Фильченкова. Этот документ в практике судебных органов того времени имел решающее значение. Все остальное – техника. Но суда-то настоящего и не было. Все решали эти же аграновы, славатинские, капланы и фильченковы, едва имевшие начальное образование, а в Уголовном Кодексе знавшие только одну статью 58 со всеми ее пунктами.

Александр Васильевич обстоятельно отвечал на все вопросы, давал четкие формулировки, писал много уточняющих писем в адрес следователей. Страшное впечатление производит совокупность этих документов: все сказано ясно и тут же признание в совершенном "преступлении", которого не совершал, где все было далеко от проступка даже по самым строгим меркам. Ответ придет позднее, через много лет после того, когда расстреляют самих этих аграновых, славатинских, капланов и фильченковых. Ответ будет после того, как остановится конвейер смерти. А пока что Агранов подводит под расстрел запрограммированную жертву – группу всемирно известных ученых; затем расстреливают самого Агранова, потом убившего Агранова и т.д. Но вернемся к обвинениям.

Существовала ли в действительности "Трудовая крестьянская партия" в те годы в России? Как известно, всякая партия имеет программу, устав, средства на ее содержание, проводит регулярные встречи (собрания, конференции, съезды и т.п.). Ничего этого не было. Никакой программы не было, хотя научные концепции обвиняемых следователи представляли как программу. О каких-либо выборных руководящих органах и речи не было. Предвзятыми наблюдателями обычные научные конференции преподносились как партийные. Аспирантура и работа со студентами ими представлялась как система подготовки повстанческих кадров. Традиционные встречи и другие контакты с зарубежными учеными виделись как разветвленная сеть за границей с представителями империализма. Посылка подготовленных в Москве молодых ученых в периферийные вузы рассматривалась как насаждение своих кадров на места. Кафедры и институты экономического профиля, где работали связанные научной деятельностью с обвиняемыми, изображались как сеть периферийных органов. Действительно, все это было бы смешно, когда бы не было столь грустно. Но вернемся к следующим "признаниям", высказанным на допросах самими обвиняемыми.

Конечно, ученые традиционно собираются время от времени. И обсуждают актуальные проблемы не только в области своих научных интересов, но и общественные и политические. Русской интеллигенции присуще за чаем дискуссировать по всяким проблемам, поэтому встречи могли быть и на квартирах, как могли они быть в Госплане, с деятельностью которого Чаянов, Кондратьев, Челинцев, Юровский были долгие годы связаны. Могли встречаться и в Наркомземе, где тоже почти все из них работали. С Громаном, Литошенко и другими членами Союза городов Чаянов, Челинцев, Кондратьев, Макаров, как представители Земского союза, знакомы еще с 1916 г., и потому естественны их контакты.

На обвинение о вредительстве А.В. Чаянов давал на следствии показания, что в экономической политике " исходили из принципа сохранения и в будущем ряда основ советской экономической системы – системы государственного кредита, основных видов крупной госпромышленности, кооперации как основного товаро-проводящего аппарата... Однако параллельно предполагалась возможность развязывания частной инициативы, контролируемой государством экономическими факторами, но не подавляемой "внеэкономическим принуждением". Вся экономическая система... должна была строиться на максимальной стимуляции напряжения производительных усилий, как организационными мерами, так и стимуляцией частного интереса...

Отношение к классовым группировкам деревни. В этом вопросе существовал целый спектр различных точек зрения... В основе считалось, что зажиточная часть деревни (не кулаки ростовщического типа, а хозяйственная верхушка) в значительной своей части является не столько элементом зарождающегося капитализма, сколько отбором наиболее активных индивидов. Поэтому, подавляя кооперативной работой их капиталистическую экспансию, мы не должны их сбрасывать со счетов сельскохозяйственной жизни и учитывать как один из прогрессивных элементов деревни... Основной же своей социальной базой ТКП считала середняцкий массив, полагая возможным поднять до его хозяйственного уровня значительную часть бедняцких слоев. Левонароднические круги... полагали, что отбор активистов следует направлять не столько в частные хозяйства, сколько в коммерческую и сельскую общественность...

Отношение к кооперации. До развертывания системы механизированных на 100% хозяйств Зернотреста, т.е. до 1929 г., общим убеждением было, что крупные формы земледелия не имеют решающего технического перевеса над мелкими... Сообразно этому путем организации крестьянских хозяйств считались не колхозы, а сельскохозяйственная кооперация всех видов. Основным же положением кооперативной политики считалась свободная классовая крестьянская кооперация, построенная на началах непосредственной ответственности каждого высшего звена перед низшим вплоть до руководящих органов. Кооперативная система должна была представлять самостоятельную экономическую силу, смыкающуюся и координирующуюся с государственным хозяйством.

Считаю себя вправе отметить, что я, признавая примат кооперации над колхозами, в 1927 году уже не рассматривал ее как независимую классовую силу, а как метод социального перерождения самого крестьянского хозяйства в высшие социально-экономические формы..."[44]

Дополним, что раньше, в 1924 г., Чаянов писал: "...Кооперация, подобно капитализму, должна развиваться по линии: совместные закупки и кредит-сбыт-переработка-организация отдельных средств производства-организация самого производства. Говоря иначе, по линии вертикальной, а не горизонтальной концентрации... местные комбинаты по первичной переработке сельхозсырья и силовые установки являются основным рычагом увязки крестьянской массы с системой государственного хозяйства..."[45]

У Чаянова возникли принципиальные расхождения с Кондратьевым. В дополнение к сказанному на допросе у Агранова 25 августа 1930 г. он пишет: "...можно остановиться на характеристике двух более или менее выкристаллизовавшихся в теоретическом отношении групп: той, которая в марксистской критической литературе называлась буржуазной (Кондратьев, Литошенко, Студенский и Жиркович), и той, которую марксистские критики называли мелко буржуазной или неонароднической (Чаянов, Челинцев и в прошлом Макаров)...

Группа Кондратьева в теоретическом отношении всецело стояла на базе европейской буржуазной теоретической экономии (Кассель и др.) и если иногда вводила социалистические моменты, то как дополнение к основным положениям европейской буржуазной системы. Исходя их этого, она не видела никакого различия между капиталистическим и крестьянским хозяйством, считая, что последнее строится по тем же принципам, как и первое, и только совмещает в одном лице капиталиста и рабочего.

Отсюда выходило положение, что крестьянское хозяйство восточных стран ничем не отличается от фермерских хозяйств Запада и Америки и, представляя собою только низшую форму, должно стремиться эволюционировать в этом направлении. Вся политика и все положения записки Кондратьева исходят из этого постулата, и, не отрицая кооперацию и ряда обслуживающих элементов государственного хозяйства, ученый мыслит об эволюции крестьянских хозяйств как аналогичной их эволюции в капиталистических странах, где кооперация есть организация мелких товаропроизводителей, землепользование индивидуализировано...

Неонародники считали, что теоретическая экономия буржуазных стран, разработанная на материалах капиталистического хозяйства, не может быть распространена на крестьянское хозяйство, являющееся по своей природе простым товарным производством, семейным хозяйством... являющимся пережитком докапиталистического периода народного хозяйства и амальгамирующего, но не сливающегося с капиталистическими формами хозяйства...

Основными положениями неонародничества были следующие:

1) Теория малых оптимальных размеров сельскохозяйственных предприятий, в которых расходы на внутрихозяйственный транспорт съедают выгоду укрупнения.

2) Признание, что в сельском хозяйстве техника крупного хозяйства не имеет того подавляющего перевеса над техникой мелкого, как это имеет место в промышленности.

3) Утверждение, что крестьянское хозяйство, ведущее расчет не на частную прибыль, а на оплату годового труда семьи, может проявлять, ценою снижения уровня потребления, большую выживаемость, чем капиталистическое хозяйство... Эта система "крестьянского социализма"... в корне отлична от установок буржуазной группы"[46].

Чаянов показывает в своих "признаниях", что он руководил на правах члена коллегии Наркомзема в начале 20-х гг. Управлением планирования и сельскохозяйственной экономии. Кроме того, принимал участие в разработке Декрета о продналоге; Декрета о сельскохозяйственной кооперации; о семенной кампании 1921 г.; организации местного аппарата земельных органов; в подготовке всех материалов к Генуэзской конференции; разработке плана восстановления сельского хозяйства[47].

В дальнейшем (продолжает обобщение своей деятельности для следователей Чаянов) он был всецело поглощен научной и педагогической работой. В течение 1925–1928 гг. участвовал в горячих спорах по следующим вопросам:

1) О принципах единого сельскохозяйственного налога. При этом обращалось внимание на два вопроса: а) о введении прогрессивно возрастающего налога для более зажиточных групп и б) о формах приравнивания скота к посеву при установлении налога. Были такие предложения, которые исключали выживание многокоровных хозяйств.

2) Рассматривался вопрос о недробимости крестьянских хозяйств как методе борьбы с парцелляцией. Чаянов выступал резко против единонаследия.

3) О стимулировании развития специальных культур в крестьянских хозяйствах (льна, хлопка, свеклы и др.).

4) О классовом принципе в деле кредитования, о фондах для бедняцких хозяйств.

Поручает Н.П. Макарову провести серию больших экспедиционных исследований по эффективности мелкого кредита.

Вот главное из того, что можно отнести к "вредительству", если пожелать белое назвать черным.

Доведенный до отчаяния после допросов и обвинений, 21 октября 1930 г. А.В. Чаянов обращается в ОГПУ к Евдокимову с просьбой о помиловании. Он пишет: "Я стою в первом десятке мировых ученых своей специальности и многое могу для Вас сделать. Поступите со мной так же, как поступаете с отбитыми у контрреволюции пушками. Я сделаю для дела социализма все, что смогу. А. Чаянов"[48].

Обвинения в сочувствии или поддержке интервенции Александр Васильевич твердо отвергает. Он пишет: "...мы, считая Красную Армию национальной армией, не можем ставить перед собой задачи ее разложения или понижения ее боевой мощи"[49].

В связи с массовой коллективизацией и раскулачиванием возможны стихийные взрывы. Но... "мы указывали на бесцельность и вредность крестьянских восстаний в условиях нормальной работы государственного аппарата... Однако... в случае создания помимо желания ТКП кризисной конъюнктуры гражданской войны, она не может быть поставлена перед необходимостью организации массового крестьянского движения вплоть до вооруженной борьбы всеми имеющимися в ее распоряжении средствами..."[50]

Чаянов высказывается также против террористических форм борьбы, но за последовательно эволюционный путь смены режима. Он резко осуждает интервенции, так как опыт 1918–1920 гг. показывает, что интервенты всегда преследуют собственные цели и не считаются с интересами "туземцев"; кроме того, интервенция означает отторжение Украины и Белоруссии, а также реставрацию положения, существовавшего до 1917 г.

Что касается связей с иностранными учеными, то они были обширными. Ученые – корреспонденты А.В. Чаянова работали более чем в 50 научных центрах 30 стран мира. Их было более 100 человек. Они вели исследования и одновременно участвовали в крестьянском движении, прежде всего кооперативном. Это вполне нормально, когда исследователь-гуманитарий или аграрий одновременно ведет общественную работу. Только безумцы могут ставить в вину ученым подобные связи. Одновременно шел обмен литературой, данными исследований, взаимная публикация работ. Встречался Александр Васильевич во время своих многочисленных поездок за границу с такими достойными людьми как С.Н. Прокопович и Екатерина Дмитриевна Кускова (1869–1958). Кускова вместе со своим мужем Прокоповичем и А.В. Чаяновым, вместе с другими прогрессивными деятелями и патриотами России в свое время активно работала в "Помголе". Одним из организаторов этого движения помощи голодающим был искренний друг России великий гуманист, общественный деятель и ученый Норвегии Фритьоф Нансен (1861–1930). Слышали ли аграновы вообще эти имена? Для них всякий человек за рубежом – враг.

Чаянов в одном из своих заявлений пишет, что у него времени не было для того, чтобы заниматься "контрреволюционной деятельностью". Он даже приводит баланс своего времени в часах с весны 1929 г. до ареста. Он написал работу в 33 печатных листа "Организация крупного хозяйства эпохи социалистической реконструкции земледелия". А ведь для написания одного листа оригинальной работы требуется минимум 40 часов, или четыре 10-часовых дня, всего 132 таких плотных дня (эта книга до сего времени пока не найдена). Он просит позаботиться о том, чтобы позволить в бутырской тюрьме закончить теоретическую работу о водном хозяйстве. Просит свидание с матерью.

Постановлением Комиссии ОГПУ от 26 января 1932 г. участники "дела Кондратьева" были осуждены к различным срокам заключения. А.В.Чаянов – на пять лет. Он был отправлен в Ярославский политизолятор. Обвиняемые признали свою вину и дали соответствующие показания. Почему взрослые, высокообразованные, честные люди признаются в совершении мифических преступлений?

За ходом дела лично следил Сталин и держал его фактически в своих руках. Об этом свидетельствуют его письма того времени, адресованные Молотову и Менжинскому. Сталину надо было добить "правых". Отсюда потребовалось "создать" Промпартию, ТКП с ее ЦК, группу Громана-Суханова и многое другое. Так, 2 августа 1930 г. он пишет Молотову: "Вячеслав! Ты, должно быть, уже получил новые показания Громана, Кондратьева, Макарова. Ягода привез их показать мне... Это – документы первостепенной важности. Жму руку. Сталин"[51].

Через четыре дня, 6 августа он пишет ему же, Молотову: "Вячеслав!.. Я думаю, что следствие по делу Кондратьева-Громана-Садырина нужно вести со всей основательностью, не торопясь. Это дело очень важное. Все документы по этому делу нужно раздать членам ЦК и ЦКК. Не сомневаюсь, что вскроется прямая связь (через Сокольникова и Теодоровича) между этими господами и правыми (Бухарин, Рыков, Томский). Кондратьева, Громана и пару-другую мерзавцев нужно обязательно расстрелять... Ну, жму руку. Сталин"[52]. Отсюда видно, что участь ученых уже была предопределена.

Показания по самому острому вопросу – интервенции, видимо, давались плохо. Потому Сталин в начале октября 1930 г. пишет Менжинскому: "Тов. Менжинский! Письмо от 2.10 и материалы получил. Показания Рамзина очень интересны... Отсюда мои предложения:...2) Провести сквозь строй гг. Кондратьева, Юровского, Чаянова и т.д., хитро увиливающих от "тенденции к интервенции", но являющихся (бесспорно!) интервенционистами, и строжайше допросить их о сроках интервенции (Кондратьев, Юровский и Чаянов должны знать об этом так же, как знает об этом Милюков, к которому они ездили на "беседу")... Понятно? Привет! И. Сталин"[53].

Менжинскому, Ягоде и их подручным было все понятно. Для этого у них были Агранов, Славатинский и иже с ними. Что представляли из себя эти люди? Вот данные об одном из них. Агранов Яков Саулович, 1893 г. рождения, уроженец г.Чечерска Могилевской губернии (ныне Гомельской области Белоруссии), из рабочих, с низшим образованием, с 1912 по 1914 г. состоял в партии эсеров, с 1915 г. – в РСДРП. Сделал карьеру от заместителя начальника секретного отдела ОГПУ до заместителя наркома внутренних дел СССР в 1937 г. – начальник УНКВД Саратовской области. Из справки по архивно-следственному делу №Н 10892 следует, что Агранов "...подобрал коллектив следователей, в том числе Славатинского, Радзивиловского, которые, избивая допрашиваемых и угрожая им расстрелом и используя другие формы пыток, добивались признательных показаний... Для достижения своих целей по созданию "дела", Агранов подсаживал в камеру провокаторов, которые склоняли подследственных к даче ложных показаний". Агранов был расстрелян в августе 1938 г. Перефразируя известное выражение о мавре, можно сказать, что Агранов сделал свое дело, Агранов может уйти...

Василий Александрович Чаянов предоставил в наше распоряжение дело №03586 из архива КГБ при СМ Казахской ССР с протоколами допроса А.В. Чаянова, начатое 16.03 и оконченное 27.08 1937 г. На материалах этого дела бывший министр внутренних дел Казахстана Танирберген Жалмангабетов в журнале "Простор" опубликовал большую статью под названием "Последние дни профессора А.В. Чаянова". Он начинает ее следующими словами: "...каким-то утонченным кощунством должно казаться нам, что массовые приговоры к смерти вершились всеми этими "тройками", "особотделами", "полномочными представителями" от имени Отечества, страны, Союза Советских Социалистических Республик. А ведь так оно и было – страна тогда превратилась в исполинское по размерам управление НКВД. Какая чудовищная несправедливость в том немыслимо извращенном уравнении, когда младший лейтенант Наркомата внутренних дел был выше гения и решал его судьбу. Страна, изо дня в день убивающая лучших своих сынов во имя торжества ничтожеств, обрекала себя на проклятое существование"[54]. Генерал Жалмангабетов знает, о чем пишет. В его руках были подлинники протоколов и писем полувековой давности, которых касалась рука великого Чаянова.

Коллегия ОГПУ 22 июня 1934 г. выносит решение оставшийся срок заключения Александра Васильевича заменить ссылкой в Алма-Ату. 4 июля он прибывает в столицу Казахстана. На следующий день поступает в распоряжение комендатуры ГПУ. Он ходит по городу, восторгается красотами природы окрестностей Алма-Аты. Народный комиссар земледелия республики Сыргабеков принимает известного профессора личным консультантом и преподавателем сельскохозяйственного института. Он получает от института квартиру. Приезжает в отпуск Ольга Эммануиловна – жена Александра Васильевича, он ежедневно пишет матери, а когда уезжает Ольга, то и ей теплые письма. Она еще дважды, в 1935 и 1936 гг. навестит Алма-Ату с сыновьями Никитой и Васей. Это ей дорого обойдется: стараниями одного из следователей Чаянова садиста Сажина она 16 лет проведет в ГУЛАГе. Пока же Александр Васильевич погружается в работу. Ректор института дает ему много поручений, в том числе провести исследования по внутрихозяйственному транспорту, считая эту тему основной работой на 1934–1935 гг. Она Чаяновым успешно выполняется.

Популярность ссыльного профессора растет. Его лекции очаровывают логикой построения, системностью, убедительностью, богатством языка. К нему приходят преподаватели и студенты. У него очень много работы, он читает курс вариационной статистики, переутомляется. Усиливается склероз. Одновременно поднимают голову завистники, не дремлет и ГПУ. После одной его лекции, вызвавшей бурный восторг слушателей, в республиканской газете "Казахская правда" (№90, апрель 1935 г.) появляется статья под названием: "Врагу предоставили трибуну". А через два номера в этой же газете: "Чаяновские гости". В ней "разоблачается" парторг и заведующий кафедрой философии института Митрофанов, посетивший Чаянова на его квартире и умолчавший об этом. Александр Васильевич уходит из института по собственному заявлению.

С марта по ноябрь 1935 г. Чаянов работает в Казахском институте экономики сельского хозяйства. За короткий срок он сделал очень много: разработал программы и методики построения оргхозпланов колхозов; методики комплексного исследования кочевых районов, был соавтором брошюры “Основные вопросы организации колхозного животноводства Казахстана”. Приближается срок окончания его ссылки. Но уполномоченный СПО ГПУ Конкин пишет по инстанции, что Чаянов “идеологически не разоружился, а приспособился к новой обстановке...” Особое совещание при Народном Комиссариате внутрених дел 28 июня 1935 г. продлевает ему срок ссылки еще на три года. Из Казахского института экономики сельского хозяйства его увольняют 9 ноября 1935 г. Еще раньше ему запрещается посещать сотрудников института и принимать у себя дома. Та же “Казахская правда” 29 ноября 1935 г. “разносит” брошюру Чаянова о животноводстве, называя ее “вредной”. Нарком земледелия Сыргабеков вновь берет Чаянова своим научным консультантом. Ему этого не простят нарком внутренних дел Залин и следователь-палач Кустов. Вскоре нарком земледелия будет арестован и расстрелян.

17 марта 1937 г. А.В. Чаянова арестовывают второй раз после 1930 г. Его интенсивно допрашивают. Только с 3 мая по 29 августа он вызывался на допросы 21 раз. Например, 20 мая следователь Гредасов вел допрос с 1 часа 35 минут до 14 часов 15 минут непрерывно. Следователи менялись: Кустов, Сажин, Гредасов, Ковалев, Тютюник, Марков. Все с начальным образованием. Здоровье подследственного профессора подорвано. На пятый день после ареста он прошел медицинское освидетельствование, которое вынесло заключение, что Чаянов страдает резко выраженной неврастенией на почве переутомления и начинающегося склероза сосудов. За свои действия и поступки ответствен. Этого только и нужно было следователям.

На допросах опять предъявляются обвинения во вредительстве. И ученый дает показания о “вредительстве” в а) размещении МТС по территории Казахстана (Чаянов делал расчеты, которые оказались верными); б) вредительском землеустройстве и выявлению пахотоспособных земель; в) допущении засорения полей; г) срыве разработки севооборотных схем; д) диспропорции отдельных элементов производства; е) неправильном финансировании МТС; ж) разрыве между производственными планами и их финансовым обеспечением; з) сознательной неразберихе в агротехнике; и) затормаживании создания нефтехозяйства и складского дела в МТС.

Нетрудно заметить абсурдность всех этих обвинений, предъявляемых ссыльному ученому, не располагающему никакими рычагами воздействия на производство, временному консультанту честного министра. Не менее одиозно звучат обвинения в шпионаже и передаче важных для государства сведений английским “шпионам” Кейнсу и Коффоду. Речь идет о Джоне Мейнарде Кейнсе (1883–1946), крупнейшем экономисте XX в., а также государственном деятеле, основателе нового экономического течения – кейнсианства. Многие считают Кейнса по влиянию его теории третьим ученым после Адама Смита и Карла Маркса. Естественно, что при встречах Чаянову было о чем поговорить с Кейнсом, они в Москве встречались дважды. Профессор А. Коффод, экономист, старый знакомый Чаянова, некоторые время работал советником в посольстве Дании в Москве. Поэтому встречи с ним были не только в Европе, но и Москве.

Выездное заседание Военной коллегии Верховного суда СССР в Алма-Ате состоялось 3 октября 1937 г. В своем определении оно полностью опиралось на сфабрикованные следователями материалы и вынесло следующий приговор: "...признавая виновным Чаянова в преступлениях, предусмотренных ст.ст. 58-1а, 58-10, 58-11 УК РСФСР, Военная коллегия Верховного суда СССР, руководствуясь ст.ст. 319, 320 УПК, именем Союза Советских Социалистических Республик ПРИГОВОРИЛА Чаянова Александра Васильевича к высшей мере уголовного наказания – расстрелу с конфискацией всего лично ему принадлежащего имущества. Приговор окончательный и в силу Постановления ЦИК СССР от 1.12.1934 г. приводится в исполнение немедленно. Состав Военной коллегии: Плавнек, Иевлев, Преображенцев". Так в осенний день 1937 г. в Алма-Ате оборвалась великомученическая, прекрасная своими трудами и благородная всей своей сутью жизнь Александра Васильевича Чаянова. Он был не только великим ученым, но и очень общительным человеком, прекрасным семьянином. Нежно любил свою мать, жену, детей. Власти будут долго лгать, скрывая дату и причину смерти.

3 октября 1937 г. – это не только день физической смерти ученого Чаянова. Наступит полувековое забвение его имени, его трудов. Будут изъяты из библиотек его книги, но многое уцелеет и будет издаваться и изучаться за рубежом. Сегодня учение А.В. Чаянова – краеугольный камень новой аграрной реформы в России. Выходят труды ученого, проводятся конференции, посвященные его памяти и изучению наследия, его именем называются общества. Но обратимся к документам 50-х гг.

Умер Сталин, начался пересмотр дел осужденных в годы великих репрессий. И 30 мая 1956 г. по делу Чаянова Верховный суд СССР принимает такое решение: "Приговор Военной коллегии Верховного суда СССР от 3 октября 1937 года в отношении Чаянова Александра Васильевича отменить по вновь открывшимся обстоятельствам и дело о нем производством прекратить за отсутствием состава преступления" ...Реабилитированы и другие честные люди, осужденные в Казахстане одновременно с Чаяновым. Палачи-следователи были наказаны, а кое-кто из них и расстрелян еще в конце 30-х, начале 40-х гг. Тогда еще конвейер смерти не был остановлен.

Но решение 1956 г. еще не означало полной реабилитации Чаянова, Кондратьева и других ученых. Для полной потребовалось еще 30 лет. Дело в том, что над их именами довлел миф контрреволюционной "Трудовой крестьянской партии". Имена арестованных в 1930 г. были под запретом. Компартия в лице ее элиты, а вслед за нею и правоохранительные органы и слышать не хотели о реабилитации Чаянова, Кондратьева и других ученых по обвинениям 1930–1932 гг. Автор этих строк безуспешно пытался убедить бывшего Генерального прокурора СССР в необходимости отмены приговоров 1932 г. как необоснованных. Прокурор считал, и справки такие выдавали о том, что эти люди реабилитированы по обвинениям 1937 г., а в 1932 г. они были осуждены справедливо и отменять там нечего.

На совести ученых ВАСХНИЛ середины 80-х гг. лежал тяжелый камень: реабилитированы полностью биологи, земледелы, почвоведы, технологи, но не экономисты. Тогда оставался единственный путь пробить брешь – ЦК КПСС. Там уже не было таких людей как М.А. Суслов, А.Я. Пельше и иже с ними. Михаил Сергеевич Горбачев внимательно слушал автора этих строк в течение примерно часа. Ему была вручена соответствующая записка. Он все понял. Очевидно, сам был готов к этому. Последовало указание правоохранительным органам заняться этим делом. Были приобщены к изучению предоставленные ВАСХНИЛ, а также Василием Александровичем Чаяновым и Еленой Николаевной Кондратьевой различные документы, рукописи, письма, фотографии, имевшиеся в домашних архивах. Следствие возглавлял полковник юстиции Константин Георгиевич Насонов, человек высокой компетенции, культуры, с широким кругозором и очень гуманный. Он стал нашим общим другом, участником чаяновских и кондратьевских конференций. Но тогда ему пришлось перелопатить тысячи и десятки тысяч документов, массу папок с показаниями живых людей, отсеять ложь от правды, и это ему удалось успешно. Подготовка к реабилитации заняла около года.

Наконец долгожданный день настал. Военная коллегия Верховного суда СССР 16 июля 1987 года приняла определение №64–0372/82 за подписью председательствующего генерал-майора юстиции М.А. Марова и членов: генерал-майора юстиции И.Г. Суркова и генерал-майора юстиции П.М. Таланова. Приводим выдержку из этого документа.

"...Рассмотрев материалы дела и обсудив приведенные в протесте Генерального прокурора СССР доводы, Военная коллегия Верховного суда СССР находит, что Кондратьев Н.Д., Макаров Н.П., Юровский Л.Н., Чаянов А.В. и другие указанные в настоящем определении лица привлечены к уголовной ответственности, признаны виновными во внесудебном порядке и осуждены за особо опасные государственные преступления необосновано. Участниками антисоветской организации они не были и вредительской деятельностью не занимались.

Вывод о виновности Кондратьева Н.Д.,Чаянова А.В., Макарова Н.П. и других основан лишь на их показаниях на предварительном следствии. Между тем эти показания в силу их противоречивости и несоответствия иным фактическим обстоятельствам дела не могут быть положены в основу вывода о виновности осужденных в антисоветской вредительской деятельности. В протесте Генерального прокурора СССР приведены убедительные данные, свидетельствующие о том, что признание осужденными своей вины получено в результате незаконных методов ведения следствия.

Агранов, Радзивиловский, Славатинский и другие лица, причастные к рассмотрению данного дела, впоследствии сами были осуждены за незаконные методы ведения следствия по этому и другим уголовным делам.

С учетом изложенного и руководствуясь ст.48 Основ уголовного судопроизводства Союза ССР и союзных республик, Военная коллегия Верховного суда СССР ОПРЕДЕЛИЛА:

Постановление коллегии ОГПУ СССР от 26 января 1932 года в отношении Кондратьева Николая Дмитриевича, Макарова Николая Павловича, Юровского Леонида Наумовича, Чаянова Александра Васильевича, Дояренко Алексея Григорьевича, Рыбникова Александра Александровича, Литошенко Льва Николаевича, Чаянова Сократа Константиновича (дядя А.В. Чаянова, профессор земледелия. – *А.Н.*), Кафенгауза Льва Борисовича, Тейтеля Александра Владимировича, Леонтьева Ивана Николаевича, Фабриканта Александра Осиповича отменить и уголовное дело прекратить за отсутствием в их действиях состава преступления.

Отменить также постановления Особого совещания при НКВД СССР от 9 и 28 июня 1935 года в отношении Макарова Николая Павловича и Чаянова Александра Васильевича.

Подлинное за надлежащими подписями.

С подлинным верно:
Зам.председателя Военной коллегии Верховного суда СССР генерал-майор юстиции **М. Маров**
Секретарь: **Г. Власова"**

Итак, как и в тысячах случаях иных, России посмертно возвращены славные имена ее сыновей, драма ученых с мировым именем, драма России, как будто бы на этот раз закончилась. Все поставлено на свои места: невинные оправданы, подлинные виновники наказаны. Но остается немало вопросов. Прежде всего, почему государство уничтожает элиту своего народа, его интеллект? Почему в стране, ставшей под знамена братства и дружбы народов, равноправия, осуществляются геноцид, процветают жестокость, массовые репрессии, преследования за убеждения? Таких вопросов много. И ответов тоже.

Настороженное отношение к интеллигенции у Советской власти проявилось уже с первых дней ее существования. В. Сойфер со ссылкой на С.П. Мельгунова приводит данные о расстрелянных ВЧК в 1918 г., из которых следует, что за этот год от рук чекистов погибло интеллигентов в 3 раза больше, чем преступных элементов, да и крестьян в 2 раза больше, чем тех же преступников[55]. Вот куда был направлен красный террор. Пришедшая к власти партия стала монополистом прежде всего в идеологии. Она все отвергала, кроме ортодоксального марксизма. И в этом отношении главными конкурентами и врагами стали гуманитарная интеллигенция и духовенство, не разделявшие марксистских взглядов.

Революционная волна подняла из глубин народа не только его здоровые силы, но и озлобленных подонков, в прошлом париев, обиженных, обездоленных. Революция и гражданская война дала им в руки маузер. А после этого многие из них получили кабинеты, столы и кресла в них. За этими столами не только распределялись блага, но и решались судьбы людей. Партия культивировала тогда классовую нетерпимость. Эти малограмотные люди, люди без кругозора, сменившие маузер на стол в кабинете, стали распоряжаться судьбами людей. Компас был один – классовая принадлежность. Если ты в прошлом был не босяк, не батрак – ты враг классовый, тебя надо выводить на чистую воду.

На вершине советского Олимпа шла постоянная грызня, борьба за власть. А когда у руля стал жестокий, хитрый, мстительный и коварный человек, он все время создавал "левых" и "правых", "троцкистов" и "бухаринцев", промпартию и ТКП, меньшинствующих идеалистов, различного толка оппозиционеров и фракционеров. А за этим – миллионы людей. Красивые слова о благе народа были камуфляжем в этой жестокой борьбе. Человек ничего не стоил. И он исчезал. Так Россия теряла свой интеллектуальный потенциал. Так серели культура и искусство. Как-то поддерживалась техническая мысль. Но только не гуманитарная. Только не аграрная сфера, где все проблемы были решены партией Ленина-Сталина. Так страна все больше изолировала себя от остального мира. Катастрофически снижался жизненный уровень людей. В стране царил страх. Вольготно было сексотам: по их наветам людей вытряхивали из кабинета, из цеха, из квартиры. Такова, упрощенно говоря, была атмосфера 30-х гг., созданная "любимым отцом народа", о котором сочиняли и пели кантаты. Ведь лично он отдавал приказы "провести сквозь строй" профессоров, – "пару-другую мерзавцев нужно обязательно расстрелять". А за парой пошли пары сотен, пары тысяч, пары миллионов... Несчастная Россия не должна забывать этих трагических уроков. Их преподала революция, русская революция. И, может быть, был прав Иван Ильин, когда написал убийственные слова: "Сущность русской революции состоит в том, что русская интеллигенция выдала свой народ на духовное растление, а народ выдал свою интеллигенцию на поругание и растерзание."[56] Ведь к топору звали Русь отечественные интеллигенты. И звали долго, с возрастающей энергией от революционных демократов до эсеров и большевиков. Они сеяли ветер и пожали бурю. Они первыми полегли в могилы, а за ними пошло и многомиллионное крестьянство. Их превращали, по выражению Лаврентия Берии, в лагерную пыль. Их безымянные могилы в оврагах под Саратовом, в слое вечной мерзлоты под Воркутой и Норильском, в песках Средней Азии, в лесах вблизи больших городов с большими тюрьмами.

КОЛХОЗЫ

Итак, "Великий перелом" свершился. Последний оплот капитализма в деревне – кулачество, вместе с подкулачниками, вместе со всеми, у кого дом получше и во дворе порядка побольше, – ликвидированы. Все те из ученых, кто делал ставку на трудовое крестьянское хозяйство и кооперацию, сидят в тюрьмах. Колхозами зачастую командуют присланные из города Давыдовы, рабочие от станка, чтобы внести в деревню индустриальный дух и стиль, навести городские порядки. Темп коллективизации нарастает.

Колхозы не были популярны среди крестьян. Сельчане в них не рвались. Об этом свидетельствуют следующие показатели об удельном весе крестьянских дворов, вступивших в колхозы в 20-30-е гг., по данным ЦСУ СССР. До 1930 г. уровень коллективизации был незначительным: 1918 г. – 0,1%, 1927 – 0,8, 1928 – 1,7, 1929 – 3,9%. Он никак не влиял на общее состояние сельской экономики. Скачок был обеспечен в год "Великого перелома". Как, какими методами это делалось, сказано. Динамика коллективизации в последующие годы была такова: 1930 г. – 23,6%, 1931 – 52,7, 1932 – 61,5, 1934 – 71,4, 1935 – 83,2, 1936 – 90,5, 1937 – 93,6, 1940 – 96,9%.

Следует только вспомнить, что поначалу колхозами называли всякие коллективные формирования: коммуны, артели и даже ТОЗы – товарищества по совместной обработке земли. По-разному там был организован труд, по-разному распределялась продукция. Вот как это выглядело в конце 20-х гг.[57] (табл. 6.2).

Из приведенных данных нетрудно подсчитать, что в 72,8% коммун распределение шло по едокам, семьям и потребностям. В артелях по этим трем "иждивенческим" статьям – 46,5 и в ТОЗах – 43%. Понятно, что это не мо ло стимулировать производительность. Народный комиссар земледелия РСФСР на Третьем Всероссийском съезде колхозов 26 мая 1928 г. сетовал, что "мы позорно плетемся в хвосте за индивидуальным хозяйством, потому что наши совхозы и колхозы иногда по урожайности стоят даже ниже..."[58] Народным комиссаром земледелия тогда был Николай Афанасьевич Кубяк (1881–1937), уроженец Калужской губернии, член Компартии с 1898 г., видный хозяйственный, государственный и партийный работник. Расстрелян в 1937 г. Реабилитирован посмертно.

Таблица 6.2

Удельный вес колхозов по форме распределения доходов, %

Формы распределения доходов	Коммуны	Артели	ТОЗы
По едокам	51,6	34,5	31,5
По потребности	15,2	0,6	–
Пр работникам	3,0	4,7	4,6
По затратам труда	12,1	23,6	13,2
По паям	–	11,3	24,6
По семьям	6,0	11,4	11,5
Иными способами (твердая зарплата, смешанная между предыдущими)	12,1	13,9	14,6
	100,0	100,0	100,0

Рассматривая колхоз в том виде, в каком он сформировался в 30-е годы, следует сопоставить его с крестьянской общиной, продолжавшей существовать в 20-е гг., хотя 5,5 млн. крестьян вели хуторское единоличное хозяйство. За сохранение общины ратовали социалисты всех оттенков и направлений, видя в ней основу для построения социализма в деревне.

Община землею владела и распоряжалась, колхоз же ею только пользовался, она была собственностью государства. В общине крестьянин знал свой участок земли, хотя он время от времени менялся в результате уравнительных переделов. В колхозе же крестьянин не знал и не имел своего земельного надела. Вся земля, кроме приусадебного участка, была общественной.

В общине крестьянин был собственником движимости (рабочий и продуктивный скот, техника, инвентарь) и некоторой недвижимости (хозяйственные постройки, производства). В колхозе же весь рабочий скот, все хозяйственные постройки, вся техника, все оборудование было обобществлено. Колхозник по закону имел право держать корову, ограниченное количество другого скота и даже пчелосемей.

В общине крестьянин был собственником произведенной продукции, он мог ею распоряжаться по своему усмотрению за исключением установленной мирским сходом доли на общественные нужды, например, содержание престарелых, страховой запас на случай неурожая. В колхозе же крестьянин утратил право распоряжаться произведенной продукцией. Она уже не была его собственностью. Ею формально распоряжался колхоз, но фактически все было расписано сверху государственными органами управления. Реально хозяином было государство.

В управлении община была более демократичной. Сельский сход, или мирской сход, сообща решал все вопросы местной жизни. На миру веским было слово пожилых, умудренных жизненным опытом людей. Авторитетным был сельский староста, не говоря о волостном старшине как главе местного самоуправления.

Поначалу в колхозах, до их массового укрупнения, еще были какие-то следы демократии, но вскоре все стало решаться наверху, в райкоме партии. Председатель колхоза входил в номенклатуру райкома. И последний его предлагал, фактически назначал, снимал, направлял его и требовал с него отчетность. Секретарь райкома был высшей должностной фигурой в советской иерархии района. (Он, в свою очередь, безоговорочно зависел от облзвена в пирамиде партийного "демократического централизма", тотально давившего на все общество в целом.) Председатель был за все в ответе перед райкомом, был, по сути, бесправной пешкой в его руках. Но на месте ему многое было позволено, особенно после массового укрупнения колхозов, когда в руках председателя сосредоточились управление огромным хозяйством и большая власть над людьми.

Колхозник как личность был практически бесправным. Он не имел паспорта, не обладал свободой передвижения. Город, как гигантский насос, выкачивал в организованном порядке по различным каналам из колхозов рабочую силу. Деревня теряла молодых, здоровых, более одаренных людей. Существовала система организованного набора рабочей силы, вербовки детей и подростков в ремесленные училища и школы фабрично-заводского обучения.

С учетом всего сказанного видно, что колхоз означал не прогресс, не шаг вперед, а глубокий откат назад даже по сравнению с общиной, которую критиковали за консерватизм, за торможение прогресса, глушение личного интереса, сдерживание роста производительности. Колхоз сделал только одно: создал громадные по площади поля, дал простор технике. Но не человеку. Одно время Сталиным был брошен лозунг: "Техника решает все". Еще В.И. Ленин мечтал о ста тысячах тракторов, которые позволят увести крестьян в "коммунию". Так что с технической стороны колхоз имел преимущества. Но они полностью погашались ущемлением человека, его бесправием.

В начале настоящей главы уже говорилось, что в ходе коллективизации поголовье животных в стране сократилось вдвое. Сократился и общий объем производства. Под жестким контролем государство и партия держали посевные площади и производство зерна. На это было брошено все, от мощностей тяжелой индустрии до повседневного контроля парторганов и всевидящего ока НКВД. Поэтому особенно резкого падения зернового хозяйства не было. Воспользуемся данными ЦСУ СССР по этому вопросу (табл. 6.3).

Из таблицы видно, что по всей валовой продукции и зерну снижение объемов производства не было катастрофическим, хотя и весьма ощутимым. Все силы были брошены на зерно. Объемы его производства несколько возросли к 1940 г., однако не за счет урожайности, а благодаря резкому расширению распашки в плодородных степных районах юга и юго-востока страны. Искажала данные и статистика. Например, учет стали вести не по амбарному, а по бункерному весу, то есть со всякими примесями, сорняками, высокой влажностью. А затем и перешли к учету биологического урожая

Таблица 6.3

Производство сельскохозяйственной продукции в СССР за 30-е гг. (все категории хозяйств)

Годы	Вся валовая продукция, в ценах 1983 г., млрд. руб.	Зерна		Мяса в убойном весе, млн.т
		млн. т.	ц/га	
1926 - 1930.	66,7	75,5	7,9	4,7
1931 - 1935.	60,0	70,0	6,8	2,6
1936 - 1940.	66,4	79,1	7,1	4,2

который часто определяли по лучшим участкам, и экстраполировали эти данные на все поле. Такое завышение, являвшееся грубым обманом, преследовало две цели: во-первых, создавало основу для начисления более высокой на-туроплаты за работу МТС и, во-вторых, позволяло лучше выглядеть в глазах начальства. К нашей статистике, начиная с 30-х годов и до 60-х, приходится относиться осмотрительно. Не буду голословным. После ухода со сцены статистиков прекрасной земской школы, руководящие органы не раз толкали работников на лакировку и искажение действительности. Вот тому свидетельство. Работая в начале 50-х гг. министром сельского хозяйства Латвии, я располагал фактическими данными об урожайности и сборах по каждому хозяйству, сельсовету, волости, уезду и республике, полученными прямо от молотилок и комбайнов. Средняя урожайность зерновых культур по республике оказалась 8 центнеров с гектара, год был очень тяжелый, осень дождливая, только что прошла массовая коллективизация. Вооруженный всеми соответствующими документами, я доложил фактическое положение первому руководителю республики. Его ответ меня удивил и поразил: "Уберите ваши "простыни", забудьте про них и никому не показывайте. У нас по республике средний урожай зерновых 24 центнера с гектара". После этого была извлечена из сейфа бумага – Постановление Совета Министров СССР, подписанное И. Сталиным, где действительно эта цифра была напечатана черным по белому. Это был так называемый "савельевский" урожай, по фамилии председателя Комиссии по определению урожайности при правительстве СССР. Элементы подобной "савельевщины" могли проникать в государственную статистику. Эта система также пережила в нашей стране немало драм. Но вернемся к колхозам.

Насилие при их создании не осталось без ответа со стороны крестьянства. Начались новые вооруженные выступления. Их было много по всей стране. Ведь в процессе раскулачивания было репрессировано около 7 млн. человек, включая стариков, детей и женщин. Раскулачено около 1,1 млн. крестьянских хозяйств. Только на Украине из-за искусственно вызванного голода умерло около 3 млн. человек. Разными исследователями за рубежом называются различные цифры о вооруженных восстаниях, репрессиях и массовой смертности. В нашей стране все эти данные хранились за семью замками. Сейчас представляется возможность ими воспользоваться. Но нужна очень скрупулезная и корректная, длительная и трудоемкая работа. Автор пока такими возможностями не располагал. Поэтому ограничимся констатацией этих тяжелых для судеб страны и народа фактов. Бесспорно одно: без всего этого, без этих неисчислимых жертв можно было обойтись, будь во главе государства элементарно человечный человек, без комплекса изуверской жестокости и маниакальной жажды истребления людей на почве классовой, идеологической, национальной ненависти.

Вновь заглянем в архивы и послушаем свидетелей тех драматических событий. На имя народного комиссара земледелия СССР 28 июня 1932 г. поступает докладная записка специального корреспондента газеты "За пищевую индустрию" следующего содержания:

"Из районов Винницкой области в исключительно тяжелом положении находятся два района – Уманский и Бабанский. В этих районах сейчас подлинный голод: в Уманском районе из 39 сел голодают 36; в Бабанском – весь район.

Голод в этих районах – результат совершенно механического проведения хлебозаготовок, изъятие не только хлебных излишков, но всего хлеба " под метелку", имевшегося как в колхозном, так и в единоличном секторах, вплоть до семян. Были изъяты также все концентрированные корма и сено... хлебозаготовки тянулись до конца марта месяца, причем в февральские и мартовские дни заготовки выражались немногими пудами в день на весь район, т.е. было совершенно очевидно, что район хлеба уже не имеет. В марте был свезен семенной фонд, а в апреле уже пришлось завозить и продовольственную, и семенную помощь. Как правило, план по тому или иному селу выполнен был только на 50–60%. Во время хлебозаготовок был допущен целый ряд перегибов и неправильных мер административного воздействия, приведших в результате к тому, что в некоторых селах и колхозах сбежала руководящая головка.

Положение в Уманском районе на сегодняшний день рисуется в следующем виде: своих продовольственных ресурсов хотя бы мизерных – район не имеет совершенно и существует только тем, что в него завозят. Район потерял половину живой тягловой силы – из 14 000 рабочих лошадей осталось меньше 8 000, включая в это число около 2 500 двухлеток, т.е. молодняка, по сути дела непригодного к работе. Остальных порезали и поели. Свиней поели; в товарных свиных фермах, там, где были 250–300 голов маточного стада, осталось 5–10 голов. Овец поели, кур поели.

Села и деревни пусты. Нельзя услышать даже собачьего лая, ибо собаки уничтожены, съедены. Вырывали павших лошадей и тоже ели. На почве голода усилились кражи скота на мясо. Крестьяне на ночь берут оставшийся скот в избу – чтобы не украли. На этой почве нередки убийства: за два пуда муки зарезали сторожа; чтобы утащить курицу, убили 13-летнего парнишку; за овцу вырезали семью и т.д. Дошло до того, что один колхозник убил своего 2-х летнего ребенка, сварил и съел его. Есть случаи убийства детей из-за того, что нечем прокормить. Когда началась зелень – на нее набросились, варили и ели, и, конечно умирали. Лепешки из бурьяна и цветов акации в большом ходу и по настоящий день. От голода умирали и умирают ежедневно в большом количестве: например, в Городнище ежедневно умирает 8–12 человек голодной смертью. В Умани за май месяц умерло 400 человек, т.е. столько, сколько за весь прошлый год. Ежедневно на улицах Умани по утрам поднимают трупы умерших от голода, пришедших из деревни крестьян. Опухло от голода свыше трети населения на селе. Вот некоторые иллюстрации по отдельным селам.

Село Фурманка являет собой самое печальное зрелище – половина хат заколочена, жители или уехали, или вымерли. Из 550 дворов выехало около 200 хозяйств – и колхозников, и единоличников...

В Череповодах на 800 дворов 171 лошадь; коров 52 головы, из них в колхозе 20, у колхозников – 30, у единоличников (35% населения) – две головы. Выехало из села 85 семей колхозников и 90 единоличников; кроме того, 152 глав семей. На 28 мая умерло голодной смертью 87 человек, ежедневно умирает 4–6 человек. 250 человек больных – опухших от голода, из них 150 лежат... В Реготухе – опухло от голода 50% населения... В Краснопивке – 700 дворов (сплошной колхоз); в колхозе 9 свиней, 5 коров, 100 кур; кроме того, у колхозников 65 голов рогатого скота крупного и мелкого и 2 свиньи...

Распоряжением Наркомзема тов. Яковлева от 13 мая с.г. Уманскому району была отпущена семенная и продовольственная помощь в размере 780 т. Однако район ее не получил потому, что в Харькове Уползаготзерно Меламед и т. Степанский из этих 780 т 520 т отдали Киевской области и 250 т – Винницкой области. В результате Уманский район получил только 10 т. Картофель около 8 000 га – в этом году не посажен; то небольшое количество, которое было посажено, было потом вырыто и съедено. Кукурузу – которую прислали 10 июня, сеять поздно, разве только на силос, но силосом кормить некого, нет скота... По исчислениям Уманских райкома, райисполкома и райснаба для прокормления сельского населения района требуется 1 500–1 700 т продовольствия – хлеба и круп (из расчета 300 грамм хлеба и 100 грамм крупы на человека в в день)"[59].

Вот такая обстановка была весной и летом 1932 г. на Украине, Северном Кавказе, Поволжье. Крестьяне всячески пытались выжить, только выжить: сбрасывали поголовье скота, сохраняли семена, ели что попало. А когда стали созревать хлеба, то срезали колосья, руками мяли их и ели. Все это расценивалось властями как уголовное преступление. Крестьян судили, убивали. Сошлемся на спец. сводку ОГПУ №60 от 22 сентября 1932 г.[60]

"...Вновь выявлен ряд отказов сельсоветов и колхозов от принятия х/з (хлебозаготовительных. – *А.Н.*) планов. На Украине, например, с начала хлебозаготовок отказы от принятия планов отмечены в 92-х районах по 446-ти сельсоветам... Особо следует подчеркнуть, что часть активистов, в т.ч. и коммунистов, оказывают прямое противодействие хлебозаготовкам, открыто ведут антихлебозаготовительную агитацию...

Укрытие и разбазаривание хлеба достигло в ряде районов значительных размеров. Вновь учтены многочисленные факты нарушения директив партии о выдаче натуральных запасов. В некоторых районах Украины колхозникам выдано до 50–75% обмолоченного хлеба... По ряду колхозов Прикумского, Курганского, Павловского районов СКК (Северо-Кавказского края. – *А.Н.*) учтено свыше 65 000 центнеров намолоченного товарного зерна, осевшего в колхозных амбарах и на токах... В ряде районов СКК и УССР выявлены нелегальные мельницы, производящие помол хлеба ручным способом или с помощью конского привода. В СКК учтено свыше 100 подобных мельниц...

Почти повсеместно регистрируются многочисленные факты подмены массово-разъяснительной работы командованием и администрированием. Перегибы и искривления в основном выражаются в арестах, избиениях, массовых обысках, конфискации всего имущества вплоть до вещей домашнего обихода... Характерны следующие довольно распространенные суждения отдельных групп колхозников: "Недолго осталось мучиться: кончим обмолот, разойдемся из колхозов, жить так дальше нет смысла, единоличник гораздо обеспеченнее нас..."

Заслуживает внимания рост по некоторым областям активных антисоветских проявлений. Так, например, в СКК (Северо-Кавказском крае) в августе зарегистрировано 61 массовое выступление против 50 в июле. В УССР на протяжении июля и августа зарегистрировано 216 массовых выступлений... Число участников в отдельных выступлениях достигало 1 000 человек, выступления сопровождались избиением представителей районов и сельской власти... В СВК (Средне-Волжский край. – *А.Н.*) в августе зарегистрировано свыше 130 случаев пожаров и поджогов, которыми уничтожено около 125 000 пудов обмолоченного хлеба... Одновременно заслуживает внимания активизация кулачества и АСЭ (антисоветских элементов. – *А.Н.*), идущая по линии создания повстанческих организаций, попыток завязать связи как с соседними районами, так и с к-р (контрреволюционерами. – *А.Н.*) города, в целях совместных организованных действий. Такие группировки выявлены в Благодарненском и Александровском районах СКК (ныне Ставропольского края. – *А.Н.*)..."

Еще раньше, как только стали созревать хлеба, голодные крестьяне набросились на них. Массовое распространение получили "преждевременный и самочинный покос", а также срезание колосьев. Власти безжалостно и целенаправленно боролись с этим явлением. В спецсводке ОГПУ №42 от 22 июля 1932 г. приводится такой факт:

"Краснодарский район – в колхозе "Пролетарская диктатура" с. Н.Машыновской группа объездчиков ночью 9.07 обнаружила на полях 5 женщин, срезавших колосья пшеницы. При попытке к задержанию женщины побежали в разные стороны. Охрана дважды выстрелила из дробовиков. Одна из бежавших колхозниц тяжело ранена (умерла через несколько часов), вторая единоличница получила легкое ранение. Белореченский район: на полях в колхозе станицы Октябрьской задержана толпа колхозников и единоличников... с мешками нарезанных колосьев, в количестве 40 человек..."[61]

Вот до какого состояния власти довели своих крестьян и такими методами вели войну с собственным народом. Народ давал им достойную оценку даже в письмах, адресованных в редакцию "Известий ЦИК СССР и ВЦИК". Приведем некоторые из них, поступивших летом 1932 г.[62]

"...Краснодар. Рабочие и особенно крестьяне голодают, мрут с голоду массами, гибнут. Виновники этому – Сталин и его вольные и невольные сподручники (Молотов, Калинин и прочие "вожди"). Они душат трудовой народ, исковеркали жизнь миллионам..."

"...Массы беженцев из голодающих районов заполняют вокзалы железных дорог, массы идут, передвигаясь пешком до тех станций, где еще нет распоряжений их не допускать в поезда. Группы их на каждом шагу можно встретить на улицах Москвы..."

"...У нас страшный, отчаянный голод, люди пухнут и умирают от голода. Как собак десятками хоронят без гробов. И это в стране, откуда до войны вывозили за границу хлеб, мясо и другие с.х. продукты. На полях Украины ничего нет, все заросло сорняками и бурьяном..."

"...Вот когда у Джугашвили должна закружиться голова. Колхозы разваливаются, крестьянские хозяйства разбиты... Зерно у людей забрали по 63 копейки за пуд, а хлеб в кооперативе продают по 2 рубля 20 копеек за фунт. Разве это не бандитизм?"

"...Сегодня я читал в газете "Известия" о том, что Бернард Шоу не видел в СССР голодающих детей. Я же проехал от Одессы до Москвы и видел на всех станциях Украины тысячи детей, опухших от голода, которые тучами обступают пассажиров... Они голодают потому, что у их отцов отобрали до последнего пуда зерно. Страшно смотреть и не верится, что на 15-м году Советской власти это могло быть".

При чтении этих раздирающих душу строк вновь и вновь возникает вопрос: как это могло произойти? Может быть, причиной голода был неурожай? Или какое-то стихийное бедствие? Оказывается, ничего подобного не было, даже неурожая не было. Убедительное подтверждение тому – докладная записка заместителя народного комиссара земледелия СССР А. Гриневича наркому земледелия СССР Яковлеву от 2 мая 1932 г. Побывав в ряде районов Украины, подвергшихся голоду, он подробно анализирует положение дел в Зиновьевском районе, ссылаясь также на Новомиргородский и ряд районов Одесской и Киевской областей. Картину он показывает такую же, как в уже упомянутых районах Украины: муки людей, их уход из деревень, гибель лошадей и других животных. А. Гриневич делает очень важное признание: "Я считаю особенно важным то обстоятельство, что район доведен до такого состояния при условии, когда урожайность прошлого года хотя и была пониженной, однако была достаточной не только для продовольствия людям и на корм скоту, но и для сдачи довольно значительных излишков по хлебозаготовкам..."[63] Это значит, что для удовлетворения обычных потребностей было достаточно хлеба. Но сталинская "дань" с крестьян была необычной. Кроме того, с жизнью и здоровьем миллионов людей руководство собственной страны не считалось. Жизнь человека – копейка! Такое руководство нельзя назвать иначе как преступным. И никогда и никто не сможет обелить перед историей и человечеством ни Иосифа Джугашвили, ни тех его сподвижников, которые до конца своей долгой жизни оправдывали его методы управления обществом.

Колхозы были институтом политизированным, равно как и весь курс аграрного развития. Особенно ярко об этом свидетельствуют материалы двух съездов колхозников-ударников, проведенных в 30-е гг. Первый проходил 15–19 февраля 1933 г. В нем участвовало 1 513 ударников колхозного движения. Выступивший в заключение съезда Сталин убеждал, что колхозы –

единственно правильный путь для крестьян. Миллионы стали колхозниками, и это большое достижение. Теперь предстоит сделать всех зажиточными. Выступали на съезде и В.М. Молотов, и М.И. Калинин, и К.Е. Ворошилов. Не обошлось и без речи Емельяна Ярославского, приветствовавшего на этот раз колхозников в ипостаси представителя Общества старых большевиков. Приветствий от различных коллективов было много, рапортов тоже. С основным докладом выступил Лазарь Моисеевич Каганович (1893–1992) в роли секретаря ЦК ВКП(б) и заведующего сельскохозяйственным отделом ЦК, затем народный комиссар земледелия Яков Аркадьевич Яковлев (настоящая фамилия Эпштейн, 1896–1938, репрессирован и погиб, реабилитирован посмертно). Выступил и секретарь ЦК ВЛКСМ Александр Васильевич Косарев (1903–1939), также погибший во время великих репрессий. Первый съезд завершился принятием обращения ко всем крестьянам-колхозникам Союза ССР. В нем крестьяне призывались: сделать колхозы большевистскими, добить кулака, укреплять трудовую дисциплину, развертывать всесоюзное соревнование за подготовку семян и тракторов к весне, заботливо ухаживать за конем, выполнить обязательства перед государством. В конце еще раз напоминалось, что "коммунистическая партия – наша партия и Советская власть – наша власть". Воздавалась хвала И.В. Сталину[64].

Не менее политизированным был и Второй Всесоюзный съезд колхозников-ударников, состоявшийся 11–17 февраля 1935 года. Культ И. Сталина нарастал. В опубликованном стенографическом отчете имеется 50 групповых фотографий с И. Сталиным, кроме отдельных его портретов с трубкой и без трубки. С основным докладом выступает заведующий сельскохозяйственным отделом ЦК ВКП(б) Я.А. Яковлев, переместившийся сюда с поста наркома земледелия СССР. Нарком земледелия Михаил Александрович Чернов (1891–1938) – из многодетной семьи села Тезино Кинешемского уезда Костромской губернии, воспитанник Костромской духовной семинарии и физико-математического факультета Московского университета. Работал до революции преподавателем математики. Арестован 7 ноября 1937 г., приговорен к смертной казни 13 марта 1938 г. и через два дня расстрелян – делает доклад по проекту Устава колхоза. Доклад от мандатной комиссии зачитывает Николай Иванович Ежов (1895–1940), Генеральный комиссар Госбезопасности, нарком внутренних дел и секретарь ЦК ВКП(б) в одном лице. Он – главный исполнитель массовых репрессий в конце 30-х гг., он же ведал кадрами в ЦК ВКП(б). Чаша возмездия не минует и его в свое время. Из более 100 речей было много приветственных от различных колхозов и организаций. От науки – одно выступление возвышавшегося Лысенко по проблеме яровизации. И. Сталин прервал его речь знаменитым "браво, товарищ Лысенко, браво!". Конечно, Лысенко говорил и о начавшейся "счастливой жизни" советского крестьянства в условиях колхозов и многое другое. И это говорилось, когда еще президентом ВАСХНИЛ был гениальный Вавилов.

Когда перелистываешь стенографический отчет и список выступавших, бросается в глаза одна особенность. Из более чем сотни поднимавшихся на трибуну через десяток лет мало кто был известен. Не исключено, что мало кто и остался в живых. Выдвинулся Сергей Ксенофонтович Коротков (1908–1961), знаменитый председатель колхоза из Вурнарского района Чувашии; опытник Терентий Семенович Мальцев (1895–1994), ставший почетным академиком ВАСХНИЛ, написавший много научных и популярных работ, сделавший открытие и создавший систему земледелия для условий Зауралья; механизатор Прасковья Никитична Ангелина (1912–1959); свекловод Мария Софроновна Демченко (род.1912). Вот, кажется, и все. На съезде было 1 433 делегата, по тем временам лучшие люди села: председатели колхозов, бригадиры, звеньевые, мастера высокой продуктивности.

Нарком земледелия Чернов при открытии съезда сообщил, что выдвинутая на Первом съезде И. Сталиным задача – сделать колхозы большевистскими, а колхозников зажиточными – "успешно разрешается". Сталин был назван "первым ударником, любимым вождем трудящихся, великим мастером строительства социализма"[65]. Не удержались от похвал Сталину и Николай Иванович Бухарин, и даже Надежда Константиновна Крупская (1869–1939). Не хвалить Сталина при любом выступлении и по любому поводу уже недопустимо. Это ритуал, нарушение которого грозило смертельной опасностью. Однако Н.И. Бухарин много говорил об опасности народившегося германского фашизма.

Съезд принял два важные решения: а) о примерном Уставе сельскохозяйственной артели и б) об открытии в Москве Всесоюзной сельскохозяйственной выставки. Выставку было решено организовать в 1937 г. Фактически ее открыли 1 августа 1939 года с павильонами по отраслям сельскохозяйственного производства, по союзным республикам и крупным регионам. После войны ее реконструировали, расширили и вновь открыли летом 1954 г. Позднее она была реорганизована в Выставку достижений народного хозяйства (ВДНХ).

Принятый Вторым съездом колхозников-ударников Примерный устав сельскохозяйственной артели 17 февраля 1935 г. в тот же день был утвержден Советом Народных Комиссаров СССР и ЦК ВКП(б). Приведем наиболее существенные положения Устава.

"1. Трудящиеся крестьяне села (станицы, деревни, хутора, кишлака, аула)... района... добровольно объединились в сельскохозяйственную артель, чтобы общими средствами производства и общим организованным трудом построить коллективное, то есть общественное хозяйство, обеспечить полную победу над кулаком, над всеми эксплуататорами и врагами трудящихся, обеспечить полную победу над нуждой и темнотой, над отсталостью мелкого единоличного хозяйства, создать высокую производительность труда и обеспечить таким образом лучшую жизнь колхозников...

2. Все межи, разделявшие ранее земельные наделы членов артели, уничтожаются, и все полевые наделы превращаются в единый земельный массив, находящийся в коллективном пользовании артели. Земля, занимаемая артелью (как и всякая другая земля в СССР), есть общенародная государственная собственность. Она, согласно законам рабоче-крестьянского государства, закрепляется за артелью в бессрочное пользование, то есть навечно, и не подлежит ни куплепродаже, ни сдаче артелью в аренду...

3. Единый земельный массив артели ни в коем случае не должен уменьшаться. Наделение выбывших членов артели землей за счет земельной площади артели воспрещается...

4. Обобществляются: весь рабочий скот, сельскохозяйственный инвентарь (плуг, сеялка, борона, молотилка, косилка), семенные запасы, кормовые средства в размерах, необходимых для содержания общественного скота, хозяйственные постройки, необходимые для ведения артельного хозяйства, и все предприятия по переработке продуктов сельского хозяйства...

5. Каждый колхозный двор в зерновых... льняных... районах может иметь в личном пользовании корову, до двух голов молодняка рогатого скота, 1 свиноматку с приплодом... до 100 овец и коз вместе, неограниченное количество птицы и кроликов и до 20 ульев...

6. Артель обязуется вести свое коллективное хозяйство по плану, точно соблюдая установленные органами рабоче-крестьянского правительства планы сельскохозяйственного производ-

ства и обязательства артели перед государством. Артель принимает к точному исполнению: планы сева, подъема паров, междурядной обработки, уборки, молотьбы и зяблевой пахоты... а также государственные планы развития животноводства...

11. Из получаемых артелью урожая и продуктов животноводства артель: а) выполняет свои обязательства перед государством по поставкам и возврату семенных ссуд, расплачивается натурой с МТС в соответствии с заключенным договором, имеющим силу закона, и выполняет договора о контрактации; б) засыпает семена для посева и фураж для прокорма скота и всю годовую потребность, а также для страховки от неурожая и бескормицы, создает неприкосновенные, возобновляемые ежегодно семенной и кормовой фонды в размере 10–15 процентов годовой потребности; в) создает, по решению общего собрания, фонды помощи инвалидам, старикам, временно потерявшим трудоспособность, нуждающимся семьям красноармейцев, на содержание детских яслей и сирот – все это в размере не свыше 2 процентов валовой продукции; г) выделяет в размерах, определяемых общим собранием членов артели, часть продуктов для продажи государству или на рынок; д) всю остальную массу урожая артели и продуктов ее животноводства артель распределяет между членами артели по трудодням...

15. Сельскохозяйственные работы в артели осуществляются на основах сдельщины...

18. Всякое расхищение общественной колхозной и государственной собственности, вредительское отношение к имуществу и скоту артели и машинам МТС рассматривается артелью как измена общему делу колхоза и помощь врагам народа...

19. Делами артели управляет общее собрание членов артели, а в промежутке между собраниями – избранное общим собранием правление...

21. Для заведования делами артели общее собрание членов артели избирает сроком на два года правление в составе 5–9 человек...

22. ...общее собрание избирает председателя артели, являющегося вместе с тем председателем правления...

23. Бригадиры и заведующие животноводческими фермами назначаются правлением артели на срок не менее 2 лет..."[66]

Внимательное ознакомление с Уставом убеждает, что упомянутое в первом пункте слово "добровольно" исчерпывает всю добровольность колхозной жизни. Уже в самом Уставе заложена последовательная огосударствленность. Потому и понадобилось ликвидировать кооперацию, лишить жизни общинность. Все это объяснялось просто: чем выше степень огосударствленности, тем якобы "зрелее" производственные отношения. Стало быть общество продвинулось дальше в экономическом и социальном развитии.

Структура сельского хозяйства СССР изменилась с конца 20-х до конца 30-х гг. следующим образом:[67] (табл. 6.4).

За это же время увеличились средние размеры колхозов и совхозов по земельной площади, поголовью скота и производимой продукции. Некоторое представление дают следующие данные[68]. (табл. 6.5).

Таблица 6.4

Структура сельского хозяйства СССР

	1927 г.	1940 г.
Колхозы, тыс.	14,8	236,9
в них наличных дворов, млн.	0,2	18,7
Совхозы, тыс.	1,4	4,2
Единоличные крестьянские хозяйства, млн.	23,7	3,6
Кулацкие хозяйства, млн.	1,1	–

Таблица 6.5

Средние размеры колхозов СССР

	1928 г.	1934 г.	1940 г.
Колхозных дворов на один колхоз	13	68	81
Общественных посевов, тыс. га	0,04	0,4	0,5
Общественного скота, голов крупного рогатого скота,	5	44	85
в том числе коров	2	15	24
свиней	2	15	35
овец и коз	7	51	77
Тракторов (в пересчете на 15-ти сильные, шт.)	0,2	0,8	2,4

Государство проявляло заботу о механизации сельского хозяйства, особенно большое значение придавалось оснащению колхозов тракторами. Строились тракторные заводы, создавались машинно-тракторные станции (МТС). Первая МТС была организована в 1928 г. в Одесской области. В 1932 г. их было уже 2 446, а в 1940 – 7 069 с общей численностью тракторов с 15-сильном исчислением – 557 тыс.[69] Машинно-тракторные станции не только выполняли механизированные работы в колхозах. Они в порядке натуральной оплаты извлекали много хлеба из хозяйств. И этот канал приравнивался к обязательным поставкам. Ведь МТС были предприятиями государственными. И вся крупная техника (тракторы, комбайны, землеройные машины) были сосредоточены в МТС. Через МТС государство также осуществляло определенную экономическую политику. Если учесть, что по Уставу оплата труда производилась по остаточному принципу, а на все социальные нужды колхозы не смели расходовать более 2% валового дохода, а нужд этих было много, то можно себе представить безрадостное существование колхозников. Здесь все было расписано сверху: когда пахать; где, что и когда сеять; сколько, когда и куда доставить продукции.

Колхозная тема нашла широкое освещение в экономической литературе. Погром на Волхонке в декабре 1929 г. не прошел даром. Было много апологетики в адрес колхозов и “творца колхозного строя”. Этот жанр находится за пределами нашего рассмотрения. Но были и серьезные исследования, были серьезные ученые, которые разрабатывали отдельные вопросы колхозного строительства. Марксистская ветвь в агроэкономической науке играла заметную роль до 1937–1938 гг. Можно сослаться на работы А.И. Гайстера, Л.Н. Крицмана, М.И. Кубанина, В.П. Милютина, Я.П. Никулихина и других. В предыдущей главе мы о них уже писали, кроме одного. Яков Петрович Никулихин (1896–1939) работал в 30-е гг. в аграрных научно-исследовательских центрах. Его работы связаны с экономикой механизации сельского хозяйства, его индустриализации. Он является одним из инициаторов создания агропромышленных комбинатов. Его работа “Индустриализация сельского хозяйства” (1931) по многим идеям не утратила своего значения. Отметим лишь, что колхозная форма хозяйствования не получила активной поддержки со стороны крестьянства, а порой встретила негативное отношение. Произошло это потому, что в ходе преобразований сельского хозяйства крестьянин, непосредственный производитель, оказался на втором плане. Не были приняты во внимание реальные условия, его проблемы и заботы. Крестьяне поняли, что они не будут творцами новой жизни, а над ними производится жестокий эксперимент.

ЛИТЕРАТУРА

1. **Сталин И.** Соч. М.: Политиздат, 1949. Т. 11. С. 12–19.
2. КПСС в резолюциях. 9-е изд. М.: Политиздат, 1983. Т.2. С. 86–87.
3. Сельскохозяйственная энциклопедия. 4-е изд. М. 1971. Т. 3 С. 87.
4. КПСС в резолюциях. 9-е изд. М.: Политиздат, М.: 1984. Т. 5. С. 73.
5. **Там же.** С. 102–103.
6. **Там же.** С. 161.
7. **Там же.** С. 215.
8. **Там же.** С. 338.
9. **Conquest R.** The Harvest of sorrow, Soviet Collectivization and the Terror–Fanine. Oxford. University Press, 1986.
10. РГАЭ. Ф.7486. Оп.1. Д.119. Л.13, 13об.
11. РГАЭ. Ф.7486. Оп.37. Д.121. Л.62.
12. РГАЭ. Ф.7486. Оп.37. Д.121. Л.43.
13. РГАЭ. Ф.7486. Оп.37. Д.121. ЛЛ.190–194.
14. РГАЭ. Ф.7486. Оп.37. Д.122. Л.193.
15. РГАЭ. Ф.7486. Оп.37. Д.122. ЛЛ.184–185.
16. РГАЭ. Ф.7486. Оп.37. Д.121. ЛЛ.39–40.
17. РГАЭ. Ф.7486. Оп.37. Д.122. Л.135.
18. РГАЭ. Ф.7486. Оп.37. Д.121. Л.241.
19. РГАЭ. Ф.7486. Оп.37. Д.131. ЛЛ.55, 53, 52.
20. **Там же.** Л Л. 155–149.
21. **Сталин И.** Отчетный доклад XVII съезду партии о работе ЦК ВКП(б). М., 1949. С. 87.
22. 50 лет ВАСХНИЛ/ Под ред. П. П. Вавилова. М.: Колос, 1979.
23. Наука и техника СССР, 1917–1987. Хроника. М.: Наука, 1987. С. 300–328.
24. **Никонов А.** Исторический путь ВАСХНИЛ и ее вклад в аграрную науку. М.: Энциклопедия российских деревень, 1993.
25. Известия, 1934, 20 июля.
26. Сельскохозяйственная газета, 1930, 22 янв. №18.
27. **Сойфер Валерий.** Власть и наука. История разгрома генетики в СССР. М.: Лазурь, 1993. С. 706.
28. **Вильямс В. Р.** Собр. соч. М.: Сельхозгиз, 1951. Т. 7. С. 227–234.
29. **Тулайков Н. М.** Избр. произведения. М.: Сельхозгиз, 1963. С. 89–289.
30. **Борисенков Е. П., Пасецкий В. М.** Тысячелетняя летопись необычайных явлений природы. М.: Мысль, 1988. С. 523.
31. Борьба с засухой. Всесоюзная конференция по борьбе с засухой. Сб. материалов. М.;Л.,: Сельхоз-колхозкооп. изд-во, 1932. С. 450.
32. Академик Н. И.Вавилов. Избр. тр. М.;Л.,: Наука, 1965. Т. 5. С. 347–353.
33. Институт марксизма-ленинизма при ЦК КПСС. №1769а от 31 июля 1958 г.
34. **Жорес Медведев.** Взлет и падение Лысенко. М.: Книга, 1993. С. 348.
35. **Там же.** С. 110–117.
36. **Там же.** С. 140.
37. Кондратьевщина, чаяновщина и сухановщина. Вредительство в сельском хозяйстве. Международный аграрный институт, 1930. С. 102.
38. **Там же.** С. 5, 8.
39. **Там же.** С. 10.
40. **Хоробрых Ф.** Кондратьевщина и ее представители в Сибири. Новосибирск: Запсиботделение, 1931. С. 60.
41. **Ярославский Ем.** Мечты Чаяновых и советская действительность. Правда, 1930, 10 окт.
42. **Балязин В. Н.** Профессор Чаянов. М.: Агропромиздат, 1990. С. 264–265.
43. Архив МБ РФ. Дело Р – 33480. Т. 10–11. Л. 166.

44. **Там же**, Л. 44, 44об.
45. **Там же**, Л. 76.
46. **Там же**, Л.90, 90об.
47. **Там же**, Л. 75.
48. **Там же**, Л. 125, 125об.
49. **Там же**, Л. 127.
50. **Там же**, Л. 127об.
51. Коммунист, 1990. №11. С. 102.
52. **Там же**. С. 102–103.
53. **Там же**. С. 99–100.
54. Простор, 1991. №1–2. С. 241.
55. **Валерий Сойфер.** Власть и наука. М.: Лазурь, 1993. С. 223.
56. Интеллигенция. Власть. Народ. Антология. М.: Наука, 1993. С. 280.
57. Колхозное строительство. Третий Всероссийский съезд колхозов. М.: Книгосоюз, 1929. С. 67.
58. **Там же**. С. 127.
59. РГАЭ. Ф.7486. Оп.1. Д.209. ЛЛ.53–51.
60. РГАЭ. Ф.7486. Оп.1. Д.237. ЛЛ.410, 407, 406, 405, 404, 403.
61. РГАЭ. Ф.7486. Оп.1. Д.237. Л.235.
62. РГАЭ. Ф.7486. Оп.1. Д.209. Л.96, 94, 83, 82–81.
63. РГАЭ. Ф.7486. Оп.1. Д.209. Л.56–54.
64. Первый Всесоюзный съезд колхозников-ударников передовых колхозов. Стенографический отчет. М.;Л.: Сельхозгиз, 1933. С. 295–308.
65. Второй Всесоюзный съезд колхозников ударников. Стенографический отчет. М.;Л.: Огиз-Сельхозгиз, 1935. С. 6.
66. **Там же**. С. 238–245.
67. Сельское хозяйство СССР. Статистический сборник. М.: Статистика, 1971. С. 10.
68. **Там же**. С. 11.
69. Сельскохозяйственная энциклопедия. 4-е изд. Т. 3, 1972. С. 948.

Мы знаем, что ныне лежит на весах
И что совершается ныне.
Час мужества пробил на наших часах,
И мужество нас не покинет.

Анна Ахматова

А впереди, за клюквенным болотом,
Среди небес и вечной тишины
Лежат незахороненные роты
Солдат, не возвратившихся с войны.

Николай Ерхов

ГЛАВА 7. ВЕЛИКАЯ ОТЕЧЕСТВЕННАЯ ВОЙНА 1941–1945 гг.

СТРАНА НА ПОРОГЕ ВОЙНЫ

Несмотря на тяжелые потрясения 30-х гг., гибель миллионов людей, особенно крестьян и интеллигенции, многократные "чистки" и перетасовки руководящего состава, массовый террор 1937–1938 гг., страна и народ продолжали жить. И не только существовать, но и созидать. Осуществлялись индустриализация и электрификация страны, создавались новые отрасли промышленности, вырастали фабрики и заводы. Деревня поставляла дешевую, неприхотливую рабочую силу. В российском селе всегда была скрытая безработица, или скрытое перенаселение. Люди охотно шли "на производство", так как после коллективизации жизненный уровень крестьян резко упал. Кроме того, механизация сельского хозяйства, хотя и неполная, в форме тракторизации, естественно, высвобождала рабочие руки. Заметим, что этот процесс выкачивания живой силы, особенно после войны, примет для села разрушительный характер.

Один за другим выдвигавшиеся лозунги "техника решает все", "кадры решают все", взятые на вооружение партией с ее "приводными ремнями": комсомолом, советами, профсоюзами, делали свое дело. В условиях жестокой диктатуры процессы общественного развития шли противоречиво, болезненно, но они шли. Страна двигалась вперед.

Для характеристики предвоенной экономики обратимся к книге Н.А. Вознесенского "Военная экономика СССР в период Отечественной войны"[1]. Причем не забудем, в какой обстановке эта книга писалась. Но сначала о самом авторе. Николай Алексеевич Вознесенский (1903–1950), крупный ученый и государственный деятель, академик с 1943 г., экономист-теоретик и практик. Родился в селе Теплое Чернского уезда Тульской губернии в семье служащего. Выпускник Коммунистического университета им. Свердлова и Института красной профессуры. В возрасте 35 лет возглавил Госплан СССР, а в 38 лет стал первым заместителем председателя Правительства СССР. В первый период войны координировал деятельность наркоматов, эвакуированных из Москвы на Восток, с 1943 г. занимался восстановлением экономики освобожденных от оккупации территорий страны. В его научных работах довоенного и послевоенного периода признаются такие экономические категории как закон стоимости, цена, прибыль и убыток. Он увязывает рыночные рычаги с плановым руководством, не противопоставляя их, а сочетая. При этом он считает, что планирование должно опираться на закон стоимости, и тогда последний утрачивает стихийный характер. Он пытался привносить в практику планирования научную обоснованность, широко используя региональный подход, натуральные и синтетические балансы, сопоставляя денежные доходы и расходы населения, рост заработной платы и ее товарного обеспечения. Был обвинен по сфабрикованному так называемому "ленинградскому делу" и расстрелян. Кроме его брата и сестры, по этому же делу были расстреляны секретарь ЦК ВКП(б) Алексей Александрович Кузнецов (1905–1950), организатор обороны Ленинграда, председатель Совета Министров РСФСР Михаил Иванович Родионов (1907–1950), председатель Ленсовета и первый секретарь Ленинградского обкома и горкома ВКП(б) Петр Сергеевич Попков (1903–1950). С названными людьми автор имел возможность несколько раз встречаться, и они оставляли самое благоприятное впечатление.

Н.А. Вознесенский приводит в своей книге сведенные в таблицу данные в сопоставимых показателях (см. табл. 7.1). Имеющееся разночтение по объему валовой продукции сельского хозяйства с более поздними сведениями ЦСУ СССР можно объяснить различными методическими подходами. По последним данным в ценах 1983 г. объем производства сельскохозяйственной продукции с 1928 по 1940 г. вырос только на 7%, соответственно с 71,9 млрд. до 76,7 млрд. руб. Но при любых ошибках в расчете, различиях в методологии, царившей тогда апологетике всех наших "побед" налицо факт роста, особенно по промышленности, транспорту и капитальным вложениям. Упор делался на тяжелую индустрию, производство средств производства (группа "А"). Страна строила заводы, завозила, а затем и сама выпускала станки и другое оборудование. Воздвигались тракторные и комбайновые заводы, мощные электростанции, домны, мартены, шахты. Все это требовало большого напряжения сил, в пасынках оставалось село, крестьянство. Взимание "дани" с крестьян продолжалось.

Таблица 7.1

Развитие производительных сил СССР в предвоенный период, в млрд. руб.

	1928 г.	1940 г.	Рост (раз)
Национальный доход	2,5	128,0	5,0
Капитальные вложения	3,7	43,0	11,6
Основные фонды	140,0	709,0	5,0
Валовая продукция промышленности,	21,4	138,5	6,5
в том числе: группа "А"	8,5	84,8	10,0
группа "Б"	12,9	53,7	4,0
Валовая продукция сельского хозяйства	15,0	23,0	1,5
Грузооборот ж.-д. транспорта	93,0	415,0	4,5

В сельском хозяйстве уже практически не осталось единоличников, если не считать частных хозяйств на новых территориях, включенных в состав Союза ССР (Западная Украина и Западная Белоруссия стали советскими осенью 1939 г., Литва, Латвия и Эстония – летом 1940 г., Карельский перешеек после "зимней войны" с Финляндией в начале 1940 г.). В сельском хозяйстве, как и в других сферах производства, стимулировалось социалистическое соревнование. В основном – моральными стимулами: награждением орденами и медалями, присвоением звания Героя Социалистического Труда, выдвижением передовиков производства на престижные посты. В предвоенные годы выросла плеяда мастеров сельскохозяйственного производства. Их имена знала вся страна. Это и Константин Александрович Борин (1908–1989), инициатор передовых методов уборки урожая, Герой Социалистического Труда, депутат Верховного Совета СССР, и Александр Иванович Оськин (1912–1971), комбайнер из Оренбургской области (оба они позднее были доцентами Тимирязевской сельскохозяйственной академии), и уже упоминавшиеся П.Н. Ангелина, мастер высочайших урожаев свеклы М.С. Демченко, знатные доярки, свинарки, овцеводы, председатели колхозов. Среди последних были талантливые организаторы, которые в условиях жесткого диктата сверху ухитрялись развивать производство и поддерживать благосостояние людей. Можно назвать Петра Алексеевича Прозорова (1899–1968), председателя колхоза "Красный Октябрь" Кировской области, руководившего хозяйством в течение 44 лет; дважды Героя Социалистического Труда, Прасковью Андреевну Малинину (1904–1983) из Костромской области, дважды Героя Социалистического Труда, выросшую из рядовой крестьянки, затем колхозного животновода до знаменитого в стране председателя колхоза и государственного деятеля; Ивана Андреевича Буянова (1897–1965), дважды Героя Социалистического Труда, работавшего 36 лет председателем колхоза в Московской области. Это были подлинные новаторы, отличавшиеся талантом организаторов, личным трудолюбием, порядочностью и гуманным отношением к людям. Автор знал их уже в послевоенные годы и часто общался с ними.

В феврале 1941 г. состоялась восемнадцатая конференция ВКП(б), рассмотревшая вопросы о задачах в области промышленности и транспорта; об итогах 1940 г. и план развития народного хозяйства в 1941 г., некоторые кадровые дела. Напряжение, которое ощущалось в обществе, свидетельствовало о приближении войны. Гитлер уже оккупировал государство за государством. Разумеется, никто тогда и не догадывался о каких-либо пактах Молотова-Риббентропа, точнее о секретных приложениях к ним.

Официально долго высказывалась версия о внезапности нападения Германии на СССР. Она не выдерживает критики. Предгрозовая атмосфера была давно. Весь мир это видел. И советский народ понимал. И готовились к войне. Популярной тогда была песенка: "Если завтра война, если завтра в поход, мы сегодня к походу готовы". И тяготы материальные, лишения сносили ради того, чтобы страну уберечь. И разведывательными данными руководство страны располагало. Не хочется верить В. Суворову, автору "Ледокола", о готовившемся нападении СССР на Германию, но за две недели до начала войны эшелоны с танками и пушками шли в сторону границы. Когда-либо историки разгадают тайны наших роковых неудач в первые месяцы войны, стоивших миллионов людских жизней и около двух миллионов квадратных километров оккупированной врагом территории страны.

Позволю себе кратко показать, как представлялось положение в СССР из ближнего зарубежья. Та часть русской диаспоры в Латвии, к которой принадлежал автор настоящей работы, состояла из людей, не менявших места жительства, хотя границы менялись. В Латвии также осело значительное число эмигрантов из России, не пожелавших уезжать далеко от родины. Неплохо была поставлена информация с Запада, в Риге издавалась дважды в день газета "Сегодня" на русском языке, не считая множества изданий на латышском и немецком. Печаталось много книг. Кое-что поступало из России, а с 1939 г. в киосках продавалась газета "Известия". Но основным источником информации было Московское радио.

Мы жадно ловили каждое слово, приходившее из Москвы. Записывали не только лекции, но и новые песни, распевали их. Много хороших песен было создано в 30-х годах. Нам нравилась, например, написанная И. Дунаевским на слова Михаила Светлова "Каховка"*.

Советские кинокартины подолгу не сходили с экранов. Их смотрели по многу раз. Особенно такие, как "Петр Первый", "Александр Невский". Во время демонстрации "Александра Невского", особенно эпизода Ледового побоища, в кинозалах вспыхивали овации, стихийно вырывались антитевтонские чувства. И эта, казалось бы, мелкая деталь свидетельствовала о накале в обществе в преддверии неминуемой схватки, которая могла начаться очень скоро**.

Мы знали только фасад советской действительности. Кроме ежедневной "Сегодня", в 30-е гг. выходила еженедельная "Газета для всех", которую издавал и редактировал князь Ржевский, друг генерала и писателя Алексея Алексеевича Игнатьева (1877–1954)***.

Мы были воспитаны на русской классической литературе и культуре, уважительно относились к культуре и образу жизни латышского народа. Ежегодно проводились "дни русской культуры", обычно совпадавшие с днем рождения А.С. Пушкина. Власти не чинили никаких препятствий культурной деятельности русских общественных организаций. В Латвийском университете были студенческие корпорации "Рутения" и "Фратернитас арктика" ("Северное братство"), а также землячество ОРСЛУ (Общество русских студентов Латвийского университета). Землячество было более демократичной и открытой организацией, чем корпорации, и мы с корпорантами не очень дружили. В этом обществе спектр политических взглядов был очень широким, от коммунистов, социалистов до либералов и монархистов при

---

* Уже после войны я был хорошо знаком с героиней этого произведения, той девушкой "в походной шинели", что шла горящей Каховкой. Это была Зельма Пиген из Латышской дивизии. Она работала в ЦК Компартии Латвии. И хотя с воспетых событий прошло более четверти века, она была стройной женщиной лет 45 с большими голубыми глазами и русыми кудрями.

** В конце 40-х или начале 50-х гг. мне посчастливилось лично познакомиться с Николаем Константиновичем Черкасовым (1903–1966), обаятельным человеком и великим артистом, создавшим бессмертные образы, в том числе и Александра Невского.

*** Позднее, уже после войны, Ржевский мне рассказывал, что у него было много неприятностей из-за "излишней" пропаганды на страницах газеты советских достижений.

преобладании лево-демократических элементов. Нас всех объединяла любовь к своей большой этнической Родине. Она укреплялась по мере обострения международной обстановки и возрастания опасности фашистского нападения на Россию. Особенно же усилилась после создания оси Берлин–Рим, а затем и треугольника Берлин–Рим–Токио. Нам импонировали идеи евразийцев. Мы знали и содержание речей Адольфа Гитлера на нюрнбергских сборищах нацистов, слышали их по радио, читали "Mein Kampf", представляли себе угрозу для России, а равно и маленькой Латвии. Потому большинство из нас с первых дней войны оказалось добровольцами в Красной Армии.

Кое-что нас удивляло и ввергало в смятение. Например, письма из СССР. У многих из нас были родственники в различных регионах Союза. До середины 30-х гг. оттуда шли нормальные письма с человеческими радостями и горестями. Ближе к середине этого десятилетия почти в каждом письме появились примерно такие фразы :"Спасибо товарищу Сталину, мы живем хорошо". Так писали из Ленинграда, Пятигорска, Хабаровска... Мы недоумевали, почему все, как по команде, благодарят и хвалят в частных письмах Сталина. Не могли же они все сговориться?! И нам стало казаться, что, очевидно, это добрый и мудрый человек, если все пишут о нем так тепло. Люди же старшего поколения, находившиеся в 1917 г. в гуще революционного Петрограда, заявляли нам, что видели и слышали Ленина, Троцкого, Коллонтай, Луначарского, а еще раньше Керенского. Но ни о каком Сталине никогда ничего не слышали. Часто в письмах были фотографии. На некоторых были запечатлены молодые энергичные лица офицеров Красной Армии в своеобразной униформе. Но с 1937–1938 гг. переписка прервалась, и ничего мы больше из России не получали. Правду узнали через много лет...

Удивили нас мероприятия в связи со 100-летием гибели А.С. Пушкина в феврале 1937 г. Наша гимназия в эти дни жила только Пушкиным: литературные вечера, концерты, доклады, спектакли, богослужения, приезд из Риги Русского драматического театра и многое другое. Одновременно мы слушали Московское радио и удивлялись: кого же там все-таки чествуют – Пушкина или Сталина. Особенно поразила речь народного комиссара просвещения Андрея Сергеевича Бубнова (1883–1940) на митинге у памятника Пушкину, в которой он пару раз упомянул имя Пушкина и десяток раз – Сталина. Через три года и он погибнет в застенках от пули палача.

Ранним утром 17 июня 1940 г. колонны танков и мотопехоты Красной Армии вступили на территорию Латвии. Народ встретил их спокойно. Не было ни одного выстрела ни с одной стороны. В Риге советских солдат и офицеров на улицах осыпали цветами. Люди видели в приходе советских войск гарантию против вторжения гитлеровцев. Латыши хорошо помнили 700-летнее господство остзейских баронов, губернаторов и генерал-губернаторов. Успокоение внесла и краткая речь президента республики Карла Ульманиса (1877–1942), с которой он в тот же день вечером обратился к народу. В памяти остались такие слова: "Сегодня в 7 часов утра войска дружественной державы пересекли границу Латвии. Это сделано с ведома и согласия нашего правительства... Я остаюсь на своем месте, вы оставайтесь и работайте на своих местах".

Личность Карла Ульманиса весьма колоритна, современниками воспринималась неоднозначно, с отдалением времени вызывает уважение. Выходец из семьи курляндских крестьян, за участие в революции в 1905 г. заключен в Псковскую тюрьму, позднее эмигрировал, окончил университет в штате Небраска (США) и Лейпцигский сельскохозяйственный институт, доктор экономических и сельскохозяйственных наук. С 1913 г. возглавлял молочную кооперацию, в 1917 г. – вице-комиссар Временного правительства в Лифляндской губернии, с 1918 г. – первый премьер-министр Латвии, лидер созданного им Крестьянского союза.

После образования нового государства в 1919 г. Латвия вскоре практически потеряла всю свою территорию за исключением нескольких волостей Гробиньского уезда. Советское правительство Петра Стучки допустило грубую стратегическую ошибку в крестьянском вопросе: не дало крестьянам ни клочка земли. Дело в том, что 48,1% всей земли принадлежало остзейским баронам и только 39,3% – крестьянам. Советское руководство Латвии решило не дробить баронских латифундий, полагая, что такое дробление приведет к откату назад от научно-технического прогресса, а крупное производство всегда выгоднее мелкого. На этих землях создали 230 совхозов, работавшим в них крестьянам не разрешали иметь даже приусадебного участка и личного скота. Батрак остался батраком. Только раньше в замке сидел потомственный немецкий "голубой" барон, а сейчас восседает "красный", с партийным билетом в кармане. Так Советская власть оскорбила и оттолкнула крестьянство. В это же время в тех немногих волостях, которые остались под юрисдикцией правительства К. Ульманиса, началась аграрная реформа, ликвидация латифундий и крестьяне в солдатских шинелях с обеих сторон фронта потянулись за землей. В течение года Советская власть пала на всей территории Латвии. Более 54 тысяч крестьян получили новые трудовые хозяйства средней площадью по 17 га, еще столько же расширили свои хутора, около 10 тысяч урезанных имений были сданы в долгосрочную аренду[3].

Карл Ульманис не был демократом в общепринятом смысле этого слова. Он 15 мая 1934 г. распустил парламент и все представительные органы власти на местах; в уездах, городах и волостях назначил старшин; запретил все политические партии, не пощадив и свой Крестьянский союз. Лидеров компартии, социал-демократов и профашистских групп упрятал на несколько месяцев в концлагерь. До этого все партии, кроме коммунистической, были легальными. Во внутренней политике Ульманис опирался на крестьянство и среднее сословие, поощрял и развивал сельскохозяйственную кооперацию, всячески содействовал трудовому воспитанию молодежи, освоению ремесел. Был установлен авторитарный режим. Ликвидирована безработица.

В журналистских кругах шел разговор о том, что перед вводом Красной Армии И. Сталин звонил по телефону К. Ульманису, обещал сохранить жизнь и свободу членам правительства Латвии, не вмешиваться во внутренние дела этой страны. Потому и было столь уверенное заявление президента по радио. Действительно, никто из членов правительства не был казнен. Однако они были перемещены в разные города России. К. Ульманис был поселен в г. Ставрополе, где и проживал под надзором в течение двух лет. В августе 1942 г. арестован, перевезен за Каспий, умер осенью того же года в Красноводской тюрьме. Министр земледелия Я. Бирзнек умер в середине 50-х гг. от инсульта в должности директора свиноводческого совхоза в Красноярском крае. Военный министр генерал Я. Балодис, в первую мировую войну офицер русской армии, в 50-е гг., во время "оттепели", вернулся в Латвию и получал генеральскую пенсию. Министр иностранных дел В. Мунтерс, химик по образованию, проживавший и работавший долгие годы в г. Владимире, также вернулся в Ригу, выступал в печати. Он был председателем Лиги наций в конце 30-х гг.

Итак, Красная Армия разместилась в Латвии, равно как и в других республиках Балтии. Латвийская армия была реорганизована в национальный (территориальный) корпус РККА, сохранившаяся часть солдат и офицеров его влилась в созданную в августе 1941 г. Латышскую дивизию, проходившую обучение в Гороховецких лагерях под Нижним Новгородом и вступившую в бои под Москвой. Но это уже другая тема.

Относительно спокойная обстановка нарушилась осенью 1940 г., когда была ликвидирована местная валюта – лат и введен общесоюзный рубль. Обмен валют проводился при их соотношении примерно 1:3. Если, к примеру, учитель начальной школы или рабочий получал в месяц 100 лат, то теперь стал получать 300 рублей. Но килограмм масла стоил 2 лата, а после обмена его цена поднялась до 28 рублей. Следовательно, человек, который ранее за свою зарплату мог купить в месяц 50 кг масла, сейчас – только 11. Такое же соотношение сложилось по всем продовольственным и промышленным товарам. Те люди, которые весной осыпали советских солдат цветами, осенью объявили забастовку. Это был первый удар по всем слоям населения с фиксированными доходами, прежде всего по рабочим, интеллигенции, людям наемного труда. Виновником этой операции объявляется стрелочник – инспектор цен Министерства финансов. Его обвиняют во вредительстве, арестовывают, а цены практически остаются такими же, с несущественными коррективами.

Затем наносится удар по крестьянству. Здешние крестьяне постоянно жаловались на налоговое бремя. Новая власть в 1940 г. не очень нажимала на налоги в денежной форме. Но были введены обязательные поставки сельскохозяйственных продуктов. Теперь крестьянин должен был за символическую оплату сдавать государству зерно, картофель, молоко, мясо и другие продукты в таких количествах, каких подчас в хозяйстве и не набиралось. Поднялось всеобщее возмущение, начались волнения. Оказалось, что кем-то были порекомендованы нормы поставок, действовавшие в Ленинградской области для единоличников, не вступивших в колхозы. Это фактически были репрессивные нормы. На этот раз виновником был объявлен уполномоченный Наркомата заготовок СССР по республике. Обязательные поставки у крестьян были заменены новыми, которые очень мало отличались от прежних, "вредительских". Так Советская власть оттолкнула крестьян. А в Латвии тогда еще не знали о колхозах, сюда из Советской России доносились лишь отрывочные сведения о них, причем не лестного характера.

Не имели мы представления и о масштабах репрессий 30-х годов. Только смутные догадки в связи с обрывом переписки. Впервые автору было рассказано об этом весной 1943 года. После боев, ранений и госпиталей я вновь оказался в хорошо знакомых Гороховецких лагерях Московского военного округа, в запасном полку. Здесь накапливались, долечивались, набирались сил и обучались те, кому вновь предстоял фронт. Однажды в роту прибыл солдат по фамилии Вавер лет сорока, истощенный, молчаливый, с умными грустными глазами. На вопрос, откуда он прибыл, ответил: "Из лагерей, только не военных". На вопрос об образовании последовал ответ: "Окончил Саратовский университет и сельскохозяйственный институт". О последней работе перед теми "лагерями" было сказано: "Заведовал организационным отделом Нижневолжского крайкома партии". Вавер вел себя образцово. Через некоторое время у меня с ним состоялась многочасовая беседа за пределами расположения воинской части. Он рассказал тогда многое о репрессиях, о конвейере смерти. Он был знаком с Яном Эрнестовичем Рудзутаком (1887–1938), Валерием Ивановичем Межлауком (1893–1938), работал с Иосифом Михайловичем Варейкисом (1894–1939) и другими видными государственными деятелями, погибшими в годы великих репрессий. Всю вину он возлагал на Сталина. Это вызвало потрясение от неожиданности, но не верить ему было невозможно. Позднее он обратился с просьбой дать ему рекомендацию для вступления в партию на общих основаниях. Я сделал это без колебаний. И он был принят. Вскоре наши пути разошлись. Уже после войны я получил от Вавера письмо, где он сообщал, что он недолго был в партии. Поделился своими тревогами с одним старшиной, тот оказался "стукачом". Его из партии исключили и с первой же маршевой ротой отправили на фронт. Он сообщил, что работает директором совхоза и просит, если не утрачено к нему доверие, еще раз дать рекомендацию. Так одному человеку пришлось дважды писать рекомендации. Он был хорошим руководителем хозяйства, этот прошедший разные лагеря юрист и зооинженер по образованию. А для меня он был первым честным человеком, раскрывшим глаза на чудовищные злодеяния властей.

ПРОВАЛ БЛИЦКРИГА

Разработанный германским командованием и утвержденный Гитлером в директиве №21 от 18 декабря 1940 г. план "Барбаросса" был рассчитан на быстрое поражение Советского Союза путем нанесения молниеносных ударов мощных сконцентрированных армейских групп, хорошо оснащенных современной техникой[4]. К 22 июня 1941 г. у границ СССР было сосредоточено 190 дивизий, из них 19 танковых и 14 моторизованных, 4 воздушные армии. В этих соединениях было 5,5 млн. человек, 4 300 танков, свыше 47 тыс. полевых орудий и минометов, около 5 000 боевых самолетов. Вся эта армада обрушилась и смяла наши войска, быстро устремилась вперед в направлении на Москву, Ленинград и Киев с дальнейшим выходом на линию Архангельск–Урал–Астрахань.

Автор не ставит своей целью рассматривать ход военных действий. Это очень сложная и специальная проблема. Опубликованы воспоминания многих наших полководцев – Г.К. Жукова, А.М. Василевского, К.К. Рокоссовского, И.С. Конева, К.А. Мерецкова и других военачальников, имеются исследования историков, произведения писателей-фронтовиков[5]. Отдельной книгой опубликованы приказы и выступления Сталина[6]. Тем не менее многое еще нуждается в исследовании и осмыслении.

Начиная войну, гитлеровцы учитывали некоторое реальные факторы, способные затруднить положение Советского Союза и оказать “услугу” Германии. Прежде всего, они прекрасно знали о том, что Красная Армия обезглавлена и обескровлена репрессиями конца 30-х гг., в результате которых она лишилась 40 тысяч офицеров и, за редким исключением, всего генералитета. Маршалы С.М. Буденный, К.Е. Ворошилов и Г.И. Кулик имели опыт полупартизанской гражданской войны, но оказались неспособными управлять войсками против высокоорганизованной и технически оснащенной армии врага. И потребовалось время, пока выросли и приобрели опыт молодые полководцы.

Федор Федорович Раскольников (настоящая фамилия Ильин – 1892–1939), в прошлом морской офицер, заместитель наркома по морским делам, дипломат, полпред СССР в Болгарии, отозванный в Москву для расправы, решив не ехать на неминуемую смерть, писал Сталину: “Накануне войны Вы разрушаете Красную Армию, любовь и гордость страны, оплот ее мощи. Вы обезглавили Красную Армию и Красный Флот. Вы убили самых талантливых полководцев, воспитанных на опыте мировой и гражданской войны, которые преобразовали Красную Армию по последнему слову техники и сделали ее непобедимой. В момент величайшей военной опасности Вы продолжаете истреблять руководителей армии, средний командный состав и младших командиров... Не доверяя красным командирам, Вы вносите в армию двоевластие и разрушаете воинскую дисциплину. Под нажимом советского народа Вы лицемерно воскрешаете культ исторических русских героев: Александра Невского, Дмитрия Донского и Кутузова, надеясь, что в будущей войне они помогут Вам больше, чем казненные маршалы и генералы...”[7]

Генерал-лейтенант А.И. Тодорский приводит следующие данные: “...сталинские репрессии вырубили из пяти маршалов трех (А.И. Егоров, М.Н. Тухачевский, В.К. Блюхер); из пяти командармов 1-го ранга – трех; из 10 командармов 2-го ранга – всех; из 57 комкоров – 50; из 186 комдивов – 154; из 16 армейских комиссаров 1-го и 2-го ранга – всех; из 28 корпусных комиссаров – 25; из 64 дивизионных комиссаров – 58; из 456 полковников – 401...”[8]

В середине июля 1941 г. Гитлер был уверен в том, что сопротивление в европейской части России продлится не более шести недель... Рассчитывали фашисты и на униженность, бесправие и нищенское положение крестьянства. Они знали последствия антикрестьянской политики и крестьянского сопротивления в недавнем прошлом. Но они плохо знали историю России и психологию русского крестьянина, составлявшего костяк Красной Армии. Перед лицом смертельной опасности для Родины отступают на второй план обиды и оскорбления. Так было и в Отечественную войну 1812 г., когда крепостные крестьяне и крестьянки дубинами, цепами и кочергами выгоняли оккупантов за пределы своей страны. Можно назвать и их просчет в отношении нерусских народов, не вставших стеной за новоявленных “освободителей”, игнорирование просторов России, не раз в прошлом поглощавших нашествия иноземцев. Недооценивали завоеватели и способности государства сравнительно быстро перестроить экономику на нужды обороны. Но главное – гитлеровцы недооценили выдержку, самоотверженность и героизм русского солдата и русской женщины, вынесшей на своих плечах все тяготы голодного, холодного и долгого фронтового тыла, ставшей в эти годы пахарем, пекарем, токарем и чернорабочим.

Н.А. Вознесенский пишет, что "перестройка народного хозяйства на рельсы военной экономики, перемещение производительных сил и восстановление их в восточных районах подготовили всеобщий подъем военного хозяйства СССР"[9]. Далее он перечисляет мероприятия, которые проводил Государственный комитет обороны:

"во-первых, мобилизация производственных мощностей социалистической промышленности, рабочих и инженерно-технических кадров на нужды Отечественной войны...

во-вторых, мобилизация материальных ресурсов и труда колхозного крестьянства на обеспечение потребностей Советской Армии, городов, снабжающих фронт военной техникой...

в-третьих, мобилизация и военная перестройка транспорта... Усилена пропускная способность железных дорог Урала и важнейших железнодорожных узлов... Осуществлено строительство ряда железных дорог вдоль р. Волги, в восточных и северных районах страны...

в-четвертых, мобилизация строительных кадров и механизмов на строительство военных заводов и кооперированных с ними предприятий...

в-пятых, мобилизация рабочей силы, переквалификация... и подготовка новых кадров взамен призванных в Советскую Армию...

в-шестых, мобилизация продовольственных резервов страны для бесперебойного снабжения городов... Введено нормированное снабжение населения продовольственными и промышленными товарами (карточная система)...

в-седьмых, мобилизация средств населения и ресурсов народного хозяйства на финансирование Отечественной войны...

в-восьмых, перестройка государственного аппарата для обеспечения мобилизации всех сил на нужды Отечественной войны..."[10]

Таким образом, была проведена гигантская работа. Достаточно сказать, что на Восток было эвакуировано в течение трех месяцев 1 360 крупных, прежде всего военных заводов. Из них 455 было размещено на Урале, 210 в Западной Сибири и 250 в Средней Азии и Казахстане. Самыми тяжелыми были последние два месяца 1941 года: эвакуированные предприятия уже не давали продукции на старом месте и не успели начать выпуск на новом, были потеряны основные районы, поставлявшие уголь и другое стратегическое сырье. На оккупированной территории до войны проживало 40% населения страны, производилось 63% угля, 68% чугуна, 58% стали, 60% алюминия, 38% зерна, 84% сахара, находилось 38% крупного рогатого скота, 60% свиней, 41% протяженности железных дорог. С июня по ноябрь 1941 г. валовая продукция промышленности сократилась в 2,1 раза. Только с декабря 1941 г. прекратилось падение промышленного производства, с марта 1942 г. быстро пошло вверх, к этому времени производство военной продукции в восточных районах достигло довоенного уровня в целом по стране[11]. Так началось наращивание военно-промышленного потенциала СССР, который впоследствии намного превзойдет возможности Германии.

А пока шло тяжелое, горькое отступление. В приграничной полосе остались аэродромы, подтянутые склады боеприпасов, амуниции, продовольствия.

Уже утром в воскресенье 22 июня под бомбами погибали солдаты, гражданское население, на аэродромах, не поднявшись в воздух, сгорали наши самолеты. А мы 23 июня из трехлинейной винтовки стреляли... по вражескому самолету, на бреющем полете расстреливавшему из пулемета людей. Сводки Совинформбюро были одна тревожнее другой: "Сегодня наши войска под напором превосходящих сил противника оставили города..." Шел длинный перечень городов и районов. В окружение попадали дивизии, корпуса, армии, сотни тысяч наших солдат и офицеров.

Константин Михайлович Симонов (1915–1979) вскоре напишет пронзительные стихи об этом нашем отступлении:

Ты помнишь, Алеша, дороги Смоленщины,
Как шли бесконечные, злые дожди,
Как кринки несли нам усталые женщины,
Прижав, как детей, от дождя их к груди,

Как слезы они вытирали украдкою,
Как вслед нам шептали: – Господь вас спаси! –
И снова себя называли солдатками,
Как встарь повелось на Великой Руси...

Ты знаешь, наверное, все-таки Родина –
Не дом городской, где я празднично жил,
А эти проселки, что дедами пройдены,
С простыми крестами их русских могил...

...Мы шли на восток дорогами, лесами и деревнями Псковской и Новгородской земли. На нас смотрели грустные и растерянные, молодые и пожилые женщины. В какой-то маленькой деревушке под Старой Руссой мы зашли в небогатый домик напиться. Хозяйка молча поставила на стол крынку молока и каравай ржаного хлеба. В ее глазах стояли слезы и страшная тоска. В домик забежал, как мы поняли, хозяин, молча сел за стол, быстро разделил с нами хлеб и молоко, обнял жену и тотчас направился к двери. Потом, как бы заметив нас, показал рукой на восток и протянул с укоризной: "А... вы туда, а я в лес. У нас там хватит дел..." Взял винтовку СВТ и вышел. Через минуту он уже верхом скакал на коне...

В декабре 1941 г. военная машина фашистской Германии забуксовала. Неудача постигла вермахт под Ленинградом и Тихвином, под Ростовом и, главное, под Москвой. Маршал Г.К. Жуков писал: "В войне с Советским Союзом гитлеровцам, несмотря на их тщательную подготовку, пришлось столкнуться с рядом важных и непредвиденных обстоятельств. Они никак не думали, например, что им придется в Советском Союзе драться на два фронта: с одной стороны, с Красной Армией, с другой – с мощными партизанскими силами... Не рассчитывали гитлеровцы и на то, что их войска будут так измотаны и обескровлены, что уже в 1941 году, не достигнув ни одной стратегической цели, будут вынуждены перейти к обороне на всем советско-германском фронте. Поражение немецких войск под Москвой возвестило всему миру о крахе планов Гитлера в отношении "молниеносной войны" с Советским Союзом, о начале разгрома немецко-фашистских войск, о непреоборимости советского государства"[12].

Нет нужды говорить о наших неисчислимых потерях и жертвах. Об общей численности потерь все еще полной ясности нет. Последняя из названных цифр – 27 миллионов. Их масштаб можно представить по такому примеру. За несколько дней боев под Наро-Фоминском в декабре 1941 г. в моем батальоне, насчитывавшем 20 декабря 450 человек, к вечеру 23-го оставалось в строю около 30. И так на протяжении всего фронта от Баренцева моря до главного Кавказского хребта. И так в течение 1 417 дней... Позднее Булат Шалвович Окуджава (р. 1924), фронтовик, поэт и гуманист, напишет:

Здесь птицы не поют,
Деревья не растут,
И только мы плечом к плечу
Врастаем в землю тут...

К югу от этого небольшого подмосковного городка под кронами деревьев русского леса лежат пять тысяч латышских стрелков-добровольцев. У них были разные записи в анкетной графе о национальности: латыш, русский, белорус, еврей. Но у них была одна Родина, одна армия, один враг, одна цель. Одна жизнь. И они ее отдали.

Потом будет Сталинградская битва, Курская дуга, широкомасштабный план "Багратион", битва за Берлин, за тысячи и тысячи безымянных высоток, маленьких деревень и больших городов. Впереди будет тернистый, скорбный путь русского и других народов, путь побед и необратимых потерь. Но вражеский блицкриг не состоялся. Великой кровью и великими жертвами будет достигнута наша Победа и Родина спасена от врага.

ВОЙНА И АГРАРНАЯ НАУКА

Война стала Отечественной и всенародной. Воевали фактически все слои населения, хотя и не у всех в руках было оружие. Воевала наука, в том числе и аграрная. Научный потенциал страны также был направлен и мобилизован на дело обороны. Президент Академии наук СССР Владимир Леонтьевич Комаров (1869–1945) возглавил комиссию по мобилизации на нужды обороны ресурсов Урала, Западной Сибири и Казахстана. Работы таких ведущих ученых страны, как Сергей Иванович Вавилов (1891–1951), физик, брат Николая Ивановича Вавилова и будущий президент АН СССР; Мстислав Всеволодович Келдыш (1911–1978), математик и механик, будущий президент АН СССР; Анатолий Петрович Александров (1903–1994), один из пионеров ядерной энергетики, будущий президент АН СССР; Алексей Николаевич Крылов (1863–1945), кораблестроитель, математик и механик; Игорь Васильевич Курчатов (1902–1960), физик, руководитель работ по атомной науке и технике в СССР; Абрам Федорович Иоффе (1880–1960), физик, пионер исследования полупроводников – все они были связаны с совершенствованием оружия, самолето- и кораблестроением, приборостроением, ядерной физикой. Некоторые из крупных ученых и конструкторов, например, Андрей Николаевич Туполев (1888–1972), объявленные "врагами народа" и арестованные, трудились в так называемых "шарашках", жизнь и быт которых хорошо показаны Александром Исаевичем Солженицыным (р. 1918) в его романе "В круге первом".

Деятельность аграрной науки и ВАСХНИЛ в годы войны можно разделить на несколько направлений: работа непосредственно на армию и оборону, освоение и интенсификация аграрного сектора восточных регионов страны, более полное использование ресурсного потенциала и поиски путей экономии ресурсов, восстановление сельского хозяйства в освобожденных от неприятеля районах и научная работа на отдаленную перспективу. Но прежде всего об ученых-воинах. При этом сошлюсь на подготовленные автором материалы доклада в связи с 40-летием Победы в Великой Отечественной войне[13].

В рядах Советской Армии непосредственно с оружием в руках боролись 87 академиков и членов-корреспондентов ВАСХНИЛ. Разумеется, тогда они еще не носили этих высоких ученых званий. Николай Григорьевич Дмитриев (р.1926) в 16 лет стал партизаном в лесах Новгородчины, позднее воевал в рядах Советской Армии. В настоящее время – руководитель отделения Российской академии сельскохозяйственных наук по Нечерноземной зоне (г. Санкт-Петербург). Иван Павлович Макаров (р.1927) в таком же возрасте партизанил в Брянских лесах. Сегодня он – главный ученый секретарь Россельхозакадемии. В партизанских соединениях Белоруссии сражался Михаил Максимович Севернев (р.1921), известный ученый в области механизации и энергетики, работающий ныне в родной Белоруссии. Крупнейший селекционер страны по картофелю Петр Иванович Альсмик (1907–1993) – активный участник антифашистского подполья в Минске в годы войны. Подполковник Сергей Степанович Сергеев (р.1910) – начальник артиллерии корпуса, ныне член РАСХН, а подполковник Степан Гордеевич Скоропанов (р.1910) – начальник политотдела артиллерийской бригады, также сейчас работает в Академии сельскохозяйственных наук Белоруссии. Майоры Дмитрий Данилович Брежнев (1905–1982) и Ираклий Иванович Синягин (1911–1979), позднее – вице-президенты ВАСХНИЛ; члены академии капитан Василий Романович Боев (р.1922), ныне директор Института экономики сельского хозяйства РАСХН, и капитан Валентин Васильевич Егоров, ученый почвовед, академик РАСХН (р.1910); гвардии капитан Владимир Филиппович Дорофеев (1919–1987), в течение ряда лет возглавлявший ВИР; подполковник Георгий Ефремович Листопад (р.1923), в недавнем прошлом академик-секретарь отделения механизации ВАСХНИЛ; старший лейтенант Алексей Петрович Калашников (р.1918), возглавлявший ВИЖ и отделение животноводства ВАСХНИЛ; старший сержант Иван Семенович Шатилов (р.1917), долгие годы возглавлял ТСХА, затем Всероссийское отделение ВАСХНИЛ, ныне профессор ТСХА; старший лейтенант Советской Армии, а затем поручик Войска Польского Михаил Иванович Синюков (р.1924), многолетний ректор, ныне профессор ТСХА; инженер-лейтенант Лев Григорьевич Балаев (р.1925), в прошлом директор Всесоюзного НИИ гидротехники и мелиорации; старший лейтенант Николай Гаврилович Андреев (р.1900), профессор ТСХА; рядовой Николай Ильич Дружинин (р.1914–1994), видный ученый в области мелиорации, член РАСХН; командир отделения Владимир Александрович Добрынин (р.1924), профессор ТСХА, и многие другие нынешние академики – активные фронтовики. Самуил Георгиевич Колеснев (1896–1970) – полковой инженер. Все участники войны награждены орденами и медалями, а три члена академии: Борис Александрович Рунов (р. 1925), ныне академик-секретарь отделения землеустройства и строительства РАСХН, Василий Григорьевич Трушечкин (1923) и Хорен Арменакович Хачатрян (1903–1977) – удостоены звания Героя Советского Союза.

Бессмертием отмечен подвиг ученых – хранителей коллекции семян культурных растений Всесоюзного института растениеводства и некоторых других институтов в блокадном Ленинграде. Эти люди голодали, жили в холоде и под постоянной бомбежкой, на грани смерти, сберегая для будущего науки, для будущих поколений собранную в 20-х и 30-х гг. Н.И. Вавиловым и его коллегами мировую коллекцию. Уже после войны один английский журнал опубликовал статью, где было сказано, что коллекция "была съедена обезумевшими от голода людьми"[14]. В действительности люди умирали, но коллекция сохранилась.

Вот имена этих людей. Их надо помнить: Клавдия Афанасьевна Пантелеева, находившаяся в Ленинграде в течение всей блокады, – ответственный представитель дирекции по охране коллекции мировых растительных ресурсов; Рудольф Янович Кордон – главный хранитель коллекции; Георгий Николаевич Рейтер – секретарь партийной организации; Елена Семеновна Кильп и Надежда Константиновна Каткова – хранители коллекции зерновых культур; Николай Родионович Иванов – хранитель коллекции зернобобовых; Вадим Степанович Лехнович, профессор – хранитель коллекции картофеля; Ольга Александровна Воскресенская и Абрам Яковлевич Камераз, под артиллерийским обстрелом собравшие и сохранившие 20 тыс. образцов картофеля; Прасковья Николаевна Петрова – ответственная за контрольно-семенную лабораторию; Дмитрий Сергеевич Иванов – хранитель коллекции риса (умер 12 января 1942 г.); Лидия Михайловна Родина – хранитель коллекции овса; Александр Гаврилович Щукин – хранитель коллекции арахиса (умер 27 декабря 1941 г.); Григорий Александрович Рубцов – старший научный сотрудник отдела плодовых культур (умер по дороге на Урал); Софья Карповна Шавлович – хранитель генофонда, сразу же после прорыва блокады Ленинграда была включена в селекционную работу по созданию новых сортов.

Чем объяснить беспримерный и бессмертный подвиг этих людей? Это были люди высочайших морально-этических качеств, люди долга, совести, чести. Они были из когорты бескорыстных подвижников науки. Они собраны вместе и воспитаны великим ученым, великим патриотом и таким же бескорыстным подвижником Николаем Ивановичем Вавиловым. Когда эти люди умирали на посту, их воспитатель сидел в камере смертников. Кто-то думал о Родине и науке, а каким-то маньякам и в час смертельной опасности для страны мерещились шпионы и "враги народа" в каждом, кто умнее и культурнее их. В этом тоже драма России.

После ареста Н.И. Вавилова во главе ВИРа стоял Иоган Гансович Эйхфельд (1893–1989), академик ВАСХНИЛ с 1935 г. До этого долгие годы он работал в Заполярье, на Кольском полуострове, осваивая северные земли, а с 1950 г. был президентом Академии наук Эстонии. Этот выходец из шведско-эстонской семьи, сын курляндского мельника, прекрасно знал земледелие севера и северо-запада России, а также Балтии. Работая в Эстонии, успешно занимался созданием культурных пастбищ, и по этой проблеме автору довелось с ним сотрудничать и неоднократно встречаться в различных ситуациях. Личное знакомство в 50-е гг. позволило убедиться в его научной корректности и человеческой порядочности.

В блокадном Ленинграде использовался каждый квадратный метр земли для выращивания картофеля, овощей и других продовольственных культур. Овощами и картофелем были заняты даже Исаакиевская площадь и Марсово поле. В каждом районе города были созданы земельные отделы. Консультантами и руководителями выступали сотрудники Всесоюзного института растениеводства и защиты растений.

Коллекция микроорганизмов Всесоюзного института сельскохозяйственной микробиологии во время 900-дневной блокады сохранялась в домашних условиях научным сотрудником Людмилой Павловной Крутиковой и лаборантом Антониной Еремеевной Слухай-Натальченко. И когда температура в комнате резко снижалась, они держали пробирки под одеждой, согревая их своим телом. После снятия блокады ученые передали коллекцию в институт, и она до сих пор служит исходным материалом для исследований и выпуска новых препаратов. В эти же годы учеными Ленинградского физико-технического института совместно с работниками Института сельскохозяйственной микробиологии под руководством Л.П. Крутиковой создан препарат "П" для лечения газовой гангрены.

Значительная часть работ научных сельскохозяйственных коллективов была непосредственно связана с обеспечением нужд Советской Армии. Прежде всего это относится к институтам инженерного профиля. Всесоюзный институт механизациии и электрификации, эвакуированный из Москвы в Куйбышев, а затем и по возвращении в Москву, занимался изготовлением мин и деталей для установок "Катюша", ремонтом танков и артиллерийских тягачей. В мастерских института было восстановлено более 1 000 тягачей и около 300 танков. Оборонные работы велись в Агрофизическом институте, особенно в той его части, которая была эвакуирована на восток. Сотрудники института агролесомелиорации с первых дней войны были переключены на изыскание источников пищевого сырья из дикорастущих плодов, ягод, грибов, желудей, а также лекарственного сырья, получения аскорбиновой кислоты, сахарных сиропов, стратегического сырья.

Разработанный Нео Гдальевичем Беленьким (р.1908), академиком ВАСХНИЛ с 1948 г., метод получения заменителей плазмы крови человека на основе переработки крови животных имел исключительно важное значение. Это помогло спасти жизнь многим тысячам людей, за что автор был удостоен Государственной премии СССР. Профессор Р.Б. Давидов за предложенный им и его сотрудниками способ консервирования крови для переливания раненым также удостоен Государственной премии СССР.

В условиях войны всегда обостряется проблема ресурсов. Особенно актуальными эти вопросы стали в связи с потерей огромных территорий с интенсивным сельским хозяйством и развитой промышленностью. Трудности возникли и с энергией. Поэтому рациональное и экономное использование ресурсного потенциала занимает в работе научных учреждений видное место. Энергетики, и прежде всего старейший электрификатор села Валериан

Семенович Краснов (1901–1989), занимались изысканием источников энергии. Каждый литр жидкого топлива был на вес золота. Институт механизации и электрификации занимается разработкой ветряных двигателей, газогенераторов, восстановлением отработанных масел. В качестве топлива используется скипидар. В земледелии применяются стерневые посевы, обогревание семян, посадка картофеля срезанными верхушками.

В годы войны складывается система земледелия Т.С. Мальцева, нацеленная на экономное расходование влаги и сохранность почвы. Колхоз "Заветы Ленина" Шадринского района Курганской области, где Мальцев работал поначалу полеводом, за 1941–1945 гг. сдал государству хлеба намного больше, чем за предвоенное пятилетие, хотя людей, техники и тягла стало намного меньше. В 1946 г. Терентию Семеновичу была присуждена Государственная премия СССР. Позднее этот человек вырастет в крупного ученого в области земледелия и экологии. Он напишет много научных и популярных книг, станет видным общественным и государственным деятелем. Он будет ездить по стране, выступать перед агрономами и молодежью, вести активную пропаганду за охрану природы, здоровый быт (сам никогда не курил и не пил спиртного). Он увлечен классической философией, цитирует Дидро, знает работы Колумеллы, Плиния Старшего, Варрона, Катона, классиков русской сельскохозяйственной науки, немецких авторов (находясь в первую мировую войну в плену, изучил немецкий язык).

Решающее значение в военной экономике страны приобрели районы Урала, Сибири, Казахстана и Средней Азии. Многие научные учреждения были эвакуированы на Восток. Так, ВАСХНИЛ была в Омске, ВИР – в Перми, ВИЖ – тоже в Омске, ВСГИ – в Ташкенте, Тимирязевка – в Самарканде. Здесь же развернули свою работу и ведущие ученые.

Оккупация основных сахаропроизводящих районов оставила страну без этого жизненно важного продукта. С участием академика Д.Н. Прянишникова в Средней Азии создается новая база свеклосеяния. Академик ВАСХНИЛ А.Н. Костяков проводит большую работу по рациональному использованию поливной воды в этом же регионе. В результате этих работ снижаются затраты воды на орошение, предупреждаются заболачивание земель и их вторичное засоление.

Перспективные исследования по применению гормональных препаратов в животноводстве, направленные на рост плодовитости и продуктивности, осуществляет М.М. Завадовский. Большую помощь животноводам Востока оказывает в эти годы старейший зооинженер страны академик ВАСХНИЛ Ефим Федотович Лискун (1873–1958). Академик К.И. Скрябин в годы войны возглавил Киргизский филиал Академии наук СССР. Научные отчеты институтов за военные годы свидетельствуют о том, что каждый коллектив вел напряженную работу по наращиванию продовольственного фонда страны и обеспечению фронта хлебом и другими продуктами питания.

Наука даже в экстремальных условиях войны не ограничивалась текущими задачами дня. Многие исследования имели перспективное значение. Наши селекционеры упорно работали над созданием продуктивных сортов культурных растений. Под руководством старейшего селекционера страны академика Василия Яковлевича Юрьева (1879–1962) выводятся продуктивные сорта яровой и озимой пшеницы; А.П. Шехурдиным и Валентиной Николаевной Мамонтовой (1895–1982) создаются известные саратовские сорта яровой пшеницы с исключительно высокими хлебопекарными качествами. Академиком ВАСХНИЛ Н.В. Рудницким получены прекрасные сорта озимой ржи. Академик Николай Васильевич Цицин (1898–1980) выводит известные пшенично-пырейные гибриды; Василий Степанович Пустовойт (1886–1972) – высокомасличные сорта подсолнечника; Павел Пантелеймонович Лукьяненко (1901–1973) – озимую пшеницу, послужившую в дальнейшем исходным материалом для знаменитой "безостой 1".

В военные годы ведется интенсивная работа по селекции животных. Особенно известным в этом деле становится племенной совхоз "Караваево" Костромской области. Здесь выросла целая когорта знаменитых животноводов. Руководителем работ был Станислав Иванович Штейман (1887–1965), выходец из семьи латышских батраков Ликоненской волости Даугавпилского уезда. После службы в Красной Армии он осел в Костромской губернии и в течение 38 лет проработал в совхозе "Караваево". Хотя С.И. Штейман не имел высшего образования, ему была присуждена ученая степень доктора сельскохозяйственных наук. Выведенное под его руководством, – а он был животноводом-селекционером, затем главным зоотехником хозяйства, – стадо костромской породы тогда давало молока в среднем от коровы свыше 5 тыс. кг при 4% жирности, а отдельные рекордсменки – по 16,5 тонн в год, а за всю свою жизнь в сумме всех лактаций – по 100–120 тонн молока. При личном общении этот костромской кудесник от зооинженерии поражал скромностью, немногословием, вдумчивостью, был даже застенчив уже в весьма пожилом возрасте.

Кроме того, в военные годы завершается работа по созданию курганской, лебединской, сычевской, алатауской, казахской белоголовой, чернопестрой пород крупного рогатого скота; брейтовской, ливенской и сибирской пород свиней; кавказской, алтайской, сальской и казахской тонкорунной пород овец; буденовской, терской и владимирской пород лошадей. Большую работу по спасению племенного поголовья и выводу его из зоны боевых действий, а также по селекции крупного рогатого скота проводит Никита Федорович Ростовцев (1895–1987), в годы войны сотрудник Наркомата совхозов, затем заместитель наркома, а последние десятилетия – академик ВАСХНИЛ, работник Президиума академии. В.К. Милованов и возвратившаяся с фронта И.И. Соколовская совершенствуют и внедряют в практику методы искусственного осеменения животных.

По мере освобождения временно оккупированных территорий от неприятельских войск встала задача восстановления хозяйства этих районов. Эвакуированные в начале войны научные учреждения постепенно возвращаются с Востока. Большая часть страны тогда представляла собою гигантское пепелище. Люди старшего поколения хорошо помнят, каких трудов и лишений стоило восстановление экономики и залечивание ран войны.

ВОЙНА И КРЕСТЬЯНСТВО

Война нанесла новый тяжелый удар по крестьянству. Оно еще не оправилось после насильственной коллективизации, было лишено собственности, загнано в колхозы, не имело даже паспортов и прав свободного передвижения. И, разумеется, отсутствовали стимулы для хорошей работы. Но война, как и в 1812 г., подняла моральный дух придавленного крестьянства. Ведь армия по своему составу была в основном крестьянской, как и сама страна. Перед войной, в 1940 г. из 194,1 млн. человек общей численности населения СССР сельское составляло 131,0 млн., или 67,5%.[15] При этом надо иметь в виду, что среди горожан был известный процент трудоспособных мужчин в оборонной промышленности, на транспорте. И это еще больше повышало удельный вес крестьян в вооруженных силах. Крестьяне понимали, что обеспечение продовольствием армии – это не только помощь фронту, но и своим родным сыновьям и братьям. Международное положение СССР тогда было более сложным, чем сейчас, страна находилась в изоляции. Союзнические отношения с Англией и США только налаживались. Прямой путь в Европу был перекрыт неприятельскими войсками. Надежда была преимущественно на свои силы. И прав был нарком земледелия СССР Иван Александрович Бенедиктов (1902–1983), когда писал: "Снабжение нашей страны и армии продовольствием во время войны велось даже в самый трудный для нас период, главным образом, за счет отечественных ресурсов. Эта задача решалась в условиях резкого сокращения обеспеченности сельского хозяйства трудовыми ресурсами, тягловой силой и другими средствами производства. На сопоставимой территории Советского Союза (без оккупированных районов) тяговые ресурсы в колхозах и МТС сократились на 32%, численность автомашин уменьшилась на 89%, значительно сократилась рабочая сила в колхозах"[16].

Здесь же И.А. Бенедиктов сообщает, что резко ухудшилось материально-техническое обеспечение сельского хозяйства. Так, поставка запасных частей к 1943 г. сократилась в 5 раз, а по многим основным деталям – в 10 и 20 раз. Отгрузка горючего упала с 8,1 т на один трактор в 1940 г. до 4,7 в 1942 г. и до 4,2 в 1943 г. Все это снизило выработку на один 15-сильный трактор с 311 га в 1940 г. до 182 га в 1943 г. Как следствие, сократился объем механизированных работ в полеводстве: весновспашки – с 82% в 1940 г. до 52% в 1943 г., соответственно, вспашки паров – с 77% до 45%, посева зерновых яровых – с 52% до 27%, уборки зерновых – с 51% до 20%. Промышленность перестала поставлять комбайны и многие другие машины. Производственные мощности были отданы под военную продукцию. Большая нагрузка легла на живое тягло. Но и лошадей стало меньше, они тоже были мобилизованы для нужд обороны. Припоминаю, что лошадей нам поставляла Монголия. В 1943–1944 гг. на фронте появились низкорослые, выносливые неприхотливые монгольские лошадки. Изредка попадались даже в обозах и верблюды, не очень уютно чувствовавшие себя зимой на II Прибалтийском фронте. Поставки вооружения, амуниции и продовольствия по ленд-лизу поступали из США союзникам, в том числе и в СССР. Из общей суммы 46 млрд. долларов на долю нашей страны пришлось 9 800 млн. долларов. Это была заметная, но не решающая поставка. Составляла она 1/5 от всех поставок США и около 4% советской продукции[17].

Решающим фактором в условиях войны являются человеческие ресурсы. Уже в первый год войны в колхозах тыловых районов в связи с призывом в армию численность трудоспособных мужчин уменьшилась почти на 3 млн., в следующий год еще на 2,3 млн., а затем на 1,3 млн. Многие из солдат погибли. Многие возвращались домой инвалидами. Вся тяжесть работ и забот легла на плечи женщин. Ю.В. Арутюнян дает сводную таблицу трудовых ресурсов в годы войны[18] (табл. 7.2).

Таблица 7.2

Трудовые ресурсы колхозов тыловых районов на 01.01.1941 – 1945 гг., в тыс. человек

Годы	Трудоспособные			Подростки 12 - 16 лет	Престарелые, больные	ВСЕГО	
	мужчины	женщины	всего			абсолют.	% к 1941 г.
1941	8657,3	9531,9	18189,2	3818,0	2360,0	24367,2	100,0
1942	5890,8	9532,4	15423,2	3779,4	2369,0	21571,6	88,5
1943	3605,0	9590,7	13195,7	4035,0	2378,8	19609,5	80,5
1944	2340,8	9094,0	11434,8	3820,9	2387,9	17643,6	72,4
1945	2769,7	8661,2	11430,9	3524,5	2390,5	17345,9	71,2

Приведенные в таблице данные очень красноречивы. Из них следует, что к концу войны всего работающих в колхозах тыловых районов стало на 28,8% меньше. Численность подростков, престарелых и больных мало изменилась. Численность трудоспособных уменьшилась на 37,2%, а мужчин – на 68,1%, их осталось только 31,9%, а в 1943 г. было всего лишь 27,0%. Женщины в общей численности трудоспособных составляли 79,5%. Эта цифра говорит о многом. Женщина не только хранила семейный очаг, она встала за плуг, села на трактор. И.А. Бенедиктов в уже упомянутой статье пишет, что за годы Отечественной войны было подготовлено механизаторских кадров более 2 млн. человек, из них 1,5 млн. женщин.

Механизатор Рязанской области Дарья Матвеевна Гармаш (1919–1988), работая бригадиром женской тракторной бригады Рыбновской МТС, обратилась ко всем женщинам-механизаторам страны с призывом начать соревнование. Она личным примером показала возможности достижения высокой производительности и хорошего качества при экономии горючего и других ресурсов. Позднее Д.М. Гармаш стала видным хозяйственным и общественным деятелем. В войну ее имя не сходило со страниц газет и голос ее слышался из рупоров радиопередатчиков. В эту лихую годину подтвердились слова Н.А. Некрасова, о русской женщине, которая

...В беде не сробеет, – спасет,
Коня на скаку остановит,
В горящую избу войдет...

Но тогда горела не одна изба, не одна деревня, в огне и пепле была вся страна. И русская женщина в этой обстановке проявила себя с лучшей стороны.

Другой русский классик, поэт, гуманист и воин, наш современник, прекрасный знаток сельской действительности Александр Трифонович Твардовский (1910–1971) увидел, как тяжела была ноша, которую взвалила война на русскую женщину. Он написал в своей поэме "За далью – даль":

И я за дальней звонкой далью,
Наедине с самим собой,
Я всюду видел тетку Дарью
На нашей родине с тобой.
С ее терпеньем безнадежным,
С ее избою без сеней,
И трудоднем пустопорожним,
И трудоночью – не полней;
С ее дурным озимым клином
На этих сотках под окном;
И на печи ее овином,
И середи избы гумном;
И ступой-мельницей домашней –
Никак из древности седой:
Со всей бедой – войной вчерашней
И тяжкой нынешней бедой.

И вот как охарактеризован колхозный тыл в записке Наркомзема СССР секретарю ЦК ВКП(б) А.А. Андрееву и заместителю председателя Совнаркома Н.А. Вознесенскому "О работе колхозов в условиях Отечественной войны"[19].

Проверив работу 39 колхозов Татарии, Алтайского края, Тамбовской, Саратовской, Пензенской, Сталинградской, Свердловской, Северо-Казахстанской, Новосибирской, Омской и Челябинской областей, Наркомзем со ссылкой на многочисленные примеры, констатирует, что в условиях Отечественной войны увеличилось число колхозников и членов их семей, участвующих в работах общественного хозяйства. Вышли на работу подростки, престарелые и женщины, даже больные, считавшиеся ранее нетрудоспособными. Увеличилась выработка трудодней на человека. Возросла группа колхозников, вырабатывающих от 200 до 400 трудодней и больше. Снизилось число с выработкой менее 50 трудодней. При всем этом трудовые ресурсы используются не полностью. Есть колхозы, где установленная на общее число колхозников сумма трудодней выполнена на 39%. Бывали случаи невыхода на работу, самовольного ухода, позднего начала и раннего окончания работы. Есть бригады и колхозы, где в самую страду, в августе за месяц 25% колхозников выработали менее 5 трудодней и более 60% менее 15 трудодней.

13 апреля 1942 г. принято постановление СНК СССР и ЦК ВКП(б) о том, что обязательный минимум трудодней устанавливается по периодам и за целый год. Это постановление в массовом порядке нарушается. По сообщению Наркомзема Киргизии только за 1 квартал 1942 г. минимум не выполнили 23 258 колхозников, из них по неуважительным причинам 5 800. Переданы дела в суды на 3 667 человек, из них осуждены 1 788 колхозников.

Не выполняют минимум прежде всего женщины, у которых мужья на постоянной работе и имеют высокую выработку (трактористы, шофера, кузнецы, бригадиры и др.), а семьи имеют большое личное подсобное хозяйство. В записке Наркомзема приводятся многочисленные примеры из различных областей. Так, в колхозе "Спартак" Еланского района Саратовской области жена председателя ревизионной комиссии Шевцова в 1941 г. не выработала ни одного трудодня, а у мужа – 487 трудодней с оплатой за этот год по 1,8 кг зерна за трудодень. В личном подсобном хозяйстве Шевцовых имеется: огород площадью 0,5 га, корова, нетель, телка, 2–3 поросенка, 10 овец, 50 голов птицы, 2–3 улья пчел.

В этом же колхозе жена садовода Д.Г. Серабобина за 1941 год выработала только 6 трудодней. В их личном хозяйстве: сад площадью 0,75 га, между фруктовыми деревьями высажены овощи, есть корова, нетель, 10 овец, 3 поросенка, 40 голов птицы. Фрукты Серабобины сушат и продают весной по высокой цене. Аналогичные примеры приводятся по другим областям, Алтайскому краю.

Авторы записки делают вывод, что в подобных случаях личное подсобное хозяйство становится основным. Это так.

В другой записке Наркомзема на имя В.М. Молотова и А.А. Андреева "О работе колхозов в условиях Отечественной войны" приводятся данные проверки 520 колхозов Таджикской ССР, Татарской АССР, Алтайского и Красноярского краев, Тамбовской, Саратовской, Пензенской, Сталинградской, Свердловской, Северо-Казахстанской, Новосибирской, Омской и Челябинской областей. В этом документе приводятся примеры нарушения Устава сельскохозяйственной артели в части распределения доходов и оплаты труда колхозников. Авторы обвиняют руководителей хозяйств в том, что последние много продукции выдают на общественное питание, не всегда увязывая это с выработкой трудодней. В качестве криминала приведен факт выдачи в колхозе им. Горького Кирсановского района Тамбовской области зерна из урожая 1941 г. по состоянию на 1 мая 1942 г. на едока по 3,4 центнера, в том числе в порядке общественного питания – 45 кг. В некоторых колхозах выдавались на питание другие продукты: молоко, мясо, масло, яйца[20].

Урожайность колхозных и совхозных полей в годы войны катастрофически падала: не было удобрений, высевались некачественные семена, нарушались агротехнически оптимальные сроки, затягивалась уборка. Некоторые площади просто не успевали убрать. Потери были по этим причинам огромные. Ю.В. Арутюнян приводит фактические данные по урожайности всех совхозов и колхозов неоккупированной территории[21] (табл.7.3).

Таблица 7.3

Сбор и сдача зерновых и зернобобовых в колхозах и совхозах с 1 га

Годы	КОЛХОЗЫ				СОВХОЗЫ			
	в центнерах		в % к 1940 г.		в центнерах		в % к 1940 г.	
	сбор	сдача	сбор	сдача	сбор	сдача	сбор	сдача
1940	8,5	3,7	100,0	100,0	8,5	4,7	100,0	100,0
1941	7,0	3,0	82,4	81,1	8,5	3,7	100,0	78,7
1942	4,6	2,1	54,1	56,8	4,2	2,0	49,4	42,6
1943	3,9	1,8	45,9	48,6	3,6	1,7	42,4	36,2

Как видим, падение было столь резким, что на третий год войны с гектара не собирали даже 400 кг зерна, тогда как половину полагалось оставить на семена. Доля изъятия зерна в колхозах в войну была выше, в 1943 г. она составила 46,2% против 43,5 в 1940 г. При столь низком сборе такое изъятие обрекает колхозников на голод, если нет других источников продовольствия. При этом совхозы оказались менее устойчивыми в экстремальных условиях. Они жили в значительной мере на государственной подпитке, государство тогда не могло помогать им в прежних размерах. Потому в совхозах падение урожайности было более резким.

Понятно, что уровень оплаты труда в таких условиях стал падать, хотя он и раньше не был щедрым. Сошлемся еще раз на данные, обработанные Ю.В. Арутюняном[22] (табл. 7.4).

Таблица 7.4

Средняя оплата трудодня по колхозам СССР

Годы	1940	1941	1942	1943	1944	1945
Зерно, кг	1.60	1,40	0,80	0,65	нет. св.	0,70
Картофель, кг	0,98	0,33	0,22	0,40	нет. св.	0,26
Деньги, руб.	0,98	1,07	1,03	1,24	1,12	0,85

Это средние данные по Союзу. Между республиками и областями были существенные различия. Если в республиках Закавказья в 1945 г. выдавали зерна на трудодень 1,5–2 кг, то в России – 0,6 кг, на Украине и Белоруссии – 0,4 кг. Многие колхозы вообще ничем не могли оплатить труд людей. Денежная оплата в условиях военной инфляции имела символическое значение. Личное подсобное хозяйство стало основным источником жизнеобеспечения. Оно особенно важно было для семей с маленькими детьми, престарелыми и больными людьми, на которых не приходилось и той нищенской оплаты, которую взрослые получали на трудодни.

Личное подсобное хозяйство за годы войны несколько расширилось. В России в 1940 г. на 100 колхозных дворов было 95 голов крупного рогатого скота, а в 1945 г. – 104[23]. По Союзу ССР в 1940 г. на один колхозный двор приходилось 0,24 га посевов, а в 1945 г. – 0,28. Зерновые в структуре этих посевов поднялись с 19 до 31%[24]. Основную же площадь отводили под картофель и овощи. В архивных фондах Наркомзема имеется много данных, свидетельствующих о том, что приусадебный участок давал в 10–20 раз больше продукции, чем колхоз на трудодни. И можно с уверенностью сказать, что от голодный смерти в годы войны миллионы и миллионы крестьян спаслись только благодаря приусадебному хозяйству. Умные председатели колхозов и директора совхозов всячески поощряли расширение подсобного хозяйства, выделяли зерно, снабжали семенами и молодняком скота и птицы, помогали обрабатывать, оберегали от чрезмерно ретивых представителей властей и фискальных органов.

Дело в том, что каждый колхозный двор, кроме сельскохозяйственного и военного налога, обязательного страхования посевов и скота, должен был выполнять обязательные поставки животноводческих продуктов. Норма сдачи (за символическую оплату) мяса – 40–60 кг и молока – 100–280 кг, предусматривалась также сдача яиц и шерсти. Поставки взимались независимо от наличия скота и птицы. Если колхозник не держал животных, он обязан был любыми путями приобрести эти продукты (купить на рынке, занять, заработать и т.д.) и сдать государству[25].

Подсобные хозяйства и огороды выручали не только колхозников, но также рабочих и служащих, горожан. За первые три года войны площади под огородами городского населения увеличились примерно в 3 раза, а число огородников выросло за это время с 3 до 18 млн. человек. В целом по стране в расчете на душу населения в 1944 г. горожане собрали по 49 кг картофеля и 15 кг овощных и бахчевых культур[26]. Выделение земель для подсобных хозяйств предприятий и учреждений, а также огородов населения, в соответствии с Постановлением Совнаркома СССР и ЦК ВКП(б) от 7 апреля 1942 г. производилось за счет пустующих угодий, Госземфонда, а также неиспользуемых колхозами при их на то согласии[27]. В голодные годы это было существенным подспорьем. Люди своими руками, с помощью лопаты и тяпки как основных орудий труда, добывали продовольствие. Продукция поступала в рабочие столовые через орсы.

Хорошо поставленные личные подсобные хозяйства крестьян не только снабжали овощами, картофелем, частично зерном семью крестьянина, давали корм для скота, но позволяли часть продукции продать на рынке. Если же в хозяйстве имелись пчелы, а мед тогда стоил дорого, то на вырученные средства крестьянин мог что-то приобретать. Первый инициатор сбора средств на оплату самолетов и танков для Советской Армии Ферапонт Петрович Головатый (1890–1951) был в Саратовской области колхозником-пчеловодом. На вырученные деньги за мед и другие продукты, полученные как по трудодням, так и от личного хозяйства он скопил 200 тыс. рублей, купив за них два самолета, которые подарил армии. Позднее Ферапонт Петрович стал председателем колхоза, общественным деятелем. В войну получал благодарственные телеграммы И. Сталина. Головатый имел много последователей. Это было широкое патриотическое движение.

Исключительно достойно вели себя крестьяне в оккупированных районах, особенно в Белоруссии, Брянской, Смоленской, Новгородской, Ленинградской, Псковской и других областях. Об этом имеется богатая литература. Они снабжали, сколько могли, продовольствием партизан. Даже в блокадный Ленинград провозили обозы с продовольствием. В подконтрольных партизанам районах четко работали колхозы и другие структуры. Оккупанты зверски расправлялись с крестьянами, заметив связь с партизанами или красноармейцами. В огне сожжены со всеми обитателями Хатынь в Белоруссии, Аудрини в Латвии, Краснуха на Псковщине, Порчюпис в Литве и много других сел и деревень[28]. Крестьяне многострадальны, терпеливы, выносливы, неприхотливы. В годину смертельной опасности для Родины они сумели подавить обиды и унижения и стать стойкими защитниками страны как в тылу, так и на фронте.

УРОКИ ВОЙНЫ

Война закончилась победой нашего народа, победой союзников. Цена победы огромна. Подсчитан материальный ущерб, нанесенный войной, но нет полной ясности о людских потерях. По данным Н.А. Вознесенского, на территории, подвергшейся оккупации, "полностью или частично разрушено и разграблено 31 850 заводов, фабрик и других промышленных предприятий, не считая мелких предприятий и мастерских, 1 876 совхозов, 2 890 машинно-тракторных станций, 98 тыс. колхозов, 216 700 магазинов, столовых, ресторанов и других торговых предприятий, 4 100 железнодорожных станций, 36 тыс. почтово-телеграфных учреждений, телефонных станций, радиостанций и других предприятий связи, 6 тыс. больниц, 33 тыс. поликлиник, диспансеров и амбулаторий, 976 санаториев и 656 домов отдыха, 82 тыс. начальных и средних школ, 1 520 специальных учебных заведений – техникумов, 334 высших учебных заведения, 605 научно-исследовательских институтов и других научных учреждений, 427 музеев, 43 тыс. библиотек общественного пользования и 167 театров... уничтожено или похищено 7 млн. лошадей из общего количества 11,6 млн., бывших в этих районах до оккупации; истреблено 17 млн. голов крупного рогатого скота из общего количества 31 млн; уничтожено 20 млн. свиней из общего количества 23,6 млн.; истреблено 27 млн. овец и коз из общего количества 43 млн.... Этот материальный ущерб... составил... 1 890 млрд. руб. в государственных довоенных ценах, или 357 млрд. американских долларов"[29].

Людские потери поначалу исчислялись 20 млн. человек, т.е. 40% потерь всех стран, участвовавших во второй мировой войне. Сейчас называется другая цифра – 27 млн. человек. Арифметика получается страшной, даже если сравнить наши потери с потерями противника. Но еще раз вдумаемся в слова крестьянского и солдатского певца А.Т. Твардовского из поэмы "За далью – даль":

...На торжестве о том ли толки,
Во что нам стала та страда,
Когда мы сами вплоть до Волги
Сдавали чохом города.
О том ли речь, страна родная,
Каких и скольких сыновей
Недосчиталась ты, рыдая
Под гром победных батарей...

Так что же позволило нам выстоять и победить? Попытаемся назвать эти факторы.

Первое. Эта война стала всенародной, Отечественной. Притихли обиды, классовые, национальные и иные противоречия. Солдаты и офицеры проявили чудеса героизма на фронте. Трудились рабочие в промерзлых цехах, стояли у станков до голодного обморока подростки и женщины. Везли с красным обозом последний хлеб крестьяне. Особенно велика роль женщин в колхозах, на предприятиях, в госпиталях, медсанбатах и санитарных ротах. Это молодые женщины на плащпалатках вытаскивали из зоны огня нас, простреленных, обескровленных, терявших сознание, часто сами погибая. И вчерашняя школьница, только что окончившая десятилетку в глубинном русском селе, и дочь генерала Панфилова, и секретарь укома комсомола Латвии, и тысячи других девушек и женщин под пулями, минами и снарядами делали это свое святое дело. А в госпиталях нас зашивали, поили, кормили, читали нам книжки, а в праздники на последние гроши покупали и приносили в палаты цветы.

Русская диаспора за рубежом оказалась патриотичной. С осуждением фашистских агрессоров обратились генерал-лейтенант Антон Иванович Деникин (1872–1947) и профессор Павел Николаевич Милюков. Сергей Васильевич Рахманинов (1873–1943) собранные на его концертах деньги передает в Советское полпредство для Красной Армии, а умирая в далекой Калифорнии, просит не выключать настроенный на московскую волну радиоприемник, чтобы слушать сообщение о завершении великой битвы на Волге. В парижском гестапо казнят одного из руководителей антифашистского подполья, нашего соотечественника, талантливого ученого Бориса Владимировича Вильде (1908–1943), а в Берлине погибает Вера Аполлоновна Оболенская (1911–1945). Сергей Николаевич Булгаков (1871–1944), в прошлом "легальный марксист", сторонник теории устойчивости крестьянского хозяйства, изгнанный в 1922 г. из Советской России, принимает сан священника и благословляет на опасный подвиг Елизавету Юрьевну Кузьмину-Караваеву – мать Марию (1891–1945), казненную фашистами в концлагере Равенсбрюк.

Второе. Это – наша земля, наши пространства, территория. Как бы ни оценивался природно-географический фактор, но в войне его значение велико. Россию нельзя пронзить за несколько часов броска танковыми колоннами. Россия в этом отношении не Бельгия, не Голландия. Завязли в ее просторах, замерзли в ее снегах, утонули в ее бездорожье интервенты и в начале XVII в., и в начале XVIII в., и в начале XIX в., и в середине XX в.

Третье. Удалось сравнительно быстро перестроить народное хозяйство в сторону максимального удовлетворения нужд фронта. Все отрасли экономики были ориентированы в одном направлении: обеспечить победу. Н.А. Вознесенский писал: "Особенностью расширенного воспроизводства в период военной экономики СССР является изменение соотношения и размеров накопления и личного потребления в пользу специфического военного потребления. При этом значительная доля общественного продукта идет на производство военной техники, которая непосредственно не воспроизводит основных фондов страны..."[30] Личное потребление и производство товаров для жизни и быта были сокращены до минимума. Везде, где только можно, мощности были переключены на выпуск оружия.

Развитие оборонной промышленности позволило нашей стране перегнать Германию по выпуску основных видов вооружений. Так, за 4 года войны в СССР было выпущено 347,9 тыс. минометов, а в Германии – 68 тыс.; орудий, соответственно 188,1 тыс. и 102,1 тыс.; танков и самоходных артиллерийских установок – 95,1 тыс. и 53,8 тыс.; боевых самолетов – 108,0 тыс. и 78,9 тыс.; автомашин и тягачей – 205 и 375 тыс.[31]

Четвертое. Сказалось и то, что страна сумела в предвоенные годы создать тяжелую индустрию. Сделано это варварскими методами, за счет ограбления села, руками вчерашних крестьян, для которых родное село стало мачехой, но все-таки сделано. И в первый год войны было что эвакуировать на восток, было где развертывать массовый выпуск танков, самолетов, минометов, автоматов, снарядов и мин. Выросли кадры рабочих и мастеров, инженеров и руководителей.

Пятое. Сложившиеся органы управления были приспособлены к мобилизационной работе. Управленческие кадры не привыкли обсуждать проблемы, но умели расставлять людей, требовать исполнения заданий руководства. В экстремальных условиях войны это было плюсом. Тогда нужна была железная дисциплина. Партия со своими приводными ремнями это обеспечивала.

Шестое. Страна имела хорошую сильную армию. Сказались традиционно высокие боевые и моральные качества российского солдата. Сказалось проводившееся патриотическое воспитание молодежи, прививавшаяся любовь к армии, авиации и флоту. Конечно, интеллектуальный потенциал армии был серьезно подорван массовыми репрессиями 30-х гг., ослаблен командный состав и особенно его высший эшелон. Это дорого обошлось советскому народу на первых стадиях войны, стоило жизни многих миллионов людей. Но в ходе боев и горьких отступлений накапливался опыт, вырастали талантливые полководцы. И наш солдат достоин бессмертной славы. Великий полководец нашего времени маршал Жуков посвятил свой труд "Воспоминания и размышления" советскому солдату.

Седьмое. Рабочий класс и интеллигенция в трудных условиях создавали новые виды вооружений и технических средств защиты. Переживая лишения, живя на грани голода, люди самоотверженно работали.

Восьмое. Армия не голодала, за исключением случаев окружения или расстройства снабжения по другим экстремальным причинам. Иногда чудодейственную силу приписывали колхозам. Они мол обеспечивали фронт продовольствием. Мы видели уровень производства в колхозах и совхозах за годы войны. Конечно, колхоз был хорошей организационной формой по выкачиванию ресурсов из села. Но и сам колхозник жил не за счет того, что давал ему колхоз, а преимущественно за счет личного подсобного хозяйства. Армию и страну кормил крестьянин, сам живя на грани голода.

Девятое. В войну мы не были одинокими. Безусловно, основная тяжесть пала на долю нашего народа и нашей армии. Судьба мира решалась на полях России, под Москвой, на Волге, на Курской дуге, в лесах и болотах Белоруссии, на Днепре. Но у нас были союзники. Мы, истекая кровью, долго ждали открытия второго фронта. Но все-таки он состоялся. Невелика доля поставок по ленд-лизу в сравнении с тем, что поставлял наш народ, работая с перенапряжением сил. Но все-таки помощь была, и ее нельзя игнорировать. "Горячую" войну мы закончили в Германии вместе с союзниками. Тогда мы не ведали, что предстоит война "холодная", изнурительная, но уже с нашими союзниками по этой войне.

Десятое. Противник оказался бесчеловечным и жестоким как по своим целям в войне, так и по отношению к оккупированному населению. Народ увидел в гитлеровцах хищников, а вовсе не "освободителей", о чем вещали фашисты. Потому они встретили в восточных землях не послушных рабов, а достойно державшихся людей, умеющих показать на дверь непрошеному и нежеланному гостю. Оккупанты, пришедшие убивать, грабить, встретили массовое сопротивление населения. Но будь неприятель более гуманен, формы борьбы были бы другими. Жестокость порождает жестокость. Это закономерно. Потому и партизанская война была беспощадной.

Все же остаются без ответа непростые вопросы: почему эта война унесла десятки миллионов жизней? Почему миллионы наших солдат и офицеров оказались в плену? Почему перед войной была демонтирована хорошо укрепленная линия обороны по западной границе СССР 1939 года? Почему мы с первых дней войны оказались безоружными? Почему И. Сталин верил больше Гитлеру, чем своим разведчикам и главам дружественных держав? Почему оставшихся в живых, не расстрелянных командармов и комкоров вызволили из ГУЛАГа только тогда, когда уже началась война? Почему наши побывавшие в плену измученные, униженные, но сохранившие верность Родине солдаты и офицеры по возвращении попадали не к своим семьям, а на

Колыму и в другие подобные места? На эти и многие другие вопросы ответ будет получен лишь после того, когда будет до конца изучен преступный режим власти, созданный в России И. Сталиным.

ЛИТЕРАТУРА

1. **Вознесенский Н. А.** Избранные произведения. М.: Политиздат, 1979. С. 484–604.
2. **Там же.** С. 484–485.
3. Latvijas zeme. zemnieki un vinu darbs. Riga: Lauksaimniecibas Parvaldes izdevums, 1940, ip. 95.
4. Великая Отечественная война 1941–1945. Энциклопедия. М.: Сов. энциклопедия, 1985. С. 77.
5. **Маршал Г. К. Жуков.** Воспоминания и размышления. М.: Новости, 1990.
6. **Сталин И.** О Великой Отечественной войне Советского Союза. М.: Политиздат, 1950.
7. **Василий Поликарпов.** Огонек, 1987. №26. С. 6.
8. **Там же.**
9. **Вознесенский Н. А.** Избранные произведения. М.: Политиздат, 1979. С. 498.
10. **Там же.** С. 499–501.
11. **Там же.** С. 504–505.
12. **Маршал Г. К. Жуков.** Воспоминания и размышления.М.: Новости, 1990, т. 2. С. 268–269.
13. Вестник сельскохозяйственной науки, 1985, №5. С. 3–9.
14. В осажденном Ленинграде. Л., 1969.
15. Народное хозяйство СССР за 70 лет. Юбилейный статистический ежегодник. М.: Финансы и статистика, 1987. С. 373.
16. **Бенедиктов И.** Сила и жизненность колхозного строя. Социалистическое сельское хозяйство, 1945, №10. С. 7.
17. БСЭ. 3-е изд. Т. 14. С. 292–293. ВЭС. М.: Военное издательство, 1983. С. 396.
18. **Арутюнян Ю. В.** Советское крестьянство в годы Великой Отечественной войны. М.: Наука, 1970. С. 75.
19. РГАЭ. Ф.7486. Оп.7. Д.135. ЛЛ.105–97. 193–190.
20. РГАЭ. Ф.7486. Оп.7. Д.135. ЛЛ.73.
21. **Арутюнян Ю. В.** Советское крестьянство в годы Великой Отечественной войны. М.: Наука, 1970. С. 207.
22. **Там же.** С. 339.
23. **Там же.** С. 349.
24. **Шмелев Г. И.** Наемный работник или хозяин на земле? М.: Знание, 1990. С. 47.
25. **Шмелев Г. И.** Личное подсобное хозяйство: возможности и перспективы. М.: Политиздат, 1983. С. 9.
26. **Шмелев Г. И.** Личное подсобное хозяйство и его связи с общественным производством. М.: Мысль, 1979. С. 149.
27. **БСЭ.** 3-е изд. Т. 7. С. 21.
28. Советское крестьянство / Под ред. В. П. Данилова и др. М.: Политиздат, 1970. С. 294–337.
29. **Вознесенский Н. А.** Избранные произведения. М.: Политиздат, 1979. С. 582–584.
30. **Там же.** С. 495.
31. **Там же.**

ГЛАВА 8. ГОДЫ ПОСЛЕ ВОЙНЫ (1946–1952 гг.)

Отечественная война нанесла тяжелые раны нашему народу. Трудно найти семью, которой бы она не коснулась черным крылом смерти, где бы не получали похоронок, куда бы не возвращались израненные, искалеченные люди. Миллионы и новых установленных и безымянных могил покрыли огромные просторы России, Украины, Белоруссии, республик Прибалтики. Это после полных драматизма, голода и репрессий 30-х гг.

Земля лежала в руинах, в грудах недавно остывшего пепла, с торчащими печными трубами посреди обугленных бревен. Кругом неухоженные, поросшие чертополохом поля и зарастающие кустарником выгоны и покосы. В осиротевшие дома возвращались солдаты, где их долго ждали. Солдаты пришли из Европы. Там они видели чистенькие домики с садами и любовно возделанными полями. Подспудно солдаты и офицеры ждали, что на Родине что-то изменится к лучшему. Они научились ценить жизнь, увидев так много смертей и потеряв так много близких. Сталин 24 мая 1945 г. на приеме в честь командующих войсками поднял тост за русский народ "не только потому, что он – руководящий народ, но и потому, что у него имеется ясный ум, стойкий характер и терпение"[1]. Но прошло немного времени, и все возвратилось на круги своя. Человек был объявлен "винтиком".

Страну надо было поднимать из руин и пепла войны. Предстояла тяжелая работа по восстановлению народного хозяйства, трудоустройству миллионов демобилизованных воинов. И село опять потеряло много молодых, трудоспособных людей. Возрождающаяся промышленность, разрушенный транспорт, сожженные города требовали много рабочих рук. Село снова становится поставщиком дешевой рабочей силы.

Тоталитарная система ничуть не пострадала, она сохранилась и скоро дала о себе знать. Сталинизм в идеологии пошел в новое наступление на проявления либеральных идей и мыслей. 14 августа 1946 г. принимается очень жесткое постановление о журналах "Звезда" и "Ленинград", ставшее сигналом к наступлению реакции. Великая патриотка и поэтесса, ленинградка-блокадница Анна Андреевна Ахматова (1889–1966) подвергается глубокому оскорблению, выдающийся русский сатирик Михаил Михайлович Зощенко (1894–1958) – уничтожающему разносу. За ударом по писателям и публицистам начались преследования композиторов, философов, представителей других отрядов интеллигенции. Сталин выступает с работой по языкознанию[2]. Позднее публикуются его "Экономические проблемы социализма в СССР"[3] на основе ответов на письма ученых и участников дискуссии по проекту учебника по политической экономии.

Вновь усиливаются репрессии, затихшие, но не прекратившиеся во время войны. Были арестованы многие военачальники, в их числе нарком авиационной промышленности Алексей Иванович Шахурин (1904–1975). Этот талантливый организатор оборонной промышленности, под непосредственным руководством которого выросла и окрепла наша авиация, превзойдя по своей мощи германскую, подвергался мучительным издевательствам.

В 1949–1950 гг. фабрикуется так называемое "ленинградское дело". И опять полетели головы многих и многих видных ленинградцев, организаторов обороны города, блокадников. Их выискивали по всей стране и арестовывали, за ними велась настоящая охота, как на диких зверей. Затем начинается борьба с "безродным космополитизмом", закрывается Еврейский антифашистский комитет, проводивший вместе с другими общественными организациями в годы войны большую патриотическую работу. Погибает народный артист СССР Соломон Михайлович Михоэлс (1890–1948), затем видный дипломат, генеральный секретарь Профинтерна Соломон Абрамович Лозовский (1878–1952). Арестовывается большая группа врачей и ученых медиков, обвиненных во вредительстве. 21 января 1953 г. публикуется Указ Президиума Верховного Совета СССР о награждении орденом Ленина врача Лидии Тимашук, якобы разоблачившей врачей-"вредителей". Снимают с работы и арестовывают руководящих работников Эстонии, прежде всего тех, кто имел большой стаж работы в нелегальной Компартии республики. Эти факты являются прямыми рецидивами великих репрессий 30-х гг., они вызывают нервозность и напряжение в обществе и не предвещают ничего хорошего. Такой была обстановка в обществе накануне кончины Сталина.

ВЫХОД ИЗ РУИН ВОЙНЫ

Еще не успела закончиться Курская битва (3 июля – 23 августа 1943 г.), как 21 августа 1943 г. Совнарком СССР и ЦК ВКП(б) принимают постановление "О неотложных мерах по восстановлению хозяйства в районах, освобожденных от немецкой оккупации"[4]. В этом документе речь шла о Калининской, Смоленской, Курской, Орловской, Воронежской, Ростовской, Тульской, Сталинградской областях, Краснодарском и Ставропольском краях, многих областях Украины. Предусматривались возврат в эти области вывезенного в восточные районы скота, увеличение поголовья животных, в том числе и птицы, в колхозах, льготы по поставкам сельскохозяйственных продуктов государству колхозами и населением, помощь семенами для озимого сева 1943 г., восстановление машинно-тракторных станций, их материально-техническое обеспечение, посылка кадров, завоз горючего, помощь в строительстве жилья, восстановление железнодорожных сооружений, организация обучения детей воинов Красной Армии и партизан, в частности, создание суворовских и нахимовских военных училищ, специальных ремесленных училищ, детских домов и детских приемников.

Таким образом, восстановление началось еще в ходе войны. Объем работы был гигантским. Все нити управления этим делом, как уже упоминалось, были сосредоточены в руках Н.А. Вознесенского, который тогда был членом Государственного комитета обороны, первым заместителем председателя Совнаркома, председателем Госплана СССР, кандидатом в члены Политбюро ЦК ВКП(б).

В следующем, 1944, году (18 февраля) принято постановление Совнаркома СССР и ЦК ВКП(б) "О строительстве тракторных заводов и развитии производственных мощностей по выпуску тракторов для сельского хозяйства"[5]. Строящимся Владимирскому, Алтайскому и Липецкому заводам предписано обеспечить выпуск по 50 тракторов в сутки, столько же и на восстанавливаемом Харьковском заводе. Наркомату обороны предлагается вернуть из армии 300 инженеров и техников для работы на этих заводах, а также 12,5 тыс. нестроевых военнослужащих для работы на строительстве заводов.

В феврале 1945 г. утверждается план развития сельской электрификации[6]. Намечается уже во II квартале 1945 г. ввести 52 малых гидроэлектростанции мощностью 1 280 квт и 71 мелкую тепловую электростанцию на 1 410 квт; построить в первом полугодии 1945 г. 430 малых гидроэлектростанций на 8 600 квт; осуществить проектно-изыскательские работы в 1945 г. по 2 565 малым гидроэлектростанциям на 51 300 квт; изготовить за год 2 717 гидротурбин для мелких станций. Разумеется, такие масштабы ввода не могли удовлетворить огромные потребности села в электроэнергии, но они свидетельствуют о внимании к сельскому хозяйству в условиях послевоенной разрухи.

Правительство СССР 25 марта 1945 г. формирует основные задачи государственного плана восстановления и развития народного хозяйства на 1945 г.[7] Этот документ занимает немногим более двух страниц текста, но в нем определены стратегические цели возрождения хозяйства страны: форсированное восстановление и развитие тяжелой промышленности, максимум внимания освобожденным районам, строительство жилья, рост численности рабочих и служащих на 2,4 млн. человек.

Постановлением от 22 августа 1945 г.[8] Совнарком СССР определил меры по увеличению производства товаров широкого потребления и продовольственных товаров для местной промышленности, промысловой кооперации и кооперации инвалидов. Установлено, что половина продукции этих предприятий остается в распоряжении местных органов власти, а вторая половина поступает республикам. Для предприятий местной промышленности и кооперации предусмотрены меры по их материально-техническому оснащению, льготному кредиту. Это имело большое значение, местная промышленность и кооперация стали наращивать темпы выпуска продукции. Однако промысловой кооперации оставалось работать немногим более десяти лет. ЦК КПСС и Совет Министров СССР своим постановлением от 14 апреля 1956 г. реорганизовали промысловую кооперацию[9]. Эта “реорганизация” свелась к тому, что крупные специализированные предприятия (более 3 500) были переданы соответствующим министерствам, торговые предприятия и организации общественного питания – министерствам торговли и потребительской кооперации. Остались только кооперативы инвалидов и надомников, а также артели народных художественных промыслов. В связи с коллективизацией была ликвидирована сельскохозяйственная кооперация, а теперь настала очередь и промысловой. Интенсивно продолжалось огосударствление производства.

Верховный Совет СССР на своей сессии 18 марта 1946 г. принимает Закон о пятилетнем плане восстановления и развития народного хозяйства на 1946–1950 гг. Это была четвертая пятилетка. С докладом на сессии от имени правительства выступил Н.А. Вознесенский. Основную задачу этой пятилетки он сформулировал так: “...восстановить пострадавшие районы страны, восстановить довоенный уровень промышленности и сельского хозяйства и затем превзойти этот уровень в значительных размерах... увеличить по сравнению с довоенным уровнем производство промышленной продукции почти в 1,5 раза и обеспечить первоочередное восстановление и развитие тяжелой промышленности и железнодорожного транспорта ...добиться создания в стране обилия основных предметов потребления... обеспечить дальнейший технический прогресс во всех отраслях народного хозяйства... высокие темпы социалистического накопления... оснащение вооруженных сил Советского Союза новейшей военной техникой"[10].

Столь высокие показатели не во всем были реальны. Прежде всего это относится к сельскому хозяйству. Кроме разрушительной войны, истощения ресурсов, оно понесло ущерб от сильной засухи и неурожая на Украине и в южных районах России. Это, в свою очередь, вызвало голод. Что же касается официальных данных, то по материалам ЦСУ СССР они выглядели так (табл. 8.1).

Таблица 8.1

Развитие сельского хозяйства СССР в послевоенные годы

Годы	Валовая продукция*, млрд. руб.	Производство зерна, млн. т.	Урожайность зерновых, ц/га	Производство мяса, млн. т. (убойный вес)
1940	76,7	95,6	8,6	4,7
1946	52,1	39,6	4,6	3,1
1947	66,9	65,9	7,3	2,5
1948	74,7	67,2	6,7	3,1
1949	76,8	70,2	6,9	3,8
1950	75,6	81,2	7,9	4,9
1936 – 1940	68,4	79,1	7,6	4,2
1946 – 1950	69,2	64,8	6,7	3,5

* В сопоставимых ценах 1983 г.

Из приведенных данных следует, что в 1950 г. – последнем году четвертой пятилетки, основные показатели не достигли уровня 1940 г., хотя и тот не во всем дотянул до 1928 г. Как на грани 20-х и 30-х гг. сельское хозяйство было разрушено коллективизацией, так в 40-х гг. – войной.

Коммунистическая партия и Советское правительство, расширяя и модернизируя материально техническую базу сельского хозяйства, упор делали не на развитие инициативы и заинтересованности людей, а прежде всего на укрепление дисциплины, порядка в колхозах. Путь подъема экономики видится только на основе укрепления колхозного строя, строжайшего соблюдения Устава колхоза. Совет Министров СССР и ЦК ВКП(б) 19 сентября 1946 г. принимают постановление "О мерах по ликвидации нарушений устава сельскохозяйственной артели в колхозах"[11]. Главные нарушения усматриваются в расходовании трудодней прежде всего путем штатных излишеств и выдачи по запискам председателей колхозов продуктов; в расхищении общественных колхозных земель по линии главным образом расширения приусадебных участков и выделения колхозных земель различным организациям под огороды; растаскивании колхозного имущества путем взятия в колхозах различных продуктов бесплатно или по заниженным ценам; в нарушении демократических основ управления колхозами, что находит свое выражение в забвении выборности и отчетности перед колхозниками, нарушении практики созыва общих собраний.

После принятия этого постановления был создан Совет по делам колхозов при правительстве СССР. Его председателем назначается секретарь ЦК ВКП(б) Андрей Андреевич Андреев (1895–1971). Совет имел своих представителей с небольшим рабочим аппаратом во всех союзных республиках, областях, краях и автономных образованиях. Эти представители не были подотчетны местным государственным и партийным органам. Их долг состоял в выявлении нарушений Устава колхоза и принятии мер по их устранению через государственные и правоохранительные органы.

В феврале 1947 г. состоялся Пленум ЦК ВКП(б), обсудивший вопрос подъема сельского хозяйства в послевоенный период. В принятом постановлении ставится задача "улучшить руководство сельским хозяйством... покончить с такими серьезными недостатками в руководстве сельским хозяйством, как отсутствие должной оперативности и запаздывание в подготовке и проведении сельскохозяйственных работ, с неправильным подходом к оценке работы колхозов, совхозов, МТС и районов по средним данным вместо дифференцированного подхода..."[12].

Ставится задача ликвидировать до конца вскрытые нарушения Устава сельскохозяйственной артели, недостатки в организации и оплате труда (уравниловка, заниженные нормы выработки и др.). Предлагается улучшить работу МТС, отменить оценку по выработке в гектарах мягкой пахоты, оснастить их новой техникой, расширить подготовку руководящих кадров и специалистов. Дальше подробно излагаются задачи с конкретными количественными показателями по производству зерна, хлопка, сахарной свеклы, каучуконосов, льна и конопли, табака и махорки, шелковицы и коконов, цитрусовых и чая, плодов и винограда, масличных культур, картофеля и овощей. Столь же детально намечаются меры по развитию животноводческих отраслей: крупного рогатого скота, овцеводства, свиноводства, коневодства, птицеводства, по племенному делу и кормопроизводству. Предлагается ввести повсеместно севообороты, расширить травосеяние и ирригацию. Для улучшения работы совхозов признается целесообразным преодолеть узкую специализацию и сделать их многоотраслевыми. В политике заготовок осуждается принцип исчисления объема поставок от размеров посевных площадей и поголовья скота, как не стимулирующий рост производства. Вводится погектарный принцип, зависящий от площади закрепленной за колхозами земли. По растениеводческим продуктам поставки начисляются впредь с каждого гектара закрепленной пашни, а по животноводческим – с каждого гектара всей площади.

Как видим, крупных изменений в аграрную политику этот пленум не внес и не оставил заметного следа в истории сельского хозяйства страны. Он лишь подтвердил курс на дальнейшее закручивание гаек: на первом месте стоит борьба с нарушениями Устава колхозов.

Важным событием в экономической жизни страны была денежная реформа и отмена карточной системы в соответствии с постановлением Совета Министров СССР и ЦК ВКП(б) от 14 декабря 1947 г. Карточки были отменены, цены на промышленные и продовольственные товары установлены едиными вместо существовавших ранее двух: коммерческих и пайковых. При этом были установлены цены на хлеб и крупу ниже пайковых, на другие продовольственные товары – в основном на уровне пайковых, на промышленные товары – выше пайковых, но ниже коммерческих. Время от времени объявлялось снижение цен на те или иные товары. Вокруг этого мероприятия всегда велась широкая пропагандистская шумиха. Но в условиях дефицитной экономики особенно страдало село. По исследованиям Е.А. Осокиной, еще в 1931–1933 гг. "централизованное городское снабжение продовольствием (в год на человека) превосходило сельское (с учетом целевых поставок): по муке – в 12–18 раз, крупе – 13–28, рыбе – 10–14, сахару – 8–12, винно-водочным изделиям – 2,5–3, чаю – в 1,5 раза. Мясо и животное масло распределялось на село только по целевому назначению.

Снабжение городского населения промышленными товарами в 1931–1935 гг. (в среднем в год на одного человека) превосходило сельское: по швейным изделиям в 3–6 раз, по мылу – 3–10, кожаной обуви – 2,5–5, шерстяным тканям – 1,2–8, трикотажу и табачным изделиям в 5–12 раз"[13]. Эти данные за 30-е гг. приведены потому, что принцип снабжения за эти годы не изменился. Вследствие огромного дефицита товаров селу мало чего доставалось. Кроме того, существовали "гужевые наценки", и в магазинах потребкооперации розничные цены были выше.

Низкие урожаи и разрушительное влияние засух заставили руководство страны задуматься над проблемой повышения устойчивости сельского хозяйства против засух, которые периодически повторяются в ряде регионов России и наносят огромный урон, стихийное бедствие 1946 и 1947 гг. толкнуло принять крупное решение, названное "сталинским планом преобразования природы". Официальное же название принятого 20 октября 1948 г. Советом Министров СССР и ЦК ВКП(б) документа было: "О плане полезащитных лесонасаждений, внедрения травопольных севооборотов, строительства прудов и водоемов для обеспечения высоких и устойчивых урожаев в степных и лесостепных районах европейской части СССР"[14].

Это решение построено на научном наследии В.В. Докучаева, П.А. Костычева и других отечественных ученых конца прошлого века, занимавшихся борьбой с засухой и иссушением степей. Кроме того, использованы положения В.Р. Вильямса о травопольных севооборотах. Учтен полувековой практический опыт и данные исследований в Каменной степи Воронежской области размещенного там Научно-исследовательского института сельского хозяйства Центрального Черноземья. Идеи Н.М. Тулайкова полностью проигнорированы.

Суть предусмотренных постановлением мер сводится к следующему.

Первое – создание системы крупных государственных защитных лесных полос. Их было несколько: от Саратова до Астрахани по обоим берегам Волги, шириной по 100 метров и протяженностью 900 км; от Пензы до Каменска на Северском Донце протяженностью 600 км; от Камышина до Сталинграда на водоразделе рек Волги и Иловли – 170 км; Чапаевск–Владимировка длиной 580 км; Сталинград–Элиста–Черкесск – 570 км; гора Вишневая–Оренбург–Уральск–Каспийское море длиной 1 080 км; Воронеж–Ростов-на-Дону по обоим берегам реки Дон протяженностью 920 км; от г. Белгорода по обоим берегам Северского Донца – 500 км. Здесь же изложены рекомендации о ширине каждой лесополосы, расстоянии между полосами, подборе деревьев для каждой из них.

Второе – развитие лесонасаждений на полях колхозов и совхозов. В течение 17 лет (1949–1965 гг.) предлагается посадить этих полос на площади 5,7 млн. гектаров. Кроме того, на площади 322 тыс. га намечается лесопосадка для закрепления песков на Нижней Волге, в Калмыкии и Чечено-Ингушетии (в то время Грозненская область). Создаются государственные, колхозные и совхозные лесопитомники, лесничества для выращивания посадочного материала.

Третье – строительство прудов и водоемов для накопления воды с использованием ее для орошения. В срок до 1955 г. в районах Украины, Поволжья, Северного Кавказа, Центрально-Черноземной полосы и частично российского центра предлагается построить 44 228 прудов и водоемов. Для этого создаются строительные организации, оснащенные необходимыми механизмами.

Четвертое – правильная организация территории с введением севооборотов и рациональным использованием земель, обработка почвы с широким применением черных паров, применение органических и минеральных удобрений и качественных семян.

Пятое – создание Главного управления полезащитного лесоразведения при Совете Министров СССР с широкими правами и полномочиями. Все министерства и ведомства обязаны были выполнять указания этого главка по вопросам лесоразведения и борьбы с засухой.

Одновременно с упомянутым постановлением был издан Указ Президиума Верховного Совета СССР о присвоении звания Героя Социалистического Труда и награждении орденами и медалями за достижения по полезащитному лесоразведению. Были открыты факультеты в сельскохозяйственных вузах и отделения в техникумах для подготовки агролесомелиораторов с высшим и средним образованием. Были расширены научные исследования по этой проблеме.

К сожалению, этот широкомасштабный план не был до конца выполнен, он был свернут в середине 50-х годов. Одна из причин состояла в том, что его связывали с "великими стройками коммунизма", причислив к ним и Волго-Донской канал, и Большой Туркменский канал, и крупные гидроэлектростанции на Волге и других местах. Пропаганда этого плана была чрезмерно политизирована, все позитивное приписывалось лично Сталину. Стало уже традицией на Руси, что каждый пришедший к власти руководитель предлагал какие-то крупные планы, а с его уходом с политической арены эти планы отвергались и вносились новые. И страна, народ силой тоталитарной системы переключался на эти новые задачи. Но не всегда новые были эффективнее, а старые хуже. Нельзя допускать абсолютного подчинения экономики политике, особенно политическим амбициям. Никто никогда не оправдает Сталина за его беззакония, репрессии и убийство миллионов людей, за его жестокость, коварство, двуличие и близорукость. Но было бы ошибочно отбрасывать как ненужные меры борьбы с засухой. Правда, как уже отмечалось, в их разработке не были учтены опыт и труды ученых школы Тулайкова. Тоже по политическим соображениям. Если же полезащитное лесоразведение осуществлялось в комплексе с другими необходимыми мероприятиями, а сами лесополосы сажались не разрозненно, а в единой системе, то это обеспечивало высокий эффект. Прозвучавшая позднее критика и отвержение лесопосадок со стороны некоторых ученых, например, Александра Ивановича Бараева (1908–1985) основаны на недоразумении: речь шла о других регионах с совершенно иными природными условиями. Предлагаемая система лесопосадок касалась Европейской части страны, тогда как А.И. Бараев вел работы и ставил эксперименты в Казахстане.

Одним из типичных документов конца 40-х – начала 50-х гг. был принятый Советом Министров СССР и ЦК ВКП(б) 20 апреля 1949 г. "Трехлетний план развития общественного колхозного и совхозного продуктивного животноводства (1949–1951)"[15]. Здесь есть все, касающееся развития животноводства: сколько и каких животных надо иметь в 1951 г., с какой продуктивностью, и как бороться с яловостью и падежом животных, и как укреплять кормовую базу, и как механизировать кормопроизводство, и как поставить племенное дело, зоотехническое и ветеринарное обслуживание, и как готовить кадры животноводов, и как поощрять работников, и как организовать научно-исследовательскую работу в области животноводства. Установлен повышенный минимум поголовья животных для колхозов и совхозов. Предложено каждому хозяйству иметь четыре животноводческие фермы: крупного рогатого скота, овцеводческую, свиноводческую и птицеводческую. Там, где в соответствии с национальными традициями население не держит свиней, допустимо ограничиться тремя фермами. Если в хозяйстве будут все 4 фермы с повышенным поголовьем животных, им на 10% снижаются нормы обязательных поставок молока, мяса и шерсти. Если же нет этого – нормы повышаются на 10%.

Одновременно с постановлением принимается пакет Указов Президиума Верховного Совета СССР о присвоении звания Героя Социалистического Труда и награждении орденами и медалями за длительность стажа непрерывной работы в животноводстве, за достижение высоких производственных показателей. При этом четко расписано, при каких показателях какой наградой кто награждается, или же на сколько процентов надо перевыполнить план, чтобы удостоиться той или иной награды. Таким образом, главные рычаги заинтересованности – социалистическое соревнование и правительственные награды.

В мае 1950 г. принимается принципиально важное постановление ЦК ВКП(б) "Об укрупнении мелких колхозов и задачах партийных организаций в этом деле"[16]. Оно имело далеко идущие последствия. До этого руководство страны не поощряло объединение и укрупнение колхозов. Сейчас же признается, что мелкие колхозы "по размерам закрепленных за ними земель не могут успешно развивать общественное хозяйство и применять современную машинную технику." Весьма спорное обоснование, если учесть, что в среднем колхозы до их укрупнения имели более 600 га пашни и более 1 400 га сельскохозяйственных угодий. Такая площадь позволяет успешно использовать любую полевую технику. Использованием техники и достижений науки долго будет оправдываться укрупнение хозяйств. Потери же общности, управляемости, утрату возможности созыва общих собраний с заменой их конференциями представителей никто в расчет не принимал. Подход, таким образом, технократический, но не социально ориентированный.

В упомянутом постановлении предлагалось земли объединенных колхозов сводить в единый массив, объединение проводить на добровольных началах, объединенные колхозы укрепить за счет "наиболее авторитетных, подготовленных и проверенных в политическом и деловом отношении работников." В единый массив земли сводили, несмотря на то, что они часто были разъединены реками,озерами, перелесками, лесами и другими естественными преградами, особенно в Нечерноземной зоне. "Добровольность" всегда обеспечивалась решениями бюро райкома партии. Что же касается руководителей, то на председательские посты вместо крестьян была поднята вся районная номенклатура. Было немало фактов посылки и избрания таких номенклатурных работников, как директор районного промкомбината, заведующий сберегательной кассой, инспектор пожарной охраны и другие руководящие лица. Они заменили крестьян.

Укрупнение шло довольно быстро. Если в 1940 г. было 236,9 тыс. колхозов, то в 1950 г. – 123,7 тыс., в 1960 г. – 44,9, в 1970 г.– 33,6, в 1980 г. – 25,8, в 1990 г. – 29,1 тыс.[17]. С конца 50-х гг. на уменьшение численности колхозов повлияла также массовая организация совхозов на их землях. Укрупнение в отдельных областях приняло характер ударной кампании. Так, секретарь Московского обкома ВКП(б) С. Морсин сообщает в своем выступлении в печати, что в начале 1950 г. в области было 6 069 колхозов, а к 20 июня этого же года уже только 1 668, то есть в 3,6 раза меньше, а в отдельных районах (Дмитровском, Шаховском, Талдомском) в 5–6 раз меньше[18]. Автор статьи ратует за крупные хозяйства, за строительство крупных сел вместо малых деревень, за подбор сильных руководителей колхозов и бригад. При этом он многозначительно заявляет, что "бригада в укрупненном колхозе нередко больше мелкого колхоза. Только лучшие из бывших председателей колхозов, наиболее опытные организаторы могут быть бригадирами в новых условиях." Так рассуждали многие партийные руководители.

Принятое 6 июля 1950 г. постановление Совета Министров и ЦК ВКП(б) предусмотрело различные льготы для лиц, посылаемых в колхозы на руководящие должности. В частности, гарантированную денежную оплату в зависимости от размеров колхоза по земельной площади и наличия высшего или среднего образования. Подбором специалистов для колхозов занимались в основном партийные комитеты министерств и ведомств. Им выдавался льготный кредит для обзаведения скотом и постройки жилого дома. Одновременно были организованы школы и курсы для подготовки и переподготовки председателей колхозов, имеющих образование не ниже среднего[19]. Председатели колхозов утверждались райкомами партии и входили в контрольно-учетную номенклатуру обкомов партии. Следовательно, они уже были больше зависимыми от "верхов" и меньше – от "низов"! Отчеты на общих собраниях или конференциях теряли прежнее значение. Колхозы еще больше огосударствливались. Они утрачивали последние признаки сходства с кооперативами и сближались с совхозами, являвшимися последовательно государственными предприятиями.

Практически мало что внес в аграрную политику состоявшийся в октябре 1952 г. XIX съезд ВКП(б). Он утвердил "Директивы по пятому пятилетнему плану развития СССР на 1951–1955 годы"[20]. Главной задачей в сельском хозяйстве и впредь остается “повышение урожайности всех сельскохозяйственных культур, дальнейшее увеличение общественного поголовья скота при одновременном значительном росте его продуктивности, увеличение валовой и товарной продукции земледелия и животноводства путем дальнейшего укрепления и развития общественного хозяйства колхозов, улучшения работы совхозов и МТС на основе внедрения передовой техники и агрикультуры в сельском хозяйстве”. Дальше следовала масса цифр, характеризующих планируемый рост производства, урожайности различных сельскохозяйственных культур, поголовья и продуктивности скота и другие показатели.

С докладом на съезде выступил секретарь ЦК ВКП(б) Георгий Максимилианович Маленков (1902–1988). Он говорил: “В результате осуществления мер, принятых партией и правительством, в сельском хозяйстве успешно преодолены трудности, вызванные войной и последовавшей в 1946 г. сильной засухой, в короткий срок был восстановлен и превзойден довоенный уровень производства сельскохозяйственной продукции.... зерновая проблема, считавшаяся ранее наиболее острой и серьезной проблемой, решена с успехом, решена окончательно и бесповоротно... в результате намеченных больших работ по развитию орошения, созданию полезащитных лесонасаждений и осушению заболоченных земель наше сельское хозяйство поднимается на высшую ступень и страна будет застрахована от случайностей погоды навсегда...”[21].

Эти заявления оказались весьма оптимистическими и не соответствующими реальной действительности. Наряду с этим докладчик подверг критике недостатки и ошибки в руководстве сельским хозяйством. К ним он отнес: а) предложение некоторых работников форсированно осуществлять массовое сселение деревень в крупные поселки, “пустить все старые колхозные постройки и дома колхозников на слом и создать на новых местах крупные “колхозные поселки”, “колхозные города”, “агрогорода”, рассматривая это как важнейшую задачу организационно-хозяйственного укрепления колхозов.” Правильно отвергнута эта идея. Но, к сожалению, позднее она была в значительной мере осуществлена. В период между переписями 1959 и 1989 гг. Россия потеряла более 130 тысяч населенных пунктов.

Далее докладчик обрушился на те колхозы и совхозы, которые завели у себя подсобные промыслы и предприятия, например, по производству кирпича, черепицы и других промышленных изделий. Это, полагал он, дело государственных промышленных отраслей, отвлекает колхозы от непосредственных задач и “является тормозом в развитии сельского хозяйства”. Вот в этом вопросе XIX съезд партии допустил грубую ошибку. И не случайно, так как принятые меры соответствовали курсу неуклонного огосударствления всего и вся. Изъятие промыслов и перерабатывающих предприятий из колхозов лишило их последних доходов.

Дефицит же продукции государственных промышленных предприятий еще более усилился. В дефиците был тот же кирпич, а тем более черепица. Этим запретом был нанесен большой ущерб экономике села еще и потому, что долгие годы устанавливались более высокие цены на промышленную продукцию, поставляемую сельскохозяйственным предприятиям и крестьянам. Борьба с переработкой сельскохозяйственного сырья на месте, в колхозных цехах, вела к большим потерям продукции, порче ее. Но ведь тогда еще сохранялось недоверие к крестьянину. Всю произведенную продукцию он обязан доставлять на городские склады и базы, эти могильники овощей и картофеля, на которых несла безвозмездную вахту городская интеллигенция.

Раскритиковал Маленков и создание обособленных звеньев в колхозах. Это де мешает механизации[22]. Законна только крупная бригада. Здесь возобладала точка зрения Н.С. Хрущева, выступавшего за крупные бригады в давнишнем споре с первым секретарем Курского обкома партии П.И. Дорониным, отстаивавшим звеньевую систему.

Оптимистический тон оценок в докладе не соответствовал действительному положению дел в сельском хозяйстве. В стране не хватало даже хлеба, не говоря о других продуктах питания. Особенно трудно жилось самим крестьянам. Трудодень по-прежнему в большинстве хозяйств оставался пустым, доля изъятия продукции у крестьян была чрезвычайно высока, цены на нее – символические. Только страшный административный пресс держал все хозяйство. Личная заинтересованность и инициатива были зажаты. Печать и радио шумели о передовиках социалистического соревнования. Страницы газет заполнялись рапортами о досрочном выполнении планов поставок государству хлеба, молока, шерсти. А магазины были пусты. Отмена карточной системы, эти рапорты о досрочном выполнении, ордена и медали победителей в соревновании продукции не давали. Налоги росли. Облагалась каждая курица и каждое плодовое дерево. Крестьяне стали вырубать фруктовые деревья на своих усадьбах. А без яблони, вишни и усадьба не усадьба.

В то время Михаил Александрович Шолохов (1905–1984), писатель, лауреат Нобелевской премии, выступил в центральной печати со статьей против налоговой политики "министра со звериной фамилией". Речь шла о проводнике сталинских идей в налогово-финансовых делах Арсении Григорьевиче Звереве (1900–1969), министре финансов СССР сталинского периода, пребывавшем на этом посту с 1938 по 1960 год.

Выручало и спасало от голодной смерти крестьян личное подсобное хозяйство. По данным О.М. Вербицкой, в 1948 г. 73% колхозов выдавали на трудодень от 100 граммов до 1 кг зерна, 23% – от 1 до 3 кг, около 1% – более 3 кг, а 4 386 колхозов – ни грамма. В 1953 г. колхозниками областей Центрального Черноземья в среднем на семью получено от личного подсобного хозяйства по 4,5 тонны картофеля, а от колхоза на трудодни – 499 кг. По областям Западной Сибири, соответственно 4 тонны и 35 кг. В структуре денежных доходов колхозников, по данным обследований семейных бюджетов за 1952 г., доля поступлений от колхоза на трудодни составила 13,3%, от личного подсобного хозяйства – 41,2% и прочие источники давали 45,5%[23].

Очевидно, восстановление разрушенного войной хозяйства было бы более успешным, если бы оно опиралось на инициативу и заинтересованную предприимчивость народа. Тогда бы не нужен был и такой жестокий нажим. "Винтики" оставались "винтиками", хотя для человека, как высшего, духовно одаренного существа такое положение противоестественно. В это время происходило интенсивное выкачивание рабочей силы из деревни, ускоренно шла урбанизация. Индустрия, строительство, транспорт поглощали миллионы и миллионы трудоспособных людей. И люди охотно уходили из деревни, давно ставшей для них мачехой. Хотя и в городе не было рая земного, но какой-то прожиточный минимум гарантировался, чего не было у крестьян. Если по переписи 1926 г. сельское население СССР составляло 82%, в 1939 г. – 67, 1959 г. – 52, 1970 г. – 44, 1979 г. – 38, то в 1990 г. – 34%. При этом Россия оказалась наиболее урбанизированной страной из бывших союзных республик СССР, сельского населения здесь только 26%[24].

И прав был Михаил Васильевич Исаковский (1900–1973), написавший такие строки:

Из года в год велась война
За каждый клок земли голодной,
И вот родная сторона
Им стала мачехой безродной...

КОЛЛЕКТИВИЗАЦИЯ В БАЛТИИ

Коллективизация в России и других республиках, находившихся в составе Союза ССР до 1940 г., была завершена в 30-х годах. Небольшое число крестьян, не вступивших в колхозы, подвергалось экономической и социальной дискриминации. Мало что знали о бедах российских, белорусских и украинских крестьян в республиках и районах, ставших советскими только в 1939 и 1940 гг. Это – Литва, Латвия, Эстония, Молдавия, Западная Украина и Западная Белоруссия. Однако кое-какая информация о колхозах и совхозах просачивалась, и энтузиазма крестьяне не испытывали. Были смутные догадки и настороженность.

Методы и ход коллективизации в западных регионах СССР рассмотрим на примере Латвии. Этот выбор сделан исходя из двух соображений: во-первых, учитывая центральное положение Латвии в Балтии, многие выводы о латвийской коллективизации позволительно экстраполировать на соседние республики, в которых эти процессы протекали синхронно, и, во-вторых, автор располагает достаточной информацией по этой республике, поскольку проводил там в свое время исследования, занимаясь научной работой.

Прежде всего хотелось бы сделать два предварительных замечания, относящиеся к периоду до коллективизации. Первое состоит в том, что здесь многократно с начала XIX в. и до послевоенного периода проводились аграрные реформы. Уже упоминалось, что крепостное право было отменено в Курляндии в 1817, в Лифляндии – в 1819 и в Латгалии, как и в российских губерниях, в 1861 г. В 1919 г. вся земля правительством Советской Латвии была национализирована. Правительство Карла Ульманиса в течение 18 лет провело аграрную реформу, разделив баронские поместья и вернув крестьянам земли. В 1940 г. была проведена новая реформа. Ее необходимость вызывалась тем, что в условиях довоенной Латвии значительное число крестьян оставалось малоземельным или безземельным, а с другой стороны, происходил процесс концентрации земельных угодий в руках хозяев, располагавших относительно крупными наделами. Так, хозяйств со средней земельной площадью свыше 30 га было 17,8%, однако они владели 46,4% земель[25]. В то же время 33,3% крестьян с наделами до 10 га имели только 8,6% общего земельного фонда. Немецкие оккупационные власти согнали с земли тех, кто получил ее по реформе 1940 г. Поэтому в 1944–1946 гг. реформа проводилась еще раз (табл. 8.2).

Таблица 8.2

Группировка крестьянских хозяйств Латвии до и после земельной реформы (без городских)

Хозяйства по размеру земли, га	Всего хозяйств		%		У них земли, %	
	1939 г.	1946 г.	1939 г.	1946 г.	1939 г.	1946 г.
до 1	9565	7000	4,2	2,8	0,1	0,1
1 – 5	26394	27000	11,7	10,8	1,7	3,2
5 – 10	39256	53000	17,4	21,1	6,8	11,6
10 – 15	37647	81000	16,6	32,3	10,7	31,6
15 – 20	37063	38000	16,4	15,1	14,7	19,9
20 – 30	36161	45000	15,9	17,9	19,6	33,6
30 – 50	24510	–	10,9	–	21,6	–
50 – 100	14590	–	6,4	–	21,5	–
свыше 100	1091	–	0,5	–	3,3	–
	226277	251000	100	100	100	100

Из данных таблицы видно, что и после этих реформ латвийское крестьянство в целом было мелко- и среднеземельным. Если бароны потеряли землю еще в 1919–1920 гг., то к концу 40-х гг. исчезли и гроссбауэры. Налоговая политика была такова, что крупный крестьянин разорялся. Деревня стала бедняцко-середняцкой.

Вторая особенность сельского хозяйства Латвии состоит в том, что здесь традиционно была развита кооперация во всех ее видах: кредитная, страховая, мелиоративная, молочная, по использованию техники и т.д. Перед второй мировой войной в каждой из 518 волостей имелось сельскохозяйственное товарищество. И это в условиях сплошного хуторского расселения и единоличной формы ведения крестьянского хозяйства.

Первое сельскохозяйственное товарищество было создано 9 сентября 1866 гг. в Валкском уезде Лифляндской губернии. В 70-х и 80-х гг. проходила массовая организация таких товариществ в Лифляндии и Курляндии. Рождаются контрольные товарищества по молочному и племенному делу, кредитные общества. В июле 1906 г. проходит крестьянский конгресс Лифляндской губернии, на котором присутствуют 155 крестьян-хозяев и 133 батрака. В 1907 г. организуется Латышское сельскохозяйственное экономическое общество. Возникают другие общества и союзы.

В конце 30-х гг. в республике, кроме упомянутых 518 волостных товариществ, было 321 кредитный кооператив, 295 страховых, 251 молочных, 206 потребительских, 236 по использованию техники, 30 рыбацких, мелиоративные и многие другие. Они были объединены в союзы, имели крупные капиталы, осуществляли большой оборот, выходили на мировой рынок. Правительство всемерно поощряло кооперацию, вкладывало свои средства. Союзы организовывали школы и курсы, закупали технику, семена, удобрения и снабжали ими кооперативы и отдельных крестьян. Кооперативные союзы строили спиртоводочные, пивоваренные заводы, мясокомбинаты, сыроварни. Они господствовали и на внутреннем рынке. Кооперацией были охвачены все отрасли сельскохозяйственного производства и сельской жизни. Латвия была в сельскохозяйственном отношении кооперативной республикой[26]. После войны кооперация была возрождена. Однако государство все более или менее крупные предприятия, всю переработку национализировало. После коллективизации кооперативная система рухнула и здесь: она просто была ликвидирована.

Первый колхоз в Латвийской ССР был организован 20 ноября 1946 г. в Шкибской волости Елгавского уезда. Инициаторами выступили 11 семей малоземельных и безземельных крестьян, большая часть которых получила землю по последней реформе. Хмурым осенним днем на хуторе "Яунземьи" указанной волости собрались местные крестьяне: Теодор Лиекне, Альвина Чиксте, Эмилия Фрейберг, Мария Бломниеце, Альберт Миллер, Ян Озолс, Арвид Уэрт, Ян Богданов, Кристина Бернанд, Ольга Салме и Станислав Лейтан. Председателем был избран Станислав Лейтан, участник Отечественной войны, местный батрак, ставший недавно парторгом волости вместо убитой "лесными братьями" в сентябре этого же года Зельмы Гринберг.

Примечательна семья Альвины Чиксте. Она во время войны депортирована оккупантами из Белоруссии, где ее муж был председателем колхоза и в 1937 г. расстрелян как "враг народа". Их сын Артур, тогда (в 1946 г.) 16-летний школьник через некоторое время, за высокие урожаи зерна в своем звене, был удостоен звания Героя Социалистического Труда, а после службы в Советской Армии и получения высшего образования возглавил этот колхоз и руководил им более 20 лет. Хозяйство было названо "Накошне" (по латышски – будущее). При организации его земельные угодья составляли 135 га, имелось 15 коров, 9 лошадей, 11 овец, 8 свиней, 5 плугов, 6 телег[27]. К весне 1947 г. в колхозе уже было 35 семей. В дальнейшем он многократно укрупнялся, впитывал в себя соседние хозяйства, становился агрофирмой, выпускавшей сельскохозяйственную и промышленную продукцию, имел научно-исследовательскую лабораторию, образцовую социальную инфраструктуру, высокие производственные показатели.

Вскоре было организовано еще три колхоза: в Екабпилском уезде "Селия", в Валкском – "Узвара" и в Даугавпилском – "Дзиркстеле". Эти четыре артели проводили весенний сев в 1947 г. Их посещали многочисленные группы крестьян. Это диктовалось любознательностью людей. Дело в том, что во время войны в Латвию было вывезено много крестьян из Белоруссии и соседних областей России. Вскоре после войны самостоятельно приехали десятки тысяч людей из разоренных и сожженных оккупантами районов, а также пострадавших от засухи и голода 1946 г. Тогда в Латвии было много пустых, заброшенных хуторов. Переселенцы не всегда положительно отзывались о колхозах. Местные крестьяне относились к этой форме хозяйствования неоднозначно и очень настороженно. Поэтому первые колхозы вызывали повышенный интерес. Крестьяне понимали вероятность и неотвратимость распространения унифицированных форм хозяйствования.

Одновременно возрождалась кооперация на базе индивидуальных крестьянских хозяйств. Уже в 1947 г. функционировало 716 сельскохозяйственных, 255 кредитных, 242 молочных, 118 мелиоративных товариществ. Кооперацией было охвачено 42% всех крестьянских хозяйств[28].

ЦК ВКП(б) 21 мая 1947 г. принимает постановление "О колхозном строительстве в Литовской, Латвийской и Эстонской ССР". Текст этого документа следующий:

"1. При проведении строительства колхозов в Литовской, Латвийской и Эстонской ССР ЦК ВКП(б) предлагает руководствоваться следующими указаниями:

а) исходить из того, что в деле строительства колхозов не следует проявлять никакой торопливости, не задаваться в этом деле широкими планами, колхозы создавать на основе полной добровольности;

б) принимать в колхозы в первую очередь крестьян-бедняков;

в) колхозы строить на базе современной сельскохозяйственной машинной техники, создавая их вокруг хорошо оснащенных машинно-тракторных станций;

г) организуемые колхозы должны быть образцовыми, примерными хозяйствами, способными на деле показать преимущества и выгоды коллективного хозяйства и тем самым пропагандировать идею коллективизации в крестьянских массах.

2. Обязать Министерство сельского хозяйства СССР (т.Бенедиктова) выделить во II и III кварталах дополнительно к плану 1947 г. для обслуживания колхозов через МТС: Литовской ССР – 100 тракторов, Латвийской ССР – 100 тракторов и Эстонской ССР – 50 тракторов.

3. Предложить ЦК КП(б) Литвы (т. Снечкусу), ЦК КП(б) Латвии (т. Калнберзину) и ЦК КП(б) Эстонии (т. Каротамму) к 1 июня с.г. представить в ЦК ВКП(б) свои соображения по практическим вопросам колхозного строительства (план организации МТС и колхозов, о размерах приусадебных участков колхозников, о количестве скота в личном пользовании колхозников, о льготах и преимуществах колхозам, о подготовке колхозных кадров и т.д.)"[29].

Это постановление было понято как взвешенное и не ориентировавшее на форсирование коллективизации. Создавались новые МТС. Руководящие кадры республики и уездов обучались вопросам колхозного строительства, для чего в Риге был проведен семинар с привлечением профессуры из московских вузов. Устраивались экскурсии в первые колхозы. В январе 1948 г. в республике было 76 колхозов, которые объединяли 1 560 крестьянских дворов с общей земельной площадью 22 827 га. Таким образом, в среднем на колхоз приходилось 20,5 двора и 300 га земли. Дальнейший ход коллективизации выглядит следующим образом (табл.8.3).

Таблица 8.3

Ход коллективизации в Латвии

Год и месяц	Число колхозов	Коллективизировано хозяйств	% коллективизации	Среднее число дворов в колхозе
1.10.1948	617	13814	6,8	22,4
31.12.1948	893	23900	12,2	26,7
1.07.1949	3857	192000	76,7	49,8
31.12.1949	4103	202800	85,3	49,4
1.07.1950	4118	214900	90,3	52,2
31.12.1950	1776	226900	96,5	127,7

Данные приведенной таблицы говорят о многом. Прежде всего бросается в глаза резкий скачок в коллективизации за первую половину 1949 г. Дело в том, что 25 марта 1949 г. из Латвии было вывезено далеко за Урал, в Восточную Сибирь и Казахстан 13 504 крестьянские семьи, или 43 321 человек – членов семей так называемых "кулаков". Многие тысячи умерли в дороге, а также в суровых условиях по месту поселения. И только после смерти Сталина, к 1963 г. вернулось обратно в Латвию 31 596 человек[30].

После акции 25 марта 1949 г. всего только за 10 дней, с 26 марта по 6 апреля, было организовано 1 740 колхозов, и к 1 мая процент коллективизированных перевалил за 50. Всего же в первом полугодии 1949 г. вступило в колхозы 168 тыс. крестьянских семей, или 2/3 общего их количества. Вот так вышло со "строгой добровольностью" и рекомендацией "без торопливости"!

Нужна ли вообще была столь жестокая и бесчеловечная акция? Не только не оправданна она по морально-этическим и юридическим соображениям, но и по чисто хозяйственной целесообразности. Вывезены были зажиточные, опытные, культурные, образованные крестьяне, поставщики товарной продукции. К этому времени они уже не были кулаками. По реформе 1944–1946 гг. землепользование одного хозяйства не должно быть больше 30 га. Налоговый пресс фискальных органов, а также политика госпоставок для этих хозяйств были столь обременительны, что многие из них сами сдавали землю, происходило "самораскулачивание".

Политической опасности для существовавшего тогда общественного строя эти люди также не представляли. Их нельзя связывать с вооруженным движением "лесных братьев", которых тогда называли бандитами, а сейчас в республиках Балтии – борцами за свободу против сталинизма. Пик этого движения приходится на 1945 и 1946 гг. К моменту массовой коллективизации оно уже иссякло и было ликвидировано. Сразу после войны в лесах Латвии находилось до 20 тысяч вооруженных людей. Они совершали террористические акты по отношению к советским работникам, взрывали и сжигали волостные и сельские исполкомы, убивали активистов, срывали заготовки сельскохозяйственных продуктов. Назвать это движение просто проявлением классовой борьбы значило бы упрощать проблему. Бедняков в этих формированиях было не меньше, чем зажиточных. Здесь, пожалуй, скорее доминировал национальный, религиозный фактор, а также сопротивление налогово-заготовительной политике, нежелание воевать в рядах Советской Армии. В лесах было много дезертиров. Вооруженная борьба с этими формированиями была очень жестокой, но малоуспешной. Много жертв с обеих сторон, но мало умиротворения. Более результативными оказались политические методы (амнистия, наделение землей вышедших из леса наравне с другими крестьянами, убеждение жителей, у которых кто-то из близких был в лесу и др.). Могу засвидетельствовать на опыте Даугавпилского уезда (Двинск, Динабург), где упор делался на мирные методы работы с "лесным контингентом", что они наиболее эффективны и позволили в течение двух лет радикально оздоровить политическую обстановку, покончить с терроризмом с минимальными человеческими потерями. Поскольку "лесной контингент" был по своему социальному составу разнороден, постольку методы работы с ним были дифференцированными. Одно дело струсивший дезертир, обиженный крестьянин, а совсем другое – убийца, террорист. Считается, что из 20-тысячного контингента около 3 тысяч было убито в стычках с внутренними войсками и истребительными отрядами, значительная часть взята в плен, а свыше 10 тысяч сами покинули леса и легализовались. В значительной мере то был результат нерепрессивных методов воздействия на этих людей. Для мирных условий в республике с двухмиллионным населением иметь 20 тыс. вооруженных нелегалов – многовато. Это явление осложняло послевоенную жизнь.

При оценке данных событий нельзя проводить аналогию с крестьянской войной в Тамбовской губернии или на юге Украины. Хотя и здесь было налицо недовольство крестьянства политикой Советской власти, но не меньшее значение имело сопротивление проводившейся de facto национальной политике, а также грубой антицерковной политике. Этим и объясняется кажущийся нонсенс: самое большое число вооруженных нелегалов было в беднякой католической Латгалии. Имели место случаи, когда бывшие советские партизаны опять уходили в лес, повернув оружие на этот раз против советской власти. Припоминаю факт, когда председатель одного волостного исполкома, награжденный орденом Красного Знамени за активные партизанские действия против немецких оккупантов, ушел снова в лес. Через некоторое время во время боя он был взят в плен. Свой поступок он объяснил глубоким разочарованием в аграрной и национальной политике советской власти, непомерными нормами поставок, беззакониями.

Профессор Генрих Петрович Строд (р.1925), член Академии наук Латвии, считает, что в послевоенные годы по отношению к латвийскому крестьянству было совершено три насилия: во-первых, жестокий экономический и даже технологический диктат, требование все делать так же, как в России; во-вторых, насильственная коллективизация и, в-третьих, депортация крестьян[28]. Диктат иногда принимал трагикомические формы с драматическим исходом. Например, в Риге была издана на латышском языке работа В.Р. Вильямса "Основы земледелия". Редактор этого издания профессор Ян Апсит (1886–1952) сделал по тексту ряд замечаний о нецелесообразности строгого использования некоторых приемов в почвенно-климатических условиях Латвии. Речь шла о чисто технологических приемах, не имеющих универсального значения. И вот за то, что редактор посмел взять под сомнение написанное придворным ученым Вильямсом, он был снят с должности заведующего кафедрой и профессора, изгнан из сельскохозяйственной академии и послан научным сотрудником на маленькую опытную станцию, занимавшуюся окультуриванием песчаных почв. Он вскоре умер, тяжело переживая несправедливость. Ян Апсит – участник революции 1905 года, эмигрант, выпускник университета в Нанси, долго работал во Франции и Швейцарии, ученый с энциклопедическими знаниями, искренне уважал Н.М. Тулайкова и А.Г. Дояренко, переписывался с ними в течение многих лет, невзирая на наличие границ; любимец студентов. Но не это ценилось власть имущими: надо было делать, писать и говорить только по Вильямсу, только по Лысенко, только по Сталину...

Или другой пример. Летом 1950 г. в течение нескольких месяцев группа ученых Латвийской Академии наук, Сельскохозяйственной Академии, Университета и специалистов-практиков работала над программой развития сельского хозяйства республики с учетом местных условий, традиций и сложившейся структуры производства, нацеленной на выпуск большого количества товарной продукции животноводческого происхождения. В отделах ЦК ВКП(б) так "обрабатывали" эти предложения, что в принятом в ноябре того же года постановлении ЦК ВКП(б) и Совмина СССР от них ничего не осталось. Республике было предложено заняться выращиванием зерна и достигнуть показателей, далеких от реальности. На словах всегда провозглашалась необходимость учета конкретных особенностей: природных, исторических, демографических, экономических, культурных. На деле же все подстригалось на один манер, выработанный в московских кабинетах. Это всегда раздражало, обижало и оскорбляло работающих и живущих в отличных от московских условиях. Здесь речь не идет о шовинизме или национализме, а об элементарном штампе, о негибкости командной системы. Однако стоило только заикнуться о необходимости честного учета этих особенностей, как сразу же всплывал жупел национализма. Так тоталитарная система собственными руками и трудами накапливала против себя взрывной материал.

Коллективизация отбросила сельское хозяйство Латвии на много лет назад. Падение продолжалось вплоть до 1955 г. И только в 1956 г. оно было остановлено. Довоенный же уровень был достигнут по объему валовой продукции и молоку только в 1965 г., по зерну – к концу 70-х г.[31].

Примерно по такой же схеме проходила коллективизация в Литве и Эстонии. Но эти две республики быстрее преодолели вызванную ею разруху, стали развиваться динамичнее в аграрной сфере. В значительной мере это объясняется тем, что в экономической политике руководство Латвии взяло курс на форсированное развитие индустрии, строительство многих крупных предприятий на привозном сырье, привлечение рабочей силы из других регионов Союза ССР. Село было оставлено в пасынках, особенно в годы, когда республиканский ЦК компартии возглавлял Арвид Пельше (1899–1983). Кроме того, руководители Компартии Латвии всегда отличались боязнью вносить какие-либо коррективы в аграрную политику, исходя из конкретных реалий. Боязнь эта исходила из страха быть обвиненными в национализме. Везде мерещился национализм, где его и в помине не было. Такие перегибы – питательная среда для взращивания настоящего национализма в определенных кругах.

АВГУСТОВСКАЯ СЕССИЯ ВАСХНИЛ 1948 Г.

С первых лет советской власти шла непримиримая борьба в отечественной науке. Особенностью было то, что она никогда не носила чисто научного характера. Вообще борьба научных школ, течений, направлений, отдельных ученых – дело естественное, нормальное и даже необходимое, желательное. Еще древние говорили, что в спорах рождается истина. Но одно дело – научная дискуссия, направленная на добывание истины. И совсем другое – заидеологизированная и заполитизированная травля с целью "уличить", "разоблачить", "заклеймить", "вывести на чистую воду", оклеить политическими ярлыками, подвести под оргвыводы, а если "враг" не сдается, то уничтожить его вплоть до изоляции в ГУЛАГе и физического истребления. К сожалению, в нашей стране в 20-е, 30-е и 40-е гг. преобладал второй тип борьбы. И обычно возглавляли эти кампании властные структуры, прежде всего

ЦК ВКП(б), генеральный секретарь ЦК. Так было в начале 20-х гг. с философами, социологами, писателями, дело закончилось их высылкой из России. Так было с "меньшинствующими идеалистами" в философии в начале 30-х годов. Так было с агроэкономистами трех ветвей в конце 20-х – в течение 30-х гг., борьба закончилась физической гибелью (расстрелом) практически большей части видных ученых страны. В 1937–1938 гг. были уничтожены оппоненты В.Р. Вильямса. Победители торжествовали в том смысле, что их взгляды канонизировались, принимались за непререкаемую истину, сомневающихся одергивали и призывали к порядку. Так создавались культ и монополизм в науке. Наука останавливалась в своем развитии, отставала как от требований жизни, так и от мирового уровня. В то же время клевреты победившего лидера трубили во все трубы, что они идут впереди планеты всей.

Еще в 30-е гг. велась борьба в таком же стиле по вопросам биологии, и прежде всего генетики. Противники классической генетики сосредоточили огонь на Н.И. Вавилове. Они открыто заявляли, что "Вавилон должен быть разрушен", перефразируя известного римлянина, упорно твердившего: "Ceterum censeo Carthaginem esse delendam." Своего добились: великого ученого уничтожили физически, в аграрной науке привели к руководству Лысенко, низвели уровень исследований во многом до простого опытничества, усилили травлю инакомыслящих.

В годы войны страсти поутихли. Тогда было не до них: смерть стояла на пороге каждого дома. Но вскоре после Победы они вспыхнули с новой силой. Научное поле боя сузилось, сосредоточившись на этот раз на генетике. Классическая наука еще жила и развивалась, хотя и понесла тяжелые потери, особенно с уходом из жизни Н.И. Вавилова. Сторонники Лысенко повели атаку на теорию наследственности, отрицали наличие носителей наследственности – генов, утверждая, что "любая частичка живого тела, даже пластические вещества, даже соки, которыми обмениваются привой и подвой, обладают наследственными качествами". Так говорил Лысенко[32].

Лысенко обладал удивительной "непотопляемостью". Ему оказывалась доверие со стороны подозрительного Сталина, а позднее и со стороны Хрущева. Не поколебало его положение и политическое предательство родного брата, активно сотрудничавшего в годы войны с оккупантами, назначившими его бургомистром города Харькова. Простым смертным такое в сталинское время не прощалось, они как минимум становились членами семьи "врагов народа" со всеми вытекающими отсюда выводами. Известен еще факт "непотопляемости" одного видного деятеля, будущего члена Политбюро ЦК КПСС Арвида Пельше, брат которого в период немецкой оккупации сотрудничал с гебиетс-комиссаром Курляндии бароном фон Медем, а затем отбыл куда-то далеко на Запад, как сообщал бывший секретарь ЦК Компартии Латвии Вилис Круминьш.

Положение Лысенко и его сотрудников среди серьезных ученых было не очень респектабельным. Порой в академической столовой с ним за один столик никто не садился и руки ему не подавали. В апреле 1948 г. заведующий отделом науки ЦК ВКП(б) Юрий Андреевич Жданов (р.1919, ныне член РАН, в течение долгих лет ректор Ростовского-на-Дону Государственного университета и Председатель Северо-Кавказского научного центра высшей школы) выступил с большим докладом в Политехническом музее на семинаре лекторов обкомов партии, в котором подверг серьезной научной критике Лысенко. Ю.А. Жданов осуждал монополизм в науке, восставая против механического переноса борьбы из политики в область генетики. Лысенко это встревожило, и он обратился с письмом к Сталину с жалобой на Ю.А. Жданова и просил защиты: у самого эрудиции и мужества, очевидно, не хватило, чтобы с открытым забралом вступить в дискуссию. Помощь не замедлила последовать[33].

Борьба в генетике достигла своего апогея на печально известной сессии ВАСХНИЛ, состоявшейся 31 июля – 7 августа 1948 г. в конференц-зале Министерства сельского хозяйства СССР. В ее работе участвовало около 700 человек. Кроме членов ВАСХНИЛ и академиков АН СССР здесь была профессура вузов страны, работники научно-исследовательских учреждений, практики. Лысенковцы к сессии хорошо подготовились. В июле Совет Министров СССР своим постановлением, подписанным И. Сталиным, утвердил 35 новых академиков ВАСХНИЛ[34]. Большинство из них были сторонниками Лысенко. Среди вновь назначенных академиков оказались весьма одиозные фигуры. Достаточно назвать уже упоминавшегося Исаака Презента, человека с размытыми моральными устоями, но ловкого оратора и интригана. Или кандидата экономических наук Ивана Лаптева, известного апологетикой "отца колхозного строя" и травлей всех, кто хоть на йоту отступал от догм марксизма. Травил он и биологов, включая Н.И. Вавилова и А.Р. Жебрака.

Доклад "О положении в биологической науке", с которым выступил на сессии Лысенко, был просмотрен Сталиным. Позже Лысенко показывал близкому окружению текст этого доклада с карандашными пометками на полях, сделанными рукой Генерального секретаря ЦК ВКП(б) и председателя Совета Министров СССР. В заключительном слове на вопрос об отношении ЦК партии к докладу, Лысенко ответил:" ЦК партии рассмотрел мой доклад и одобрил его". Эти слова были встречены стоя, "бурными аплодисментами, переходящими в овацию"[35]. Такова была обстановка, в которой проходила эта сессия.

Доклад Лысенко был идеологизирован и политизирован. Главное в нем – выдвижение своих неоламаркизских догм и ниспровержение классической генетики, разгром отечественных представителей этой науки. Из выступивших по докладу 56 ораторов подавляющее большинство ругало генетиков, называя их идеалистами, менделистами-морганистами-вейсманистами, прислужниками чуждой идеологии. Некоторые выступления граничили с личными оскорблениями. Например, И. Презент заявил:"...мы не будем дискуссировать с морганистами (аплодисменты), мы будем их разоблачать... (аплодисменты)... Мы смело смотрим в наше будущее, потому что у нас есть настоящий лидер, а у вас, морганисты, – Шмальгаузен. (Бурные, продолжительные аплодисменты)"[36].

Строго научными, лишенными наносных выпадов, были выступления Иосифа Абрамовича Рапопорта (1912–1990), Антона Романовича Жебрака (1901–1965), Ивана Ивановича Шмальгаузена (1884–1963), Петра Михайловича Жуковского (1888–1975), Василия Сергеевича Немчинова (1894–1964).

Все выступления в изданном стенографическом отчете имеются, кроме второй речи Рапопорта, эмоционально произнесенной с балкона, где он сидел. Работавший тогда ректором Тимирязевской академии В.С. Немчинов отстаивал на сессии закономерность различных мнений и взглядов по научным вопросам, последовательно и аргументированно защищал ученых, подвергавшихся грубым нападкам. Вот некоторые фрагменты из его выступления.

"... я вижу, что среди наших ученых нет единства по некоторым вопросам, я в этом лично... не вижу ничего плохого... Я не разделяю точку зрения, которая была высказана и нашим уважаемым председателем о том, что законы Менделя являются какой-то идеалистической точкой зрения, какой-то реакционной теорией. Лично я такое положение считаю неправильным... Я считаю свою точку зрения правильной, и агрессивный характер выступлений и действий, направленных на запрещение работ А.Р. Жебрака, я считаю неправильным... В отношении хромосомной теории наследственности Трофим Денисович не прав... Я согласен с ним по ряду положений, но по отдельным вопросам я с ним не могу согласиться... Жебрак является заслуженным ученым, и я не считаю возможным говорить об удалении его из Тимирязевской академии." Дальше Немчинов разошелся с Лысенко во мнениях по поводу Института экономики, ибо тот считал его не нужным. Василий Сергеевич заявил: "Считать, что одной агробиологией вся сельскохозяйственная академия исчерпывается – нельзя ...Я морально и политически ответственен за ту линию, которую я провожу, и считаю правильной и буду продолжать проводить"[37]. Продолжать эту линию академику Немчинову не пришлось. Через несколько дней он был смещен с поста ректора и заменен "верным мичуринцем", а точнее – лысенковцем В.Н. Столетовым.

Трезвые голоса ученых на этой сессии потонули в дружном хоре агрессивных выступлений лысенковцев. Это была их победа, торжество, напоминавшее скорее шабаш ведьм. После сессии усилились репрессии по отношению к генетикам и другим представителям из университетов, институтов и опытных станций, их "прорабатывали" на всяких собраниях, заставляли каяться. Как в 30-е гг. искали и находили в республиках и областях своих "кондратьевцев", "чаяновцев" и "сухановцев", так теперь "менделистов-морганистов-вейсманистов." Все было как тогда, только не расстреливали: старый маховик репрессий остановился, а новый не был еще раскручен. Его начнут понемногу раскручивать в 1950–1952 гг., когда полетят головы ленинградцев, сядут в тюрьмы врачи... Но смерть тирана, "кремлевского горца", остановит этот конвейер.

А пока лысенковцы торжествуют. Средства массовой информации воскуривают им фимиам. Услужливые писатели пишут о них книги. Автор прекрасных сочинений о странах Скандинавии Геннадий Фиш (1903–1971) пишет о "народной академии" и "народном академике". До "Белых одежд" Владимира Дмитриевича Дудинцева (р.1918) еще далеко. Уровень научных исследований в подвластных Лысенко учреждениях оставляет желать лучшего. В институты и на опытные станции поступают довольно странные методические рекомендации о повсеместном применении "тройчатки", о массовом использовании НРВ (нефтяного ростового вещества), о скрещивании коров местных пород с джерзеями. В науке осталось только одно имя живого классика – Т.Д. Лысенко, да еще практические селекционеры, имеющие реальные успехи и в своей риторике заверяющие общественность, что они работают "по Лысенко". В 1956 г. Лысенко уходит с поста президента ВАСХНИЛ, но в 1961 г. Н.С. Хрущев его опять водворяет туда, правда, не надолго. Но пришедший ему на смену М.А. Ольшанский был еще с одесских времен его правой рукой. Поэтому фактически Лысенко еще какое-то время определяет курс ВАСХНИЛ.

В октябре 1964 г. заканчивается политическая деятельность Н.С. Хрущева. В январе 1965 г. Президиум АН СССР принимает решение о проверке деятельности экспериментальной базы Лысенко в Горках Ленинских. Председателем комиссии по проверке утверждается экономист и статистик по специальности, член-корреспондент ВАСХНИЛ Александр Иванович Тулупников (1908–1988). В комиссию входят компетентные специалисты Министерства сельского хозяйства СССР. В результате скрупулезной работы этих экспертов с 4 февраля по 22 марта 1965 г. установлены документально как результаты деятельности самой базы, так и эффективность основных рекомендаций Лысенко для производства, которые давались на основе проводимых на землях и фермах этой базы опытов. Результаты оказались удручающими, опыты методически невыдержанными, в отчетах сплошные подтасовки. Комиссия показала полную несостоятельность работы этой базы Института генетики АН СССР, а также лично Лысенко как ученого и научного руководителя. Сами рекомендации, исходившие из этого учреждения, были надуманными, необоснованными, ничего не дававшими производству. Ничего они не давали даже в собственном хозяйстве. Реклама же была шумной, назойливой. Выступления Лысенко на различных форумах, включая пленумы ЦК КПСС, были безапелляционными. Аудитория его выслушивала внимательно: ведь "народный академик". Лысенко пытался оспаривать результаты работы комиссии, писал доносы на комиссию, выкручивался. Но документы оказались убийственными. Они обсуждались на объединенном заседании президиумов АН СССР и ВАСХНИЛ с участием руководителей министерств сельского хозяйства и совхозов. Председательствовал академик Мстислав Всеволодович Келдыш (1911–1978). Материалы комиссии опубликованы[38].

Пройдет еще много лет, и на совместном торжественном заседании АН СССР и ВАСХНИЛ, посвященном 100-летию со дня рождения Н.И. Вавилова, мною будет сказано:" Я уполномочен заявить, что современный состав Всесоюзной академии сельскохозяйственных наук им. В.И. Ленина глубоко сожалеет, что в ее многотрудной истории имел место столь печальный факт, как августовская сессия 1948 г. Я уполномочен заявить, что современный состав ВАСХНИЛ осудил и отверг все, что связано с лысенковщиной. Мы последовательно и настойчиво осуществляем крупные меры по преодолению тяжелых последствий лысенковщины. В академии и в ее институтах создается здоровая творческая обстановка, исключающая всякие проявления монополизма. ВАСХНИЛ внимательно и бережно относится к научному наследию Н.И. Вавилова, развивает дальше в современных условиях обозначенные им направления"[39].

Лысенковщина не имеет права на существование, равно как и сталинщина, ежовщина, бериевщина. Ее суть сводится к культу одного ученого, созданию для него исключительных, монопольных условий, к шельмованию научных оппонентов, закрытию всех путей для продвижения их идей в жизнь, к пренебрежению методологией, принципу "цель оправдывает средства". Лысенковщина нанесла громадный моральный и материальный ущерб стране, опозорила советскую науку. Главные корни лысенковщины кроются в бескультурье, малограмотности, некомпетентности, нетерпеливости и желании быстрее выдать "на гора" неготовую и некорректно полученную научную продукцию. Лысенковщина невозможна в правовом государстве с подлинно демократическим устройством. Она стала возможной и расцвела пышным цветом в условиях сталинщины. Лысенки найдутся, если для их произрастания сформируется благоприятная среда, если в них появится потребность.

Остаются два вопроса: во-первых, как могло случиться, что в течение столь длительного времени целая академия находилась в руках людей, или человека, по всем своим данным недостойного возглавлять такое учреждение и, во-вторых, неужели люди не протестовали, молчали и соглашались со всем, что творили Лысенко и его клевреты? Начнем со второго.

Ученые не молчали. Честные и мужественные люди выступали даже на августовской сессии 1948 г. открыто, прямо, публично. Это Немчинов, Жебрак, Рапопорт и другие. К.Н. Скрябина на сессии не было, но известно, что он и известный селекционер, академик ВАСХНИЛ Петр Никифорович Константинов (1877–1959) и ряд других ученых выступали против Лысенко. Это не считая генетиков.

Недавно "Вестник Российской Академии наук" опубликовал обнаруженную в архиве Академии копию письма Д.Н. Прянишникова, адресованного Наркому земледелия, секретарю ЦК ВКП(б) А.А. Андрееву о Лысенко. Приводим его текст.

"Глубокоуважаемый Андрей Андреевич! Позвольте мне в дополнение к той личной беседе о делах ВАСХНИЛ и ее руководителя, которая имела место несколько месяцев тому назад, сообщить Вам содержание моей записки, поданной в Президиум Академии наук относительно состояния вопроса по генетике, а здесь добавить несколько слов о деятельности Т.Д. Лысенко как президента Ленинской Академии.

Собственно говоря Академия не существует, а есть некоторый "департамент препон" (щедринское выражение), который тормозит движение вперед по всем с.- х. наукам: с.х. опытное дело пошло назад, особенно резкая деградация замечается в методике полевого опыта (чему подает пример сам Т.Д. Лысенко). Во главе этого "департамента препон" стоит командир, типа ротного командира "доброго" старого времени, не терпящий расхождения с ним во мнении по всем наукам.

При невероятном отсутствии образования в области основного естествознания, сам он совершенно не осознает этого и вместо того, чтобы учиться, он наклонен только поучать других, воображая, что президент должен сам руководить работами по всем наукам. Всякая инициатива подавлена и даже из вице-президентов ни один, имеющий самостоятельное мнение по своей специальности, не мог с ним ужиться.

Поэтому я считаю всякий разговор с ним напрасной тратой сил. Единственный выход – смена руководства путем введения выборного начала. Но конечно, было бы неправильно, если бы теперешний ограниченный состав (не говоря уже о качественном уровне некоторых академиков, назначенных Черновым и Яковлевым) стал бы выбирать из своей среды президента на 3 года. Я думаю, что этот состав мог бы выбрать только временного и.о. президента (или первого вице-президента) на один год, с тем, чтобы этот последний, во-первых, дал возможность академикам высказаться и работать, как они находят нужным, а во-вторых, провел бы дополнительные выборы академиков, и только после этого Академия произвела бы выборы президента на 3 года. Также и директора институтов должны выбираться на твердый срок (2 или 3 года).

Я очень извиняюсь, что в качестве "восьмидесятилетника" (восьмидесятилетником я являюсь вдвойне, во-первых, как студент 80-х годов, а во-вторых – по возрасту), я должен беречь свои силы и не тратить их на борьбу с ветряными мельницами, почему я позволил себе не отрываться от работы, ради которой сел на 2 недели в "Узкое". С искренним уважением, академик Д. Прянишников. Узкое–Москва, 5.01.1945"[40]. На это письмо патриарха Российской науки реакции не последовало.

На первый вопрос ответ проще и сложнее. И. Сталин доверял Лысенко. Ему импонировали как воззрения, так и весь стиль работы и поведения "народного академика". Лысенко умело подхалимничал перед Сталиным. Пренебрегая корректным экспериментом, он хвалился и афишировал свои "производственные" опыты, связи с колхозами и совхозами, сыпал нереальные обещания. И пока у власти оставался большой тиран и диктатор, никто не имел реальной возможности в условиях тоталитарного государства и покровительства сверху удалить диктатора в аграрной науке. То, что он не соответствовал занимаемому месту, знали и понимали подлинные ученые. Но кто с ними считался?!

ЭКОНОМИЧЕСКАЯ НАУКА В ПОСЛЕВОЕННЫЕ ГОДЫ

Мы видели обстановку в биологической науке. В экономической положение было еще хуже. Она была полностью монополизирована. Только не учеными, а идеологами партии. Агроэкономическая наука в СССР с начала 30-х гг. практически была ликвидирована. В аграрной сфере не осталось ни одного научно-исследовательского учреждения по экономике. Они все были закрыты. Работы теплились только на кафедрах университетов, сельскохозяйственных академий и институтов. В научно-исследовательских учреждениях технологического и агрономического профиля были группы или отделы экономики. Но они занимались исключительно прикладными разработками узкого профиля. На серьезные проблемы экономики выходить было невозможно: там уже "все решено" И. Сталиным. А если что-то еще не решено, то решалось, в соответствии с его высказываниями по аналогичным или близким вопросам. Не только в политике и экономике, но в культурной и духовной жизни, в искусстве и науке последнее слово было за ним. Если он вмешивался в дискуссию по биологическим наукам, то экономические были в его полной монополии. Ведь конкретные исследования строились на положениях марксизма-ленинизма. А Сталин был "Ленин сегодня".

Вскоре после войны, почти одновременно, в 1947 г. вышли два учебника с одинаковым названием: "Организация социалистических сельскохозяйственных предприятий". Автором одного из них был профессор Самуил Георгиевич Колеснев (1896–1970), работавший долгие годы в Тимирязевке, некоторое время перед войной возглавлял в Омске Сибирскую сельскохозяйственную академию, академик ВАСХНИЛ. В книге дается учение о формах сельскохозяйственных предприятий, показываются сами формы (артели, коммуны, совхозы, МТС), методика планирования производства, обоснование размещения и специализации, размеров предприятий. Не обходится без критики И. Тюнена, Г.Ф. Уоррена, А.В. Чаянова, как сторонников "мелкого" производства. Демонстрируются преимущества крупных совхозов на конкретных примерах. Излагается организация земледельческих и животноводческих отраслей. Автор горячо поддерживает развитие кустарных промыслов в колхозах. Ссылается на тот факт, что в России по 47 губерниям в 1913 г. насчитывалось свыше 10 млн. человек, занятых в сельских кустарных промыслах[41]. Много места в этой работе уделялось организации, нормированию и оплате труда, управлению, финансовому хозяйству, калькуляции себестоимости, рентабельности, а также составлению организационно-хозяйственных планов. Книга переиздавалась в 1960 и 1968 гг. с существенным обновлением материала и очищением от старых догм. Большое место в двух последних изданиях отводится организации рабочих процессов. Формулируются принципы рациональной организации труда. Они сводятся к пропорциональности, сбалансированности, равномерности или ритмичности, непрерывности или поточности[42]. Ряд исследований С.Г. Колеснева посвящен проблемам производительности труда, специализации производства.

Второй учебник по организации сельскохозяйственных предприятий написан Львом Михайловичем Зальцманом (1898–1982). Он построен примерно по такому же плану, как и у Колеснева, однако здесь больше места уделяется организации животноводства и обоснованию организационно-хозяйственного устройства предприятий[43]. Профессор Зальцман еще с конца 20-х гг. занимается вопросами организации животноводческих хозяйств. В свое время он подготовил и издал книгу с изложением принципов построения молочного пригородного совхоза-фабрики на 5 000 коров[44]. Таких размеров хозяйство в нашей стране было спроектировано впервые. В качестве образца была взята ферма Уоккер-Гордон вблизи Нью-Йорка. У Зальцмана детально проработаны не только технические, технологические, организационные, но и экономические стороны в их взаимосвязи. Позднее, уже в 60–80-х гг. Зальцман, работая в Московском университете, интенсивно занимается проблемами специализации, размещения и систем ведения сельского хозяйства.

В периоды реформ, а также различных преобразований, независимо от их направленности, существенное значение в сельском хозяйстве имеет землеустройство. Наделение землей, объединение угодий в единые массивы, укрупнения и разукрупнения хозяйств, смена землевладельцев и прочие операции с землей всегда и неизбежно связаны с землеустройством. Землеустроительная наука, не техническая, а организационная ее сторона тесно связана с наукой экономической, с оценкой земельных ресурсов. В этой области знаний успешно работал коллектив Московского института инженеров землеустройства, в прошлом – Межевой институт, ныне – Университет землеустройства. Вопросы землеустроительного проектирования в течение длительного времени успешно разрабатывались в научном плане Сергеем Александровичем Удачиным (1903–1974), академиком ВАСХНИЛ.

В ноябре 1951 г. состоялась широкая дискуссия по экономическим проблемам в связи с обсуждением проекта учебника политической экономии. И. Сталин внимательно наблюдал за ходом дискуссии, а затем выступил с замечаниями и ответами на письменные предложения ученых. Эти замечания и ответы на письма составили работу "Экономические проблемы социализма в СССР"[45]. Обращаясь к участникам дискуссии, Сталин сформулировал свое толкование отдельных вопросов экономики. Прежде всего он признает объективный характер экономических законов при социализме и осуждает вульгарное представление о том, что здесь они проявляются в преобразованном виде, что люди могут ими управлять, а не только познавать и опираться на них. Затем он признает наличие товарного производства, но тут же замечает, что оно – "товарное производство особого рода ... сфера действия которого ограничена предметами личного потребления... которому суждено обслуживать совместно с его "денежным хозяйством" дело развития и укрепления социалистического производства." Он отвергает предложение о целесообразности восстановления таких присущих товарному производству категорий как рабочая сила, товар, прибавочная стоимость, капитал, прибыль на капитал, средняя норма прибыли и многое другое, взятое К. Марксом из капиталистического производства[46]. Он ставит также вопрос о необходимости признания закона стоимости, который исчезнет только с исчезновением товарного производства. Но в условиях социализма считает он, этот закон ограничен в своем действии и не регулирует производства, пропорций в народном хозяйстве[47]. В работе сформулировано положение об уничтожении существенных различий между городом и деревней, трудом умственным и физическим, но при сохранении несущественных как одна из важнейших особенностей социализма[48].

И. Сталин заявляет, что высказанный им до войны тезис об относительной стабилизации рынков в период всеобщего кризиса капитализма, а также тезис В.И. Ленина о том, что "несмотря на загнивание капитализма", в целом капитализм растет неизмеримо быстрее, чем прежде" следует считать утратившими силу[49]. Поспешил Сталин списать в архив капитализм. Он оказался способным адаптироваться к новым условиям и преодолевать трудные полосы исторического развития. Но верно подметил, что побежденные во второй мировой войне страны Япония и Германия способны не только возродить свою экономику, ожить и восстать из пепла, но и стать серьезными конкурентами такой экономически мощной державе как Соединенные Штаты Америки. Здесь же И. Сталин формулирует основной экономический закон социализма: "обеспечение максимального удовлетворения постоянно растущих материальных и культурных потребностей всего общества путем непрерывного роста и совершенствования социалистического производства на базе высшей техники"[50]. Этот закон противопоставляется основному закону капиталистической экономики – достижение максимальной прибыли.

Из ответов на письма для нас большой интерес представляет один из них, адресованный А.В. Саниной и В.Г. Венжеру. В числе вопросов, поставленных перед И. Сталиным, был вопрос о возможности продажи колхозам техники МТС, как одно из средств повышения колхозно-кооперативной собственности до уровня общенародной. И. Сталин категорически отвергает это предложение, заявляя, что "т.т. Санина и Венжер делают шаг назад в сторону отсталости и пытаются повернуть назад колесо истории"[51]. Он мотивирует это двумя соображениями: во-первых, продажа техники колхозам поставила бы последние в исключительное положение, т.к. все предприятия технику не покупают, она остается государственной, и, во-вторых, в этом случае резко расширится сфера товарного обращения. В этом главное, ибо товарное обращение несовместимо с перспективой перехода от социализма к коммунизму[52]. Обвинив А.В. Санину и В.Г. Венжера в отходе от марксизма, он констатирует, что "коммунистический принцип распределения продуктов по потребностям исключает всякий товарный обмен, следовательно и превращение продуктов в товары, а вместе с тем и превращение их в стоимость"[53].

Поскольку колхоз не является собственником земли, – земля принадлежит государству, а также и техники, которая тоже в руках государства, колхоз номинально является собственником произведенной продукции. На эту-то часть и нацеливается Сталин, предлагая "выключить излишки колхозного производства из системы товарного обращения и включить их в систему продуктообмена между государственной промышленностью и колхозами. В этом суть"[54]. Сталин понимает, что это "потребует громадного увеличения продукции, отпускаемой городом деревне", и нельзя этот процесс форсировать. Но вводить систему продуктообмена "нужно неуклонно, без колебаний, шаг за шагом сокращая сферу действия товарного обращения и расширяя сферу действия продуктообмена"[55].

Каждое сталинское слово, устное и письменное схватывалось на лету. Присяжные экономисты от сталинизма оперативно стали вещать с трибун и кафедр о продуктообмене. А на деле это оказалось продолжением игры в одни ворота: продукты у крестьян за бесценок изымались, а в обмен из города село практически ничего не получало. Было даже строго запрещено подключать сельские объекты к государственным электролиниям. Так воплощалась в жизнь ленинская формула: "Коммунизм есть советская власть плюс электрификация всей страны". В это же время индустрия сосредоточила свой интеллектуальный и материальный потенциал на оборонной продукции – шла холодная война. Крестьянство жило впроголодь. Ликование официальных средств массовой информации и всей пропагандистской машины по поводу наших побед, великих "строек коммунизма", успешного претворения в жизнь грандиозных планов, расцвета колхозного строя вызывало тоску и недоумение.

ЛИТЕРАТУРА

1. **Сталин И.** О Великой Отечественной войне Советского Союза. М.: Политиздат, 1950. С. 352.
2. **Сталин И.** Марксизм и вопросы языкознания. М., 1950.
3. **Сталин И.** Экономические проблемы социализма в СССР. М., 1952.
4. Решения партии и правительства по хозяйственным вопросам. М.: Политиздат, 1968. Т. 3. С. 131–169.
5. **Там же.** С. 183–187.
6. **Там же.** С. 224–228.

7. **Там же.** С. 229–231.
8. **Там же.** С. 232–239.
9. Решения партии и правительства ... Т. 4. С. 297–302.
10. **Вознесенский Н. А.** Избранные произведения... С. 451–453.
11. Решения партии и правительства ... Т. 3. С. 336–341.
12. **Там же.** С. 381–427.
13. **Осокина Е. А.** Иерархия потребления. М.: Изд. МГУ, 1993. С. 48.
14. Сталинский план преобразования природы. Сборник материалов. Тула, 1949. С. 5–44.
15. Трехлетний план развития общественного колхозного и совхозного продуктивного животноводства (1949–1951). М.: Госполитиздат, 1949. С. 5–40.
16. Решения партии и правительства ... Т.3.. С. 614–616.
17. Народное хозяйство СССР в 1990 г. Статистический ежегодник. М.: Финансы и статистика, 1991. С. 527.
18. Большевик, 1950, N 12. С. 53.
19. КПСС в резолюциях ... М.: Политиздат, 1985. Т. 8. С. 233–241.
20. **Там же.** С. 271–279.
21. **Маленков Г. М.** Отчетный доклад XIX съезду партии о работе Центрального Комитета ВКП(б). М.: Политиздат, 1952. С. 77–86.
22. **Там же.** С. 88–91.
23. **Вербицкая О. М.** Российское крестьянство: от Сталина к Хрущеву. М.: Наука, 1992. С. 138, 142.
24. Статистические ежегодники соответствующих лет.
25. **Удачин С. А.** Земельная реформа в Советской Латвии. Рига: Латгосиздат, 1948. С. 258.
26. Lavijes zeme, zemnieki un vinu darbs. Riga. Lauksaimniecibas Parvaldes izdevums, 1940, lp. 75–77, 238–248.
27. Ilze Bumane, Ervids Grinovskis u.c. “Nakotne”. Riga: “Avots”, 1986, lp. 7–18.
28. **H. Strods.** Latvijas lauksaimniecibas vesture. Riga: “Zvaigzne”, 1992, lp. 213–224.
29. КПСС в резолюциях, М.: Политиздат, 1985. Т. 8. С. 146.
30. Очерки истории Латвии. III брошюра. Рига: Звайгзне, 1991. С. 112–113.
31. Народное хозяйство Латвийской ССР. Рига: Авотс, 1982. С. 105–107.
32. О положении в биологической науке. Стенографический отчет сессии ВАСХНИЛ 31 июля–7августа 1948 г. М.: Сельхозгиз, 1948. С. 515.
33. **Сойфер В. Н.** Власть и наука. История разгрома генетики в СССР. М.: Лазурь, 1993. С. 385–400.
34. Правда от 28 июля 1948 г.
35. О положении в биологической науке ... С. 512.
36. **Там же.** С. 510.
37. **Там же.** С. 459–475.
38. Вестник Академии наук СССР. 1965. № 11.
39. Вестник Академии наук СССР. 1988. № 3. С. 44.
40. Вестник Академии наук СССР. 1988. № 9. С. 134–135.
41. **Колеснев С. Г.** Организация социалистических сельскохозяйственных предприятий. М.: Сельхозгиз, 1947. С. 493.
42. **Там же.** 3-е изд. М.: Колос, 1968. С. 243.
43. **Зальцман Л. М.** и др. Организация социалистических сельскохозяйственных предприятий. М.: Сельхозгиз, 1947.
44. **Зальцман Л. М.** Принципы организации пригородного молочного совхоза-фабрики. М.: Новый агроном, 1930.
45. **Сталин И.** Экономические проблемы социализма в СССР. М.: Госполитиздат, 1952.
46. **Там же.** С. 42–43.
47. **Там же.** С. 55–59.
48. **Там же.** С. 70.
49. **Там же.** С. 76.
50. **Там же.** С. 95.
51. **Там же.** С. 213.
52. **Там же.** С. 215.
53. **Там же.** С. 216.
54. **Там же.** С. 219.
55. **Там же.** С. 220.

Умру я... Положат люди на весы дела мои. На одну чашу дела худые, на другую – добрые ... И добро перетянет.

Н.С.Хрущев

ГЛАВА 9. ЭКСПЕРИМЕНТЫ В "ОТТЕПЕЛЬ" (1953 – 1964 гг.): АГРАРНАЯ ПОЛИТИКА Н.С. ХРУЩЕВА

В начале 50-х гг. положение в сельском хозяйстве страны продолжало оставаться исключительно тяжелым. Вся работа строилась на административном нажиме и налогово-заготовительном терроре. За недоимки со двора колхозника уводили последнюю корову. Промышленность, как гигантский насос, выкачивала из села живые силы. Деревня хирела. Люди жили бедно. Начальник ЦСУ СССР В.Н. Старовский на основании материалов бюджетных обследований семей колхозников 2 июля 1951 г. докладывал И.В. Сталину, что в 1950 г. 73% рабочего времени они расходовали на общественных работах в колхозе, 10% – в государственных и кооперативных организациях и 17% – в своем приусадебном хозяйстве. Денежных доходов в том же году они получили от колхоза – 19,5%, за работу в государственных и кооперативных организациях – 19,4%, от продажи продукции личного подсобного хозяйства – 46,1%, пенсий, пособий и других поступлений от государства – 10% и от родственников и прочих источников – 5%. Душевое потребление продуктов питания в месяц составляло (кг): хлеба и хлебных изделий – 20, крупы и макарон – 1, картофеля – 24, овощей и бахчевых – 5, мяса и рыбы – 1,39, молока (литров) – 13, жиров – 0,24, сахара и кондитерских изделий – 0,25 кг. На 100 душ населения за год куплено 740 м тканей; 113 пар обуви, из них 31 пара кожаной и 31 резиновой; 134 кг мыла и 193 кг сахара[1]. Приведенные цифры весьма красноречивы. Работая в колхозе, крестьянин кормится от личного подсобного хозяйства. Сдавая государству скот, молоко, он в год потребляет только 16,7 кг мяса и 156 литров молока. И вместе с тем налоговый пресс продолжал усиливаться. В марте 1953 г. Минфин информирует Г.М. Маленкова, что средний размер налога на один колхозный двор был в 1949 г. – 419 руб., в 1950 г.– 431, в 1951 г. – 471 и в 1952 г. – 528 руб[2].

Голод был не только в 1947 г. и не только на Украине, в Поволжье и Центрально-Черноземной зоне. Он был и в Нечерноземье и продолжался не один год. Сошлемся на записку инспектора Совета по делам колхозов при Правительстве СССР Н. Каракозова на имя секретаря ЦК ВКП(б) Г.М. Маленкова от 9 марта 1951 г. Он сообщает о положении в Великолукской области следующее: "...около 40% колхозов выдали на трудодень менее 300 г хлеба, причем 26 колхозов вообще не распределяли хлеба по трудодням... В связи с отсутствием хлеба и картофеля у многих колхозников сейчас создалось тяжелое положение с питанием... В Локнянском районе зарегистрировано 145 случаев опухания колхозников. За последнее время отмечаются факты массового ухода колхозников... на посторонние заработки... В довоенные годы в колхозах области работало 341 тыс. трудоспособных колхозников, а в настоящее время осталось около 170 тыс., т.е. вдвое меньше..."[3]. Подобное положение сложилось во многих областях России. Голод гнал людей в города, в Сибирь, на Северный Кавказ, в Прибалтику. Ситуация не улучшалась. Официальная пропаганда в это же время трубила о "великих победах социализма", о "великих стройках коммунизма". Вождь народов продумывал проблему перехода от социализма к коммунизму путем прямого продуктообмена. Но смертным оказался и он.

СЕНТЯБРЬСКИЙ (1953 г.) ПЛЕНУМ ЦК КПСС: СВЕТ В КОНЦЕ ТОННЕЛЯ

Важнейшим событием первой половины 50-х годов был сентябрьский (1953 г.) Пленум ЦК КПСС, рассмотревший вопрос "О мерах дальнейшего развития сельского хозяйства СССР". Он проходил с 3 по 7 сентября в Екатерининском (Свердловском) зале Кремля. Кроме членов ЦК и первых секретарей обкомов, была приглашена группа работников, не входивших в эту номенклатуру, в частности, все министры сельского хозяйства союзных республик. С четырехчасовым докладом выступил Никита Сергеевич Хрущев (1894–1971), избранный тогда же первым секретарем ЦК. Один день был посвящен экскурсии участников Пленума в передовые хозяйства Подмосковья. При этом в хозяйствах делался упор на показ посевов кукурузы и осуждалась практика возделывания овса и трав.

Доклад активно обсуждался. Выступали руководители союзных республик и областей, министры СССР. Особняком стояло выступление В.М. Молотова (1890–1986), пытавшегося в своей очень длинной речи обелить Сталина, заявляя, что он продумывал вопросы сельского хозяйства и готовил их решение(?!). Он даже заявил, что заслуживают "премии" те, кто установил несправедливые, символические цены на заготавливаемую сельскохозяйственную продукцию. Но напрашивается вопрос: кто же мешал Вячеславу Михайловичу внести разумные предложения, ведь он с 1921 г. пребывал в роли секретаря ЦК ВКП(б), а с 1930 г. возглавлял Советское правительство?!

Доклад Н.С. Хрущева и принятое постановление ЦК ознаменовали новый курс в аграрной политике страны, и поэтому на содержании этих документов следует остановиться подробнее[4,5]. Воздав ритуальную похвалу мощной социалистической индустрии и "самому крупному и механизированному сельскому хозяйству в мире", докладчик обстоятельно объяснил причины его отставания и изложил программу развития. После долгих лет лжи и лицемерия на тему о том, что "жить стало лучше, жить стало веселей", были названы истинные причины отставания сельского хозяйства. Они сводились к следующему: сосредоточение сил и средств, то есть финансовых, материальных и людских ресурсов на создании тяжелой индустрии в ущерб сельскому хозяйству и легкой промышленности; нарушение принципа материальной заинтересованности крестьян; ущемление личного подсобного хозяйства при полном подчинении его общественному, от которого крестьянину мало чего доставалось; массовый уход крестьян в города, благо промышленность нуждалась в рабочей силе (и этот уход из деревни не сдерживался беспаспортностью колхозников); слабое использование техники; низкая трудовая дисциплина в самих колхозах. Прямо и честно об этом было сказано впервые.

Доклад изобиловал конкретными примерами по излюбленному Хрущевым методу сопоставления соседних хозяйств, районов, областей, республик с разными показателями, но находящихся в близких условиях. Он дает расчеты, сколько надо получать на 100 га используемых земель молока, мяса, яиц, сколько иметь коров и свиней, с какой продуктивностью.

Важнейший вопрос, который решил пленум, – это существенное повышение заготовительных и закупочных цен на все виды сельскохозяйственной продукции. Так, на скот и птицу заготовительные цены повышались в 5,5 раза, на молоко и масло – в 2 раза, на картофель – в 2,5 раза, на овощи – на 25–40%. При этом нормы обязательных поставок снижаются.

Животноводству пленум уделил первостепенное внимание. Дело в том, что эта отрасль оказалась особенно запущенной, продуктивность низкой. В ряде областей надои молока в год от одной коровы составляли в среднем 700–800 кг. По поголовью крупного рогатого скота и особенно коров к 1953 г. страна не достигла не только уровня 1928 г., но и 1916 года. Так, если на территории СССР в 1916 г. было 28,8 млн. коров, в 1928 г. – 32,2 млн., то в 1953 г. всего лишь 24,3 млн. Не достигнут был уровень 1928 г. и по поголовью овец, не говоря о лошадях, которых осталось 40% к уровню 1916 г. Кроме введения стимулирующих цен и упорядочения норм поставок с соблюдением погектарного принципа, предлагалось усилить работу по обеспечению животных кормами. И Хрущев полным голосом заговорил о кукурузе. В дальнейшем кукурузная кампания займет видное место в его деятельности, и за это он получит в народе ироническое прозвище “Кукурузника”. Всякое разумное начало, доведенное до нереальных пределов, становится абсурдом. Но это будет позднее.

Не обошел вниманием докладчик возделывание картофеля и овощей. Дело в том, что площади под этими культурами снизились, производство их трудоемко, людей в селе стало меньше, а механизация отставала. И здесь Первый секретарь правящей партии вносит предложение возделывать картофель квадратно-гнездовым способом, что позволит механизировать обработку растений с четырех сторон без затрат ручного труда. Что же касается овощей, то по методу профессора В.И. Эдельштейна (1881–1965), почетного академика ВАСХНИЛ, рекомендуется выращивание их в торфо-перегнойных горшочках. Разумеется, речь шла о концентрации посевов, размещении их на пойменных землях, выращивании хорошего семенного и посадочного материала. Но теперь на первое место ставится материальная заинтересованность людей.

Что касается производства зерна, крупяных и зернобобовых культур (гороха, фасоли, чечевицы, сои), возделывания масличных растений (подсолнечника, льна-кудряша, арахиса, горчицы, рыжика, клещевины), то здесь главное – в повышении урожайности, создании хорошего семенного хозяйства, удобрении и механизации работ. Задача обеспечения высокого урожая определяется в качестве главной и для машинно-тракторных станций, и рекомендуется повысить материальную заинтересованность механизаторов. Для обустройства МТС выделяются крупные инвестиции, главным образом для строительства мастерских, гаражей, хранилищ, навесов, подъездных путей. Дело в том, что техника в большинстве МТС тогда хранилась плохо, ремонт машин проводился некачественно, в примитивных условиях.

Пленум уделил большое внимание укреплению кадрами всех звеньев сельскохозяйственного производства, но прежде всего машинно-тракторных станций. В то время только 22,6% директоров, 14,8% главных инженеров и 1,3% заведующих мастерскими имели высшее образование, а не имели даже среднего, соответственно, 30,4%, 64,4% и 89,9% работавших на этих должностях. Принимается решение направить из городов большую группу инженеров для работы в МТС, всего же не менее 100 тыс. специалистов. В то время из 350 тыс. специалистов сельского хозяйства только 18,5 тыс., или 5% работало в колхозах. Для обучения механизаторов создается 250 ремесленных училищ и школ ФЗО на базе имеющихся и кроме того 300 новых училищ. Предусматриваются инвестиции для их обустройства. Организуется обучение 2,5 млн. колхозников и рабочих совхозов на агро-зоотехнических курсах.

Предпринимаются попытки упорядочить управление сельскохозяйственным производством. Оно отличалось чрезмерной зацентрализованностью, бюрократизмом, шаблоном, по указаниям из Москвы решались все вопросы для всей страны с ее многообразными условиями производства. Министерству сельского хозяйства СССР предлагается сосредоточиться на вопросах планирования, финансирования, материально-технического снабжения, заготовок, подбора и подготовки кадров, пропаганды. Это значит – заниматься прежде всего созданием необходимых экономических условий для работы сельскохозяйственных предприятий. Повышается роль республиканских министерств. В связи с этим устраняется нелепое положение, в каком оказалось Министерство сельского хозяйства Российской Федерации. Россия, на территории которой размещено 62% посевных площадей и содержится 50% поголовья страны, не имела полноправного министерства. То учреждение, которое называлось Министерством сельского хозяйства РСФСР, занималось ... только кролиководством, пчеловодством, звероводством и овощеводством. Машинно-тракторные станции на территории России не подчинялись Министерству сельского хозяйства Российской Федерации. Даже областные управления сельского хозяйства напрямую выходили на союзные главки. Такую несуразицу предложено было устранить, создав в России полноценное министерство.

Существенные изменения произошли и в организации партийной работы в сельском хозяйстве. Она сейчас сосредотачивалась в МТС и через них была связана с колхозами. По каждой зоне МТС выделяется по одному секретарю райкома партии с группой инструкторов для работы непосредственно в колхозах. Опять из городов посылаются на село около 50 тысяч коммунистов. На этом поприще уже был накоплен известный опыт. Так, в 1928 г. посылалось 25 тысяч, затем в 1933 г. – 17 тысяч. А сейчас, как видим, направлен более внушительный отряд.

Суммируя сказанное, следует отметить, что сентябрьский (1953 г.) Пленум ЦК КПСС сдвинул с мертвой точки решение таких крупных вопросов, как материальная заинтересованность людей, инвестиции в сельское хозяйство с материально-техническим обеспечением, укрепление кадров на селе и упорядочение управления производством. К чести Н.С. Хрущева нужно сказать, что эти решения не были пустой декларацией или риторикой. Они последовательно выполнялись. На контроль был поставлен партийный аппарат на всех иерархических уровнях. Контролировать этот аппарат умел. Он был хорошо подобран и вышколен.

К сожалению, многое делалось по шаблону, отдельные решения и рекомендации воспринимались как панацея, директивы спускались по принципу "всем, всем, всем". Это прежде всего относится к возделыванию кукурузы. Конечно, Н.С. Хрущев был энтузиастом и горячим пропагандистом этой культуры. И он был достаточно умен, чтобы не делать явных глупостей, о чем ниже будет сказано. Но медвежью услугу ему оказывал этот же хорошо вышколенный аппарат. Так, автору рассказывал один директор совхоза из республики Коми, что ему сверху доводились задания под большие площади посева кукурузы. Она не выросла. Земля оставалась черной и бесплодной. И все-таки в течение пяти лет сверху давили на хозяйство, пять лет сеяли и пять лет ничего не получали. В Латвии* кукурузу раньше никогда не возделывали, разве только опытники на огородах этим занимались. Весной 1955 г. бюро ЦК КП Латвии принимает решение посеять 200 тыс. га кукурузы. Не было ни приспособленных к местным условиям сортов семян, ни техники, ни опыта. Министерство сельского хозяйства Латвии выступило с резким протестом против волевого, даже авантюристического решения. Разумеется, министр для начала получает ярлыки "оппортуниста", "оппозиционера", "искателя легкой жизни". Позднее к этому добавится "антипартийный элемент" и еще кое-что. Кукурузы выросло мало. Поля стояли черными. Вот типичный пример. Колхоз "Ленина Цельш" б. Апского района, используя право планирования снизу, решил засеять кукурузой 43 га. Ему навязали 300. Посеяли 256. Погибло 212, уцелело 44. Из них половину использовали на зеленый корм, остальное убрали на силос.

С таким же упорством внедрялся квадратно-гнездовой способ посева и посадки различных растений. Лысенко выступил с предложением сажать в полезащитных лесных полосах дубы этим методом. Тогда в народе шутили: "Если хочешь быть живым, сей квадратно-гнездовым". Кукуруза, квадратно-гнездовой метод и торфо-перегнойные горшочки стали элементами аграрной политики партии. Аппарат строго следил за неуклонной реализацией этих мер. Припоминается такой факт. В одном из колхозов Рижского района проходил республиканский семинар по возделыванию овощей. Молодой доцент Латвийской сельскохозяйственной академии Мирдза Бауман демонстрировала выращивание их в "питательных кубиках". Присутствовавший на семинаре инспектор ЦК КПСС прервал докладчика следующей репликой: "Товарищ Хрущев говорит о торфо-перегнойных горшочках, а вы здесь с какими-то кубиками. Оставьте вашу отсебятину!" И другой пример. Из аппарата ЦК КПСС в Латвию был прислан на должность второго секретаря ЦК республики старый аппаратчик, землеустроитель по образованию. Однажды довелось с ним встретиться в одном из сельских районов и в течение дня посетить десяток колхозов. Высокий гость в каждом хозяйстве задавал только три вопроса: сколько посеяли кукурузы, на какой площади картофель посажен квадратно-гнездовым способом и сколько оставлено разовых свиноматок... Невзирая на разницу в возрасте и служебном положении, пришлось сказать руководящему товарищу, что так нельзя говорить с людьми, так ничего не

* В это время автор был Министром сельского хозяйства Латвийской ССР.

увидишь и не поймешь. Не понял, а недругом стал. На очередном съезде его "прокатили на вороных" (забаллотировали). Но затем прислали такого же.

Н.С. Хрущев практиковал проведение широких совещаний работников сельского хозяйства по регионам страны. Он везде произносил довольно пространные речи, часто отвлекаясь от темы. Это обычно сочеталось с посещением передовых хозяйств, встречами с практиками и учеными. Разговор был весьма конкретным и часто нелицеприятным. Иногда дело доходило до разноса. Но были и конструктивные, спокойные беседы. Припоминается последний приезд его в Ригу летом 1959 г. и примерно полуторачасовая беседа с автором в присутствии руководящих работников республики. Поначалу Никита Сергеевич обвинил автора в том, что он "не любит кукурузу". Не убедили его и представленные многолетние данные опытных станций по выходу кормов и протеина с гектара, а также их себестоимости по разным культурам. Затем Никита Сергеевич заявил: "Я Вам не верю, но к Вам надо прислушаться". Разговор перешел от кукурузы к клеверам, культурным пастбищам и зерносмесям, затем к дискриминационным по отношению к селу ценам, ошибочным методам с коллективизацией и укрупнениям хозяйств, административному сносу хуторов, бездумному командованию и игнорированию конкретных особенностей, унизительным для сельчан порядкам в торговле и материально-техническом снабжении... Эмоциональный и умный Хрущев повернулся другой гранью: слушал с вниманием, пониманием и поддержкой. Тогда показалось, что больные вопросы будут быстро и успешно решены. Но это было заблуждение. Автор дорого заплатил за эту беседу – остракизмом. В Риге "оттепель" кончилась намного раньше, чем в Москве." Хотя и в Москве волюнтаризма хватало.

Несмотря на издержки, вытекающие из самой сути нашей неуклюжей, забюрократизированной системы, решения сентябрьского Пленума в целом выполнялись. Основы производственных отношений сохранялись, но тяжелые гири дискриминации села были сняты, и наметились проблески света в конце тоннеля. Конкретные результаты не замедлили сказаться (табл.9.1).

Таблица 9.1

Производство сельскохозяйственной продукции в СССР за пятилетия до и после сентябрьского (1953 г.) Пленума ЦК КПСС [6]

	1949 – 1953 гг.	1954 – 1958 гг.	Прирост, %
Вся валовая продукция, млрд. руб.*			
валовая	297,0	402,0	35
товарная	121,2	174,8	44
Зерно, млн. т	80,9	113,2	40
Картофель, млн. т	75,7	83,4	10
Овощи, млн. т	10,0	14,0	40
Сахарная свекла, млн. т	21,1	35,5	68
Мясо, убойный вес, млн. т	4,9	6,9	41
Молоко, млн. т	35,7	48,7	36
Яйца, млрд. шт.	12,9	20,1	56
Шерсть, тыс. т	198,0	272,0	37

* в сопоставимых ценах 1956 г.

Перелом в лучшую сторону явился прямым результатом принятых в 1953 г. решений, облегчения фискально-заготовительного гнета, повышения цен на продукцию, реализации других мер. Еще более разительны результаты воздействия сентябрьского Пленума и последовавших за ним решений, если исходным взять 1953 г. и сравнить с ним 1958 г., завершающий пятилетие. Заготовки зерна за это время выросли на 89%, сахарной свеклы в 2,2 раза, овощей – в 1,8 раза, льноволокна – в 2,1 раза, мяса в 1,6 раза, молока – в 2,1 раза[7].

Известную роль сыграл принятый в 1955 г. новый порядок планирования сельского хозяйства. До последнего времени планирование было чрезмерно зацентрализовано и забюрократизировано, планы были перегружены необоснованно большим числом показателей. Это не вызывалось никакой необходимостью и противоречило здравому смыслу, сковывало инициативу работников в хозяйствах. Ведь в спускавшихся сверху по вертикали, от "Москвы до самых до окраин", заданиях было расписано, сколько какому колхозу надо сеять каких культур, сколько каких иметь голов животных. При этом вопреки объективным условиям и сложившимся традициям, например, в районы возделывания озимой пшеницы доводился план посева яровой, а в Сибири – озимой. Хозяйства Балтии с давних пор занимались молочным скотоводством и беконным (мясным) свиноводством, но от них требовали поставок товарного зерна и сальной свинины. Полностью игнорировалась зональность, сложившаяся специализация, природный и географический фактор. Доведенные планы строго контролировались. Например, форма №24 годового отчета о движении поголовья животных ежемесячно рассматривалась на бюро райкомов партии, председатели колхозов и директора совхозов ставились на "ковер" и держали ответ за каждую голову скота, не дай бог, поголовье уменьшилось, тогда неминуемы оргвыводы. Но контролировались только количественные показатели: гектары и поголовье скота. До продуктивности, урожайности, себестоимости, социальной жизни, благополучия людей руки не доходили. Отчетность за выполнение спущенных сверху планов, частые слушания на бюро райкома партии, контроль, взыскания порождали постоянную напряженность, мешали руководителям заниматься непосредственно хозяйственными вопросами, создавали иллюзию кипучей деятельности. А по существу это был бег на месте.

ЦК КПСС и Совет Министров СССР своим Постановлением от 9 марта 1955 г. "Об изменении практики планирования сельского хозяйства"[8] отменили этот абсурдный и архаичный порядок и установили, что впредь планируются только объемы заготовок сельскохозяйственной продукции по обязательным поставкам, натуроплате за работы МТС, контрактации и закупкам "в количествах, обеспечивающих потребности населения в продовольствии и промышленности в сельскохозяйственном сырье, а также объем тракторных работ, производимых машинно-тракторными станциями в колхозах." Посевные площади, урожайность, продуктивность животных и поголовье скота определяют сами хозяйства, исходя из объемов заготовок и собственных потребностей. При составлении планов рекомендовано ориентироваться на рост производства продукции в расчете на 100 га сельскохозяйственных угодий, а сами планы обсуждать на общих собраниях колхозников. Научно-исследовательским учреждениям предложено помогать хозяйствам в планировании с целью обеспечить рост производства на единицу площади при снижении затрат труда и средств на единицу продукции.

Такой подход действительно развязывал инициативу хозяйств. И уже это давало многое. Но кого-то в центре такое "послабление", ниспосланное колхозам, напугало: как бы чего не вышло! И поехали из Москвы в республики и области эмиссары ЦК КПСС с разъяснением того, что "на местах неправильно поняли важное постановление партии и правительства", стали "своевольничать", сокращают посевы важных культур, и нельзя так резко изменять освященный долгим опытом порядок. Только в марте вышло постановление, а уже в мае началась ревизия его основных положений. К сожалению, такая непоследовательность имела место, и она сдерживала оздоровление сельского хозяйства. Непоследовательность проявлялась и во многом другом. Потому через пять лет темпы роста производства стали заметно падать, а трудности нарастать. И все-таки сентябрьский (1953 г.) Пленум ЦК КПСС – важная веха в истории нашего сельского хозяйства, в истории страны. Повернуть вспять развитие уже стало невозможно.

После сентябрьского Пленума был принят ряд других законодательных актов, которые били в одну цель – развязать инициативу людей, повысить их заинтересованность, вывести из бесправного положения. В марте 1956 г. принимается решение о ежемесячном авансировании колхозников и дополнительной оплате труда в колхозах[9]. Устанавливается порядок, в соответствии с которым не менее 25% всех денежных поступлений и 50% средств, получаемых в качестве аванса по контрактации и закупкам, идут на ежемесячное авансирование колхозников. Госбанк эти средства зачисляет на особый текущий счет, с которого они направляются на авансирование по трудодням. Что же касается дополнительной оплаты, то самим колхозам предоставляется право устанавливать порядок и размеры выдачи денег и натуральных продуктов за перевыполнение планов урожайности и продуктивности животных, Здесь многое зависело от напряженности установленного плана. Поэтому руководители всякими правдами и неправдами стремились получить планы пониже.

Тогда же, 6 марта 1956 г., ЦК КПСС и Совет Министров СССР принимают решение "Об уставе сельскохозяйственной артели..."[10]. В связи с тем, что после утверждения примерного Устава на II Всесоюзном съезде колхозников-ударников прошло более 20 лет и за это время произошли крупные изменения в жизни колхозов, признано необходимым рекомендовать колхозникам внести в Устав ряд изменений и дополнений. Они должны исходить из принципа сочетания общественных и личных интересов, а также преследовать цель более рационального использования земли и других средств производства. Разрешалось впредь устанавливать размеры приусадебных участков, а также количество домашних животных в личном пользовании с учетом трудового вклада семьи колхозника в общественное хозяйство и определять обязательный минимум трудодней, исходя из потребности затрат труда в колхозе. Решения по этим вопросам принимаются общим собранием колхозников, которое подлежит утверждению райисполкомом. При этом райисполком любые изменения может вносить только с согласия колхоза. Поскольку колхозы стали очень крупными, объединяющими часто много населенных пунктов, сам колхоз решает, где какие вопросы подлежат рассмотрению: на общем собрании, на собрании уполномоченных или на бригадных собраниях. Здесь же имеется запись о том, что расширение прав и предоставление инициативы колхозам вовсе не снимает ответственности с партийных, советских и сельскохозяйственных органов за дела в колхозах. И районные власти зорко следили, чтобы колхоз не нарушал Устава, выполнял планы и обязательства.

С 1 января 1958 г. колхозники, рабочие и служащие, проживающие на селе и имеющие личное подсобное хозяйство, освобождаются от обязательных поставок сельскохозяйственных продуктов[11]. Это объясняется тем, что после 1953 г. общественное хозяйство существенно увеличило объемы производства и удельный вес личного сектора за это время по заготовкам мяса снизился с 23 до 10%, а молока – с 31 до 7%. Население получает возможность самостоятельно распоряжаться продукцией личных хозяйств. В этих условиях от государственных органов требуется наладить закупку излишков продукции у населения. Колхозам же предлагается оказывать помощь людям в реализации излишнего молока, мяса, картофеля и других продуктов.

Пленум ЦК КПСС 18 июля 1958 г. принимает постановление об отмене обязательных поставок и натуроплаты за работы МТС с переходом к закупкам по экономически обоснованным ценам[12]. Для исчисления норм закупок сохраняется погектарный принцип, цены же должны учитывать "необходимость возмещения затрат колхозов, исходя из средних зональных условий производства, роста производительности труда, снижения себестоимости продукции и создания необходимых накоплений для расширенного социалистического воспроизводства". Предусматривается устанавливать стабильные цены на продолжительный промежуток времени. Вместе с тем они должны быть подвижными, то есть подлежать корректировке в зависимости от складывающейся ситуации. Это был большой шаг вперед по сравнению с символическими ценами сталинского периода, когда заготовки в действительности были подлинной реквизицией. Вместе с тем исчисление по среднезональным условиям – не лучший метод.

ЦЕЛИНА: ЗА И ПРОТИВ

В январе 1954 г. Н.С. Хрущев обратился в Президиум ЦК КПСС с запиской по зерновой проблеме[13]. Он показал, что сделанное на XIX съезде партии заявление о решенности этой проблемы не соответствует действительности. С зерном в стране очень плохо. Объемы заготовок в 1953 г. ниже уровня 1940, 1950 и 1951 гг., а потребности в зерне возрастают. В 1952 г. валовой сбор по плану был установлен в 9,2 млрд. пудов, по видовой урожайности определен в 8 млрд. пудов, фактический по годовым отчетам колхозов и совхозов составил 5,6 млрд. пудов (соответственно, 150, 131 и 92 млн. тонн). В государственные закрома в порядке заготовок стало поступать все меньше хлеба. Так, в 1953 г. вручено обязательств на 851 млн. пудов, а фактически заготовлено только 447 млн. пудов, по натуроплате, соответственно, 1 190 и 963 млн. пудов.

Для быстрейшего преодоления трудностей с зерном Н.С. Хрущев считает целесообразным распахать значительные площади целинных и залежных земель в восточных районах страны, прежде всего в Казахстане, Западной и Восточной Сибири, на Урале и в Поволжье. Для начала он предлагает освоить 13 млн. га. Он приводит расчеты, принимая среднюю урожайность в 10 ц с 1 га и себестоимость центнера по совхозам 47 руб. при 10%-ном уровне рентабельности. При этом государство, кроме хлеба, получит в бюджет 17–18 млрд. руб. Этот хлеб будет получен с минимальными затратами, а его качество, учитывая климатические условия, – весьма высокое. Высокими будут производительность труда, а также товарность. Кадры механизаторов и специалистов следует привлечь на добровольной основе.

2 марта 1954 г. Пленум ЦК КПСС принял постановление "О дальнейшем увеличении производства зерна в стране и об освоении целинных и залежных земель"[14]. В этом документе, а также в докладе Н.С. Хрущева, с которым он выступил на Пленуме, прежде всего подведены итоги полугодовой работы по реализации решений сентябрьского (1953 г.) Пленума ЦК КПСС. За это время из промышленности и других отраслей народного хозяйства в село направлено 23 тысячи инженеров и техников, более 100 тысяч агрономов и зоотехников, в МТС вернулись около 50 тысяч механизаторов, зачислено около 1,25 млн. постоянных работников. Усилился поток техники в село. Повышены заготовительные цены на сельскохозяйственную продукцию, и на 11% снижены цены на реализуемые для крестьян товары промышленного происхождения. Это позволило несколько поднять доходы колхозов и колхозников, уровень которых был крайне низким. Однако отмечалось, что машиностроение медленно перестраивается на удовлетворение нужд села, плохо ведется строительство сельскохозяйственных объектов.

Для того, чтобы решить зерновую проблему, страна располагает всеми необходимыми возможностями: земельными площадями, техникой, кадрами специалистов и наукой, миллионами крестьян. Поначалу, в течение 1954 и 1955 гг. предусматривается расширить посевы зерновых культур за счет целинных и залежных земель на 13 млн. га. Всего же таких земель только в 14 областях России и 8 областях Казахстана имелось более 40 млн. га. Кроме того, следует осваивать земли и в других регионах, включая центральные, западные и северо-западные. Там много переувлажненных низменностей, например, Мещерская в Рязанской, Владимирской и Московской областях, нуждающихся в осушительных мелиорациях, и неиспользуемых или экстенсивно используемых земель в Прибалтике и российском Нечерноземье (есть просто заброшенные угодья, всякие перелоги и пустыри). Все это можно и нужно освоить.

И в этом, казалось бы, преимущественно организационно-техническом вопросе Н.С. Хрущев на первое место ставит материальную заинтересованность человека. Для работников полеводческих и тракторных бригад вводится дополнительная оплата труда в размере 30% урожая, собранного на новых землях сверх плана; колхозники авансируются в объеме 25% денежных средств, поступающих при реализации зерна, выращенного на новых землях; за каждые 300 рублей проданного государству зерна Центросоюз обязан поставить промышленных товаров на 50 руб. по розничным ценам и реализовать их колхозам; директорам МТС предоставляется право премировать работников тракторных бригад из расчета 75 копеек за центнер проданного государству зерна; работникам созданных на новых землях совхозов зарплата устанавливается с добавкой 15% к должностному окладу.

Как на самом мартовском (1954 г.) Пленуме ЦК, так и позднее была суровая критика в адрес конных заводов и их руководителей. Дело в том, что располагая 5,4 млн. гектаров земли, зерновые культуры они возделывали на 275 тыс. га, то есть только на 5% площадей. И вместе с тем сами расходовали большое количество зернофуража из государственных ресурсов. Были высказаны критические замечания в адрес травопольной системы земледелия Вильямса, которую административно навязывали всем регионам страны. В южных засушливых районах эта система была неэффективна. Сложилась порочная практика, при которой удавшийся в одном месте прием навязывается всем районам, а неудавшийся отовсюду безоговорочно искореняется. Нет нужды говорить, что причина таких крайностей кроется в некомпетентности, бескультурье, торопливости.

Припоминается выступление на Пленуме первого секретаря ЦК КПСС Казахстана Пантелеймона Кондратьевича Пономаренко (1902–1984). Только что избранный на этот пост на заре целинной эпопеи, он обрушился с критикой на казахстанских ученых-почвоведов, обвинив их в национализме за то, что те представили такую почвенную карту, из которой следует: не все целинные земли можно пахать. Лично Пономаренко безусловно был смелый и мужественный человек, в годы войны он возглавлял Центральный штаб партизанского движения, умел отдавать и выполнять приказы. Но жизнь показала, что действительно не все целинные земли подлежат перепашке. Следуя бездумным командам, мы вскоре получим взрыв пыльных бурь, потеряем на огромных площадях пахотный слой и спровоцируем образование первой на европейском континенте пустыни на землях Калмыкии и Нижнего Поволжья. Барханы и дюны люди никогда не пахали, только засаживали деревьями, кустарниками и засевали травой.

Освоение целины, равно как и другие новаторские предложения Н.С. Хрущева, принимались в руководящих кругах партии не без борьбы и сопротивления. Группа членов партийного руководства из бывших ближайших соратников И. Сталина (Молотов, Маленков, Ворошилов, Каганович и др.) выступали против освоения целины, против нового порядка планирования в сельском хозяйстве. Они недоверчиво относились к крестьянству, не понимая его потребностей и не вникая в нужды села. Молотов предлагал увеличить сумму займа от сельского населения, что не решило бы проблемы инвестиций, но лишило бы крестьян средств, ухудшило и так тяжелое их положение, вызвало бы недовольство[15].

И тем не менее освоение целины пошло быстрыми темпами. Это стало всенародным делом. На целину поехали и квалифицированные специалисты, но преимущественно молодежь. В ее освоении участвовало около 1,7 млн. человек. Туда направлялась техника, строительные материалы, финансовые средства. За первые два года было освоено 35,9 млн. га, в том числе 20 млн. га в Казахстане и 14,9 млн. га в России. Всего же было вовлечено в оборот около 45 млн. га, из них около 25 млн. га в Казахстане и около 20 млн. га в России. Только по основным районам освоения целинных и залежных земель (Казахстан, Сибирь, Урал, Поволжье) производство зерна возросло в 2,2 раза, а заготовки увеличились в три раза (табл. 9.2).

Таблица 9.2

Производство и заготовки зерна в основных районах освоения целинных и залежных земель[16]

	1953 г.	1958 г.	Прирост	1958 г. к 1953 г., %
Посевные площади, млн. га	48,0	80,7	32,7	168
Посевы пшеницы, млн. га	20,8	43,5	22,7	209
Валовой сбор зерна, млн. т	26,9	58,4	31,5	217
Заготовки зерна, млн. т	10,8	32,8	22,0	304

За 1954–1959 гг. в освоение целинных и залежных земель государство вложило 37,4 млрд. руб. В то же время за счет товарного зерна бюджет из этих районов получил около 62 млрд. руб. Следовательно, государство получило чистого дохода 24 млрд. руб. За счет тех же вложений производственные фонды колхозов, совхозов и МТС возросли на 30 млрд. руб. Только Россия за последние 40 лет с бывших целинных и залежных земель получила 1,6 млрд. т зерна (44% валового сбора по Федерации), 91,3 млн. т мяса в убойном весе (34%), 598 млн. т молока (34%), 363 млрд. штук яиц (30%) и 3 135 тыс. т шерсти (40%)[17].

Активную позицию заняла аграрная наука. Процесс освоения земель пошел стремительно, в него включились все структуры партии, комсомола и государства, но в этой эйфории голос ученых, к сожалению, потонул, что сыграло зловещую роль: природа всегда мстит за насилие над нею. Бездумное перепахивапис подряд всех площадей, включая и склоны, и почвы с малым пахотным горизонтом, и с легким механическим составом вызвало вспышку пыльных бурь на огромных пространствах азиатского и европейского континентов. Тогда шведские газеты писали, что на тротуарах Стокгольма лежит слой русского чернозема. А надо было просто прислушаться к почвоведам. Они землю знают лучше комсомольских и партийных работников...

Научные разработки и исследования в районах целинных и залежных земель в Зауралье, Сибири и Казахстане велись давно. Был накоплен некоторый материал не только по почвоведению, но также по земледелию, селекции растений, животноводству. В районе Шортанды Акмолинской области в землянках жили многие ученые – “враги народа”, сосланные туда в 30-е гг. Одним из них был Валентин Петрович Кузьмин (1893–1973), в прошлом сотрудник Н.И. Вавилова еще с начала 20-х гг. по Всесоюзному институту прикладной ботаники в Петрограде. Работая в ВИРе, он изучал флору Сибири и Монголии, занимался продвижением пшениц как на север, так и в засушливые степи юга, возглавлял государственную сортоиспытательную сеть Нечерноземной зоны страны. Профессор Кузьмин был реабилитирован после смерти Сталина и с 1956 г. возглавлял селекционные работы во Всесоюзном институте зернового хозяйства (район Шортанды). Он – автор многих приспособленных к засушливым условиям сортов пшениц, в том числе яровой твердой, а также озимой ржи, гречихи, подсолнечника, рыжика, люцерны. В селекционной работе он строго руководствовался экологическим принципом, учитывающим всю совокупность внешних условий природной среды. Валентин Петрович был избран действительным членом ВАСХНИЛ. К концу жизни – депутат Верховного Совета Казахской ССР, кавалер ряда орденов СССР.

В 1956 г. в Шортандинском районе Целиноградской (б. Акмолинской, затем снова Акмолинской) области создается Всесоюзный институт зернового хозяйства. Это был крупный научный центр. Для его обустройства выделяются необходимые инвестиции, там собирается много талантливых ученых, в их числе "зеки". Институт получает экспериментальное хозяйство площадью 60,8 тыс. га, в том числе имеет 47 тыс. га пашни. Здесь вводятся парозерновые севообороты с короткой ротацией, влаго- и почвосберегающая обработка, строится система прудов и водоемов. Результаты исследований, прежде чем рекомендовать их в практику, осваиваются здесь. Научно-исследовательская работа осуществляется в 25 лабораториях и отделах института. Ее суть сводится к созданию системы земледелия для засушливых и эрозионноопасных районов. Кроме уже упомянутых севооборотов с короткой ротацией, установлена целесообразность полосного размещения посевов по горизонталям, бесплужная обработка почвы, выведение засухоустойчивых сортов и соответствующий подбор культур, оставление под чистыми парами ежегодно 20–25% пашни. Для интенсивных культур – орошение за счет накопленных в прудах запасов воды. Здесь ведутся наблюдения за почвенной микрофауной и микрофлорой при различных способах обработки, за физиологией роста и развития растений в различных условиях, широкие работы по селекции зерновых и кормовых растений.

Институт со дня его основания до последнего дня жизни возглавлял Александр Иванович Бараев (1908–1985), академик ВАСХНИЛ. Уроженец Вологодской губернии всю сознательную жизнь отдал жаркому, суровому Поволжью и Казахстану. Бараев был не только талантливый исследователь, но и прекрасный организатор, неутомимый пропагандист. Когда в 1969 г. разразилась ветровая эрозия на Северном Кавказе и других регионах европейской части страны, он большую часть времени проводил в пути, в командировках по очагам этой беды. Ему признательны многие тысячи специалистов, ученых и организаторов производства. Сам институт на целине, где он работал, стал своего рода Меккой для всех, кто нуждался в консультации и помощи. Здесь каждый получал дельный совет и мог воочию убедиться в эффективности того или иного приема непосредственно на месте. Наглядный пример всегда убеждает сильнее любых лекций и семинаров. И такую практическую школу земледелия у А.И. Бараева прошли многие тысячи специалистов и ученых.

Другим крупным коллективом, занимавшимся исследованиями в области целинного земледелия, был Алтайский институт земледелия и селекции сельскохозяйственных культур. Пока этот коллектив возглавлял некто Наливайко, руководствовавшийся принципом "чего-изволите-с?!", отсюда выходили непроверенные, скоропалительные, подчас авантюристические предложения и рекомендации. Здесь могли обосновать все, высказанное с высокой трибуны. Если, например, скажут о целесообразности пропашной системы земледелия, Наливайко тотчас же "докажет" ее высокую эффективность в Кулундинской или Барабинской степи. Учителя-то по этой части еще занимали высокие кресла в руководстве аграрной наукой, и Наливайко получал золотые звезды Героя. Но эти времена кончались. Алтайский институт возглавил Александр Николаевич Каштанов (р. 1928 г.) – высокоэрудированный исследователь в области земледелия, академик ВАСХНИЛ. Работы института приняли несколько иное направление, чем в Шортанды. Это диктовалось объективными условиями: сухие степи соседствовали с районами холмистыми, склоновыми, предгорьями. Поэтому здесь начались работы по ландшафтному земледелию. В почвозащитный комплекс включаются не только посевы трав, создание кулис, полосное размещение посевов, но и лесонасаждение по горизонталям. Ландшафтное земледелие получит в дальнейшем широкое распространение также на Украине и в других республиках Союза ССР.

Патриархом степного земледелия следует считать Терентия Семеновича Мальцева. Этот человек всю свою долгую жизнь прожил (кроме первой мировой войны и германского плена) в родном селе Мальцево Шадринского района Курганской области. Почетный академик ВАСХНИЛ не окончил ни одного класса даже церковно-приходской школы. Но он прекрасно знал историю мирового земледелия, цитировал классиков, увлекался историей философии, написал много научных и научно-популярных книг. Этот человек вел спартанский образ жизни, все свое время проводил в труде и чтении. Он был невероятно подвижен до самого последнего времени, когда тяжелая болезнь ограничила возможности заниматься физическим трудом. Научный подвиг Т.С. Мальцева общеизвестен: он экспериментально доказал, что накапливать гумус могут в почве не только многолетние растения, как считалось раньше, но при известных условиях однолетние. Он предложил систему обработки почвы, когда она один раз в 3–4 года рыхлится безотвальным плугом, а остальные годы мелко обрабатывается на глубину 10–12 см. Он доказал также нецелесообразность ранних посевов яровых культур в условиях Западной Сибири; посев в оптимальные сроки позволяет избежать потерь от ранневесенних засух, часто в этих местах повторяющихся. Мальцев с 1950 г. возглавлял созданную в его селе опытную станцию.

Научные работы, связанные с освоением целинных земель и сухим земледелием, велись и в других институтах и опытных учреждениях. Во время массовой распашки и продвижения посевов дальше на восток в районы недостаточного увлажнения, эта проблематика стала более актуальной, и она была расширена.

Уяснив фактическое положение дел с целиной, представляется необходимым ответить на вопрос: а надо ли было начинать это крупное мероприятие, не лучше ли было сосредоточить силы и средства в давно обжитых районах, например, российского Нечерноземья и Черноземья, вообще европейской части страны? Ведь здесь село в те годы не было столь запустелым. К тому же климат в этой зоне менее континентален по сравнению со степью. Этот вопрос не праздный. И он ставился, обсуждался. Однако для решения зерновой проблемы был принят восточный вариант. Подведем краткие итоги.

Целина позволила в короткий срок получить значительную прибавку зерна. Издержки на его производство тогда были невысоки. Была создана зерновая база на востоке страны. Районы эти стали осваиваться, заселяться, производство интенсифицироваться. Строились поселения с соответствующей инфраструктурой, проводились дороги, возникали промышленные предприятия.

Огромные пространства включились в хозяйственный оборот, стали рынком сбыта и потребления. Но были и минусы.

Прежде всего, пострадали центральные и северные районы страны, особенно России: они на долгие годы были обделены ресурсами. Целина поглощала львиную долю. Например, в 1960 г. 55% всех тракторов, из них 74% типа "Беларусь", 83% всех зерновых комбайнов было направлено на целину. Осваивая земли на востоке, мы допустили выпадение земель из оборота на западе и в центре. Освоив 45 млн. га на целине, более 13 млн. га в это же время (1954–1959 гг.) потеряли в европейской части страны.

Напомним также, что в пылу целинной эпопеи было вовлечено в оборот много непахотопригодных земель (песков, склонов, засоленных почв). В настоящее время на территории бывшего СССР числится около 20 млн. га пашни непахотопригодной. Эти земли малопродуктивны, засолены, эродированы, засорены камнями. Особенно много таких почв в районах освоения целины. Вместо вдумчивого, научно обоснованного подбора полей часто правил бал примитивный принцип: "давай, гони, потом разберемся." И мощный трактор все переворачивает, разрушая хрупкий почвенный покров, который после первого дождя сползал по склону или развевался ветром. А.И. Бараеву и другим ученым пришлось много лет потрудиться, чтобы приостановить разрушительную стихию, вызванную руками человека.

В районах сплошного освоения целинных земель была разрушена традиционно сложившаяся структура хозяйства. Особенно пострадало коневодство и овцеводство. Кроме того, мы продвинули товарное зерновое производство на сотни и тысячи километров на восток, в зону "рискованного земледелия" с резко континентальным климатом. Этим еще более обострили проблему засухи.

Итак, решение об освоении целинных земель не было ошибкой. Но осваивать их нужно было последовательно, закрепляя сделанное, переходя на научно обоснованную систему хозяйства, не допуская спешки и безжалостности к природе. И нельзя забывать гражданского подвига тех сотен тысяч молодых людей, которые поехали обживать неуютную степь, оставив подчас благоустроенные квартиры, близких людей и родные края.

ИНТЕНСИФИКАЦИЯ

Первые пять лет после сентябрьского (1953 г.) Пленума ЦК темпы роста сельскохозяйственного производства были высокими. Сказалось стимулирующее влияние принятых решений. Однако скоро оно стало ослабевать. Если с 1953 г. по 1959 г. стоимость валовой продукции сельского хозяйства возросла в сопоставимых ценах 1983 г. с 78,7 млрд. руб. до 119,7 млрд., или на 52%, то в 1962 г. она достигла только 126,9 млрд., а в 1963 г. упала до 117,6 млрд. руб. Рост прекратился.

Ухудшились экономические показатели. Резко возросли производственные издержки. Увеличилась задолженность колхозов по различным платежам. Особенно большие убытки несли животноводческие отрасли. Рентабельность растениеводства достигла в 1959 г. 59% (по отношению к издержкам). Но прибыльность эта полностью поглощалась убытками от животноводства. В совхозах дела обстояли не лучше. Из общего их количества 63% были убыточными.

Низкие показатели эффективности колхозно-совхозной экономики объяснялись тем, что производство было трудо- и ресурсоемким и крайне экстенсивным. Цены на ресурсы промышленного происхождения возрастали, розничные и заготовительные цены на сельскохозяйственную продукцию оставались невысокими. Преобладал ручной труд. Урожайность зерновых культур в 1959 г. по стране составила 10,5 ц, картофеля – 91 ц, овощей – 100 ц, подсолнечника – 7,7 ц, сахарной свеклы – 159 ц, льна-долгунца – 2,3 ц, хлопка-сырца – 21,7 ц, плодов и ягод – 23,7 ц, винограда – 45,8 ц, удой молока от одной коровы – 1818 кг, настриг шерсти от одной овцы – 2,7 кг[18].

В этой обстановке внимание Н.С. Хрущева было обращено прежде всего на интенсификацию производства. В стране был накоплен опыт интенсивного ведения хозяйства. В научных учреждениях велись соответствующие исследования и разработки. Хрущев любил ссылаться на примеры передовых хозяйств, бывал в них, знал многих руководителей и специалистов, встречался с ними, советовался.

Например, заслуживал внимания опыт интенсивного ведения хозяйства на крупном земельном массиве – в Голодной степи на территории Узбекистана и Казахстана. Здесь в соответствии с Постановлением ЦК КПСС и Совета Министров СССР от 6 августа 1956 г.[19] на площади 300 тыс. га полупустыни со среднегодовой суммой осадков 120–240 мм осуществлено комплексное освоение земель с использованием их прежде всего для хлопкосеяния. Построены Центральный и Южный Голодностепной каналы, оросительные системы, автомобильные дороги с твердым покрытием протяженностью 600 км, ширококолейная железная дорога, создано 34 совхоза, 12 машинно-дорожных станций, 34 хлопкоочистительных завода, жилые поселки для колхозов, совхозов, МТС со всей инфраструктурой, 6 училищ механизации, осуществлены электрификация и телефонизация. Переселяющимся в этот район выдается кредит для возведения домов с надворными постройками в размере 19 тыс.руб. с отнесением 35% стоимости строительства за счет государства. Это было сделано во второй половине 50-х – начале 60-х годов. Позднее площадь орошения достигла 500 тыс. гектаров. Кроме хлопка, на этих землях возделываются рис, люцерна, виноград. Комплексный подход к интенсификации здесь обеспечил высокую эффективность инвестиций. За четверть века вложения в этот крупный объект окупились, по данным академика РАСХН Б.Б. Шумакова, трижды.

Н.С. Хрущев неоднократно обращался к проблемам интенсификации. Но это связано с существенными капиталовложениями, модернизацией ряда отраслей промышленности. В декабре 1963 г. была принята обширная программа ускоренного развития химической промышленности, в которой видное место заняло производство минеральных туков. В феврале 1964 г. Пленум ЦК КПСС обсудил в полном объеме проблему интенсификации сельского хозяйства. Этот Пленум был очень многолюдным, некоторые заседания проводились в Кремлевском дворце съездов. Были заслушаны доклады руководителей союзных и республиканских министерств и, разумеется, выступление Н.С. Хрущева. В принятом постановлении сказано, что "интенсификация – генеральное направление в подъеме сельского хозяйства, столбовая дорога развития его производительных сил"[20]. При этом саму интенсификацию предусматривалось развивать по трем главным направлениям: а) химизация; б) мелиорация и в) комплексная механизация аграрного производства. Кроме того, предлагалось осуществлять специализацию хозяйств, повышать материальную заинтересованность, а также внедрять в производство достижения науки и передового опыта.

Химизация требовала строительства новых туковых заводов, выпуска большого количества минеральных удобрений, гербицидов и пестицидов. Кроме того, как известно, эффективность применения минеральных удобрений возрастает, если они сочетаются с органическими, с повышением содержания гумуса в почве. Научные основы применения удобрений были давно разработаны Д.Н. Прянишниковым, ратовавшим за быстрейшее развитие химизации. Им была создана географическая сеть опытов с удобрениями, покрывавшая всю территорию страны.

Мелиорация предусматривала ирригацию засушливых районов, осушение переувлажненных, заболоченных земель, известкование кислых и гипсование засоленных почв, улучшение в широком смысле этого слова. Мелиорация земель – дело капиталоемкое. Поэтому окупаемость затрат достигается лишь при эффективном использовании этих угодий. Эффект обычно наступает при сочетании водных, химических, агролесных и других видов улучшений, возделывании интенсивных культур и использовании отзывчивых сортов. И, наоборот, при разрозненном применении отдельных приемов высокого эффекта ожидать не приходится. Поскольку в земледелии жестко проявляется закон минимума, когда уровень урожая или дохода сдерживается фактором, находящимся в недостатке, то необходимо этот дефицит устранять. Например, в почве дефицит фосфора – внесение его сразу подымает планку выхода продукции. В дефиците влага – орошение или влагосберегающая технология обеспечит рост урожайности. Но есть и другой закон – оптимума, требующий оптимального сочетания всех факторов жизни растения, животного. Излишек чего-то тоже пользы не приносит. Это – выброшенные на ветер средства.

Механизация направлена на создание систем машин, конструирование более мощной, широкозахватной, многорядной техники, с более высокими технико-технологическими показателями, с более длительным сроком работы. Беда нашей техники в ее слабой надежности, некачественном металле, отсутствии многих рабочих орудий для силовых двигателей. Бич механизации – нехватка запасных частей и оснастки для тракторов.

Пленум ЦК КПСС 1964 г. послужил стартом для широкого развития интенсификации по указанным трем направлениям. В дальнейшем эти вопросы многократно рассматривались на пленумах ЦК КПСС, съездах партии, сессиях Верховного Совета СССР, по ним принимались, как тогда было принято, развернутые решения, в которых содержались конкретные показатели. Основные же идеи были высказаны тогда, в начале 1964 г. Как развивались эти три направления, видно из данных таблицы 9.3.

Из этих данных явствует, что за три десятилетия (60–80-е гг.) действительно проведена гигантская работа по созданию материальной базы сельского хозяйства. В те годы пропаганда и внедрение достижений науки строились на опыте так называемых "маяков" – передовых хозяйств, бригад, отдельных работников, мастеров своего дела. На всю страну тогда гремели имена бригадира из Кировоградской области Александра Васильевича Гиталова (1915–1994), кубанских мастеров высокой производительности в свекловодстве Владимира Андреевича Светличного (р.1927), бригадира из Воронежской области Николая Федоровича Мануковского (р.1926), председателя колхоза из-под Костромы Прасковьи Андреевны Малининой, директора совхоза из Эстонии Антона Александровича Кониярва (р.1914) и многих других. На основе их опыта готовились литература, учебные пособия для обучения работников соответствующей профессии.

Таблица 9.3

Основные направления интенсификации сельского хозяйства СССР[21]

	1950 г.	1960 г.	1970 г.	1980 г.	1990 г.
Внесение минеральных удобрений, в действующем веществе, кг/га	7,8	12,2	46,8	83,9	97,5
Площадь орошаемых земель, млн. га	7,4	9,4	11,1	17,5	21,2
Площадь осушенных земель, млн. га	5,4	9,4	10,2	16,8	20,3
Энерговооруженность труда, л.с./чел.	1,7	5,7	12,7	25,6	28,8
Электровооруженность труда, квтч/чел.	...	160	808	2671	4855

В 1963 г. по инициативе Н.С. Хрущева была предпринята попытка написать на основе научных исследований и опыта передовиков строго научные по содержанию, но популярные и доходчивые по языку и форме изложения руководства для работников сельского хозяйства по регионам, с учетом местной специфики. Например, по Северо-Кавказскому региону эта работа была возложена на Ставропольский научно-исследовательский институт сельского хозяйства. Это пособие было предложено назвать "Заповедями..." Такие заповеди писались по всей стране. Так, на Северном Кавказе к работе были привлечены наиболее квалифицированные ученые Дона, Кубани, Ставрополья и горских республик Кавказа. Получился содержательный, доходчивый труд, сконцентрировавший данные исследований, многолетнего опыта с элементами народного фольклора. До революции такие работы издавались для крестьян. Сдан был этот труд в московское издательство, одобрен и подготовлен к публикации. Осенью 1964 г. он должен был выйти в свет. Приехав в конце октября в столицу и заглянув в издательство, я поинтересовался сроками выхода нашей книги. И здесь с чиновниками состоялся такой диалог." Книга очень хорошая, но она не выйдет, набор рассыпан". – "Почему?" – "Ведь это была идея Хрущева!" – "Ну и что же?!" – "Ведь его освободили, теперь у руководства товарищ Лениод Ильич Брежнев!" – "Так что из этого?" – "Какой вы наивный, а еще возглавляете научно-исследовательский институт..." Вспомнился случай, когда в Риге за несколько лет до этого по указанию секретаря ЦК компартии республики также была рассыпана моя книга. Над нею работал прекрасный редактор, фронтовик Рудольф Лацис. Тогда показалось, что это проявление провинциального самодурства старого догматика из ЦК компартии. Но не ожидал, что придется столкнуться с подобным в столице нашей Родины Москве...

ЭКСПЕРИМЕНТЫ С КОЛХОЗАМИ

В предыдущей главе говорилось о том, что Сталин яростно выступал против продажи техники колхозам, так как не считал ее товаром. Подобная позиция диктовалась не экономическими, а политическими и идеологическими соображениями. Надо было быстрее изживать товарное производство, все и вся обобществлять, ибо это – верный и прямой путь к коммунизму. Хрущев также был коммунист, и даже в принятой XXII съездом партии Программе было записано, что "нынешнее поколение советских людей будет жить при коммунизме"[22]. Однако, Н.С. Хрущев был прагматик. Он не только мужественно осудил злодеяния Сталина против своего народа и человечества, но и показал несостоятельность его экономических воззрений по поводу товарного хозяйства, МТС и техники. В декабре 1957 г., выступая на Пленуме ЦК КП Украины, он сказал: "Теперь функции МТС изменились. Колхозы окрепли, колхозные кадры стали более опытные. А если проанализировать вопрос получения продуктов с колхозов за работу МТС, то выявится неприглядная картина. Зерно, получаемое государством из колхозов, по меньшей мере в 2 раза дороже, чем совхозное. Это ненормальное явление... В совхозах свекла обходится нам почти в 2 раза дешевле, чем та, которую мы получаем из колхозов... За колхозный хлопок государство платит в 2–2,5 раза дороже, чем за совхозный..."[23]. Из высказанных положений было сделано два конкретных и далеко идущих вывода: о реорганизации МТС и о массовом строительстве совхозов как на вновь осваиваемых территориях, так и на землях экономически слабых колхозов.

В феврале 1958 г. Пленум ЦК КПСС рассматривает вопрос "О дальнейшем развитии колхозного строя и реорганизации машинно-тракторных станций"[24]. 31 марта того же года сессия Верховного Совета СССР на основе постановления Пленума приняла соответствующий закон. Суть этих решений сводится к реорганизации МТС в ремонтно-технические станции с продажей тракторов, комбайнов и другой техники колхозам, которые ранее эти МТС обслуживали. Вся новая техника, поступающая из промышленных предприятий, через РТС продается непосредственно колхозам. Она уже становится, таким образом, товаром. На ремонтно-технические станции возлагаются ремонт и техническое обслуживание тракторов, комбайнов и других машин, продажа колхозам запасных частей, удобрений и ядохимикатов, прокат машин, а также другие виды технической помощи колхозам.

Свою историческую роль машинно-тракторные станции исчерпали. Они оказали большую помощь в механизации сельскохозяйственного производства. Но после укрупнения колхозов, установления нового порядка планирования, предоставления колхозам права самим вносить изменения в Устав артели, МТС стали связывать инициативу колхозов. В практической жизни усилились противоречия и различные трения между колхозами и МТС. Такая двойственность, отмечались в Постановлении Пленума, когда "на одной и той же земле ведут хозяйство два социалистических предприятия – колхоз и МТС ... зачастую порождает обезличку... снижает ответственность за повышение урожайности, вызывает большие и ненужные расходы на содержание параллельно действующего управленческого аппарата...”

Реорганизовать МТС и выкупить технику колхозам было предложено постепенно, по мере готовности хозяйств оплатить и освоить ее. Пленум ЦК рекомендовал по этому вопросу провести всенародное обсуждение. Разумеется, это был не референдум, собрания проводились под руководством райкомов партии, и они чаще всего проходили под флагом разъяснения “своевременно” принятого постановления Пленума ЦК с его безусловным, как тогда было принято, одобрением. “Постепенность” тоже на Руси понимается поразному. При коллективизации тоже это слово упоминалось. А затем следовал жесткий график. Технику у МТС тоже выкупили быстро, в течение 1958–1959 гг. Может быть, где-то и поспешили. Если, например, на Кубани, Дону и Ставрополье крупные колхозы, располагавшие 20–30 тысячами гектаров чернозема, с многолюдными селами и станицами, легко и охотно выкупали сразу целые МТС, то в Российском Нечерноземье, на Северо-Западе экономически слабым колхозам это было непосильно. Всего колхозы уплатили государству за два года 32 млрд. рублей. По тем временам сумма немалая. Мероприятие это в целом можно считать прогрессивным. Это несколько упорядочило управление ресурсами. Отношения между МТС и колхозами действительно были архаичными. Они нуждались в изменениях, в большей гибкости и устранении администрирования. В колхозах еще оставались коекакие элементы демократизма, хотя они давно уже перестали быть кооперативами. Огосударствление зашло очень далеко.

Следующим шагом, усилившим в аграрной экономике государственное начало, было массовое создание совхозов. По данным ЦСУ СССР в 1930 г. их было 2,8 тысяч, в 1940 г. – 4,1, в 1950 г. – 5,0, в 1960 г. – 7,4, в 1970 г. – 15,0, в 1980 г. – 21,1 и в 1990 г. 23,5 тысячи. Таким образом, массовое строительство совхозов падает на 60-е и 70-е годы. За это время их количество утроилось. Они стали владельцами почти двух третей используемых земель (табл. 9.4).

Таблица 9.4

Площадь сельскохозяйственных угодий в СССР
(по данным земельного учета на 1 ноября соответствующего года)

Землепользователи	млн. га		%	
	1958 г.	1990 г.	1958 г.	1990 г.
Все сельхозугодья	609,1	600,1	100,0	100,0
Колхозы	321,3	170,9	52,7	28,4
Совхозы	178,0	374,3	29,2	62,4
Прочие (госземзапас, гослесфонд и др.)	109,8	54,9	18,1	9,2

Количество же колхозов сокращалось как на основе их укрупнения, особенно в 50-е годы, так и за счет передачи их земель вновь организуемым совхозам. Создавались государственные хозяйства при согласии колхозов. Эти вопросы решались на общих собраниях колхозников, затем решения утверждались районными и областными исполкомами (Советами Министров республик без областного деления) в рамках выделенных правительством лимитов. В этом деле тоже была известная спешка. Любой слабый колхоз местные власти охотно преобразовывали в совхозы без должного изучения объективных причин отставания: ведь совхоз целиком переходил на государственный бюджет. Ответственность за его финансирование, материально-техническое обеспечение, подбор кадров, инфраструктуру целиком переносилась на вышестоящие государственные структуры. Мог быть и другой, альтернативный путь: реформировать колхозы в кооперативы путем придания им большей экономической маневренности и самостоятельности, дальше пойти по пути развития товарных отношений, сохраняя имеющуюся инфраструктуру и модернизируя ее. Но этот путь даже не обсуждается. Крупное государственное хозяйство считалось более экономичным. Так ли это было на самом деле? Обратимся к показателям (табл. 9.5).

Таблица 9.5

Валовая продукция сельского хозяйства СССР по категориям хозяйств, 1990 г.[26]

	млрд. руб.	%
Все категории хозяйств	218,7	100,0
Совхозы и другие государственные хозяйства	82,1	37,5
Колхозы	78,2	35,8
Хозяйства населения	56,6	25,9
Прочие	1,8	0,8

Данные свидетельствуют, что совхозы, владея 62,4% сельскохозяйственных угодий страны, производили 37,5% продукции. Колхозы же на 28,4% угодий создавали 35,8% продукции. Частично это объясняется тем, что много совхозов было создано на востоке в районах с засушливым климатом, монокультурой пшеницы и экстенсивным ведением хозяйства. В обжитых же районах совхозам достались запущенные земли экономически слабых колхозов. Но это лишь частичное объяснение. Все те же элементы демократии, которые сохранились в хороших колхозах с опытными и умными руководителями противостояли полной бесхозности государственных хозяйств, где подчас люди работали "по часам", где полностью была размыта крестьянская мораль. Крестьянская бережливость, щадящее отношение к земле, природе и всякому добру – фактор объективный и очень сильный.

Н.С. Хрущев уделял много внимания строительству. Он видел бедственное положение с жильем как в городе, так и в деревне, часто встречался с архитекторами, строителями, производителями строительных материалов. Его кабинет в Московском Комитете партии еще в 1950 г. был завален различными фрагментами строительных конструкций. Он устраивал и посещал строительные выставки, пропагандировал индустриальные методы строительства, использование местных строительных материалов (кирпича, ракушечника, камыша, леса, самана), применение каркасного и панельного способов.

Н.С. Хрущев сделал очень много для преодоления жилищного кризиса. По его инициативе стали строить малогабаритные дома в городах и многоэтажные в сельской местности, что позволило в короткие сроки переселить людей из землянок и бараков. В мае 1959 г. он говорил в Киеве: "У нас в деревне строят новые дома, как правило, одноэтажные. Это нерационально... Может быть, следует подумать над тем, не удобнее ли в селах строить даже не двухэтажные, а трех-четырехэтажные дома? Почему? Во-первых, это будет выгоднее. А, во-вторых, можно создать для людей больше удобств, благоприятных условий для жизни... А в поле выезжать можно будет на машинах... В отдаленной от селений местности можно будет строить благоустроенные полевые станы, чтобы там были гостиница, столовая, душ, баня ..."[27]. Бюрократическая командная система тогда еще работала четко. Слова "следует подумать" тотчас же были восприняты как директивное указание. Послушные руководители проектных институтов быстро изготовили разные варианты "экономичных" малогабаритных многоэтажных домов и их начали возводить в сельской местности, в центрах совхозов и колхозов. Удобств для сельского человека в таких домах, разумеется, никаких не получилось. Да и нигде в мире крестьян в многоэтажки не загоняют. В этом деле возобладал подход технократический (поменьше материала, поменьше под застройку земли, покороче коммуникации, покомпактнее поселок), но вовсе не социальный. Удобств человек не получил, скученность же налицо. Крестьянский уклад рушился. Как видим, результат получен обратный желаемому.

Но и это еще полбеды. Настоящая беда в другом: в строительстве крупных поселков и свертывании личного подсобного хозяйства. Вопросы эти взаимосвязаны. И здесь, к сожалению, роль Н.С. Хрущева негативна. В докладе на Пленуме ЦК КПСС 15 декабря 1958 г. он говорил: "Надо особо рассмотреть вопрос о том, следует ли в настоящее время рабочим и служащим совхозов содержать скот в личной собственности и иметь значительные приусадебные участки... рабочие и служащие передовых совхозов правильно сейчас ставят вопрос о продаже совхозам личного скота..." Тогда же он рассказывал, как два года назад убеждал колхозниц своего родного села Калиновка Хомутовского района Курской области продать личных коров на колхозную ферму. И..."создав необходимые материальные предпосылки, колхозники в ноябре 1957 года продали своих коров колхозу. Вместо 147 коров на колхозной ферме стало более 300 коров"[28].

Н.С. Хрущев забегал вперед. Колхозники и рабочие совхозов не готовы были остаться без скота и подсобного хозяйства. Это были источники поддержания жизни крестьян. Колхозы и совхозы не обеспечивали жизненных потребностей своих работников. Не для этого они и были созданы. Практически вся их продукция увозилась на городские базы, на элеваторы, на молочные заводы и мясокомбинаты. В странах с развитой экономикой и хорошей инфраструктурой фермер, производящий товарное молоко и имеющий сотню коров, сам молоко покупает для питания семьи в магазине, ему нет смысла прерывать производственный процесс (корова–доильный аппарат–молокопровод–цистерна для охлаждения молока–заводской молоковоз–молокозавод). У нас же ничего этого нет, магазины с пустыми прилавками, грошевые доходы от общественного хозяйства, бездорожье... Забегать далеко вперед столь же опасно, как и отставать. Это относится как к политике, так и к экономике.

Мечта об агрогородах без всяких кустарных подсобных производств давно занимала Хрущева. Он еще 4 марта 1951 г. выступил в "Правде" со статьей "О строительстве и благоустройстве в колхозах", в которой обрисовал перспективу, когда "вместо небольших деревень возникнут крупные благоустроенные колхозные поселки со школами, клубами, банями, домами сельхозкультуры, детяслями и другими культурно-бытовыми учреждениями". Здесь же высказывалась мысль о целесообразности сокращения размеров приусадебных участков, первоочередном строительстве общественных производственных и хозяйственных помещений. Эти идеи вызвали негативную реакцию И. Сталина. В следующем номере "Правды" было помещено редакционное сообщение, что настоящая статья Н.С. Хрущева печатается "в дискуссионном порядке". 2 апреля 1951 г. принимается одобренное решением Политбюро ЦК ВКП(б) письмо партийным комитетам "О задачах колхозного строительства в связи с укрупнением колхозов". В этом письме укрупнение мелких колхозов характеризуется как важная мера по подъему производительных сил социалистического сельского хозяйства, перечисляются многократно называвшиеся преимущества крупного хозяйства. Но главное в этом письме не это, а осуждение автора статьи в "Правде", выступающего с идеей сселения деревень в крупные поселки, что отвлекает силы и средства от производства.

Позднее, в 1958 г. Президиум ЦК КПСС отменил упомянутое закрытое письмо ЦК ВКП(б) от 2 апреля 1951 г. Хотя в 1951 г. Н.С. Хрущев в покаянном письме на имя Сталина признавал ошибочность этой позиции, идея сселения малых деревень позже была возрождена и воплощена в практику районной планировки. Все сельские населенные пункты классифицировались на "перспективные" и "неперспективные". Такая сортировка была проведена по всей стране. Занимались этим делом проектные организации. По каждому району были составлены соответствующие планы. Началось их осуществление. Из "неперспективных" сел постепенно стали убирать обьекты социальной инфраструктуры: магазины, школы, медицинские пункты, детские учреждения. Школы, клубы, медицинские и детские учреждения тоже укрупняли. Затем понемногу из этих малых деревень стали уходить люди, прежде всего молодежь. Потом наступило запустение земель. Ведь "перспективных", где велось какое-то строительство, было в 3-4 раза меньше, а в Нечерноземье – в десятки раз меньше. На Северо-Западе и Севере обычными были колхозы после их укрупнения, а также совхозы, объединившие по 20–30–40 деревень. Так строительные "преимущества" вылились большой бедой для России, особенно ее Центра, Северо-Запада и Севера. Вот как менялась численность сел и деревень России по данным переписей (табл. 9.6).

Таблица 9.6

Динамика численности сельских поселений в России по данным переписей населения[29]

Годы переписей	Число поселений	%
1959	294 059	100,0
1970	216 845	73,7
1979	177 047	60,2
1989	152 922	52,0

Нетрудно подсчитать, что за 30 лет "исчезло" 141 137 сельских поселений. Это значит, что в среднем за год погибало по 4 704 поселения, а ежедневно – почти 13.

Таким образом, эксперименты с колхозами носили весьма противоречивый характер: с одной стороны, поощрялись инициатива, материальная заинтересованность, интенсификация, а с другой, – дальнейшее огосударствление, укрупнение, свертывание и ущемление личного хозяйства, сселение в агрогорода, чем стимулировалась депопуляция и запустение российского села.

АГРАРНАЯ НАУКА ВО ВРЕМЯ "ОТТЕПЕЛИ"

В период "оттепели" произошли существенные события в науке. Прежде всего возникли научные центры в крупных регионах России, а также в союзных республиках. В мае 1957 г. создается Сибирское отделение Академии наук СССР[30]. Оно обрастает филиалами и научными центрами в Томске, Иркутске, Красноярске, Хабаровске, Владивостоке и других городах, областях и краях. Позднее выделяется Дальневосточное отделение Академии наук СССР. В Новосибирске же рядом с академгородком возникает Сибирское отделение ВАСХНИЛ со своим городком, а также отделение Академии медицинских наук СССР. Уже в 80-х гг. от Сибирского отделения ВАСХНИЛ отпочковывается Дальневосточное с центром в Хабаровске. Дело в том, что Сибирь все больше становится энергетической и сырьевой базой СССР, здесь сосредоточены основные запасы нефти, газа, угля, металла, леса, гидроресурсов, минерального сырья. Настало время практически воплощать в жизнь тезис М.В. Ломоносова о том, что величие России будет прирастать Сибирью. В связи с бурным ростом добывающей, а также и перерабатывающей промышленности, увеличением численности городского населения здесь все острее ставится вопрос о создании собственной продовольственной базы. Земельные ресурсы это позволяют. Потому приобретает актуальность развитие сельскохозяйственной науки.

Сентябрьский (1953 г.) и мартовский (1954 г.) Пленумы ЦК партии создали принципиально новую обстановку в аграрной сфере страны. Наметились крупные структурные изменения. Возрастал ресурсный потенциал села. Все это выдвинуло новые задачи перед аграрной наукой, правда, в рамках колхозно-совхозной системы, на путях возрастания уровня обобществления производства, но задачи крупные. Это касалось и территориального размещения отраслей, и некоторого увеличения инвестиций. Сельскохозяйственные предприятия стали очень крупными, территориально рассредоточенными, с большим числом работающих, как правило, со многими растениеводческими и животноводческими отраслями, с большим набором сельскохозяйственной техники.

Совет Министров СССР 14 февраля 1956 г. принимает Постановление "О мерах по улучшению работы научно-исследовательских учреждений по сельскому хозяйству"[31]. В этом документе, как уже давно было заведено, констатируется значимость сельскохозяйственной науки и перечисляются ее недостатки: слабая научная разработка проблем отдельных регионов страны; недостаточное использование земельных ресурсов и техники; особенно нетерпимо отставание вопросов экономики, размещения, производительности труда; не осуществляются исследования по системам ведения хозяйства; многие ученые некритично воспринимают травопольную систему земледелия и внедряют ее повсеместно; не вводят более продуктивные культуры; медленно создается новая техника для комплексной механизации производства; многие научные учреждения не имеют хорошей материальной базы, экспериментальных хозяйств, лабораторного оборудования; размещение институтов по стране таково, что основная масса находится в Москве, Ленинграде, Киеве, Ташкенте и других крупных городах, Краснодарском крае, подчинены они разным министерствам и ведомствам, оторваны от производства, ВАСХНИЛ не координирует их деятельность; оплата труда научных работников не упорядочена; отчеты институтов не издаются, и многие работают "на полку". Неудовлетворительно обстоит дело и с подготовкой научных кадров.

В постановлении изложены задачи по углубленному исследованию вопросов земледелия, животноводства, механизации, электрификации, гидротехники и мелиорации. Особенно подробно сформулированы задачи в области экономики и организации производства: о повышении эффективности использования земель, технических и трудовых ресурсов; организации, нормирования и оплаты труда; усиления материальной заинтересованности; сочетания общественных и личных интересов колхозников; размещения и планирования производства; снижения издержек производства; изучения цен, воспроизводства и накопления; обеспечения рентабельности.

Предлагалось привлечь к научной работе экономические кафедры вузов, так как там сохранились кадры и велись определенные исследования в области аграрной экономики. В исследовательских учреждениях эта проблематика была выкорчевана. Министерству сельского хозяйства СССР было вменено в обязанность издание трудов научно-исследовательских учреждений. Основан журнал "Вестник сельскохозяйственной науки" в качестве теоретического органа ВАСХНИЛ. Было признано необходимым издать Большую сельскохозяйственную энциклопедию в 10–12 томах. Фактически вышла 6-ти томная сельскохозяйственная энциклопедия.

Сеть научно-исследовательских учреждений организационно становится трехступенчатой. Первую ступень представляют государственные сельскохозяйственные опытные станции. Они подчиняются областным, краевым управлениям, а в автономных республиках – Министерствам сельского хозяйства этих территориальных образований. Задача этих станций – научное обеспечение хозяйств своей области, главным образом агро-зоотехническое, снабжение сортовыми семенами, научные консультации, при наличии кадров – селекционная работа.

В крупных природно-экономических зонах России, Украины и Казахстана, а также в краях РСФСР создаются зональные научно-исследовательские институты сельского хозяйства, подчиненные непосредственно Министерству сельского хозяйства союзной республики. По России такие институты в эти годы были: в Центральном районе (пос.Немчиновка под Москвой), Северо-Западном ("Белогорка" Ленинградской области), Северо-Восточном (г.Киров), Уральском (г.Свердловск), Поволжском (г.Саратов), Центрально-Черноземном (Каменная степь Воронежской области), Ростовской области (пос.

Неизменной поддержкой и вниманием пользовались селекционные работы как в растениеводстве, так и животноводстве. В 50–60-е гг. были созданы шедевры отечественной и мировой селекции: безостая озимая пшеница Павла Пантелеймоновича Лукьяненко (1901–1973), высокомасличные сорта подсолнечника селекции Василия Степановича Пустовойта (1886–1972), а также сорта картофеля Александра Георгиевича Лорха (1889–1980), сахарной свеклы Аведикта Лукьяновича Мазлумова (1896–1972), гибриды кукурузы Бориса Павловича Соколова (1897–1984), чая – Ксении Ермолаевны Бахтадзе (1899–1978) и другие. Селекционеров выдвигали, награждали, присваивали им высокие звания, популяризировали сорта. Что же касается материального стимулирования за сорта, занимавшие многие миллионы гектаров посевов, то оно не было высоким. И тем не менее селекционные работы в стране не прерывались никогда. Они не зависели от политической и идеологической конъюнктуры. Правда, селекционеры иногда лукавили по части риторики. Во времена лысенковщины, чтобы не попасть "под молот", они писали, что работают "по-мичурински".

Н.С. Хрущев неизменно критиковал травопольную систему Вильямса. Критиковал навязчиво, агрессивно, из выступления в выступление. И на Пленумах ЦК КПСС, и на многолюдных республиканских и зональных совещаниях, и на нешироких встречах и беседах. Правда, Вильямс дал для этого достаточно оснований своим столь же напористым навязыванием этой системы везде и всюду. А сам ее не проверил, например, в сухих степях, где она неэффективна. Здесь опять тот же случай, когда одна крайность порождает другую. Было бы полбеды, останься эта взаимная критика на уровне научной дискуссии, но такая дискуссия пока не стала нормой для России. Вспомним, что Н.М. Тулайков за обоснованную и корректную научную критику системы Вильямса при Сталине поплатился жизнью. Сторонники же травополья при Н.С. Хрущеве расплачивались руководящими креслами и кабинетами или в лучшем случае выслушиванием нелицеприятных разносов.

Критика травопольной системы, к сожалению, была связана у Н.С. Хрущева со столь же огульным, повсеместным навязыванием пропашной системы земледелия. Критика же травополья переходила к отрицанию значения трав, овес объявлялся невыгодной культурой, изгонялся с полей. Невыгодность мотивировалась более низкими урожаями. Но ведь каждый крестьянин знает, что овес занимает в севообороте последнее место. Он растет на столь худых почвах, на которых ячмень, пшеница и кукуруза не возделываются. Овес дает диетические продукты питания. Н.С. Хрущев в январе 1962 г. на совещании в Минске обрушился на ученых Литовского Института земледелия, выступивших в защиту трав при кормлении крупного рогатого скота[32]. И только покровительство своим ученым со стороны первого секретаря ЦК КП Литвы Антанаса Юозовича Снечкуса (1902–1974), выходца из литовской крестьянской семьи и предметно занимавшегося экономикой республики, избавило этих людей от неприятностей.

Аналогичная ситуация возникла летом 1964 г. во Всесоюзном институте зернового хозяйства*. Н.С. Хрущев обрушился на А.И. Бараева, отстаивав-

* Об этом А.И. Бараев лично сообщил автору.

шего необходимость парового клина в сухой степи. Это неотъемлемый элемент сухого земледелия, и положение сие аксиоматично. Таков мировой опыт, опыт России, опыт целины. Но Н.С. Хрущев выступал против столь же резко, как выступал против травопольной системы, ратовал за кукурузу. Завязался горячий спор. Бараев в этом вопросе был непоколебим. Не отступал от своей позиции и Хрущев. В конце спора он с раздражением рекомендовал руководителям Целинного края снять с поста директора института академика Бараева. Однако Бараева не убрали, и он еще возглавлял институт более 20 лет.

Загадочным является вопрос о безграничном доверии Н.С. Хрущева к Трофиму Лысенко. Конечно, виртуозность Лысенко в фасильсификаторстве, обещаниях, подхалимаже и умении пустить пыль в глаза была уникальной. Как уже отмечалось ранее, он сумел "кормить обещаниями" подозрительного Сталина, и тот ему верил. Но прагматик Хрущев, от природы умный и с крестьянской хитринкой, как он не разглядел фальсификатора? Видимо, эта же прагматичность и подвела генсека и премьера. Лысенко не вдавался в теорию и методику. Он показывал поле с прекрасными посевами и приписывал все своим методам агротехники. Руководителя страны интересовал результат, он был налицо. Н.С. Хрущев не выносил наукообразных речей и выражений. Лысенко всегда играл под колхозника, внешне был даже неряшлив, но зато ..."народный". А стоило однажды хорошему ученику и сотруднику Д.Н. Прянишникова, академику Яну Вольдемаровичу Пейве (1906–1976), агрохимику, в прошлом директору Всесоюзного института льна, затем президенту Академии наук Латвии и к концу жизни Главному ученому секретарю Академии наук СССР, задать несколько конкретных вопросов Лысенко на краю демонстрируемого им поля с хорошим урожаем, как "народный академик" начал нервничать и интерес присутствующих к дальнейшей беседе с ним угас[33].

Н.С. Хрущев приглашал беспартийного Лысенко на Пленумы ЦК КПСС, предоставлял ему слово, брал с собой во время поездок на широкие региональные совещания, выезды в хозяйства, постоянно ссылался на него, ставил в пример другим ученым.

ФЕНОМЕН Н.С. ХРУЩЕВА

Личность Н.С. Хрущева в истории России, безусловно, крупная, но крайне противоречивая. Он сделал много прогрессивного, конструктивного, гуманного, революционного. Он первым сказал правду о злодеяниях Сталина в то время, когда у руля государства рядом с ним стояли главные соратники Сталина, когда сохранялась еще система сталинщины. Это был мужественный акт. Он открыл тюрьмы и лагеря, выпустив на свободу и вернув доброе имя неисчислимым жертвам сталинщины. Он первым начал ломать страшную машину, порождающую страх и осуществлявшую сыск на всей территории гигантской страны над миллионами ее граждан. Он начал создавать принципиально новый, более здоровый психологический климат в обществе. Он осудил репрессии. И тем не менее его правительство допустило расстрел рабочих в Новочеркасске в 1962 г.

Он повернулся лицом к селу. Признал необходимость учета личной материальной заинтересованности людей. Он приостановил ограбление деревни. Сделал первую попытку разрешить крестьянам самим планировать производство, но эта робкая попытка быстро была утоплена как испугавшейся от таких "вольностей" бюрократией, так и собственными некомпетентными указаниями генсека сверху на всю страну практически по всем вопросам экономики и даже технологии.

Н.С. Хрущев много сделал по освоению восточных районов страны. Этим он продолжил старую традицию России продвижения на восток. Но эта в целом позитивная акция проводилась ударными темпами, порой непродуманно, путем кампании. И это обусловило в дальнейшем разрушение почвенного покрова на больших площадях, спровоцировало вспышку пыльных бурь. Экономически непродуманные волевые решения по сселению деревень, свертывание личного подсобного хозяйства населения, ликвидация чистых паров, борьба с травопольем, огульное навязывание сверху посевов отдельных культур на все регионы страны, вмешательство в технологические приемы и процессы на деле вели к дезорганизации производства.

Н.С. Хрущев воспитан большевистской партией и оставался в высшей иерархии ее. И он сохранил все позитивные и негативные качества большевизма. Часто проявлял нетерпимость, торопливость, администрирование, вмешательство во все сферы общественной деятельности, включая науку и искусство, где он не обладал необходимой компетентностью. Однако все это диктовалось самыми лучшими намерениями, желанием быстрее обеспечить людей жильем, продовольствием и одеждой. Бряцал он и оружием, желая уберечь собственную страну от внешней опасности. Но это только усиливало нагнетание холодной войны. Вместе с тем его тезис о возможности обойтись без войн, о необходимости мирного сосуществования двух систем был направлен на дело мира.

Н.С. Хрущев – это эпоха в нашей истории. Со всеми взлетами и падениями. С иллюзорностью нашего благополучия. Со всеми противоречиями. С желанием обогнать богатого соседа на своей старой колымаге, в то время как тот ехал на автомобиле. Стремлением создать сильную экономику и процветающее сельское хозяйство по команде сверху, не подключая заинтересованные миллионы людей с их инициативой. Он честно и искренне стремился, хотя и неумело, непоследовательно найти выход из глухих тупиков сталинизма.

ЛИТЕРАТУРА

1. ЦГАНХ. Ф. 1562. Оп. 33. Д. 187. Л. 53–69.
2. ЦГАНХ. Ф. 7733. Оп. 42. Д. 911. Л. 29–30.
3. ЦГАНХ. Ф. 9476. Оп. 2. Д. 58. Л. 1–3.
4. **Хрущев Н. С.** О мерах дальнейшего развития сельского хозяйства СССР. Доклад на Пленуме ЦК КПСС 3 сентября 1953 г. М.: Политиздат, 1954.
5. КПСС в резолюциях ... М.: Политиздат, 1985. Т. 8. С. 303–345.
6. Сельское хозяйство СССР. Статистический сборник. М.: Госстатиздат, 1960. С. 22, 24, 26–27, 31.
7. **Хрущев Н. С.** Строительство коммунизма в СССР и развитие сельского хозяйства. М.: Политиздат, 1962. Т. 3. С. 340.
8. Решения партии и правительства по хозяйственным вопросам. М.: Политиздат, 1968. Т. 4. С. 192–197.

9. **Там же.** С. 288–290.
10. **Там же.** С. 290–297.
11. **Там же.** С. 349–351.
12. **Там же.** С. 428–434.
13. **Хрущев Н. С.** Строительство коммунизма в СССР ... Т.1. С. 85–100.
14. Решения партии и правительства ... С. 89–119.
15. **Хрущев Н. С.** Строительство коммунизма в СССР ... Т.3. С. 227–286.
16. Народное хозяйство СССР в 1958 году. Статистический ежегодник. М.: Госстатиздат, 1959. С. 433–437.
17. **Заверюха А. Х.** Чему учит опыт целины. – Сельская жизнь, N 31,1994.
18. Сельское хозяйство СССР. Статистический сборник.М.: Госстатиздат, 1960. С. 208, 231, 233, 234, 239, 244, 254, 256, 368.
19. Решения партии и правительства... Т.4. С. 314–318.
20. КПСС в резолюциях ... М.: Политиздат, 1986. Т. 10. С. 401.
21. Народное хозяйство СССР. Статистические ежегодники соответствующих лет.
22. КПСС в резолюциях... Т.10. С. 185.
23. **Хрущев Н. С.** Строительство коммунизма в СССР... Т.2. С. 499.
24. Решения партии и правительства... Т.4. С. 392–401.
25. Народное хозяйство СССР за 1958 г. ... С. 383, ... за 1990 г. С. 467.
26. Народное хозяйство СССР в 1990 г. ... С. 458.
27. **Хрущев Н. С.** Строительство коммунизма в СССР... Т.3. С. 530–534.
28. **Там же.** С. 391–405.
29. Итоги Всесоюзной переписи населения 1959 г., РСФСР. М.: Госстатиздат, 1963. Сельские населенные пункты РСФСР (по данным Всесоюзной переписи 1970 г.). М.: Госстатиздат, 1970. Т. 1. Сельские населенные пункты РСФСР (по данным Всесоюзной переписи 1989 г.). М.: Госстатиздат, 1991.
30. Решения партии и правительства. Т.4. С. 347–349.
31. Сборник решений по сельскому хозяйству. М.: Сельхозгиз, 1963. С. 228–245.
32. **Хрущев Н. С.** Строительство коммунизма в СССР... Т.6. С. 322–342.
33. **Никонов А. А.** Исторический путь ВАСХНИЛ и ее вклад в аграрную науку. М.: Энциклопедия российских деревень, 1993. С. 71–72.

ГЛАВА 10. СТАГНАЦИЯ (1965–1985 гг.)

Период после смещения Н.С. Хрущева и до начала перестройки в нашей стране принято называть "застойным". Полностью и однозначно согласиться с этим нельзя. Если посмотреть на объемы инвестиций, динамику производства, то на отдельных отрезках времени, особенно после мартовского (1965 г.) Пленума ЦК КПСС, были неплохие темпы роста. Идеологи того времени называли этот период "зрелым", или "развитым" социализмом. Однако магазины пустели, очереди в них становились все длиннее, объемы импорта продовольствия возрастали, экономика буксовала. В стране усилилось огосударствление, остановилась десталинизация. Более подробный анализ будет дан ниже. Сейчас же заметим, что в 70–80-х гг. сформировался экономический и социальный механизм, сдерживающий поступательное развитие общества.

У руля государства бессменно в течение 18 лет находился Леонид Ильич Брежнев (1906–1982). Каких-либо крупных инициатив эпохального значения от него не исходило. Известный историк Рой Александрович Медведев (р.1925) так характеризует Л.И. Брежнева: "Он заслужил несколько строк или даже несколько страниц в учебнике истории, но был личностью столь посредственной и политиком столь заурядным, что ему было бы трудно рассчитывать на слишком долгую политическую жизнь..."[1]. В одном он превзошел, очевидно, всех государственных деятелей и полководцев мира: был обладателем более двухсот орденов и медалей. Будучи столь бесцветной личностью, он занял место реформатора. Ларчик открывается просто: он устраивал номенклатуру, устраивал систему.

Практически делами на Старой площади в эти годы заправлял Михаил Андреевич Суслов (1902–1982), которого называли "серым кардиналом". Он денно и нощно заботился о чистоте марксистской идеологии. Горе тому, кто посмотрел вправо или влево, что-то не так сказал или не то написал. Таких людей поначалу "прорабатывали", потом снимали с постов, а то и выдворяли за рубеж, аннулируя советский паспорт. На этот период приходится подавление вооруженной силой реформаторского движения в Чехословакии, удушение "пражской весны" Александра Дубчека (1921–1993) объединенными войсками стран Варшавского договора и позорная Афганская война Советского Союза.

На эти годы падает пик в добыче нефти, экспорта энергоносителей и импорта зерна. Экономика была не только дефицитной, но затратной и экстенсивной. Стоит посмотреть на это и с другой стороны: куда в эти годы пошел мир и куда шли мы. Сошлемся на официальные источники – данные ЦСУ СССР (табл. 10.1).

В течение 15 лет страна фактически протопталась на месте по урожайности зерновых, хотя вложения за эти годы были довольно существенные. Возьмем теперь показатель, мало зависящий от складывающихся погодных условий, – удой молока на одну корову. И страны возьмем также из разных континентов (табл. 10.2).

С этим показателем тоже ясно. В таблице не указана страна – мировой рекордсмен по удою молока. Это Израиль. Здесь от всего стада, по стране более 80 тыс. коров, в среднем надаивают по 9 400 кг молока. Подобные данные можно приводить и дальше.

Таблица 10.1

Урожайность зерновых и зернобобовых в СССР и ряде зарубежных стран, в центнерах с 1 га[2]

	1970 г.	1985 г.	Прирост	
			ц	%
СССР*	13,6	14,9	1,3	9,6
Китай	20,5	37,3	16,8	81,9
Венгрия	24,9	50,4	25,5	102,4
США	31,4	47,4	16,0	50,9
Великобритания	35,3	55,0	19,7	55,8
Франция	33,7	57,1	23,4	69,4
ФРГ	33,4	52,9	19,5	58,4
Финляндия	23,9	29,1	5,2	21,8
Аргентина	17,8	24,1	6,3	35,4
Бразилия	12,7	15,3	2,6	20,5

* по СССР взяты средние урожаи за 1966 – 1970 и 1981 – 1985 гг.

Еще хуже обстояло дело с производительностью труда, с окупаемостью затрат. В целом наш отрыв от развитых и даже многих развивающихся стран не сокращался, а увеличивался.

Таблица 10.2

Удой молока от одной коровы, кг[3]

	1970 г.	1985 г.	Прирост	
			кг	%
СССР	2110	2330	220	10,4
Венгрия	2252	4531	2279	101,2
Чехословакия	2565	3756	1191	46,4
США	4423	5894	1471	33,3
Великобритания	3929	4844	915	23,3
Дания	3940	5622	1682	42,7
Финляндия	3723	4966	1243	33,4
Швеция	4070	5691	1621	39,8
Новая Зеландия	2566	3544	978	38,1
Монголия	292	351	59	20,2

В аграрной сфере в 70–80-е гг. становилось все более очевидной кризисная ситуация. Дело обстояло гораздо глубже, чем просто нехватка тех или иных ресурсов, недостаток инвестиций или ухудшение климата, выражавшееся в обострении засушливости. Последовательное огосударствление в сельском хозяйстве сводило на нет все тактические меры, направленные на его совершенствование. Процесс гибели, физического исчезновения деревень остановлен не был. Аграрная политика государства упорно пренебрегала жизненными правами и интересами основного производителя благ на земле – крестьянина, что и было главной причиной неэффективности производства. Но очевидный факт необходимости коренной реформы в аграрной сфере не мог еще стать курсом системы, постоянно самую себя "укрепляющей и развивающей". Решение частных, преимущественно организационных вопросов, не изменило общей ситуации на селе.

После смещения с руководящих постов Н.С. Хрущева было исправлено несколько явных ошибок, отменены некоторые одиозные решения. Так, устранено разделение органов управления на одной территории на сельские и промышленные. Отстранен от руководства ВАСХНИЛ Трофим Лысенко. С большим трудом и не без сопротивления управленческого аппарата на самом высоком уровне восстановлен паровой клин в засушливых условиях, а также полевое травосеяние. Но положение в сельском хозяйстве оставалось тяжелым.

МАРТОВСКИЙ (1965 г.) ПЛЕНУМ ЦК КПСС

В марте 1965 г. состоялся Пленум ЦК КПСС, который рассмотрел вопрос "О неотложных мерах по дальнейшему развитию сельского хозяйства СССР"[4]. Пленум дал анализ причин сложившегося тяжелого состояния в аграрной сфере. Они сводились к следующему: во-первых, "нарушению экономических законов развития социалистического производства, принципов материальной заинтересованности... правильного сочетания общественных и личных интересов", во-вторых, недостаточному выделению капиталовложений на производственное и культурно-бытовое строительство и, в-третьих, многократным и необоснованным реорганизациям.

Пленум осудил практику администрирования и командования, признал необходимым снизить объемы заготовок, повысить закупочные цены, установить стабильные на пятилетку объемы закупок. Намечены также меры по увеличению инвестиций на строительство и мелиорацию, предложено в предстоящей пятилетке расширить площадь орошаемых земель на 3 млн. и осушаемых – на 6 млн. га. Уважительно было сказано о сельскохозяйственной науке. Итак, суть мартовского Пленума ЦК КПСС 1965 г. состояла в развязывании хозяйственной инициативы и либерализации экономической жизни. Конкретное выражение они нашли в повышении закупочных цен, упорядочении заготовок и увеличении инвестиций. Кроме того, много было сказано традиционных слов о партийно-политической работе, укреплении кадров, внедрении передового опыта и организационно-хозяйственном укреплении колхозов и совхозов[5].

В следующем, 1966 г., после XXIII съезда партии, были приняты и осуществлены два крупных мероприятия в области сельского хозяйства. Они являлись продолжением и дальнейшим развитием основных положений мартовского (1965 г.) Пленума ЦК. Прежде всего речь идет о введении с 1 июля 1966 г. гарантированной оплаты труда колхозников (деньгами и натурой в соответствии с тарифной сеткой работников совхозов)[6]. Причем деньги выдаются ежемесячно, а продукты по мере их производства. В прошлом, со дня основания колхозов, фонд оплаты труда колхозников формировался по остаточному принципу. Теперь при распределении доходов средства на оплату труда гарантируются, в первую очередь, наряду с фондом возмещения. Создается специальный фонд для обеспечения колхозников продовольствием.

Другое важное решение "О широком развитии мелиорации земель для получения высоких и устойчивых урожаев зерновых и других сельскохозяйственных культур"[7] принято Пленумом ЦК КПСС в мае 1966 г. В дальнейшем к вопросам мелиорации, в том числе и на пленумах ЦК, будут возвращаться еще не один раз. Было предусмотрено в течение ближайших десяти лет увеличить площади орошаемых земель на 7–8 млн. га, а осушенных – на 15–16 млн. га, всего же мелиорированных земель к 1975 г. иметь 37–39 млн. га. Особое внимание уделяется южным регионам: Средней Азии, Северному Кавказу, югу Украины, Поволжью, Закавказью. Создается очень мощное Министерство мелиорации и водного хозяйства, оно оснащается техникой, в него направляются крупные инвестиции. При этом Минводхоз ставится в особое положение: он осуществляет проектирование силами своих проектных организаций, строительство мелиоративных объектов, финансирует эти стройки и ему же доверена приемка выполненных работ. Наделение Министерства столь широкими функциями повысило его маневренность в использовании материально-технических ресурсов, в то же время вызвало погоню за объемами работ в ущерб качеству и требованиям экологии. Позднее это министерство станет монополистом, выступит инициатором многих крупных проектов, связанных с переброской части стока сибирских рек в Среднюю Азию и Казахстан, а северных рек европейской части России – в Волгу для орошения районов Нижнего Поволжья и Северного Кавказа. Эти проекты вызовут очень острую дискуссию в обществе, активизируют движение "зеленых" в России, станут предметом обсуждения в научных кругах и в правительстве. В конце концов они будут отвергнуты. Но это будет уже в 80-е годы. Пока же мелиорация, равно как и химизация, только набирают темпы.

Решения мартовского (1965 г.) Пленума ЦК КПСС и последовавшие за ним меры были в русле политики, обозначенной сентябрьским (1953г.) Пленумом ЦК. Существенно увеличились инвестиции. Поворот на путь, намеченный Н.С. Хрущевым в первые годы его руководства, оказался и на этот раз благотворным. Он дал заметный рост производства (табл. 10.3).

Таблица 10.3

Производство сельскохозяйственной продукции в СССР[8], среднегодовое

Продукция	Пятилетия				
	1961 – 1965	1966 – 1970	1971 – 1975	1976 – 1980	1981 – 1985
Валовая продукция, млрд. руб.*	128,3	155,6	176,0	191,1	201,3
Зерно, млн. т	130,3	167,6	181,6	205,0	180,3
Хлопок, млн. т	5,0	6,1	7,7	8,6	8,3
Сахарная свекла, млн. т	59,3	81,1	76,0	88,7	76,4
Картофель, млн. т	81,6	94,8	89,8	82,6	78,4
Овощи, млн. т	16,9	19,5	23,0	26,3	29,2
Мясо, млн. т	9,3	11,6	14,0	14,8	16,2
Молоко, млн. т	64,7	80,6	87,4	92,7	94,6
Яйца, млрд. шт.	28,7	35,8	51,4	63,1	74,4
Шерсть, тыс. т	346,0	382,0	425,0	441,0	457,0

*) в сопоставимых ценах 1983 г.

Нетрудно заметить, что вторая половина 60-х гг. дала самый высокий абсолютный (27,3 млрд. руб.) и относительный прирост (21,3%) сельскохозяйственной продукции. Дальше он начал из пятилетия в пятилетие стремительно падать. Среднегодовой прирост в первой половине 80-х гг. едва достигал 1%. Снижение темпов роста будет еще нагляднее, если сопоставить объемы производства с инвестициями (табл. 10.4).

Разумеется, нельзя говорить о прямой корреляции между инвестициями и выходом продукции. Многое зависит от структуры фондов, направления и использования инвестиций, организации управления производством, квалификации кадров и компетентности руководителей, материальной заинтересованности работников. И вместе с тем угасание темпов роста на фоне возрастания вложений заставляет серьезно задуматься: туда ли идут средства, где они могли бы оказаться более эффективными?

Таблица 10.4

Валовая продукция и объемы капиталовложений в сельское хозяйство СССР[9], среднегодовые (в сопоставимых ценах 1983 г.)

Пятилетия	Валовая продукция		Капиталовложения	
	млрд. руб.	%	млрд. руб.	%
1961 – 1965	128,1	100,0	55,86	100,0
1966 – 1970	155,6	121,5	79,68	142,6
1971 – 1975	176,0	137,4	112,56	201,5
1976 – 1980	191,1	149,2	143,54	256,9
1981 – 1985	201,3	157,1	168,64	301,9

Принятые после мартовского (1965 г.) пленума меры оказались как бы сильной инъекцией в больной организм. Он среагировал. Не столь эффективно, как после сентябрьского (1953 г.) пленума, но отдачу дал заметную. Если среднегодовой темп прироста валовой продукции в 1954–1958 гг. достигал 7%, почти как во время нэпа (тогда он был 10%), то в 1966–1970 гг. – 3,8%, это очень высокий темп. Затем материально-финансовые вливания уже не давали адекватного эффекта. Вывод напрашивался логичный: надо менять производственные отношения, нельзя идти по пути безудержного огосударствления и обобществления производства. Но руководство страны, сложившаяся командно-административная система толкали в другую сторону. В эти годы экономическая наука выступила с идеями возрождения рынка, сочетания рынка и плана. Это вытекало прямо из идей, сформулированных в сентябре 1953 г. и марте 1965 г. Если мы критикуем отход от объективных законов экономики, признаем товарное производство с его законами, то надо быть последовательными. За эту последовательность и выступила группа ученых, выросших в условиях хрущевской "оттепели" или еще раньше и требовавших признания рыночных отношений и кооперативного строя. Их назвали "рыночниками" и подвергли жестокой проработке, начав в печати недостойную травлю с определенными оргвыводами.

Во главе группы "рыночников" стоял уже обстрелянный сталинской проработкой в 1952 г. Владимир Григорьевич Венжер (1899–1991). Этот уроженец Севастополя не сломался, он остался верен своим убеждениям. Эта колоритная личность достойна того, чтобы сказать о ней особо. Автору предоставилась возможность познакомиться с Владимиром Григорьевичем летом 1948 г., во время работы августовской сессии ВАСХНИЛ, но не в Москве, а в Юрмале, где мы и обсуждали ее ход и печальные итоги. Венжер и Санина любили проводить отпуск на Рижском взморье. А познакомил нас его сокурсник по Институту красной профессуры и мой сосед по даче Арвид Пельше. После известного ответа И. Сталина Саниной и Венжеру калитка дачи моего соседа для опальных экономистов захлопнулась навсегда. Я с благодарностью вспоминаю наши долгие беседы и в Латвии, и на Ставрополье, куда позже, в 60-е гг., Венжер приезжал со своими, собиравшими большую аудиторию, содержательными лекциями.

Перу доктора Венжера принадлежит много работ. Он в 30-е гг. работал в системе МТС, директором совхоза, поэтому хорошо знал и производство. С 1939 г. до конца жизни – в Институте экономики Академии наук СССР. Вся научная проблематика его связана с аграрными вопросами. Можно назвать такие его труды, как "Основные вопросы производственной деятельности МТС" (1949), "Вопросы комплексной механизации колхозного производства" (1955), "Использование закона стоимости в колхозном производстве" (1960 г., 1-е изд. и 1965, 2-е изд.), "Производство, накопление, потребление" (1965), "Колхозный строй на современном этапе" (1966), "Социально-экономические перспективы развития колхозного строя" (1974) и "Как было, как могло быть, как стало, как должно стать" (1990).

Венжер выступал за расширение рыночных отношений в сельском хозяйстве и особенно государства с колхозами. Они должны строиться, по его мнению, на основе строгой эквивалентности. Он предлагал технику продавать колхозам, считая машины товаром, за что был раскритикован И. Сталиным. Он одним из первых в стране высказывался за переход к денежной оплате труда в колхозах.

В.Г. Венжер – сторонник колхозного строя, он рассматривал колхоз как определенную форму кооператива: "Колхоз выступает как коллективный производитель товаров, как коллективный товаровладелец, как групповой собственник своей продукции. В этом – существенное отличие сельскохозяйственной артели, как особой формы кооперативного типа предприятия в социалистической системе хозяйства"[10]. Автор – противник шаблона. Он дальше пишет, что "во внутренних отношениях между колхозниками каждой сельскохозяйственной артели обязательно проявятся свои особенности, определяемые хозяйственными, национальными и другими условиями отдельных экономических районов"[11].

Венжер – не сторонник превращения колхозов в совхозы. Он против огосударствления. Но он ратует за всемерную индустриализацию сельского хозяйства, за размещение в сельской местности тех предприятий, которые перерабатывают сельскохозяйственное сырье и связаны с аграрной сферой.

По его расчетам, индустриализация втрое сократит потребность в рабочей силе в самих сельскохозяйственных отраслях. Будущее он видит в развитии колхозного строя и "более высоких формах концентрации и специализации производства, производственного кооперирования и соединения земледелия с промышленностью"[12].

Последняя работа Венжера "Как было, как могло быть, как стало, как должно стать" – это не только экономический, но и философский труд, вышедший незадолго до кончины автора. Владимир Григорьевич размышляет о пройденном нашей страной пути, дает свою оценку эпохе и свое видение будущего. Он выступает здесь как сторонник кооперативного строя и противник командования экономикой со стороны государства. Можно по-разному оценивать его смешение колхоза с кооперативом, но нельзя отказать автору в искренности и последовательности.

Венжер дает оценку брежневизма, как "периода засилия крайнего государственного монополизма и бюрократизма, равнодушия к интересам трудящихся и даже идейного разложения определенной части руководящих кадров"[13]. Венжер приветствует перестройку, экономические эксперименты того времени, подрядные отношения. Он высоко оценивает нэп, считает, что "это был крупнейший, революционный перелом всей советской хозяйственной политики"[14] и что нэп – это и был "тот общественный, прежде всего экономический, порядок, который позволял идти намеченным курсом по пути строительства социализма в переходный период"[15]. Здесь же он анализирует суть коренного пересмотра Лениным взглядов на социализм, вытекающих из его последних работ. Они заключаются: а) во всемерном развитии товарно-денежных отношений; б) кооперировании крестьянства; в) создании строя цивилизованных кооператоров и г) пересмотре отношения к мелкому землевладельцу – крестьянину.

Сталин свернул с этого пути, растоптал эти здоровые ростки. Венжер развенчал как Сталина, так и созданный им "социализм": "Под лживым прикрытием верности ленинским заветам Сталин обеспечил по существу торжество своей мещанской левацкой теории о якобы возможно быстром построении социализма и даже становления коммунизма... Ему не терпелось поскорее увенчать себя славой создателя научно обоснованного общественного устройства... Он глубокими теоретическими познаниями не обладал и диалектику знал лишь терминологически... Осуществив насильственным путем сплошную коллективизацию деревни, Сталин пришел к выводу, что отныне уже создан фундамент социализма и дело теперь только за его идеологической надстройкой...Социализм есть уничтожение классов... поскольку в процессе совершенствования отношений социализма якобы сопротивление враждебных классов усиливается, нужно всех этих сопротивляющихся как врагов народа уничтожить физически... "Когда враг не сдается, его уничтожают." Фраза эта хлесткая, и сказана она была в переносном смысле, не в прямом. Но для сталинского прямолинейного примитивного мышления весьма подходящая. Достаточно объявить кого-то врагом, и его можно уже уничтожить"[16].

Венжер пишет, что "личный интерес работника – движитель нашего развития... в строительстве социализма не только возможно, но и необходимо использовать товарно-денежные отношения, обычную и всем хорошо известную систему купли-продажи"[17]. Но Венжера нещадно били и за отстаиваемые им кооперацию, эквивалентность обмена, полную самостоятельность предприятий, и за стоимостные, рыночные рычаги: цены, прибыль, кредит и т.д.

Неоднозначное у Венжера отношение к собственности. Он пишет, что "нет собственности без производства и производства без отношений собственности". Приводя пример о том, что в Бухарском эмирате нет частной собственности на землю – она в общественном владении, но используется не в интересах трудового крестьянства, ученый делает вывод:" Решающее значение не в форме, а в том, кому при данных обстоятельствах эта форма служит, кому несет выгоду"[18].

Когда возник вопрос о конвергенции, высказался по этому вопросу и Венжер. Он написал: "Да, мы за конвергенцию, но конвергенцию как объединение знаний, открытий, научно-технического прогресса, сотрудничество в области науки, культуры, искусства, изобретений, космических исследований, экологической общей политики – и так во всех областях человеческой деятельности. Но мы решительно были и остаемся противниками конвергенции социальной. Мы против угнетения сильными слабого. Мы против эксплуатации человека человеком. Мы за социально справедливое и равное положение в обществе независимо от национальной принадлежности, вероисповедания и других особенностей каждого народа"[19]. Итак, Венжер за социализм, но, как будет позднее сказано, "с человеческим лицом" и с высокой производительностью, с развитыми товарно-денежными, рыночными отношениями. Он несколько недооценивал, что и капитализм уже далеко не тот, каким он был в XIX в.

Венжера травили, ему даже препятствовали в получении звания профессора, ему запрещали выезд за границу. Он был "невыездным". Это началось с легкой руки Сталина, но продолжалось все годы стагнации. Основными его оппонентами выступали И. Лаптев, Е. Карнаухова, В. Голиков. К этим именам мы еще вернемся. Познакомимся с другими учеными-шестидесятниками, которых объединили в группу "рыночников" и усиленно тогда "прорабатывали". Вся кампания травли направлялась ведомством М.А. Суслова непосредственно из аппарата ЦК КПСС.

Объектом такой травли был и молодой в то время экономист Иван Николаевич Буздалов (р.1928), ныне профессор, академик РАСХН. Он тогда выступал с предложением широкого применения в регулировании производства стоимостных рычагов с изменением ценовой, налоговой и кредитно-финансовой политики.[20)] В работе "Прибыль и материальная заинтересованность работников сельского хозяйства"[21] он дальше развивал эти идеи, подверг обстоятельной критике политику насильственной коллективизации, а также применение к крестьянству порочной теории "первоначального социалистического накопления." Последнее Сталин просто называл "данью" с крестьян. Тираж этой работы был уничтожен, директор издательства "Экономика" С.П. Первушин снят с работы, а редактор книги Л.В. Бондаренко уволена из издательства. Причина репрессий – выпуск "зловредной" работы И.Н. Буздалова. От самого автора многократно требовали покаяться и отказаться от якобы "ошибочной позиции". Поскольку "виновник" на это мужественно не шел, он был понижен в должности, стал "невыездным". Московским вузам не рекомендовалось принимать к защите его докторскую диссертацию. После успешной защиты в Эстонской Академии наук Высшая аттестационная комиссия (ВАК) в течение четырех лет не утверждала Буздалова в ученой степени доктора наук.

В настоящее время Иван Николаевич – главный научный сотрудник Аграрного института РАСХН, он успешно ведет работу по проблеме производственных отношений в аграрной сфере и другим фундаментальным проблемам экономики. Автор более 300 научных работ, в том числе 13 монографий, соавтор трех учебников. Его работы изданы не только в России, но и в Германии, Швеции, Индии, Новой Зеландии. И тем не менее консервативное крыло отделения экономики Россельхозакадемии в начале 1993 г. сорганизовалось таким образом, что И.Н. Буздалов не набрал необходимых двух третей голосов и не был избран действительным членом академии. Предпочтение было отдано более слабым кандидатам. Подобные случаи, к сожалению, бывали и раньше, случаются и сейчас. На выборах чрезвычайно сильны всяческие групповые интересы, субъективные факторы и многое другое, что находится за рамками объективной оценки научного вклада, интеллектуального потенциала и морально-этических качеств. По отношению же к И.Н. Буздалову это была преднамеренная, спланированная акция*.

Генадий Степанович Лисичкин (р.1929), профессор, доктор экономических наук, в своей работе под весьма выразительным названием “План и рынок”[22], а также в ряде публицистических выступлений[23] аргументированно обосновывает необходимость использования закона стоимости и рыночных инструментов при переходе от планово-распределительной системы к регулируемому рынку. Автор не выступал против плановых начал в экономике, предлагал лишь более эффективные экономические методы. И тем не менее он был обвинен в подрыве экономических основ социалистического производства. Под давлением идеологов из ЦК КПСС он был уволен из редакции газеты “Правда”, долго не мог найти работу, защитить докторскую диссертацию. Позднее Г.С. Лисичкин был избран народным депутатом Союза ССР, ныне работает в Российской Академии наук.

Леонид Николаевич Кассиров (1927–1978), профессор, сотрудник Института экономики Академии наук СССР, в своей монографии, посвященной плановым показателям и хозрасчетным стимулам[24], раскрыл пагубность административных методов в управлении сельским хозяйством. Он также рекомендует опираться на экономические методы регулирования с использованием стоимостных рычагов. Кассиров был обвинен в “подрыве централизованного планирования, в ревизионизме и сползании” на буржуазные концепции. Его взгляды были объявлены “противоречащими научной теории социализма.” Он также подвергался гонениям и травле, как и его коллеги и единомышленники. Эта безжалостная травля, вызывавшая постоянный стресс, рано унесла Леонида Николаевича из жизни.

Гелий Иванович Шмелев (р.1927), ныне профессор, член корреспондент РАН, РАСХН, главный научный сотрудник Аграрного института, в 60-х и 70-х гг. выступал в пользу сохранения и развития личного подсобного хозяйства[25], а также по вопросам земельной ренты[26]. Г. Шмелев подготовил док-

* И.Н. Буздалов избран действительным членом РАСХН в феврале 1995 г.

торскую диссертацию о личном подсобном хозяйстве впервые на эту тему за годы советской власти. Он был обвинен в противопоставлении личного хозяйства общественному. Личное якобы должно отмирать, а автор обосновывает его длительное существование. Диссертация не утверждалась ВАКом более трех лет. Давление шло со стороны ЦК КПСС, его идеологических структур. Что же касается отрицания автором абсолютной ренты, то это воспринималось как прямое извращение марксизма, ибо она была "открыта" лично Карлом Марксом.

Таким же гонениям в те годы подвергались М.Я. Лемешев, В.А. Морозов, М.Д. Туманова и другие ученые. Эти люди долгое время были париями, изгоями, для них путь к росту был перекрыт. При этом поднятые "шестидесятниками" проблемы, если стоять на букве закона, были разработками в духе решений мартовского (1965 г.) Пленума ЦК КПСС, осудившего игнорирование объективных законов экономики. Если же подходить с фактической стороны, то вопросы эти давно поставлены в повестку дня самой жизнью. Они решались во всем мире, они решались в Советской России в период нэпа. Парадокс состоял еще и в том, что поход против экономистов возглавил тот же орган, который принимал мартовские решения 1965 г. Это типично российский парадокс: принять решение, а потом преследовать людей, правильно его понявших и пытающихся добросовестно выполнять.

Но дело не ограничилось проработкой "рыночников"-ученых. Когда люди пытались осуществить на практике разумные предложения радикального порядка, это оборачивалось для них личной трагедией. Такова судьба реформатора Ивана Никифоровича Худенко (1921–1973).

По согласованию с вышестоящими органами власти Худенко в порядке эксперимента реорганизовал совхоз "Акчи" Казахской ССР в производственный кооператив. Была изменена структура производства, резко сокращены раздутые штаты управленцев, введена стимулирующая оплата труда, люди стали собственниками произведенной продукции и полученных доходов, кончилось командование сверху. Здесь за два года производительность труда возросла в четыре раза, повысились рентабельность и выход продукции. Но кому-то такой рывок не понравился, он подрывал систему. Кооператив был разогнан. Худенко по подложным обвинениям арестован и умер в заключении. Протесты видных ученых и даже Генерального прокурора СССР были проигнорированы.

Кампанию против "рыночников", предлагавших разумные и давно назревшие решения, возврат к здоровым методам хозяйствования, возглавил сам ЦК КПСС. Команду "боевиков" против "рыночников", а последними были молодые, талантливые ученые, вел помощник Генерального секретаря ЦК Л.И. Брежнева, кандидат исторических наук В.А. Голиков. Разговаривал он с учеными, скалозубовским тоном, всегда готов был им "фельдфебеля в Вольтеры дать". В эту команду, кроме самого Голикова, входили уже упоминавшиеся Иван Лаптев и Евфразия Карнаухова. Коллективом этих авторов издана книга "Итоги и перспективы"[27], в которой они обрушили свой гнев на сторонников хозрасчетных отношений, стоимостных рычагов и экономических методов управления. Но что же они предлагали конструктивного сами, что противопоставляли этим общепринятым и проверенным мировой практикой методам?

В.А. Голикова вообще возмущает сам факт, что такие экономисты взяли под сомнение "то, что получило всенародное одобрение и дает не эфемерные, а реальные положительные результаты"[28]. Если бы Голиков внимательно анализировал динамические ряды развития производства, то заметил бы подъемы и падения, рост и провалы. Беда в том и состоит, что принимавшиеся меры давали краткосрочные, а не стабильные результаты.

Авторы назидательно декларировали: "Планирование составляет основу, стержень развития социалистической экономики, важнейшее средство гармоничного ее развития. Но степень его эффективности находится в прямом соответствии с научной обоснованностью и всесторонним учетом механизма действия товарно-денежных отношений... Только разумное сочетание планового начала с самым широким развитием творческой инициативы работников колхозов и совхозов обеспечит расцвет сельскохозяйственного производства"[29]. Но эти декларации общеизвестного не содержали ясного ответа на актуальный вопрос: какими методами разбудить творческую инициативу людей? В реальной жизни ведь преобладали соцсоревнование, критика, почетные грамоты и вымпелы, а этих моральных стимулов было теперь явно недостаточно для необходимого подъема производства.

Авторы "Итогов" упрекают Г. Лисичкина в том, что тот констатировал факт более эффективной работы колхозов по сравнению с совхозами: в колхозе, по мнению Г. Лисичкина, сохранились какие-то следы демократии и воспоминаний о собственности, в совхозах же все огосударствлено до последнего гвоздя и отношение ко всему казенному казенное. В этом оппоненты видят ошибку ученого, позволяющую им в его адрес высказывания проработочного тона.

Е.С. Карнаухова предостерегает против опасности предоставления совхозам большей самостоятельности. Это де "чревато опасностями и может привести в ряде случаев к противопоставлению интересов общества и коллектива"[30]. Она же обрушивается на рыночников за то, что "ленинские высказывания о товарно-денежных отношениях в восстановительный период они пытались механически перенести на современный этап социалистического хозяйствования"[31]. Нельзя отказать Евфразии Степановне в знании трудов классиков марксизма-ленинизма. И то, что В.И. Ленин говорил "всерьез и надолго", профессор Карнаухова бесспорно знала. Но почему она отказывала молодым ученым в возможности идти дальше в их теоретическом поиске уже после того, когда жизнь преподала много горьких уроков, убедительно разрушив не одну догму, – это понять всегда будет трудно.

И.Д. Лаптев, некоторое время возглавлявший Институт экономики АН СССР и отделение экономики ВАСХНИЛ, пошел на прямое искажение действительности. Он пишет в "Итогах" буквально следующее: "Характерной особенностью колхоза является ленинский принцип добровольности (подчеркнуто нами. – *А.Н.*), исключающий какие-либо элементы администрирования и принуждения"[32]. Трудно сказать, чего здесь больше, откровенной лжи или дремучего невежества? Ведь написано это бывшим академиком ВАСХНИЛ, удостоенным этого звания путем назначения накануне печально известной сессии ВАСХНИЛ в 1948 г. постановлением Совета Министров СССР за подписью его председателя И. Сталина. И дальше этот экс-академик (позже на общем собрании ВАСХНИЛ он был выведен из ее состава) пишет: "Обмен товаров в конечном счете по стоимости есть закон простого товарного хозяйства, общества простых товаропроизводителей – мелких крестьян и ремесленников. Товарно-денежные отношения между колхозами и государством не могут осуществляться на основе этого принципа"[33]. Вот так. Значит, по рекомендации такого экономического стратега колхозник должен выполнять первую заповедь на основе энтузиазма, соцсоревнования, вымпелов, а сам кормиться за счет урезанного приусадебного участка, "трудоночи" и кое-каких посторонних заработков. Вот позиция критиков, поддержанных правящими идеологами. Заметим, что это было написано спустя 15 лет после ухода в мир иной "отца народов" и "творца колхозного строя". Да, инерционность в мышлении преодолевается медленнее, чем в чем-либо другом.

В августе-сентябре 1970 г. в Минске состоялась очередная, XIV конференция Международной ассоциации экономистов сельского хозяйства. Эта неправительственная организация создана в 20-х гг., и конференции она проводит один раз в три года в различных странах мира. В СССР она состоялась впервые. К ней долго и тщательно готовились. Была издана книга о сельском хозяйстве СССР. Особенно много сделали правительственные и научные организации Белоруссии. В составе советской делегации было около 100 человек, в североамериканской – вдвое больше. Отдельные страны прислали по несколько ученых. Всего же собралось несколько сот человек. Возглавляли советскую делегацию президент ВАСХНИЛ Павел Павлович Лобанов и директор Всесоюзного института экономики сельского хозяйства Николай Павлович Александров (1905–1986), делегацию США – заместитель министра сельского хозяйства, ведающий вопросами экономики.

К сожалению, представителю аграрной науки с основным докладом от нашей стороны не доверили выступить. На Старой площади сочли более надежным и респектабельным поручить это более проверенному человеку от марксизма-ленинизма. И вышел большой конфуз: доклад был непомерно длинным, водянистым, пустым, прославляющим "победы" советской экономики и в целом социалистического строя. Выступивший в качестве официального оппонента австралийский ученый Диллон назвал этот доклад подобным английской сосиске, где "всего много, а мяса мало". Ответы докладчика на вопросы были дерзкими и высокомерными, с огульным обвинением "буржуазных" ученых в неспособности понять своих коллег из социалистического лагеря. После этих слов многие зарубежные ученые встали и покинули зал заседания. Все это – плоды нашего классового, большевистского воспитания.

Еще более острая ситуация возникла на одном из заседаний после доклада французского экономиста Д. Бергманна, поставившего вопрос о конвергенции[34]. Сегодня думается, что после реформ Н.С. Хрущева конвергенция была бы неплохим шансом для нашей страны. Разумное и неразрушительное восприятие позитивного опыта Запада смогло бы спасти нас от многих бед будущего. Во всяком случае, не допустить стагнации, инициировать предприимчивость и бережливость, ослабить пресс военно-промышленного комплекса, улучшить межгосударственные взаимоотношения. И деревня тогда еще не была так обескровлена, как сейчас. Так мы думаем сегодня. Но тогда ведь шел только 1970 год. И на ученого из Франции набросились с неистовством правоверных не только представители СССР, но и других стран социалистического лагеря. Примерно с такой же враждебностью, с какой В. Голиков, И. Лаптев и их компания – на наших отечественных "рыночников". Диалога не получилось. Советские ученые (даже ученые!) в своем большинстве хорошо умели "клеймить" и "разоблачать", но очень плохо конструктивно оппонировать. Этому в нашей стране в те времена не обучали.

Однако в целом эта конференция была полезной. "Железный занавес" продолжал приоткрываться. Очень важно было личное общение и знакомство с зарубежными коллегами. Они проявляли искренний интерес к нашей стране и науке. Белорусские коллеги сделали все для тех времен возможное, чтобы показать хозяйства и проявить гостеприимство. Весьма доброжелательную позицию занимал Президент ассоциации профессор из Финляндии Н. Вестермарк. Было много интересных докладов. На современном научном уровне были доклады Ростислава Григорьевича Кравченко (1925–1985) и Ивана Илларионовича Лукинова (р.1927). Содержательными были дискуссии на секциях, личные беседы во время экскурсий и в кулуарах. Завязывались связи, в ряде случаев переросшие в длительное сотрудничество.

Характерно, что в те годы, как и раньше, как, к сожалению, и до сих пор, в агроэкономической науке все время соседствуют и борются две тенденции: прогрессивная и консервативная. Резкой грани здесь нет. Один и тот же человек может по отдельным вопросам занимать либо передовую, либо отжившую позицию. Речь идет о тенденции. Иногда неэкономисты бывают в экономических вопросах дальновиднее экономистов. Вот характерный пример. В начале 60-х годов первый директор отпочковавшегося от ВНИЭСХ Института кибернетики Р.Г. Кравченко представил докторскую диссертацию по использованию математических методов в экономических исследованиях в Ученый совет экономического факультета ТСХА. И был там провален. Большинство экономистов-тимирязевцев не поняло и не поддержало Кравченко. По настоянию академика ВАСХНИЛ С.Г. Колеснева рассмотрение этой диссертации было перенесено на общеакадемический совет, где Кравченко был понят и поддержан. Чем объяснить такой парадокс? Очевидно, экономисты в большей степени заидеологизированы и заполитизированы. Новое пробивается с трудом.

АГРОЭКОНОМИЧЕСКИЕ ИССЛЕДОВАНИЯ 60-Х – НАЧАЛА 80-Х ГГ.

Опыт "экономистов-шестидесятников" наглядно показал противоречивость, а также глубинную фальшь и лживость правящей верхушки и ее идеологического штаба. Уже говорилось, что так называемые "рыночники" непосредственно и искренне восприняли решения мартовского (1965 г.) Пленума ЦК КПСС о необходимости учета действия объективных экономических законов. Они честно приступили к разработке проблем, поставленных пленумом. Ведь экономические, это, прежде всего, стоимостные отношения со всеми присущими им категориями в области производства, обращения и потребления. Это цена, прибыль, себестоимость, спрос и предложение и многие другие категории, непосредственно связаны с рынком. А сам рынок это своего рода мост между производителем и потребителем, с двусторонним движением и строгими правилами движения. Их надо знать, изучать, надежно строить и гибко регулировать. И вот по этим энтузиастам ударили из орудий самого большого калибра. Трудно все это понять, не зная простой вещи: на командных высотах началось движение вспять. Поэтому "крамолу" надо выкорчевывать в зародыше. И выкорчевывали. Экономическая наука оказалась наиболее пострадавшей ветвью аграрной науки. И тем не менее она не погибла. После инициатив и разоблачений Н.С. Хрущева повернуть общество к сталинизму тоже не удалось. В рассматриваемые годы получили развитие многие направления экономической науки, как традиционные, так и новые.

СИСТЕМЫ ВЕДЕНИЯ СЕЛЬСКОГО ХОЗЯЙСТВА

В конце 50-х гг. возрождены исследования по системам ведения сельского хозяйства. Истоки этой проблемы – в XIX в. В предыдущих главах уже говорилось, что в России ею занимались А.П. Людоговский, А.Н. Энгельгардт, И.А. Стебут, А.С. Ермолов, А.И. Скворцов, А.Ф. Фортунатов и другие. Затем был длительный перерыв. За эти десятилетия произошли крупные изменения.

При президиуме ВАСХНИЛ был создан Совет по системам ведения хозяйства. Его возглавил П.П. Лобанов, президент академии. Плодотворно работали в этом направлении Л.М. Зальцман, Н.П. Александров, Н.П. Исаенко, Н.П. Макаров. Во всех крупных природно-экономических зонах были организованы комиссии. Практически работу осуществляли зональные институты при участии союзных и региональных. Первые итоги работ были подведены на совещании в Кремле в июне 1960 г. Его материалы опубликованы[35]. Кроме общих докладов Министра сельского хозяйства СССР Владимира Владимировича Мацкевича (р.1909) и П.П. Лобанова здесь были представлены также данные по союзным республикам и многим передовым колхозам и совхозам.

В 60-е гг. были подготовлены предложения по системам хозяйства для 39 зон, в 70-е – 44 и в 80-е – 154 областей, краев и республик[36]. Переход от крупных зон к областям, краям и республикам объясняется стремлением использовать разработки по системам в качестве исходной базы для планирования и управления производством в границах всей территории. Дело в том, что система хозяйства является как объектом научного исследования, так и предметом освоения в практике хозяйствования.

За долгие десятилетия, когда работ по этой фактически вечной проблеме не велось, реальные условия существенно изменились. Это относится как к производственному потенциалу, так и системообразующим факторам. Ресурсный потенциал сельского хозяйства СССР характеризовался следующими данными (табл. 10.5).

Возрастающий потенциал не был адекватен выходу продукции. То же можно сказать и о частных показателях. Например, возрастали энергетические мощности, энерго- и электровооруженность, однако около 70% работ выполнялось вручную. При огромной массе работающих руководители хозяйств жаловались на нехватку рабочей силы. Из городов, с промышленных предприятий привлекались миллионы людей на уборочные и другие работы. Зимой же власти в больших городах мобилизовывали научных работников и служащих учреждений на переборку гниющих овощей и картофеля на крупных базах. Производительность труда в сельском хозяйстве оставалась низкой. Урожайность росла медленно. Все это свидетельствовало о неблагополучии как со структурой фондов и инвестиций, так и со стимулированием труда, обеспечением интереса работников к производительности и бережливости.

Таблица 10.5

Ресурсный потенциал сельского хозяйства СССР[37]

	1960 г.	1970 г.	1980 г.	1980 г. к 1960 г., %
Сельскохозяйственные угодья, млн. га	515,4	545,8	553,6	107,4
в том числе:				
пашня	220,0	223,5	226,4	102,9
мелиорированные земли	16,3	19,2	31,0	190,2
Среднегодовая численность работающих, включая привлеченных, млн. чел.	26,1	24,1	22,9	87,7
Энергетические мощности, млн. л. с.	155,9	322,1	603,9	387,4
Потребление электроэнергии, млрд. квт. час	9,9	38,6	111,0	11,2 раз
Стоимость основных производственных фондов с. х. назначения (в сопоставимых ценах 1973 г.), млрд. руб.	43,9	94,7	227,0	517,1
Поставка минеральных удобрений в действующем веществе, млн. т	2,6	10,3	18,8	723,1

Системообразующие факторы: политические, экономические, социально-демографические, научно-технические, организационно-правовые, биологические и природные претерпели изменения. Наиболее консервативными являются природные. Поэтому систему к ним приходится приспосабливать. Они весьма многообразны. Это относится и к рельефу, и почвам, и климату, и водному режиму, к окружающей среде в целом. При всей кажущейся статичности природных условий они меняются во времени: почвы могут разрушаться эрозией, гумус истощаться, реки мелеть и высыхать, пашня превращаться в пустыню, а можст при правильном уходе становиться тучнее и плодороднее. Пока что в России преобладают разрушительные тенденции с отравлением всей окружающей среды. (И об этом еще будем вести речь).

Биологические факторы исключительно важны, так как сельское хозяйство строится на использовании живых организмов. Если природные флора и фауна скудеют, а “Красные книги” исчезающих видов по объему толстеют, то это свидетельствует о необходимости более полного использования биологического потенциала. В реальной жизни биологический потенциал имеющихся сортов сельскохозяйственных культур используется на 30-40, а в лучшем случае на 50–60%. Для более полного использования биологического потенциала растений, животных и микроорганизмов необходимо удовлетворение их жизненных запросов по закону оптимума. Это требует много средств и знаний, системного подхода. В то же время за последние десятилетия селекция и биотехнология ушли далеко вперед, созданы новые сорта культурных растений, выведены породы высокопродуктивных животных.

Социально-демографические факторы динамичны, быстро идет урбанизация, село стареет, исчезают мелкие поселения. Большие территории становятся безлюдными. Производственная и социальная инфраструктура у нас развиты крайне слабо, особенно дороги и транспорт. Бездорожье – вечный бич России, вынуждает вносить поправки и в систему сельского хозяйства. Строительство гигантских перерабатывающих предприятий и всякое укрупнение при бездорожье по крайней мере неразумно, за что приходится дорого расплачиваться. При постоянном сокращении сельского населения проблема рабочей силы становится все острее, с низкой оплатой труда люди тоже больше не хотят мириться. Поэтому при разработке систем хозяйства следовало ориентироваться на трудосберегающие технологии, а кое-где и на менее трудоемкие отрасли.

Количественный рост масштабов производства на базе рутинных технологий неизбежно сопровождался торможением социально-экономического развития. Огромный научный потенциал страны оставался нереализованным. Масса научных разработок не внедрялась в практику. Прогресса в технологиях не наблюдалось, за исключением военно-промышленного комплекса, обильно финансировавшегося и всячески поощрявшегося. Ведь в полном разгаре была холодная война, а в Афганистане и горячая.

Организационным и правовым факторам (законотворчество и правовые акты,планирование, управление) в эти годы не уделялось такого внимания, как в годы правления Н.С. Хрущева. Эксперименты с управлением были заморожены, усилились централизация, централизованное планирование, были упразднены совнархозы. Только в 70-х гг. началась странная "кооперация" на межхозяйственном уровне, которая привела к дальнейшему огосударствлению и гигантизму, серьезно подорвав последние признаки кооперации в колхозах.

Экономические факторы, как мы уже видели на примере борьбы с "рыночниками", были не в почете, хотя их значение признавалось в декларациях. Возрастающий спрос на сельскохозяйственную продукцию все в большей мере удовлетворялся за счет импорта, особенно по зерну. Если до 60-х гг. основной причиной отставания сельского хозяйства был низкий уровень капитальных вложений в него, то в более поздний период их нерациональная структура. Выросшие объемы инвестиций в сельское хозяйство оседали, в основном, в крупных строительных объектах, прежде всего в животноводческих "комплексах", ирригационных стройках. Инфраструктура оставалась на втором плане. Со второй половины 70-х гг. удельный вес вложений в сельское хозяйство стал падать. В 1976–1980 гг. он составлял 20% общего объема инвестиций в народное хозяйство, в 1981–1986 гг. – 18,5 и в 1986–1990 гг. – 17,1%[38]. Потому вливания 70–80-х гг. слабо сказались на создании инфраструктуры, хотя делалось в ряде регионов немало.

Политические факторы толкали все-таки на самообеспечение страны продовольствием. Холодная война поглощала огромные средства для поддержания атомного и иного противостояния двух супердержав. На этот исторический период приходится нарастание добычи и экспорта нефти и газа. Внешняя торговля приобретала странный для называвшей себя развитой страны характер. В структуре экспорта преобладали невозобновляемые энергоносители, минеральное и иное сырье, а в импорте – продовольствие, предметы потребления и техника. Не став в современном смысле индустриальной, страна перестала быть и аграрной. Конкурентоспособной продукцией на мировом рынке было лишь вооружение, да некоторые виды техники, поставлявшиеся в развивающиеся государства. Все сказанное прямо влияло на формирование систем сельского хозяйства.

Сущность системы хозяйства сводится к научно обоснованным организационным, экономическим и технологическим принципам построения и управления сельскохозяйственным производством для конкретных условий.

Цель рациональной системы ведения хозяйства сводится к максимизации выхода продукции определенного качества в расчете на единицу ресурсного потенциала (земли, труда, энергии, финансовых средств), или минимизации издержек этих ресурсов на единицу продукции определенного качества. Кроме того, предусматривается обеспечение максимально возможной стабильности, или устойчивости к неблагоприятным природным и иным факторам, а также избежание негативных социальных и экологических последствий. Минимизация издержек и высокое качество приобретают важнейшее значение в условиях рынка, так как это – условие конкурентоспособности производства. В настоящее время едва ли не на первое место выдвигается сохранение природной среды.

Основные признаки системы хозяйства: социально-экономическая форма предприятия (колхоз, госхоз, крестьянское хозяйство, кооперативное товарищество и др.); организация, включая отраслевую структуру, специализацию, кооперативные связи; технология производства со степенью индустриализации; управление и экономический механизм хозяйствования; иерархический уровень (предприятие, объединение, регион и др.). На уровне предприятия система хозяйства служит ядром организационно-хозяйственного плана. На любом уровне система хозяйства может быть выражена моделями.

Наиболее широкое распространение в те годы получили системы регионального или областного уровня. Они представляют собой по существу сумму агро-зооинженерных правил с описанием природных и экономических условий. Наиболее эффективными были системы хозяйства, построенные на данных научных исследований. Разумеется, такие модели принимались специалистами и руководителями для внедрения. В качестве примера можно сослаться на опыт Ставропольского научно-исследовательского института сельского хозяйства, коллектив которого под научным руководством автора обстоятельно занимался этой проблемой в 70-е и 80-е гг. (табл. 10.6).

Следует отметить, что и в последующие годы в хозяйствах Ставропольского края продолжался рост производства, обеспечивалась его устойчивость и рентабельность. Здесь научные разработки по данной проблеме методологически совершенствовались и их результаты использовались в практике хозяйств.

Это конкретный пример. Их можно привести много как по регионам, так и предприятиям. Успех сопутствовал при двух непременных условиях: методически верно построенные разработки и ответственное отношение к ним со стороны руководителей всех рангов, исключающих как снобизм ученых, так и "махаевщину" со стороны власть предержащих. В приведенном нами случае не было ни того, ни другого.

Таблица 10.6

Эффективность освоения рациональной системы сельского хозяйства Ставропольского края[39]

	Годы			Прирост за 10 лет, %	При освоении системы хозяйства
	1971 – 1975	1976 – 1980	1981 – 1985		
Валовая продукция, руб. на:					
1 га сельхозугодий	250	306	360	44	702
1 работающего	5112	6282	7809	53	16647
Валовой доход, руб. на:					
1 га сельхозугодий	75	91	120	60	217
1 работающего	1475	1860	2585	75	5130
Прибыль, руб. на:					
1 га сельхозугодий	12,5	17,5	34,1	173	113,2
1 работающего	245	359	736	200	2677
Рентабельность, %	9,2	11,8	18,6	200	48,0
Один работающий обеспечивает продовольствием человек	18,4	24,0	30,6	66	49,3

РАЗМЕЩЕНИЕ И СПЕЦИАЛИЗАЦИЯ ПРОИЗВОДСТВА

Размещение и специализация также относятся к "вечным" проблемам аграрной экономики, как и система ведения хозяйства. За 60–80-е гг. по этой проблеме выпущено много литературы разного научного уровня. Этими вопросами занимались многие исследователи как в союзных, так в республиканских и региональных научных учреждениях, а также в вузах. Координировал эти работы Всесоюзный НИИ экономики сельского хозяйства. Актуальность размещения и специализации вызывалась не только постоянно меняющимися реалиями, но также и тем, что долгие годы велась линия на универсализацию хозяйств, осуждалась "буржуазная" практика узкой специализации. Называлась она "уродливой". А наше многоотраслевое хозяйство, где всего понемножку, объявлялось верхом рациональности. Конечно, в условиях бездорожья, архиплохой организации торговли, сравнительно низкой покупательной способности населения, особенно сельского, приходилось обращаться к самообеспечению, граничащему с натуральным хозяйством. С другой стороны, когда планово-командный пресс несколько поослаб, многие хозяйства быстро освободились от невыгодных отраслей – свиноводства, овцеводства в расчете на то, что "свинокомплексы" и "овцекомплексы" обеспечат производство свинины, баранины и шерсти. В итоге потеряли поголовье романовских овец, лишились "санитара" полей и пастбищ. В это же время, например, Франция вывезла из России определенное число романовских овец и успешно разводит их в своей стране, где фермеры не нахвалятся их плодовитостью и неприхотливостью.

Библиография по вопросам размещения и специализации чрезвычайно богата, особенно за рассматриваемые годы. В каждой республике и области выходили работы. Заслуживает внимания карта агроклиматических ресурсов в Атласе сельского хозяйства СССР[40]. Д.И. Шашко и др. провели многолетние исследования по оценке агроклиматических ресурсов страны[41]. Еще в 50-х гг. группой почвоведов, географов и ботаников под руководством академиков И.П. Герасимова и И.В. Тюрина была разработана схема деления СССР на природные зоны и провинции на основе биоклиматических факторов. В сельскохозяйственном отношении СССР разделен на 4 полосы: 1) тундровую, 2) таежно-лесную, 3) лесостепную и степную, 4) полупустынную и пустынную. Внутри каждой из них выделены зоны и подзоны. В почвенном отношении зоны разделяются на провинции, округа и районы. Последних в стране несколько сот. В климатическом же отношении в стране выделяются 4 пояса: полярный (холодный), холодно-умеренный (бореальный), умеренный (суббореальный) и субтропический умеренный; каждый из них характеризуется определенной суммой активных температур и выпадающих осадков. В каждом поясе выделяются области, зоны увлажнения, которые определяются коэффициентом увлажнения, или гидротермическим коэффициентом. Знание последнего необходимо для правильного размещения тех или иных возделываемых культурных растений, ведь каждая культура по своим биологическим особенностям имеет определенные требования к теплу, влаге, свету. За пределами границ удовлетворения этих требований возделывание данной культуры бессмысленно или, в лучшем случае, нерентабельно. Поэтому агроклиматическое районирование является основой рационального размещения. И эта основа наукой дана. Важно оптимальный ареал распространения той или иной культуры, отрасли учесть на практике. К сожалению, при командовании сверху это очень часто не удавалось. Грядущая конкуренция в условиях рынка заставит соблюдать это элементарное условие.

При определении специализации важно найти оптимальное сочетание отраслей, позволяющее наиболее продуктивно использовать земельные угодья. Даже и в экстремальных по увлажнению районах с монокультурой пшеницы, где преобладает двухпольный севооборот: чистый пар–пшеница, возможны некоторые дополнительные отрасли.

Для обеспечения рационального сочетания отраслей, по С.Г. Колесневу, необходимо учитывать следующие условия:

"1) полное и наиболее производительное использование земли как главного средства производства в сельском хозяйстве;

2) рациональное использование энергетики и орудий труда;

3) наиболее производительное использование рабочей силы на протяжении года и преодоление сезонности сельскохозяйственного труда;

4) производительное использование отходов одной отрасли другими;

5) ускорение оборота вкладываемых в производство средств и равномерное поступление денежных средств из оборота для расширенного воспроизводства"[42].

Может быть, с учетом обострения экологической обстановки, следовало бы добавить еще одно условие: обеспечение экологического благополучия. Например, если в хозяйстве, специализирующемся на возделывании пропашных культур, имеются склоновые земли, размещение на которых пропашных культур эрозионноопасно, следует выращивать растения сплошного сева, прежде всего травы. А если есть травы, то нужен их потребитель – коровы или другие жвачные животные.

В 60-х и 70-х гг. начались процессы углубления специализации и сосредоточения ресурсов на производстве немногих видов товарной продукции в хозяйствах, максимально располагающих благоприятными условиями для их развития. Количество отраслей, таким образом, в отдельном предприятии стало сокращаться. Такие отрасли, как овощеводство, садоводство, виноградарство, птицеводство, свиноводство и даже овцеводство, стали отпочковываться от многоотраслевых хозяйств и выделяться в узкоспециализированные предприятия. Так возникли "Птицепром", "Свинопром", объединения виноградарских, садоводческих и овощеводческих хозяйств, а также "Скотопром", занимающийся откормом крупного рогатого скота. Поскольку к этому времени уже далеко зашел процесс огосударствления, как правило, эти "промы" объединяли совхозы соответствующего направления.

Со специализацией связана типизация хозяйств. Этой проблемой еще в 30-е гг. занимался М.И. Кубанин[43]. В 60–70-е гг. эти работы возглавляли Л.М. Зальцман и Н.П. Исаенко. Ими была разработана методика типизации колхозов и совхозов. Работа осуществлялась по всей стране. Издано много монографий по регионам[44]. Систематически проводились конференции в МГУ, во ВНИЭСХе. Четкое определение типа хозяйства имеет не столько познавательное значение, сколько служит базой организации научно обоснованного управления и рационального использования ресурсов. Здесь также широко применяются методы системного анализа и диалогового прогнозирования.

Основными критериями отнесения предприятия к тому или иному типу являются направление и уровень специализации, степень интенсивности и характер технологии. По каждому из этих показателей возможен широкий диапазон вариантов и сочетаний различных признаков. Типизация позволила более четко определить более эффективные пути специализации и организации производства.

КОНЦЕНТРАЦИЯ ПРОИЗВОДСТВА

Тенденция к концентрации производства объясняется рядом экономических и технических преимуществ крупных форм перед мелкими. Однако закон концентрации в сельском хозяйстве действует с большими ограничениями. Оптимум концентрации подвижен. Превышение оптимального уровня ведет к негативным результатам, что особенно наглядно проявилось при безудержном укрупнении колхозов, создании ферм-гигантов без обеспечения необходимых условий для нормального функционирования. В числе факторов, противостоящих укрупнению, прежде всего следует отметить возрастающие транспортные издержки и затруднения управляемости вплоть до ее потери. При резком возрастании цен на горючее, особенно в условиях бездорожья, транспортный фактор приобретает исключительное значение. Кроме того, в животноводстве необходима повышенная осмотрительность из-за эпизоотий и экологических осложнений.

В сельскохозяйственных предприятиях в 60–80-х гг. концентрация, по Л.М. Зальцману[45], осуществлялась следующими путями: а) территориального укрупнения или слияния с другими предприятиями; б) интенсификации производства в рамках того же предприятия; в) углубления специализации с ростом объемов производства ведущих отраслей; г) межхозяйственной кооперации и агропромышленной интеграции предприятий.

Первый путь в ходе коллективизации и укрупнения колхозов давно себя исчерпал. Интенсификация осуществляется постоянно по мере роста инвестиций и наращивания фондов. Углубление специализации также ускорилось в связи с созданием многих узкоспециализированных хозяйств по различным отраслям. Но это требует крупных вложений, нового строительства, оборудования, перехода на другие технологии, что без новых инвестиций осуществить невозможно. Вот тут-то и понадобилась кооперация, сложение средств. Межхозяйственная кооперация как экономическое явление закономерно порождена развитием производительных сил и обеспечивает высокий эффект, если она осуществляется на основе добровольности. Но именно это непременное условие всякой кооперации чаще всего нарушалось. "Добровольность" обеспечивалась решениями райкомов, обкомов, крайкомов, ЦК нацкомпартий. Подобную "добровольность" страна уже давно успела познать.

Застрельщиками межхозяйственной кооперации и агропромышленной интеграции выступили руководители Молдавии. В 1971 г. в г.Кишиневе состоялась Всесоюзная конференция по этим вопросам. Одним из инициаторов, наряду с первым секретарем ЦК КП Молдавии И.И. Бодюлом, выступил министр сельского хозяйства республики, позднее академик ВАСХНИЛ Александр Степанович Негру-Водэ (1931–1978). В России большую работу в этом направлении проводил доктор экономических наук, министр сельского хозяйства РСФСР Леонид Яковлевич Флорентьев (р.1911)[47].

Работы по межхозяйственной кооперации и агропромышленной интеграции координировались ВНИЭСХом. Для решения этой задачи Всесоюзный институт экономики сельского хозяйства был реорганизован, заменены руководящие кадры, приглашено много ученых из периферийных научных учреждений, специалистов по данной теме. Семинары по проблемам межхозяйственной кооперации проводились по всей стране. В Министерстве сельского хозяйства СССР был создан специальный главк для организации этих работ. Выпускалось много научной литературы[48].

Была проведена типизация межхозяйственных и агропромышленных предприятий и организаций. На совместные средства колхозов и совхозов строились перерабатывающие и другие заводы и цеха, создавались строительные конторы и передвижные колонны. Беда только в том, что такого рода организации, считаясь кооперативными, использовав ресурсы колхозов и совхозов, вскоре обособились, стали работать не столько на создавшие их предприятия, сколько на сторону, преследуя собственные экономические интересы. Например, межхозяйственные строительные организации воздвигали объекты в городах и районных центрах и меньше всего строили на селе. В 1980 г. в стране в системе АПК было 9 638 межхозяйственных предприятий и организаций, из них 4 329 сельскохозяйственных, в которых было занято 522 тыс. человек. Они произвели продукции на сумму 2 138 млн. руб. и оказали услуг на 898 млн. руб[49]. Вообще в эти годы создано очень много гигантских предприятий, особенно в животноводстве. Исписано много бумаги, чтобы доказать преимущества всего самого крупного. При этом нередко противопоставлялись достижения межхозяйственных предприятий результатам работы колхозов и совхозов и игнорировались общие итоги развития отрасли в целом. В ряде областей увлечение строительством дорогостоящих животноводческих комплексов вызвало ослабление внимания к реконструкции колхозных и совхозных ферм. Такое положение было, например, в Тамбовской и ряде других областей, что на долгие годы ослабило животноводство. Создание межхозяйственных предприятий как эффективной формы организации крупного производства продукции сельского хозяйства предусматривалось по мере созревания соответствующих условий, накопления и обобщения опыта. Однако под нажимом партийных и государственных органов процесс их создания приобрел кампанейский характер и, как всегда, осуществлялся повсеместно. И результат был далек от ожидаемого.

ИНДУСТРИАЛИЗАЦИЯ СЕЛЬСКОХОЗЯЙСТВЕННОГО ПРОИЗВОДСТВА

Идеи индустриализации сельскохозяйственного производства родились не сейчас. Этой проблемой занимались в нашей стране еще в 20-е и 30-е гг. Популярной она была и в зарубежной аграрной науке. По ее разработке много сделали у нас Зальцман и особенно Никулихин. Однако широкого практического применения их рекомендации не получили, в значительной степени потому, что не было для этого объективных предпосылок. Каких-либо идеологических препон не ставилось, ведь проблема не была связана ни с мелкотоварным производством, ни с формой собственности.

Сущность индустриализации сводится к переводу производства на промышленные технологии с минимумом затрат ручного труда и высокой его производительностью. В идеале мыслится его автоматизация. Крупные предприятия скорее благоприятствовали индустриализации, чем сдерживали ее. В сельском хозяйстве осуществить ее гораздо сложнее, чем в промышленности, так как здесь мы имеем дело с живыми организмами, весьма чувствительными к условиям внешней среды и болезненно реагирующими на всякое неадекватное или грубое вмешательство извне и особенно со стороны человека.

Составными частями, или основными характеристиками индустриализации в сельском хозяйстве, следует считать:

а) высокую степень механизации, причем техника служит материальной основой индустриализации;

б) обеспечение максимальной стабильности внешних условий. Это в земледелии достигается созданием благоприятного водного режима путем мелиораций, нейтрализации кислотности и засоленности, а также внесения удобрений в необходимых количествах и ассортименте, включающих органические вещества, макро- и микроэлементы. В животноводстве – хорошие санитарно-гигиенические условия и полноценное, ритмичное кормление и поение;

в) поточность производственного цикла, что обеспечивается пропорциональностью и ритмичностью технологического процесса. Это, в свою очередь, предусматривает недопущение “узких мест” и разрыва производственного процесса. В наших условиях узкие места обычно связаны с неупорядоченностью снабжения и обслуживания, а также нехваткой транспортных средств, хранилищ, недостаточными мощностями или удаленностью перерабатывающих предприятий. Здесь опять дает себя знать закон минимума: все, что в минимуме, чего не достает или что слабо функционирует, в конечном итоге решает исход всего процесса;

г) достаточно крупные, точнее, оптимальные размеры производства, позволяющие рентабельно использовать технические средства. В прошлом этот фактор ставился главным в обосновании всяких укрупнений и оправдании гигантизма. Он важен, но не главный. Не будь других, он ничего не даст. Беда, что некоторые наши экономисты "крупность" представляют альфой и омегой прогресса в экономике;

д) высокую компетентность, квалификацию и ответственность людей. Речь идет не только о профессионализме, но и морально-этических качествах, дисциплине, любви к делу. Люди с размытой моралью, рвачи, пьяницы не способны хорошо работать, и таких нельзя допускать на ответственные посты. К сожалению, такие люди не перевелись и это вовсе не "пережиток капитализма", как пыталась убеждать народ долгие годы наша пропаганда;

е) высокую производственную и общую культуру, которая формируется как постоянным воспитанием людей, так и созданием хорошей производственной и социальной инфраструктуры, что тоже является материальной предпосылкой общей и производственной культуры. При бездорожье всегда возможны какие-либо сбои в снабжении и потери на транспорте. Отсутствие товаров в магазине, отдаленность школ и медицинских учреждений не создают энтузиазма в работе. А ведь эти беды имеют в России хронический характер.

Удачным примером создания индустриальной системы производства может служить Птицепром. Он организован в соответствии с Постановлением ЦК КПСС и Совета Министров СССР от 3 сентября 1964 г[50]. Первый руководитель этого объединения А. Пак в июне 1969 г. докладывал в ЦК КПСС следующее. Птицепром на конец 1968 г. объединял 386 птицефабрик, 310 птицесовхозов, 127 племенных хозяйств, 1003 инкубаторно-птицеводческих станций, два научно-исследовательских института, 6 экспериментальных хозяйств научных учреждений, 6 зональных опытных станций по производству и 2 зональные научно-производственные ветеринарные лаборатории по болезням птиц. Среднегодовой прирост продукции составлял за четыре года 23,5%. Система Птицепрома уже обеспечивает 45% поставок яиц и 65% мяса птицы в общем объеме закупок этих продуктов в государстве. Из года в год удельный вес этой системы возрастает.

Яйценоскость кур повысилась за 4 года с 148 до 180 штук в год. Хозяйства же Птицепрома Эстонии получают по 252, Литвы – 229, Латвии – 223 и Белоруссии – 209 яиц. Производительность труда по Птицепрому Союза за это время повысилась на 45,5%, она выше, чем в совхозах других направлений на 53,4%. Затраты труда на 1000 яиц за 1966–1968 гг. снижены с 2,2 до 1,3 человеко-дней, а себестоимость – с 72,34 до 61,60 рубля[51].

Все дальнейшие годы эта система неуклонно развивалась. К ее формированию подключились строительная индустрия, машиностроение, включая оборонную, комбикормовая и микробиологическая промышленность. К 1990 г. система Птицепрома СССР охватывала уже 1 950 предприятий, в том числе 1 456 птицефабрик.

Научное обеспечение осуществлял Всесоюзный институт птицеводства с селекционно-генетическим центром при нем (г. Сергиев-Посад), а также Украинский институт птицеводства (Борки Харьковской области), Всесоюзный ветеринарный институт по болезням птицы (г. Ломоносов Ленинградской области) и Институт переработки птицы (г. Зеленоград Московской области) с сетью опытных станций в ряде краев и союзных республик. Кроссами этой системы к 1990 г. обеспечено производство 80% бройлеров и 70% яиц. Селекционно-племенная работа осуществляется Межрегиональным научно техническим центром по племенному птицеводству, входящим в настоящее время в состав Российской академии сельскохозяйственных наук. Последовательность такая: разведение исходных линий в ведущих племзаводах и передача прародительских форм в репродукторы первого порядка, получение в них родительских форм и передача в репродукторы второго порядка. В последних создают финальный гибрид и поставляют его птицефабрикам, колхозам, совхозам, фермерским хозяйствам. Эта цепочка строго выдерживается, ни в одном звене не прерываясь.

Таким образом, хорошо поставленная научная и, в частности, селекционно-генетическая работа, соблюдение технологии, нормальное кормление и содержание, контроль за санитарно-гигиеническим состоянием позволили поднять среднюю яйценоскость кур по всему Птицепрому Союза ССР к 1990 г. до 232 яиц, генетический потенциал кур-несушек до 260–290 яиц в год, а среднесуточные привесы цыплят-бройлеров до 40–45 граммов.

В хозяйствах Птицепрома практически вся птица перерабатывается на месте, и это сводит к минимуму потери. Здесь же осуществляются расфасовка и упаковка, приготовление полуфабрикатов. Из отходов вырабатывается мясо-костная мука. Более 90% яичного порошка в бывшем Союзе вырабатывалось в системе Птицепрома. Объединение имело 284 фирменных магазина с годовым оборотом 262 млн. руб.

60–80-е гг. отмечены бурным развитием птицеводства во многих странах мира. Это была своеобразная "революция" в этой отрасли. Она обеспечивалась достижениями в области генетики, кормления, применения эффективных средств борьбы с болезнями, промышленной технологией, удачными формами организации. С 1961 по 1990 гг. в мире производство яиц выросло в 2,4 раза, а мяса птицы примерно в 3,5 раза, в СССР, соответственно, за четверть века (1965–1990 гг.) яиц в 2,9 и мяса птицы – в 5,1 раза. На каждого жителя России производилось в год по 320 яиц и 14 кг мяса птицы. Конечно, это не уровень США, где в год потребление мяса птицы достигло 43 кг, или Израиля – 39 кг, но скачок был сделан существенный.

Серьезные раздумья вызывает экономическая эффективность системы Птицепрома. Общая сумма инвестиций за 1965–1990 гг. составила 30,4 млрд. руб., общая прибыль за это же время – 41,3 млрд. руб., то есть превышение – 10,9 млрд. руб. Особенно интересна динамика по пятилетиям[52] (табл. 10.7).

Приведенные динамические ряды весьма характерны. Они свидетельствуют о высокой эффективности инвестиций в индустриализацию при одном непременном условии: строгом соблюдении всех биологических, экономических и технологических требований. Даже небольшое упущение может свести на нет весьма крупные вложения. Однобокость, упрощенность недопустимы.

Давно известно, что скупой платит дважды, а торопыга часто приходит последним. Опыт Птицепрома СССР – убедительный пример того, как надо решать сложную проблему. К сожалению, эта уникальная в нашей стране система с 1991 г. стала сдавать свои позиции. Распад прочно сложившихся связей, усилившийся диспаритет цен, дезорганизация рынка, ухудшившееся обеспечение кормами и прочие реалии наших дней подорвали эту систему.

Таблица10.7

Эффективность инвестиций в Птицепроме СССР

Пятилетия	Инвестиции		Прибыль	
	млн. руб.	%	млн. руб.	%
1965 – 1970	2711	100	1391	100
1971 – 1975	5332	197	4305	309
1976 – 1980	7529	278	7072	508
1981 – 1985	6836	252	11149	801
1986 – 1990	8004	295	17359	1248

В ее становлении и развитии, как и в любом сложном деле, велика роль человека вообще и руководителя в особенности. Основание Птицепрома связано с именем крупного организатора сельскохозяйственного производства Алексея Андреевича Пака, затем долгие годы его возглавлял Иван Александрович Бахтин, организатор союзного уровня, экономист по профессии. После него эстафету принял Владимир Иванович Фисинин, академик ВАСХНИЛ, руководивший до этого Всесоюзным институтом птицеводства и продолжающий работать в нем по сей день. Эти люди, обладая высокой компетентностью, вносили в работу научное начало и высокую организованность.

В 70-е гг. широко развернулось строительство крупных животноводческих ферм – так называемых " комплексов" с промышленной технологией. В январе 1975 г. принято Постановление ЦК КПСС и Совета Министров СССР "Об улучшении планирования и организации строительства животноводческих комплексов и птицефабрик"[53]. Размеры этих ферм закладывались в проекты поистине гигантскими: по выращиванию и откорму свиней до 108 тысяч голов, молодняка крупного рогатого скота – до 10 и 30 тыс. голов, молочных коров – до 2 000 и по выращиванию нетелей – до 6 тыс. ското-мест. И их строили. Бетонных сооружений воздвигнуто очень много. Средств израсходовано тоже много. Оценка их эффективности неоднозначна. Дело в том, что столь крупные предприятия, во-первых, требуют больших инвестиций, во-вторых, действительно комплексного решения всех технико-технологических, организационных, экономических и социальных вопросов и, в-третьих, упорного труда, четкого управления, высокой квалификации работающих. Например, весьма положительные результаты в этом деле имеет Белгородская область. Но там и капиталовложения солидные сделаны, и времени по освоению индустриальных технологий понадобилось не одна пятилетка, а более 20 лет, и первые лица области повседневно занимались этой проблемой – в прошлом первые секретари обкома партии Н.Ф. Васильев, М.П. Трунов, особенно А.Ф. Пономарев, – ныне профессор, доктор сельскохозяйственных наук.

Вместе с тем очень многие "комплексы" функционировали плохо, и причин к тому немало. Прежде всего, не все вопросы были решены комплексно, хотя стены воздвигнуты везде, где намечалось. Само слово "комплекс" ведь не имеет магического значения. Надо все сделать в соответствии с требованиями системного подхода, иметь соответствующий организационно-хозяйственный план и осуществить его, строго соблюдая технологию. Дальше – страна до сих пор не имеет современной комбикормовой промышленности. Комбикорма таковыми выпускаются лишь по названию, на деле же это чаще всего простые, необогащенные зерносмеси. Мало где созданы интенсивные, культурные пастбища. Отсюда разорительный перерасход кормов. И, наконец, не учтены практически повсеместно экологические последствия концентрации столь крупного поголовья животных в одном месте. А это вызвало экологическое бедствие – отравление всего живого в ближайшей округе. Рациональная утилизация навоза редко где обеспечена, массы отходов скапливаются годами, убивая флору и фауну. Кроме того, во время эйфории при строительстве "комплексов" в бетонные ангары стали загонять даже овец тысячами животных. Естественно, что при такой скученности животные гибли, не говоря о снижении продуктивности и возрастании издержек. Для подобных масштабов строительства, а главное успешного функционирования таких объектов, в стране не создано еще необходимых предпосылок. Цена гигантомании – огромный материальный ущерб.

ФОРМИРОВАНИЕ АПК

В ходе исторического развития сельское хозяйство все больше теряет свою былую изолированность и неуклонно интегрируется со многими отраслями экономики. В натуральном хозяйстве крестьянин, самостоятельно изготавливая свои нехитрые орудия производства, обеспечивал себя продовольствием, одеждой и обувью. В поместье также весь цикл воспроизводства замыкался в рамках владений феодала. Конечно, издавна были в деревне кузнец, бондарь, шорник, плотник, портной, сапожник, а в городе пекарь и колбасник. Но это не меняло общего натурального характера хозяйства.

Картина меняется после отмены крепостного права. Люди становятся свободными. В деревне усиливается социальная дифференциация, хотя община несколько сдерживает этот процесс. Мощное развитие получают промыслы. Деревня все больше втягивается в рынок. Сама становится рынком сбыта продукции промышленности, которая начинает кое-что производить для крестьянина. Растет и сеть предприятий, перерабатывающих сельскохозяйственное сырье. Революция 1917 г. лишь на короткий срок "военного коммунизма" прерывает эти процессы. В годы нэпа они быстро оживают. В 20-е гг. возникают первые в России агрокомбинаты. А.В. Чаянов ратует за вертикальную кооперацию. С коллективизацией эти процессы свертываются. Сельское хозяйство в лице колхозов и совхозов как бы отсекается от других сфер экономики, которые развиваются только на государственной основе и без тесной увязки с аграрным сектором. И тем не менее создается тракторное и сельскохозяйственное машиностроение, строятся крупные мясокомбинаты, молочные и консервные заводы, работает винно-водочная и табачная промышленность, текстильные и обувные фабрики. Однако органической связи и пропорциональности в деятельности этих отраслей нет.

В 60-80-е гг. ведется широкое строительство заводов минеральных удобрений, сельскохозяйственной техники, получают бурное развитие ирригация и осушение земель закрытым дренажем, возрастают объемы переработки сельскохозяйственного сырья. Все больше ресурсов индустриального происхождения поступает в сельское хозяйство. В структуре материальных затрат при производстве сельскохозяйственной продукции доля их уже превышает 60%. Сельское хозяйство потребляет продукцию десятков промышленных отраслей. С другой стороны, и сельскохозяйственная продукция служит сырьем для производства десятков видов промышленной продукции. В сыром виде товарная продукция сельского хозяйства потребителю поступает все в меньших количествах. Отсюда ясно, что судьбу самого сельского хозяйства определяют обоснованные технологические и экономические связи с другими сферами производства. Исходя из этого, возникла необходимость научного обоснования соответствующей структуры, пропорций, связей, правильного учета конечного продукта аграрных отраслей и много другого, что связано с функционированием агропромышленного комплекса (АПК).

Народнохозяйственный агропромышленный комплекс – это совокупность сельского хозяйства и органически связанных с ним других отраслей экономики, функционирующих как единое целое. Конечная цель деятельности АПК – производство предметов потребления из сельскохозяйственного сырья и доведение готовых продуктов до потребителя. Обычно АПК представляют составляющим из трех сфер: ресурсопроизводящей, собственно сельского хозяйства и отраслей, доводящих сельскохозяйственное сырье до готовых продуктов потребления. Точнее отраслевая структура АПК выглядит следующим образом.

I сфера: тракторное и сельскохозяйственное машиностроение; машиностроение для легкой и пищевой промышленности; ремонт тракторов и сельскохозяйственных машин; производство минеральных удобрений и средств химической защиты растений; микробиологическая промышленность; материально-техническое снабжение сельского хозяйства и перерабатывающей промышленности; мелиорация; сельское и дорожное строительство (внутрихозяйственные дороги); жилищное и культурно-бытовое строительство; подготовка кадров.

II сфера: отрасли земледелия и животноводства.

III сфера: пищевая промышленность, включая мясо-молочную; мукомольно-крупяную и комбикормовую; часть легкой промышленности; заготовки; специализированный транспорт. Так рассматривают АПК Н.Е. Сметанин и В.А. Тихонов[54]. Видимо, в III сферу следует также включить элеваторное, складское, холодильное и тарное хозяйства, то есть всю сферу хранения.

Позднее В.А. Тихонов дает более дробную отраслевую структуру АПК: I – отрасли сельского хозяйства; II – отрасли, производящие средства производства (машиностроение для сельского хозяйства, пищевой, комбикормовой и легкой промышленности), ремонт оборудования в сельском хозяйстве, осуществляемый промышленными предприятиями; производство минеральных удобрений и средств защиты растений; комбикормовая и микробиологическая промышленность; сельское строительство, включая мелиоративное и дорожное; III – отрасли перерабатывающей промышленности (пищевкусовая, мясная, молочная, мукомольно-крупяная), а также легкая промышленность (текстильная, обувная, кожевенно-меховая) ; IV – отрасли сферы обращения (заготовка, оптовая и розничная торговля продовольствием, обувью), общественное питание, материально-техническое снабжение и сбыт в части, обслуживающей сельское хозяйство; V – производственное обслуживание (транспорт и связь, обслуживающие сельское хозяйство,а также мелиоративное, землеустроительное обслуживание), карантинная служба[55].

Целевая функция АПК – "максимизация степени удовлетворения потребностей общества в сельскохозяйственной продукции и продуктах ее переработки при повышении эффективности общественного производства" – считает В.А. Тихонов. Учитывая сложный отраслевой состав этого комплекса, требуется "во-первых, сбалансированность всех стадий агропромышленного производства по основным технико-экономическим параметрам и, во-вторых, целенаправленность всех трех разнородных, но взаимосвязанных видов деятельности, которые и составляют в совокупности агропромышленный комплекс"[56]. К сожалению, наша практика скорее показывает несбалансированность и отсутствие целенаправленности, разобщенность и несогласованность. Этим обесцениваются крупные инвестиции, куда-то "в песок" уходят ресурсы. Наличие плановой системы и планирующих органов, вопреки ожиданиям и надеждам, не спасли положения. Видимо, одна из причин состояла в том, что само планирование было в значительной мере декларативным. Все шло только в одном направлении – сверху вниз. А судьбу решают "низы". Все многообразие "низов" с массой действующих сил в разных направлениях, часто не учитывалось. И в этом наша извечная беда. Любая же ошибка на верхних эшелонах, в возрастающих размерах сказывается внизу.

Теоретическими вопросами АПК долгие годы занимались академик ВАСХНИЛ Владимир Александрович Тихонов (1927–1994), возглавлявший аграрный отдел Института экономики АН СССР, со своими сотрудниками, Владимир Потапович Можин (р.1929), академик ВАСХНИЛ. Много исследований посвящено отдельным сторонам деятельности АПК, а также его региональным проблемам. Все эти исследования послужили теоретической основой для организационного оформления управления АПК как единым целым.

Одним из первых в стране по проблемам АПК начал работать профессор Марлен Михайлович Макеенко (р. 1925). Еще в 1974 г. он создает первое в стране научно-исследовательское подразделение по этому направлению – отдел региональных проблем АПК в СОПСе при Госплане СССР. Макеенко изучал объективные основы интеграционных процессов в народнохозяйственном агропромышленном комплексе, разработал понятийный аппарат, участвовал в исследованиях и разработке теоретических, методологических и практических вопросов кооперации и интеграции. Все эти изыскания отражены в многочисленных публикациях и нашли практическое применение[57,58,59,60].

На грани 50–60-х гг. в экономической науке зарождается новое направление – математическое моделирование экономических процессов. Чаще оно называлось просто экономико-математическим моделированием. С этого времени сама экономическая наука обретает новый, более точный методологический аппарат. С внедрением же компьютеров открылись широкие возможности экономического экспериментирования, исключающие сложные и болезненные опыты непосредственно в общественном хозяйстве, что почти всегда сопряжено не только с финансовыми и экономическими, но часто социальными, психологическими и даже политическими последствиями.

Отцами нового направления в нашей стране по праву считаются Леонид Витальевич Канторович (1912–1986)[61], Василий Сергеевич Немчинов[62], Виктор Васильевич Новожилов (1892–1970)[63]. Несколько позднее свой вклад в становление этого направления науки внесли Абел Гезевич Аганбегян (р. 1932)[64] и Никита Николаевич Моисеев (р.1917)[65-69]. За научную разработку методов линейного программирования и экономических моделей Л.В. Канторович и В.С. Немчинов в 1965 г. были удостоены Ленинской премии, а Л.В. Канторович – в 1975 г. Нобелевской премии. Эти работы он начал еще до войны в Ленинграде[70]. В 80-е гг. Н.Н. Моисеев выступил с серией книг, охватывающих не только моделирование экономических процессов, но также социальных, экологических и биосферу в целом.

Моделированис позволяет не только находить оптимальные варианты распределения и использования ресурсов, но и формирует новый стиль экономического мышления. Возникли такие понятия как "ограниченность ресурсов", "критерий оптимальности", "двойственные оценки (объективно обусловленные оценки)" как база определения цены. Моделирование оказалось катализатором нового мышления экономистов. Оно помогло вывести экономические дисциплины из-под сильного влияния описательности и значительной доли догматизма, чрезмерной заидеологизированности.

Аграрная наука достаточно быстро повернулась в сторону математического моделирования. К этому она уже имела некоторые предпосылки. Например, А.В. Чаянов широко использовал в своих работах математику и отлично владел ею. В начале 60-х годов появились работы Ростислава Григорьевича Кравченко[71], Ивана Григорьевича Попова[72], Матвея Евсеевича Браславца[73]. Все они были посвящены основам моделирования экономических процессов в аграрной сфере. Названные специалисты, и прежде всего Р.Г. Кравченко, стали лидерами нового направления. Вокруг них начали формироваться коллективы молодых ученых, увлеченных новыми идеями.

Центральное место заняли разработки тех экономических процессов, которые ранее исследовались экономистами традиционными методами. Это свидетельствует о том, что математические методы даже в первые годы их применения были не каким-то экзотическим цветком в науке, а новым рабочим инструментом в исследовании актуальных проблем экономики.

В тот период созданы модели развития и территориального размещения сельскохозяйственного производства по стране в целом и по отдельным регионам. Эти модели использовались при разработке прогнозов на среднесрочную и долгосрочную перспективу. Были разработаны модели специализации и оптимальных размеров сельскохозяйственных предприятий различных типов. Большой популярностью пользовались модели оптимизации кормовых рационов для различных половозрастных групп скота и птицы, модели оптимизации структуры кормопроизводства, обоснование схем внесения минеральных удобрений для различных культур и почв, а также многие другие.

Во второй половине 60-х и 70-х гг. были разработаны экономико-математические модели размещения закупок сельскохозяйственной продукции Владимиром Васильевичем Милосердовым (р.1930), линейно-динамическая модель развития сельскохозяйственного предприятия Эльмирой Николаевной Крылатых, матричная модель производственно-финансового плана предприятия Ириной Валентиновной Семеновой, оптимальных типов сельскохозяйственных предприятий – Геннадием Васильевичем Беспахотным (р.1937). Немало интересных работ появилось в это время в других республиках: А.М. Онищенко (Украина), В.Ю. Розенберг (Эстония), М. Кенжтузин, И. Блаж (Молдавия), Н.И. Вирченко (Казахстан). Успешно развивалось это новое направление в Латвии, благодаря работам академиков Беньямина Трея (р.1915) и Арниса Калныньша (р.1935), которые продолжили традиции академика ВАСХНИЛ Яна Ванага в разработке актуальных проблем на основе новой методологии.

Заслуживает внимания яркая личность Э.Н. Крылатых. Дело не в том, что мы редко говорим человеку при жизни теплые слова, разве что в юбилейные даты, да и тогда искренность часто переплетается со славословием. И не в том, что наша страна уникальна по женофобии, по недопущению умных женщин не только в структуры власти, но и на почетные места в науке. Достаточно сказать, что сегодня в Российской академии сельскохозяйственных наук из 138 действительных членов только четыре женщины: Р.Г. Бутенко, И.П. Калинина, Э.Н. Крылатых, Л.Н. Петрова, и хотя среди научных сотрудников более 58% женщин. Дело в высоких личных качествах Эльмиры Николаевны: интеллектуальных, этических, деловых. Она счастливо сочетает в себе способности глубокого исследователя, прекрасного педагога и лектора, воспитателя молодежи, крупного организатора науки, доброжелательного и принципиального человека, умеющего в интересах дела проявить гибкость, не отступая от истины. Она хорошо знает практику. Возможно, что-то хорошее восприняла и от Кирилла Прокопьевича Орловского, работая в ранней молодости в течение трех лет (1956–1959) научным сотрудником опорного пункта ВНИЭСХ, которым заведовал сам председатель прославленного колхоза "Рассвет", бесстрашный партизан, Герой Советского Союза и Герой Социалистического Труда. Э.Н. Крылатых – автор многих трудов по экономике сельского хозяйства и АПК, включая проблемы экономико-математического моделирования[74–76].

Координация работ по экономико-математическому моделированию была возложена на созданный в 1969 г. на базе Всесоюзного центра моделирования при ВНИЭСХ Всесоюзный институт кибернетики. В программе исследований участвовало более 40 научно-исследовательских институтов и вузов. Регулярно проводились координационные совещания, научные конференции, различные научные секции. В пяти сельскохозяйственных вузах были созданы кафедры экономической кибернетики, начата подготовка экономистов-математиков. Их первые выпуски состоялись в начале 70-х годов.

Качественно новым для всего направления в начале 70-х годов стало соединение моделирования с разработкой информационно-вычислительной системы в сельском хозяйстве, а также построение системы экономико-математических моделей аграрной экономики в целом. Это позволяло поставить управление и распределение ресурсов на строго научную, объективную основу. Но кого-то это не устраивало. Начались нападки на энтузиастов нового направления. Нападки перешли в травлю. Сокращалось финансирование этих работ, участилось увольнение сотрудников. А в самой этой ветви науки – стагнация. Глубинная причина состоит в том, что чиновничьей системе объективная информационная база не нужна. Ей нужно право распоряжаться ресурсами по своему усмотрению. Это было в 70-х гг. Но это были пока еще только цветки... Своеволие чиновников, власть столоначальников разных рангов – извечный бич России. Меняются общественные формации, приходят и уходят разные правящие элиты, а его величество государственное чиновничество растет, процветает, размножается. Оно как хамелеон меняет окраску: белую на красную, красную на любую другую. Они делали свое дело под сенью двуглавого орла, затем красного знамени, а теперь – трехцветного. Важно держать в руках власть, распоряжаться ресурсами и судьбами людей. А наука часто просто мешает. И чем чиновников больше, тем ниже их компетентность, тем больше разнобоя и необоснованности в их действиях. В условиях рыночных отношений, когда повышается роль любого хозяйствующего субъекта в принятии экономических и управленческих решений – определении перспектив развития, структуры производства, необходимости изучения конъюнктуры рынка – расширяются возможности использования в практике экономико-математических методов. Это научное направление будет востребовано самой жизнью.

ДРУГИЕ НАУЧНЫЕ ПРОБЛЕМЫ 60–80-х гг.

Из других научных проблем этого периода следует назвать еще по крайней мере две, к решению которых привлечено много ученых и целых коллективов. Это – научно-технический прогресс и ценообразование. Научно-технический прогресс – проблема многогранная и синтетическая. Она охватывала не только экономические, но также биологические, технические, технологические и организационные аспекты и была облечена в форму долгосрочных прогнозов развития общества поначалу до 2000 года, а затем и на более отдаленную перспективу.

Возглавлялись эти работы Академией наук СССР и Государственным научно-техническим комитетом (ГКНТ) СССР. Председателем объединенной комиссии был вице-президент Академии наук СССР Владимир Александрович Котельников (р. 1908). Аграрные вопросы разрабатывались институтами ВАСХНИЛ, Академии наук СССР и ряда министерств. Координировались они специальной комиссией по АПК. Поэтому эти разработки переплетались как с конкретными проблемами аграрных наук, так и с прогнозом развития АПК. Возглавлял комиссию по АПК Владимир Потапович Можин, ныне академик

РАСХН, директор КЕПС при Российской академии наук. К тому времени он уже работал в Сибирском отделении Академии наук СССР, а затем в Москве, накопил богатый опыт по прогнозированию, использованию методов экономико-математического моделирования, оптимизации развития АПК[77]. В.П. Можин проявил при этом широкую эрудицию, высокие организаторские данные, умение сплачивать крупные коллективы, видеть главное при последовательно системном подходе.

В комиссии были структуры по различным проблемам АПК, в ее работе участвовали ученые и специалисты разных ведомств. Вопросы активно обсуждались и дискутировались, практиковались семинары и конференции.

В целом итоги работы были изложены в 30-ти томах. Фактически там были обобщены результаты исследований сотен институтов и других научных коллективов. Они отражали научно-технический уровень того времени и были рассчитаны на освоение в производстве имеющихся научных разработок. Очевидно, эти расчеты были несколько оптимистичны, хотя они предусматривали не один, а несколько возможных вариантов. Никто тогда, на грани 70-х и 80-х гг., не мог предусмотреть грядущих потрясений. Ожидалось плавное совершенствование системы. Никто не предвидел политических схваток, поляризации общества, его "криминогенологизации", если можно так выразиться, некомпетентности и непоследовательности в решении проблем, назревших в 90-е годы. В тихую эпоху застоя властные структуры поощряли прогностические работы, но не очень на них опирались. И, к сожалению, эти фолианты спокойно лежали на полках или на столах руководящих товарищей.

Вторая проблема – ценообразование. При всех потугах административной системы довести обобществление, или огосударствление производства до конца, при всей нетерпимости к рыночным отношениям, товарное производство с присущими ему категориями жило. Ценовые отношения, ценовой паритет в товарообмене между городом и деревней имел важнейшее значение. Уже так бесцеремонно грабить и все реквизировать, как это делалось раньше, стало невозможным.

В течение долгих лет ценообразование исследует Иван Илларионович Лукинов, академик ВАСХНИЛ и Украинской Академии наук[78,79]. Им предложен метод поддержания ценового паритета. Он исследовал генезис и структуру цен на сельскохозяйственную продукцию, ценовые отношения в АПК и народном хозяйстве в целом, увязывая цены с процессом воспроизводства. Предложение о дифференциации цен на сельскохозяйственную продукцию разработал Василий Романович Боев еще в 70-е гг., и оно нашло широкое применение[80]. Кроме того, В.Р. Боев внес существенный вклад в совершенствование ценообразования на продукты сельского хозяйства, промышленные средства и услуги в условиях перехода к рыночным отношениям. Исследованием проблем ценообразования применительно к условиям Литвы успешно занимался тогдашний директор Института экономики сельского хозяйства академик Болюс Игнович Пошкус (р.1930), ныне вице-президент РАСХН. Б.И. Пошкус создал и долгие годы возглавлял эффективно функционировавший институт экономики сельского хозяйства в Вильнюсе.

* * *

Из сказанного видно, что аграрная наука и в застойный период решала многогранные проблемы развития АПК, осваивала новые методологии, вооружала практику, смотрела далеко вперед. И не ее вина, что многие разработки оставались невостребованными. Конечно, и тогда многие труды носили "конъюнктурный" характер, что порождалось самой обстановкой. В экономике доминировало сплошное огосударствление, процветала гигантомания во всех видах строительства; разрастался военно-промышленный комплекс, что вызывалось противостоянием супердержав и непрерывным усилением холодной войны, перешедшей в горячую в Афганистане. Во внешней торговле все большее место занимал несбалансированный экспорт нефти, газа и других невосполняемых природных ресурсов в обмен на продовольствие и технику. Страна все глубже погружалась в зависимость от иностранных государств. Это началось задолго до распада Союза, в период стагнации.

РЕГИОНАЛЬНЫЕ ИССЛЕДОВАНИЯ (СИБИРЬ, НЕЧЕРНОЗЕМЬЕ)

Видное место в экономических исследованиях занимали региональные проблемы. Крупнейший и богатейший регион – это Сибирь. Она уже имела свой научный центр – Сибирское отделение Академии наук СССР, расположенное к югу от г.Новосибирска на берегу Обского водохранилища. Здесь работали крупные ученые-экономисты Абел Гезевич Агангебян, Татьяна Ивановна Заславская, Александр Григорьевич Гранберг и многие другие. Поскольку Сибирь стала главной кладовой энергетических ресурсов, минерального сырья, леса, других богатств, то экономистам, наряду с геологами, биологами и другими учеными предстояло дать научное обоснование рационального и экологически безопасного использования этих ресурсов с одновременным строительством всей производственной и социальной инфраструктуры. Поэтому вскоре здесь создаются Сибирское отделение ВАСХНИЛ и Сибирское отделение Академии медицинских наук. Их задачи состоят в научном обосновании функционирования систем жизнеобеспечения людей в суровых, экстремальных условиях Сибири, Севера и Дальнего Востока.

Возглавлявший долгие годы Сибирское отделение ВАСХНИЛ Ираклий Иванович Синягин, а затем Петр Лазаревич Гончаров по научной специальности были биологами. Первый в своих трудах сосредоточил внимание на вопросах агрохимии и растениеводства, второй – непосредственно на селекции зерновых и кормовых культур. Несколько лет заместителем И.И. Синягина работал В.А. Тихонов. В течение 15 лет Сибирский институт экономики сельского хозяйства возглавлял В.Р. Боев. Он многое сделал по разработке организационно-экономических принципов создания продовольственной базы в районах промышленного освоения Сибири[81].

Несколько иные проблемы стояли перед научными учреждениями другого важнейшего региона России – Нечерноземья. Эти районы давно освоены человеком, они стали в свое время колыбелью государства Российского и формирования русской нации. Но эти районы пришли в запустение. И виною тому не стихийные бедствия и даже не две опустошительные войны, охватившие часть этих земель. Виновата политика государства и вся система, допустившие возникновение в центре России громадных пространств, где на десятки километров не встретишь человека, не услышишь лая собаки и пения петуха, где чертополохом поросли фундаменты когда-то стоявших строений или сиротливо стоят полуразрушенные руины церкви в центре когда-то жившего полнокровной жизнью села. Такая пустыня страшнее подлинной, с развеваемыми песками. Она – немой укор человеку, не сберегшему жизнь. И это – центр и север России.

Территория российского Нечерноземья – 2 823,8 тысяч квадратных километров, население 63,6 млн. человек, или 43% общей численности государства, 29 областей и республик, 529 городов и 1 006 поселков городского типа, 694 района, 9 256 сельских советов. Сельского населения в 1982 г. – 12 205 тыс. человек, тогда как в 1970 г. было 17 339 тысяч. Таким образом, за 12 лет из нечерноземного села убыло более 5 млн. человек. Сельское население сейчас составляет только 19% от общей численности против 31% в среднем по России.

Нечерноземье – наиболее урбанизированный регион. Здесь сосредоточены такие города - мегаполисы, как Москва, Санкт-Петербург, Екатеринбург, Нижний Новгород, Пермь и другие. Они построены на костях русских крестьян, как и железные дороги, как фабрики, заводы и электростанции за годы сталинских пятилеток. Рабочий класс первых пятилеток – это вчерашние крестьяне и прежде всего из "потребляющих" губерний, нечерноземных. Деревня становилась мачехой для людей, веками живших крестьянским трудом. Кого-то из села выдворяли во время раскулачивания и других кампаний, кто-то сам спасался от голодной смерти, кого-то брали путем "оргнабора". В.П. Попов на основании архивных документов показывает, что только за 1960–1964 гг. почти 7 миллионов человек покинуло колхозы[82]. Так было до этого периода, так было и после. Основная масса умерших деревень России – в Нечерноземье. Заросших лесом и кустарниками, заболоченных и закисленных земель – опять в Нечерноземье. Исчезающая и нуждающаяся в занесении в Красную книгу овца романовской породы – также в Нечерноземье.

В марте 1974 г. ЦК КПСС и Совет Министров СССР принимают постановление "О мерах по дальнейшему развитию сельского хозяйства Нечерноземной зоны РСФСР"[83]. В этом документе говорится о том, что "благоприятные природные и экономические условия для развития сельского хозяйства в Нечерноземной зоне РСФСР используются не полностью..." и ставится задача "обеспечить к 1990 г. увеличение производства основных сельскохозяйственных продуктов... по сравнению с достигнутым уровнем в 2–2,5 раза..." Далее называются конкретные цифры по каждому виду продукции. Признается, что важнейшим условием при решении этой задачи является материально-техническое укрепление колхозов, совхозов, водохозяйственных организаций и предприятий Сельхозтехники. Главное звено в этом деле – мелиорация земель и широкий комплекс культур-технических мероприятий, осушение болот и использование торфа. Для этих работ создано Главное управление по мелиорации земель, начальник которого является первым заместителем министра мелиорации и водного хозяйства СССР и заместителем Председателя Совета Министров РСФСР.

Предусматривается увеличение поставки техники и минеральных удобрений, ввод в действие большого числа животноводческих "комплексов" и птицефабрик, укрепляется материальная база строительных организаций. Предложено в течение 1974–1975 гг. осуществить "завершение работ по составлению проектов районной планировки и застройки сельских населенных пунктов... сселение 170 тысяч семей из мелких населенных пунктов в благоустроенные колхозные и совхозные поселки..." Ставятся также задачи по строительству дорог, электрификации и телефонизации. Мелиорация и строительство в Нечерноземье объявляются Всесоюзной ударной комсомольской стройкой. Туда направляются студенческие строительные отряды численностью не менее 20 тыс. человек. Открываются профессиональные сельские технические училища.

В г. Ленинграде создается отделение ВАСХНИЛ по Нечерноземной зоне РСФСР. Что касается задач, поставленных перед наукой, то они сводятся к селекции, мелиорации, химизации и механизации. Проблематика явно обеднена.

В целом постановление носит организационно-технический характер. Отсутствуют какие-либо структурные предложения, экономические изменения. Есть только списание части долгов колхозов, как всегда в таких случаях "в порядке исключения", да отсрочка погашения задолженности. Что же касается районной планировки и сселения в крупные "благоустроенные" поселки колхозов и совхозов, то это – продолжение начатой еще ранее линии на ликвидацию малых поселений, на строительство многоэтажек для крестьян, огосударствление сельскохозяйственных предприятий.

Удалось ли удвоить к 1990 г. объемы производства сельскохозяйственной продукции, обеспечить установленный уровень выхода ее видов, выполнить объемы запланированных мелиоративных работ? Обратимся к статистике (табл. 10.8).

Таблица 10.8

Производство основных видов сельскохозяйственной продукции в Нечерноземной зоне РСФСР[84] (рассчитано по данным Госкомстата России)

Продукция	1971 – 1975 гг.	Намечено	1990 г.	1990 г. к намеченному, %
Зерно, млн. т	19,7	43	21,5	50,0
Льноволокно, тыс. т	200	380	66,4	17,5
Картофель, млн. т	26	42	14,1	33,6
Овощи, млн. т	4,3	7,6	3,4	44,7
Скот (жив. вес), млн. т	3,4	4,0	4,8	120,0
Молоко, млн. т	18,4	30	20,2	67,3
Яйца, млрд. штук	11,5	22	20,1	91,4
Шерсть, тыс. т	17,1	25	11,1	44,4

Из приведенных данных видно, что намеченные постановлением показатели развития Нечерноземья не были достигнуты. Не были выполнены объемы мелиоративного, жилищного и прочего строительства. Главное, видимо, в том, что предусмотренные мероприятия не затронули интересов оставшихся в нечерноземной деревне 13 млн. человек. Грандиозные планы невозможно выполнить силами студенческих отрядов.

Что же касается науки, то ее возможности были весьма ограничены. Отделение ВАСХНИЛ, в настоящее время Российской академии сельскохозяйственных наук, поначалу объединяло и координировало деятельность 34 научно-исследовательских учреждений, в него входило 53 опытно-производственных хозяйства. Затем сформировалось 7 крупных научно-производственных объединений, 150 научно-производственных систем, 29 центров научного обеспечения.

С течением времени организационные формы менялись. Поиск шел и в науке. В настоящее время в отделении работает 42 научно-исследовательских института, 1 660 научных сотрудников. Обучается более 200 аспирантов по 17 специальностям. За годы своей деятельности в коллективах отделения выведено 150 новых сортов сельскохозяйственных культур, 30 линий домашних животных, создано 350 новых машин и рабочих агрегатов, более 700 новых технологий, включая биотехнологию[85]. Многие сорта озимой ржи, ячменя, картофеля, льна-долгунца, гороха и вики, многолетних трав отличаются высокой урожайностью и адаптированностью к весьма непростым условиям Нечерноземья. Достижения имелись по всем направлениям аграрной науки. Возникает вечный вопрос: почему в науке они есть, а в производстве нет? Почему в экспериментальных хозяйствах собирают продукции в расчете на гектар зерновых на тонну больше, чем в основной массе колхозов и совхозов, а в расчете на корову – надаивают на тонну больше молока? Ответ прост: на всех ресурсов не хватает для обеспечения оптимального уровня, но это не главное. В науке ведь есть эксперименты, особенно полевые на предмет "как нельзя", а не только "как надо", это часто уравновешивается и снижает общий возможный уровень. При этом отрицательный результат бывает не менее ценный, чем положительный. Он предупреждает ошибки в массовых размерах. Это первое. Второе. Экспериментальные поля и фермы были чуть-чуть больше защищены от некомпетентных команд сверху, от которых извечно за годы советской власти страдало наше сельское хозяйство. Ведь игра-то шла в одни ворота, команды поступали только сверху. Как же радовались в "низах", если "наверху" оказывался умный и демократичный человек, не дергавший поминутно вожжами.

Отделение академии по Нечерноземной зоне возглавляли видные ученые академики Лев Константинович Эрнст (1974–1978), Валентин Митрофанович Кряжков (1978–1983), Василий Григорьевич Минеев (1985–1988), Николай Григорьевич Дмитриев (с 1988). Все они не только организаторы, но и известные исследователи: Л.К. Эрнст в области зооинженерии и биотехнологии, В.М. Кряжков – механизации сельского хозяйства, В.Г. Минеев – агрохимии, Н.Г. Дмитриев – генетики животных.

Примечателен жизненный путь Николая Григорьевича Дмитриева. Он 16-летним мальчиком ушел партизанить в новгородских лесах, затем служил в действующей армии. В бою на Одере был тяжело ранен, лишился одной руки. После войны упорно учился, самозабвенно работал. Возглавляя крупнейшую структуру академии с научными центрами от Балтии до Урала и от Мурманска до Орла, он лично ведет исследования и до недавнего времени руководил Всесоюзным институтом генетики и разведения животных. Был народным депутатом СССР, на съездах вносил ряд конструктивных предложений.

ВАСХНИЛ трижды обсуждала на своих сессиях общих собраний вопросы развития Нечерноземья: вслед за принятием постановления ЦК КПСС и правительства, затем в декабре 1981 г. на выездной сессии в Смоленске и во второй половине 80-х гг. При всем этом Нечерноземье еще ждет своих решений. Перелом к лучшему еще не наступил.

ПРОДОВОЛЬСТВЕННАЯ ПРОГРАММА

В мае 1982 г. на Пленуме ЦК КПСС была принята Продовольственная программа СССР до 1990 года[86]. К ней готовились примерно два года. К работе были привлечены ученые, плановые и хозяйственные ведомства. Возглавлял и координировал эти работы Михаил Сергеевич Горбачев. В предварительном порядке проводились неоднократные встречи с обсуждением затрагиваемых вопросов.

Сама программа включала в себя обоснование объемов производства основных видов продовольствия, а также уровень их потребления; развитие материально-технической базы агропромышленного комплекса; обеспечение этой сферы транспортом, тарой, хранилищами, рефрижераторами и упаковочными материалами; улучшение социально-бытовых условий жизни на селе; повышение эффективности работы колхозов, совхозов и других предприятий и организаций аграрного профиля; усиление роли науки в сельском хозяйстве; развитие экономических связей с социалистическими странами; основные задачи в области АПК союзных республик в реализации их.

Одновременно с программой был принят пакет постановлений ЦК КПСС и Совета Министров СССР по ее обеспечению: об улучшении управления сельским хозяйством и другими отраслями АПК; по совершенствованию экономического механизма хозяйствования; о дальнейшем укреплении колхозов и совхозов руководящими кадрами и специалистами; об усилении материальной заинтересованности работников сельского хозяйства в увеличении производства продукции и повышении ее качества; о дополнительных мерах по закреплению в колхозах, совхозах и других сельскохозяйственных предприятиях работников, занятых в животноводстве[87]. Кроме того, Президиум Верховного Совета СССР принял постановление "О задачах советов народных депутатов по реализации решений майского (1982 г.) Пленума ЦК КПСС", а также Указ о создании в областях, краях и районах советов агропромышленных объединений[88].

Каковы итоги выполнения Продовольственной программы, рассчитанной на период до 1990 года? Рассмотрим два показателя: производство основных видов продовольствия и потребление в расчете на душу населения (табл. 10.9).

Анализ приведенных данных показывает удивительную вещь: полное выполнение намеченных объемов производства животноводческих продуктов и очень незначительный прогресс по растениеводству. Дело в том, что в обществе было сильное недовольство нехваткой животноводческих продуктов, руководство страны это понимало, и предпринимались меры по форсированному развитию этих отраслей: повышались закупочные цены, выделялись крупные государственные дотации пищевой промышленности для покрытия убытков, образовавшихся между низкими розничными ценами, с одной стороны, и возраставшими издержками, с другой. Производство в значительной мере было переведено на индустриальные технологии, оно получало крупные инвестиции.

Таблица 10.9

Производство основных видов продовольствия в СССР млн. тонн

Виды продуктов	1980 г.	1990 г.	По Продовольственной программе	1990 г. к Продовольственной программе, %
Зерно	176,2	218,0	250–255	87,2–85,5
Картофель	67,0	63,6	90–92	70,7–69,1
Овощи	27,3	26,6	37–39	71,9–68,2
Плоды и ягоды	7,9	9,1	14–15	65,0–60,7
Семена подсолнечника	4,6	6,6	7,2–7,5	91,7–88,0
Мясо (убойный вес)	15,1	20,0	20–25	100,0–97,6
Молоко	90,9	108,4	104–106	104,2–102,3
Яйца, млрд. шт.	67,9	81,7	78–79	104,7–103,4

Источники: Решения партии и правительства... Т.14. С.405–412. Народное хозяйство СССР в 1990 г. ... С.460, 484, 502.

Что же касается растениеводства, то здесь тоже начали осваиваться интенсивные технологии, и они были эффективны. Однако поле в 228 млн. гектаров перевести на эти технологии непросто, построить достаточное количество современных хранилищ, подъездных путей, создать специализированный транспорт не удалось. И потери выращенного урожая были невообразимо велики. Можно с уверенностью сказать, что намеченные объемы продукции достигались, но от 1/4 до 1/2 ее гибло. И виноват в этом не крестьянин. И не ученый. Наука дала сорта с биологической урожайностью, предусмотренной Продовольственной программой по всем культурам. И не ее вина, что потенциал этих сортов и гибридов использовался на 30–40%.

Рассмотрим теперь фактическое потребление основных продуктов питания в расчете на душу населения СССР за 1980 и 1990 гг., сравнив с уровнем, предусмотренным Продовольственной программой (табл. 10.10).

Данные таблицы показывают высокую обеспеченность населения страны молочными продуктами с превышением уровня Продовольственной программы. Близки к этому потребление яиц, сахара, картофеля и хлебопродуктов. Гораздо хуже с мясом и рыбой, а также растительным маслом. И совсем плохо обстоит дело с потреблением овощей, фруктов и ягод. Но в этом тоже меньше всего повинен крестьянин: ведь более половины этой уже выращенной продукции не доходит до стола потребителя.

Говоря о потреблении, следует иметь в виду, что значительную долю продовольствия страна закупает на мировом рынке. Расчеты показывают, что импорт в реализации через государственную и кооперативную торговлю занимает по растительному маслу 53%, сахару – 46, фруктам – 17, животному маслу – 16, рыбе – 13 и мясу – 7,6%. Кроме того, до 15% используемого зерна также приходится на импортное[89]. Суммарно около 1/7 продовольствия Россия потребляла за счет мирового рынка.

Таблица 10.10

Потребление основных продуктов питания в СССР (в расчете на душу населения в год, кг)

Виды продуктов	1980 г.	1990 г.	По Продовольственной программе	% выполнения
Мясо и мясопродукты	58	67/59*	70	96/84*
Рыба и рыбопродукты	17,6	16,5	19	87
Молоко и молочные продукты	314	358	330–340	105–108
Яйца (штук)	239	258	260–266	97–99
Растительное масло	8,8	10,2	13,2	77
Сахар	44,4	44,9	45,5	98
Овощи и бахчевые культуры	97	92	126–135	68–73
Фрукты и ягоды	38	36	66–70	51–55
Картофель	109	100	110	91
Хлебопродукты	138	133	135	98

Источники: Решения партии и правительства... Т.14. С.404. Народное хозяйство СССР в 1990 г. ... С.140. * В знаменателе – без субпродуктов и сала

Несмотря на существенный рост производства животноводческих продуктов, на недопустимо крупные объемы импорта, еще до либерализации цен и обвальной инфляции, при низких розничных ценах на мясо и другие виды продовольствия, в обществе было недовольство состоянием продовольственного обеспечения. В 1990 г. Госкомстат СССР провел выборочное обследование 30 тысяч человек и выявил недовольство нехваткой продуктов питания: хлеба – 2,3, крупы и макарон – 19,5, картофеля – 22,8, молочных продуктов – 43,7, сахара – 51,6, кондитерских изделий – 65,9, овощей и фруктов – 71,7, рыбных продуктов – 78,4, мяса – 81,1%[90].

Чем же объяснить столь массовое недовольство, в чем причина неудач в реализации Продовольственной программы? Очевидно, их несколько, и они имеют глубокие корни.

Прежде всего, радикально не изменилась инвестиционная политика, и практика продолжала воспроизводить порочную структуру агропромышленного комплекса с очень слабым обеспечением послеуборочных процессов (хранение, транспортировка, переработка), что определяло огромные потери продукции и снижение ее качества. Потери собственной продукции в 2–3 раза превышали ее импорт, особенно плодов, ягод, бахчевых культур, овощей, картофеля и даже зерна.

Во-вторых, неповоротливая и коррумпированная торгово-распределительная сеть, не заинтересованная честно и четко работать, продолжала по инерции свое рутинное дело, списывая большие массы "порченой" продукции, особенно на различных крупных городских базах и складах. Последние же не были оснащены современным оборудованием.

В-третьих, установленные Программой объемы по укреплению материально-технической базы сельского хозяйства не выполнялись. Так, вместо 210–235 млрд. киловатт-часов электроэнергии отпущено для сельского хозяйства только 189 млрд. кВтч. Сельские сети электропередачи ненадежны, энергия часто отключается, что вызывает большие потери из-за срывов технологических процессов. Минеральных удобрений в пересчете на действующее вещество вместо 30–32 млн. т получено только 22 млн., и это значительно снизило урожай, так как поставки туков в 1990 г. были существенно ниже 1987–1989 гг. Площади орошаемых земель достигли в 1990 г. по всей стране только 21,2 млн. га вместо запланированных 23–25, осушенных – 16,4 вместо 18–19 млн. га[91,92]. То же следует сказать и о поставках техники, она вечно была некомплектной и не особенно высокого качества, равно как и надежности. Металла добротных марок сельскохозяйственное машиностроение не получало, хорошее шло по другим адресам на выпуск военной техники. Все это вместе взятое негативно сказывалось на материально-техническом обеспечении села. Наши машины на мировом рынке были неконкурентоспособными, и поставлялись они лишь в развивающиеся страны. Даже для неплохого трактора "Беларусь" кузова при продаже за рубеж переделывались. Нет нужды говорить о низком качестве многих мелиоративных систем, высокой энергоемкости нашей техники, отставании в создании социальной инфраструктуры.

В-четвертых, огосударствленная колхозно-совхозная система сковывала инициативу человека и нуждалась в коренном ее преобразовании на принципах подлинной кооперации. Основы производственных отношений Продовольственная программа не затронула. Об этом говорят даже заголовки принятых постановлений, начинающиеся словами: "улучшение", "повышение", "усиление", "укрупнение", "совершенствование" и т.п. "Верхи" общества, правящая элита, руководящие органы страны были не готовы к принятию принципиально новых решений. И мысли пресекались, если выражались сомнения в сложившихся догмах марксистско-ленинских постулатов по аграрному вопросу. Сельское хозяйство продолжало оставаться экстенсивным, затратным, экологически разрушительным, не нацеленным на потребности человека. На первое место ставилось только ресурсное пополнение. С остальным считалось, что все в порядке. Эта однобокость позднее выявится еще острее, когда начнется аграрная реформа.

Программа по своей сути носила технико-технологический характер, но и здесь оказалась необеспеченной в полной мере ресурсами. Она не смогла заинтересовать людей и поднять ответственность, трудовую этику и активность. Главное же в том, что она не сдвинула с места проблему возрождения крестьянства. Вместо этого продолжался крыловский квартет с пересаживанием в новые кресла верхушечных чиновников и переименованием управленческих структур, что нисколько не задевало и не интересовало "низы". Но при всем этом нет оснований говорить о провале Продовольственной программы. Рацион питания человека улучшился, хотя структура его была еще далека от оптимальной.

ЛИТЕРАТУРА

1. **Рой Медведев.** Связь времен. Ставропольское книжное издательство, 1992, с. 327.
2. СССР и зарубежные страны. 1988. Статистический сборник. М., Финансы и статистика, 1989, с. 211.
3. **Там же**, с. 240.
4. КПСС в резолюциях ... М., Политиздат, 1986, т. 10, с. 486–429.
5. **Брежнев Л.И.** Ленинским курсом. М., Политиздат, 1970, т. 1, с. 66–100.
6. КПСС в резолюциях ... М., Политиздат, 1986, т. 11, с. 90–91.
7. **Там же**, с. 93–97.
8. Сельское хозяйство СССР. Статистический сборник. М., Финансы и статистика, 1988, с. 11–12, 25.
9. Народное хозяйство СССР за 70 лет. Юбилейный статистический ежегодник. М., Финансы и статистика, 1987, с. 324.
10. **Венжер В.Г.** Использование закона стоимости в колхозном производстве. М., Наука, 1965, с. 12.
11. **Там же**, с. 32.
12. **Венжер В.Г.** Социально-экономические перспективы развития колхозного строя. М., Наука, 1979, с. 279.
13. **Венжер В.Г.** Как было, как могла быть, как стало, как должно стать. М., Наука, 1990, с. 15.
14. **Там же**, с. 29.
15. **Там же**, с. 31.
16. **Там же**, с. 44–45.
17. **Там же**, с. 89.
18. **Там же**, с. 104–105.
19. **Там же**, с. 108.
20. **Буздалов И.Н.** Экономическая эффективность интенсификации сельскохозяйственного производства. М., Колос, 1966.
21. **Буздалов И.Н.** Прибыль и материальная заинтересованность работников сельского хозяйства. М., Экономика, 1967.
22. **Лисичкин Г.С.** План и рынок. М., Экономика, 1966.
23. Новый мир, №2, 1967.
24. **Кассиров Л.Н.** Плановые показатели и хозрасчетные стимулы производства в колхозах и совхозах. М., 1965.
25. **Шмелев Г.И.** Личное подсобное хозяйство и его связи с общественным производством. М., Мысль, 1971.
26. Мировая экономика и международные отношения, 1966, №1.
27. Итоги и перспективы. Под общей редакцией В.А. Голикова. М., Политиздат, 1968.
28. **Там же**, с. 116.
29. **Там же**, с. 199–201.
30. **Там же**, с. 207.
31. **Там же**, с. 216.
32. **Там же**, с. 231.
33. **Там же**, с. 235.
34. Policies, Planning and Management for Agricultural Development. Oxford, Institute of Agrarian Affairs. 1971, p. 557.
35. Вопросы перспективного планирования и системы ведения хозяйства в колхозах и совхозах. М., Госпланиздат, 1960.
36. Вестник сельскохозяйственной науки, 1984, №1, с. 4.
37. Народное хозяйство СССР. Статистические ежегодники за 1960, 1970 и 1980 гг.
38. Народное хозяйство СССР в 1990 г. Статистический ежегодник. М., Финансы и статистика, 1991, с. 551.
39. Система ведения сельского хозяйства Ставропольского края. Под редакцией А. Никонова. Ставропольское книгоиздательство, 1980, с. 490.
40. Атлас сельского хозяйства СССР. М., Сельхозгиз, 1960.
41. Вопросы размещения и специализации сельского хозяйства СССР. Под редакцией Л.М. Зальцмана, С.Г. Колеснева и др. М., Экономиздат, 1962, с. 85–135.
42. **Там же**, с. 217.

43. **Кубанин М.И.** Производственные типы колхозов. М.;Л., 1936.
44. **Никонов А.А.** Производственные типы колхозов и совхозов Ставрополья. Ставрополь: Ставропольское книгоиздательство, 1973, с. 177.
45. Концентрация и кооперирование сельскохозяйственного производства. Под редакцией Л.М. Зальцмана. М., Колос, 1980, с. 7.
46. **Негру-Водэ А.С.** Межхозяйственная кооперация. Опыт и проблемы. М., Колос, 1975.
47. Межхозяйственное производственное кооперирование в сельском хозяйстве РСФСР. Под редакцией Л.Я. Флорентиева. М., Россельхозиздат, 1975.
48. Межхозяйственная кооперация и агропромышленная интеграция в сельском хозяйстве. Под редакцией Ю.В. Седых, М., Колос, 1978. **Джахангиров А.Д., Долгошей Д.А., Макеенко М.М., Оглоблин Е.С.** Теоретические основы межхозяйственной кооперации и агропромышленной интеграции. М., Колос, 1982.
49. Народное хозяйство СССР в 1990 г. Статистический ежегодник. М., Финансы и статистика, 1991, с. 541–542.
50. Решения партии и правительства по хозяйственным вопросам. М., Политиздат, 1968, т. 5, с.485–496.
51. РГАЭ. Ф.506. Оп. 1. Д. 95. ЛЛ. 254–257.
52. Данные МНТЦ по племенному птицеводству Россельхозакадемии – В.К. Онисовца, 1994.
53. Решения партии и правительства по хозяйственным вопросам. М., Политиздат, 1976, т. 10, с. 339–345.
54. **Сметанин Н.Е., Тихонов В.А., Лемешев М.Я., Белов М.И.** Народнохозяйственный агропромышленный комплекс. Теория и практика. М., Экономика, 1980, с. 49–54.
55. Измерение чистого дохода, созданного в отраслях АПК. Под редакцией Л.Н. Кассирова. М., Экономика, 1982, с. 15–17.
56. **Тихонов В.А., Лезина М.Л.** Конечный продукт АПК. М., Наука, 1985, с. 57.
57. **Макеенко М.М.** Региональные проблемы агропромышленного комплекса СССР. М., Наука. 1979.
58. **Макеенко М.М.** Продовольственный комплекс. М., Колос, 1982.
59. **Макеенко М.М.** Продовольственный комплекс СССР. Региональные проблемы. М., Экономика, 1984.
60. **Макеенко М.М.** Социально-экономические факторы развития АПК. М., Агропромиздат, 1990.
61. **Канторович Л.В.** Экономический расчет наилучшего использования ресурсов. М., Изд. АН СССР, 1960.
62. **Немчинов В.С.** Экономико-математические методы и модели. М., Мысль, 1965.
63. **Новожилов В.В.** Измерение затрат и их результатов в социалистическом хозяйстве. М., Соцэкгиз, т. 1, 1959.
64. **Аганбегян А.Г.** Экономико-математическое моделирование и решение отраслевых задач. М., Наука, 1964.
65. **Моисеев Н.Н.** Человек, среда, общество. М., Наука, 1982.
66. **Моисеев Н.Н., В.В. Александров, Тарко А.М.** Человек и биосфера. М., Наука, 1985.
67. **Моисеев Н.Н.** Социализм и информатика. М., Политиздат, 1988.
68. **Моисеев Н.Н.** Экология человечества глазами математика. М., Молодая гвардия, 1988.
69. **Моисеев Н.Н.** Восхождение к разуму. М., Атомная техника, 1993.
70. **Канторович Л.В.** Математические методы организации и планирования производства. Л., 1939.
71. **Кравченко Р.Г.** Экономико-математические модели задач по сельскому хозяйству. М., Экономика, 1965.
72. **Попов И.Г.** Математические методы в экономических расчетах по сельскому хозяйству. М., Колос, 1964.
73. **Браславец М.Е.** Экономико-математические методы в организации и планировании сельскохозяйственного производства. М., Экономика, 1971.
74. **Крылатых Э.Н., Кравченко Р.Г.** Автоматизированные системы управления в сельском хозяйстве. М., Колос, 1970.
75. **Крылатых Э.Н.** Система моделей в планировании сельского хозяйства. М., Экономика, 1979.
76. **Крылатых Э.Н.** Пропорции и приоритеты в развитии АПК. М., Экономика, 1983.
77. **Можин В.П.** Проблемы оптимизации развития сельского хозяйства. Новосибирск, Изд. СО АН СССР, 1972.

78. **Лукинов И.И.** Ценообразование и рентабельность производства сельскохозяйственных продуктов. М., Колос, 1964.
79. **Лукинов И.И.** Воспроизводство и цены. М., Экономика, 1977.
80. **Боев В.Р.** Совершенствование закупочных цен на сельскохозяйственную продукцию. М., Экономика, 1974.
81. **Боев В.Р.** Сельское хозяйство в районах промышленного освоения Сибири, М., Экономика, 1984.
82. Отечественные архивы. 1994, №1, с. 35.
83. Решения партии и правительства по хозяйственным вопросам. М., Политиздат, т. 10, с. 485–496.
84. Нечерноземная зона Российской Федерации в цифрах. М., Республиканский информ.-изд. центр, 1992, с. 126–130, 145–151.
85. Отделение по Нечерноземной зоне Российской Федерации. Спб., Изд. Россельхозакадемии, 1993.
86. Решения партии и правительства по хозяйственным вопросам. М., Политиздат, 1983, т. 14. с. 399–439.
87. **Там же**, с. 440–472.
88. **Там же**, с. 472–476.
89. Народное хозяйство СССР в 1990 ... с. 131, 647, 653, 654.
90. **Там же**, с. 141.
91. **Там же**, с. 299, 447, 490, 493.
92. Решения партии и правительства ... т. 14, с. 416–421.

Я не знаю счастливых реформаторов...

М.С.Горбачев

ГЛАВА 11. ПЕРЕСТРОЙКА: ЗАМЫСЛЫ И РЕЗУЛЬТАТЫ (1985–1991 гг.)

Первая половина 80-х гг. ознаменовалась уходом из жизни "кремлевских старцев", составлявших тогда ядро Политбюро ЦК КПСС. М.А. Суслов скончался 25 января 1982 г., Л.И. Брежнев – 10 ноября 1982 г., А.Я. Пельше – 29 мая 1983 г., Ю.В. Андропов – 9 февраля 1984 г., Д.Ф. Устинов – 20 декабря 1984 г. и К.У. Черненко – 10 марта 1985 г. За три года, отмеченные народной молвою как "эпоха пышных похорон", выбыло шесть членов политбюро, принимавших решения и по введению войск в Чехословакию в 1968 г., и в Афганистан в 1979 г. И если в 1945 г. чехи и словаки осыпали наши танки цветами, то в 1968 г. – встречали людей с этими же погонами словами недоумения и гнева. Когда-то река Пяндж была границей дружбы между Афганистаном и Советским Союзом, афганцы боготворили своих северных соседей. Но после того, как "ограниченный контингент" советских войск с самолетами, танками, ракетами, испепелил на чужой земле тысячи кишлаков, оставил десятки, а может быть, и сотни тысяч вдов и сирот, с другого берега Пянджа по сей день приходят с местью "непримиримые". Навечно полегли в чужой земле тысячи наших воинов, и непоправимая беда страны усугубилась падением ее мирового авторитета по вине бездумно рвавшихся к пирровой победе амбициозных политиков. Армия и производство военной продукции для условий мирного времени были непомерно большими. Милитаризация экономики наносила небывало тяжелые со времен Великой Отечественной войны удары по жизненному уровню людей, а также научно-техническому уровню в гражданских отраслях производства. Надо было искать пути освобождения от этого непосильного бремени. Пока шла "холодная война", надежд на изменение экономических приоритетов было мало. Продолжалась бешеная гонка вооружений, соперничество между двумя супердержавами, двумя военно-политическими блоками: НАТО и Варшавским договором.

Продовольственное хозяйство было расстроено. Москва, Ленинград и некоторые другие крупные центры находились на особом режиме снабжения. В какой-то полусотне километров от этих городов магазины были пусты. Ежедневные "поезда жизни" курсировали, например, в Москву из Владимирской, Ивановской, Калининской, Смоленской, Калужской, Брянской, Рязанской, Тульской и других областей. Коллективы предприятий и организаций снаряжали по очереди своих гонцов на автобусах, грузовиках за продовольствием. Все это унижало и оскорбляло людей. На них в крупных городах смотрели свысока, недоброжелательно. Но ведь они же и кормили эти города. Это были вчерашние, а то и сегодняшние крестьяне.

В жизни нашего общества бал правила политика, сердцевину которой составляла идеология. Хорошо было все то, что соответствовало догмам марксизма-ленинизма-сталинизма . Маркс и Энгельс были гениальные мыслители, они не подгоняли реалии под заранее выработанные формулы. Но российский эксперимент построения коммунизма явно не удался. Система, созданная на насилии, может существовать какое-то время под его гнетом. Но рано или поздно такая система распадается. И какими бы красивыми фразами о "высшей форме демократии" ни прикрывалась такая система, она уйдет в небытие и станет предметом внимания историков. Такова участь и нашего общества.

Диктатура отучила людей говорить открыто и свободно. Когда-то это стоило жизни или, в лучшем случае, застенков ГУЛАГА. Но времена становились либеральнее. При Брежневе депортировали за рубеж, лишали гражданства. Усилилась эмиграция. И не только евреев и немцев, но и инакомыслящих. Правозащитники сообщали об использовании в нашей стране психиатрических больниц для инакомыслящих. Свобода слова и мысли была скована и находилась под запретом, жестким контролем.

Вспоминается такой, может быть, незначительный факт. Уже на пороге перестройки состоялись выборы в Верховный Совет РСФСР. Автор этих строк был выдвинут кандидатом в депутаты в Ленинграде. В избирательном округе находились крупнейший Политехнический институт, созданный академиком А.Ф. Иоффе Агрофизический институт, другие научные институты и предприятия. В коллективах встречи проходили нормально, даже доверительно. Однако на окружном предвыборном собрании ко мне подошла секретарь райкома партии и смущенно спросила: "А текст Вашего выступления есть?" Конечно же, никакого текста для подобных собраний у меня не было. Секретарь была расстроена и посетовала: "А как же я буду отчитываться перед горкомом и обкомом партии?!" Она была умным и порядочным человеком. Все выступавшие читали по бумажкам, в том числе и известные ученые. На следующий день секретарь обкома при встрече заявил мне, что наслышан о вчерашнем собрании, оно прошло неплохо, хотя "Вы выступали не по тексту". Может быть, это мелочь, но характерная. И особенно для такого центра культуры и науки, как Ленинград. Тяжесть идеологического контроля еще более очевидна, когда вспоминаешь о многократном геноциде по отношению к ленинградцам: в 20-х годах, в 1934 г., в 1936–1937 гг., 1949–1950 гг. Этот город и его люди были объектом особой ненависти деспота, управлявшего страной три десятилетия. А ведь Ленинград – город-герой, он выдержал беспримерную в истории человечества блокаду и не сдался врагу. И, может быть, поэтому с изумлением и надеждой в 1985 г. ленинградский актив в Смольном встретил раскованное, открытое выступление вновь избранного Генерального секретаря ЦК КПСС Михаила Сергеевича Горбачева. После долгих десятилетий духовного гнета это было глотком свежего воздуха.

В стране давно назрели перемены. Настало время покончить с ложью, лицемерием и лакировкой действительности, остановить непосильную гонку вооружений и снять с людей страх смертоносной войны. Пришла пора ставить экономику на здоровые рельсы и устранять командные методы руководства хозяйством. Следовало довести до конца реабилитацию миллионов и миллионов невинно погибших в сталинских лагерях и застенках, вернуть им доброе имя, сказать о геноциде крестьянства, интеллигенции и целых народов. Одним словом, предстояло выходить из "королевства кривых зеркал" к современной цивилизованной жизни, где бы на деле слово "человек" ценилось и звучало гордо, где бы жизнь его не приравнивалась к нескольким граммам свинца и он мог жить достойно и спокойно, с уверенностью в своем будущем.

Началом перестройки следует считать апрельский (1985г.) Пленум ЦК КПСС. Позднее М.С. Горбачев, характеризуя проводившиеся с этого времени под его руководством преобразования в стране, напишет: "Внутренний выбор в пользу перемен дался нам всем не просто. Все мы были детьми своего времени. Все мы были во власти воспринятых с детства идеологических догм. И избавление от них проходило сложно, по-разному, и не всегда синхронно. Одним удавалось пройти этот путь быстрее и до конца. Другие останавливались на полпути. Третьи, сделав несколько шагов вперед, испугались возможных последствий и начали пятиться назад. Все это сказывалось на темпах, методах, формах движения по пути перестройки... Нельзя забывать и того, что перемены осуществлялись в непрерывной борьбе, борьбе людей, взглядов, позиций – и внутри партийного руководства, и среди партийных масс, и в обществе в целом...

В осуществлении реформ возникли чрезвычайные трудности. Те, кто ее начинал, не располагали опытом подобного рода преобразований...

Но в сочетании перехода от тоталитаризма к демократии со сменой экономической, правовой системы – не сталкивался никто... Все основные хозяйственно-управленческие функции оказались сосредоточенными в руках политического руководства... Серьезным пороком политической системы было огосударствление общественной жизни. Государственное регулирование было распространено практически на всю жизнедеятельность общества. Стремление охватить детальным централизованным планированием и контролем все уголки жизни буквально спеленало страну, тормозило инициативу людей, организаций, коллективов... Обюрокрачивание государственных структур приучило общество к одновариантности и статичности... Политическая система десятилетиями приспосабливалась не к организации общественной жизни в рамках законов, а к выполнению распоряжений и указаний... Расплатой за это было равнодушие, ослабление социальной активности ... отчуждение человека труда от собственности, от управления, от политики, от культуры... Чудовищный монстр, давивший на общество, обрек на неудачу все предыдущие попытки реформировать систему. Он сделал бы то же самое с нашей реформой, в чем мы вскоре и убедились...

Суть осуществленных изменений, как я их понимаю сегодня, – освобождение общества от несвободы, обеспечение условий для свободы принятия людьми решений в собственных интересах, на основе здравого смысла, без давления официальной идеологии. Это относится ко всем сферам жизни – будь то экономика, политика, удовлетворение культурных потребностей и т.д. ...

Каким бы я хотел видеть наше общество в идеале?

– Я хотел бы видеть общество свободных людей, общество человека труда и для человека труда, строящееся на принципах гуманизма, демократии и социальной справедливости.

– Я хотел бы видеть общество, основанное на разнообразии форм собственности, обеспечивающих человеку положение хозяина и неограниченные возможности для проявления инициативы и способностей, в котором экономическое развитие базируется на саморегулировании при координирующей роли государства.

– Я хотел бы видеть общество реального равноправия всех наций и народностей, создающее условия для их всестороннего развития, гармонизации межнациональных отношений в рамках федерации или конфедерации совершенно нового типа, усвоившего позитивный и негативный опыт межнациональных отношений, накопленный мировым сообществом к концу XX века...

Мне представляется теперь изжившей утвердившаяся со второй половины XIX века антиномия "социализм–капитализм". Перед нами стоит совсем другой выбор – общество, идущее к гибели, и общество надежды и спасения... Речь идет о том, чтобы освоить все ценное из достижений всех существовавших обществ...

В любом жестко зарегулированном государстве общество подобно туго сжатой пружине. И чем глубже кризис тоталитарного строя, тем туже сжимается эта пружина. Тем больше накапливается предпосылок для ее мгновенного, взрывного распрямления.

Реформы в Советском Союзе, перестройка предотвратили взрывное, революционное распрямление социальной пружины в масштабе всей нашей огромной страны. Однако реальное состояние общества, его скованность, его страх перед непривычным, отторжение всего того, что долгое время предавалось проклятью, сделали очень сложным и эволюционный путь...

Общепризнанно, что сила бюрократии в тайне... Чтобы разрушить эту силу, открыть людям правду и тем самым расчистить им путь к сознательному политическому действию, нужна гласность"[1].

Столь подробное цитирование предисловия, написанного М.С. Горбачевым к его книге "Годы трудных решений", счел нужным сделать в силу того, что здесь сжато изложены необходимость и цель, суть перестройки, а в самой книге признана и ее обреченность, констатирован очередной виток драмы России, от ответственности за которую, по существу, впервые за историю страны не уходит ее лидер.

Михаил Сергеевич самокритично называет просчеты перестройки. Они сводятся к следующему: а) не удалось своевременно и правильно обеспечить выбор цели; б) не добились синхронизации между разрушением старых и возникновением новых структур и форм жизни. Разрушение, очевидно, опережало; в) недооценка и запоздание с решениями национального вопроса; г) в экономике по советской традиции отдали приоритет тяжелой индустрии и машиностроению, тогда как следовало бы отдать его сельскому хозяйству и легкой промышленности, что позволило бы быстрее решить проблему обеспечения продовольствием и товарами повседневного спроса. Это бы расширило и социальную базу реформ; д) не было создано широкого блока политических и социальных сил для реальной поддержки курса реформ[2]. Со всем этим трудно не согласиться. Основная масса трудящихся оставалась пассивной. И эта пассивность исторически обусловлена. В течение ряда десятилетий люди воспитывались в безусловном послушании и страхе, любые формы самостоятельности сурово подавлялись. Наиболее развитая часть населения отстранялась от общественной жизни, уходила в свои интересы. Начатая "сверху" реформа лишь вывела из дремотности общество, но не создала условий для вовлечения в процесс преобразований его лучших сил, самих граждан.

ПЕРВЫЕ ШАГИ ПЕРЕСТРОЙКИ

В обществе перестройка была встречена благожелательно. Многие искренне ждали перемен и активно включались в работу. Не было возражений или оппозиции поначалу и со стороны номенклатуры: она восприняла перестройку как одну из очередных политических кампаний, которыми столь богата наша история, и по традиции старательно упрекала всех в медлительности, требовала ускорения. Припоминается такой факт. На XXVII съезде КПСС один из секретарей обкома партии в своем выступлении обвинил меня в медленной перестройке[3]. Я не был знаком с этим человеком, не обмолвился с ним ни единым словом даже по телефону. Мы создали в его области научно-исследовательский институт. Когда я обратился к своим друзьям из Казахстана разъяснить сей досадный факт, то оратор ответил, что он не собирался критиковать президента ВАСХНИЛ. Но текст его выступления взяли для предварительного просмотра в орготделе ЦК КПСС и вписали эту фразу.

По мере развития перестроечных процессов, выявились и сторонники их, и противники, и нейтралы. Социальные силы яснее осознают свои интересы, активнее их отстаивают, консолидируются и организуются. Однако практические шаги не всегда были удачными. Следует сказать о двух важных мероприятиях, осуществленных в первый же год перестройки, к тому же некомпетентно и, как бывало и ранее, без учета мирового и отечественного опыта. Речь идет о широко разрекламированной кампании по борьбе с пьянством и алкоголизмом, а также мерах по борьбе с нетрудовыми доходами. Оба документа были приняты ЦК КПСС, а также изданы соответствующие указы Президиума Верховного Совета СССР в мае 1985 г.[4].

Пьянство – извечный бич России. Это общеизвестно. Но за годы стагнации оно приняло размеры национального бедствия. Медицинская, социальная и криминальная статистика показывает угнетающую картину: травматизм на производстве, аварии на дорогах по вине пьяных водителей, распад семей, дебильные дети, неполноценные новобранцы, рост преступности и многое другое бьет тревожным набатом о неблагополучии в обществе. Необходимо остановить процесс разложения нации. И надо это делать упорно, настойчиво, последовательно, неотступно и вместе с тем ненавязчиво, не вызывая раздражения и обратной реакции.

Но ведь наши руководящие кадры воспитаны большевистской партией и в большевистском духе. Считалось, что нет таких крепостей, которые бы не могли взять большевики. Обычно крепости берут штурмом. Вот методами штурма большевизм овладел хорошо. Правда, берут еще и осадой. Но это долго и хлопотно. Надо все быстро, быстро. И еще одно: вера в декрет приказ, решение, указание. Когда-то все проблемы решал "товарищ маузер". Но времена меняются: расстрел, тюрьма, ссылка вышли из моды. А вот сила решения – альфа и омега. А в решениях чаще всего были такие слова: "обя зать", "поручить", "предложить", "запретить". Все тот же небогатый, но годный ко всякому случаю лексикон.

Решать проблему борьбы с пьянством и алкоголизмом стали методом запретов: закрыли спирто-водочные и винные заводы, демонтировали их оборудование; закрыли винные лавки, сократили часы продажи этого зелья в магазинах. Одним словом, ввели режим сухого закона. Но ведь это уже было! Было и в Советской России, и в США, и в Финляндии и в других странах. Ожидаемых результатов и на этот раз от подобных методов не получили. Добились лишь сокращения площадей под виноградниками и резкого уменьшения сбора этой ценнейшей продукции. Например, в 1980 г. сбор винограда в Молдавии составил 1 201 тыс. т, а в 1985 г. – 654, на Украине, соответственно, 886 и 430 тыс. т[5].

Добились резкого сокращения производства и продажи алкогольных напитков, о чем свидетельствуют следующие данные (табл. 11.1)[6].

Таблица 11.1

Продажа алкогольных напитков в государственной и кооперативной торговле, млн. декалитров

	1980 г.	1985 г.	1987 г.	1990 г.	1987 г. к 1980 г., %
Водка и ликеро-водочные изделия	293,9	251,2	123,6	210,0	42,0
Вино	485,1	386,8	156,7	164,8	32,3
Коньяк	9,2	8,5	9,4	11,8	102,2
Шампанское	14,9	21,9	20,6	21,3	138,3
Пиво	620,7	667,8	514,6	627,8	82,9
Всего в абсолютном алкоголе	230,3	198,9	92,8	132,7	40,3
В расчете на душу населения, литров абс. алкоголя	8,7	7,2	3,3	4,6	37,9

Пик падения приходится на 1987 г., когда производство вино-водочных продуктов составило всего лишь 40% от уровня 1980 г. Разумеется, это по линии государственно-кооперативной. В это же время спекулянты продавали в 5–10 раз дороже ту же бутылку спиртного. Следовательно, государство понесло ущерб, потребитель потерял, а спекулянт выиграл. Так бюджет лишался ежегодно десятков миллиардов рублей. Люди перед праздниками выстаивали часами за бутылкой шампанского. Но это не самое страшное. Страшны производство самогона и потребление всяких суррогатов, что приобрело массовые масштабы. Например, еще в недавнем прошлом в некоторых районах Псковской области вообще самогоноварением население не занималось. Варили пиво, иногда приобретали водку. В 1987 г., по свидетельству секретаря Пыталовского РК КПСС Н.Н. Воробьева, сплошная проверка в одном этом районе показала, что до 90% семей стали гнать самогон.

Пьянства меньше не стало. Его загнали в подполье. Добавилась наркомания. Методы "легкой кавалерии" успехов не принесли. Хотя и очень старались и партийные органы, и Комитет партийного контроля (КПК). Мой коллега по Госагропрому, курировавший пищевую промышленность, трижды отчитывался в КПК и трижды получал взыскания за медлительность в демонтаже и перепрофилировании винных заводов.

В некоторых странах мира потребление спиртного не намного меньше нашего, но оно носит цивилизованный характер. И в основном потребляют – пиво и вино. И нормальный человек в нетрезвом виде не появится на работе или в общественном месте. Значит, первое, что необходимо, – это общая культура. Затем – строгая ответственность за появление где-либо в нетрезвом виде. Регулирование торговли, жесткий контроль за качеством. Здоровье нации должно начинаться со здорового образа жизни в семье, рабочем коллективе, общественных местах. Нужен строгий запрет рекламы спиртных и табачных изделий.

Теневая экономика, нетрудовые доходы, тунеядство в любом обществе не поощряются. За годы стагнации эти явления получили распространение. Инициаторы перестройки решили ударить и по ним. Методы те же – запретительные, декретные. Принимается решение ЦК КПСС и Совета Министров СССР, издается указ Президиума Верховного Совета СССР.

К сожалению, и здесь успехов существенных не оказалось. Изловили какого-то шофера-левака; оштрафовали старушку, торговавшую цветами на вокзале; разгромили тепличку, в которой домохозяйка выращивала огурцы и помидоры, продавая их на колхозном рынке. А вот до мафиозных структур добраться не сумели, крупных коррумпированных чиновников и взяточников обнаружили мало. А они были. Но для выявления их нужна кропотливая работа, хорошая правовая база, четкая работа правоохранительных органов, неотвратимость наказания.

Тогда по этому вопросу пошумели и забыли. Пройдет немного времени, и все это расцветет пышным цветом. Мафиози будут строить дома в самых красивых местах Подмосковья, овладеют крупными средствами, развернут широкомасштабные валютные и иные операции, станут собственниками громадного имущества. А тогда – выстрелили по воробьям.

Развитие экономики в решающей степени зависит от состояния науки и техники, уровня научно-технического прогресса. Положение на этом участке было чрезвычайно неудовлетворительным: оборудование устарело и износилось (особенно на предприятиях, выпускавших гражданскую продукцию, к примеру, многие сахарные заводы работали с техникой прошлого столетия), металло- и энергоемкость производства не выдерживали никаких сравнений с зарубежными аналогами, металл поставлялся низкого качества, во всем господствовал вал, рапорты, поощрения, премии шли по валовым показателям.

В июне 1985 г. ЦК КПСС собрал совещание по вопросам ускорения научно-технического прогресса. М.С. Горбачев тогда говорил: “Нам предстоит осуществить новую техническую реконструкцию народного хозяйства, качественно преобразовать материально-техническую базу общества... Начать следует с главного – с крутого изменения инвестиционной и структурной политики. Сегодня упор должен быть сделан на техническое перевооружение предприятий, экономию ресурсов, на резкое повышение качества продукции... намечаемые меры по ускорению научно-технического прогресса должны сами себя окупить. Они для того и проводятся, чтобы поднять производительность труда, а значит, ускорить и рост национального дохода. Но для получения эффекта потребуется определенное время, а средства надо вкладывать немедленно... Главное сейчас – мобилизация организационных, экономических и социальных факторов, наведение порядка, повышение ответственности и дисциплины... Передовая линия борьбы на ускорение научно-технического прогресса пролегает через науку[7].

Была осуждена сложившаяся практика безудержного строительства все новых и новых объектов, распыления средств при сохранении старых предприятий с устаревшей техникой и технологией. На совещании выступали министры, ученые, руководители предприятий. Академик А.Г. Аганбегян назвал эту встречу одним емким словом: поворот. Так думали тогда многие.

В агропромышленном комплексе хуже всего обстояло дело с хранением, переработкой и транспортировкой продукции. Были намечены меры подтягивания этих звеньев. Но здесь был непочатый край работы. Много продукции пропадало, ассортимент ее беден, качество низкое.

Непосредственно в сельском хозяйстве научно-технический прогресс материализуется в интенсивных, ресурсосберегающих и экологически безопасных технологиях. Еще в 1984 г. М.С. Горбачев поручил Академии сельскохозяйственных наук вплотную заняться этими технологиями. Наработки у нас уже были по селекции, питанию растений и кормлению животных, защите растений и ветеринарной медицине, работе с почвой, использованию техники, конструированию машин. Важно все это свести вместе и приложить к конкретному полю с учетом качества почвы, рельефа местности, влагообеспеченности, южного или северного склона, интенсивности света и суммы тепла. Острее, таким образом, обозначились проблемы внедрения научных достижений в практику.

Интенсивные технологии стали для нас своеобразной "зеленой революцией". Ту, первую, в 60-х гг. наша страна просто "прохлопала" и прошла мимо нее. А на ней поднялись такие страны, как вечно голодавшая Индия, Пакистан, Мексика и многие другие. Институты ВАСХНИЛ активно занялись освоением интенсивных технологий. Это давало, при прочих равных условиях, 1–2 т/га добавочной продукции в пересчете на зерно. Трудность для хозяйств состояла в том, что для комплексного обеспечения такой технологии всегда чего-то нехватало: то техники, то тех или иных питательных веществ, то пестицидов. Поэтому повсеместно освоить их не удалось. И все же эффект был заметный и неоспоримый. Не будем ссылаться на многочисленные отчеты научных учреждений. Это отдельный крупный вопрос. Возьмем официальные данные Госкомстата СССР (табл. 11.2)[8].

Из приведенных данных видно, что на меньших по удельному весу площадях интенсивные технологии обеспечивают более высокие валовые сборы. Но это данные по крупным массивам, где на огромных площадях часто интенсивной технология была лишь по какому-нибудь одному-двум показателям, а не по всему комплексу требований. Здесь, как и при любой сложной системе, по закону минимума, уровень производства соответствует фактору, находящемуся в минимуме. Обычно интенсивные технологии требуют более высоких издержек на единицу площади. И экономически они оправдываются лишь в том случае, если затраты снизятся в расчете на единицу продукции. Минимизировать затраты надо только в расчете на единицу продукции соответствующего качества, но не на единицу площади.

Таблица 11.2

Посевные площади и валовые сборы зерновых культур, возделываемых по интенсивной технологии

	1985 г.	1989 г.
Посевы озимых, млн. га	5,3	15,2
% от всей площади посева	19	49
Валовой сбор озимых, млн. т	14,4	52,9
% от всего валового сбора	26	60
Посевы яровой пшеницы, млн. га	10,2	11,7
% от всей площади посева	32	41
Валовой сбор яровой пшеницы, млн. т	15,9	13,6
% от всего валового сбора	41	48

В экспериментальных хозяйствах институтов на больших площадях, а не на делянках, равно как и в некоторых передовых предприятиях, уже нередки случаи получения зерна до 7–8 т и больше с гектара при высокой окупаемости издержек. Однако массовое освоение таких технологий, как и научно-технического прогресса вообще, потребует много времени, инвестиций. И добавим, исходя из накопленного опыта, настойчивого обучения людей, повышения их материальной заинтересованности. Но толчок был дан, и основы для поиска заложены в годы перестройки.

Долгие десятилетия советские люди отдавали максимум своих сил и средств на оборону. Во время войны или угрозы нападения противника это понятно и оправдано. Но военная спираль раскручивалась очень долго и после того, когда угроза нападения миновала. Мобилизационная экономика истощала страну, требовала от народа все новых жертв. На вынужденном отказе от милитаризации выиграли поверженные во второй мировой войне страны: Германия и Япония. Они, лишенные права содержать крупные армии, не транжирили средств на молох войны. И крупно выиграли, создав процветающую экономику. Минимальные затраты на оборону – одна из основных причин их успехов.

Считается, что сигнал к началу "холодной войны" подал Уинстон Черчиль (1874–1965) в своей Фултонской речи 5 марта 1946 г. Есть и другие версии. Но этот предмет выходит за рамки нашего рассмотрения. Важно отметить, что маховик военного противостояния начал раскручиваться. В 1949 г. создается НАТО, а затем и организация Варшавского договора. Н.С. Хрущев тоже не проявил себя миротворцем. И дело совсем не в сбитом над территорией Урала американском разведывательном самолете У-2 с летчиком Пауэрсом (это требовалось для обеспечения обороны страны), а в запугивании Запада с нашей стороны своими танковыми армадами и нацеленными на Запад межконтинентальными ракетами. СССР еще раньше был окружен натовскими военными базами, расположенными почти на всех континентах мира. Военное бремя тяготело над обеими сторонами. Но, если для богатой Америки оно было как-то терпимо, то для бедной и разрушенной войной России с ее напряженным бюджетом и экономической неустроенностью становилось непосильным. Срывались наши многие мирные стройки, реконструкция и обновление фондов. Доля расходов в национальном доходе, приходившаяся на оборонные цели, была многократно выше этой доли в странах Запада. Не поддаются количественной оценке те растраченные колоссальные ресурсы, которые могли быть направлены на нужды народа.

М.С. Горбачев от имени советского руководства 15 января 1986 г. выступил с принципиальным заявлением по вопросам внешней политики, которое можно считать первым решительным шагом к прекращению "холодной войны". Суть этого заявления сводилась к предложениям нашей стороны преодолеть конфронтационные тенденции в международных отношениях, свертыванию гонки ядерных вооружений; уменьшению общей военной опасности, установлению доверия между государствами. СССР предложил поэтапно в течение ближайших 15 лет, то есть к концу настоящего тысячелетия, очистить землю полностью от ядерного оружия. На первом этапе, в течение ближайших 5–8 лет предлагалось СССР и США вдвое сократить свои ядерные арсеналы, на втором этапе к этому процессу подключить другие ядерные державы, а на третьем, с 1995 до 1999 г. завершить ликвидацию всего ядерного потенциала. СССР в одностороннем порядке продлил мораторий на ядерные испытания и взял обязательство не возобновлять их, если этому последуют и США. Предлагалось также в этом столетии ликвидировать и другие виды массового уничтожения людей, прежде всего химическое и биологическое оружие. Шла речь и о сокращении обычных вооружений на основе венских переговоров. В этот процесс предлагалось включить также страны Азии, имеющие в мире самый высокий людской потенциал.

За этой акцией в дальнейшем последовали многие другие. СССР, можно сказать, начал последовательное и целенаправленное наступление против "холодной войны". Это диктовалось как общегуманными целями, далеко идущей стратегией сохранения жизни на планете, так и внутриполитическими соображениями, требовавшими переключить человеческий, интеллектуальный и иной потенциал на решение собственных экономических и социальных задач.

Теоретической и философской основой внешней политики стало новое мышление, которое состоит в отходе от ядерного противостояния и поиске "баланса интересов и взаимной равной безопасности"[9]. Подробно все эти проблемы изложены в книге М.С. Горбачева "Перестройка и новое мышление"[10]. Дальнейшие шаги советского руководства в сфере внешней политики постепенно растапливали льды "холодной войны". Избавление человечества от висевшего над ним дамоклова меча ядерной войны стало уходить в прошлое. И это была великая победа разума. Важное значение имели также вывод наших войск из Афганистана. Мировая общественность оценила личный вклад М.С. Горбачева в деле укрепления взаимопонимания между народами и государствами, ему была присуждена Нобелевская премия мира за 1990 год.

КРИЗИС ПОЛИТИЧЕСКОГО РЕФОРМИРОВАНИЯ

Поначалу перестройка шла в рамках социалистического выбора, в сторону демократизации, гуманизации, развития гласности. Средства массовой информации освобождались от длительного идеологического пресса. Демократия набирала силу. Ставился вопрос об отмене 6-й статьи Конституции СССР, которая предоставляла Компартии исключительные права по руководству обществом. Как в партии, так и в обществе началось расслоение по коренным вопросам дальнейшего развития. Характерным проявлением ностальгических настроений по былым временам тоталитаризма и полного неприятия перестройки стало опубликованное в начале марта газетой "Советская Россия" письмо за подписью Н. Андреевой "Не могу поступиться принципами"[11]. Об этой статье заговорили в стране, ее перепечатывали областные газеты, в армейских частях ее прорабатывали на политзанятиях. Опубликованная позднее краткая протокольная запись обсуждения статьи 24–25 марта 1988 г. на Политбюро показала, что и там не было единодушия в ее оценке[12]. "Правда" вскоре дала ответ на это выступление Андреевой[13]. Состоявшаяся 28 июня – 1 июля 1988 г. XIX партконференция подтвердила курс на перестройку, раскрыла ее необратимость, но вместе с тем сложности и трудности в экономической сфере. Гласность заявляла о себе все громче. Появилось много материалов, освещающих злодеяния сталинщины и другие темные стороны тоталитарного режима.

Политическая активность и борьба усилились в связи с выборами в марте 1989 г. и началом работы I съезда народных депутатов СССР. Высший представительный орган власти страны избирался по новому закону, впервые предоставившему гражданам возможность выдвигать кандидатов, избирать депутатов на альтернативной основе. За одно место боролись много кандидатов не только в территориальных округах, но и в общественных организациях. Всесоюзной академии сельскохозяйственных наук имени Ленина было предоставлено 10 мест. На общем собрании академии с участием представителей научных коллективов народными депутатами СССР были избраны члены академии: Е.П. Алешин, Н.Г. Дмитриев, Г.Ф. Коромыслов, К.У. Медеубеков, А.А. Никонов, Л.Н. Петрова, Б.И. Пошкус, А.А. Созинов, В.А. Тихонов и В.И. Фисинин. Депутаты от КПСС в количестве 100 человек избирались на Пленуме ЦК. Первый съезд народных депутатов открылся 25 мая 1989 г. и продолжался до 9 июня. К этому времени сформировалось радикальное по тем временам крыло депутатского корпуса, получившее название Межрегиональной группы. Эта группа выступала за более решительное, глубокое и быстрое проведение реформ и с этих позиций критиковала руководство страны, обвиняя его в медлительности и половинчатости. Возникло затем много других депутатских групп, включая "Союз", аграрную, академическую и другие. Зарождались новые политические партии. Заседания съездов и Верховного Совета СССР транслировались радио и телевидением в прямом эфире. Страна политизировалась. Исключительно серьезные предложения в русле демократизма, гуманизма, общественного прогресса вносил Андрей Дмитриевич Сахаров (1921–1989). В тот период не все правильно воспринимали его идеи. Его захлопывали, его прерывали, ему иногда грубо оппонировали. Но когда он скончался в дни работы II съезда народных депутатов 14 декабря 1989 г., его провожал, очевидно,и весь съезд, и тысячи и тысячи людей. И думается, что допустили тогда стратегическую ошибку, не приняв подготовленный им проект Конституции нашей страны, названный им “Союз Советских Республик Европы и Азии” за основу. Он был пронизан гуманностью, демократичностью. В центре всего государственного устройства в этом документе стоял человек. Союз же сохранялся.

На съездах, начиная с первого, громко заявил о себе национальный вопрос. Уже полыхал Карабах. Произошли кровавые события в Тбилиси. Прибалтийские республики, особенно Литва, настойчиво, методично ставили вопрос об отмене пакта Молотова–Риббентропа от 23 августа 1939 года с секретным протоколом к нему.

27 ноября 1989 г. Верховный Совет СССР после бурных обсуждений принимает Закон “Об экономической самостоятельности Литовской ССР, Латвийской ССР и Эстонской ССР”. Однако этот документ депутатов из Прибалтики не удовлетворил. Дело уже тогда шло к полной политической самостоятельности этих республик, утраченной ими в 1940 г. Сейчас было самое время пойти на конфедеративные отношения с республиками Балтии. Тогда страна могла бы избежать распада. Ведь эти страны были самостоятельными, и они страдали от утери суверенитета. Но дело пошло не в ту сторону. Именно экономическую интеграцию со всеми связями следовало всячески сохранять. В этом был тогда корень проблемы, она обострилась позднее. Идея национальной независимости обладает притягательной силой для общественного сознания, особенно когда в народе бродит недовольство уровнем жизни, сильны обиды за прошлое. Это – благодатная почва для сепаратизма. Практика московских, то есть союзных ведомств “лезть в каждую дыру” оскорбляла людей не только в национальных союзных республиках, но также в областях и краях России. Но такова уж природа высокопоставленных “столоначальников”: они не могли не командовать. Этот курс обернулся дезинтеграцией экономики, привел к разрыву сформировавшихся экономических связей между регионами. И это в то время как во всем мире преобладающими были тенденции к консолидации и интеграции.

Параллельно в Верховном Совете СССР шла напряженная работа по Основам законодательства о земле. Этот вопрос мы рассмотрим подробнее в соответствующем разделе. 22 января 1990 г. в Москве состоялся Учредительный съезд Ассоциации крестьянских хозяйств и кооперативов России (АККОР). Родилась новая общественная организация, призванная объединить усилия крестьян в формировании и развитии конкурентоспособного уклада аграрной экономики России. Она предусматривала также оказывать помощь в устройстве возвращающимся в деревню горожанам, когда-то покинувшим ее, чтобы заняться вновь крестьянским делом. Помощь в экономическом, финансовом, социальном и правовом аспектах. Первым президентом АККОРа был избран народный депутат СССР, академик ВАСХНИЛ Алексей Михайлович Емельянов, затем его сменил профессор Владимир Федорович Башмачников.

Партия готовилась к своему XXVIII съезду. В партии и ее штабе – ЦК шли переосмысливание прошлого и поиск новых ориентиров. “Правда” 6,7 и

8 февраля 1990 г. опубликовала материалы состоявшегося Пленума ЦК КПСС: доклад М.С. Горбачева, выступления Б.Н. Ельцина, Н.И. Рыжкова, А.Н. Яковлева, Э.А. Шеварднадзе, академика С.С. Шаталина и других. Одновременно шла работа над проектом новой Конституции СССР. На заседании конституционной комиссии высказывалась мысль о возможности установления поста президента страны и даже президентской формы правления. Институт президента был введен на открывшемся 12 марта 1990 г. внеочередном съезде народных депутатов СССР. Первым президентом тогда же на съезде был избран М.С. Горбачев. Президент принес присягу. Была отменена давно устаревшая 6-я статья Конституции об особом положении КПСС в обществе и государстве. Председателем Верховного Совета СССР вместо М.С. Горбачева был избран Анатолий Иванович Лукьянов.

В стране осложняется положение как экономическое, так и политическое. 10 апреля 1990 г. Президент СССР издает Указ "Об основах экономических отношений Союза ССР, союзных и автономных республик". Этот вопрос становится предметом споров, политической борьбы и личных амбиций. Начинается так называемая "война законов", когда некоторые республики объявляют приоритетность своих законов перед союзными и если налицо их разночтение, то выполняется местный. Вскоре начнется "парад суверенитетов". Отдельные группы народных депутатов для обострения обстановки начнут подталкивать шахтеров к забастовкам, перерастающим из экономических в политические.

Центральные газеты 30 мая 1990 г. сообщают об избрании на съезде народных депутатов РСФСР Бориса Николаевича Ельцина Председателем Верховного Совета РСФСР. В июне публикуется "Программное заявление XXVIII съезда КПСС – проект: "К гуманному, демократическому социализму", а также – проект Устава КПСС. Эти документы рождались в острой борьбе, которая продолжалась и на самом съезде, проходившем в начале июля.

13 августа был издан Указ Президента СССР М.С. Горбачева "О восстановлении прав всех жертв политических репрессий 20-х – 50-х годов". Этот документ давно ждали. Реабилитацию начал Н.С. Хрущев. В период правления Л.И. Брежнева эта работа была прекращена. Оставались еще миллионы людей, носивших клеймо, если уже и не "врагов народа", то "политически сомнительных". Была создана комиссия по реабилитации, и эта необходимая для общества работа возобновилась.

Съезд народных депутатов РСФСР принял документ, узаконивающий, наряду с государственной, колхозной, кооперативной также и частную собственность на землю. В этом вопросе Россия опередила Союз. Дело в том, что на заседании Верховного Совета СССР первоначально говорилось о трех формах собственности на землю: государственной, кооперативной и личной. Однако эта концепция на пленарном заседании Верховного Совета СССР была отвергнута и принята формула о земле как общенародном достоянии. 17 марта 1991 г. состоялся референдум о сохранении СССР. В голосовании приняло участие 147 млн. человек, из которых 112 млн., или 76% высказывались за его сохранение. К сожалению, дальнейший ход событий принял другой сценарий.

Центральная печать за 12 января 1991 г. сообщила о создании в Литве Комитета национального спасения. В Вильнюсе пролилась кровь. Через несколько дней кровь пролилась в Риге. Погибли невинные люди.

19 февраля 1991 г. по центральному телевидению выступил Б.Н. Ельцин с резкими обвинениями в адрес М.С. Горбачева и Центра вообще. Верховный Совет СССР 20 февраля осудил выступление Б.Н. Ельцина как конфронтационное. В самом Верховном Совете РСФСР против Б.Н. Ельцина выступила группа депутатов, выразивших мнение, что Б.Н. Ельцин не оправдал надежд. Позднее сам Борис Николаевич напишет: "Но что таить – многие мои поступки замешаны на нашем противостоянии, которое зародилось по-настоящему именно в те времена"[14]. Речь идет о 1988 г. А жаль, что так случилось. Не будь амбициозного противостояния, меньше было бы бед для нашей страны.

24 мая в подмосковном селе Ново-Огарево под председательством президента СССР началось заседание подготовительного комитета по завершению работы над проектом нового Союзного договора. Следующее заседание проходило там же 3 июня, затем 17 июня и 23 июля. Эти встречи и дискуссии получили название "Ново-Огаревского процесса".

12 июня 1991 года состоялись выборы президента России. За Б.Н. Ельцина проголосовало 57,30% принимавших участие в выборах, против – 40,54%. 10 июля на V съезде народных депутатов РСФСР состоялось вступление в должность президента России. Необычным для нашей страны было благословение избранного президента Патриархом Московским и всея Руси.

Указом президента России от 20 июля 1991 г. прекращается деятельность организационных структур политических партий и массовых общественных движений в государственных органах, учреждениях и организациях РСФСР.

В последних числах июля состоялся Пленум ЦК КПСС, на котором М.С. Горбачев выступал с докладом "О проекте новой Программы КПСС". Сам проект "Социализм, демократия, прогресс" публиковался 8 августа в центральных газетах для вынесения на общепартийную дискуссию. Эта программа существенно отличалась от действующей. Это уже не программа огосударствленной правящей структуры. Она содержит многое от подлинно демократического, гуманного социализма с признанием общечеловеческих ценностей, отходит от узкоклассовой агрессивности, нацеливает на создание общества, построенного на правовых основах и поступательном прогрессивном развитии. Понятно, что такой курс не устраивает сторонников тоталитарных и диктаторских методов, страдающих ностальгией по "сильной руке".

4 августа президент СССР отбывает на отдых в Крым. На 20 августа намечено его возвращение для подписания нового Союзного договора, разработанного в ходе Ново-Огаревских встреч.

19 августа 1991 г. совершается путч. Создается Государственный комитет по чрезвычайному положению в СССР – ГКЧП. Вице-президент страны- Г. Янаев назначает себя и.о. президента СССР. ГКЧП выходит с Обращением к народу, затем с Обращением к главам государств и правительств, к Генеральному секретарю ООН. В Москве вводится чрезвычайное положение. Председатель Верховного Совета СССР А.И. Лукьянов созывает внеоче-

редную сессию Верховного Совета СССР на 26 августа. Сессия же Верховного Совета РСФСР назначается на 21 августа. И. о. президента СССР Г. Янаев отменяет ряд указов президента РСФСР. Вводимые в Москву войска не стреляют в народ. Проведенная еще вечером 19 августа пресс-конференция ГКЧП (без Крючкова и Язова) выявляет обреченность путча.

Изолированный на даче в Форосе президент СССР М.С. Горбачев, объявленный ГКЧП-истами недееспособным по болезни (у него был радикулит), возвращается в Москву и 22 августа выступает с заявлением. Еще 21 августа коллегия Министерства обороны СССР приняла решение о выводе воинских частей из Москвы в места их постоянной дислокации. Президент СССР отменяет 22 августа все антиконституционные акты, принятые ГКЧП. Все члены этого комитета берутся под стражу. Против них возбуждается уголовное дело. Процесс позднее прекращается в связи с амнистией, осуществленной Государственной думой России в интересах гражданского мира.

После путча ускорился процесс отторжения республик от Союза. 24 августа Верховный Совет УССР провозглашает Украину независимым демократическим государством.

2 сентября средства массовой информации сообщают о том, что Верховные Советы Узбекистана и Киргизии также провозгласили государственную независимость своих республик.

На своем первом заседании 6 сентября 1991 г. Государственный совет СССР под председательством М. Горбачева признает независимость Латвии, Литвы и Эстонии.

Для оперативного управления народным хозяйством Указом президента СССР от 24 августа 1991 г. создается Комитет во главе с Иваном Степановичем Силаевым (р. 1930), его заместителем А.И. Вольским, Ю.М. Лужковым и Г.А. Явлинским в его составе.

Верховный Совет СССР в Постановлении от 29 августа 1991 г. "О ситуации, возникшей в стране в связи с имевшим место государственным переворотом", записал: "7. На основании имеющихся сведений об участии руководящих органов КПСС в подготовке и проведении государственного переворота 18–21 августа 1991 г. приостановить деятельность КПСС на всей территории СССР, поручив органам МВД обеспечить сохранность ее материальных ценностей и архивов, а учреждениям банков прекращение всех операций с денежными фондами КПСС". М.С. Горбачев делает заявление о самороспуске КПСС и сложении с себя обязанностей Генерального секретаря ЦК.

Внеочередной съезд народных депутатов СССР собрался 2 сентября 1991 г. Он был последним. Открыл его И.Д. Лаптев. От имени руководителей государств и президента СССР с заявлением выступил Нурсултан Абишевич Назарбаев (1940). В кратком заявлении говорилось о необходимости всеми желающими республиками подписать договор о союзе суверенных государств с определением каждой из них формы своего участия; о безотлагательном заключении экономического союза; соглашения о коллективной безопасности и проведения радикальных реформ; строгого соблюдения всех международных соглашений; о формировании на переходный период Совета из числа народных депутатов СССР и республик по 20 человек от каждой республики для подготовки новой Конституции; о создании Межреспубликанского экономического комитета для координации управления народным хозяйством. Таким образом, президенты 10 республик и СССР фактически распустили избранный народом Съезд и Верховный Совет народных депутатов.

Съезд народных депутатов успел принять 5 сентября 1991 г. очень важный документ "Декларацию прав и свобод человека".

6 сентября Г. Явлинский представил Госсовету проект Договора об экономическом союзе, подготовленный группой специалистов под его руководством, куда входили авторы программы "500 дней", "Согласие на шанс" и др. Указом президента СССР И.С. Силаев назначается председателем Межреспубликанского экономического комитета.

V Съезд народных депутатов России дает "зеленый свет" президенту Б.Н. Ельцину на проведение радикальных реформ. В ноябре возобновляется Ново-Огаревский процесс руководителей суверенных республик: России, Белоруссии, Казахстана, Азербайджана, Киргизии, Таджикистана и Туркмении. 3 декабря президент СССР направляет обращение к парламентариям с призывом к объединению 12-ти суверенных государств в Союз. Но сейчас, после путча 19 августа и последовавшей реакции на него союзных республик, Ново-Огаревский процесс уже напоминал отчаянную попытку догнать уходящий поезд.

Днями позже, 8 декабря в Беловежской пуще (Белоруссия) руководители трех республик: Белоруссии, России и Украины, С. Шушкевич, Б. Ельцин и Л. Кравчук подписывают соглашение о создании Содружества Независимых Государств. 10 декабря Верховные Советы Украины и Белоруссии ратифицировали Беловежское соглашение о Содружестве Независимых Государств, на следующий день – парламент России с одновременной денонсацией договора 1922 г. о создании СССР. Так de jure был похоронен Союз Советских Социалистических Республик. 21 декабря в Алма-Ате принимается Декларация о создании Содружества Независимых Государств (СНГ).

Указом президента Б. Ельцина 15 июня 1992 г. на Егора Тимуровича Гайдара (р.1956) возложены обязанности председателя правительства Российской Федерации. С его именем связаны радикальные реформы.

27 июня 1992 г. Б.Н. Ельцин подписал Указ "Об организационных мерах по проведению земельной и агропромышленной реформы в Российской Федерации". Был образован Федеральный центр земельной и агропромышленной реформы РФ, подчиненный вице-президенту А.В. Руцкому, который просуществовал недолго и был упразднен.

Средства массовой информации сообщают о начале работы VII съезда народных депутатов. В выступлении Б.Н. Ельцина сказано, что "России нужны реформатор-президент, реформаторский Верховный Совет и реформаторское правительство".

Съезд принял поправки к Конституции, утверждающие частную собственность на землю с введением моратория на куплю-продажу сроком на 5–10 лет. Съезд 14 декабря 1992 г. утвердил главой российского правительства Виктора Степановича Черномырдина (р. 1938). Принята отставка Е. Гайдара, Г. Бурбулиса, М. Полторанина. 10 февраля 1993 г. Александр Харлампиевич Заверюха назначен заместителем председателя Совета Министров РФ. В его ведении – аграрные вопросы страны.

Политический кризис, противоборство ветвей власти не только затихали, но продолжали обостряться.

1 мая 1993 г. в Москве, на Ленинском проспекте произошло столкновение манифестантов с отрядами ОМОН, повлекшее человеческие жертвы.

В сентябре 1993 г. президентом РФ временно отстраняются от своих должностей вице-президент А. Руцкой и вице-премьер В. Шумейко в связи с прозвучавшими в их адрес обвинениями в коррупции. В верхах властных структур не прекращаются дрязги, взаимные обвинения, разборки. Авторитет властей падает, напряжение в обществе возрастает. Главные причины – снижение жизненного уровня, поляризация общества, рост преступности, казнокрадство, невыполнение законов, бессилие властей.

21 сентября 1993 г. президент РФ Б. Ельцин в 20.00 час. оглашает Указ №1400 о прекращении полномочий съезда народных депутатов, Верховного Совета РФ и назначении выборов в новый двухпалатный орган законодательной власти – Федеральное собрание в составе Государственной думы и Совета Федерации. Срок выборов – 12 декабря 1993 г. Верховный Совет продолжает заседать в "Белом доме". А. Руцкой избирается и.о. президента, назначаются руководители силовых министерств. "Белый дом" в кольце блокады.

3–4 октября в Москве происходят кровавые события: штурм Останкино с человеческими жертвами, захват мэрии, стычки у "Белого дома", стрельба снайперов и, наконец, штурм "Белого дома" с использованием артиллерии. В Москве был объявлен комендантский час. Число человеческих жертв точно общественности не известно. Арестованы Хасбулатов, Руцкой, назначенные низложенным Верховным Советом силовые министры. (Позднее все они амнистированы решением Государственной думы.)

12 декабря 1993 г. состоялись выборы в Федеральное собрание и референдум по новой Конституции. Конституция одобрена и принята. Федеральное собрание избрано. Спикером Государственной думы стал представитель Аграрной партии Иван Петрович Рыбкин (р.1946), а Совета Федерации – Владимир Филиппович Шумейко (р. 1945).

Итоги выборов принесли немало сюрпризов. И прежде всего – поражение движения "Выбор России" и его лидера Е. Гайдара и неожиданный успех Либерально-демократической партии России Владимира Вольфовича Жириновского (р. 1946). В стране создалась новая расстановка сил, новая политическая ситуация.

27 мая после 20-летнего изгнания через Магадан и Владивосток вернулся на Родину Александр Исаевич Солженицын, преподаватель математики, офицер-фронтовик, узник ГУЛАГа, изгнанник, непревзойденный летописец драмы России, лауреат Нобелевской премии.

Мы рассмотрели краткую хронику событий за вторую половину 80-х гг. и затем до 1994 г. Перестройка закончилась в августе 1991 г. Она изменила наше общество, расковала людей, избавила от угнетавшего их десятилетиями страха. Общество стало открытым, обеспечены свобода слова, печати, гласность, многопартийность.

С августа 1991 г. стали бурно развиваться центробежные силы, проявившиеся уже к концу 80-х гг. Дальше общественные процессы пошли по схеме Питирима Сорокина: триумф победителей, разрушение старого – созидание нового. Только разрушение круто шло вверх, созидание отставало. Начались смертельные схватки в стане победителей в борьбе за власть. Политика правит свой бал, экономика и наука становятся золушками. Разрастается глубокий кризис.

НАУЧНЫЕ ПОИСКИ В ГОДЫ ПЕРЕСТРОЙКИ

Ранее мы видели, что даже в годы застоя аграрная наука не была пустоцветом. В период перестройки жизнь потребовала усилить научные исследования. Можно выделить две группы актуальных для этого времени проблем: во-первых, традиционных, связанных с природными условиями России и всего Союза и, во-вторых, новых, вызванных самой перестройкой, преимущественно экономического характера. Начнем с первых. Не имея возможности рассматривать все проблемы, сосредоточимся на одной – засухе, типичной для страны с таким континентальным климатом, как наша, и к тому еще резко обострившейся в результате неосмотрительных действий человека.

Борьба с засухой

Научных разработок по засухе уже было много. Об этом сказано в предыдущих главах. Однако проблема не снята с повестки дня, засуха наносит все больший ущерб. Ей подвержены большие территории России, Украины, Казахстана. В этих районах размещено 65% пашни, более 2/3 черноземов, производилось более половины всей продукции сельского хозяйства бывшего Союза ССР, в том числе 62% зерна, 93% подсолнечника, 92% бахчевых культур, 84% винограда, 69% плодов и ягод, 60% мяса, 87% шерсти. Урожайность озимой пшеницы в благоприятные по увлажнению годы относится к ее уровню в неблагоприятные за последние 20 лет, например, в Волгоградской области, как 5:1, в Ставропольском крае – 3:1, в Казахстане – 3,5:1. Из столетия в столетие засухи учащаются, расширяется ареал их распространения. Если столетие с 1886 по 1986 гг. разбить на 4 части по 25 лет в каждой, то в первую четверть было 3 "тотальных" засухи , охватившие пять и более регионов, а в последнюю (1962 1986) – шесть.

Проблемой борьбы с засухой занимаются как центральные, так и региональные институты: Юго-Востока (г.Саратов), Ставропольский, Донской, имени Докучаева (Каменная степь Воронежской области), Алтайский и другие. В 80-е гг. ВАСХНИЛ избрала местом углубленных исследований Волгоградскую область, являющуюся эпицентром особенно частых разрушительных засух. Там были проведены в 1984 и 1985 гг. выездные заседания президиума академии с участием местных ученых и специалистов хозяйств, а в 1987 г. – сессия общего собрания академии, на которую были приглашены ученые всей страны. Руководители области проявили заинтересованность и внимание к этим работам. Материалы сессии опубликованы[15].

Почему понадобились новые углубленные исследования, а не просто освоение накопленных знаний и научного наследия В.В.Докучаева, А.А. Измаильского, К.А. Тимирязева, Н.М.Тулайкова, П.А. Костычева, Н.А. Максимова, Н.И. Вавилова, Р.Д. Давида и других ученых?

Во-первых, ранее устойчивость и борьба с засухой рассматривались при экстенсивных методах производства. Сейчас интенсивность существенно повысилась. Только за последнюю четверть века (1962–1986 гг.) выросли материальные издержки производства на единицу площади в 5 раз, внесение удобрений – 10, энерговооруженность труда – 6, фондовооруженность – 8 и в 2,5 раза увеличились площади орошаемых земель.

Во-вторых, резко обострились взаимоотношения природы и человека. Долгие годы господствовал лозунг: "Не ждать милости от природы, взять ее у нее – наша задача". За "покорение" природа стала жестоко мстить человеку, сама умирая, обедняясь, скудея. Не думали люди об отдаленных последствиях этого варварского лозунга. Реки обмелели, гумус истощился, почвы разрушались эрозией, засолялись и закислялись, обеднели флора и фауна. Т.С. Мальцев жаловался, что он не слышит больше на своей Родине пения жаворонка.

В-третьих, работы прошлых лет были ориентированы на изучение отдельных сторон проблемы устойчивости. Сейчас нужна система хозяйства в целом с учетом экономических, биологических, экологических, технических и иных факторов. Это обусловлено тем, что сельское хозяйство как биолого-производственно-экономическая суперсистема становится все сложнее и все больше зависит от факторов, находящихся вне сельского хозяйства.

В-четвертых, неизмеримо выросла роль социального фактора, человека. За последние десятилетия произошел отрыв человека от собственности. Тесной связи с землей, природой, какая была в прошлом у крестьянина, не стало. Профессиональный тракторист в крупном хозяйстве уже не совсем крестьянин. Далеко зашло разделение труда. Назрела необходимость восстановления утраченной связи человека с природой, землей. А земля ведь не только средство производства, но нечто неизмеримо большее. И нельзя человеку подрубать сук, на котором он сидит.

На Волгоградской сессии ВАСХНИЛ 26–28 мая 1987 г. были использованы последние данные экологов и климатологов, почвоведов и земледелов, гидромелиораторов и агролесомелиораторов, эрозионистов и селекционеров, растениеводов и механизаторов, экономистов и социологов. По каждому аспекту устойчивости в ходе дискуссий были подготовлены практические рекомендации, обеспечивающие в современных условиях устойчивость всей системы хозяйства к неблагоприятным климатическим и иным внешним факторам.

В Волгоградской области научные разработки по данной проблеме стали широко использоваться в практике, что положительно отразилось на урожайности в неблагоприятные годы.

Среди ученых-ветеранов, внесших крупный вклад в решение проблемы устойчивости из ныне здравствующих, следует назвать проживающего и работающего в Волгограде Константина Георгиевича Шульмейстера. Это – легендарный человек, и о нем мы еще скажем подробнее.

Весьма последовательно и целеустремленно работа по преодолению последствий засухи ведется Ставропольским НИИ сельского хозяйства. Разработки осваиваются хозяйствами. О поступательном росте урожайности и валовых сборов за последние более чем три десятилетия говорят данные прилагаемых диаграмм (рис. 11.1 и 2), составленных по материалам Ставропольского НИИСХ. Фактические сборы зерна и урожайность по годам сильно варьируют вследствие резкой континентальности климата, однако с середины 70-х гг. тенденция подъема налицо.

Арендные отношения и подряд

Для перестроечного периода характерен поиск новых форм организации и оплаты труда в колхозах и совхозах. Поначалу появились подряд, безнарядные звенья, затем наметился переход к арендным отношениям, и в ходе дальнейшего развития сложилось многообразие форм хозяйствования, включая самостоятельные крестьянские (фермерские) хозяйства. Поиск проводился во многих регионах страны, практически повсеместно. Однако более плодотворным и результативным он был там, где наряду с самими крестьянами, специалистами, руководителями районов и областей активно участвовала наука. В этом отношении представляет большой интерес опыт Орловской области. Здесь возглавлял, координировал и инициировал эти работы Егор Семенович Строев (р.1937).

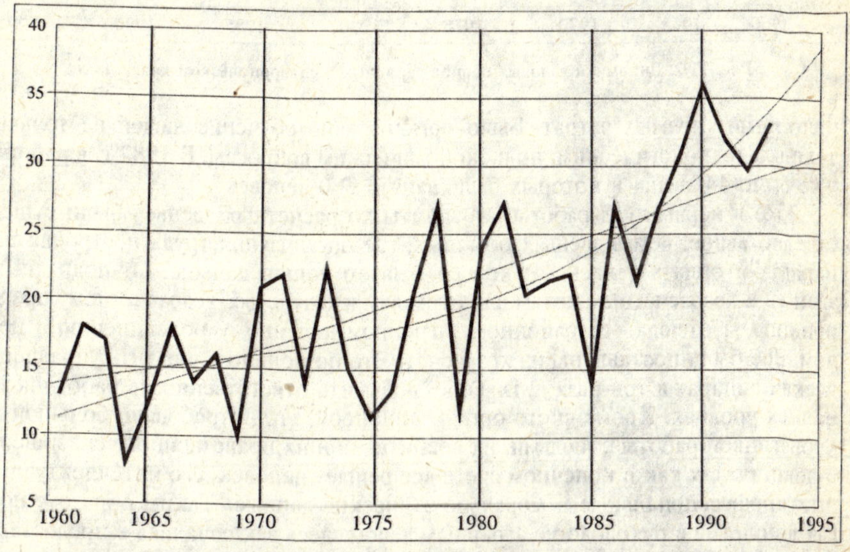

Рис 11.1. Динамика урожайности озимой пшеницы в Ставропольском крае, ц/га

В Глазуновском районе Орловской области еще осенью 1980 г. начали создавать безнарядные звенья. Однако вскоре заметили, что "применение сдельной оплаты без учета конечных результатов привело к тому, что механизатор потерял чувство ответственности за землю, за то, что растет на ней"[16]. В народе это явление стали называть работой "от колеса", то есть от объема выполненных работ, а не от полученной продукции. Стали создаваться подрядные звенья на строго добровольной основе. Звеньевых выбирали сами механизаторы. Звенья переводили на полный хозрасчет. Каждое звено полу-

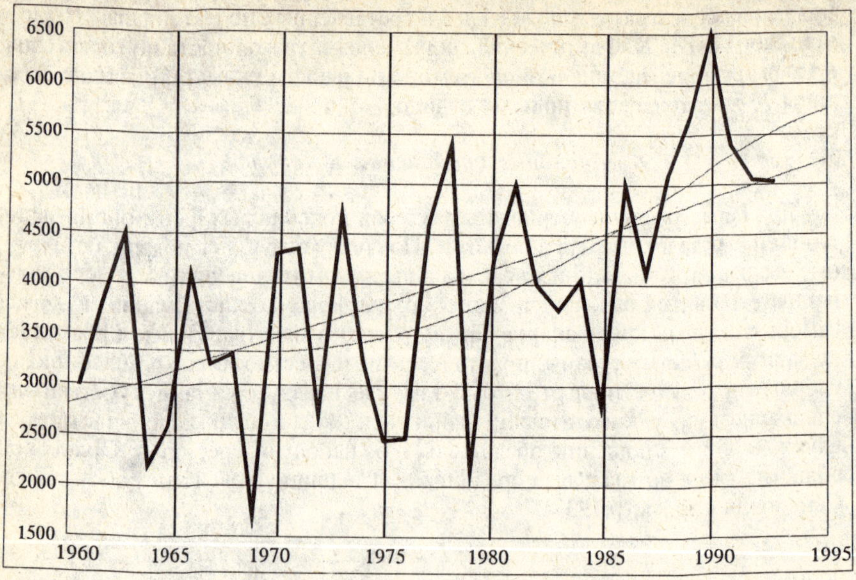

Рис. 11.2. Динамика валовых сборов зерновых в Ставропольском крае, тыс.т

чало лимит прямых затрат. Было организовано обучение людей не только технико-технологическим, но и экономическим вопросам. В 1982 г. в районе уже было 44 звена, в которых было занято 380 человек.

Уже в первый год работы результаты хозрасчетных звеньев были существенно выше, чем в звеньях обычных, где организация труда построена на нарядах и оплата велась "от колеса". Затем пошли дальше. От подрядных звеньев к хозрасчетным цехам или отраслям в хозяйстве, хозрасчетному предприятию, а отсюда – к районному агропромышленному объединению в целом. Все были поставлены на хозрасчет. Это позволило сократить управленческий аппарат в три раза и, главное, повысить ответственность работников на всех уровнях. Кроме чисто организационной, это потребовало большой и кропотливой работы с людьми, их воспитания и их нравственного совершенствования, так как в конечном счете все решает человек, его интеллектуальные, профессиональные и морально-этические данные. Таким образом, новая идеология в руководстве аграрным делом здесь заключалась в предоставлении полной самостоятельности и хозрасчета. Работы по Глазуновскому району осуществляла Тамара Николаевна Коновалова, в прошлом первый секретарь райкома партии, экономист и агроном по образованию, Тамара Николаевна – из тургеневских женщин. Она стройна, красива, строга, высокообразованна и с очень трагичной судьбой. Потеряв в автомобильной катастрофе мужа и двух дочерей, целиком отдалась работе. По материалам эксперимента защитила кандидатскую диссертацию. В настоящее время она на руководящей работе в администрации Орловской области.

Орловская область смело пошла на широкомасштабный экономический эксперимент. Особенностью и благоприятным фактором здесь стало тесное сотрудничество науки с администрацией области. Душой экспериментаторов был Е.С. Строев. Привлекала сама центральная область России с богатым прошлым, родиной многих гигантов русской культуры, литературы, науки. И вместе с тем Орловщина была доведена в аграрном отношении до нищеты, до вымирания села. Много натворили здесь в войну оккупанты, много бед принесли 60-е, 70-е, 80-е гг. Надо было остановить процессы деградации.

Поначалу были хозрасчетные звенья, коллективный подряд. Но скоро выявились недостатки этой формы хозяйствования: фактически он был, как это отмечает Е.С. Строев, придатком административно-командных методов управления[17]. И, начиная с 1987 г., Орловская область широко перешла к арендным отношениям, к арендному подряду. Людям аренда понятнее. Здесь трудно спрятаться за спину коллектива и жить в условиях всеобщей, коллективной безответственности на базе коллективно-ничейной собственности. Аренда ведь такая форма хозяйствования, где участвуют две стороны: арендодатель, предоставляющий другой стороне (арендатору) на установленный договором срок средства производства и имущество (землю, строения, оборудование, технику) для временного пользования за определенную плату. При этом устанавливаются: взаимная правовая и материальная ответственность сторон; широкая самостоятельность и предприимчивость в использовании арендуемого имущества в рамках договора; в качестве оплаты труда арендатор использует полученный в процессе хозяйствования доход[18].

Во второй половине 80-х гг., а также в 90-х в научных кругах и средствах массовой информации шли острые дискуссии о путях дальнейшего развития российского села. При этом выявились три позиции: а) только колхозы и совхозы накормят страну и не сметь что-либо с ними делать; б) только крестьянин фермерского типа, освобожденный от оков колхоза и совхоза, способен рационально использовать землю и другие ресурсы, потому дать широкую дорогу фермерству; в) надо сочетать формы собственности и хозяйствования, предоставив крестьянину самому выбирать любую из них. На этот, третий путь стали в Орловской области, создав условия для развития всех форм хозяйствования.

Арендные отношения здесь приняли и проходили производственную проверку в следующих видах:

мелкогрупповая с внутрихозяйственными звеньями в колхозах и совхозах. Обычно это 5–6 человек, связанных взаимным доверием. Они стали самоуправляемыми и вписались в контуры крупного общественного хозяйства. Всего в области около пяти тысяч таких звеньев. В них влилось более 800 специалистов колхозов и совхозов;

семейная форма аренды. Здесь полная взаимозаменяемость, никакого нормирования и контроля. Все зависит от результатов хозяйственной деятельности. В области более 500 семейных арендных звеньев;

самостоятельные крестьянские хозяйства, на конец 80-х годов их насчитывалось несколько десятков. Они родились из семейной аренды;

аренда на дому, особенно содержание и откорм скота в условиях крестьянской усадьбы. Таких семей около тысячи в области;

внутрихозяйственные кооперативы. Обычно они формируются путем объединения мелкогрупповых арендных кооперативов. Колхоз постепенно трансформируется в ассоциацию первичных кооперативов;

производственные кооперативы среди населения, прежде всего для удовлетворения производственных и социальных нужд. Как видим, здесь аренда смыкается с сельскохозяйственной кооперацией.

Социологические обследования в Орловской области показали, что 56% колхозников и рабочих совхозов желали бы работать на арендном подряде, а каждый третий – на семейном. Это потенциальные фермеры. Против аренды выступали 1,5%, а против семейной аренды – менее 4%. Среди механизаторов 63–68% стоят за аренду. Следует отметить, что эти данные получены на грани 80-х и 90-х гг., то есть до происшедших впоследствии экономических потрясений.

В Орловской области организационно-экономические эксперименты сочетаются с решением социальных вопросов, созданием социальной инфраструктуры, возрождением села. Пересмотрена инвестиционная политика. И если в социальную сферу в 1976–1980 гг. выделялось только 15,6% общего объема капитальных вложений, то в 1986–1990 гг. – 25%. Здесь реализуется "Программа – 100". Ее суть состоит в том, чтобы сконцентрировать материальные, финансовые и трудовые ресурсы на развитии обезлюдевших хозяйств. Принятые меры позволили остановить депопуляцию орловского села. И если до середины 80-х годов шел неуклонный и массовый отток людей из деревни, уменьшались трудовые ресурсы, то уже в 1986–1990 гг. начался прирост сельского населения, повысилась рождаемость, убыло из области меньше, чем прибыло. Создан фонд возрождения русского села и памятников культуры. В этом движении участвуют города Орел с его предприятиями, Мценск, Ливны и другие. Об эффективности осуществляемых мероприятий свидетельствуют следующие данные Е.С.Строева[19] (табл. 11.3).

Таблица 11.3

Развитие сельского хозяйства Орловской области в 80-е гг.

	в среднем за год			1981 – 1985 к 1976 – 1980, %	1986 – 1990 к 1981 – 1985, %
	1976 – 1980	1981 – 1985	1986 – 1990		
Валовая продукция, млн. руб*	1038	1086	1344	104,7	123,8
Производство зерна, тыс.т	1324	1243	1959	93,9	158,0
Производство мяса, тыс. т	125	125	164	100,0	131,0
Фондовооруженность, тыс. руб/чел	7,7	12,2	18,9	158	142,0
Среднемесячная оплата труда, руб	105	161	228	153,0	142,0
Прибыль, млн. руб	–	39,9	282	–	7 раз
Рентабельность, %	-3,6	1,3	32,8	–	25 раз

*в сопоставимых ценах 1983 г.

Приведенные данные красноречивы. Они говорят о существенном подъеме сельского хозяйства области во второй половине 80-х гг. Тепличных условий здесь создано не было, "маяков" из орловцев не делали. Здесь просто умнее распорядились ресурсами. И мобилизовали основной фактор – человека. Но не призывами, не лозунгами, не соцсоревнованием, а интересом. Причем самым земным в прямом смысле этого слова – арендой, возможностью человеку выйти из кабалы, возможностью самим заработать. Одним словом, перестройку в Орловской области не "заболтали". Хотя это было пока еще только начало.

М.С. Горбачев на встрече с работниками арендных подрядных коллективов 13 мая 1988 г. говорил, что во многих арендных коллективах только за год урожайность зерновых повысилась на 10–15% с гектара, а надои молока на тысячу и более килограммов от коровы. Тогда ставилась задача "открыть дорогу подряду, аренде, помочь инициативным людям, чтобы в сельском хозяйстве все пришло в движение... Мы делаем ставку на человека, на его заинтересованность, самостоятельность, на его инициативу, ответственность, на гражданские чувства и гражданскую позицию... Не нужно действовать на основе одного рецепта... не надо навязывать ничего сверху, следует развязать руки, снять преграды на пути... Мы твердо берем курс на развитие арендных форм подряда, кооперации и агропромышленной интеграции в различных формах... семейной, коллективной, звеньевой... Развитие подрядных форм должно быть в дружбе с техникой, с технологией, с наукой..."[20].

Арендный подряд начал распространяться практически по всем республикам и регионам страны. Он дал многообразие форм как на уровне семьи, первичных трудовых коллективов, так и более крупных хозяйственных формирований. Широко известен Дагестанский колхоз имени Орджоникидзе, которым долгие годы руководит Магомет Абакариевич Чартаев. Колхоз уже давно трансформировался в своеобразную ассоциацию арендаторов-собственников, причем результаты деятельности этого формирования весьма впечатляют.

Коллективы интенсивного труда (КИТы)

В 1985 г. в Сибири появились первые подрядные коллективы, названные КИТами (Коллективы интенсивного труда). Теория и методология их была разработана Н.В. Краснощековым (р.1932), заместителем председателя Сибирского отделения ВАСХНИЛ и его сотрудниками. Краснощеков так охарактеризовал эту форму организации производства: "Коллективы высокопроизводительного труда – первичная подрядная хозрасчетная ячейка сельскохозяйственного предприятия с высоким социально-психологическим климатом, обеспечивающая повышение производительности труда (в 2 раза и более) на основе высокой самостоятельности, арендных отношений, освоения интенсивных технологий, использования ресурсосберегающей техники, эффективных организационно-экономических и социальных мер, обеспечивающих активизацию человеческого фактора"[21]. Дефиниция, может быть длинноватая, но она отражает основные признаки таких формирований: самостоятельность, арендные отношения, здоровый психологический климат, передовая технология в их единстве. Все здесь в конечном итоге идет от человека, а не от технократизма. Предусматриваются социальный и производственный комфорт, материальные стимулы, многолетний период работы. Оптимальный размер такого коллектива – 3–5 человек.

Первый коллектив в колхозе "Большевик" Ордынского района Новосибирской области, возглавляемый талантливым и прогрессивным руководителем Юрием Федоровичем Бугаковым (р.1938), состоял из двух братьев, и за ними было закреплено 966 га земли. Затем он пополнился третьим человеком. В расчете на работника они получили по 780 тонн зерна. Такие коллективы быстро распространились в Новосибирской и Курганской областях, а также в других регионах и республиках Союза ССР. В Курганской области директор опытного хозяйства "Батуринское" Шадринского района Валерий Иванович Овсяников (р.1938), сам ученый и организатор, создал 5 звеньев интенсивного труда, куда вошли члены его семьи. К концу 1986 г. ВАСХНИЛ обобщила результаты и опыт деятельности этих коллективов, представила соответствующие документы в ЦК КПСС. По ним было принято решение, изложение которого опубликовано в центральной печати[22].

В представленной нами в ЦК КПСС 27 ноября и рассмотренной по нашему докладу в Политбюро 4 декабря 1986 г. записке говорилось, что "академия изучила возможности существенного роста производительности труда в сельском хозяйстве на основе совершенствования его стимулирования и рациональной организации... Уже многие десятилетия производительность труда в сельском хозяйстве СССР составляет 20–25% от уровня США. Причем за последние 15 лет этот разрыв не сокращается, а даже возрастает. С 1970 по 1985 г. часовая производительность в США выросла на 73%, а в СССР – только на 29%. На производство основных продуктов в колхозах и совхозах затрачивается в 5–20 раз больше труда, чем в США... Причина... в несовершенстве экономического механизма, долгое время имевшейся недооценке человеческого фактора... Исследования и практический опыт убедительно свидетельствуют, что успехов добиваются те коллективы, районы, области, края и республики, где укрепление материально-технической базы сочетается с совершенствованием экономических методов хозяйствования... Однако материальное стимулирование человека регламентируется множеством устаревших нормативов и инструкций, что сковывает инициативу и снижает трудовую активность... Лучших результатов достигают те хозяйства, где последовательно применяется подряд, хозрасчет и интенсивные технологии, позволяющие рационально использовать ресурсы... Практика выявила большое разнообразие форм коллективного подряда. Это объясняется многообразием природных, экономических, производственных, социальных, национальных и других объективных условий... В стране созрели необходимые материальные и научно-технические предпосылки для перехода от обезличенной организации труда в больших первичных коллективах к относительно небольшим, хорошо организованным и оснащенным техникой, то есть для перевода производства на качественно новую основу.

Подрядные коллективы успешно работают лишь тогда, когда люди психологически спаяны, доверяют друг другу, имеют признанного ими лидера, на демократических основах решают внутриколлективные вопросы, надежно и ритмично обеспечиваются ресурсами, получают квалифицированную научную консультацию, не испытывают административного давления и командования. Весьма эффективной оказалась форма семейного подряда...

Семейный подряд позволяет полнее использовать кормовые и другие ресурсы, а также труд пенсионеров, подростков, детей. Кроме того, он имеет большое воспитательное значение, так как с ранних лет приучает людей к труду, чего в наши дни, к сожалению, лишены массы детей не только в городе, но в и деревне.

Несмотря на многочисленные примеры высокой эффективности различных форм подряда, в целом желаемого прорыва в производительности труда и росте производства он не обеспечил. Это достигнуто только в коллективах высокопроизводительного труда. В чем причина?... Прежде всего в том, что большинство из них создано формально, в погоне за количеством, при этом проявлены администрирование и кампанейство. Не соблюдаются установленные договорами условия... не обеспечиваются ресурсами... Численность коллективов часто достигает 40–50 человек.

Вторая причина кроется в сохранении порочных административных методов и стиля руководства экономикой, которые находятся в противоречии с подрядом и хозрасчетом и не восприимчивы к ним. Можно сослаться на такой типичный пример. За 10 месяцев 1986 года Жердовским РАПО Тамбовской области было получено 1 972 различных документа. Само РАПО направило в свою очередь в колхоз "Гигант" 659 телефонограмм. Председатель колхоза вызывался в РАПО 55 раз, главные специалисты – от 31 до 37 раз. Специалисты хозяйств и РАПО продолжают заниматься собиранием различных сводок и справок. Таким образом, все остается по-прежнему: команды, вызовы, заседания, накачка, отчеты, повседневное вмешательство сверху...

Из сказанного можно сделать следующие выводы:

1...усилить внимание к формированию трудовых коллективов небольшой численности из психологически совместимых людей, с закреплением за ними на длительные годы земли и других средств производства, не допуская при этом шаблона, формализма и кампанейщины. В тех случаях, когда сложившиеся более крупные коллективы эффективно работают, они сохраняются. Всемерно поддерживать развитие семейного подряда.

2. Обеспечить приоритетное и ритмичное снабжение этих коллективов ресурсами, учитывая их более высокую окупаемость и более рациональное использование в условиях хозрасчета и подряда...

3... решительно отказаться от административных методов управления на уровне предприятия, района и выше... демократизация должна выражаться в широкой гласности и коллективности при принятии решений в сочетании со строгой дисциплиной в процессе их реализации...

4... изменить структуру самих колхозов и совхозов и их функции по отношению к внутрихозяйственным подразделениям. Внимание руководителей хозяйств следует сосредоточить прежде всего на вопросах снабжения и сбыта продукции, социального развития, создания производственной и социальной инфраструктуры, налаживания связей с научными коллективами.

5... с освоением подряда и хозрасчета, а также по мере роста общей и производственной культуры работников резко повышается их потребность в научных знаниях. Поэтому интеграция науки с производством стала в современных условиях объективной необходимостью. Нужно также поднять роль специалистов колхозов и совхозов.

6. Требуется коренным образом перестроить экономическую работу во всех звеньях и на всех уровнях, уделяя особое внимание повышению роли договоров, порядку расчета по конечному результату...

7. Исключительную важность приобретает экономическое образование кадров всех уровней, которое следует организовать и осуществить повсемес-

тно... предстоит коренным образом перестроить систему экономической учебы и повышения квалификации кадров массовых профессий, специалистов и руководителей хозяйств... Ученые-экономисты совместно с работниками Госагропрома разработали для всех республик и регионов рекомендации и предложения по применению различных форм подряда и хозяйственного расчета.

8... многие вопросы еще ждут своего решения. Прежде всего это относится к системе ценообразования, финансирования и налогообложения..."

Эта записка вместе с постановлением была разослана во все обкомы, крайкомы и ЦК нацкомпартий. Нетрудно заметить, что изложенные предложения направлены на создание слоя инициативных, предприимчивых, ответственных и грамотных земледельцев в первичных трудовых единицах либо семейного типа, либо небольших групп; закрепление за ними на долгие годы земли и других средств производства; на ритмичное, достаточное обеспечение ресурсами; на прекращение командования и переход к экономическим методам управления. Они предусматривали не демонтаж колхозов и совхозов, а такую их трансформацию, которая сняла бы гнет над крестьянами и сосредоточила внимание на решении социальных, культурных, научных и организационных вопросов, прежде всего снабжения и сбыта продукции. Это были взвешенные и продуманные предложения. Они не мыслились как навязывание сверху "самых прогрессивных и правильных" рецептов, а как направление развития, выхода из застоя. В записке было много примеров, когда люди выращивали высокие урожаи различных культур в этих звеньях, например, по 500 центнеров картофеля с гектара, имели высокую продуктивность животных. Но не в них дело. Конкретные примеры, как и цитаты из трудов классиков, можно подобрать на все случаи жизни. Дело в движении, развитии, изменении курса аграрной политики.

Агропромышленные формирования

Во второй половине 80-х гг. началось создание агропромышленных формирований. Их формы, размеры, состав были самыми разнообразными. Но суть состояла в том, чтобы интегрировать производство сельскохозяйственного сырья с его хранением, переработкой до получения готовой продукции и обеспечить ее реализацию потребителям. В свое время А.В. Чаянов это называл "вертикальной кооперацией" и придавал этой форме приоритетное значение перед горизонтальной, то есть простым увеличением размеров без всяких структурных изменений. По данным Госкомстата СССР на конец 1990 г. в стране функционировало 214 агрокомбинатов, 297 агропромышленных объединений и 252 агрофирмы. Всего в них состояло 12 738 предприятий, из них 7 854 сельскохозяйственных, 1 281 промышленное, 671 строительное и 380 торговых[23].

Агрокомбинаты создаются на базе специализированных, иногда многоотраслевых сельскохозяйственных и перерабатывающих предприятий, рознично-оптовых и других торговых организаций. Обычно они имеют свои строительные структуры, общий и специализированный транспорт, складское и холодильное хозяйство. Одним из первых в стране в 1985 г., после более чем полувекового перерыва, был создан агрокомбинат "Кубань" в Тимашевском районе Краснодарского края. Его возглавлял крупный организатор сельскохозяйственного производства, в прошлом начальник краевого управления сельского хозяйства, Михаил Михайлович Ломач (р.1936). Этот комбинат объединил все колхозы и совхозы Тимашевского района с имевшимися перерабатывающими предприятиями и построил новые, а также создал разветвленную торговую сеть. При этом все колхозы многоотраслевые, а совхозы специализированные. Он не ограничился обеспечением местных нужд в продовольствии, а вышел на снабжение курорта Сочи и частично Краснодара хлебом, мясными, молочными и рыбными продуктами, овощами, фруктами, ягодами, соками. Комбинат вел крупное строительство как своими, так и привлеченными силами. Построен современный жилой поселок с культурным и торговым центрами, благоустроенными жилыми домами[24]. Как агрокомбинат в целом, так и все входящие в него предприятия располагают полной экономической самостоятельностью. Он вышел на прямые внешнеторговые связи. Отношения с государством строятся на выплате в бюджет 15% прибыли.

Годом позже в Московской области был создан агрокомбинат "Раменский", который возглавлял также крупный и известный в стране организатор производства Константин Викторович Куницкий (р. 1932), в прошлом руководитель управления сельского хозяйства Московской области. В него вошли 13 совхозов, 3 колхоза, птицефабрика, молочный комбинат, мясоперерабатывающий завод, птицекомбинат, ремонтно-технические предприятия, строительные организации с проектно-конструкторским бюро, торговые предприятия с базами хранения. Всего 53 предприятия и организации с 20 тысячами работников. Произведенная в колхозах и совхозах продукция перерабатывается и реализуется в рамках комбината. Главная задача – дать продукцию высокого качества на хозрасчетных основах. С согласия входящих в комбинат предприятий некоторые функции централизованы: семеноводство, племенное дело, снабжение, сбыт и переработка продукции, строительство. Создан внутренний банк комбината – финансово-расчетный центр. Расширились внешнеэкономические связи. Обогатился ассортимент реализуемой продукции. Возросли прибыли предприятий[25]. За последние годы на территории агрокомбината возникло более 600 крестьянских (фермерских) хозяйств. "Раменский" своими техническими средствами выполняет по отношению к ним функции бывшей МТС, разумеется, на добровольных и договорных основах.

Агропромышленные объединения (АПО) создаются обычно путем интеграции сельскохозяйственных предприятий и находящихся на территории района заводов пищевой индустрии. В отличие от РАПО как административно-управленческого органа АПО занимаются хозяйственной деятельностью. В административном отношении предприятия могут быть в разных ведомствах. АПО бывают как специализированными, так и многоотраслевыми. Примером последнего может служить АПО "Новомосковское" Тульской области, созданное на базе колхоза имени Ленина Новомосковского района, которым долгие годы руководил Василий Александрович Стародубцев (р.1931), известный организатор сельскохозяйственного производства. Здесь рекультивировали разрушенные шахтерами земли, получают высокие урожаи зерновых – до 55 ц/га, надои до 5,5 т молока от коровы, а на работающего в животноводстве до 150 тонн. Внутри хозяйства созданы хозрасчетные структуры, имеется, кроме перерабатывающих предприятий, филиал Тульской швейной фабрики. Высокую долю в общем фонде потребления занимают общественные расходы на социальные нужды. Колхоз интегрирует объединившиеся в АПО предприятия и организации.

Агрофирмы образуются обычно на базе экономически сильных колхозов, совхозов или других сельскохозяйственных предприятий. Как правило, они функционируют на основе законченного цикла воспроизводства, то есть получают у себя сельскохозяйственное сырье, перерабатывают и реализуют один или несколько видов готовой продукции. Обычно они имеют сравнительно небольшие перерабатывающие цеха и хранилища, автотранспорт и ведут строительство. Исходя из формы собственности они могут быть кооперативными, государственными или смешанными. Предпосылками создания агрофирмы являются: экономическая самостоятельность предприятия; его финансовая и технологическая независимость; наличие финансовых, материальных и трудовых ресурсов; а также квалифицированных кадров, сырья и помещений; возможности выгодно реализовать продукцию; высокий уровень производства.

Одной из первых агрофирм в СССР была созданная на базе колхоза "Адажи" Латвийской ССР, расположенного в 24 км к северу от Риги на бедных песчаных и заболоченных землях. Однако внесение ежегодно по 25 т органических удобрений на гектар, а также применение минеральных туков, осушительные и иные мелиорации позволили поднять производительную силу почвы. К концу 80-х годов здесь собирали по 45 ц зерновых, 250 ц картофеля, 650 ц кормовых корнеплодов и 84 ц сена многолетних трав с гектара. Располагая 12 601 га земли, из них 7 075 га используемых, в том числе 4 166 га пашни, 1 020 га сенокосов и 1 876 га пастбищ, это хозяйство реализовало продукции на 75,3 млн. руб. (1988 г.), на одного работающего – 16 662 руб. Рентабельность производства достигла 49,8%. В расчете на 100 га сельскохозяйственных угодий здесь получено 1 666 ц молока и 601 ц мяса, средний удой от коровы – 5 323 кг молока.

В "Адажи" имелись многочисленные мелкие перерабатывающие цеха и подсобные производства. Основная масса продукции перерабатывается на месте: зерно, картофель, овощи, молоко, мясо, и в Ригу фирма поставляет готовые продукты: хлеб, сыр, творог, чипсы, консервы и т.д.

Здесь был создан научный центр, в котором работало 9 кандидатов наук, информационный центр; рабочие места и многие процессы компьютеризированы. Фирма поддерживала связи (до распада Союза ССР) со многими научно-исследовательскими учреждениями страны. В течение долгих лет возглавлял эту фирму член-корреспондент ВАСХНИЛ Герой Социалистического Труда Альберт Эрнестович Каулс (р.1938)[26].

В агрофирме придавалось большое значение социальным вопросам, образованию и отдыху людей, обеспечению квартирами. Причем жилье предоставлялось по выбору: либо в коттеджах усадебного типа, либо в многоквартирных домах, по желанию членов фирмы, нуждающихся в жилье. Здесь существовал конкурс для поступления на работу[27].

Представляет также интерес агрофирма “Туриба” в восточной части Латвии на базе бывшего колхоза “Сарканайс Октобрис”, в настоящее время паевое общество. Здесь близкие к “Адажи” показатели. Фирма не распалась и по сей день, несмотря на жесточайшую конкуренцию на продовольственном рынке Латвии, в связи с завозом массы более дешевых продуктов из стран Запада. За 1993 г. агрофирма “Туриба” увеличила объем реализации на 30%. Что здесь характерно? Во-первых, при реорганизации сохранена вся производственная и социальная инфраструктура; во-вторых, фирма реализует только готовую продукцию (хлеб, сыр, масло, молочно-кислые продукты, колбасы, ветчину, парное разделанное мясо, чипсы, овощи и т.д.). Все это вырабатывается на своих маленьких заводах; в-третьих, фирма отвергла всех посредников как государственных, так и частных. Она имеет 8 фирменных магазинов, из них 6 в г. Даугавпилсе и 2 в районном центре Прейли. Отсутствие посредников позволяет фирме реализовывать свою продукцию по ценам на 15–20% ниже государственных; в-четвертых, фирма своей техникой, оборудованием, транспортом, производственными помещениями (сушилки и др.) выполняет функции МТС по отношению к фермерским хозяйствам. На территории бывшего колхоза возникло более 70 самостоятельных крестьянских хозяйств. Им не под силу купить в современных условиях технику, построить сушилки и склады. Причем фермерские хозяйства не парцеллярные, их земельная площадь колеблется от 15 до 200 га. Они заключают договоры с фирмой и получают необходимые услуги по приемлемой цене.

Возглавляет это предприятие бессменно с 1955 г. Ромуальд Владимирович Кавинский (р.1928), биолог по образованию, педагог по профессии, экономист-организатор по многолетнему опыту работы.

Кроме названных видов агропромышленных формирований: агрокомбинатов, агрофирм и агропромышленных объединений, во второй половине 80-х гг. возникли и многие другие. Появились агроконсорциумы. Обычно это – объединение агрофирм и предприятий, производящих различные виды продукции, которые на добровольных началах соединяют часть своих средств для выполнения каких-либо работ или получения прибыли. В основе здесь – экономический интерес и добровольность. Так, например, агроконсорциум “Щапово” имеет зверокомплекс на 100 тыс. шкурок в год, бройлерное предприятие мощностью 300 тыс. бройлеров в год, производит около 500 т мяса, содержит молочную ферму на 200 коров, производя 1 000 т молока в год, завод по переработке картофеля.

В целях тесной интеграции науки с производством получили развитие научно-производственные объединения (НПО) и научно-производственные системы (НПС). Их было очень много. Практически все научно-исследовательские институты, особенно региональные, вошли в НПО, в которых интегратором выступал институт. НПО объединяло филиалы института, опытно-производственные хозяйства, опытные или экспериментальные заводы, конструкторские бюро, всякие подсобные производства. Некоторые институты, например, механизации сельского хозяйства, имеют крупные экспериментальные заводы, изготавливающие приборы и машины в довольно большом количестве. То же относится к Институту электрификации, Агрофизическому институту и многим другим. ВАСХНИЛ имела более 400 опытно-производственных хозяйств с площадью используемых земель свыше 3 млн. га. Все эти хозяйства входили в НПО.

Широкое распространение получили научно-производственные системы (НПС). Они создавались научными учреждениями на базе ряда сельскохозяйственных предприятий. Институты выделяли в колхозы и совхозы этой системы научных работников, которые обеспечивали освоение той или иной разработки. Системы были специализированными, например, по возделыванию кукурузы, пшеницы, сахарной свеклы, производству молока и т.д. Такая форма интеграции позволяла сравнительно быстро, без проволочек осваивать научные разработки. Здесь дело не проходило по бюрократическим каналам через управленческие органы. Труднее было с ресурсами, которые всегда распределялись сверху. Здесь все зависело от напористости руководителя института, с одной стороны, способностей и демократичности руководителей управленческих органов, с другой. Многим удавалось получить право через научные учреждения получать и распределять ресурсы (удобрения, технику, пестициды и др.) по хозяйствам системы. В таких случаях обеспечивался успех.

Особенно высокой эффективностью отличались системы, созданные Курганским НИИ сельского хозяйства. Его директор Игорь Антонович Сикорский проявил недюжинные организаторские способности и заметно преуспел с помощью НПС в широком освоении кукурузы, интенсивных технологий и решении других вопросов в хозяйствах этой области. Всего было несколько сот таких систем. Научно-производственная система охватывала 226 хозяйств из всех 23 районов Курганской области. НПС стала полностью хозрасчетной структурой при институте. В ее распоряжение поступало 20% от экономического эффекта, полученного хозяйствами за счет освоения предложенных технологий. С каждого гектара посева в хозяйствах системы выход кормов составил 70 ц кормовых единиц против 20 при старой технологии[28].

Земельная реформа

После избрания народных депутатов СССР и сформирования Верховного Совета одним из первых вопросов, которым занялись новые органы законодательной власти, был аграрный. Это диктовалось неблагополучием в аграрной сфере, чрезвычайно высоким импортом зерна и других видов продовольствия, затратностью производства и нараставшей деградацией земельного фонда.

Данными проблемами вплотную занялся Комитет по аграрным вопросам и продовольствию Верховного Совета СССР. Его председатель Аркадий Филимонович Вепрев (р.1927), экономист по образованию, долгие годы возглавлявший совхоз "Назаровский" Красноярского края, добился в условиях Сибири высоких результатов по производительности труда, продуктивности полей и ферм, низких производственных затрат. Будучи грамотным экономистом, Аркадий Филимонович отличался личным демократизмом, вдумчивостью, крестьянской степенностью и неторопливостью, добрым отношением к людям. В составе Комитета было несколько членов ВАСХНИЛ, заместителем председателя был избран Алексей Михайлович Емельянов. Комитет сразу же взял курс на сотрудничество с наукой. В Комитете было много известных руководителей сельскохозяйственных предприятий, специалистов и других работников из всех союзных республик.

В рамках реформирования аграрной сферы Комитет досконально разобрался с состоянием земельного фонда, от рационального использования которого в конечном итоге зависит благосостояние людей. Более 2/3 фонда потребления формируется за счет продуктов земледелия. Процессы, происходящие с землей, вызывают тревогу. По Союзу ССР за 30 лет, с 1959 по 1989 г. площадь пашни сократилась с 233,5 млн. до 228,2 млн. га , а в расчете на душу населения – с 1,11 до 0,79 га. За эти годы произошло массовое отчуждение земель, с 1966 по 1986 г. разным ведомствам отрезано 35,8 млн. га. Особенно большое выпадение земель произошло в районах Российского Нечерноземья, где с начала 50-х до 1987 г. площадь сельскохозяйственных угодий сократилась с 58,9 до 44,7 млн. га, или на 14,2 млн. га, в том числе пашни на 3,2 млн. га. Много земель запустело вокруг мертвых деревень, основная масса которых и находится в Нечерноземье и Российском центре.

Большой вред земледелию нанесло гидротехническое строительство, создание плотин на равнинных реках. За последние десятилетия затоплено 6,5 млн. га самых ценных пойменных земель, да еще подтоплено 10,5 млн. га, прилегающих к водохранилищам. Это количественная сторона. Не лучше обстоят дела и с качеством земельного фонда. Здесь происходят еще более тревожные процессы. Водной и ветровой эрозией охвачено 113 млн. га, из них более 60 млн. га пашни. Если влияние пыльных бурь и дефляции несколько приглушено, то водная эрозия идет вширь. По данным Ольги Геннадьевны Котляровой в ее долголетних производственных опытах на полях Белгородской области на равнинной части полей собрано по 32 ц пшеницы с 1 га, на склоне при слабом смыве – 22 и при среднем смыве – 12 ц. Недобираем 2 т зерна и теряем саму почву. За последние 20 лет площадь смытых почв удвоилось. Эрозия вызывает опустынивание. Первая на Европейском континенте пустыня уже образовалась в районах Калмыкии, Дагестана и Нижнего Поволжья. Сейчас ее площадь превышает 1,2 млн. га, но она катастрофически увеличивается. Если не принять кардинальных мер, этот регион ждет участь Сахары и Сахели.

Неуклонное снижение содержания гумуса в почве грозит потерей русского чернозема, его разрушением. За последние полвека его содержание сократилось на 40–50%. Основная причина – эрозия и смыв поверхности почвы. Более 50% пашни в стране расположено на склонах, а в таких областях, как Белгородская – более 70%.

Кислотность почвы превышает нормальную уже на площади более 52 млн. га. Особенно быстро расширяется площадь закисленных земель в южных районах России. Засолено же более 100 млн. га. И этот процесс продолжает идти вширь. В последние десятилетия нависла новая беда – техногенное загрязнение промышленными выбросами тяжелых металлов: свинцом, марганцем, хромом, медью, кобальтом, фтором, мышьяком, а также серой, азотом. Огромную площадь заражения занимают выбросы Чернобыльской АЭС. Чернобыльская трагедия унесла не только многие человеческие жизни, здоровье тысяч людей, но и нанесла неисчислимый ущерб экономике страны, ее природе. Сотни тысяч гектаров сельскохозяйственных и лесных угодий, водных источников надолго выведены из строя.

Особенно много зараженных техногенными отбросами площадей в районах Урала, Кузбасса, вокруг многих крупных городов и промышленных центров, таких как Челябинск, Череповец, различных заводов. По цепочке почва – растение – животное – человек идет процесс отравления. Человек за свою недальновидность, расхлябанность, непредусмотрительность расплачивается гибелью живой природы и здоровьем. Надо осознать, что отравление окружающей среды (почвы, воздуха, воды, флоры и фауны) несет для человечества не меньшую угрозу, чем войны и различные катаклизмы. При перенасыщении отравляющими веществами жизнь может просто остановиться, природа умереть. Уже сейчас в России есть целые биогеохимические провинции, где концентрация вредных веществ в 5–10–20 раз превышает допустимые нормы.

Следует признать горькую истину – мы хищнически используем невосполнимое национальное богатство – почву. Она превращается в своеобразное решето, сквозь которое проваливаются питательные вещества и вода. Их расход на единицу земледельческой продукции несоизмеримо высок. И причина здесь не только в неграмотном ведении хозяйства, нарушении законов земледелия, грубом вторжении в природную среду, шаблонных методах обработки и т.д. Коренная причина – в давно наступившей бесхозности, ничейности земли. Поэтому Комитет по аграрным вопросам и продовольствию начал свою деятельность с разработки Основ законодательства СССР и союзных республик о земле.

Для практической подготовки необходимых материалов, рабочих проектов, обобщения научных исследований, обзоров опыта зарубежных стран и прочих документов была сформирована рабочая группа, куда, кроме народных депутатов, входили научные работники из институтов ВАСХНИЛ, Академии наук СССР, Министерств сельского хозяйства СССР и РСФСР. Всего в эту группу входило около 30 человек. Наиболее активными были Ирина Александровна Иконицкая, Сергей Викторович Киселев, Борис Дмитриевич Клюкин, Эльмира Николаевна Крылатых, Леонид Яковлевич Новаковский, Александр Васильевич Петриков, Аркадий Захарович Родин, Евгения Викторовна Серова, Сергей Николаевич Строков, Виктор Николаевич Хлыстун. Автору этих строк было поручено руководить подкомитетом по земле и формам хозяйствования, а также и рабочей группой ученых. Комитет многие заседания проводил не в парламентских помещениях, а непосредственно в научно-исследовательских институтах, в академии. Всего обсуждению Основ законодательства о земле было посвящено 15 пленарных заседаний Комитета, с конструктивными предложениями чаще всего выступали члены Комитета: Аркадий Павлович Айдак, Василий Иванович Белов, Николай Николаевич Воробьев, Эрвид Янович Гриновскис, Александр Иосифович Дубко, Иван Михайлович Ивченко, Анатолий Тихонович Кузовлев, Кийлыбай Усенович Медеубеков, Алексей Дмитриевич Меньшатов, Григорий Семенович Походня, Виктор Иванович Штепо и др. Четыре раза проект закона выносился на пленарное заседание Верховного Совета СССР. В работе Комитета при подготовке проекта Закона о земле активно участвовали депутаты, состоявшие в других Комитетах. Это прежде всего депутаты от ВАСХНИЛ Болюс Игнович Пошкус, Владимир Александрович Тихонов и др.

Подготовленный проект Основ законодательства о земле прежде всего ставит задачу "преодолеть обезличку, ничейность" в использовании земли. Исключительное право распоряжаться землей предусматривалось за Советами народных депутатов. "Земля находится в государственной, коллективной и индивидуально-трудовой собственности"[29]. Эта позиция об индивидуально-трудовой собственности вызвала горячие и долгие споры. Это – частная собственность, но без права продажи земли. Мы считали, что владеть землею и быть собственником может только тот, кто на ней работает. В проекте много места уделялось аренде земли, в том числе и внутрихозяйственной. Арендодателями выступают Советы народных депутатов, коллективы государственных и кооперативных хозяйств, в необходимых случаях и крестьянские хозяйства. Крестьянину предоставлялось право выбирать форму хозяйствования. Судьба колхозов и совхозов виделась как переход к новому, "современному, крупному предприятию, построенному на кооперативных началах". Предусматривалась плата за землю. Подробно излагались права и обязанности собственника и пользователя землей. В Основах был заложен строгий контроль за использованием и охраной земель, введение мониторинга за состоянием земельного фонда, упорядочение земельного кадастра.

Этот проект был блокирован Комитетом по вопросам законодательства, законности и правопорядка, от имени которого выступил Анатолий Александрович Собчак. Камнем преткновения стала "индивидуально-трудовая" форма собственности, как завуалированная частная собственность. Пройдет немного времени и А.А. Собчак выступит за частную собственность. Но на первом чтении по его предложению наш проект был Верховным Советом СССР отвергнут.

После обсуждения в комитетах и комиссиях Верховного Совета, интенсивной проработки в Аграрном комитете он вновь был внесен на рассмотрение пленарного заседания Совета Союза и Совета Национальностей. Исчезла формулировка об индивидуально-трудовой форме собственности. Принципиальными положениями стали: "Земля является неотъемлемым достоянием народа, проживающего на данной территории". Имеется в виду и весь советский народ, и каждый народ, включая малочисленные. Он – хозяин, а никто другой. И дальше. "Правомочия по распоряжению землей осуществляют Советы народных депутатов. Земля предоставляется в пожизненное наследуемое владение крестьянам, ведущим семейное трудовое хозяйство; в коллективное владение – колхозам, совхозам и другим сельскохозяйственным предприятиям, другим коллективам; в пользование – промышленным, транспортным и другим несельскохозяйственным предприятиям и организациям. Мы исходили из того, чтобы "иметь такой закон, который позволил бы крестьянину быстрее на своей земле обеспечить свой народ своим хлебом... чтобы земля имела полновластного, компетентного и ответственного хозяина, чтобы этим хозяином никто не понукал, не командовал, не давал некомпетентных приказов, чтобы платили ему за продукцию полным рублем и обеспечивали современными орудиями производства"[30].

Проект закона был экологизирован. Ужесточены требования по охране земельного фонда от разрушения. Комитет по экологии внес предложения о введении частной собственности на землю. Верховный Совет с этим не согласился. Большинство депутатов как в Комитете по аграрным вопросам, так и в Верховном Совете в целом придерживалось мнения, что земля не может быть товаром, что ее нельзя продавать, покупать, дарить. Это диктовалось прежде всего опасениями возможной спекуляции землей. Ведь крестьяне не настолько богаты, чтобы покупать земельные участки. Да однажды они ее уже покупали, но Советская власть все конфисковала, национализировала. Национализации подлежали тогда все земли, включая земли мелких сельских хозяев.

На этот раз проект Основ законодательства о земле был принят в первом чтении и опубликован для всенародного обсуждения. Предстояла еще длительная и кропотливая работа по учету многочисленных замечаний депутатов, работников с мест, различных коллективов. Часто они были диаметрально противоположными. Опять начались напряженные обсуждения, консультации с юристами, экологами, представителями союзных и автономных республик, малых народов, руководителями хозяйств, крестьянами, учеными. Эта работа продолжалась более двух месяцев. 16 февраля 1990 г. мы выступили уже от имени объединенной комиссии, созданной Верховным Советом после принятия проекта в первом чтении.

В тот период мы были более вооружены фактами и мнениями различных слоев общества. Всего поступило по опубликованному проекту 13 тысяч документов, 2,5 тыс. писем и телеграмм, свыше 10 тыс. анкет, 212 заключений различных организаций, 72 заключения научно-исследовательских институтов, в том числе и по возможным социальным и экологическим последствиям реализации этого проекта. На собраниях по его обсуждению участвовало, как явствует из протоколов, более 180 тысяч человек. Свои предложения внесли 50 депутатов. Для обобщения всего этого материала рабочая группа была расширена до 45 человек за счет привлечения юристов, экономистов, экологов, социологов. Из 2 400 замечаний и предложений каждое четвертое нашло отражение в проекте[31].

Представляют интерес ответы на некоторые вопросы, полученные путем анкетирования. Одобрило проект подавляющее большинство, не согласно с ним только 5%. Каждый третий высказывается за пожизненное владение землей с правом наследования, каждого четвертого устраивает долгосрочная аренда, каждый пятый настаивает на личной собственности, каждый десятый против всяких изменений, а 1% считает, что вообще никакого закона о земле не надо.

Характерно, что 87% высказались за право каждого человека выбирать себе форму хозяйствования, 59% за то, чтобы выходящие из колхозов и совхозов получали земельный надел. Подавляющее большинство высказалось против купли-продажи земли.

О формах хозяйствования расклад мнений был такой: за создание и поддержку индивидуальных крестьянских хозяйств высказалось 20%, за предоставление полной самостоятельности колхозам и совхозам – 36 и за сочетание всех форм хозяйствования – 42%.

Проект в целом был направлен на расширение и усиление прав человека, гражданина, крестьянина, на гарантирование пожизненного владения землей при рациональном ее использовании, начиная от самостоятельного крестьянского хозяйства, садоводства, строительства жилого дома. Установлено право выхода человека из колхоза, если он пожелает вести самостоятельное хозяйство. Вместе с тем расширяются права крупных общественных хозяйств, не в ущерб крестьянским, они становятся собственниками произведенной продукции и дохода от ее реализации.

Устанавливается система стимулирования охраны почв и их расширенного воспроизводства. Ужесточается порядок изъятия земель для несельскохозяйственных нужд. Основы законодательства "экологизируются". Вводится новая категория природоохранных земель с правовым регулированием их использования. Расширяются роль и функции Советов, прежде всего местных для обуздания всевластия ведомств. Учитываются интересы малочисленных народов Севера, страдающих от натиска индустриальных гигантов. Дело в том, что экосистемы там очень хрупки, и они нуждаются в бережном отношении. Вся жизнь этих народов связана с экосистемами.

При обсуждении проекта Основ законодательства о земле при его втором чтении с трибуны Верховного Совета высказалось 54 депутата, 20 депутатов представили письменные предложения, было выдвинуто 150 конкретных предложений и замечаний; 40% этих замечаний учтено и нашло отражение в Основах законодательства. Вместе с тем многие крупные вопросы не были приняты, хотя весьма активно обсуждались и были вызваны жизненными потребностями.

Всплыл больной вопрос о закреплении земли за незаконно репрессированными в период сталинщины народами с переселением их на Восток: карачаевцами, балкарцами, чеченцами, ингушами, калмыками, немцами Поволжья, крымскими татарами, турками-месхитинцами. Было признано необходимым решить этот болезненный вопрос в целом, с учетом государственного и территориального устройства, включая восстановление автономии, принимая во внимание экономические, социальные, этнические и иные аспекты. Вырывать из целого комплекса один вопрос не следует.

Вызвал дискуссию вопрос о пожизненном владении землей с правом наследования. Уже громче раздавались голоса о частной собственности на землю. Была высказана мысль о том, что при длительном владении земля может стать собственностью. Верховным Советом было признано, что пожизненное владение землей с правом наследования по существу является частной собственностью, но без ее купли-продажи.

Раздавались голоса и о том, что все земельные вопросы следует сосредоточить в низовом звене Советов, в сельских и поселковых. Это предложение было отвергнуто. Ведь есть республиканские, межреспубликанские, межобластные и общесоюзные нужды. Наделение землей возложено на низовые Советы с утверждением районными.

Внимание привлек и вопрос о платности земли. Особенно много просьб было высказано о предоставлении льгот по уплате земельного налога. Освобождены от уплаты только ботанические сады, учреждения культуры, образования, науки, здравоохранения, где не производится товарной продукции. Льготы предусмотрены для садоводов, участки которых размещены на бросовых и разрушенных землях.

Возникал вопрос и о размерах землевладений. Верховный Совет ушел от его решения, предоставив право решать его в союзных республиках. Это резонно, так как земельный фонд, а также условия и практика хозяйствования в стране настолько многообразны, что предусмотреть правильное решение из центра невозможно. Обсуждались и приоритеты при предоставлении земли. Здесь признано необходимым учитывать опыт работы в сельском хозяйстве, квалификацию, также моральные качества человека, такие как трезвость и отношение к труду. После голосования по разделам Основы законодательства Союза СССР и союзных республик о земле 28 февраля 1990 г. 366 голосами против одного возражавшего и четырех воздержавшихся были приняты[32].

Основы законодательства, хотя не были законом прямого действия, но они сыграли свою роль в формировании и становлении законодательства по аграрной реформе для союзных республик. Через 15 месяцев после принятия Основ, 24 мая 1991 г. Верховный Совет СССР на совместном заседании его обеих палат заслушал отчет о ходе реализации Основ. В этот промежуток времени работали как соответствующий подкомитет Комитета по аграрным вопросам и продовольствию, так и постоянная группа ученых и экспертов из 30 человек. Мы были связаны с научными учреждениями и парламентскими структурами всех 15 союзных республик.

Прогноз пессимистов, говоривших о нецелесообразности принятия Основ законодательства, не оправдался. Под его воздействием были приняты законодательные акты союзных республик, Основы стали их фундаментом. В девяти республиках были приняты земельные кодексы, в некоторых законы об аграрной реформе, о крестьянском хозяйстве – всего свыше 40 законодательных актов. При их разработке были использованы положения Основ о многоукладности аграрной экономики, о плате за землю, об экологичности в использовании земли и многое другое. Однако в каждом республиканском законе отражалась местная специфика. И это закономерно.

По такому принципиальному вопросу, как собственность на землю, единообразия не было. Шесть республик признали необходимым ввести частную собственность на землю: Россия, Молдавия, Армения, Литва, Латвия и Эстония. Но на куплю-продажу сельскохозяйственных угодий в большинстве республик, включая Россию, был введен 5–10-летний мораторий. При наличии частной собственности должен действовать эффективный механизм, не допускающий спекуляции и вырастания слоя земельных рантье. На сессии мы говорили, что "эффективно использовать землю и вести сельское хозяйство можно при любых формах: и при аренде, если она долгосрочная... и при владении, и при пользовании, и при других формах. Главное – в гарантиях, в правопорядке, в свободе выбора, в приоритетности... приоритет отдается тому, кто работает на земле. Во взаимоотношениях землевладельца и арендатора приоритет – арендатору... Проходит эйфория: дескать, раздадим землю и все проблемы решим. Ослабевает твердолобый консерватизм, заключающийся в том, чтобы ничего не менять. Стихает экстремизм". Так нам тогда казалось... "Земельная реформа – не разовый акт. Это всерьез и надолго, не решить это ни за год, ни за три, для этого потребуется десятилетие, а может быть, и больше... Земельная реформа включает в себя и многообразие форм владения, соблюдение экологических требований, экономические и прочие меры стимулирования... гарантии защиты крестьянина... Это длительный процесс"[33].

В Российской Федерации парламент активно занялся аграрным законотворчеством, также и организационной работой. Был создан Комитет по земельным ресурсам и землеустройству, первым председателем которого стал профессор В.Н. Хлыстун, позднее – Н.В. Комов. В Узбекинстане пошли по пути резкого расширения личных подсобных хозяйств населения за счет прирезки орошаемых земель. Этот сектор существенно увеличил производство земледельческой продукции. Для многодетных узбекских семей это – правильное решение, там много рабочих рук. Личное подсобное хозяйство вообще может стать базой формирования крестьянских хозяйств.

При реализации земельной реформы с первых дней было допущено немало абсурдных действий, что можно объяснить лишь низким культурным уровнем очень многих наших чиновников. Например, были факты отчуждения земель от хозяйств науки и вузов, от элитно-семеноводческих и племенных хозяйств. Часты случаи волюнтаризма в установлении арендной платы за землю и пользование другими ресурсами. Процветает волокита и ставятся всяческие рогатки. Идет открытая и подспудная борьба между теми, кто добросовестно и ответственно трудится, с одной стороны, и теми, кто привык работать "с колеса", побольше урвать, особенно за счет общественного добра, – с другой.

В итоге обсуждения мы обратились к Верховному Совету СССР "поручить нам с учетом уже накопленного опыта подготовить проект аграрной реформы, которая бы охватывала не только земельные и экономические отношения, но и социальные проблемы, сервис и все, что связано с производством на селе". Однако истории было угодно распорядиться таким образом, что эти предложения оказались нереализуемыми. Что же касается рабочей группы при Комитете по аграрным вопросам и продовольствию Верховного Совета СССР, состоявшей из ученых, то большая часть ее стала ядром созданного в конце 1990 г. Аграрного института Российской академии сельскохозяйственных наук.

16–18 января 1991 г. в г. Курске состоялась выездная сессия общего собрания ВАСХНИЛ. Она была посвящена проблеме научного обеспечения земельной реформы и развития земледелия в СССР на ближайшую перспективу. После обстоятельного обсуждения и обобщения накопленных данных академия приняла несколько важных документов. Прежде всего это – "Концепция научного обеспечения земельной реформы в СССР", в которой изложены правовые, экономические аспекты, организационного и кадрового обеспечения, региональные особенности. Раскрыты суть и формы земельной собственности, особенности многоукладной экономики, экономическая оценка земли и плата за нее, методология земельного кадастра и мониторинга, научные основы землеустройства в условиях реформы, экологизация и методология прогнозирования социальных и экологических последствий реформы, организация научного обеспечения, координация и финансирование этих работ[34].

Второй документ, принятый сессией ВАСХНИЛ, – "Концепция развития земледелия в условиях перехода к рыночным отношениям и многоукладному сельскому хозяйству"[35].

Концепция исходит из происходящих на селе политических, экономических и социальных изменений, связанных с переходом к рынку, многоукладностью и превращением крестьянина из наемного работника в хозяина на земле; новых правовых актов о собственности, о земле, о предприятии, о налогооблажении; обострившихся продовольственной, экологических и социальных проблем; современных требований к производству и научно-техническому прогрессу.

Здесь изложена суть новых требований к системам земледелия, расширенному воспроизводству плодородия и охране почв с учетом зональных особенностей, дается ориентация на разработку почво-влагосберегающих интенсивных технологий, показаны основные направления технической политики в земледелии, научного обеспечения и переподготовки кадров.

В связи с осложнившейся политической обстановкой в обществе, угрозой гражданскому миру сессия академии сочла необходимым высказать свое отношение к этим тревожным процессам и приняла Обращение к президенту СССР, председателям Верховных Советов, президентам суверенных республик СССР, ко всем ученым и общественным организациям. Приводим текст этого обращения с небольшими сокращениями.

"Мы, ученые Советского Союза, работающие в аграрной сфере, собравшись на очередную сессию в г. Курске для обсуждения вопросов земельной реформы, выражаем озабоченность, испытываем боль за пролитую кровь невинных людей и тревогу за судьбу Родины, за жизнь и безопасность каждого человека в условиях вспыхнувших социальных и национальных конфликтов.

Мы обращаемся к Вам, товарищ Президент Союза ССР, с просьбой использовать все законные меры для предотвращения кровопролития, решения всех возникших противоречий только политическими средствами...

Наш призыв к миру и согласию мы обращаем ко всем руководителям суверенных советских республик. Мы обращаемся ко всем ученым и общественным организациям страны с призывом объединить интеллектуальные и духовные силы для консолидации наших народов, установления гражданского мира, взаимопонимания всех общественных течений, человеколюбия, сохранения Союза ССР.

Мы осуждаем любое насилие, ненависть, недоверие и любую форму дискриминации человека и народа, любые политические амбиции, войну законов и считаем лучшей формой решения вопросов прямые переговоры.

Мы решительно выступаем против политических забастовок, что повергает и так расстроенную экономику в хаос.

Мы напоминаем, что на пороге каждого дома может быть беда, в мире опять заполыхали пожары, насилие пришло на нашу родную землю.

Сегодня все люди нашей страны должны объединиться, чтобы уберечь общество от любых потрясений, сохранить мир и согласие в своем общем доме. Посвятим наши силы выращиванию хлеба насущного. Пусть будет меньше оружия и больше хороших плугов. Пусть побеждает человеколюбие,разум и правда"[36].

Все доклады и выступления на Курской сессии ВАСХНИЛ опубликованы[37].

ПОПЫТКИ СОХРАНИТЬ ЦЕЛОСТНОСТЬ АГРАРНОЙ НАУКИ

До середины 80-х гг. Всесоюзная академия сельскохозяйственных наук имени Ленина была централизованной организацией с региональными отделениями: Всероссийским, Сибирским, по Нечерноземной зоне России, Дальневосточным, Западным, Южным, Закавказским, Восточным и Среднеазиатским. В годы перестройки на базе этих региональных отделений стали создаваться республиканские академии сельскохозяйственных наук: Украинская, Белорусская, Казахская, Узбекская, Грузинская, Туркменская. В 1990 г. была организована также Российская академия сельскохозяйственных наук на базе четырех отделений ВАСХНИЛ. Такая децентрализация позволяла лучше учитывать специфику каждой республики, сохраняя общую координацию и взаимный обмен. Во Всесоюзной академии были сосредоточены наиболее крупные институты, занятые фундаментальными проблемами. Они обеспечивали своей продукцией всю страну, координировали работу соответствующих республиканских институтов, занимались подготовкой научных кадров. Был живой обмен, в котором все стороны были заинтересованы. При этом в методах работы ВАСХНИЛ отсутствовали администрирование, командование и диктат. Членами ее были граждане всех союзных республик. Сессии представляли собой форумы, где происходил обмен знаниями, в чем также были в равной степени заинтересованы все. Без такого обмена замкнутая в узких национальных рамках наука отстает, хиреет и фактически умирает. Академия чутко реагировала на потребности жизни, не позволяя доминировать политическим амбициям и политической конъюнктуре над интересами науки и экономики.

События 1991 г. резко изменили положение. Во многих суверенных республиках возобладали сепаратистские тенденции. Опасность распада отразилась и на науке. "Первопроходцами" в этом деле оказались властные структуры Украины: там была приостановлена жизнь во всех научных учреждениях, имеющих титул "Всесоюзный". Причем сделано это было весьма "демократическим" путем: в отделения государственного банка из Киева поступила директива прекратить любые финансовые операции, включая выплату заработной платы, до тех пор, пока "Всесоюзный" не станет Украинским, хотя финансирование шло из союзных ведомств в союзные институты.

Большая часть институтов ВАСХНИЛ находилась на территории России. Лишь несколько научных центров межгосударственного значения были расположены на Украине (Никитский ботанический сад в Ялте, Всесоюзный селекционно-генетический институт в Одессе и др.), в Белоруссии, Грузии, Казахстане и Узбекистане. С другой стороны, и в России находились такие научные учреждения, без которых не могла обходиться ни одна суверенная республика, например, Всесоюзный институт растениеводства в Санкт-Петербурге с крупнейшей в мире коллекцией семян культурных растений и многие другие.

ВАСХНИЛ приняла взвешенное в конкретных условиях суверенизации решение: максимум, более 80% своих институтов передать в республики по месту их расположения, оставив в своем распоряжении не более 20 институтов, занимающихся фундаментальными проблемами, сохранив за собой функции обмена, координации и подготовки кадров. Причем сохранившиеся институты обеспечивают своей продукцией все республики.

С таким предложением мы вышли на заседание Государственного Совета, проходившего 16 сентября 1991 г. под председательством президента СССР. До этого, 13 сентября была личная встреча президента ВАСХНИЛ с Михаилом Сергеевичем Горбачевым. Ему было вручено письмо-предложения, подписанное руководителями научных организаций всех 15 республик, в котором была обоснована заинтересованность всех суверенных республик в сохранении такого центра. Наше предложение на заседании Госсовета было поддержано. Было сказано, что ВАСХНИЛ поступает правильно: укрепляет республики и одновременно сохраняет межгосударственный центр. Однако в жизни все пошло иначе: институты от нас отбирались, связи распадались. Организационно прошло размежевание в Российской Федерации, при полном взаимопонимании, был оформлен совместный приказ Министра сельского хозяйства России Геннадия Васильевича Кулика и ВАСХНИЛ. Тревога за судьбу единой аграрной науки продиктовала руководителям научных структур 10 республик обратиться к главам суверенных государств. Текст этого обращения приводим полностью.

"Президенту СССР, главам суверенных государств. О сохранении и развитии потенциала аграрной науки, имеющего межгосударственное значение.

Мы, руководители аграрных академий суверенных государств, озабочены угрозой распада потенциала аграрной науки, на протяжении многих лет формировавшегося на территории бывшего СССР, в основном под эгидой ВАСХНИЛ. В результате будет нанесен непоправимый ущерб развитию агропромышленного комплекса всех государств, особенно в области разработки новых технологий, современных машин, формирования единого экономического пространства и аграрной политики.

Мы обращаемся к Президенту СССР и главам государств предпринять следующие неотложные меры:

1. Сохранить Всесоюзную академию сельскохозяйственных наук как межгосударственный центр аграрной науки, преобразовав ее в Академию аграрных наук суверенных государств. Она должна быть правопреемницей ВАСХНИЛ, функционировать на самоуправляемой основе, выполнять координацию и разработку наиболее важных межгосударственных фундаментальных исследований, программ и проектов, научно-техническую информацию, подготовку научных кадров высшей квалификации, содействие развитию международных связей.

2. Сохранить в собственности академии межгосударственные научные центры (институты по основным отраслям фундаментальных знаний, учитывая, что они созданы средствами всех республик бывшего СССР).

3. Обеспечить финансирование межгосударственных научных и научно-технических программ на основе долевого участия суверенных государств, за счет централизованных бюджетных ассигнований и других фондов.

Решение этих жизненно важных вопросов позволит сохранить и развить научный потенциал, обеспечить научно-технический прогресс, интеграцию сил ученых для ускорения выхода из аграрного кризиса каждого суверенного государства.

Руководитель центра научного обеспечения АПК Азербайджана, член-корреспондент ВАСХНИЛ	Х.М.Мустафаев
Председатель Белорусского отделения ВАСХНИЛ, член-корреспондент ВАСХНИЛ	В.С.Антонюк
Президент Грузинской академии сельскохозяйственных наук, академик ВАСХНИЛ	В.И.Метревели
Президент Казахской академии сельскохозяйственных наук, академик ВАСХНИЛ	Г.А.Калиев
Председатель Кыргызского отделения ВАСХНИЛ, академик ВАСХНИЛ	Д.А.Акималиев
Начальник Главка научного обеспечения АПК Министерства сельского хозяйства и продовольствия Республики Молдова	Е.И. Ревенко
Вице-президент Российской академии сельскохозяйственных наук, академик ВАСХНИЛ	Л.П.Кормановский
Президент академии сельскохозяйственных наук Туркменистана, академик ТАН и ТАСХН	С.Б.Байрамов
Президент Узбекской академии сельскохозяйственных наук, академик ВАСХНИЛ	А.И.Имамалиев

Президент Украинской академии аграрных наук, академик ВАСХНИЛ — А.А.Созинов

Президент ВАСХНИЛ, академик — А.А.Никонов"

20 ноября 1991 г.

На это обращение ни от кого никаких ответов не последовало. Мы неоднократно обращались к Ивану Степановичу Силаеву, ученые группами и в одиночку писали ему письма. При личных беседах он с пониманием и доброжелательностью встречал наши предложения. Однако в те дни и месяцы председателю Межгосударственного экономического комитета, очевидно, было не до нас. Союзный корабль трещал. Затем вышло Беловежское соглашение. СССР перестал существовать.

Нами был подготовлен проект соглашения о совместном использовании потенциала аграрной науки в новых условиях. Был составлен перечень наиболее крупных и актуальных научных программ для совместного выполнения. Их было всего десять: 1) теория и методология социально-экономических отношений в АПК суверенных государств; 2) теоретические и технологические основы принципиально новых агроландшафтных систем земледелия, обеспечивающих возрастающую продуктивность, ресурсо- и энергосбережение, охрану окружающей среды; 3) научные основы и методы оптимизации систем комплексной мелиорации, водообеспечения и расширенного воспроизводства лесных ресурсов; 4) основы и методы селекции, генетики и биотехнологии; 5) основы создания зональных систем и интенсификации полевого кормопроизводства и лугопастбищного хозяйства в новых условиях хозяйствования; 6) основы управления фитосанитарным состоянием агроценозов; 7) интенсификация производства продуктов животноводства и теория направленного изменения генотипа домашних животных; 8) создание экономичных и экологически безопасных методов, средств и систем по защите животных от болезней; 9) создание безотходных и биологически чистых ресурсосберегающих технологий производства полноценных продуктов питания для различных групп населения; 10) техническое обеспечение агропромышленного производства в условиях различных форм собственности и рыночных отношений.

К сожалению, эти программы все еще ждут своей реализации.

30 января 1992 г. президент Российской Федерации издал Указ "О Российской Академии сельскохозяйственных наук". В соответствии с этим Указом новая Российская академия создается на базе Всероссийской академии сельхознаук и ВАСХНИЛ. ВАСХНИЛ провела свою последнюю сессию общего собрания 4 февраля 1992 г. Она просуществовала 62 года 7 месяцев и 10 дней.

* * *

Итак, распался Советский Союз, вторая после США супердержава мира. Мы понесли поражение в "холодной войне". В глубоком политическом, экономическом и социальном кризисе находится Россия. На ее окраинах полыхают межнациональные конфликты, многие регионы сотрясают социальные противоречия. Экономика, все ее отрасли в глубоком упадке, конца которого еще не видно. Народ нищает, нувориши богатеют и прихватывают в свою пользу национальные богатства. На рынке хозяйничают мафиозные структуры, а на улице – организованная преступность. Что же с нами случилось? В пору это осмыслить, прежде чем идти дальше. Распался весь социалистический лагерь, нет больше мощного коммунистического движения. В бывших социалистических странах пришли к власти различные посткоммунистические режимы. Заповедник тоталитаризма еще держится только в Северной Корее. В Китайской народной республике происходят сложные реформистские процессы.

Сейчас различные политические силы ищут ответы на вопрос: кто виноват? А потом уже: что делать? Так издавна повелось на Руси. Называются разные имена, им навешивают ярлыки предателей святого дела. И все кажется очень просто: вожди предали и все развалилось. Только вот в жизни нет столь простых ответов. Все гораздо сложнее. Все случилось не в одночасье. Мы видели, что в 1917 г. царский режим пал фактически без насилия. Он давно созрел для падения. Потому февральская революция была на деле бескровной. Но слабая российская демократия, научившаяся критиковать власть предержащих, оказалась беспомощной в организационно-созидательной работе.

В России был осуществлен уникальный в истории нашей цивилизации эксперимент построения в XX в. нового, свободного от эксплуатации человека человеком общества. Не будем сомневаться в искренности революционеров. Эксперимент не удался. Он оказался построенным на костях миллионов и десятков миллионов людей, граждан собственной страны. И тем не менее, при немыслимых жертвах, не получилось ни передовой экономики, ни справедливого общества. Почему? Ведь, кажется, на построение такого общества были направлены богатейшие природные ресурсы 1/6 части земного шара, усилия 250-миллионного народа и многомиллионной партии, вобравшей в себя много талантливых и преданных своему делу людей.

Не одно поколение ученых будет тщательно изучать механизм и внутренние пружины случившегося. Только a priori следует отсечь всякие крайние взгляды как злопыхателей, не видящих в этом периоде ничего хорошего, так и апологетов, вздыхающих о реальном марксизме-ленинизме и товарище Сталине. В этом отношении представляют интерес взгляды известного польского ученого Адама Шаффа (р.1913). Он около 60 лет состоял в Компартии, вступил в нее молодым человеком, когда она находилась в подполье, окончил Львовский университет и парижскую Школу политических и экономических наук, в годы второй мировой войны жил в СССР, в 1944 г. в Институте философии АН СССР защитил докторскую диссертацию, член Польской академии наук, был членом ЦК ПОРП, подвергался за свои "ревизионистские" взгляды травле, с 1968 г. – профессор Венского университета. Продолжает считать себя марксистом, признает методологическое положение Маркса о том, что "фундаментальные изменения в средствах общественного производства влекут за собой неизбежные перемены в производственных отношениях и, вследствие этого, во всей совокупности социальных и политических отношений." Недавно журнал "Свободная мысль" опубликовал несколько глав из последней книги Адама Шаффа "Мой XX век"[38].

Исходя из двух источников познания, – здравого смысла и теории Маркса, Адам Шафф считает, что революция 1917 г. имеет "первородный грех", суть которого состоит в следующем. Социализм можно осуществить при непременных трех условиях: а) достаточно развитой экономике страны; б) определенном уровне культуры и в) одновременном осуществлении революции в ряде решающих стран мира. Ни одного из этих условий в России не было. Потому скатились к террору, попрали принципы морали. А без высокой морали социализма никогда не будет.

Перестройка слишком опоздала и проводилась "топорно". Сейчас же "не были приняты во внимание предостережения А. Токвиля о той угрозе, которую несет в себе непродуманная торопливость при переходе от диктатуры к демократии. Как следствие этого, триумф всевластия достался надолго мафии, и, если подтвердится роковой, но вполне логичный прогноз Токвиля, не исключено, что в России вновь установится диктатура, которая может даже оказаться лучшим исходом, чем воцаряющийся хаос, та традиционная русская "смута", которая чрезвычайно опасна для всего мира"[39].

Шафф считает, что Октябрьская революция привнесла огромный исторический вклад: во-первых, она наполнила новым "содержанием лозунги Великой французской революции, продолжением которой ей суждено было стать, хотя она и растоптала принципы своей предшественницы"; во-вторых, она продемонстрировала возможность слома капиталистической системы; в-третьих, своим примером вынудила высокоразвитые индустриальные капиталистические страны пойти во многих социальных вопросах на уступки трудовым слоям населения и, в-четвертых, Россия сделала колоссальный рывок вперед, став сверхдержавой не только в военном отношении. И все-таки открывшиеся злодеяния, насилие, беззаконие,террор, унижение человека, имевшие здесь место, позволяют сделать вывод о том, что "поражение коммунизма было неизбежным, и его конец, несмотря на множество проблем, с которыми... еще столкнется мир, заключает в себе и нечто положительное"[40].

В аграрном отношении последние три четверти века, то есть весь советский период, являются цепью упущенных шансов поставить российское село на путь цивилизованного развития и расцвета. Первый упущенный шанс был во время нэпа. Его преждевременное, неоправданное свертывание с последовавшей насильственной и повсеместной коллективизацией подорвало деревню и заковало крестьян в долгую кабалу. Не будь этого, российская деревня шла бы обычным европейским путем, близким к германо-скандинавскому, с сохранением и преобразованием общины, семейного хозяйства с сильной крестьянской кооперацией, уже набиравшей мощь в середине 20-х гг.

Второй упущенный шанс – сразу же после войны. Военная опасность людей сплотила. После победы было ожидание перемен. В деревню вернулось много демобилизованных солдат. Деревня еще была, даже в Нечерноземье, жива и полна людей. Но безжалостной, железной рукой И. Сталина вновь все было заковано без надежды на либерализацию.

Хорошие перспективы открылись в годы "оттепели", сразу же после сентябрьского (1953 г.) Пленума ЦК КПСС. За ним последовал ряд крупных решений, ожививших село, вдохнувших в него жизнь. Это быстро сказалось на темпах роста производства сельскохозяйственной продукции. Но делая одной рукой доброе, созидательное дело, Н.С. Хрущев второй рукой сам же и разрушал созданное навязыванием непродуманных и неприемлемых мер.

Во вторую половину его десятилетнего руководства темпы резко упали, страна встала на путь импорта крупных партий зерна. И целина не помогла.

Открылись возможности оздоровления аграрного сектора экономики и после мартовского (1965 г.) Пленума ЦК КПСС. Многое тогда было сказано и сделано правильно. Резко повышены инвестиции в сельское хозяйство. В широких размерах осуществлялись химизация, мелиорация и механизация, началась индустриализация производства. Но безудержное огосударствление, гигантизм существенно снижали эффективность вложений. Повысившиеся было после 1965 г. темпы роста производства снова упали. В связи с реализацией политики сельского строительства и районной планировки стали стремительно исчезать небольшие поселения, в деревне усилилось обезлюдение и запустение.

К началу перестройки коренным образом изменить ситуацию в аграрной сфере было уже трудно, но возможно. Нужна была смелая, глубокая и вместе с тем гибкая аграрная политика с приоритетом этой сферы, чего сделано не было. Последний шанс был упущен. С распадом Союза ССР начался тотальный кризис, охвативший все сферы общественной жизни, особенно же экономику, политику и мораль. Наступили хаос и безвластие. И только длительная, кропотливая, суровая и умная работа во всех звеньях общественного организма может оздоровить государство, экономику и мораль. Следовательно, и аграрную сферу.

ЛИТЕРАТУРА

1. **Горбачев М.С.** Годы трудных решений. М.: Альфа-Принт, 1993. С.5–9.
2. **Там же.** С. 10–11.
3. XXVII съезд КПСС. Стенографический отчет.М.: Политиздат, 1986. Т. 2. С. 203.
4. Правда 17 мая 1985 г. и 28 мая 1985 г.
5. Народное хозяйство СССР в 1990 г. ... С. 485.
6. **Там же.** С. 132.
7. **Горбачев М.С.** Избранные речи и статьи. М.: Политиздат, 1987. Т. 2. С. 254–265
8. Народное хозяйство СССР в 1990 г... С. 303–304.
9. **Горбачев М.С.** Годы трудных решений ... С. 36–42.
10. **Горбачев М.С.** Перестройка и новое мышление для нашей страны и для всего мира. М.: Политиздат, 1987.
11. Советская Россия, 13 марта 1988 г.
12. **Горбачев М.С.** Годы трудных решений ... С. 98–110.
13. Правда, 6 апреля 1988 г.
14. **Борис Ельцин.** Записки президента. М.: Огонек, 1994. С. 32.
15. Обеспечение устойчивого развития сельскохозяйственного производства и борьба с засухой. М.: Агропромиздат, 1988.
16. **Коновалова Т.Н.** Безнарядные механизированные звенья. – Вестник сельскохозяйственной науки, 1983, №5. С. 98–101.
17. **Строев Е.С.** Преобразование социально-экономических отношений на селе в новых условиях хозяйствования. Диссертация. М., 1991. С. 9.
18. Аренда и арендные отношения на предприятиях АПК. Под редакцией В.Р. Боева и Д.Н. Есакова. М.: Агропромиздат, 1989. С. 9.
19. **Строев Е.С.** ... С. 25–26.
20. **Горбачев М.С.** Избранные речи и статьи. М.: Политиздат, 1989. Т. 6. С. 223–229.
21. **Краснощеков Н.В., Першукевич П.М.** Коллективы высокопроизводительного труда. М.: Росагропромиздат, 1989. С. 5.
22. Правда, 18 декабря 1986 г.
23. Народное хозяйство СССР в 1990 г. Статистический ежегодник. М.: Финансы и статистика, 1991. С. 542.

24.**Кулик Г.В., Ломач М.М.** Агропромышленный комбинат "Кубань". М.: Агропромиздат, 1986.
25.**Куницкий К.В.** Агропромышленный комбинат "Раменский". М.: Агропромиздат, 1988.
26.**Карните Р.А., Спрогис А.К.** Агропромышленная интеграция сельскохозяйственных предприятий. М.: Знание, 1990. С. 9–45.
27.**Каулс А.Э.** Поиск нового. М.: Агропромиздат, 1987.
28.АПК: экономическая реформа и демократизация. Сб. Составители: И.И. Скиба, В.К. Онисовец и др. М.: Политиздат, 1988. С. 184–186.
29.Вторая сессия Верховного Совета СССР. Бюллетень №37 Совместного заседания Совета Союза и Совета Национальностей. Изд. Верховного Совета СССР, 1989. С. 4–9.
30.Вторая сессия Верховного Совета СССР. Бюллетень №42... С. 43–48.
31.Верховный Совет РСФСР. Третья сессия. Бюллетень №5, 16 февраля 1990. С. 33–39.
32.Верховный Совет РСФСР. Третья сессия. Бюллетень №10. Совместного заседания Совета Союза и Совета Национальностей 28 февраля. 1990. С. 4–8, 60.
33.Верховный Совет СССР. Пятая сессия. Бюллетень №64. Совместного заседания Совета Союза и Совета Национальностей. 24 мая 1991. С. 15–18.
34.Научное обеспечение земельной реформы и развития земледелия на ближайшую перспективу. М., 1991. С. 3–33.
35.**Там же.** С. 35–63.
36.**Там же.** С. 73–74.
37.Земельная реформа и проблемы развития земледелия СССР. Курск, ВАСХНИЛ, 1992. С. 416.
38.Свободная мысль, 1994, №4. С. 27–40; №5. С. 7–19.
39.Свободная мысль, 1994, №5. С. 9.
40.**Там же.** С. 10–11.

Пока еще непойманные воры
Торгуют даже гайками с "Авроры".
А винтики вчерашние, не ноя,
Торгуют развинтившейся страною.

Евгений Евтушенко

ЧАСТЬ III

АГРАРНАЯ НАУКА И АГРАРНЫЙ ВОПРОС НА ГРАНИ ТЫСЯЧЕЛЕТИЙ

ГЛАВА 12. СМУТА: ТОТАЛЬНЫЙ КРИЗИС 90-х гг.

Понятия "смута" и "смутное время" ввел в русскую историографию писатель и историк Григорий Карпович Котошихин (1630–1667)[1], автор труда "О России в царствование Алексея Михайловича", один из первых диссидентов, эмигрировавший в Швецию. В.О. Ключевский считает, что "смутная эпоха ... является переходным временем на рубеже двух смежных периодов, будучи связана с предшествующим своими причинами, с последующим – своими следствиями"[2]. Эта эпоха в начале XVII в. заняла 14–15 лет, с 1598 г. (смерть царя Федора Иоанновича) по 1613 г. (избрание на престол Михаила Федоровича Романова). Однако насильственное пресечение одной династии (гибель царевича Дмитрия) и попытки ее реставрации путем самозванства были всего лишь поводом для смуты. Истинные ее корни и причины лежали гораздо глубже, в порочности самого государственного строя, в диких преступлениях при царствовании Ивана Грозного, в массовом недовольстве всех слоев общества. Ключевский пишет, что почвой для смуты было "тягостное, исполненное тупого недоумения настроение общества, какое создано было неприкрытыми безобразиями опричнины и темными годуновскими интригами"[3].

Смутой было охвачено все общество сверху донизу, в ней выступают все классы "и выступают в том самом порядке, в каком они лежали в тогдашнем составе русского общества, как были размещены по своему сравнительному значению в государстве на социальной лестнице чинов. На вершине этой лестницы стояло боярство; оно и начало смуту"[4]. Затем включились среднее боярство, дворянство, провинциальные служащие и,наконец, тягловое и нетягловое простонародье. Смута охватила провинцию и города. Взбунтовались низшие классы. Началась борьба между низами и верхами. Смута принесла колоссальные разрушения. Ею воспользовались алчные соседи, началась интервенция. Поляки захватили Смоленск и засели в Кремле. Новгород был оккупирован шведами. В Пскове появился, после двух Лжедмитриев, третий самозванец. Страна приходила в запустение. На этот раз Россию спасла национальная идея. Позитивную роль сыграла и церковь. Созданное нижегородским гражданином Кузьмой Захаровичем Мининым (умер в 1616 г.) под командованием князя Дмитрия Михайловича Пожарского (1578–1642) земское ополчение в союзе с казаками очистило Москву, а постепенно и всю Россию от интервентов. Воцарилась династия Романовых. Эта смута окончилась.

К разряду смут относят и Гражданскую войну в России в первой четверти XX в. А.И. Деникин свой пятитомный труд так и назвал: "Очерки русской смуты"[5]. Эта смута также имела глубокие социально-экономические, политические и нравственно-психологические корни. Царский режим утратил доверие. Нет нужды говорить о желавших самостоятельности народах, положении крестьянства, распутинщине, двух трагических войнах. Недовольством были охвачены все сословия, все общество. Оно проникло и в армию. Русская радикальная интеллигенция давно призывала "к топору". Топор получили и пустили его в ход. Революции совершались в разных странах мира, но едва ли где они были связаны с такими разрушительными последствиями, с таким озлоблением. Брат шел на брата. Не только после 1917-го, но еще в 1905–1906 гг. пылали помещичьи усадьбы, резали племенной скот, рубили аллеи и леса. Уничтожались памятники культуры, осквернялись святыни. Под циничным лозунгом "грабь награбленное" на насилие поднялись прежде всего низы общества. Тогда ушла старая эпоха, был установлен новый общественный строй, складывалась новая формация с ее экономическим базисом и всеми элементами надстройки. Старый такелаж, независимо от его непригодности или пригодности, был безжалостно сломан и отброшен.

Почему мы сегодня говорим о смуте? Правомерно ли это? Думается, что оснований достаточно.

Поначалу мы говорили о кризисе экономическом, который далеко не закончился, и конца его пока еще не видно. Затем о кризисе политическом, кризисе власти, когда принятые законы не выполняются, идет непримиримая борьба между ветвями власти. Кризис проявился и в межнациональных отношениях, сыгравший едва ли не главную роль в усилении дезинтеграции и распаде Союза ССР. Очевиден и аграрный, и экологический кризис, разрушение окружающей среды. Продолжается демографический спад в России. Резко возросла преступность, упала нравственность, есть основания говорить о моральном растлении широких кругов общества, включая молодежь. Налицо идеологическое распутье: куда идем, куда надо идти? В начале XVII в. была объединившая всех национальная идея. Затем почти три столетия – идея государственности. После 1917 г. и Гражданской войны была, хотя и нереализованная, но яркая идея строительства социализма и коммунизма. И миллионы людей искренне верили в нее. А куда сейчас? Создавать рынок и плодить "новых русских", богатеющих на посреднических и спекулятивных операциях, на выгодном чиновникам вывозе сырья из России? Народ этой столь зримой перспективой не вдохновить. Нужна близкая, понятная, желанная цель, а не парламентская трескотня или предвыборные лозунги, от которых людей уже давно тошнит. Пока смятение в умах людей только усиливается. И при таком "букете" кризисов можно говорить об очередной российской смуте.

Многие ученые говорят не о смуте, а о втором социоприродном кризисе, первый относя к концу XVI – началу XVII вв. На такой позиции стоит, например, Ю.В. Олейников, который пишет: "Нынешний этап социоприродной истории России можно рассматривать как классическую форму проявления системного социоприродного кризиса[6].

Все сказанное верно. Нет противоречий с автором приведенной цитаты. И тем не менее считаю целесообразным оставить понятие "смута", как более полно охватывающее всесторонность кризиса, его тотальность и переплетение с болезненным выбором пути дальнейшего развития общества.

ПРИЧИНЫ ОЧЕРЕДНОЙ РОССИЙСКОЙ СМУТЫ

Современнику трудно дать объективную и всестороннюю оценку причин возникшей смуты. Это дело будущего, когда улягутся страсти и в распоряжении науки будут необходимые документы. Да это и не входит в задачу автора. Важно понимать главное, без чего нельзя ориентироваться сегодня и прочно строить будущее.

Многие во всех современных бедах винят перестройку. Она де привела к распаду Союза, экономическому кризису, обнищанию широких слоев общества.

Другие говорят, что перестройка шла вяло, непоследовательно, нерешительно, без необходимого радикализма. Конечно, ошибки были и о них уже упоминалось. Принципиально новые задачи нельзя решать устаревшими методами. Крупномасштабные исторические задачи не решаются в одночасье, без необходимой подготовки, без учета реалий.

Точкой отсчета начала смуты можно считать 1991 год – распад Союза ССР со всеми вытекающими отсюда последствиями: политическими, экономическими и прочими. Здесь важно отметить, по крайней мере, три фактора, обусловившие распад. Первый – раскачивание государственной лодки различными политическими силами многих республик, неистовые атаки на центр со стороны первых лиц – руководителей союзных республик, война законов, подстрекательство шахтеров к переходу от экономических требований к политическим стачкам и многое другое. Это еще началось в 1989 г., продолжалось в 1990 и 1991 гг.

Второе – августовские события 1991 г., путч и возникновение ГКЧП. Это отпугнуло многие союзные республики, прервало Ново-огаревский процесс, сорвало подписание союзного договора. На прогрессивные демократически настроенные слои общества дохнуло реставрацией сталинщины с присущим ей "букетом" беззаконий и насилия. А ГКЧП проявил политическую недееспособность, что обнаружилось уже на пресс-конференции вечером 19 августа, транслировавшейся по телевидению. Речь шла о попытке поворота политического курса в сторону сохранения доперестроечных порядков с жесткой централизацией. Как следствие путча – неконституционная ликвидация высшего представительного органа страны – Съезда народных депутатов СССР.

Третье – тройственная договоренность на уровне президентов в Беловежской пуще в декабре 1991 г. с моментальной ратификацией парламентами Белоруссии, России и Украины этих договоренностей. Это была последняя точка в ликвидации Союза ССР, в который входило не 3, а 15 республик, к тому времени уже 12.

Но было бы неверным ограничиться только этим заключительным актом драмы. Подлинные причины кризиса намного глубже. Они заложены в самой сути созданного за семь десятилетий общества, где все было подчинено государству и всем владело государство, где руководящая общественно-политическая сила – правящая партия также была огосударствлена. Человек был принижен и обесценен. При централизованной системе управления и при наличии богатейших природных ресурсов советское государство не сумело создать процветающей и ориентированной на человека экономики. Сделав много хорошего (гарантированное право на труд, бесплатное образование, медицинское обслуживание, фактически бесплатные квартиры), государство не сумело обеспечить сносного по сравнению с развитыми странами мира жизненного уровня, рационально и без ущерба для окружающей среды использовать свои природные ресурсы, материально заинтересовать людей хорошо и ответственно работать. Советские люди десятилетия стояли в очередях в ожидании, что для них милостиво "выбросят". И если В.И. Ленин неоднократно напоминал, что новый строй победит старый более высокой производительностью труда, то на этом магистральном направлении наша страна не только отставала от развитых государств, не могла к ним приблизиться, но с годами этот разрыв еще более возрастал. Пока общество было строго закрытым, люди как-то мирились с таким положением и радовались любой подвижке в лучшую сторону. Но железный занавес пал, люди получили информацию не только из зарубежных радиоголосов, но сами увидели, как живут и работают в мире, каков на деле этот современный капитализм. И что, может быть, самое важное, гласность открыла глаза на беззакония и злодеяния режима, бесчеловечные методы в строительстве социализма, фальшь и лицемерие официальной пропаганды. У десятков миллионов людей еще кровоточили раны от этих злодеяний. Люди старшего поколения помнили, как они боялись каждого стука в дверь и каждой закрытой автомашины. Сталин по масштабам и изощренности злодеяний оставил далеко позади и Ивана IV с его опричниной и других великих злодеев в истории человечества.

КРИЗИС ВЛАСТИ

После провозглашения Российской Федерацией своего суверенитета и распада Союза ССР в России не удалось укрепить авторитет и силу закона, сделать какие-то заметные шаги в сторону правового государства, хотя декларативных заявлений было немало. Обострилась борьба между ветвями власти. Когда существует конструктивное оппонирование, этому надо радоваться. Но в России началась борьба на поражение одной ветви другой. Все это кончилось кровавыми событиями 3–4 октября 1993 г.

Самое пагубное для новой власти заключается в том, что ее действенность, а, следовательно, и авторитет в народе крайне низки. Люди не чувствуют уверенности, что не будет ограблено их жилище, что человек на улице не подвергнется нападению преступников, что его не обманут, что завтра цены на хлеб и различные услуги вновь не подскочат до астрономических отметок. По данным социологического опроса жителей Москвы и Санкт-Петербурга на вопрос: чьи интересы защищают российские власти? – получены такие ответы: а) бюрократического аппарата – 39 и 35%; мафии и преступного мира – 28 и 29%; в) предпринимателей и бизнесменов – 22 и 25% и г) интересы народа – 11 и 8%[7]. А известные социологи, политологи, экономисты, независимые эксперты и журналисты, анализируя проблему, кому принадлежит власть в России, – пришли к весьма неутешительному выводу: "Сегодняшней Россией правят приказные и думские дьяки – аппарат, госчиновничество, осуществляющие посреднические функции в переделе собственности и власти. Это та Россия, которую мы пока не потеряли"[8]. Чиновничество не только сохранено в целости и неприкосновенности, оно многократно выросло. Россия становится чиновничьим и полицейским государством. Но даже и это страна снесла бы. Беда в том, что эффективность работы управленческого аппарата и правоохранительных органов обратно пропорциональна его численности. Зато обычными стали, кроме массовой крупной коррупции, вымогательство за каждую бумажку, каждую справку, которых требуется все больше. И человек унижен, уже стонет не только у парадных подъездов, как в некрасовские времена, а у каждого стола современного клерка. И со вздохом облегчения и радости встречает нормальное решение любого вопроса при человеческом отношении.

Власти оказались неспособными обеспечить соблюдение конституционных прав и свобод человека. В стране происходят серьезные, порой широкомасштабные нарушения гражданских, политических и особенно социальных и экономических прав и свобод человека, что создает социальную напряженность в обществе, питает антидемократические настроения. Эти нарушения выражаются прежде всего в том, что нет положительных сдвигов по обеспечению прав человека на достойный уровень жизни, необходимый для поддержания здоровья и благополучия его самого и его семьи. Имеют место нетерпимость и дискриминация по расовым, национальным и религиозным признакам. Более 25 млн. русских оказались в одночасье за рубежом своей этнической родины и стали практически людьми без гражданства. Грубые нарушения имеются в местах лишения свободы и предварительного заключения. В армии сложились неуставные отношения, и в мирных условиях гибнут люди. Недостаточна защита граждан от безработицы.

Особенно большую опасность для общества приобрела преступность, и власти пока беспомощны в ее обуздании. Так, в 1993 г. зарегистрировано 2 800 тысяч преступлений, или в 1,5 раза больше, чем в 1990 г., в том числе тяжких – более полмиллиона, или в 1,8 раза больше, умышленных убийств – в 1,9 раза больше, грабежей и квартирных краж – в 2,2 раза больше[9]. Распространяется новая каннибальская форма преступлений – заказные убийства. В 1993 г. рэкетирами убито 60 фермеров[10].

Массовая преступность, самоуправство чиновников, сращивание мафиозных структур с отдельными представителями власти и правоохранительных органов, разбазаривание общественного богатства и сырьевых ресурсов, амбициозные претензии многих руководителей территорий дают основание говорить сегодня о национальной трагедии.

В стране полно бутафорных президентов. Но не в меньшей мере идеология временщиков овладела и министрами, и чиновниками всех рангов и уровней. Нередки случаи, когда отдельные депутаты нашего парламента, будучи безграмотными в правовом отношении, но обладая непомерными претензиями и амбициями, пытаются единолично командовать общественными и государственными организациями, закрывать и открывать их. Большего абсурда трудно придумать.

ЭКОНОМИЧЕСКИЙ КРИЗИС

Экономический кризис выражается прежде всего в резком падении производства, галопирующей инфляции, снижении жизненного уровня людей. Официальные данные Госкомстата РФ свидетельствуют, что в 1994 г. валовой внутренний продукт (ВВП) составил всего лишь 61% от уровня 1991 г., объем промышленной продукции – 55,7%, производство товаров народного потребления – 56%, капитальные вложения за счет всех источников финансирования – 39%, валовая продукция сельского хозяйства – 79%, объем платных услуг населению – 37%. Заработная плата в декабре 1994 г. была в 394 раза выше ее уровня в 1991 г., а сводный индекс потребительских цен за это же время составил 785[11].

По сообщению председателя Комитета по экономической политике Государственной думы РФ Сергея Глазьева, особенно тяжелое положение в машиностроении, химической и легкой промышленности, где спад к 1990 г. превысил 60–70%. Больше всего пострадали наукоемкие отрасли индустрии (электронная, электротехническая, авиа- и судостроительная, станкостроение, машиностроение для легкой промышленности и сельского хозяйства), где спад к уровню 1990 г. достиг 70–80%. Полностью сняты с производства тысячи наименований наукоемкой продукции.

С. Глазьев пишет: "В целом в экономике сформировался весьма нерациональный хозяйственный механизм, в котором сочетаются: широкая криминализация хозяйственной деятельности, неопределенность отношений собственности, отсутствие контрактной дисциплины, неустойчивость финансового сектора, развал системы государственного регулирования... Речь идет о фактическом невыполнении основных направлений экономической политики, заявленных в послании президента Федеральному собранию... российская экономика приобретет качественно новую структуру, отличающуюся от прежней резким увеличением веса сырьевых отраслей и исчезновением большинства отраслей наукоемкого машиностроения. Новая экономическая структура, характерная для развивающихся стран, предопределит и соответствующий режим экономического роста: мы будем обречены на длительную хроническую депрессию с высокой структурной безработицей, деградацией научно-технического и интеллектуально-нравственного потенциала общества, сильной экономической зависимостью от других стран"[12].

Упала производительность труда. Рубль обесценен. Его покупательная способность неуклонно падает. Денежная эмиссия растет. Курс рубля по отношению к иностранным валютам продолжает стремительно падать.

Пышным цветом расцвели и опутали страну как паутиной, как раковыми метастазами различные ничего не производящие и ничего не инвестирующие, но бойко и ловко спекулирующие бесчисленные акционерные общества и другие структуры, наживаясь на легковерных людях при попустительстве государства. Всякие МММы, Инвесты, Консалты и им подобные развивают бешеную рекламу, средства массовой информации предоставляют им десятки раз в сутки лучшее время в эфире. Они убеждают людей, что можно, не работая, приобрести мебель, автомобиль, квартиру, провести отдых на Багамских островах, стоит только стать обладателем сомнительных ценных бумаг. Леня Голубков, персонаж телевизионного рекламного ролика, якобы все это осуществивший, стал кумиром толпы, чуть ли не национальным героем. Одна газета иронически назвала этого телегероя "зеркалом русской революции". Заманчиво звучит: купить облигации, они каждую неделю дают рост в 200–300 процентов, и можно без труда получить все блага. А производство от этого ничего не получает, национальное богатство не растет, вертятся только по кругу деньги, вложенные доверчивыми вкладчиками, однажды уже жестоко обманутыми Сбербанком.

Сложная и кабальная налоговая система не стимулирует производства. Стало невыгодным получать прибыль. Однажды проведенная обвальная либерализация цен в условиях сохранившегося монополизма поставила в тяжелейшие условия как потребителя, так и производителя.

Россия утрачивает ранее занимаемое место в мире по объему валового внутреннего продукта. Если вычленить ее долю из СССР, то, по расчетам ведущего научного сотрудника Института мировой экономики и международных отношений РАН Бориса Болотина, в 1970 г. Россия занимала второе место в мире (после США), в 1980 г. – третье (после США и Японии), в 1990 г. – пятое (после США, Японии, Китая и Германии), а в 1993 г. – десятое. Россию обогнали, кроме упомянутых стран, Индия, Франция, Великобритания, Италия и даже Бразилия. Если на долю США приходится 21,2% мирового ВВП, Китая – 10,1, Японии – 8,9, Германии – 4,7, Индии – 4,0, Франции – 3,4, Италии – 3,3, Великобритании – 3,2, Бразилии – 2,7, то России только 2,5%.

По объему ВВП на душу населения Россия сейчас занимает 58-е место в мире. Ее обогнали по этому показателю Латвия, Литва, Эстония и Белоруссия, а также Мексика, Коста-Рика, Уругвай, Чили, Хорватия.

Еще хуже обстоит дело с производительностью труда. Здесь Россия – на 70-м месте в мире, ниже Туниса, Египта, Эквадора, Ямайки, Иордании, Аргентины, Тайланда. Все расчеты проведены в денежной единице – долларах. Но только не по рыночному биржевому курсу, а по паритету покупательной способности, где доллар равняется 225 рублям. На этот показатель вышли как в названном Институте РАН, так и эксперты английского еженедельника "Экономист"[13].

АГРАРНЫЙ КРИЗИС

Аграрный кризис является частью общеэкономического. Он имеет глубокие корни и длительный характер. Это вызвано проводившейся долгие десятилетия аграрной политикой государства. Современное обострение обусловлено прежде всего неблагоприятными для сельского хозяйства ценовыми отношениями, распадом системы снабжения, параличом сложившихся экономических связей, недоступностью и кабальными условиями получения кредита, дезорганизацией сбыта. Все это прямо сказалось на сокращении объемов производства сельскохозяйственной продукции. По данным Госкомстата РФ общий объем продукции в сопоставимых ценах 1983 г. сократился со 105,9 до 85,0 млрд. рублей, или составил в 1993 г. 80,3% от уровня 1989 г. В 1994 г. он снизился еще на 9%. Если рассматривать производство по отдельным видам продукции, то оно выглядит следующим образом (табл. 12.1)[14,15].

Таблица 12.1

Производство сельскохозяйственной продукции в России, млн.тонн

	1986 – 1990 гг. среднегодовое	1991 г.	1994 г.	1994 г. к 1986 – 1990, %
Зерно (амбарный вес)	104,3	89,1	81,3	78
Подсолнечник	3,1	2,9	2,6	84
Сахарная свекла	33,2	24,3	13,9	42
Картофель	35,9	34,3	33,8	94
Овощи	11,2	10,4	9,6	86
Мясо (живой вес)	14,8	14,5	10,8	71
Молоко	54,2	51,9	42,8	79
Яйца, млрд. шт.	47,9	46,9	37,4	78

Возрастают объемы производства в хозяйствах населения. Так, в 1993 г. по сравнению со среднегодовым за 1986–1990 гг. сбор картофеля в сельскохозяйственных предприятиях составил 43%, а в личных хозяйствах населения 147%, овощей, соответственно, 42 и 203%, плодов и ягод – 64 и 103%, мяса – 65 и 128%, молока – 73 и 127%, яиц – 78 и 108%, шерсти - 58 и 115%. В 1994 г. эта тенденция сохранилась.

Одной из причин снижения объемов производства является обвальное сокращение поставок материальных ресурсов для сельского хозяйства. Так, автобензина село получило в 1993 г. только 54% к уровню 1990 г., дизельного топлива – 64, известковых материалов – 46 и минеральных удобрений – 36%, из них фосфорных – 23%[16]. В 1994 г. положение не улучшилось. Но это только одна сторона вопроса. Другая – в обострившемся диспаритете цен, который нарастает из года в год. Если цены на реализуемую продукцию сельского хозяйства, а также на промышленную продукцию в 1990 г. принять за 100, то в 1993 г. (январь-сентябрь) индекс цен сельскохозяйственной продукции будет равен 116, а промышленной – 389. Таким образом, за совокупную единицу сельскохозяйственной продукции в 1993 г. можно было приобрести в 3,5 раза меньше промышленных товаров, чем три года назад. Это – удар даже посильнее того, который нанесла Советская власть по своему селу в 20-е годы по сравнению с дореволюционным уровнем. Проиллюстрировать сказанное можно на примере с дизельным топливом, которого сельское хозяйство потребляет довольно много. За одну тонну этого вида топлива в 1993 г. село должно продать в 4 раза больше, чем в 1989 г., зерна, в 13 раз больше молока, в 6,1 раз больше яиц. И так по всем ресурсам промышленного происхождения, потребляемым в сельском хозяйстве[17]. Такого диспаритета не может выдержать никакая форма хозяйствования. Поэтому прекратилось обновление основных фондов, резко сократилось приобретение техники, фактически остановились заводы по выпуску комбайнов и других машин. Обострилась также обстановка со сбытом продукции.

К этому следует прибавить налоговый пресс. Отказать властям России в изобретательности различных налогов нельзя. В этом направлении их деятельность весьма активна и плодотворна. Неудивительно, что производить для рынка сельскохозяйственную продукцию стало невыгодно. При этом львиную долю забирают посреднические структуры между крестьянином и потребителем (переработка, торговля и др.). Поскольку доля крестьянина в структуре розничной цены продовольствия падает, издержки и налоги растут, не следует удивляться свертыванию отечественного сельскохозяйственного производства. В России аграрный кризис сегодня выражается не только в сокращении производства, но и в нарастании запасов нереализованной продукции при неудовлетворенном спросе вследствие низкой покупательной способности населения.

Убыточность и трудности сбыта животноводческой продукции обусловили сокращение поголовья скота в хозяйствах России, о чем свидетельствуют следующие данные Госкомстата РФ (табл. 12.2)[18].

Таблица 12.2

Поголовье скота в хозяйствах РФ, на 1 января соответствующего года, млн. голов

	1991 г.	1994 г.	1994 г. к 1991 г., %
Крупный рогатый скот	57,0	44,4	78
в том числе коровы	20,5	18,7	91
Свиньи	38,3	25,1	66
Овцы и козы	58,2	36,3	62

Сокращение поголовья касается государственных и крупных общественных хозяйств. Возрастающий частный сектор (ЛПХ, крестьянские хозяйства) не смог восполнить убыль по крупным хозяйствам. Личные подсобные хозяйства населения – это средство выживания людей, пока что большой роли в товарном производстве они не играют. Для иллюстрации можно сослаться на такой пример. В Себежском районе Псковской области за 1993 г. только 44,2% молока и 45,4% мяса произведено в крупных общественных хозяйствах, тогда как 55,8% молока и 54,6% мяса – в частном секторе. Иная картина получается по реализации. Здесь доля частного сектора значительно ниже. Это объясняется двумя причинами: во-первых, большая часть продукции личных подсобных хозяйств потребляется в самих этих хозяйствах и в проживающих в городе семьях родственников, во-вторых, часть своей продукции население реализует через общественные хозяйства, где сохранилась необходимая инфраструктура, прежде всего транспорт. Потому объем реализации по названному Себежскому району за тот же 1993 г. в статистической отчетности показан в общественных хозяйствах по молоку 112% к объему производства и по мясу соответственно – 204%. В крестьянских хозяйствах товарность по молоку составила 75% и по мясу – 83%. В личных подсобных хозяйствах, соответственно – менее 1% и 15%[19].

Доля личных подсобных хозяйств в стоимости валовой продукции сельского хозяйства повысилась с 24% в 1990 г. до 36% в 1993 г. В 1994 г. она продолжала повышаться. По отдельным видам продукции здесь производится до 60–80% общего сбора.

Личные хозяйства расширяются по площади, многие из них имеют тенденцию перерастания в самостоятельные крестьянские хозяйства. При этом, как правило, они не теряют связи с общественным хозяйством, используют за соответствующую плату ее инфраструктуру.

Это уже стало в России закономерностью, что в трудные годы личное хозяйство спасает людей от голода. Так было после сплошной коллективизации, так было во время войны, так происходит сейчас. И когда Н.С. Хрущев стал ущемлять этот сектор, это вызвало не только недовольство людей, но и продовольственные трудности в стране.

СОЦИАЛЬНЫЙ И ДЕМОГРАФИЧЕСКИЙ КРИЗИС

Данные Госкомстата РФ[20] и Института социально-экономических проблем народонаселения (директор института – профессор Наталья Михайловна Римашевская)[21] свидетельствуют о крайне тревожных процессах, происходящих в социальной и демографической сфере России.

Началась депопуляция России, происходит естественная убыль населения страны (превышение смертности над рождаемостью), которая не покрывается иммиграцией из зарубежья. Если в 1991 г. все население России составляло 148,5 млн. чел, в 1993 г. 147,9 млн., то в 1994 г. (оценка) – 147,5 млн. человек. Стремительно снижается средняя продолжительность жизни: если в 1980 г. она была 67,5 лет, в 1990 г. – 69,2, то в 1993 г. уже 66 лет, а у мужчин – 59 лет. Резко выросло число "неестественных" смертей от травматизма, самоубийств, убийств, отравлений алкоголем и всякими суррогатами.

Резко возросло потребление алкоголя: с 8 л на душу населения чистого спирта в 1991 г. оно подскочило до 14 л в 1993 г., и по этому показателю Россия заняла лидирующее место в мире. Авторы одной аналитической статьи "Жить или пить?"[22] показывают тесную связь потребления крепких напитков с продолжительностью жизни. В 1994 г. потребление спирта поднялось уже до 14,2 литра. Если вычесть детей и частично женщин, то получается 180 поллитровых бутылок водки на мужчину в год. Но сейчас пьянство распространяется и среди женщин, оно "молодеет". Немалую услугу оказала в алкогольном всплеске и активная, навязчивая реклама в средствах массовой информации. В 1993 г. в России насчитывалось примерно 15 млн. пьяниц и 4–5 млн. алкоголиков. От попыток пуританского воздержания в середине 80-х гг. в начале перестройки скатились к всероссийскому пьянству. Даже отменили государственную монополию на водку, введенную еще Николаем II по предложению С.Ю. Витте.

Возросла заболеваемость людей. В 1993 г. по сравнению с 1990 г. заболеваемость брюшным тифом увеличилась в 1,5 раза, туберкулезом дыхательных путей – в 1,4 раза, дифтерией – в 12 раз, корью – в 4 раза, сифилисом – в 6 раз, а в 1994 г. – в 10 раз. В 1994 г. вспыхнула эпидемия холеры на Северном Кавказе. С 1986 по 1992 г. заболеваемость новорожденных возросла по России на 90%. В настоящее время 70% детей рождаются с различными отклонениями (патология центральной нервной системы, гипоксия, гипотрофия). Увеличилось число детей-инвалидов. К концу первого года обучения у 57% детей выявляются функциональные отклонения в состоянии здоровья. К концу обучения доля здоровых детей не превышает 20–25%. Половина призывников признаются негодными к службе в армии. 50–70% будущих матерей страдают различными хроническими заболеваниями, участились анемия, болезни почек и сердца.

Все это связано с обострением бедности, снижением качества жизни, плохим питанием, ухудшением экологических условий. Достаточно сказать, что заработная плата в сопоставимых показателях в октябре 1993 г. – всего лишь одна треть к декабрю 1991 г. Если в 1990 г. доля питания в совокупных расходах семьи занимала около 30%, то к 1994 г. она поднялась до 60–70% в среднем, а у трети населения, проживающего за порогом бедности, она достигла 90% всех потребительских расходов. Поэтому неудивительно массовое стремление горожан иметь свой земельный участок для выращивания овощей, картофеля и фруктов. Кроме того, последние годы наблюдается миграция населения из городов в деревню: это – тоже метод выживания. Только в 1992 г. городское население России сократилось на 696,2 тыс., а сельское выросло на 624,6 тыс. человек. Частично это произошло за счет преобразования городских поселений в сельские, но вместе с тем и за счет выезда бывших крестьян из городов в деревню.

В России происходит стремительная поляризация общества по социально-экономическим признакам. Суть ее состоит в том, что богатые становятся еще богаче, а бедные – беднее. При этом выделяется группа мультимиллионеров, а если считать в рублях, то мультимиллиардеров, скопивших колоссальные богатства за счет присвоения собственности, продажи различных сырьевых и иных ресурсов за рубеж, спекулятивных операций с деньгами и ценными бумагами, обмана миллионов людей, а не за счет честного труда и создания материальных и духовных ценностей. Это – один полюс. На другом – нищие. Массового среднего класса пока не создано. Это дело будущего. И чем быстрее он будет формироваться, тем лучше для России.

По данным Госкомстата РФ средний доход 10% наиболее обеспеченных превышал доход 10% самых бедных в 1991 г. в 5,4 раза, в июне 1992 г. – 7,2, декабре 1992 г. – 8,7, в конце 1993 г. – в 11 раз. Формируется слой преуспевающих – около 12% и очень богатых – около 3%, с одной стороны, бедных – около трети и нищих – до 10%,с другой. Если в марте 1989 г. только 15,2% рабочих и служащих получали зарплату до 120 руб. в месяц, то в мае 1992 г. по сопоставимым показателям – 56,4%. Все это меняет структуру общества.

Осложнения создают миграция населения и рост числа беженцев. На 1 сентября 1993 г. было зарегистрировано свыше 352 тыс. беженцев, или в 6 раз больше, чем на 1 сентября 1992 г. Не исключено нарастание числа беженцев за счет русскоязычного населения из государств – бывших союзных республик СССР. Поток беженцев дала война в Чечне, а также события в Таджикистане.

Не менее грозное социальное явление – безработица. На конец 1993 г. в России было 7,8 млн. человек, или 10,4% экономически активного населения, не имевших работы и искавших ее, а также работавших в режиме неполной занятости. Из них 3,8 млн. человек по методологии Международной организации труда (МОТ) квалифицируются как безработные – 5,1%. Официальный статус безработных имеют 0,8 млн. человек.

Кризис ударяет по людям высокой квалификации, сокращается число студентов высших учебных заведений, многие выпускники университетов и институтов не получают работы. Студентов вузов в 1993 г. было 2 538 тыс., или 89% к уровню 1990 г., а учащихся средних специальных учебных заведений – 88%. Прием студентов в вузы составил 80% к уровню 1990 г., а в средние учебные заведения – 85%. Это весьма тревожное явление, которое может негативно сказаться на нашем будущем. Трудности с финансированием науки уже заставили многих молодых ученых покинуть страну. Труд в науке стал не престижным, низкооплачиваемым. Об этом свидетельствуют данные о месячной заработной плате, сложившейся в ноябре 1994 г. Наиболее высокая оплата была в топливной промышленности – 628 тыс. руб., в том числе в газовой – 976, в сфере кредитования и страхования – 593 тыс. руб. в месяц, затем на транспорте – 428, в органах управления – 326, строительстве – 390 , промышленности – 311, здравоохранении – 201 тыс. руб., науке – 220, культуре и искусстве – 171 и в сельском хозяйстве – 133 тыс. руб. Итак: наука, культура и село – на последнем месте по оплате труда в обществе[23].

ЭКОЛОГИЧЕСКИЙ КРИЗИС

Об экологическом неблагополучии известно давно. Тревожные голоса звучат практически во всех частях света. Развернувшееся движение “зеленых” стало мощной общественной силой. Почти во всех крупных странах имеются партии “зеленых”. Международная организация “Гринпис” проявляет активность всюду, где возникает очаг неблагополучия. Человечество ожидают большие беды, вплоть до прекращения жизни на земле, если оно не перестанет отравлять и разрушать природу, бездумно ее терзать, бесхозяйственно транжирить ее дары и запасы. Ускоряются процессы опустынивания, эрозии, отравления водных источников, почвы и воздуха. Для здоровья людей особенно опасны отравленные вода, воздух и пища.

Экологическое благополучие зависит исключительно от человека, его компетентности и моральных качеств. Участившиеся аварии на различных технических объектах, включая Чернобыльскую атомную электростанцию, на транспорте происходят прежде всего вследствие халатности, безответственности и некомпетентности персонала. Кроме того, часто сказываются изношенность и несовершенство конструкций. Но это, в конечном счете, также зависит от ответственности и внимательности людей. Тревожным набатом по всему миру прозвучало еще в начале 60-х гг. выступление американского ученого Рахили Карсон в книге “Безмолвная весна”[24]. Ею и другими учеными, в частности, Ю. Одумом[25], доказано, что применение ДДТ и других хлорсодержащих соединений в виде пестицидов даже в небольших дозах способно в биологической цепи через почву, воду, планктон, рыбу, птиц концентрироваться, затем разлагаться в пищеводе и поражать нервную и эндокринную систему позвоночных, включая человека. В России особенно сильно отравлены воды Волги, Камы, Оки, Оби, Иртыша, Тобола. Серьезно страдают уникальные места обитания осетровых в Нижней Волге. Эта река подвергается особенно интенсивному загрязнению промышленными выбросами нефти, тяжелых металлов и других ядовитых веществ.

Госкомстат РФ отмечает некоторое снижение загрязненности природной среды в 1993 г. по сравнению с предшествующим годом, но это не меняет общей угрожающей жизни обстановки с экологией. Экстремально высокое загрязнение, в 100 и более раз превышающее предельно допустимые нормы имеет место во многих городах России, в Свердловской, Пермской, Челябинской, Кемеровской,Мурманской, Оренбургской, Калиниградской областях. В таких городах как Москва, Уфа, Самара, Омск, Дзержинск, Новороссийск, Норильск часто происходят загрязнения атмосферы в концентрациях, десятикратно и более превышающих нормы[26]. В 1994 г. произошла крупная авария на нефтепроводе в Коми республике, а также и в других местах.

Сохранение природной среды стало глобальной проблемой для всего человечества, для всей планеты. Профессор Николас А. Робинсон считает, что основные причины заключаются в удвоении численности населения мира в течение нескольких десятилетий с концентрацией его в городах; увеличение экономической деятельности в пять-десять раз за время менее чем полвека; рост давления на природную среду вследствие изменений в сельскохозяйственной, энергетической и индустриальной системах. Предстоящее повышение температуры в атмосфере вызовет крайне опасные последствия. Уже сейчас поднятие уровня моря вызывает затопление, эрозию почв и их засоление; опустынивается ежегодно 20 млн. га; обезлесение вызывает не только эрозию почв, но и снижение фотосинтеза; распыленные загрязнения прилипают к водяным испарениям и превращаются в "кислотные" дожди, туман и снег; загрязненные воды заражают реки, озера и моря; хлоруглероды и другие химические соединения истощают стратосферный озон, вызывая раковые заболевания кожи. Температура в океане уже возросла на 1 градус с 1982 по 1988 г. Накопление углекислого газа и названные выше процессы ведут к "парниковому эффекту"[27].

Перед человечеством стоит сложная проблема планетарного уровня. Дело в том, что ежегодный прирост потребления разных видов энергии составляет, по расчетам, около 3%, а ежегодный прирост населения – 2%. При этом среднее потребление энергии на жителя земли в 10 и более раз ниже, чем в развитых странах. Если сохранится прирост населения на современном уровне, через 75 лет на Земле будет 20 миллиардов человек. Будут расти и применение энергии, повышаться различные нагрузки. Этого планета просто не выдержит, катастрофа может наступить намного раньше. Это будет энергодемографический кризис[28].

Локальные кризисы и катастрофы уже происходят. И в нашей стране их особенно много. Из всех бедствий экологические выдвигаются едва ли не на первое место. Долгие годы они недооценивались. Считалось, что земли, воды, лесов, чистого воздуха у нас вдоволь. Но жизнь показала другое: почвы на половине площадей разрушены эрозией и эти процессы не остановлены, водные источники иссякают и отравляются, атмосфера загрязнена, заражение окружающей среды ядовитыми выбросами промышленности продолжается, истощаются запасы нефти, газа, других природных ресурсов. Добыча последних ведется расточительными, варварскими методами. Все это диктует необходимость придать охране природы приоритетный характер, осуществлять это последовательно и системно.

КРИЗИС МОРАЛИ

Как-то Антон Павлович Чехов сказал, что человеческую личность составляют два качества: ясность мысли и совесть. Отсутствие любого их этих качеств дает один и тот же результат. Эти слова особо актуальны сейчас, когда повсюду рекламируется культ наживы, в том числе нетрудовым путем, секс, "красивая жизнь", с телеэкрана ежедневно подаются сцены насилия, а фундаментальные человеческие ценности предаются забвению или осмеиваются.

История учит, что цивилизации погибали не столько под натиском внешних врагов в результате завоеваний, сколько вследствие внутреннего разложения. Так было еще в древнем мире, так происходило и позднее. Главное при этом – отношение к труду, трудовая этика. На честном труде держится экономика, государство, общество. И здесь мы переживаем очередную крайность. Было время, когда во всех средствах пропаганды и агитации фактически ничего не было, кроме показа передовиков производства, действительных и мнимых героев труда, хода социалистического соревнования. Сейчас же о труде в средствах массовой информации ничего не увидишь и не услышишь. Но зато досыта насмотришься обнаженной натуры, заграничных курортов (свои в это время приходят в запустение), "красивой жизни" и легкого заработка без труда, услышишь шелест купюр. Вот на что ориентируются люди, и прежде всего молодежь. Автор далек от ретроградства и крайнего пуританства. Но всем существом протестует против бездуховности и нравственного распада, за которым естественно следует всякий распад вообще.

Насилие входит в повседневную жизнь. Оно часто бывает и в семье, в школе, в армии, не говоря об улицах, местах заключения. Особую тревогу вызывает распространение всякого вида насилия в школе, среди подростков. Печать давно пестрит такими сообщениями.

Небывалые размеры в стране приняла проституция. Конечно, профессия эта древняя и на российскую землю она не впервые упала и не с неба. Но в любом приличном обществе ее стыдятся. А в наши дни ее широко рекламируют, обещая баснословные заработки, да еще в свободно конвертируемой валюте. Газеты пестрят объявлениями с зазыванием молодых девиц на "интересную высоко оплачиваемую работу". Проституция из России пошла на экспорт. Публичные дома всех континентов имеют уже белокурых девиц из России[29].

Самое страшное сегодня – это девальвация моральных ценностей, выработанных как человечеством в целом, так и каждым народом в отдельности в ходе его исторического развития. Утрата чести и совести, это не потеря материального достояния. Это гораздо страшнее. Жажда наживы, обман, коррупция, насилие, культ денег и “красивой жизни”, тунеядство в какой-то мере были всегда. Но они в любом здоровом обществе отвергаются. Однажды обманувший навсегда лишался доверия. Сейчас все это приобрело массовый характер и каких-то эффективных мер противодействия не встречает.

Конечно же, большинство людей сохранили честь, совесть и трудовую этику. Но они придавлены, растеряны. Бал правят другие, с размытой честью и совестью. Они прибирают к своим рукам материальные богатства, пробираются к власти, нечестным путем “прихватывают” собственность, командуют на рынках и в торговле, не допуская туда крестьянина. Они поставили непреодолимую стену между производителем и потребителем, обирают как одних, так и других. Это не имеет ничего общего с честным предпринимательством, основанном на личном труде, интеллектуальном и духовном даровании. Особенно опасно для судеб страны, когда люди с размытой совестью пробираются в правящую элиту. Ведь они дирижируют общественным и государственным оркестром. На них смотрят люди всех слоев и ступеней общественной лестницы.

Восхищаются и благодарят за умные, дальновидные и благородные поступки. Огорчаются, осуждают и клеймят за неблаговидные. А последних, к сожалению, очень уж много. Морально угнетает невнимание к человеку, а также легкое отношение к трате средств налогоплательщиков. Этот ядовитый спрут опутал всю страну, от “Москвы до самых до окраин”.

ИДЕОЛОГИЧЕСКИЙ КРИЗИС

Суть идеологического кризиса состоит в том, что вместо отвергнутого и утратившего свое влияние на умы людей марксизма-ленинизма не предложено ничего цельного, что бы могло быть принято обществом. Речь, конечно же, не идет о насаждении новой идеологии огнем и мечом, как это делали большевики во главе с В. Лениным и И. Сталиным. И цельную идеологию в один присест не создают даже гении. Нужно время, нужны более или менее четкие перспективы. Наконец, необходим какой-то минимум практического опыта. Иначе – умозрительная схема и только. Ведь истина всегда конкретна. Не может быть истины, пригодной для всех времен и народов. Единственная истина, приемлемая и необходимая для всех во все времена, чрезвычайно проста: не делай другому того, что ты не желал бы, чтобы делали тебе. Да еще десять библейских заповедей. Это абсолютно верно. Однако этого недостаточно для цельной идеологии. Но нужна ли вообще единая идеология для всего общества и государства? Наш горький опыт весьма нагляден. Наши беды в прошлом, с колоссальными жертвами в угоду единой государственной идеологии стали источником несчастий. Думается, что обсуждать этот вопрос то же, что обсуждать возможность загнать все общество в одну казарму с одним усатым фельдфебелем.

Сегодня идейный разброд. Какая-то часть людей страдает ностальгией по “реальному социализму” и продолжает верить коммунистическим ценностям, отмахиваясь от всей связанной с ними скверны. Большая часть понимает гибельность реставрации прошлого, но признает принципы социальной справедливости, необходимость гуманного общества, системного, диалектического подхода в его строительстве. Некоторая часть полностью отдалась стяжательству, признает только деньги и, грубо говоря, считает, что все на этом свете продается и покупается. Многие люди просто растеряны, понимая гибельность прошлого и видя нахрапистость "новых русских".

Лучшие умы России в поисках и размышлениях. Патриарх российской гуманитарной науки и культуры академик Дмитрий Сергеевич Лихачев (род.1906), испытавший на собственной судьбе методы строительства социализма и "трудового воспитания" в Соловках и на Беломорско-Балтийском канале, в своем прекрасном эссе "Нельзя уйти от самих себя" пишет: "Так что же произошло с Россией? Почему огромная страна оказалась в таком трагическом положении? Десятки миллионов расстрелянных и замученных, умерших от голода и погибших в "победоносной" войне. Страна героев, мучеников и... тюремных надсмотрщиков. Почему?[30]"

Д.С. Лихачев отвергает идеи мессианства России. Для России не раз выдвигалась какая-то всемирная миссия, то идея третьего Рима, то мировой революции. "Никакой особой миссии у России нет и не было", – заявляет Д.С. Лихачев. Многое он объясняет национальным характером русских – легковерием и склонностью к крайностям. "Централистские позиции, – пишет он, – тяжелы и просто невыносимы для русского человека... Это предпочтение крайностей во всем в сочетании с крайним же легковерием, которое вызывало и вызывает до сих пор появление в русской истории десятков самозванцев, привело и к победе большевиков. Большевики победили отчасти потому, что они (по представлениям толпы) хотели больших перемен, чем меньшевики, которые якобы предлагали их значительно меньше... Русские готовы рисковать самым драгоценным, они азартны в выполнении своих предложений и идей. Они готовы голодать, страдать, даже идти на самосожжение (как сотнями сжигали себя староверы) ради своей веры, своих убеждений, своих идей. И это имело место не только в прошлом – это есть и сейчас..."

Характер русских противоречив, не един... "В нем скрещиваются не только разные черты, но черты в "едином регистре" : религиозность с крайним безбожием, бескорыстие со скопидомством, практицизм с полной беспомощностью перед внешними обстоятельствами, гостеприимство с человеконенавистничеством, национальное самооплевывание с шовинизмом, неумение воевать с внезапно проявляющимися великолепными чертами боевой стойкости."

Главный вывод, который делает из всех этих размышлений Д.С. Лихачев, в том, что "мы свободны – и именно поэтому ответственны." Отсюда нельзя все валить на судьбу, надеяться на авось, на "кривую", которая еще неизвестно куда выведет. Мы – великий народ не только своей численностью, но главным образом богатством и неповторимостью своей тысячелетней культуры. Нам есть откуда черпать силы и вдохновение, мы имеем богатые традиции. Они рождены народом, который далеко не всегда был изолирован от других народов.

Выход из прошлого оказался очень мучительным. Если необходимость выхода оспаривает незначительное меньшинство, то о путях этого выхода единства не было и нет. Здесь важен правильный, наименее болезненный путь. Однако на деле этого не получилось. Трудно не согласиться с Александром Солженицыным, сказавшим: "Мы стали выбираться самым неуклюжим, самым нелепым, самым разрушительным образом для собственного народа. Это привело Россию в состояние растерянности"[31]. Действительно, мы многое начали строить с крыши, не возведя фундамента. Многое пытались переделать ударными, большевистскими темпами. А о будущем Российском доме пока ясности нет.

По проведенным в 1993–1994 гг. исследованиям Всероссийского центра изучения общественного мнения (ВЦИОМ), имеется более десяти вариантов ответа на вопрос: "Какая идея могла бы интегрировать российское общество?" Это – идея духовного возрождения России; русской национальной самобытности; создания социально ориентированного капитализма; социальной справедливости; величия России и создания мощной государственности; религиозная идея; идея коммунизма; идея социализма; идея русского экономического чуда и т.д. Разброс, как видим, велик, единства нет. В это же время экономические процессы идут в сторону капитализации. Эти процессы опережают формирование новой идеологии. Отсутствие крупных идей, способных сплотить общество, – показатель бездуховности. Это – опасный вакуум, который может быть заполнен весьма неожиданно, учитывая переживаемые трудности и особенности нашего национального характера.

Результаты того же исследования показывают, что 56% высказываются за смешанную экономику с сильным государственным регулированием и ограниченным частным сектором; 22 – за капиталистическую экономику; 7 – за экономику советского типа и 15% – не определились. Что же касается социальной системы, то только 5% поддерживают сходную с советской; 11 – социальной справедливости; 48 – среднее между социализмом и капитализмом, но с минимумом социальных гарантий; 21 – социально ориентированный капитализм; 10 – капитализм европейского типа; 5% – общинную систему. Что же касается государственного устройства, то меньше всего высказываются за чисто авторитарную и чисто демократическую системы, отдавая предпочтение демократическому режиму с сильной исполнительной властью. Суммируя все сказанное, делается вывод, что "для России необходима особая демократическая система с сильной исполнительной властью, смешанной экономикой и сохранением социальных гарантий"[32]. Беда современной России состоит в том, что правящая элита, понимая необходимость общественного согласия и пытаясь к нему прийти, даже подписав соответствующие декларации, продолжает отстаивать на деле свои групповые интересы, которые редко совпадают с общенациональными. Это и создает раскол в обществе.

По всем этим вопросам интерес представляют взгляды Никиты Николаевича Моисеева, действительного члена РАН, РАСХН и Международной академии астронавтики. О его работах по экономико-математическому моделированию уже говорилось выше. В своих последних работах он выступает по проблемам биосферы и выживаемости человека. К этим вопросам он повернулся в значительной степени под влиянием Николая Владимировича Тимофеева-Ресовского (1900–1981) (названного "Зубром" в одноименном романе

Даниила Александровича Гранина), с которым он много общался и вел дискуссии, а также после глубокого изучения трудов Владимира Ивановича Вернадского (1863–1945). В вышедшей недавно (1994) книге он выступает как философ, мыслитель и политолог.

Незаурядна судьба самого Моисеева. Он родился в благополучной семье профессора Московского университета, выходца из служивых дворян г. Рославля Смоленской губернии. Приемный отец его матери Н.К. фон Мекк был расстрелян в 1929 г., а отец Никиты Николаевича – накануне 1931 г. в связи с "делом промпартии". Юноша был изгоем. Его не принимали в комсомол, в школе травили. Но во время Отечественной войны офицер Моисеев в Синявинских болотах под Ленинградом был принят в партию. Вся его дальнейшая жизнь была связана с математикой и ракетной техникой в учреждениях Академии наук СССР.

Остановимся на мыслях и предложениях, изложенных в главе: "Сумерки России: рассвет или закат" в книге: "Как далеко до завтрашнего дня"[33]. Моисеев считает, что Россия неоднократно помогала Европе избежать опасностей: не пустила на Запад орды Чингисхана, внесла решающий вклад в победу над Наполеоном и Гитлером. Что же касается 1917 г., то он был "грозным предупреждением всем народам мира, а не только Европе". Капитализм XIX в. Моисеев считает мерзостью. Однако марксизм предложил только один выход, оказавшийся не лучшим. Были и другие пути, например, предлагавшиеся Эдуардом Бернштейном, Джоном Кейнсом, Франклином Рузвельтом.

Ни одна революция, по мнению Моисеева, не приносила счастья людям. У нас последний шанс стать на эволюционный путь был в 1986 г. и даже во время Ново-огаревского процесса. Все сломал опереточный путч в августе 1991 г., за которым началась революция с непредсказуемыми последствиями. Он пишет, что "начался самый страшный период в истории России – дележ имущества, когда все вопросы нравственности, благополучия Родины, патриотизма отходят на второй план и звериный оскал биосоциальных законов начинает диктовать свои условия жизни... такое происходит в любое "смутное время". В этих условиях особенно велика роль интеллигенции, людей интеллектуального труда, которые в этом дележе не участвуют. Делят же прежде всего властные структуры. Потому-то и идет смертельная схватка за обладание властью. Борьба за власть при дележе фантастического богатства страны идет в условиях, когда "еще нет классов, а есть клики... народ бесконечно устал от демагогии и беспросветности, интеллигенция и вообще думающие люди все более и более отстраняются от политики. Рейтинг политиков стремительно падает." При этом возможны два сценария: при слабой власти и при сильной.

При "сценарии слабой власти" возможен "аргентинский вариант", когда "богатая страна погружается в пучину нищеты эксплуатацией ее людей, земли, недр и вывозом их за границу. Компрадорская буржуазия в этих условиях будет невероятно богатеть на выкачивании из страны ее природных богатств... Виллы на Лазурном берегу у одних и нищета, какой народ не знал со времен гражданской войны, не могут вместе существовать долгое время. Их сочетание неизбежно должно будет взорвать общество..."

Но возможен и другой сценарий. При возникновении сильного, компетентного, пользующегося доверием народа правительства постепенно обстановка будет нормализовываться. Это потребует времени. Опасно всякое насилие, оно ввергнет страну в пучину хаоса и уничтожит ее. Если такое правительство сформируется, оно должно будет провести страну через опаснейшие рифы либеральной экономики. При этом придется решить следующие проблемы: во-первых, создать эффективно работающий сектор государственного капитализма. Но это не старый государственный сектор с безграничным монополизмом. Он должен строиться на корпоративной основе и предусматривать конкуренцию, осуществлять конверсию. И не разрушать, а включать государственную промышленность в рыночные отношения.

Во-вторых, не отказываться от кооперативного сельского хозяйства полностью, не осуществлять коллективизации наоборот. Здесь должны быть и государственные, и коллективные, и фермерские и крестьянские хозяйства. В каком сочетании – покажет рынок и конкуренция. Я бы добавил, и региональные особенности. Никита Николаевич, пишет, что "нет цели более приоритетной, чем уберечь нацию от перманентного голода". Чтобы его избежать, нельзя полностью пока отказываться от импорта продовольствия.

В-третьих, создать новую структуру государственной власти, которая сочетает "объективные тенденции консолидации и кооперации регионов для образования целостного экономического организма, со стремлением к развитию цивилизованных потребностей наций и местной самостоятельности". Для этого необходимо включение широкой общественности и деполитизированная пресса.

И, наконец, предстоит хорошо понять современную Россию для того, чтобы правильно формировать национальные цели. Надо иметь объективные оценки перспектив и возможных последствий, создавать совокупность крупномасштабных программ и проектов. Но только не методами бывшего Госплана с его опытом "великих строек коммунизма". Проекты должны учитывать пути наиболее эффективных капиталовложений. Это будет своеобразной гарантией риска для частного капитала. Такая деятельность "требует энергичного правительства и интеллигентного парламента".

Н.Н. Моисеев отдает должное опыту Запада в решении трех вопросов: либерализации экономики, необходимости интеграции и социальной ориентации экономики для создания достойного образа жизни миллионам граждан своих стран. Существуют универсалии (от латинского universalis – всеобщий), рожденные в сознании людей независимо от расовой и национальной принадлежности, места обитания и других факторов. Например, заповедь "не убий". Сюда же он относит и техническое развитие и элементы планирования в либеральной экономике.

Но есть и закон дивергенции (от латинского divergere – отклоняться, расходиться, в противоположность конвергенции, означающей схождение, сближение). Он означает, что по мере эволюционного развития общества непрерывно рождаются все новые структуры и формы. Поэтому универсалии не безграничны. Отсюда Н.Н. Моисеев делает вывод, что "Запад – это лишь только опыт, а не объект для подражания. Так же, как и Восток".

Россия геополитически занимает особое место, располагаясь на двух континентах. Но при определении национальных интересов и целей нельзя забывать одного отягчающего обстоятельства – обретение огромной частью нации психологии люмпенов, а это "стоит сегодня на пути к обретению достойной ниши в сообществе XXI в. Только беспощадная честность поможет нам выработать иные стандарты, соответствующие российской реальности конца века, столь непохожего на его начало".

Н.Н. Моисеев считает свою позицию "ограниченным пессимизмом". Дело в том, что он видит огромные возможности страны и народа, но и трудности их реализации. Мешает решению и то, что с современными политиками невозможно спокойно обсуждать будущее страны, исключающее "ориентацию на собственный и притом сиюминутный успех. Это свойство политиков современной волны, может быть, одно из самых страшных наследий коммунистической эры".

Размышляя о единой идее, способной сплотить общество, очевидно, следует исходить от человека, от его прав и свобод, от его жизненных потребностей. Государство, не гарантирующее прав и свобод человека, – ничто. Такое мы уже проходили, когда жизнь человека стоила не больше кусочка свинца, а его собственность можно было реквизировать, национализировать и т.д. Выдвигать идею величия государства, не обеспечив прав и свобод человека на жизнь, применение интеллектуальных, духовных и физических возможностей, это то же, что строить дом с крыши. Величие государства складывается из величия духа, интеллекта, труда свободных людей, отличающихся высокой трудовой этикой и высокой моралью. Поэтому создание благоприятных условий для раскрытия данных каждой личности, каждого человека – долг демократического общества. Власть должна быть сильной, чтобы обеспечить создание хороших законов и, главное, должна сама уважать и исполнять законы. И лишь тогда исполнительная власть сумеет обеспечивать неотвратимость санкций за любое нарушение правопорядка.

Ни западная, ни восточная, ни скандинавская, ни израильская модели в законченном виде на российской почве не произрастут. Для построения собственной модели необходимо исходить прежде всего из современных реалий страны, из ее исторического прошлого, чем бы оно ни было обременено, а также из мирового опыта. Для монтажа на собственном каркасе всегда очень многое найдется в мировой практике и науке, что прошло испытание временем. Этим нельзя пренебрегать.

В смутный период возможны подъемы и падения. Переход общества из одного состояния в другое никогда не бывает гладким. Мудрость политиков в том и состоит, чтобы переход был минимально болезненным. Для этого надо преодолеть амбиции, групповые и местные интересы, не говоря о таких позорных и преступных явлениях, как коррупция, личная нажива и прочие недостойные поступки, включая бездействие властей.

ЛИТЕРАТУРА

1. **Ключевский В.О.** Сочинения в девяти томах. М.: Мысль, 1988, Т. 3. С. 17.
2. **Там же.** С. 5.
3. **Там же.** С. 46.
4. **Там же.** С. 27.
5. **Деникин А.И.** Очерки русской смуты. ТТ. 1–5, Париж, 1921–1926.

6. **Олейников Ю.В.** Современный социоприродный кризис в России. В кн.: Генезис кризисов природы и общества в России. М.: Московский лицей, 1994. С. 66.
7. Известия, 2 июля 1994.
8. Известия, 22 июля 1994.
9. Социально-экономическое положение России. 1993. М.: Госкомстат, 1993. С. 165.
10. Известия, 21 июля 1994.
11. Социально-экономическое положение России... Оперативная информация. М.: Госкомстат, 1994. С. 3–5.
12. Советская Россия, 9 июля 1994.
13. Приложение к еженедельнику "Аргументы и факты", сентябрь 1994, №7.
14. Статистический бюллетень, №1 (АПК)... Госкомстат, М.: 1994. С. 29.
15. Социально-экономическое положение в России. 1994 г.... С. 30–32.
16. Россия – 1994... С. 217.
17. Расчеты Всесоюзного института экономики сельского хозяйства РАСХН.
18. Социально-экономическое положение в России. 1994 г. ... С. 33–34.
19. Данные Аграрного института РАСХН – Р.Г. Янбых.
20. Социально-экономическое положение России 1993 г. ...С. 139–164.
21. Россия: социальная политика переходного периода. Научный доклад Института социально-экономических проблем народонаселения РАН, М., 1994. С. 1–73.
22. Известия, 19 июля 1994.
23. Социально-экономическое положение в России. 1994 г. ... С. 59–60.
24. **Carson R.** Silent Spring. Boston, Hougton Miffling, 1962.
25. **Одум Ю.** Основы экологии. Перевод с английского. М.: Мир, 1975. С. 99, 564.
26. Социально-экономическое положение России ... С. 164–165.
27. **Николас А. Робинсон.** Нововведения для международных организаций по охране окружающей среды. Перевод с английского. Вашингтон, Институт права по окружающей среде, 1991. С. 47–49.
28. Ученые записки Волго-Вятского отделения Международной Славянской Академии наук, образования, искусств и культуры. Выпуск первый. Нижний Новгород, 1994. С. 2–7.
29. Аргументы и факты, июль 1994.
30. **Лихачев Д.С.** Нельзя уйти от самих себя. – Новый мир, №6, 1994. С. 113–120.
31. **Борис Можаев.** Возвращение гражданина и причуды пошлости. – Совершенно секретно, №7(62), 1994.
32. Сегодня, 5 августа 1994.
33. **Никита Моисеев.** Как далеко до завтрашнего дня. Свободные размышления. М.: Аспект-Пресс, 1994. С. 272–287.

Изменяться, сохраняясь, или продолжаться, меняясь, – вот что поистине составляет нормальную жизнь человека и, следовательно, прогресс.

Пьер Леру

ГЛАВА 13. АГРАРНАЯ РЕФОРМА В РОССИИ (90-е гг.)

Настоящая глава написана по материалам Аграрного института Российской академии сельскохозяйственных наук. Использовались данные социально-экономического мониторинга реформы, отчеты проводимых институтом экспедиций, а также конференций, записки отдельных ученых и творческих групп института, монографические описания различных сельскохозяйственных предприятий. Учитывались также данные Госкомстата РФ и Госкомзема РФ, правовые акты Российской Федерации.

ОБЪЕКТИВНАЯ НЕОБХОДИМОСТЬ АГРАРНОЙ РЕФОРМЫ

В наши дни сыплется град упреков с различных сторон по адресу реформ вообще, и экономических в особенности, не исключая аграрную. Действительно, реформы сопровождаются крупными издержками. Это и спад производства, и снижение жизненного уровня людей, и дифференциация общества, и многие другие негативные явления. Какие-то издержки при изменении производственных отношений неизбежны, но размеры их неоправданно велики. В связи с этим все громче раздаются голоса сомнения в необходимости реформ вообще, проклятия по адресу реформаторов. Поэтому необходимо все расставить по своим местам, выяснить необходимость аграрной реформы во взаимосвязи с ее концепцией, целями, стратегией и тактикой, методами осуществления. При этом нельзя забывать, что аграрная реформа проводится в рамках общеэкономических преобразований, в условиях смуты. Это последнее обстоятельство деформирует ход реформ. Кроме того, при практическом осуществлении допускаются ошибки, отставание и забегание вперед, несогласованность в отдельных звеньях с нарушением последовательности и комплексности.

Объективная необходимость современной реформы вызвана тем, что за годы "социалистических" преобразований сельского хозяйства социально-экономические отношения в деревне отвели человеку, крестьянину, в лучшем случае второстепенное место. Лишенный собственности и экономической свободы, всякого права выбора, он не имел стимула проявить свои способности, не был заинтересован хорошо работать, рачительно использовать землю и другие ресурсы, эффективно вести общественное хозяйство. Система отторгла крестьянина не только от земли, но и от собственности на произведенную им продукцию. За ним оставалось лишь право и обязанность работать. В этом главное.

В силу этого сельское хозяйство оставалось экстенсивным, затратным, разрушительным для окружающей среды. Оно пребывало в перманентном кризисе. Нельзя сказать, что государство уделяло этой отрасли экономики мало внимания. Были периоды, когда до 27% общей суммы инвестиций направлялось в аграрную сферу. В село поступало много техники, однако по производительности труда мы отставали от развитых стран в 5–6 раз. Регулярно списывались долги, миллионы людей из городов посылались на уборочные работы. И тем не менее огромные массы сельскохозяйственной продукции гибли, потери ее достигали астрономических размеров. В стране был постоянный, все нараставший дефицит продовольствия. Он все в больших размерах покрывался за счет импорта зерна и других продуктов. И если крупные города были на специальном режиме снабжения, то деревня и малые города страдали от недостатка товаров, люди теряли много времени в очередях за самым необходимым.

У лишенных собственности людей, все действия которых регламентировались указаниями и распоряжениями сверху, постепенно сформировалась психология иждивенчества, безынициативности и безразличия. Ответственность человека за землю, имущество была приглушена. Проявлять инициативу и предприимчивость утратило смысл. Психология безразличия пустила глубокие корни. В такой обстановке прожило не одно поколение. Это стало объективным фактом, с которым нельзя не считаться. Таково наследие тоталитарной системы. Нужен новый мотивационный механизм, который невозможно освоить в одночасье. Этот факт, равно как и свойственные сельскому хозяйству особенности, диктуют необходимость эволюционной стратегии, требующей для реформирования много времени, возможно, не годы, а десятилетия.

ЦЕЛИ И ПРИНЦИПЫ СОВРЕМЕННОЙ АГРАРНОЙ РЕФОРМЫ

Суть аграрной реформы состоит в комплексном изменении всей системы аграрных отношений, включая собственность на землю и другие средства производства, системы ведения хозяйства и формы хозяйствования, социальные условия жизни на селе, рыночный механизм, преобразование межотраслевой и территориальной структуры агропромышленного производства, меры по его государственному регулированию[1]. Реформа охватывает, как видим, все стороны жизни и деятельности аграрного сектора страны: экономическую, социальную, правовую, организационную. Иначе и быть не может: изменив существенно что-то одно, неизбежно возникает необходимость менять и другое. Здесь все взаимосвязано. Реформа, таким образом, меняет весь аграрный строй. Сельское хозяйство не изолировано от других секторов экономики, теснейшим образом переплетено с ними, поэтому преобразования в аграрной сфере неизбежно затрагивают и смежные сферы народного хозяйства, и, в свою очередь, сельское хозяйство испытывает их воздействие. Решив какой-то один вопрос реформы, например, справедливо разделив землю с передачей ее крестьянам, но не обеспечив правовых или социальных гарантий, не открыв им широкого доступа к получению кредита, то есть фактически отдав крестьян во власть ростовщиков в лице коммерческих банков, задавив непосильными налогами, мы неизбежно затормозим ход реформы. Потому аграрная реформа – мероприятие сложное и тонкое. Проводя ее, всегда надо помнить старый как свет принцип: не навреди чем-то непродуманным.

Конечные цели аграрной реформы сводятся к следующему.

Во-первых, окончательное раскрепощение крестьянина, социальные преобразования села с целью существенного повышения жизненного уровня людей, улучшения качества жизни с учетом удовлетворения как материальных, так и духовных потребностей крестьян. Поскольку крестьянство длительное время физически угнеталось и умерщвлялось, осквернялись его духовные ценности и традиции, оно рассматривалось как темная масса и реакционная сила, всевозможными путями деревня опустошалась и ограблялась, то для ее возрождения потребуется немало времени, сил и средств. Но без физического, культурного и духовного возрождения села и крестьянства невозможно возрождение общества, нации и государства. И если сегодня сельское население сплошь грамотное, то это не адекватно духовности. Решение этой проблемы потребует создания соответствующей материальной базы, развития социальной инфраструктуры, переподготовки и перевоспитания людей. При этом важное место занимает владение человека собственностью. Не излишествами, крестьянам это не угрожает, а достатком.

Во-вторых, создание стабильного продовольственного хозяйства, обеспечивающего как внутренние потребности страны с необходимыми запасами, так и определенные фонды для экспортно-импортных операций. Речь идет о продовольственной независимости страны, разумеется, по тем видам продукции, которая может производиться в природно-климатических условиях Российской Федерации. Прежде всего это зерно, картофель, овощи и фрукты, растительное масло, молоко, мясо, яйца, рыба. Импортироваться должны только кофе, чай, цитрусы и некоторые экзотические плоды. Доля их в структуре импорта не очень высока. Например, в 1988 г. доля кофе, чая, какао в стоимости импорта составила всего лишь 0,7%, тогда как зерна, сахара, мяса, табака, овощей и фруктов – 11,7%[2]. Общепринятый порог импорта продовольствия, переход которого считается опасным для страны, не должен превышать 10–15% в общей его массе.

В-третьих, формирование эффективного агропромышленного комплекса страны, выпускающего конкурентоспособную продукцию для рынка как по ее качеству, так и затратам. Рынок безжалостен, и на него работать гораздо труднее, чем просто поставлять любое сырье по разнарядке сверху. На подлинном рынке идет жестокая борьба за потребителя. Последний же покупает продукцию высокого качества, хорошо сохранившуюся, в современной упаковке и по доступным ценам. Следовательно, надо снижать издержки, повышать производительность труда, экономно расходовать сырье и энергию. Рынок беспощадно вытесняет производителей плохой продукции. Гибнут хозяйства, выпускающие продукцию с высокими затратами труда и средств. Уже сегодня эти процессы наблюдаются в странах Восточной Европы, Балтии, СНГ и России.

В-четвертых, восстановление и поддержание экологического равновесия. Эта проблема в обозримом будущем может стать исключительно острой. Порождается она прежде всего некомпетентностью и бесхозяйственностью , бездумным отношением к природе, ко всему окружающему нас миру, погоней за сиюминутной выгодой, без учета интересов грядущих поколений. Реформа влияет на экологию путем устранения обезлички, путем повышения личной ответственности за использование земли и результаты своей деятельности. Все агропромышленное производство должно быть экологически безопасным, природощадящим.

Названные конечные цели и сущность аграрной реформы приводят к необходимости сформулировать некоторые общие принципы, которыми необходимо руководствоваться реформаторам всех уровней, причастным к ее проведению.

Прежде всего следует четко определить, что реформа – длительный процесс, а не единовременный акт. Реформа возможна на основе эволюционных, а не революционных методов. Это процесс, охватывающий многие стороны производства и общественной жизни. Длительность реформы обусловлена особенностями сельского хозяйства как сложнейшей биолого-социоэкономической системы, не выносящей крутых и резких поворотов. Иногда это называют инерционностью. “Насильственное преодоление этой естественной инерционности аграрного сектора и сельского образа жизни приводит к социальным потрясениям, спаду производства, часто к резкому обострению продовольственной ситуации”[3]. Столыпин был прав, когда планировал реформировать деревню не менее 20 лет и резко выступал против всяких потрясений. Тогда задачи ставились более простые: ведь община не была колхозом. В общине крестьянин был собственником средств производства и произведенной продукции. Да и землей крестьянин пользовался в рамках выделенной общиной площади сам. В колхозе же крестьянин ничего не имел, кроме дома и приусадебного участка, и фактически ничего не решал. Но колхозы и совхозы создали инфраструктуру, которой надо разумно, по закону и совести распорядиться. Скоропалительные решения здесь пагубны.

Затем надо иметь в виду, что реформа – это путь с двусторонним движением. Обычно она начинается по инициативе сверху, направляется “верхами”. Но ничего не получится, если она не будет понята и принята “низами”, если ее цели и методы противоречат интересам “низов”. Поэтому роли должны распределяться так: “верхи” обеспечивают правовые, экономические, социальные гарантии и осуществляют организационную работу. “Низы” же понимают, поддерживают новые отношения и соответственно действуют. При этом важно не только иметь хорошие законы, но и преодолеть правовой нигилизм, обеспечить выполнение законов. Сами же они должны исходить из реальной потребности, а не быть плодом сделок и компромиссов политических сил, обычно страдающих амбициозностью.

Непременным условием аграрной реформы является свобода выбора крестьянином как форм собственности, так и форм хозяйствования. Разумеется, свобода – это не каприз или благое пожелание. Она базируется на хозяйственной и иной целесообразности, выгодности. Отсюда необходимость многоукладности, реально обеспечивающей свободу выбора. К многоукладности обязывает также разнообразие природных, экономических, демографических, исторических и иных объективных условий, в которых находятся различные регионы и даже микрорайоны Российской Федерации.

Свобода выбора не только исходит из фундаментальных положений о правах и свободах человека. Она практически необходима. Дело в том, что крестьянин в решении аграрных вопросов чаще прав, чем чиновник или политик. Это не потому, что крестьянин от природы более даровит. Дело в том, что он руководствуется принципом целесообразности, выгодности. Для чиновника же всегда на первом месте инструкция, спущенная сверху. В свою очередь, политик запрограммирован на постулаты своей партии и норовит жизнь "подогнать" под эти "нетленные" догмы.

При любом варианте реформы вопросы собственности имеют первостепенное значение. Отчуждение крестьянина от собственности на землю, орудий труда и его плодов, полученного дохода оказалось пагубным. Самое дурное в этом деле – ничейность, обезличка, бросовость. Столь же недопустима и несправедливость в распределении собственности. Справедливость не является синонимом уравнительности. Равными всегда должны быть стартовые условия. Дальше многое зависит от компетентности, прилежания, добросовестности каждого человека. Дифференциация в обществе неизбежна. Важно только, чтобы она проходила на основе вложений умственного и физического труда. Абсолютно недопустимо расслоение общества на основе степени доступа к распределению имущества, государственной и общественной собственности в ходе ее приватизации, а также всевозможных жульнических манипуляций и злоупотребления властью. К сожалению, в наши дни это позорное и разрушительное явление приобрело массовый характер. Право собственности во всех отношениях предпочтительнее права пользования. Оно влечет за собою полную юридическую и экономическую ответственность собственника, стимулирует рациональное и эффективное использование земли и других средств.

Поскольку вся земля в недалеком прошлом была исключительной собственностью государства, запрещались сдача ее в аренду, в залог, дарение и другие операции с нею, в ходе реформы осуществлена приватизация. Но смена собственника, если она проведена правильно, это только один шаг в реформе. Одновременно необходимо решение других взаимосвязанных вопросов: справедливое налогообложение, стимулирующее производство, ценовой паритет со смежными отраслями, доступ к кредиту и льготный процент, организация сбыта, переработки и реализации продукции, сервис и снабжение необходимыми ресурсами. Таким образом, необходимо системное решение всех вопросов реформы с созданием конкурентной среды и инфраструктуры рынка. При этом нельзя забывать простого правила: не надо ломать того, что себя оправдывает и не следует оставлять того, что себя изжило. Новое – поддерживать, содействуя безболезненному уходу старого.

Итак, проводя реформу, следует строить всю деятельность исходя из эволюционных, а не революционных методов; обеспечивать на деле право выбора крестьянину форм собственности и хозяйствования, ничего не навязывая сверху; гарантировать реальную собственность на землю людям, работающим на ней; наряду с земельной реформой осуществлять меры правовой, экономической и социальной защиты крестьян, социальное преобразование села; целенаправленно ориентировать реформу на развитие производства и повышение жизненного уровня людей на основе роста производства, не сбиваясь на различные обменно-спекулятивные сделки. На продовольственном рынке бал должен править крестьянин через кооперацию, а не скупщик, не ростовщик и не коррумпированный чиновник.

ЗЕМЕЛЬНАЯ РЕФОРМА И СОЗДАНИЕ МНОГОУКЛАДНОЙ ЭКОНОМИКИ

Земельная реформа началась еще в рамках Союза ССР. Верховным Советом СССР были приняты "Основы законодательства Союза ССР и союзных республик о земле". Основной принцип, пожалуй, был близок по своей идеологии к чаяновской теории. Может быть, в какой-то мере это объяснялось тогда нашим общим увлечением идеями А.В. Чаянова, который нашему и нынешним поколениям был только что открыт. Земля признавалась достоянием проживающего на ней народа, она передавалась в пожизненное владение с правом наследования, допускалась ограниченная аренда земли. Этот закон стал базой для республиканских законов и земельных кодексов. Восточные республики бывшего Союза после его распада дальше и не ушли. В России, государствах Балтии и некоторых других пошли дальше, признали право частной собственности на землю со всеми вытекающими отсюда последствиями. Однако законотворчество в области земельного права продолжается. Вокруг этих проектов идет острая политическая борьба. Земельная реформа продолжается.

В принятой на референдуме гражданами Российской Федерации 12 декабря 1993 г. Конституции Статья 36 сформулирована следующим образом:

"1.Граждане и их объединения вправе иметь в частной собственности землю.

2. Владение, пользование и распоряжение землей и другими природными ресурсами осуществляется их собственниками свободно, если это не наносит ущерба окружающей среде и не нарушает прав и законных интересов иных лиц.

3. Условия и порядок пользования землей определяются на основе федерального закона"[4].

Земельная реформа рассматривается как процесс целенаправленного изменения системы земельных отношений и структуры землепользования, включая: преобразование земельной собственности и перераспределение земли; освоение экономического механизма регулирования земельных отношений; разработку и овладение профессиональными методами землеустройства; создание экологически безопасного земледелия"[5].

Преобразование собственности и перераспределение земли занимают в реформе ключевое место. Дело в том, что долгие десятилетия единственным собственником земли было государство. Суть перераспределения состоит в том, чтобы наряду с государственной появилась частная собственность и различные формы совместно долевой, или коллективной, где бы был конкретный ответственный хозяин. Надо было уйти от воцарившейся обезлички. Если появилась частная собственность со всеми ее атрибутами, то есть арендой, залогом, наследованием, дарением и куплей-продажей, то должен быть четкий и строгий механизм ее регулирования. Это чрезвычайно важно в переходный период к организованному рынку, когда законы плохо выполняются, в обществе налицо элементы анархии и массового закононепослушания. На это время неизбежны некоторые ограничения и на определенный срок мораторий. Нельзя допустить утечки земель, особенно ценных, сельскохозяйственного назначения, в руки случайных людей, спекулянтов и ростовщиков.

Земельная реформа в России активизировалась после Указа Президента РФ от 27 декабря 1991 г. "О неотложных мерах по осуществлению земельной реформы в РСФСР"[6]. Этим указом устанавливалось, что приватизация находящихся в государственной собственности земель осуществляется органами местной администрации по представлению комитетов по земельной реформе и земельным ресурсам. В течение 1992 г. колхозам и совхозам предложено провести реорганизацию и привести свой статус в соответствие с Законом "О предприятиях и предпринимательской деятельности..." Коллективам колхозов, совхозов и других предприятий, использующих землю на праве бессрочного (постоянного) пользования, до 1 марта 1992 г. рекомендовано принять решение о переходе к частной, коллективно-долевой и другим формам собственности в соответствии с Земельным кодексом РСФСР. Руководители хозяйств обязываются в течение одного месяца со дня подачи заявления о создании крестьянского (фермерского) хозяйства выделить земельную долю работнику и членам его семьи в натуре. Разрешается аренда, обмен и залог земельных участков.

Продажа земельного участка, находящегося в собственности, разрешается только при выходе собственника на пенсию по старости и за выслугу лет, при получении земли по наследству, при переселении с целью организации крестьянского хозяйства на свободных землях фонда перераспределения и при вложении вырученных средств от продажи земли в перерабатывающие, торговые, строительные и обслуживающие предприятия на селе. Иные сделки купли-продажи не допускаются. Разрешается продажа земельных долей или земельных акций работникам своего предприятия или самому хозяйству по свободным ценам. Те земельные участки, которые выделены для личного подсобного хозяйства, садоводства и жилищного строительства в сельской местности, предоставляются в собственность бесплатно. Главам администраций предложено создать при комитетах по земельной реформе и земельным ресурсам общественные советы по реформе из представителей общественных организаций и крестьянского самоуправления.

В развитие упомянутого Указа было принято постановление Правительства Российской Федерации "О порядке реорганизации колхозов и совхозов". Этим актом предлагалось районным и внутрихозяйственным комиссиям разграничить находящиеся в пользовании колхозов и совхозов земли, выделив остающиеся в государственной и передаваемые гражданам в частную, индивидуальную и коллективно-долевую собственность.

Колхозам и совхозам разрешалось передавать сельским (поселковым) Советам народных депутатов в собственность объекты социальной сферы, жилой фонд, внутрихозяйственные дороги, системы энерго- и водоснабжения, газоснабжения, телефонизации, а также продать или сдать в аренду объекты социальной инфраструктуры, кроме школ. Стоимость основных и оборотных средств колхозов и совхозов (за вычетом передаваемого в муниципальную собственность имущества) составляет общую долевую собственность членов колхоза и работников совхозов. Все члены колхозов и работники совхозов, включая пенсионеров, бесплатно получают право на земельный и имущественный пай. По решению коллектива земельный пай может предоставляться работникам социальной сферы, занятых на территории хозяйства.

Земельный пай устанавливается в натуральном или стоимостном выражении и передается бесплатно в пределах среднерайонной нормы в собственность. Размер имущественного пая определяется в зависимости от трудового вклада. Владелец пая обязан подать заявление внутрихозяйственной комиссии с указанием одной из форм использования своего пая: создание крестьянского хозяйства, частного предприятия по ремонту, строительству, обслуживанию, торговле и другого; передача в качестве учредительного взноса в товарищество или акционерное общество, вступительного взноса в кооператив; продажа хозяйству или другим его работникам.

Невыкупленные земельные участки и хозяйственные объекты продаются на аукционе жителям населенных пунктов на территории данного хозяйства. К участию в аукционах допускаются преимущественно работники хозяйства. Оставшиеся акции продаются всем желающим заниматься сельскохозяйственной деятельностью на территории бывшего хозяйства.

Протекавшая медленно в 1990–1991 гг. земельная реформа с января 1992 г. набрала быстрые темпы. К сожалению, как всегда в России, многое делалось по-кампанейски, формально, второпях, без достаточной психологической, организационной и технической подготовки. Наиболее простое дело – перераспределение земли шло быстро. Однако простым его можно назвать только по сравнению со всей многогранной и многотрудной массой мер аграрной реформы в целом, включая становление и укрепление новых хозяйственных формирований. В жизни же и перераспределение земли – акт болезненный, необычный и нелегкий, часто конфликтный, вызывающий неудовлетворенность и обиды. Но акт необходимый. Нельзя забывать совершенного после Октябрьской революции 1917 г. ограбления крестьян, поголовной конфискации земель, в том числе и у трудовых слоев сельского населения, работавшего своими руками на своей земле. Эту историческую несправедливость исправить надо. Отнятую собственность вернуть необходимо. Другое дело, если крестьянин не желает вести индивидуального хозяйства, не имеет к этому склонности и навыков, если ему импонирует коллективное хозяйство любой формы, – это уже его личное дело. Желание крестьянина надо уважать.

Рассмотрим динамику перераспределения сельскохозяйственных угодий России за 1991–1994 гг. (табл. 13.1).

Анализ приведенных данных свидетельствует о крупных сдвигах в землевладении и землепользовании. Прежде всего резко сократились размеры сельскохозяйственных угодий, находящихся в государственном секторе, более чем на 90 млн. га, главным образом за счет преобразования совхозов. В предшествующий период эти угодья в государственном секторе неуклонно возрастали, что соответствовало идеологическому постулату о том, что эта форма собственности более "зрелая", более "совершенная" и потому она должна вытеснять все другие. Земельные площади в руках государства сократились почти в четыре раза.

Существенно возросла площадь сельскохозяйственных угодий в кооперативном секторе, только не за счет колхозов. За последними сохранилось всего лишь 41% их прежних площадей. Рост кооперативного сектора произошел за счет новых формирований, возникших в результате реорганизации колхозов и совхозов: товариществ с ограниченной ответственностью (ТОО), акционерных обществ (АО), ассоциаций крестьянских хозяйств (АКХ), малых предприятий (МП), смешанных товариществ (СТ) и многих других. Их классификация, определение функций, названий, структуры и многое другое еще нуждается в упорядочении и уточнении. Они еще только рождаются и формируются.

Таблица 13.1

Изменение размеров сельскохозяйственных угодий по секторам в Российской Федерации (данные Роскомзема, в тыс. га)

Землевладельцы	на 1 января				1991 – 1994
	1991 г.	1992 г.	1993 г.	1994 г.	
Государственный сектор	124400	113696,6	53399	34169,6	-90230,5
Совхозы	117300	106102,5	41250,2	21288	-96012
Другие государственные с.-х. предприятия	1326	1165,7	2516,4	3794,4	+2468,4
Хозяйства научных и учебных заведений	1793	1907,8	3154,2	2320	527
Прочие	3981	4520,5	6478,2	6767,1	+2786,1
Кооперативный сектор	85400	80534,8	122668,3	136611,7	+51211,7
Колхозы	84900	79102,7	40665,8	34950,4	-49949,6
Новые коллективные формирования (ТОО, АО и др.)	500	1432,1	82002,3	101661,3	+101161,3
Частный сектор	3900	6824,6	19267,1	23085,7	+19185,7
Крестьянские хозяйства	100	1253,4	6480,1	9699	+9599
Ассоциации крестьянских хозяйств	–	–	4068,3	4206,1	+4206,1
Садоводы	600	886,3	1282,8	1166,9	+586,9
Огородники	300	583,8	600,9	654,9	+354,9
Коллективы животноводов	–	30,8	479,7	1589,5	+1589,5
Личные подсобные хозяйства, включающие жилищное и дачное строительство	2900	4100,3	6351,0	5417,7	+2517,7
Земли общиннородовых хозяйств	–	–	204,3	352,8	+352,8
ВСЕГО сельскохозяйственных угодий*	213700	201056	195334,4	193867	-19833,1

* Без земель лесного, водного фонда, запаса, рекреации, городов, промышленности.

Возник частный сектор. Раньше он был представлен только личными подсобными хозяйствами (ЛПХ), коллективным садоводством и огородничеством, причем пользователи этих земель не были собственниками. Сейчас площади угодий в этом секторе возросли в пять раз. Появились крестьянские

Таблица 13.2

Изменение структуры землевладения в Российской Федерации по секторам (данные Роскомзема, %)

Землевладельцы	на 1 января			
	1991 г.	1992 г.	1993 г.	1994 г.
Государственный сектор	58,2	56,5	27,3	17,6
Совхозы	54,9	52,8	21,1	11,0
Другие государственные с.-х. предприятия	0,6	0,6	1,3	1,9
Хозяйства научных и учебных заведений	0,8	0,9	1,6	1,2
Прочие	1,9	2,2	3,3	3,5
Кооперативный сектор	40,0	40,1	62,8	70,5
Колхозы	39,7	39,3	20,8	18,0
Новые коллективные формирования (ТОО, АО и др.)	0,3	0,8	42,0	52,5
Частный сектор	1,8	3,4	9,9	11,9
Крестьянские хозяйства	–	0,7	3,3	5,0
Ассоциации крестьянских хозяйств	–	–	2,1	2,2
Садоводы	0,3	0,4	0,5	0,6
Огородники	0,1	0,3	0,3	0,3
Коллективы животноводов	–	–	0,4	0,8
Личные подсобные хозяйства, включая жилищное и дачное строительство	1,4	2,0	3,2	2,8
Земли общиннородовых хозяйств	–	–	0,1	0,2
ВСЕГО сельскохозяйственных угодий*	100,0	100,0	100,0	100,0

* Без земель лесного, водного фонда, запаса, рекреации, городов, промышленности.

(фермерские) хозяйства, расширились площади личных подсобных хозяйств. О крестьянских хозяйствах скажем в соответствующем месте подробнее. Здесь хотелось бы отметить исключительно важную социальную и экономическую роль малых форм: ЛПХ, садоводческих и огороднических участков. Прежде всего это – фактор выживания в условиях кризиса. Так было после коллективизации, в годы войны, когда личное подворье спасало крестьян от голодной смерти. Кроме того, продукция этого сектора меньше всего поддается инфляции – там преобладает ручной труд и затрачивается минимум энергии промышленного происхождения, особенно топлива. Известно, что сад и огород сегодня являются единственным местом отдыха для десятков миллионов людей. Для подавляющего большинства санатории, пансионаты и дома отдыха сейчас фактически недоступны. Лучшие из них заняты "новыми русскими" и новой бюрократической элитой, многие попросту закрыты. И, наконец, это – какая-то недвижимая собственность, что в рыночном хозяйстве, особенно на "черный день" тоже немаловажно. Потому люди и потянулись за этими крохотными участками земли.

Рассмотрим теперь динамику перераспределения используемых земель в сельскохозяйственном производстве не в абсолютных показателях, а в относительных (табл. 13.2).

Снижение доли государственного сектора, повышение кооперативного и возникновение частного с его нарастающим значением при анализе относительных величин становится еще нагляднее. Проследим это на графическом изображении, взяв в отдельности всю земельную площадь, затем все сельскохозяйственные угодья и пашню (рис. 13.1–3).

Таким образом, перераспределение земли произошло в пользу кооперативного и частного секторов за счет резкого сокращения государственного. Это относится только к используемым в сельскохозяйственном производстве угодьям. Лесной, водный, рекреационный фонды, значительная часть промышленного, армейские полигоны и еще кое-что осталось в ведении государства, городские земли – в собственности муниципалитетов. Все это суммарно занимает огромные площади, превышающие 1 045 млн. гектаров. Земель же сельскохозяйственного назначения здесь только 26 921 тыс.га.

Итак, первым итогом земельной реформы является перераспределение земли в пользу граждан и их коллективов. Миллионы людей стали собственниками земли. Кто в качестве владельца крестьянского хозяйства, кто – собственника земельного пая в кооперативном или коллективном хозяйстве, кто – маленькой парцеллы в виде садового или огородного участка. Рассмотрим динамику роста числа собственников земельных участков, не считая земельных паев в крупных сельскохозяйственных предприятиях (табл. 13.3).

Таблица 13.3

Численность землевладельцев частного сектора России (данные Роскомзема, в тыс.)

Землепользователи	на 1 января				на 1.09 1994 г.	+
	1991 г.	1992 г.	1993 г.	1994 г.		
Крестьянские хозяйства	4,4	50,1	182,9	267,8	274,4	270,0
Садоводы	8533,7	12238,3	13498,5	14349,2	14529,2	5995,5
Огородники	4580,0	9583,3	7884,0	7728,6	8144,1	3564,1
Дачники	28,2	96,8	127,3	116,1	113,6	85,4
Застройщики	–	426,1	2848,6	4325,9	4529,1	4529,1
Личные подсобные хозяйства	16256,3	17561,4	16396,2	16415,8	16416,7	160,4
ВСЕГО	29402,6	39956,0	40937,5	43203,4	44006,5	14604,5

Приведенные данные свидетельствуют о том, что в ходе реформы население получило более 14,6 млн. земельных участков. Это значит, что более 44 млн. человек стали собственниками или владельцами той или иной земельной площади. Если относительно стабильна численность владельцев личных

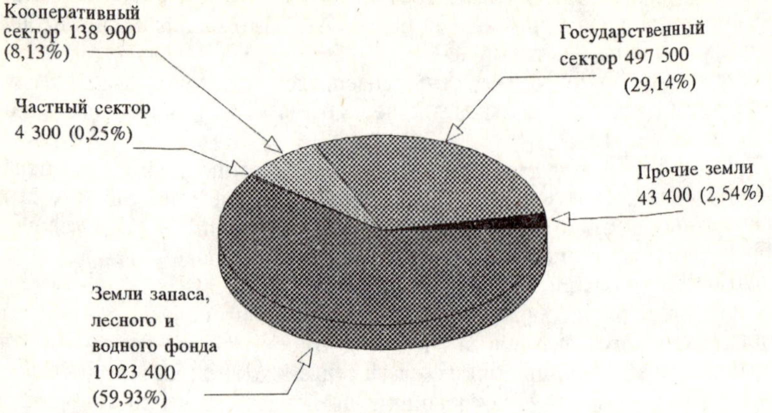

1991 г.

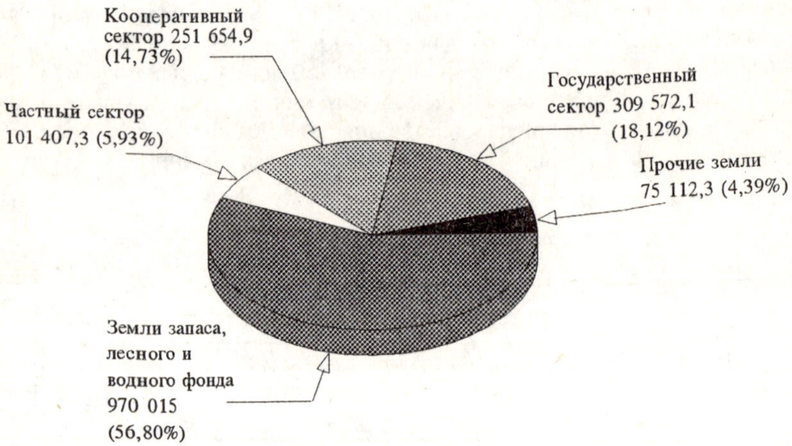

1994 г.

Рис. 13.1. Доля землепользователей во всей земельной площади

1991 г.

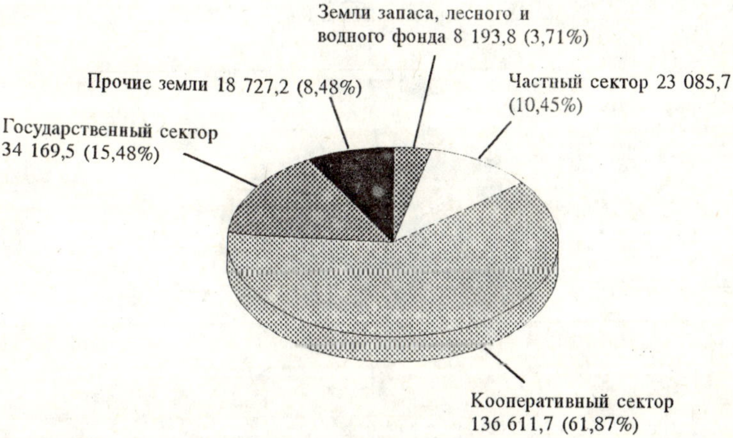

1994 г.

Рис. 13.2. Доля землепользователей в общей площади пашни

1991 г.

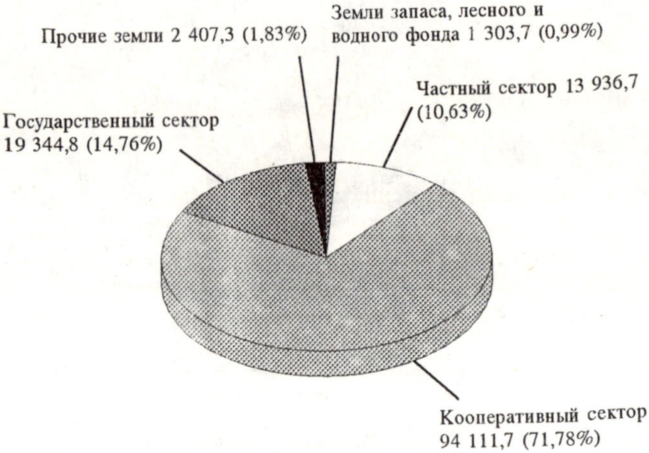

1994 г.

Рис. 13.3. Доля землепользователей в общей площади пашни

подсобных хозяйств при существенном расширении площади этих участков, то количество садоводов, огородников и индивидуальных застройщиков резко возросло.

Средние размеры этих участков невелики: по состоянию на начало 1994 г. крестьянского хозяйства – 42,2 га, личного подсобного хозяйства – 0,34 га, садового и огородного надела – 0,08 га, под жилищное строительство – 0,1 и дачное – 0,15 га. Разумеется, по регионам эти размеры колеблются в ту или иную сторону, однако с общей тенденцией на расширение.

Наделение землей сопровождается большим объемом землеустроительных работ и юридическим оформлением этих актов. По данным Роскомзема, на 1 августа 1994 г. соответствующие государственные документы на закрепление земли получили: 94,1% сельскохозяйственных предприятий, 93,2% крестьянских хозяйств, 72,0% личных подсобных хозяйств, 50,2% садоводов, 40,8% индивидуальных застройщиков и дачников, 17,4% собственников земельных долей (паев) в различных предприятиях, возникших в ходе реорганизации колхозов и совхозов. Это последнее обстоятельство объясняется тремя причинами: во-первых, огромным объемом технических работ по землеустройству; во-вторых, нерешенностью самими крестьянами вопроса о выделении земельных паев в натуре и, в-третьих, принятием решений о переходе на коллективно-совместное землепользование во многих общественных хозяйствах после их реорганизации.

Другие проблемы земельной реформы, кроме приватизации и перераспределения земель, решаются гораздо медленнее. Речь идет о создании и освоении механизма регулирования земельных отношений и земельного рынка, разработке и овладении прогрессивными методами землеустройства, а также переходе к экологически безопасному земледелию. Еще не принят новый земельный кодекс и вокруг его основных положений идет борьба политических сил. Освоение же экологически безопасного и эффективного земледелия – задача длительного времени, решать которую надо упорно и последовательно.

Во всяком случае уже сейчас можно говорить о наличии основ многоукладности с государственным, частным и кооперативным секторами. Каждый из них представлен разнообразными формами хозяйств, многообразными типами предприятий.

Рассмотрим долю отдельных укладов по стоимости производимой продукции. Органы государственной статистики выделяют общественные хозяйства, личные подсобные и крестьянские. Поскольку большая часть бывших совхозов реорганизована и приватизирована, такой подход приемлем, и мы воспользуемся данными Госкомстата РФ (табл. 13.4).

Общественные хозяйства занимают доминирующее положение в производстве продукции. Однако стремительно возрастает удельный вес личных подсобных хозяйств. Подсобными их сегодня можно называть уже только условно, в силу традиции. Ведь в ряде областей на их долю уже приходится до половины всей валовой продукции. Разумеется, они органически связаны с инфраструктурой крупных общественных хозяйств.

Вновь весьма актуальной становится проблема типизации и классификации хозяйств, а также обоснования систем хозяйства в рамках агропромышленного комплекса с учетом рыночной ориентации. Но прежде всего следует присмотреться к хозяйственным формированиям, возникшим в результате реорганизации колхозов и совхозов, а затем поближе ознакомиться с состоянием фермерского движения на третьем году его жизни.

Таблица 13.4

Структура продукции сельского хозяйства РФ, %[7]

	1990 г.	1991 г.	1992 г.	1993 г.
Хозяйства всех категорий	100	100	100	100
в том числе:				
сельскохозяйственные предприятия	76	72	66	62
личные подсобные хозяйства населения	24	28	33	36
крестьянские хозяйства	–	–	1	2

РЕОРГАНИЗАЦИЯ КОЛХОЗОВ И СОВХОЗОВ

Реорганизация колхозов и совхозов осуществляется в соответствии с Указом Президента РФ от 27 декабря 1991 г. и постановлением Правительства РФ от 28 декабря 1991 г. По состоянию на 1 октября 1992 г. из 25,2 тыс. колхозов и совхозов провели перерегистрацию своих уставов 10,6 тыс., или 42%, на 1 января 1993 г. – 19,7 тыс., или 77%, на 1 июля 1993 г. – 23,4 тыс., или 91%, на 1 января 1994 г. – 24,3 тыс. или 95%, на 1 июля 1994 г. – 98,5%. К концу 1994 г. практически перерегистрация закончена. При этом 8,4 тыс. колхозов и совхозов, или каждый третий, сохранили свой прежний статус, 11,5 тыс. стали товариществами с ограниченной ответственностью (ТОО) и смешанными товариществами (СТ), 1,9 тыс. – сельскохозяйственными кооперативами (СХК), 0,9 тыс. – ассоциациями крестьянских (фермерских) хозяйств (АКХ), 0,3 тыс. – акционерными обществами открытого типа (АОО), 0,4 тыс. – подсобными хозяйствами предприятий и организаций (ПХ), 2,3 тыс. – прочими формированиями[8]. К этим прочим относятся акционерные общества закрытого типа (АОЗТ), коллективные сельскохозяйственные предприятия (КСП), коллективно-долевые хозяйства (КДХ), малые предприятия (МП) и другие.

Если уставы перерегистрированы, названия изменены, определены земельные и имущественные паи, это еще не значит, что новые типы хозяйств, построенные на частной, коллективно-долевой и коллективно-совместной собственности на землю и другие средства производства, уже стали на ноги и успешно функционируют. В жизни все гораздо сложнее. Есть факты формальной перестройки, когда с изменением вывески существо осталось прежним или еще хуже – вызвало развал хозяйства, но имеются, хотя и немногочисленные, удачные решения, когда переход на новые формы и методы хозяйствования обеспечил адаптацию к новым реалиям и даже рост производства. Такое решение представляется исключительно важным как в практическом, так и методологическом отношении, ибо оно показывает пути, по которым надо идти. При этом еще раз заметим, что всю картину с реформой искажает переживаемая нами смута, а также безжалостная ценовая, налоговая и кредитная политика государства при отсутствии такой защитной силы, как крестьянская кооперация. Парламентская, митинговая и иная риторика в счет не идет, она ничего не дает, кроме раздражения и сожаления.

Какая организационно-правовая структура сельского хозяйства сложилась после реорганизации, покажем на примере Липецкой области (табл. 13.5)[9].

Таблица 13.5

Организационно-правовая структура сельского хозяйства Липецкой области

Формы сельскохозяйственных предприятий	Количество предприятий	Средняя площадь сельхозугодий, га	Доля хозяйств в общей площади сельхозугодий области, %
Товарищества с ограниченной ответственностью – ТОО	164	4435	37,1
Колхозы, сохранившие свой статус	57	4513	13,1
Сельскохозяйственные кооперативы – СХК	57	4249	12,4
Коллективные сельскохозяйственные предприятия – КСХП	29	4710	7,0
Акционерные общества закрытого типа – АОЗТ	27	4278	5,9
Личные подсобные хозяйства населения – ЛПХ	200842	0,4	4,4
Крестьянские хозяйства	1720	46	4,0
Совхозы (включая опытные хозяйства науки)	17	4015	3,4
Прочие предприятия	8	4493	1,8
Ассоциации крестьянских хозяйств	4	3027	0,6

Как бы ни назывались новые формирования, включая сохранившиеся колхозы, в них происходят существенные изменения. Уже на начало 1994 г. в коллективно-долевой, то есть частной собственности, добавив сюда крестьянские и личные подсобные хозяйства, находилось три четверти всей земли области. У них появился конкретный хозяин. Это уже настоящая частная собственность. Доля же продукции непосредственно частного сектора (ЛПХ плюс крестьянские хозяйства) возросла с 22% в 1990 г. до 37% в 1993 г.

Обратимся к данным социально-экономического мониторинга реформы и рассмотрим, как складывается положение дел в изучаемых нами Новосибирской, Саратовской, Ростовской, Орловской и Псковской областях[10].

В 14 районах названных областей мониторингом охвачено 234 предприятия. В 215 реорганизация была проведена уже на начало 1994 г., к концу года завершена. 80,5% используемой земли находится в коллективно-долевой собственности, 9,2% – коллективно-совместной, 10,2% – в государственной. В натуре участков выделено очень мало.

Более 90% руководителей предприятий имеют высшее или незаконченное высшее образование, 8,5% – среднее специальное. Это говорит о высокой степени квалификации и профессионализма этих людей. При среднем возрасте 42,7 лет их трудовой стаж в сельском хозяйстве превышает 20 лет. В своей массе руководителями новых предприятий избраны знающие свое дело специалисты, владеющие технологией и организацией производства, но слабо знакомые с методами маркетинга и нуждаются в переподготовке по экономике и организации рынка, финансовым и правовым вопросам.

Средний размер земельного пая составляет 12,3 га с некоторыми колебаниями по регионам. Владельцы земельных паев по уставу в 88% хозяйств могут получать их в натуре для организации крестьянского хозяйства, в 84% передать по наследству тем ближайшим родственникам, которые остаются работать в хозяйстве, и только в 41% случаев – любым наследникам. Собственники земельных паев в 75% хозяйств имеют право получить на них дивиденды, в 78% – продукты в натуральном виде, в 44% – продать их предприятию и в 39% – другим работникам предприятия, но только в 7% – передать лицам, не работающим в хозяйстве. В ряде предприятий записано право получить компенсацию стоимости земельного пая при уходе на пенсию или увольнении с работы.

Имущественные паи начислены как работающим в хозяйстве, так и пенсионерам в 97% хозяйств. При этом в качестве критериев используются стаж работы, размер заработной платы, квалификация работника. Если земельные паи начисляются также проживающим на территории хозяйства работникам социальной сферы, культуры, просвещения, медицины, то имущественные паи – только работающим и пенсионерам.

Владельцы имущественных паев также имеют право получать дивиденды на них за счет прибыли хозяйства (25% предприятий), получать имущество в счет его при выходе из предприятия для организации крестьянского хозяйства, передать наследникам, так же как земельные доли (85% хозяйств работающим здесь же и 41% – любым). Пока только 37% хозяйств определили процент прибыли, выделяемый в качестве дивидендов на имущественные паи. В среднем он составляет 15%.

Объекты производственной и социальной инфраструктуры переданы на баланс местной администрации только в каждых двух хозяйствах из пяти (41%). Больше всего передано детских садов (59%), клубов (58%), зданий медицинских учреждений (39%). Жилых домов и внутрихозяйственных дорог передано только 10%, водопроводов и того меньше – 7%. Объясняется это прежде всего бедностью органов местной власти (73%), а также заинтересованностью хозяйств сохранить эти объекты на собственном балансе.

Реорганизация крупного хозяйства – процесс довольно болезненный и подчас деликатный. И вместе с тем 38% руководителей считают, что никаких проблем при этом не возникло, 31% – возникли, но преодолимые, и столько же – трудности существенные. Наиболее болезненно сказалось это на социальной сфере, с распределением имущества по паям, а кое-где и при разделе земли на паевые доли. При этом каждый десятый (9%) заявил, что реорганизация уже положительно повлияла на развитие хозяйства, каждый второй (46%) – никак не сказалась, а каждый третий (31%) – сказалась отрицательно. При этом 14% вообще затруднились ответить.

Какие изменения произошли в результате реорганизации? Прежде всего о людях. В половине хозяйств (51%) сократилась численность работающих в производстве, в 41% – сохранилось прежнее количество, и только в 8% хозяйств – возросла. Численность работников управленческого аппарата сократилась в 64% хозяйств и только в 2% хозяйств увеличилась. Большинство руководителей (71%) считает, что рабочей силы достаточно, на нехватку ссылался только каждый десятый, и лишь в пик страдной поры 63% хозяйств прибегают к найму сезонных рабочих. В обозримом будущем ожидается уменьшение численности в производстве и в управлении, причем в животноводстве больше, чем в растениеводстве. Характерно, что к увольнению собирается прибегнуть только каждое десятое хозяйство (11%) и не собираются это делать 2/3. Это свидетельствует о внимательном отношении к людям. Даже если финансовое положение не будет улучшаться, к сокращению численности прибегнут только 16% хозяйств. Половина намеревается изыскать кредит, а 9/10 – отложить выплату зарплаты. В этом сказывается крестьянская солидарность. К сожалению, не все еще понимают, что научно-технический прогресс будет выталкивать людей из сферы производства и потому надо создавать новые рабочие места, переквалифицировать людей.

Возросла степень экономической свободы предприятия. Об этом говорят два из трех руководителей хозяйств. И вместе с тем сократился объем производства. Это значит, что одной свободы далеко недостаточно, хотя она абсолютно необходима для нормального ведения дел. Возникли трудности, находящиеся за пределами самого хозяйства: резко усилился налоговый пресс со стороны государства (жалуется 89% руководителей); крайне обременительное кредитование при непомерно высоких ставках их оплаты (82%); трудности приобретения ресурсов (81%); ухудшились условия реализации продукции (77%). К этому следует добавить пагубные последствия разрыва сложившихся хозяйственных связей, инфляцию, отсутствие стабильности в условиях, в которых осуществляется реформа.

И еще один парадокс. Средняя задолженность сельскохозяйственного предприятия из 234 обследуемых на начало 1994 г. составила 222 млн. руб. И в то же время дебиторы должны тому же сельскохозяйственному предприятию 430,5 млн. руб. При этом на государственные заготовительные организации приходится 374 млн. руб., или 86,8%, на долю перерабатывающих заводов падает 40,2 млн. руб., или 9,3%. Таким образом, более 96% задолженности сельскому хозяйству – это долги государства и приватизированной не в пользу производителей сельскохозяйственного сырья пищевой индустрии.

Если традиционно сельскохозяйственные предприятия жаловались на нехватку рабочей силы, техники, неподъемный груз государственных поставок, то сейчас положение радикально изменилось: на первые места передвинулись неплатежи, низкие цены и трудности сбыта. Условиями реализации продукции недовольны 95% предприятий, считают их плохими из-за слишком низких цен (85%), а также отсутствия покупателя даже и при этих низких ценах (10%). Средними условия сбыта считают всего лишь 5% хозяйств.

Поставщики сельскохозяйственной продукции реализуют свой товар только в России (94%). Всего лишь 3,4% предприятий что-то продают за пределы России в страны СНГ на денежной и 2,6% – на бартерной основе. Многие хозяйства (62%) желали бы поставлять продукцию в страны СНГ, но не имеют возможности получить лицензии. Это обстоятельство диктует настоятельную необходимость вести поиск путей воссоздания на принципиально новой основе единого аграрного рынка. Предложения на этот счет были давно подготовлены Аграрным институтом и Министерством сельского хозяйства и продовольствия России, разработаны проекты нормативных документов, в которых даны правовые основы формирования такого рынка. Эти проекты прошли широкую экспертизу. Таким образом, сделан важный шаг к конструктивному решению этой проблемы.

Только 13% хозяйств имеют свои предприятия по переработке сельскохозяйственного сырья, изготовлению готовой продукции: хлеба, комбикормов, растительного масла, овощных и фруктовых консервов, молочных и мясных продуктов. Еще не преодолена болезнь гигантизма, в свое время приведшая к строительству огромных комбинатов. Решение этих вопросов прежде всего предстоит искать на путях воссоздания сельскохозяйственной кооперации.

Если межхозяйственные кооперативные связи по горизонтали и вертикали развиты крайне слабо, то внутри общественных хозяйств с личными подсобными хозяйствами своих сотрудников, а также и с расположенными на территории этих хозяйств фермерами они развиты достаточно широко. Конечно, дефицит материально-технических ресурсов не позволяет коллективным или хозяйственным формированиям оказывать необходимую помощь ЛПХ и фермерам. Например, минеральные удобрения не доступны 91% хозяйств, пестициды и новая техника – 89%, запасные части – 95%, зооветеринарные препараты – 85%, строительные материалы – 72%. А вот использованную технику продают 68% хозяйств. Из них фермерам – 59% и владельцам ЛПХ – 41%.

Как фермерам, так и собственникам ЛПХ продаются семена, рассада и саженцы, молодняк скота и птицы, выполняются механизированные работы. При всей ограниченности ресурсов выделяются и строительные материалы фермерам (47%) и личным подсобным хозяйствам (85%). При этом прослеживается четкая тенденция – преимущество имеют владельцы ЛПХ перед самостоятельными фермерами. В 59% хозяйств тарифы на услуги фермерам выше, чем ЛПХ своих сотрудников. Своим сотрудникам больше продается материалов.

Есть примеры исключительно заботливого отношения руководителей новых формирований к работникам, имеющим личные хозяйства. Так, реорганизованный в ТОО бывший совхоз “Жоговский” Пыталовского района Псковской области собственникам ЛПХ в первую очередь предоставляет транспорт, обрабатывает огороды, заготавливает сено, выделяет горючее, оказывает другие услуги. Фактически здесь ТОО превратилось в производственную инфраструктуру проживающего на этой территории населения и занимающегося индивидуальным сельским хозяйством. Причем делается это по необременительным тарифам. Тот же порядок, который установлен для работников ТОО, распространяется и на фермеров. ЛПХ наращивают производство, увеличивают поголовье животных. Здесь начинает стираться грань между самостоятельным крестьянским хозяйством и ведущим приусадебное индивидуальное производство работником ТОО[11].

Иная тенденция в социальном обслуживании своих сотрудников и фермеров. Если дети сотрудников пользуются льготами при посещении дошкольных учреждений (64% хозяйств), при посещении школ (доставка транспортом, бесплатные завтраки – 62%), а сотрудники в строительстве и ремонте жилья (86%), продаже продовольствия по льготным ценам (92%), оказании медицинской помощи (68%), транспортных услуг (97%), то фермеры большинства этих льгот лишены полностью. Лишь в транспорте оказывается помощь 17% хозяйств. Всего же на содержание социальной инфраструктуры хозяйства затрачивают 11% всех своих расходов, и лишь в некоторых предприятиях эта доля достигает максимума – 35%. Хозяйства участвуют в формировании фонда социального страхования (10% фонда оплаты труда), пенсионного фонда (29% фонда оплаты труда), фонда занятости (5,6%) и фонда Чернобыля.

Экспертный опрос 507 работников сельскохозяйственных предприятий (кроме фермерских хозяйств) в тех же 14 районах пяти областей России показывает, что на личных подворьях дело ведется намного рачительнее и с большей интенсивностью, чем в общественном секторе. Достаточно сослаться на продуктивность животных. Так, за 1993 г. средний надой молока от коровы здесь составил 2 933 кг, тогда как в коллективных формированиях – 2 227 кг. Так же обстоит дело и с привесами животных, урожайностью картофеля, овощей.

В среднем площадь ЛПХ обследованных семей составляет 32 сотки, в том числе пашни – 21,4, садов и ягодников – 1,5, сенокосов – 6,7, пастбищ – 1,7, других угодий – 1,8 соток. Это, разумеется, усредненные показатели. По областям это выглядит иначе. Например, в Псковской области, пашни выделяется до 2 га, а всех земель с учетом сенокосов и пастбищ – до 6 гектаров.

В среднем с подворья по наблюдаемым 507 семьям за 1993 г. получено по 91 кг зерна, 1 584 кг картофеля, 284 кг овощей, 75 кг фруктов и ягод, 276 кг мяса, 2 522 кг молока, 1 370 яиц, 2,4 кг шерсти. Есть подворья, где произведено по 4 тонны мяса и 14 тонн молока.

Личное подсобное хозяйство требует довольно много рабочего времени – около 30%. Если же сделать поправку на выходные, когда на подворье, особенно с животными, работы не прекращаются, этот показатель будет несколько выше. Зато и дохода здесь приходится до 45%.

Личное подсобное хозяйство органически связано с общественным. Практически вся инфраструктура бывшего колхоза или совхоза используется владельцами личных подворий. Многие из них уже достигли таких размеров, что могут стать базой для образования самостоятельного крестьянского (фермерского) хозяйства. Желающих стать на самостоятельный путь пока немного – только 3,4% из общего числа опрошенных владельцев ЛПХ. Желающие мотивируют свое стремление тем, чтобы обеспечить будущее своим наследникам (71%), быть независимыми (59%), реализовать свои возможности (41%), больше заработать (35%). Интерес представляет тот факт, что материальные выгоды стоят не на первом месте. Для крестьянина другие ценности важнее.

Однако вчерашние колхозники и рабочие совхозов не спешат идти в фермеры. Сгруппировав ответы, получаем такую картину: 73% не имеют для этого финансовых средств, а также возможности их получить; 59% – напуганы трудностями приобретения техники и других материальных ресурсов; 56% – не уверены в завтрашнем дне из-за политической нестабильности; 41% – не хотят менять сложившегося образа жизни и работы в коллективе и 40% – не видят правовых гарантий. Основные причины, таким образом, лежат за пределами сельского хозяйства и самой сути реформы. Меньшая часть не желает менять сложившейся системы, характера работы и жизни. Многие готовы идти на риск, если для этого будут созданы благоприятные условия.

Лишь у 12% работников за последние 2–3 года улучшилось материальное положение семьи, из них у 3% – существенно, у 17% осталось на прежнем уровне и у 70% – ухудшилось, в том числе у 40% – существенно. Для 19% семей не хватает денег даже на питание, у 52% хватает только на продовольствие и удовлетворение повседневных нужд, 26% могут, кроме этого, купить одежду и обувь, и всего лишь 2% могут позволить себе купить мебель, телевизор, холодильник, минитрактор. И тем не менее 21% ожидает в ближайшее время улучшения своих дел, 30% изменений не предвидят, 31% тревожатся за ухудшение и остальные 18% затрудняются что-либо сказать.

Что же представляют из себя реорганизованные колхозы и совхозы? Заслуживают внимания реальные примеры предприятий, не формально, а по существу обеспечивающих приватизацию земли и других средств производства и перешедших на другую юридическую и организационную форму хозяйствования. Разумеется, говорить о каких-то крупных сдвигах в росте производства или, наоборот, полном развале, о чем в стране идет так много шума, при серьезном подходе к реорганизации не приходится. Прошло слишком мало времени, во-первых, и слишком осложнилось положение на макроэкономическом уровне, во-вторых. Воспользуемся данными обследования, проведенного сотрудниками Аграрного института Э.Н. Крылатых и И.В. Семеновой[12].

Совхоз "Сальский" Мартыновского района Ростовской области с 15 889 га сельскохозяйственных угодий, в том числе 12 157 га пашни, в конце 1991 г. был реорганизован в Ассоциацию крестьянских (фермерских) хозяйств "Труд". В эту ассоциацию входят 4 ТОО с 161 работающими и 3 445 га используемых земель; 5 мини-ассоциаций с 79 хозяйствами и 7 193 га земли; 92 отдельных крестьянских хозяйств, из которых 70 занимаются выращиванием зерна, 2 – бахчевых культур, 11 – зерном и мясным скотоводством и 9 – овцеводством. Кроме того, в Ассоциацию входят 6 МП (мастерская с автогаражом, строительная часть, кирпичный завод, асфальтобетонный завод и склад запасных частей). Имеются свой торговый дом, занимающийся снабжением и сбытом продукции, крупорушка, мельница и маслоцех.

Земельные паи получили все работающие и пенсионеры, всего 1 226 человек, причем средняя площадь пая составила 13 га (богарной пашни – 12 га, орошаемой – 8, улучшенных пастбищ – 12 и естественных пастбищ – 48 га). Имущественные паи выделены 914 человекам. К неделимым фондам отнесены дороги, водопроводы, артезианские скважины, электролинии, диспетчерская связь, школа, детский сад, клуб, баня, интернат и еще некоторые объекты общего пользования. Техника разделена. Каждый пайщик получил свидетельство на право собственности. Те, кто не мог или не желал работать на земле, свои паевые участки сдавали в аренду сроком на пять лет.

Высшим органом управления Ассоциации является общее собрание глав крестьянских хозяйств, ТОО и МП. Имеется координационный совет, ревизионная комиссия, для текущей работы – генеральный директор, избранный сроком на три года. Им стал бывший директор совхоза, а ныне глава крестьянского хозяйства Юрий Григорьевич Федюшин, инженер по образованию. Его главная забота состоит в организации материально-технического обеспечения, снабжения и сбыта продукции, а также решении финансовых вопросов. Вмешиваться в дела крестьянских хозяйств, ТОО и МП нет необходимости.

Ассоциация специализируется на выращивании зерна и подсолнечника. Два товарищества имеют молочные фермы. Поскольку реорганизация прошла в 1991 г., хозяйства успели приобрести технику, несколько окрепнуть и адаптироваться к рыночным условиям. Производственные показатели по главным продуктам выглядят следующим образом (табл. 13.6).

Таблица 13.6

Производство и продажа зерна и семян подсолнечника в ассоциации "Труд" Ростовской области

	1991 г.	1992 г.	1993 г.	1993 г. к 1991 г., %
Производство зерна, т	14668	15600	16700	114
Продажа зерна, т	6900	8700	10200	148
Товарность зерна, %	47	56	61	
Производство подсолнечника, т	843	1812	2110	250
Продажа подсолнечника, т	452	1155	1500	332
Товарность подсолнечника, %	54	64	71	

Если в растениеводстве положение относительно благополучное, то этого нельзя сказать о животноводстве даже в этом успешно реорганизованном предприятии. Но дело здесь зависит исключительно от плохого сбыта, неплатежей, низких реализационных цен, диктата пищевой индустрии и торговли. Животноводство как товарная отрасль в настоящих условиях конъюнктуры утратило смысл, оно ложится на хозяйство тяжелым бременем нарастающих убытков. И пока эта конъюнктура не изменится, надеяться на успехи в развитии животноводства нет никаких оснований.

Реорганизацию негативно восприняли люди старшего поколения, особенно пенсионеры. Часто возникают конфликтные ситуации с арендой земельных паев, обиды арендодателей. Ухудшилась социальная сфера. Эти вопросы могут успешно решиться при финансовом и правовом укреплении органов местного самоуправления. Молодежь же, наоборот, в основной массе новации поддерживает. Как фермеры, так и руководители миниассоциаций единодушны в том, что сейчас никто на них не давит, не командует, они сами вправе решать вопрос о специализации своего хозяйства, режиме работы. Однако в снабжении и сбыте продукции крестьянам ассоциация помогает мало. Приходится самим тратить на это много времени. Многие крестьяне создают неоформленные юридически небольшие кооперативы для совместного использования техники, а также проведения некоторых работ.

Миниассоциации здесь созданы на базе бывших арендных звеньев. Этот совхоз в прошлом осуществлял различные эксперименты. Свои счета имеют в банке все ТОО, МП, миниассоциации, а также каждое крестьянское хозяйство независимо от того, входит оно в миниассоциацию или нет. Для обслуживания всей ассоциации создан свой коммерческий банк с уставным фондом более 1 млрд. рублей. При этом 3/4 фермеров являются пайщиками этого банка. Для погашения долгов пользуются безналичным расчетом.

Ассоциация отчислила в 1994 г. по 100 рублей с каждого гектара земли в фонд социального развития села: на поддержание школ, фельдшерских пунктов, церкви. Местные власти очень неохотно принимают объекты социальной сферы из-за собственной бедности.

Происходит концентрация земли и средств в более сильных семьях. Фактически земельный пай уже не только сдается в аренду, но и продается по 2,5–3 млн. рублей за 12 гектаров. Вместе с тем вокруг купли-продажи идут острые споры. Многие считают возможной продажу земли только местным крестьянам, не допуская спекуляции ею.

Отдельные фермерские хозяйства собрали в 1993 г. по 57 ц пшеницы с гектара. Кое-кто купил даже автомашины. Говоря о прежней совхозной жизни, отмечают как добро тот минимум социальных гарантий, которым пользовались. Вместе с тем трудолюбивые крестьяне осуждают то, что за их спинами прятались лодыри, царила уравниловка, словесные увещевания на недобросовестных не действовали.

В тяжелом положении оказалось животноводство и в столь благодатных местах, как на Дону. Поэтому здесь нужны продуманные меры по организации сбыта продукции, а также общей поддержки этой отрасли. Предстоит и более рациональное размещение отраслей животноводства по территории страны с максимальным учетом требований рынка и других факторов.

Колхоз "40 лет Октября" Краснокутского района Саратовской области также был очень крупным предприятием с площадью используемых земель 17 800 га, в том числе 12 000 га пашни. Летом 1992 г. он прошел перерегистрацию с сохранением прежнего статуса, но коллективно-долевой собственностью. В начале 1993 г. общее собрание приняло решение о преобразовании предприятия в ассоциацию крестьянских хозяйств под названием "Сельская новь". Хотя работавших было 510 человек, земельные паи, с учетом пенсионеров и занятых в социальной и культурной сфере, получили 902 человека, имущественные – 721 человек. Размер земельного пая – 11 га, а средняя площадь крестьянского хозяйства – 52,7 га.

Этот колхоз не сразу перешел к новой организационно-правовой форме потому, что был неудачный опыт реорганизации соседнего совхоза "Рекорд", где распалась вся инфраструктура, резко упало производство, произошел обвал хозяйства. И вместе с тем, успехи некоторых крестьянских хозяйств первой волны подавали большие надежды. Предусматривались некоторые экономические льготы. А в самом колхозе "40 лет Октября" в свое время осуществлялись удачные эксперименты с арендным подрядом, чековой системой внутрихозяйственного расчета, созданием кооперативов внутри колхоза.

Многие работники представляли реорганизацию как очередную кампанию, объявленную сверху. Предполагали на бумаге ее "провести", отчитаться, а работать по-прежнему, по-колхозному. Но обстановка этого не позволила. Работать пришлось иначе. По результатам опроса крестьян и мнению экспертов 40% работников не жалеют о происшедших изменениях, особенно молодежь. Остальные в своей массе тяготеют к старым порядкам.

Для реорганизации были созданы комиссии из специалистов и авторитетных крестьян: по земле, по имущественным паям, по производству с подкомиссиями по растениеводству и животноводству.

В результате было создано 384 крестьянских хозяйства, объединенных в 21 товарищество с количеством членов от 3–4 до 58. Внутри товарищества имущественные паи имеются у всех, но в натуре они не выделены с тем, чтобы сохранить объекты в целом, например, животноводческие фермы. Что же касается земли, то она выделена в натуре по товариществам и крестьянским хозяйствам путем жеребьевок.

Кроме 21 товарищества имеется 8 обслуживающих подразделений: ремонтная мастерская, автопарк и механизированный отряд, снабженческо-складское хозяйство, нефтебаза, механизированный ток и кормоцех, электрохозяйство, тепло-, водо- и газоснабжение, строительная и хозяйственная часть. Эти подразделения обеспечивают все товарищества и крестьянские хозяйства. Здесь не допущена грубая ошибка многих хозяйств, которые демонтировали производственную инфраструктуру и поставили этим новые хозяйственные формирования в очень тяжелое положение. Сохранившиеся общехозяйственные службы предоставляют свои услуги членам ассоциации по себестоимости.

Высшим органом управления является общее собрание глав фермерских хозяйств. Оно собирается по мере необходимости, но не реже одного раза в квартал. Текущую работу ведут избираемые на год правление и председатель ассоциации. Рабочий аппарат не велик: всего 10 человек: председатель, юрист, главный бухгалтер, бухгалтер по работе с банком, главный ветеринарный врач, инженер по газовому хозяйству, кассир, секретарь, водитель автомашины и уборщица.

Каждое товарищество самостоятельно решает все вопросы производства и сбыта продукции, распределения доходов. Это – компетенция собрания, состоящего из глав крестьянских хозяйств. Здесь же избирается сроком на один год председатель товарищества. Случаев выхода крестьян из ассоциации не было, а переходы из одного товарищества в другое были, вместе с земельным паем. Есть неформальные объединения двух-трех крестьян для содержания магазина, покупки мельницы.

Отдельные крестьяне проявляют предприимчивость. Например, одно хозяйство приобрело инкубатор для выведения и реализации молодняка птицы. В связи с трудностями сбыта, инициатива сейчас направляется на поиск путей сбыта продукции, ее переработки, а также изыскания новых рабочих мест. Это здесь весьма актуально, так как налицо избыток рабочей силы, скрытое перенаселение.

Конечно, трудно говорить о преимуществах найденной формы, о производственных успехах в связи с огромными долгами заготовительных организаций, неналаженным снабжением и трудностями сбыта. Однако урожайность в хозяйствах ассоциации неплохая. Продуктивность животных выросла, хотя поголовье сократилось. Растет оно на подворьях населения.

Суть реорганизации колхозов и совхозов состоит в том, чтобы заинтересовать крестьянина хорошо работать, а это прежде всего достигается на основе приобретения им собственности. Только собственник обретает экономическую и социально-психологическую устойчивость, возможность решать свою судьбу, исходя из собственных интересов.

В течение 1993–1994 гг. в Нижегородской области изучался и отрабатывался механизм реорганизации колхозов и совхозов. Он был одобрен правительством России, а премьер-министр В.С. Черномырдин, после ознакомления на месте, даже обронил опрометчиво фразу, что это – рецепт для всей России. Конечно же, Россия столь многообразна и многолика, что говорить об одном универсальном рецепте реформирования ее аграрной сферы весьма рискованно. Нижегородский метод воспринят в стране неоднозначно. Вокруг него кипят политические страсти (ведь в России ни одного крупного мероприятия без политической борьбы не проводится). В чем его суть?

В рабочем проекте[13] изложены основные принципы реорганизации. Их всего 12: 1) добровольность участия или неучастия крупных предприятий в реорганизации хозяйства и приватизации земли; 2) свобода выбора собственников земельных долей и имущественных паев определять организационно-правовую форму дальнейшего хозяйствования (самостоятельное фермерское хозяйство или что-то другое); 3) невмешательство властей при принятии крестьянами решения о сохранении или разделении хозяйства, создании новых формирований; 4) приоритет членам коллектива хозяйства на приобретение земли и имущества; 5) четкий процесс урегулирования споров на основе внутрихозяйственных аукционов, если на один и тот же участок претендуют два и более человека; 6) открытое распределение земли и имущества на общих собраниях. Обязательных собраний три: на одном утверждается список членов хозяйства и пенсионеров на получение земельных долей и имущественных паев, на втором вручаются свидетельства собственникам земли и имущества, на третьем проводится аукцион собственников; 7) общественная информация, разъяснительная работа с целью помочь каждому крестьянину сделать осознанный выбор, как поступить с землей и имуществом; 8) четкие временные рамки реорганизации с установлением сроков для работы комиссий и без нарушения обычного ритма сельскохозяйственных работ (лучше делать это в межсезонье); 9) простота и доступность получения земли и имущества при использовании свидетельств в качестве единственного документа; 10) организация на местах силами внутрихозяйственных комиссий и местной администрации; 11) типовая программа, которую можно использовать и в других регионах; 12) формирование земельного рынка с возможностью аренды, залога, дарения, купли-продажи, внесения земельных долей в уставный фонд вновь организуемых предприятий. При этом для каждого вида сделок разработаны договоры.

Практическое осуществление этих принципов в пяти хозяйствах Нижегородской области встретилось, не говоря о настороженности крестьян, с двумя трудностями: во-первых, запутанностью в учете земельного фонда и, во-вторых, с подбором инициативных и предприимчивых людей для руководства новыми хозяйственными формированиями в условиях рынка и кризиса. Поскольку качество и расположение земель различное, учет шел в баллогектарах. Потому при равных земельных долях их площади были различными[14].

В результате реорганизации двух совхозов и трех колхозов возникло 15 ТОО, 6 СТ, 16 крестьянских хозяйств, 6 индивидуальных предприятий, 2 ассоциации. Как распределились земля и имущество после приватизации? 94,6% земли оказалось в товариществах и 5,4% – в крестьянских хозяйствах, имущественных паев, соответственно – 93,6% и 6,4%. При этом в уставные фонды внесено 22,6% земли, сдано в аренду – 72,7%, использовано собственниками – 1,5%, продано – 1,5% и не востребовано – 1,7%. Таким образом, крестьяне в основной своей массе сдают землю в аренду своему же товариществу и меньше – вносят в уставной фонд. Что же касается имущественных паев, то здесь все наоборот: 86,4% внесено в уставные фонды товариществ, 9,8% – продано, 7,9% – использовано в своем хозяйстве и 1,9% – не востребовано. Таким образом, крестьянин уже цепко держится за землю. Например, в бывшем совхозе "Правдинский" Балахнинского района Нижегородской области из 634 собственников земельных долей ни один не продал их. В бывшем же совхозе "Нива" Бутурлинского района 26 пенсионеров продали земельные доли товариществу. В договорах купли-продажи устанавливается оплата продукцией и услугами пожизненно[15].

Реорганизация колхозов и совхозов не обошлась без присущего нашим администраторам подстегивания сверху, без поторапливания в решении крупного социально-экономического вопроса. Известно, что при всей натренированности наших людей к послушанию, нажим сверху всегда вызывает либо прямое сопротивление, либо формальное выполнение, для галочки. Пройдет, мол, очередная кампания, и все станет на круги своя. Особенно сильно торопливость проявлялась с начала 1992 г. Это повредило делу. Однако, несмотря на различные издержки и неблагоприятный фон, вызванный условиями смуты, изменения происходят существенные. И вместе с тем высвечиваются специфические особенности России.

Прежде всего налицо тяготение к кооперативным формам, причем не очень крупным, где бы сохранялось общение людей как в производстве, так и в быту, в решении социальных вопросов. Это объяснимо как экономическими, так и психологическими причинами. Об этом свидетельствует стремление объединиться в товарищества, а вовсе не в акционерные общества, непонятные для крестьянина.

Вторая тенденция состоит в твердом удерживании земельной доли. Землю не продают, а сдают в аренду, если сам собственник в силу болезни, преклонного возраста или других причин обрабатывать ее не может. И это явление следует считать нормальным, имеющим два плюса: во-первых, как фактор укрупнения землепользования арендатора (товарищества, крестьянского хозяйства) и, во-вторых, как источник получения необходимых для жизни арендодателя услуг и средств существования.

Затем налицо ориентация крестьян на коньюнктуру рынка. Выражается это в сохранении, а кое-где и в расширении зернового хозяйства, выращивания подсолнечника, с одной стороны, и резком сокращении поголовья скота, с другой. Животноводство во всем мире нерентабельно, и во всем мире находят формы поддержки крестьян. У нас же этого нет. Государство не проявляет даже элементарной порядочности в расчете по долгам за купленную у крестьян продукцию, годами не погашает эти долги, не индексирует их в условиях инфляции.

СТАНОВЛЕНИЕ КРЕСТЬЯНСКОГО (ФЕРМЕРСКОГО) ХОЗЯЙСТВА

Наиболее полные данные, характеризующие портрет современного российского фермера – руководителя крестьянского хозяйства со всеми его проблемами содержатся в материалах социально-экономического мониторинга, осуществляемого Аграрным институтом в сотрудничестве с региональными институтами экономического профиля. Воспользуемся последним опросом, проведенным в начале 1994 г[16]. Им было охвачено 1 030 хозяйств, расположенных в 18 районах Новосибирской, Саратовской, Ростовской, Орловской и Псковской областей. Таким образом, здесь представлены основные регионы России: Сибирь, Поволжье, Северный Кавказ, Центр и Северо-Запад.

Из общего количества 1 030 хозяйств 708, или 69,4%, являются строго семейными, они состоят из одной семьи; 163 хозяйства, или 16%, общей выборки представлены двумя семьями; 61 хозяйство, или 6%, – тремя; 26 хозяйств, или 2,5%, – четырьмя; 6 хозяйств, или 0,6%, – пятью; 15 хозяйств, 1,5%, – шестью и последние 3,8% – семью и больше. Фактически это уже – производственный кооператив. И только потому, что в России еще не принят закон о кооперации, люди изыскивают правовую лазейку, чтобы оформить как-то добровольно сложившееся сотрудничество. В среднем же на одно крестьянское хозяйство приходится 2,2 человека.

Средний размер крестьянской семьи, ведущей фермерское хозяйство, – 3,8 человека. Одиночек всего 2,5%, семей из двух человек – 10,9%, из трех – 22,8, из четырех – 41,1%, из пяти – 15,3%, из шести – 5,0%, а оставшиеся 7,5% падают на семьи, состоящие из 7–12 человек. Таким образом, современная крестьянская семья в 2–2,5 раза меньше, чем она была в 20-е годы и до 1917 г.

Главами хозяйств в подавляющем большинстве – 92,1% являются мужчины и только 81 хозяйство, или 7,9%, ведут женщины.

Представляет интерес образовательный ценз главы семьи. Высшее и незаконченное высшее имеют 23,3%, специальное среднее (техникум) – 25,8%, среднее профессионально-техническое – 18,7% и общее среднее – 19,9%. Таким образом, высшее и среднее образование имеют 87,8% глав крестьянских хозяйств. Из оставшихся 12,2% почти все имеют неполное среднее образование, многие окончили профессиональные курсы.

Почти 4/5, 78,3%, семей живут в собственных домах, 12,5% – в домах, принадлежащих сельскохозяйственным предприятиям, остальные – в домах, принадлежащих муниципальным органам власти или частным лицам. При этом 59,7% семей живут в отдельных домах, 28,2% в небольших, на 2–4 квартиры, остальные 12,1% – в многоквартирных домах.

К 93% жилых домов подведено электричество, и к 72% – имеются подъездные дороги, в 45% есть водопровод. Хуже обстоит дело с производственными помещениями: электричество есть только в 58% построек, подъездные пути – в 38%, а вода и еще меньше – в 10%.

71,8% исследуемых семей всю жизнь проживают в сельской местности, а в одном и том же месте со дня рождения – 38,6%.

Прежде, чем стать фермерами, 74,6% работали в сельском хозяйстве, 14% – в промышленности, 4,8% – в социальной сфере, 2,8% – в органах управления, остальные учились, служили в армии или занимались чем-то другим. По занимаемой должности в прошлом 12,5% фермеров были руководителями крупных хозяйств, 15,1% – специалистами колхозов и совхозов, 39,8% – квалифицированными рабочими, 6,9% – разнорабочими и служащими. Таким образом, более 2/3 фермеров имеют опыт работы в сельском хозяйстве. Многие из остальной трети решивших взяться за самостоятельное дело также когда-то были связаны с селом и сельским трудом. Те же, кто никогда не занимался аграрным производством и ничего, кроме желания, за плечами не имеют, чаще других не выдерживают испытания. Среди распавшихся хозяйств больше всего людей городских, а также неквалифицированных и неустойчивых.

Возрастной уровень современных российских фермеров сравнительно невысок: 58,1% моложе 40 лет, 25% – от 40 до 50, 12,3% – от 51 до 60 и только 4,6% старше 60 лет. Самому молодому 20 и самому старому 89 лет при среднем значении всей выборки – 40,2 года. Таким образом как возрастной, так и образовательный цензы, а также крестьянское происхождение подавляющего большинства этих людей позволяют им успешно вести хозяйство и адаптироваться к условиям рынка при нормальных экономических и иных условиях в стране.

Не пользуются наемной рабочей силой на постоянной основе 96,1% крестьянских хозяйств, без сезонных работников обходятся 88,9% фермеров. Однако родственники и знакомые привлекаются, особенно в страдную пору, в 33,5% хозяйств.

В среднем на одно крестьянское (фермерское) хозяйство приходится по 42 гектара земли с существенными колебаниями по регионам и по областям. Если в Ленинградской области только 10 га, в Архангельской – 14, в Псковской – 18 и в Новосибирской – 19, а в Дагестане всего лишь 3, то в Орловской – 50, Смоленской – 53, Саратовской – 62, Волгоградской – 81, Астраханской – 121, в Читинской – 139, в Амурской области – 118 гектаров. За этими средними областными показателями скрываются еще большие отклонения как в одну, так и другую сторону.

При выходе из колхоза для ведения самостоятельного хозяйства 76% крестьян получили имущественный пай, тогда как 24% ничего не получили. В натуре же пай получили только 42% крестьян. Более 95% фермеров имеют документы на право собственности или пожизненного владения землей. Однако 45% хотели бы существенно расширить свое землевладение. Половина земли закреплена за фермерами на правах частной собственности, 20% – пожизненного владения с правом наследования, 24% – арендуется и 6% – находится в пользовании.

При опросе в 1994 г. из 1 030 фермеров 53% высказали уверенность, что они сохранят закрепленную за ними землю, 21% в этом не уверены и 26% не определили своего отношения. Неуверенность большей части крестьян объясняется общей экономической ситуацией, продолжающейся в стране смутой, непримиримой борьбой политических сил, в том числе и по аграрному вопросу. Более 66% фермеров считают наиболее приемлемой частную собственность на землю, 29% – пожизненное владение с правом наследования и 5% довольствуются арендой земли. Несколько иначе выглядит расклад мнений относительно купли-продажи земли: 53% скорее поддерживают, а 37% относятся отрицательно, 10% не определились в этом вопросе.

Уже сейчас 77% крестьян состоят в различных фермерских организациях, остальные 23% – нигде не участвуют, 80% не состоят в крестьянских кооперативах, хотя понимают жизненную важность и необходимость этих структур. В этом повинны власти Российской Федерации, которые торпедируют принятие нормального закона о сельскохозяйственной кооперации, проект которого уже подготовлен два года тому назад, и его футболят из ведомства в ведомство. Но за этим "непониманием" роли кооперации стоят еще и определенные политические силы, стремящиеся вопреки мировому и отечественному опыту "подогнать" ее под свои идеологические догмы.

18% крестьян являются членами ассоциаций, созданных на базе бывших колхозов, 84% состоят в АККОРе, 31,5% совместно занимаются производством продукции, 9,3% – переработкой сельскохозяйственного сырья, 38,5% – реализацией продукции, 50,3% – совместно используют технику, 36% – осуществляют снабжение, 43,9% – взаимное кредитование, 69% – консультации и 12% – другие виды совместной деятельности. Таким образом, даже при отсутствии закона о кооперации, жизнь вынуждает крестьян многие функции осуществлять совместно, объединять свои усилия и ресурсы. Иначе просто не выжить. И это является веским доказательством того общеизвестного факта, что дальнейшие пути развития российского крестьянства заложены в кооперации, цивилизованной кооперации при сохранении свободы выбора и личной собственности на средства производства и результаты труда.

Растениеводческие продукты производят 98,8% фермерских хозяйств и только 1,2% их не имеют. Животноводством же занимаются только 48% крестьянских хозяйств, 52% не имеют животноводческих отраслей. В этом сказывается реакция на рыночную конъюнктуру: заниматься животноводством сегодня убыточно, особенно молочным хозяйством и овцеводством. Реализационные цены на молоко не оправдывают издержек даже на его транспортировку. В стране скопились огромные массы нереализованной шерсти, сыра, масла. Доля крестьянина в структуре розничной цены молочных продуктов катастрофически упала. Например, в начале августа 1994 г. в Псковской области крестьянину платили за литр молока первого сорта 96 руб., второго – 56 руб., тогда как в магазине продавали нормализованное по 550 руб. Молоко уже спаивается не только телятам и поросятам, но и откармливаемым свиньям, кое-где даже выливается.

Расширить выращивание пшеницы намечает 31% фермеров и 54% намерены пока сохранить в прежних размерах. Сохранить в прежних объемах посевы овса намеревается 92% хозяйств, сахарной свеклы – 98% из возделывающих ее, подсолнечника – 91%, овощей – 96%, посадки плодовых и ягодников – 98%. Из общего количества занимающихся животноводством увеличить или сохранить производство говядины предусматривают 88% фермеров, свинины – 72%, расширить птицеводство – 88%.

Численность поголовья пока что крайне мала: в среднем на хозяйство приходится всего лишь 5,6 голов крупного рогатого скота, из них только 2,5 коровы, 4 свиньи с поросятами, 6 овец, 22 птицы, одна пчелосемья. Практически это мало чем отличается от обыкновенного крестьянского подворья, или личного подсобного хозяйства сельского жителя. Правда, есть отдельные фермы с поголовьем до 150 коров, 280 свиней с поросятами, 1 116 овец, 20 лошадей, 3 000 птиц, 30 кроликов, 150 пчелосемей. Это верхний предел в выборке по мониторингу. Средний удой молока также невысок: за 1993 г. – 2 896 кг от коровы. Правда, в отдельных хозяйствах он достигает 8 000 кг. Фермеры не имеют возможности в своем большинстве пользоваться комбинированными концентратами: они очень дороги, а качество отечественных комбикормов низкое, состав ингредиентов беден. 94% сена и 86% концентратов заготавливается в своих хозяйствах.

Растениеводческая продукция дает 68% доходов фермеров, животноводческая – 24%, и оставшиеся 8% поступают за счет иных источников производства. Однако бюджет крестьянской семьи в его доходной части (в денежном и натуральном виде) не исчерпывается только поступлением от сельскохозяйственной продукции. Последние лишь в 47% хозяйств составляют от 75 до 100% совокупных доходов фермеров, в 16% хозяйств – от 51 до 75%, в 15% – от 26 до 50% и в 22% хозяйств – ниже 25%.

Большинство крестьянских хозяйств еще не стали товаропроизводителями для рынка. Рынок для них недоступен как в силу отсутствия сбытовой кооперации, разгула на рынке мафиозных структур и рэкетиров, так и значительного диспаритета цен. Многие из них сохраняют черты натурального хозяйства. Об этом свидетельствует высокая доля продукции, потребляемой в самом хозяйстве и, следовательно, низкая – реализуемой за его пределы. Так, по данным Госкомстата РФ за 1993 г., зерна и подсолнечника реализуется по отношению к объему производства – 67%, сахарной свеклы – 68%, картофеля – 41%, овощей – 74%, мяса – 70%, молока – 43%, яиц – 21%, шерсти – 70%. Из этих данных видно, что только зерно, подсолнечник, сахарная свекла, овощи, мясо и шерсть имеют существенное товарное значение. Остальное идет преимущественно в пищу членов крестьянской семьи и их родственников, проживающих в городах.

Основными каналами, по которым реализуется продукция, все еще остаются государственные заготовительные организации. Об этом свидетельствуют следующие данные (табл. 13.7).

Коммерческие структуры и биржи еще не развернули работы. Значительную долю молока крестьяне реализуют через крупные общественные хозяйства. Часть овощей, фруктов, мяса, молока и особенно яиц покупает непосредственно население. Еще раз приходится пожалеть об отсутствии крестьянской кооперации, которая взяла бы на себя снабжение, сбыт, переработку и реализацию продукции, устранив любых посредников, присваивающих львиную долю дохода. Некоторое количество сахарной свеклы крестьяне сдают на давальческих началах сахарным заводам, которые оставляют себе в качестве платы за переработку 20–30% продукции. Это не очень устраивает крестьян. Возможности выбора каналов реализации пока, при неразвитой рыночной инфраструктуре, не очень богаты, даже плохи. Государство доводит заказ лишь на некоторое количество зерна, подсолнечника, мяса. На сахарную свеклу, молоко, шерсть, не говоря о картофеле, овощах и фруктах, его уже нет.

Таблица 13.7

Основные каналы реализации продукции крестьянских хозяйств

Виды продукции	Каналы реализации					
	Государственные заготовительные организации	Коллективные с. х. предприятия	Потребительская кооперация	Коммерческие организации	Население	Другие
Зерно	90,1	3,1	0,3	4,4	2,0	0,1
Сахарная свекла	85,7	–	7,1	–	–	7,2
Подсолнечник	68,8	1,1	–	24,4	4,0	1,7
Картофель	28,3	1,7	20,0	21,7	25,0	3,3
Овощи	42,1	5,3	5,3	5,3	42,0	–
Фрукты и ягоды	–	–	14,3	14,3	71,4	–
Мясо	35,5	1,8	10,6	9,8	40,1	2,2
Молоко	25,2	26,8	–	–	46,6	1,4
Яйца	3,8	–	–	3,8	84,6	7,8
Шерсть	59,3	1,3	17,1	2,6	19,7	–

Реализационная цена в октябре 1993 г. равнялась в среднем молока 115 руб. за литр, мяса – 1 111 руб. за кг, овощей – 179, фруктов и ягод – 164, десятка яиц – 24 рубля. Сопоставив эти цифры с розничными ценами за соответствующую дату, можно увидеть низкую долю крестьянина в структуре розничной цены.

Серьезные трудности для крестьянских хозяйств представляет приобретение необходимых производственных ресурсов и услуг. И дело не только в дороговизне, ценовом диспаритете, но и в полном организационном расстройстве.

Практически монополистом по технике, запасным частям и топливу является государство. Какую-то часть крестьяне приобретают в общественных хозяйствах, которые и сами покупают в государственных организациях по высоким ценам и в ограниченных количествах. Поэтому источник этот недостаточно надежен даже при самом благожелательном отношении крупных коллективных предприятий к новорожденным крестьянским хозяйствам, если бы даже оно и везде проявлялось.

В свою очередь, фермерские хозяйства сами, пока еще в скромных размерах, оказывают некоторые услуги как другим фермерам, так и иным предприятиям и лицам. Особенно это относится к использованию техники, ремонту ее, консультациям, снабжению семенным материалом. По некоторым важнейшим позициям крестьянские хозяйства не могут приобрести необходимые ресурсы из-за высоких отпускных цен. Так, 60% фермеров по этим причинам не могут приобрести нужного им семенного материала, 82% – минеральных удобрений, 75% – пестицидов, 91% – техники, 84% – запасных частей, 89% – горючесмазочных материалов, 66% – строительных материалов, 46% – провести строительные работы, 36% – получить механизированные услуги. Уже это одно ставит новый сектор аграрной экономики в невыносимые условия. А если учесть трудности сбыта продукции и необосновано низкие закупочные цены, то картина получается довольно безрадостная. В своей массе инициативные, компетентные люди поставлены в исключительно тяжелые условия. При этом 44% фермеров считают, что в вопросах снабжения они поставлены в более трудное положение, чем коллективные предприятия, 42% этого мнения не разделяют. Ясно, что это общая беда нашего сельского хозяйства независимо от форм хозяйствования. Однако начинающие фермеры подобные трудности переносят всегда более болезненно. Неудивительно, что желающих самостоятельно вести сельское хозяйство становится все меньше, хотя по первым социологическим исследованиям их насчитывалось более миллиона человек.

Некоторое представление о финансовом состоянии крестьянских хозяйств, динамике вложения средств, стоимости основных и оборотных фондов, объеме реализации продукции, материальных и денежных затратах на производственные цели дают следующие показатели (табл. 13.8).

Таблица 13.8

Финансовое положение крестьянских хозяйств (в среднем на одно хозяйство, тыс. руб. в ценах соответствующих лет)

	1990 г.	1991 г.	1992 г.	1993 г.
Все вложения в хозяйство в том числе за счет:	14,7	288,8	1241,3	5726,4
собственных сбережений	6,6	21,7	130,6	883,7
имущественного пая, полученного в колхозе (совхозе)	0,28	10,8	23,2	643,4
занятого в долг у родственников	1,0	3,0	18,2	47,1
занятого в долг в сельхозпредприятии	–	0,8	9,8	8,5
банковского кредита	6,9	224,4	950,5	2300,3
других источников	–	28,1	109,0	1843,4
Оценка основных фондов	15,8	802,8	2935,7	29883,8
Стоимость оборотных средств	4,1	50,9	520,4	2526,3
Выручка от реализации продукции	5,7	57,0	1203,2	5477,2
Затраты на производство	11,8	77,7	930,4	3812,5

Из приведенных материалов видно, что в жизни крестьянина все большее значение приобретает банковский кредит. Собственные сбережения растут очень медленно. Не должно вводить в заблуждение наблюдающееся в 1992 и 1993 гг. превышение выручки над производственными издержками. Следует иметь в виду многочисленные налоги и возрастающую задолженность крестьян банкам, а также дебиторскую задолженность государственных заготовительных организаций и предприятий пищевой индустрии. В среднем на одно крестьянское хозяйство размер долгов и непогашенных ссуд на конец 1993 г. достигал 2 968,4 тыс. руб., из них банковские кредиты – 2 423,6 тыс. руб. На депозитных счетах только 6% крестьян хранят свободные деньги: хранить просто нечего. Главное же в том, что крестьяне перестали покупать технику, минеральные удобрения и пестициды из-за их дороговизны. Поэтому рост производственных издержек искусственно сдерживается. Идет экстенсификация производства.

Получил применение залог. Уже сейчас 71% фермеров получили кредит под залог техники и оборудования, 11,7% – животных, 6,4% – жилого дома,

5,3% – урожая зерна, 2,5% – земли, 27% имеют гарантии АККОР. Почти половина, 47%, фермеров относятся положительно к залогу земли, 35% – отрицательно. Свою землю готовы отдать в залог 42% крестьян. Поскольку основным источником получения финансовых средств становится кредит, важно установить льготное кредитование крестьянских хозяйств, что всегда делается в период реформ. Однако на деле этого не получается: 87% фермеров жалуются на то, что они не могут занять столько денег, сколько нужно для обустройства и нормального функционирования хозяйства. Из них 73% главным препятствием называют непомерно высокий процент на кредит. При этом речь идет как о краткосрочном, так и о долгосрочном кредите. Таким образом, в современных условиях банковский кредит для большинства российских крестьян практически недосягаем. Потому необходимо, во-первых, быстрейшее создание кредитной кооперации для села, честной кооперации, не допуская к ней всяких комбинаторов и ныне прославившихся жуликов крупного масштаба и, во-вторых, радикальный пересмотр кредитной политики в пользу крестьян, как это было в свое время осуществлено правительством П.А. Столыпина. И тем не менее, невзирая на трудности и неразбериху, 23% крестьян считают, что их финансовое положение в ближайшее время улучшится, 25% – останется без изменений и 28% – ухудшится при 24% не определившихся.

Неблагоприятные изменения происходят в социальной сфере. Это объясняется прежде всего тем, что передача объектов социальной инфраструктуры местным органам самоуправления привела к ее распаду. На местах средств для ее содержания практически нет. Государство сняло с себя это бремя ответственности. Многие реорганизованные колхозы и совхозы также не в состоянии ее финансировать. От этого пострадали главным образом дети и пенсионеры, которым что-то общественное хозяйство выделяло. Материальной помощью на детей пользовались 18,3% семей, а сейчас только 13,7%, льготами при оплате дошкольных учреждений, соответственно, 20 и 6,5%, доставкой в школу детей и бесплатными завтраками – 27,1 и 14,2%, стипендиями студентам – 3,6 и 1,5%, помощью в строительстве и ремонте жилья и хозяйственных построек – 38 и 1%, снабжением топливом – 24,5 и 4%, льготными ценами при покупке продовольствия – 46,4 и 3,6%, помощью в приобретении промышленных товаров – 12,3 и 0,6%, льготами при оплате коммунальных услуг – 16 и 3,5%, при медицинской помощи – 54,5 и 28,6%, льготные путевки в санатории и дома отдыха – 23 и 1,6%, транспортные услуги – 63,2 и 10,4%.

Вопреки названным трудностям 28,5% крестьян заявляют, что материальное положение их семьи при переходе на самостоятельное хозяйствование улучшилось, а почти у 5% существенно повысилось, у 33,7% осталось на прежнем уровне, а у 35,7% – ухудшилось. Современный уровень достатка 4,3% крестьян не позволяет на заработанные деньги обеспечить семью даже питанием, 33,6% – хватает денег лишь на питание, 47,1% на питание и удовлетворение повседневных нужд, покупку одежды, 12,9% – могут купить мебель, телевизор, холодильник и другие предметы длительного пользования и 2,1% – могут позволить себе приобрести автомобиль, трактор и др. Таким образом, среди крестьянства идет дифференциация, люди начали вести хозяйство с разного стартового уровня, не все смогли получить помощь и не все одинаково работают. И тем не менее 41% крестьян надеется на улучшение, 24% – не предвидят изменений, 10% – считают возможным ухудшение. Что же касается перспектив фермерского движения в России, то 15% крестьян предвидят его усиление, 17% – не видят изменений, а 46% – ожидают его ослабление.

В 1994 г. усилился распад крестьянских (фермерских) хозяйств, точнее – отказ от земельного участка, однако общая площадь угодий в этом секторе продолжает расти.

На рисунке 13.4 показаны создание и распад крестьянских хозяйств в России за 1992–1994 гг. по кварталам. Нетрудно подсчитать, что в 1992 г. возникло 132,9 тыс. и распалось 5,1 тыс. хозяйств, в 1993 г., соответственно, – 87,2 и 14,1 и за три квартала 1994 г. – 15,8 и 18,6 тыс. хозяйств. Это значит, что в 1992 г. на одно распавшееся хозяйство приходилось 26 вновь созданных, в 1993 – на одно – шесть, а в 1994 г. распалось больше, чем возникло. Вместо желавших в начале 1992 г. миллиона крестьян самостоятельно вести хозяйство имеется немногим более одной четверти миллиона таких крестьян.

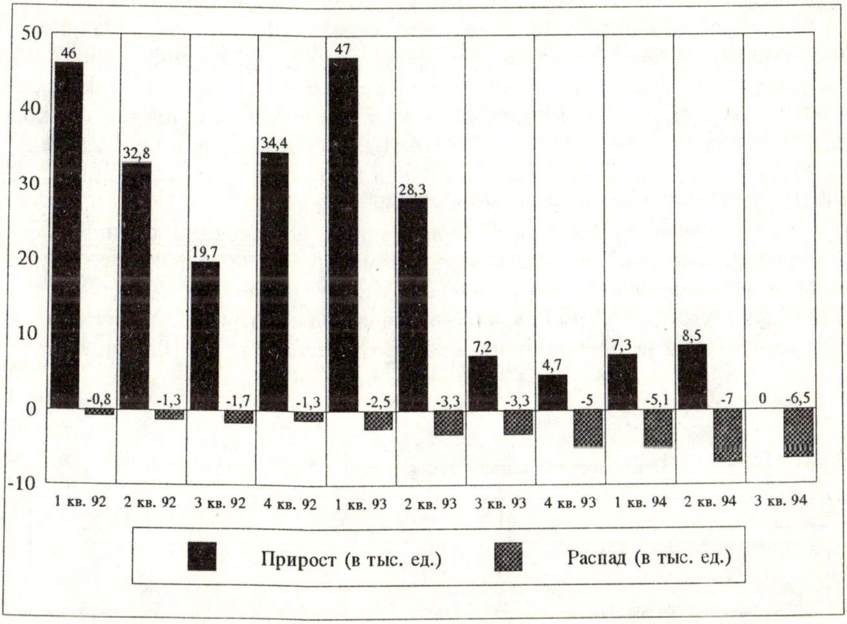

Рис. 13.4. Создание и распад крестьянских хозяйств в РФ в 1992 – 94 гг. (данные Госкомстата)

На первом этапе было много нераспределенных земель, предоставлялся льготный кредит, имелась возможность приобрести технику, горючее, материалы, шли хорошо подготовленные люди. Все это порождало известную эйфорию. И даже экс-премьер России И.С. Силаев публично заявил, что "фермеры нас накормят". Но в жизни все оказалось сложнее. Процесс спада фермерского движения – не однозначный. С одной стороны, он является следствием неблагоприятных экономических условий, от которых прежде всего страдают новые хозяйственные формирования, с другой – естественный отсев нежизнеспособных хозяйств, случайно возникших, подчас возглавляемых слабо подготовленными людьми.

В связи со сказанным попытаемся воспользоваться группировкой крестьянских хозяйств не по отдельным формальным критериям (образование, возраст, стаж работы, прежний опыт и др.), а по комплексу признаков. Такую попытку предпринял заведующий Пыталовской лабораторией Аграрного института Рудольф Эдуардович Прауст (род. 1937)[17]. Эта лаборатория функционирует в Псковской области уже в течение 7 лет. В Пыталовском районе за эти годы накоплен известный опыт в фермерском движении со всеми его сложными проблемами.

По материалам семейных бюджетов за 1993 г. 274 фермерских хозяйства разбиты на четыре группы. В первую группу вошли благополучные семьи, в которых глава хозяйства имеет высшее или среднее специальное образование или стаж работы по одной из профессий в сельском хозяйстве, другие члены семьи также квалифицированные работники. Условно эта группа названа "профессионалами". Ко второй группе отнесены также благополучные семьи, причем глава хозяйства до 1991 г. занимал какую-либо номенклатурную должность в районе или хозяйстве. Условно она названа "элитарной". Эти люди имели возможность в свое время приобрести технику, строительные материалы, подобрать земельный участок. В третьей группе также состоят семьи, пользующиеся уважением, но глава семьи является работником здравоохранения, просвещения, культуры, одним словом, представитель сельской интеллигенции. Так условно и назвали эту группу – "интеллигенция". В четвертую группу, названную маргинальной, зачислены хозяйства, главы которых не обладают специальным образованием, достаточной квалификацией, среди членов семьи преобладают неквалифицированные работники. Сюда входят и неблагополучные семьи, члены которых злоупотребляют алкоголем, не пользуются авторитетом среди односельчан. Рассмотрим некоторые показатели этих групп за 1993 г., принимая "профессионалов" за 100 (табл. 13.9).

Таблица 13.9

Экономические показатели крестьянских хозяйств Пыталовского района Псковской области за 1993 г.

	I профессионал	II элита	III интеллигенция	IV маргинальная
Количество хозяйств в группе	114	64	46	50
% к итогу	42	23	17	18
Выход валовой продукции на хозяйство	100	89	51	35
Продукции на одного взрослого работника	100	116	57	45
Выход валовой продукции на 1 га угодий	100	160	86	34

Эта таблица говорит о многом. Прежде всего, о том, что более высокая стартовая база позволяет "элите" идти впереди "профессионалов" как по производительности труда, так и по использованию земли. Представителям сельской интеллигенции приходится делить время между основной работой главы семьи и крестьянским хозяйством. А у представителей маргинальной группы как производительность труда, так и выход продукции с единицы площади почти в три раза ниже, чем у профессионалов. В этой группе чаще всего и происходит самоликвидирование хозяйства, если оно не вызвано какими-либо другими причинами (смерть главы хозяйства или его болезнь при отсутствии полноценных наследников, смена места жительства семьи и др.).

Анализ причин распада крестьянских хозяйств, сделанный по данным Орловского областного комитета по земельной реформе и земельным ресурсам, свидетельствует, что более 2/3 прекратили функционировать из-за финансовых затруднений (разорительные налоги, недоступность нормального кредита, ценовой диспаритет, дебиторская задолженность заготовительных организаций) и трудностей сбыта продукции. При этом более половины разорившихся были честными, добропорядочными, трудолюбивыми людьми, имели морально устойчивые, здоровые семьи. Около 40% – профессионально непригодные, случайные, пьяницы, не желавшие и не умевшие хорошо работать.

Госкомстатом России также было проведено обследование крестьянских (фермерских) хозяйств по состоянию на 1 января 1994 г. Основные выводы не расходятся с данными проводимого Аграрным институтом мониторинга, расхождения не имеют принципиального значения. Статистические органы взяли очень большую выборку – 60 тысяч хозяйств, существенно сузив исследуемые вопросы. Поскольку здесь выборка намного шире, причем представлены все области и республики Российской Федерации, остановимся на некоторых показателях, характеризующих состояние этого уклада российского села.

Прежде всего техническая оснащенность крестьянских хозяйств слаба. Так, на 100 хозяйств имеется 79 тракторов, 42 грузовых автомобиля, 20 зерноуборочных комбайнов, 43 плуга, 35 сеялок, 18 сенокосилок, 15 жаток. А на 100 крестьянских тракторов приходится 55 плугов, 45 сеялок, 23 сенокосилки и 20 жаток. При этом 90–95% этих машин находятся в собственности крестьян, остальные арендуются или взяты на прокат. Как видим, техники мало и она некомплектна.

Из этого следуют два вывода: во-первых, необходима более полная оснащенность, позволяющая крестьянской семье справляться с работами соответственно специализации хозяйства и, во-вторых, еще и еще раз во всем объеме стоит вопрос о немедленном восстановлении сельскохозяйственной кооперации и техническом обслуживании хозяйств.

Строительство в крестьянских хозяйствах также ведется очень слабо. Так, по тем же данным Госкомстата, за 1993 г. в расчете на 100 хозяйств построено всего лишь 3 жилых дома общей площадью 245 м^2, включая подсобные помещения, 6 животноводческих помещений, 11 сараев, навесов и хранилищ, проложено 3 км автомобильных дорог. Причем есть области, особенно на Северо-Западе, в Нечерноземном и Черноземном центре, где на 100 хозяйств построено по одному дому, одному сараю, одному хлеву и не проведено ни одного километра дорог. Все это диктует необходимость активнее добиваться создания благоприятных условий для быстрейшего обустройства крестьянских хозяйств.

В целом же приходится признать, что руководство России “подставило” своих крестьян, особенно проявивших желание вести самостоятельное хозяйство, отдав их на растерзание коммерческим банкам и коррумпированным чиновникам, не позаботясь даже о восстановлении сельскохозяйственной кооперации. Такие реформы обречены на провал. Поэтому крестьянам надо быстрее объединиться, но не для выкрикивания лозунгов, а для практической работы, созидания, концентрации сил, завоевания рынка. И для этого нужна не политическая, а экономическая организация – кооперация. Всеобъемлющая, охватывающая все стороны деятельности аграрной сферы.

ПЕРВЫЕ РОСТКИ СЕЛЬСКОХОЗЯЙСТВЕННОЙ КООПЕРАЦИИ

Ранее было показано развитие сельскохозяйственной кооперации в России в конце XIX – начале XX в., а также в 20-е годы во время осуществления новой экономической политики. Сейчас, в условиях перехода к рынку этот общественный институт стал особенно актуален. Его отсутствие не позволяет решать многие хозяйственно-экономические задачи, защищать крестьянина от непомерных аппетитов коммерческих банков и самого государства, наладить сбыт, снабжение, хранение, переработку и реализацию продукции. Настоящей, узаконенной сельскохозяйственной кооперации сегодня в России нет.

Больше того, сама идея кооперации в нашей стране многократно дискредитирована, извращена и опошлена. В широких слоях населения налицо предубеждение, недоверие и неприязнь к ней. Дело в том, что насильственная коллективизация преподносилась как производственная кооперация, даже как ее высшая форма, противопоставлялась так называемой “буржуазной”, “торгашеской” кооперации.

Уже в 70-е годы осуществлялась специализация и концентрация сельскохозяйственного производства “на базе межхозяйственной кооперации и агропромышленной интеграции”. Эта акция, начатая в Молдавии по почину бывшего первого секретаря ЦК КПМ И.И. Бодюла и помощника Л.И. Брежнева Голикова, прокатилась по всей стране и велась отнюдь не на добровольных началах. Она обескровила рядовые колхозы и совхозы, породила многие межхозяйственные предприятия на их средства. Никакой кооперации не получилось, так как вновь созданные предприятия, особенно межхозяйственные строительные структуры, быстро обособились и перестали обеспечивать необходимыми услугами создавшие их хозяйства.

Кооперация, рожденная в 1989 г., быстро ушла в коммерческую деятельность, не затронув насущных нужд сельского хозяйства, и породила недоброе представление у людей своими спекулятивными проявлениями. В силу всего этого моральный кредит кооперации у населения России низок. То поколение людей, которое имело дело с подлинной кооперацией, давно ушло из жизни. Новые поколения ее не знают. Речь здесь, разумеется, не идет о потребительской кооперации, которая всегда была, но сельским хозяйством она занимается мало. Поэтому надо преодолеть еще и предубеждение против кооперации.

Сельское хозяйство – сфера приложения мелкого капитала. Речь при этом идет не только о крестьянских (фермерских) хозяйствах, существование которых в условиях рыночной экономики вне кооперации вообще немыслимо. И нигде в мире нет крестьянских хозяйств без кооперации. Но и так называемые "крупные" сельскохозяйственные предприятия, например, колхозы и совхозы, для рынка тоже являются мелкими. И если они будут функционировать в одиночку, их задавят монополии торговые, пищевой индустрии, машиностроения. Поэтому объединение на добровольной, кооперативной основе, а отнюдь не административной, является непременным условием сохранения сельского хозяйства в условиях рынка. Только экономический интерес способен создать здоровую основу для объединения.

Есть еще одно обстоятельство, специфически российское, которое толкает нас к необходимости быстрейшего возрождения всеобъемлющей кооперации на всех иерархических уровнях. Суть в том, что в России потерян крестьянин в традиционном понимании этого слова, который был собственником, управителем и исполнителем всех процессов во всех циклах производственного процесса в течение всего года. У нас есть трактористы, комбайнеры, скотники, доярки, свинарки, птичницы, фуражиры, разнорабочие. Но это не крестьянин, это как бы "частичные крестьяне", охватывающие какую-либо одну сторону воспроизводственного процесса. Создать полноценного крестьянина, хорошо справляющегося с работами на поле и на дворе, реализующего с прибылью свою продукцию в условиях кризиса сбыта, можно в течение жизни по крайней мере одного поколения. Поэтому кооперация необходима и на микроуровне, на уровне хозяйства, равно как и более высоких уровнях.

Учитывая это, в условиях России важны все традиционные формы кооперации: кредитная, сбытовая, снабженческая, по переработке и реализации продукции, по использованию техники и различных технических объектов. Также необходима производственная кооперация. Практика уже идет в этом направлении. Выше было показано стремление крестьян, ставших собственниками земельных долей, объединиться в товарищества, ассоциации, малые и смешанные предприятия. Сегодня эти формы можно назвать первыми ростками сельскохозяйственной кооперации.

Только кооперация обладает способностью объединить два начала: собственность производителя, дающую ему свободу выбора, и крупные размеры производства, обладающие техническими и экономическими преимуществами, а также экономический вес на рынке. На рынок вообще вне кооперации крестьянин выйти не может. Он будет раздавлен более крупными конкурентами. При этом надо думать и о конкурентоспособности нашего сельского хозяйства. Оно уже открыто, не замкнуто. И потребитель потянется за более дешевым и качественным продуктом.

Пока закона о кооперации нет, а жизнь настоятельно требует воссоздания этого института, происходит своеобразная "самодеятельность"[18]. Так, в Духовницком районе Саратовской области 14 крестьянских хозяйств создали товарищество "Золотое зерно" и зарегистрировали его на основе закона о потребительской кооперации. Они восстановили старое зернохранилище, ведут проектирование миниэлеваторов для крестьян. Решили заниматься семеноводством, выращиванием, переработкой и сбытом зерна и хлебопродуктов.

В Иловлинском районе Волгоградской области 23 крестьянских хозяйства с 806 га используемой земли создали кооператив "Мельник". Они привели в порядок заброшенную базу "Заготзерно" с хранилищем, емкостью 5 тыс. т, построили зерноочистительный комплекс, летом 1994 г. начали монтаж мельницы мощностью 5 тонн муки в смену.

В Среднеахтубинском районе той же области действует неформальный производственный кооператив, созданный на базе бывшего совхоза и крестьянских хозяйств. Производственная инфраструктура сохранена и используется совместно. Организован сбыт продукции.

В Михайловском районе Рязанской области пять крестьянских хозяйств создали неформальный кооператив по выращиванию и забою свиней с поставкой мяса местному крупному предприятию для реализации рабочим. При этом выигрывают как крестьяне, обходясь без посредников, так и рабочие, покупающие мясо по ценам, намного ниже рыночных или государственной торговли.

В Старожиловском районе той же Рязанской области уже два года действует кооператив по сбыту яблок и других фруктов. Предпринимаются многочисленные попытки создания кредитных сельскохозяйственных кооперативов в Рязанской и Волгоградской области, Краснодарском крае и других регионах. Даже при благожелательном отношении местной администрации эти почины энтузиастов успеха не имеют все из-за того же отсутствия законодательства. При этом статистические органы показывают наличие в России на 1 января 1994 г. уже 1 861 сельскохозяйственного кооператива, не раскрывая их организационно-правового статуса.

Вместе с тем реорганизованные колхозы и новые формирования с коллективно-паевой собственностью, выборностью, демократическим принципом "один член – один голос" приближаются и имеют много общего с производственным кооперативом, а крестьянские товарищества – с кооперативом производителей. Для условий нашей страны исключительно важное значение имеет производственная кооперация. Если запад идет от мелкого к крупному через кооперацию, то наш путь – в сохранении крупного с предоставлением собственности и права выбора крестьянину.

Воссоздать кооперацию не просто. И здесь нельзя проявлять торопливости, равно как и волокиты. Быстро это не пойдет, как любое крупное и широкое движение. И начать надо с принятия нормального закона о кооперации. При этом нельзя допускать как "местечковой" самодеятельности, так и механического списывания зарубежных правовых актов. Общие принципы кооперации известны, они общеприняты, им надо следовать, учитывая нашу специфику, наши реалии, наш опыт и исторический груз. Он убедительно свидетельствует о том, что надо и чего нельзя делать. За созданием первичных кооперативов последует создание объединений и центров областного и национального уровней. Кооперация получит выход как на российский, так и мировой рынок.

ВОЗРОЖДЕНИЕ МЕСТНОГО САМОУПРАВЛЕНИЯ

Решение социальных вопросов, а также многих других проблем местной жизни невозможно без хорошо поставленной работы органов самоуправления. Государство уже сняло с себя заботу и ответственность о местных нуждах людей. Социальная сфера целиком передана в ведение низовых органов власти. Возможности же последних крайне ограничены. В прошлом крупные хозяйства многое брали на себя. Но сегодня и они бедны, да и находятся в переходной стадии реорганизации. Нужен более радикальный и надежный путь упорядочения местных дел, особенно строительство и содержание школ, дошкольных учреждений, домов престарелых, больниц и медицинских пунктов, дорог местного значения, да и просто любой помощи нуждающимся, оказавшимся по разным причинам в беде, благоустройства поселений, разрешения различных споров, не доводя дело до суда и самочинных разборок.

Исторический опыт России дает ответ на этот вопрос: у нас было хорошо организованное земство. Земские традиции присущи нашему народу из глубины веков. Известно, что во время первой русской смуты земство спасло Россию, о чем уже сказано в 12-й главе настоящей работы. 28 октября 1994 г. об этом говорил в своей глубоко прочувствованной речи на заседании Государственной думы Александр Исаевич Солженицын[19].

Земское самоуправление было создано после реформы 1861 г. и являлось составной частью самой реформы. Оно просуществовало с 1864 по 1918 г., более полувека. Но за этот сравнительно короткий исторический период накопило богатейший опыт созидательной работы. К сожалению, его структура не была целостной, она охватывала только два иерархических звена административного устройства страны: уезд и губернию, не имея опоры в самом низу, – в волости, а также на общегосударственном уровне, как тогда говорили представляло из себя "здание без фундамента и крыши". Конечно же, это крупный недостаток. И тем не менее в уездах и губерниях была проведена громадная работа.

Земство занималось статистикой и экономикой крестьянских хозяйств, агрономией и ветеринарией, школами, больницами, дорогами и общественными складами, промыслами и кооперацией, кредитами, сельскохозяйственными выставками и курсами, благотворительностью и взаимопомощью.

Общеизвестна прекрасно поставленная земская статистика, воспитавшая много видных общественных деятелей и ученых. Только за 20 лет было описано 3,5 млн. крестьянских хозяйств, создана своеобразная энциклопедия крестьянской жизни[20]. Если к 1877 г. земства создали 10 тысяч, то к 1903 г. уже 19 тысяч начальных школ. При этом доля ассигнований на школьное дело возросла в общих расходах с 14 до 30%[21]. В 1864 г. государство передало земствам 351 больницу, а к 1910 г. их уже было около 2 000. В 1870 г. в России было 613 земских врачей, а в 1910 г. – около 4 000. Медицинская помощь в большинстве случаев оказывалась бесплатно. Земство создавало аптеки, акушерские пункты, фельдшерские курсы, организовывало оспопрививание[22]. Всего в системе земств перед первой мировой войной работало около 75 тысяч специалистов: учителей, врачей, агрономов, ветеринаров, статистиков, страховых агентов и других[23].

Земские агрономы были специалистами широкого профиля. Они организовывали кооперативные товарищества, ссудо-сберегательные кассы. Земства содействовали развитию сельских промыслов, создавали образцово-показательные мастерские, обучали людей ремеслам.

Земства были самостоятельны и независимы от административных органов власти. Губернатор лишь наблюдал за законностью принимаемых решений и не вмешивался во внутренние дела этой системы. Земства представляли все сословия: землевладельцев, крестьян и горожан. Гласные, что соответствует современным депутатам, избирались по куриям каждые три года: от землевладельцев, горожан и крестьян. По крестьянской курии выборы были многоступенчатыми: сельские общины выдвигали представителей на волостной сход, который избирал выборщиков, последние – гласных в уездное земство, в уездах – в губернское. Земское собрание выбирало свой исполнительный орган – земскую управу из 3–5 человек. Поначалу крестьян среди гласных было мало: всего лишь 38% в уездных и 11% в губернских земствах. Преобладали дворяне. Позднее доля крестьян и горожан повысилась.

Можно по-разному оценивать земство сегодня. Однако оно было легитимно, оно представляло народ и народовластие. Там не было засилья чиновничества. Эта система занималась исключительно созидательной работой. И бал там правили не политические амбиции, а нужды населения.

Экономическая мощь земств из года в год нарастала. В среднем ежегодный прирост расходов составлял 15%. Источниками доходов были местные налоги, дотации из казны, пожертвования частных лиц.

В настоящее время возрождается Российское земское движение, возглавляемое Еленой Владимировной Паниной, президентом акционерной компании "Центр международных деловых кредитов". Разработана концепция земского устройства, то есть самоуправления, которое не является государственной властью, но решает важнейшие вопросы жизнеобеспечения на местах. В Аграрном институте РАСХН, кроме концептуальных вопросов, экспедиционного изучения практики местного самоуправления в регионах России, разработаны проекты Положения о сельском сходе и Положения о сельском старосте (управляющем)[24].

В некоторых областях России, например, Калужской и Тамбовской уже избраны сельские старосты, практикуются сельские сходы. Следует быстрее восстановить традиционное для России низовое звено самоуправления – сельское общество. Эта первичная территориальная единица объединяет все семьи и всех имеющих право голоса граждан, проживающих в селе, или группе малых деревень или группе хуторов. Высший и единственный орган управления – сельский сход, то есть общее собрание граждан решает все вопросы местной жизни, начиная от споров между соседями, обработки огородов, ремонта местных мостиков, завоза топлива, выделения выпасов и кончая более сложными. Такой сход собирается по мере необходимости, но не реже двух раз в год. Он созывается как по инициативе граждан, так и администрации. Для текущих дел избирается сельский староста. Источник власти у него только один – доверие и авторитет личности.

Предстоит, очевидно, восстановить и волость, иметь волостного старшину, управу из нескольких авторитетных местных людей, свой местный бюджет, практиковать волостные сходы. Это необходимо для решения не только хозяйственных, социальных вопросов, но и морально-этических, воспитательных. Предстоит восстанавливать нарушенную общность между людьми, сплачивать здоровые силы российской деревни против агрессивной бездуховности, культа насилия и вседозволенности, наплыва всякой "канализационной" мути в образе “массовой культуры”, против ставшего уже повальным пьянства. Следует возрождать лучшие обычаи, традиции и обряды народа. В экономической сфере можно многое сделать по развитию ремесел и промыслов, лучшему использованию даров земли, лесов, вод при бережном к ним отношении.

* * *

Резюмируя сказанное о третьей аграрной реформе в России, можно сделать следующие выводы.

Первое. Реформа была объективно необходима. Это обусловлено тем, что страна уже давно переживала аграрный кризис. Сельское хозяйство велось затратно, экстенсивно, с низкой производительностью и глубоким разрушением экосистем, утратой уникального национального богатства – русского чернозема. Нарастал дефицит продовольствия, увеличивался его импорт за счет экспорта невосполнимых природных ресурсов, особенно нефти, газа, леса, минерального сырья. Казарменный образ жизни и труда мало стимулировал крестьянина к высокопроизводительному труду.

Второе. Реформа дала крестьянам землю, конфискованную и национализированную советской властью. Миллионы крестьян получили земельные доли и имущественные паи, свободу выбора форм собственности и хозяйствования. Миллионы горожан получили в собственность садовые и огородные наделы, селяне расширили площади своих подворий.

Третье. Возникла многоукладность с государственными, кооперативными и частными хозяйствами. Появился новый сектор – крестьянских (фермерских) хозяйств. Его становление, равно как и развитие других секторов аграрной сферы, затруднено ценовыми “ножницами”, развалом сбыта и снабжения, ошибочными методами приватизации пищевой индустрии.

Четвертое. Реформа в России проходит без достаточной подготовки, отстает правовая база, имеют место подстегивание и торопливость, а также самотек. Главная же трудность в том, что она проходит в условиях очередной российской смуты, сопровождающейся кризисом власти, глубоким экономическим спадом и инфляцией, демографическим, экологическим, моральным и идеологическим кризисом. Все это деформирует ход реформы и ее результаты.

Пятое. Для успешного развития реформы и выхода из аграрного кризиса необходимо создать социальную базу реформы, заинтересовать самих крестьян и организовать их. В качестве первоочередных мер необходимо возрождение сельскохозяйственной кооперации и местного самоуправления.

Шестое. Продовольственная безопасность страны в современных условиях должна быть предметом заботы государства даже в большей степени, чем военной, так как уже сегодня в продовольственном отношении Россия становится зависимой страной от зарубежных поставок и мирового рынка, который, как всякий рынок, диктует свои условия и преследует свои интересы. Поэтому наше сельское хозяйство должно не только удовлетворять нужды страны во всех тех видах продукции, которые по климатическим условиям могут производиться в России, но она должна быть конкурентоспособной по качеству и затратам.

Закончился первый этап аграрной реформы в России. Наступил второй этап. Сейчас требуется правовое, организационное и экономическое закрепление новых форм хозяйствования. Предстоит в кратчайший срок остановить падение производства, восстановить инвестиционный процесс. На этом этапе особенно велика роль трех институтов: государства, кооперации и местного самоуправления.

ЛИТЕРАТУРА

1. Методические основы социально-экономического мониторинга аграрной реформы. М.: Аграрный институт, 1993. С. 7.
2. Внешние экономические связи СССР в 1988 г. Статистический сборник. М.: Финансы и статистика. 1989. С. 32.
3. Методические основы социально-экономического мониторинга... С. 9.
4. Конституция Российской Федерации. М.: Юридическая литература, 1993. С. 14–15.
5. Концепция аграрной реформы в Российской Федерации. Земля России, 1993. №12. С. 32.
6. Аграрная реформа в России. Документы и материалы. М.: Республика, 1992. С. 23–27.
7. Российская Федерация в цифрах в 1993 году. М.: Республиканский информационно-издательский центр, 1994. С. 40.
8. **Там же.** С. 39.
9. Материалы Аграрного института РАСХН. Аналитическая записка В.Д. Мартынова.
10. Материалы Аграрного института РАСХН. Данные социально-экономического мониторинга аграрной реформы. 1994.
11. Материалы Аграрного института РАСХН. Аналитическая записка Р.Г. Янбых.
12. Материалы Аграрного института РАСХН. Аналитический доклад о реорганизации сельскохозяйственных предприятий. Авторы: Э.Н. Крылатых и И.В. Семенова.
13. Приватизация земли и реорганизация сельскохозяйственных предприятий в России: Нижегородская модель. Рабочий проект. Нижний Новгород–Москва, 1994.
14. Материалы Аграрного института РАСХН. Аналитическая записка Н.И. Шагайды.
15. Материалы Аграрного института РАСХН. Аналитическая записка В.Я. Узуна.
16. Материалы Аграрного института РАСХН. Данные социально-экономического мониторинга... 1994.
17. Материалы Аграрного института РАСХН. Отчет о научной работе Пыталовской лаборатории за 1993 г.
18. Материалы Аграрного института. Аналитическая записка В.Д. Мартынова.
19. Сельская жизнь, 3 ноября 1994.
20. **Львов Г.Е., Полнер Т.И.** Наше земство и 50 лет его работы. М., 1914. С. 32.
21. **Веселовский Б.Б.** История земства за 40 лет. Спб., 1909. Т. 1. С. 476.
22. **Львов Г.Е., Полнер Т.Н.** Наше земство... С. 42–49.
23. **Там же.** С. 60.
24. Материалы Аграрного института РАСХН. Из научного отчета М.В. Кузнецова за 1994 г.

Наука должна быть самым возвышенным воплощением отечества, ибо из всех народов первым будет всегда тот, который опередит другие в области мысли и умственной деятельности.

Луи Пастер

Без биологии технология слепа, без механизации мертва, но все решает неумолимая экономика.

Виталий Эдельштейн

ГЛАВА 14. ПОТЕНЦИАЛ АГРАРНОЙ НАУКИ РОССИИ

Реформирование сельского хозяйства – не самоцель. Его следует рассматривать как сложный и длительный процесс изменения производственных отношений в интересах человека, с тем, чтобы создать благоприятные предпосылки для роста эффективности самого производства и сохранения окружающей среды, сделать аграрный сектор экономики конкурентоспособным и адаптированным к условиям рынка, обеспечить продовольственную безопасность страны.

Сделанное в области реформы российского села пока еще далеко от осуществления главных ее целей, и ее первые шаги осложнены возникшей в стране очередной смутой. Предстоит длительная, настойчивая, упорная и кропотливая работа по укреплению новых форм хозяйствования. Работа по правовому, финансовому, организационному, техническому и научному обеспечению, по социальному и духовному преобразованию села.

Сложные и нелегкие проблемы создания современного конкурентоспособного сельского хозяйства не могут решаться без самого активного участия науки. Сегодня в науку бросают камни, обвиняя ее во всех бедах перестройки и неудачах реформы. Но при этом не затрудняют себя простым вопросом: а кто прислушался к рекомендациям науки? Ни один научный коллектив никогда не предлагал разрушать инфраструктуру бывших колхозов и совхозов, проводить сплошную фермеризацию, форсированными темпами осуществлять реорганизацию крупных государственных и коллективных предприятий. Наука всегда предупреждала о недопустимости диспаритета цен и рассматривала реформу как сложный эволюционный процесс. Наука сама пострадала: ее финансирование сокращено, заработная плата ученых мизерна, молодежь покидает институты и лаборатории, выпуск научной литературы сократился, международные обмены свертываются. И тем не менее ее роль в перспективе возрастает, и от уровня ее развития зависит рост экономики и благополучие общества.

В настоящей главе рассмотрим современное состояние аграрной науки России, ее потенциал и некоторые разработки, применение которых позволит существенно повысить продовольственный фонд страны и эффективность использования имеющихся ресурсов.

Под научным потенциалом (от латинского potentia – сила, мощь) следует понимать совокупную способность страны, региона, отрасли, предприятия или организации осуществлять исследовательскую деятельность и производить научную продукцию. Прежде всего это зависит от людей с их интеллектуальными способностями, уровнем культуры и профессиональной подготовки, владеющих соответствующей методологией. К потенциалу следует отнести и саму научную продукцию – результаты исследований и разработок, которыми располагает тот или иной коллектив, организация, система. Для реализации научного потенциала необходимы определенные условия: во-первых, потребность в научной продукции, она должна быть востребованной; во-вторых, здоровый психологический климат как вокруг науки, так и внутри самих научных коллективов; в-третьих, финансовые и материальные средства, оборудование, вычислительная техника, помещения; в-четвертых, рациональная организация научного процесса; в-пятых, структуры, связующие науку с производством, и, в-шестых, возможности обмена результатами исследований на местном, национальном и международном уровне, постоянные контакты и общение с другими научными коллективами.

Основной структурной единицей является научно-исследовательский институт или самостоятельная лаборатория. Обычно в национальном масштабе институты, лаборатории объединяются в академии, центры или другие структуры. Во многих странах научные коллективы входят в состав университетов. При этом последний в равной мере занимается как исследованиями, так и подготовкой кадров специалистов для различных сфер экономики и государственной деятельности, а также и самой науки.

В России, наряду с традиционными структурами государственного подчинения, за последние годы появилось много новых научных формирований: частных и общественных институтов, университетов, академий, лицеев, различных исследовательских центров при всевозможных корпорациях и объединениях. Они существуют недавно, достаточного опыта не накопили, и потому в дальнейшем ограничимся рассмотрением традиционных для России структур.

СОВРЕМЕННАЯ СИСТЕМА АГРАРНОЙ НАУКИ

Непосредственно аграрная наука сосредоточена в трех организационных системах: а) Российской академии сельскохозяйственных наук; б) университетах и других высших учебных заведениях; в) Министерстве сельского хозяйства и продовольствия РФ. Академическая, в свою очередь, подчиненная непосредственно президиуму РАСХН, решает преимущественно проблемы федерального уровня; сосредоточенная в региональных отделениях – региональные. Здесь есть институты, работающие на крупные регионы, например, Сибирь, Дальний Восток, Нечерноземье, а также в рамках субъектов Федерации, главным образом традиционно зональные, например Краснодарский, Ставропольский, Донской и т.д. В региональных институтах, где работают ученые высокой квалификации, нередко решаются крупные проблемы общероссийского значения на должном методологическом уровне.

Кроме того, во многих институтах Российской академии наук (РАН) ведутся фундаментальные исследования, имеющие прямой выход в аграрную сферу.

Организационная схема управления наукой в РАСХН (рис. 14.1) осталась в принципе такой же, какой она была в ВАСХНИЛ за последние годы. Это естественно, так как РАСХН является правопреемницей ВАСХНИЛ. Оказались за пределами влияния только научные учреждения республик, ставших самостоятельными государствами.

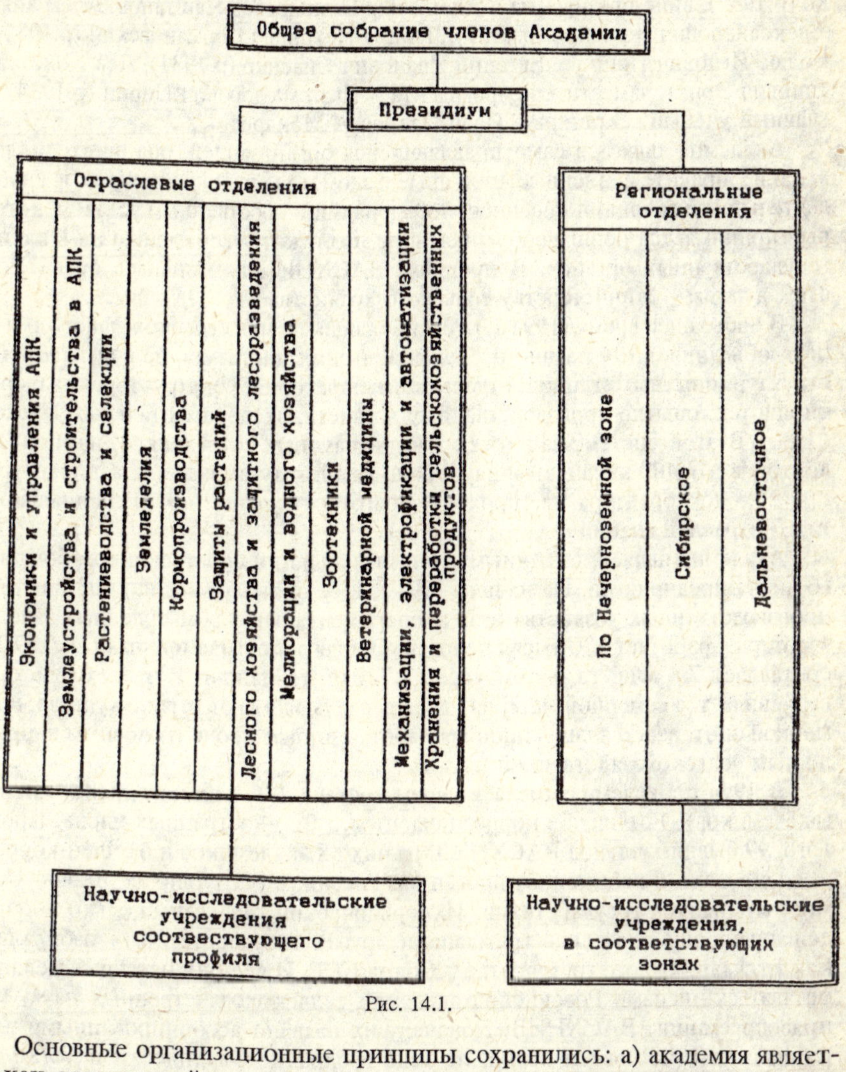

Рис. 14.1.

Основные организационные принципы сохранились: а) академия является как ассоциацией ученых, так и ассоциацией научно-исследовательских институтов; б) как члены академии, так и научные учреждения распределяются по специальности (по отраслевым отделениям) и по регионам (региональным отделениям). Высший орган управления – общее собрание членов академии. Для текущей работы избирается президиум в составе президента, вице-президентов, главного ученого секретаря и нескольких известных ученых. При президиуме имеется рабочий аппарат из служб, осуществляющих организационно-хозяйственную работу (финансирование и снабжение научных учреждений, строительство, зарубежные связи и др.).

В 1992 г. избраны: президент академии – Геннадий Алексеевич Романенко (р.1937), вице-президенты – Александр Николаевич Каштанов, Александр Александрович Жученко (р.1935), Леонид Петрович Кормановский (р.1931), Болюс Игнович Попкус, Евгений Иванович Сизенко (р.1931), Лев Константинович Эрнст, заместитель президента – Иван Федорович Цирин (р.1934) и главный ученый секретарь – Иван Павлович Макаров.

Академия является самоуправляющейся организацией, она не входит ни в какие правительственные или иные ведомства, руководствуется в своей деятельности законами Российской Федерации и собственным уставом, который принимается общим собранием и не подлежит утверждению ни в каких государственных органах. В прошлом ВАСХНИЛ подчинялась правительству, а затем – Министерству сельского хозяйства.

В настоящее время (1994 г.) Российская академия сельскохозяйственных наук объединяет 194 научно-исследовательских института, не считая других структур (опытных станций, отдельных лабораторий, конструкторских бюро, библиотек, опытно-производственных хозяйств, экспериментальных заводов и т.д.). В этой системе занято 22 тысячи научных сотрудников, из них 950 докторов и 7 400 кандидатов наук. При 94 институтах имеется аспирантура, при 24 – докторантура, где проходят подготовку ученые по 70 специальностям 7 отраслей знаний[1].

Академия является крупным землевладельцем и собственником большого числа предприятий. На начало 1994 г. в ее систему входило 403 опытно-производственных хозяйства и 53 экспериментально-промышленных завода, в которых работает 170 тысяч человек. Общая земельная площадь всех ОПХ составляет 7,4 млн. га, в том числе 1,7 млн. га пашни. В этих хозяйствах выращивается семенной материал всех возделываемых в стране культур, племенной скот, ведется селекционная работа и ставятся опыты по всем направлениям сельскохозяйственной науки[2].

В 1994 г. академия имела в своем составе 139 действительных членов (академиков), 120 членов-корреспондентов и 82 иностранных члена. Кроме того, 99 бывших членов ВАСХНИЛ, из них 38 академиков и 61 член-корреспондент жили и работали за пределами России, в республиках, ставших самостоятельными государствами. Их юридический статус несколько неопределенный: они оказались гражданами других государств, хотя избирались как граждане одного государства – Союза ССР. И все они изъявили желание оставаться членами Российской академии сельскохозяйственных наук, как правопреемницы ВАСХНИЛ. Поначалу их назвали ассоциированными членами, но это не совсем верно, их ведь избирали. Фактически их статус в настоящее время близок к иностранным членам. Таким образом, суммарно РАСХН имеет в своем составе 440 членов с разным правовым статусом. Российские академики и члены-корреспонденты работают не только в институтах РАСХН, но также в университетах и других вузах, на опытных станциях, в учреждениях РАН.

Большой научный потенциал сосредоточен также в 63 высших учебных заведениях аграрного профиля. Это 13 университетов, 12 академий, 37 институтов и Высшая школа управления и агробизнеса в АПК. В них функционирует 2 020 кафедр, 61 научная часть, 9 научно-исследовательских институтов, 8 лабораторий, 13 опытных станций, один научно-исследовательский центр.

Общая численность профессорско-преподавательского состава вузов на начало 1994 г. – 20 947 человек, из них 1 194 доктора и 9 518 кандидатов наук. Непосредственно исследовательской работой занимается 1 200 человек, в их числе 58 докторов и 452 кандидата наук. Все вузы имеют учебно-опытные хозяйства, в которых проходит учебная практика студентов, ведется научно-исследовательская работа, выращивают семенной материал и разводят племенной скот.

В аграрных вузах осуществляется подготовка научных работников. Для этого имеется аспирантура и докторантура, кандидатские диссертации рассматриваются в 76 специализированных советах и докторские – в 41. Вся система вузов управляется Главком вузов Министерства сельского хозяйства и продовольствия, длительное время возглавляемом профессором Марией Федотовной Трифоновой. М.Ф. Трифонова является соавтором учебников по методологии научных исследований[3,4].

Размещение вузов показано на рис. 14.2.

Третья ветвь аграрной науки – это институты и другие учреждения, непосредственно курируемые и финансируемые Министерством сельского хозяйства и продовольствия с его главками и другими структурами. В организационно-методическом отношении обобщает и направляет деятельность всей этой ветви Главк науки Министерства, которым длительное время руководит Петр Андреевич Андреев, член-корреспондент РАСХН.

Всего в ведении Министерства сельского хозяйства и продовольствия на начало 1994 г. было 91 научно-исследовательское учреждение, в том числе 49 институтов, 21 опытная станция, 3 научно-исследовательских станции, 9 лабораторий и селекционный центр по рыбоводству. Во всех этих учреждениях работает 4,2 тысячи научных сотрудников, из них 167 докторов и 1 413 кандидатов наук. 55 опытно-производственных хозяйств располагают 415,7 тыс. га земельных угодий, том числе 298,9 тыс. га пашни. В них работает свыше 21 тысячи человек. Таковы некоторые количественные показатели всех трех ветвей аграрной науки.

Нужно отметить, что четкого критерия принадлежности того или иного института к академии или министерству нет. Одни и те же учреждения в разное время входили в систему Министерства, затем передавались в академию и наоборот. Общий принцип таков, что министерство с его главками тяготеет к коллективам с узкоспециализированной, сугубо прикладной тематикой, способным быстро отвечать на возникающие запросы производства. Более фундаментальные, требующие продолжительного времени для разработки проблемы решаются преимущественно в академических институтах. Хотя и здесь нет четкой разделительной линии.

Обобщая краткие сведения о потенциале аграрной науки России, покажем в небольшой таблице кадровый состав и численность научных учреждений по всем трем организационным системам (табл. 14.1).

Таблица 14.1

Организационные структуры и кадровый состав аграрной науки в России, 1994 г.

	РАСХН	Вузы*	МСХиП	Всего
Количество научно-исследовательских учреждений	235	91	91	417
в том числе: НИИ	194	63	49	306
Численность научных сотрудников	22000	1200	4200	27400
в том числе:				
докторов наук	950	58	167	1175
кандидатов наук	7400	452	1413	9265

* По вузам учтены те подразделения и сотрудники, которые занимаются только научно-исследовательской работой. Если же включать все кафедры, то численность работников будет в 17–20 раз больше.

Следует также иметь в виду, что наука не имеет границ в вопросах обмена информацией и результатами исследований не только между ведомствами, но и государствами. При этом от такого обмена выигрывают все. Искусственное размежевание и препоны такому обмену крайне вредны. Изоляция ведет к деградации. Наука развивается как единый общемировой процесс. Смешно было бы говорить об агрономии российской, китайской или американской, как и о национальной алгебре и арифметике. Можно говорить это только, имея в виду место рождения того или иного открытия, метода, системы, детерминированных строго к определенным условиям.

В дальнейшем, рассматривая потенциал аграрной науки России, мы сосредоточимся только на более крупных проблемах и путях их решения, предложенных российской наукой. Мы не видим возможности и необходимости останавливаться на многочисленных частных вопросах и разработках, которые имеются во всех научных коллективах. При этом, отбирая рассматриваемые проблемы, исходим из одной цели: показать только то самое важное, что направлено на создание природо- и ресурсосберегающего, конкурентоспособного аграрного сектора экономики в современных российских условиях. Конкурентоспособным же он будет при соблюдении таких требований как высокое качество и экологическая чистота продукции и минимальные издержки на ее производство. Минимизируя затраты и обеспечивая высокое качество продукции, мы одновременно решаем как экономические, так и социальные вопросы, создавая предпосылки для повышения качества жизни людей.

Нельзя при этом забывать об одном стратегическом промахе, допущенном в прошлом как в науке, так и в производстве. Дело в том, что в прошлом недооценивались как биологический, так и социально-экономический факторы. Если вся общественная жизнь была до предела политизирована, то в науке и сельскохозяйственном производстве преобладал технократический подход. Например, размеры полей и хозяйств подгонялись под технику, животноводческих ферм – тоже под технику и ориентировались на экономию скотоместа. При этом забывалось, что в сельском хозяйстве основной элемент – это человек, имеющий квалификацию и желание хорошо работать с растениями, животными, техникой. И надо создавать оптимальные условия прежде всего для занятого конкретным трудом человека и для живых организмов, с которыми он работает; эти условия должны предполагать также бережное отношение к природе и ко всей окружающей среде. Нужен безотлагательный поворот в сторону оптимизации отношений в системе "человек-природа-техника"; следует постоянно помнить, что сельское хозяйство – это сложнейшая био-социоэкономическая система.

ВАЖНЕЙШИЕ РАЗРАБОТКИ ПО БИОЛОГИЧЕСКИМ НАУКАМ

В данном разделе речь пойдет не о чистой биологии как фундаментальной науке с ее законами и эволюцией взглядов. В нашем поле зрения будут направления сельскохозяйственной науки, которые строятся на законах биологии. Прежде всего это земледелие , растениеводство, животноводство, мелиорация, защита растений, ветеринарная медицина, лесоводство. Заниматься ими невозможно, не зная общих законов природы. Нельзя игнорировать того, о чем в свое время емко сказал В.В. Докучаев: "...natura non facit saltum... природа не делает скачков"[5], – и не терпит беззакония, хаоса и случайности. Мы чрезвычайно долго транжирили природные богатства, старались все больше их брать, не заботясь о последствиях и о возврате долгов. И вот получаем результат – ежегодно 0,5 млн. га почвенного покрова разрушается эрозией, а в Калмыкии и сопредельных с нею районах ежегодно 50 тыс. га превращается в пустыню и развеваемые ветром барханы. На территории бывшего Союза ССР ежегодно с полей и пастбищ смывается не менее 2–3 млрд.т мелкозема, с которым уходит более 100 млн. т гумуса и более 43 млн. т азота, фосфора и калия. Это в 1,5 раза больше того, что вносится в почву[6].

Наша земледельческая практика была порочной хотя бы по одному тому, что при землеустройстве нарезали поля обязательно прямоугольные, игнорируя мезо– и микрорельеф, и старались сделать их побольше, доходя до 400–600–800–1 000 га. Такой подход удобен для механизированной обработки полей, но идет вразрез с экологическими требованиями сохранения, поддержания естественного разнообразия ландшафта как средства стабилизации экосистем. В свое время этим же грешили земледельцы в США и Канаде и получили сокрушительный взрыв пыльных бурь. Проблема эта глобальная. Установлено, что на планете Земля за последнее тысячелетие утрачено 2 млрд га пахотных земель, или на 46% больше того, чем располагает сегодня человечество. И в середине XX в. ежегодное выпадение возделываемых земель в 30–35 раз превышало среднегодовые площади потерь за известную историю земледелия[7]. Поэтому вопрос сегодня стоит так: либо переход на принципиально иную, ландшафтно-экологическую, систему земледелия, либо гибель человечества от голода в связи с потерей почвы.

Почвозащитная система находит свое практическое выражение в ландшафтно-экологическом земледелии. Последнее является противоположностью техногенному земледелию, где ставка делается на технологию, технику и химию при минимальном учете природных факторов, прежде всего рельефа местности, расположения полей в отношении стран света, физического и химического состава почвы, ее микрофауны и флоры. В ландшафтно-экологическом земледелии, наоборот, все строится на скрупулезном учете природных факторов в их взаимосвязи: высоты, рельефа, южного или северного склона, физических и биологических свойств почвы. Сама система земледелия теснейшим образом привязана к данной местности, как бы вписывается в природу. В зависимости от ее характера осуществляется нарезка полей, севообороты, обработка почвы, подбор культур и сортов. В данном случае человек идет как бы от природы, снизу в полном согласии с нею. И природа, в свою очередь, при таком подходе содействует решению производственных задач, помогает человеку. Речь идет, таким образом, о биологизации интенсификационных процессов, что подробно излагается в работах Александра Александровича Жученко[8,9,10].

Ладшафтно-экологические исследования осуществляют в России Александр Николаевич Каштанов, Иван Семенович Шатилов (р. 1917), Андрей Павлович Щербаков (р.1941), Иван Павлович Макаров, Валерий Иванович Кирюшин (р.1941), Александр Михайлович Лыков (р.1927) и многие другие ученые в федеральных и региональных научно-исследовательских учреждениях и в вузах, прежде всего НИИСХ Юго-Востока, Ставропольском, Алтайском, а также в Воронежском аграрном университете.

С генетико-морфологической стороны ландшафтная структура имеет определенную иерархию. Ее низшей ступенью является фация, которая соответствует “одному элементу рельефа, либо его части с одинаковым генезисом и литологией почвообразующих пород, одной почвенной разностью, глубиной залегания, степенью минерализации и типа химизма грунтовых вод, одним микроклиматом и одной растительной ассоциацией”[11]. Фация неделима, поэтому она является исходной единицей в формировании остальных структур ландшафта.

Следующая ступень – подурочище. Оно выделяется в том случае, когда на одном элементе рельефа, например, склоне, днище долины, вершине холма и др. сформировалось несколько фаций. Затем идет урочище, охватывающее одну мезоформу рельефа, например, холм, долину. Дальнейшая структура – местность, как сочетание урочищ на одном геологическом фундаменте с комплексом форм рельефа одного генезиса. И, наконец, высшая единица генетико-морфологической структуры – ландшафт. Он характеризуется одним геологическим фундаментом, генетически близкими типами рельефа, одним климатом с отличным для данной территории набором урочищ.

Мы не будем излагать всего многообразия понятий и терминов, связанных с ландшафтно-экологическим земледелием, например, ландшафтные полосы, ландшафтные ярусы, агроландшафт. Все это подробно описано в цитируемых работах. Важно понять одно: система земледелия должна быть построена так, чтобы максимально беречь почву от смыва и дефляции, влагу от бесполезной потери, чтобы все составляющие земледелие компоненты учитывали рельеф, характер почвы и другие элементы ландшафта. Следовательно, поля должны нарезаться по горизонталям и другим природным разграничительным линиям. Например, в районах Нечерноземья, где контуры и площади полей невелики, севообороты следует строить с учетом этого фактора.

Предстоит огромная работа по документации, обследованию, проектированию. Надо хорошо знать не только угол уклона каждого склона, но и определить размещение лесных полос, посадить колки и сделать многое другое. Переход на ландшафтно-экологическую систему потребует много времени, обучение и перевоспитание людей. Но это фактически означает коренное изменение всего нашего земледелия.

Сердцевину ландшафтно-экологического земледелия составляет контурная организация территории в сочетании с почво- и влагосберегающими приемами обработки почвы, полезащитными лесополосами, травосеянием и комплексной мелиорацией земель. При этом земельные ресурсы необходимо рассматривать в тесном единстве с водными и лесными.

Таким образом, мелиорация – важнейший элемент ландшафтно-экологического земледелия. Ее комплексность следует понимать как сочетание водных (орошение, осушение), лесных, противоэрозионных и иных ее форм и направлений. В прошлом в нашей стране было гипертрофированное увлечение водными мелиорациями, строительством гигантских сооружений и забвение малых форм улучшения земель. Это отвлекало из бюджета крупные финансовые средства и далеко не всегда приносило желаемый результат.

В мелиорации важен бассейновый подход. Он необходим при ландшафтно-экологическом земледелии. Любое изменение, например, распашка какого-то участка, вырубка леса, строительство плотины, внесение удобрений и т.д., немедленно сказывается на водостоке, физическом и химическом составе воды, режиме рек, их сохранности. Поэтому необходимо обследование, картирование, изучение водосборных бассейнов. Это делается во многих странах, например, в США выделено 12 711 водосборных бассейнов. У нас их должно быть больше, учитывая территорию страны.

Проблемами ландшафтно-экологических мелиораций в России занимаются академики РАСХН Борис Борисович Шумаков (р.1933)[12], Борис Степанович Маслов (р.1929)[13] и другие ученые. Б.С. Маслов за цикл работ "Мелиорация и охрана природы" в 1993 г. награжден Золотой медалью имени П.А. Костычева. При осуществлении агромелиоративных проектов в современных условиях и обозримом будущем предстоит обеспечить социальную и экологическую устойчивость, а также экономичность использования воды. Особенности России в том, что 85% стока рек направлены к Северному Ледовитому и Тихому океанам, на север, а остронуждающиеся в ирригации южные районы бедны водными ресурсами. Потому разработка методов экономичного использования воды, обеспечение населения чистой водой для России исключительно актуальны. Печален опыт некоторых западноевропейских стран, которые вынуждены импортировать питьевую воду, например, из Норвегии. В силу российской безалаберности и расхлябанности у нас некоторым руководителям ничего не стоит спустить, например, накопленные за годы на крупных животноводческих комплексах тысячи тонн навозной жижи в реку, как это случилось в ноябре 1994 г., когда в Ивановской области отравили реку Нерль, лишив питьевой воды 2/3 жителей города Владимира с 340 тыс. человек населения. Потому нужна сплошная экологизация как земледелия, так и всей экономики в целом[14].

В земледелии нельзя ослаблять внимания к проблеме засухи. Глобальные изменения климата неумолимо ведут к обострению засушливости в южных районах нашей страны, где сосредоточено основное пшеничное поле России. В засушливых районах размещается 65% посевов зерновых, 93% подсолнечника, 92% бахчевых культур, 84% винограда, 69% плодов и ягод. Уже раньше говорилось, что проблема эта комплексная, нуждающаяся во внедрении ландшафтно-мелиоративного земледелия, всесторонней мелиорации, подбора адаптивных культур и сортов, щадящей почву системы машин.

В мае 1993 г. президиум РАСХН и коллегия Минсельхозпрода РФ на своем выездном заседании в Волгограде подвели итоги работы за пять лет по осуществлению решений Волгоградской сессии ВАСХНИЛ 1987 г. В этой области осознанно и ответственно подошли к проблеме: изменена структура посевов, на 23% пашни введен паровой клин, 70–80% озимых размещаются по хорошим предшественникам, на площади 2,5 млн. га проводится влаго- и почвосберегающая обработка, развивается мелиорация, на заводах города производится необходимая для этих работ техника. Валовые сборы зерна стабилизировались на уровне 3,7–4,2 млн. т без резких падений в неблагоприятные годы, производство масличных культур возросло на 30%, существенно пополнились запасы кормов для животноводства, тогда как раньше эта область завозила солому на кормовые цели из многих районов юга и центра страны[15,16].

Работы по ландшафтно-мелиоративному земледелию уже продвинулись с опытных участков на поля и ландшафты, от теоретических разработок шагнули в практику. Имеется четкая концепция, методология и методика реализации, сформулирована программа. Выбор систем земледелия, адаптированных к природному ландшафту, – переворот, который охватит все природные сферы: почву, воду, флору, фауну с конечным выходом на человека. Ландшафтная система призвана создать здоровую среду обитания для людей, сохранить землю, воду и чистый воздух, сохранить и умножить мир растений и животных.

Большую тревогу вызывает сохранность российского чернозема. Вследствие хищнического и бездумного обращения он деградирует, истощается. Массовое вовлечение черноземов под орошаемое земледелие не дало ожидаемых результатов в производстве сельскохозяйственной продукции. Поэтому орошать черноземы, например, в Центрально-черноземном районе едва ли следует (кроме отводимых под овощные культуры). Если с юга на север увеличивается осушение, то с севера на юг – орошение. Однако и в аридной зоне недопустимо сплошное орошение, максимальная доля поливных земель не должна превышать 50–60% с уменьшением к северу. Орошение черноземов может применяться после обстоятельных почвенных и экологических исследований и по грамотно подготовленному инженерному проекту, учитывающему все элементы природной среды.

В качестве реакции на негативные проявления техногенных методов земледелия в ряде стран Запада, достигших наибольших успехов в сельском хозяйстве за счет химико-техногенной интенсификации, в частности, в Германии, Голландии появилось альтернативное земледелие. Суть его сводится к отказу от применения химии и тяжелой техники, возврату к использованию органических удобрений, севооборотов, трав, механических и биологических методов борьбы с болезнями, вредителями и сорняками. Разумеется, здесь урожайность не достигает столь высокого уровня, как с искусственными удобрениями и пестицидами, однако земледелец вознаграждается экологически чистой продукцией, которая продается по все более высоким ценам. В Тулузском научном центре национального института аграрных исследований Франции (ИНРА) ведутся исследования по теме: "Экстенсификация сельского хозяйства". Широких размеров альтернативное земледелие не получило, однако в тех случаях, когда необходимы особо чистые в экологическом отношении продукты, оно уместно и оправдано.

Полностью исключить применение химии в сельском хозяйстве нельзя, хотя в наши дни жизнь вынудила практически отказаться как от минеральных туков, так и от пестицидов. Все дело в недоступных для крестьян ценах. Но кризис когда-то кончится, и наука должна иметь наработки. Поэтому исследования по химизации свертывать нельзя, географическую сеть опытов с удобрениями сохранить надо. Она создавалась в свое время Д.Н. Прянишниковым, затем ее данные обобщали уже в наше время Владимир Дмитриевич Панников (р.1914), Дмитрий Александрович Кореньков (р.1920), Василий Григорьевич Минеев (р.1931), Николай Захарович Милащенко (р.1932).

В настоящее время и в обозримом будущем возрастающая роль принадлежит микробиологии. Всероссийский институт сельскохозяйственной микробиологии, возглавляемый Игорем Анатольевичем Тихоновичем (р.1949), сосредоточил свою работу на микробиологической трансформации органического вещества при почвообразовательном процессе, микробиологической деградации пестицидов, устойчивости к корневым инфекциям. Здесь выделены азотфиксирующие бактерии, способные осуществлять детоксикацию тяжелых металлов. Наши, отравленные техногенными выбросами, земли остро нуждаются в санации на больших площадях. Получены и внедряются в практику микробиологические препараты для защиты растений в открытом и закрытом грунте.

Растениеводство и защита растений

Народнохозяйственное значение растениеводства трудно переоценить, если учесть, что оно поставляет около 90% продуктов питания человека, почти полностью формирует кормовую базу животных, а побочная биомасса возделываемых растений участвует в поддержании плодородия почвы. Поэтому экономичность и уровень развития этой отрасли сельского хозяйства в решающей степени определяет эффективность аграрного сектора в целом.

Возможности роста продуктивности растений велики. Биологический потенциал сортов и гибридов, которые созданы наукой уже сегодня, далеко не исчерпан, он реализуется всего лишь на 30–40%. А.А. Жученко[17], ссылаясь на

Силвана Виттвера, иностранного члена РАСХН (р.1917), приводит данные по достигнутому в мире рекордному уровню урожаев отдельных культур в передовых фермах США и по стране в среднем. Мы воспользуемся указанными данными в мире, в лучших хозяйствах России в сравнении со средними показателями по Российской Федерации за 1986–1990 гг. (табл. 14.2).

Таблица 14.2

Урожайность сельскохозяйственных структур в РФ, ц/га

Культуры	Средняя* за 1986 – 90 гг.	В лучших** хозяйствах РФ	Мировой рекорд
Кукуруза	28,7	74,0	272
Пшеница озимая	28,2	76,0	192
Рожь	17,4	58,9	–
Ячмень	15,6	85,7	188
Овес	12,4	62,4	263
Рис	28,7	69,1	311***
Картофель	110,0	260,0	1244
Сахарная свекла	176,0	503,0	1333

* Российская Федерация в 1992 г. Статистический ежегодник. С. 422–423
** Данные Министерства сельского хозяйства и продовольствия РФ
*** При трех урожаях в год, по России – один урожай

В растениеводстве нашей страны в течение последних десятилетий, кроме селекции, упор делался исключительно на техногенные факторы: химические удобрения, пестициды, орошение, технику, интенсивные технологии вплоть до "мостового земледелия". Последнее не нашло широкого применения вследствие высоких издержек. И вместе с тем биологическим факторам достаточного внимания не уделялось. Стали недооцениваться даже такие испытанные временем меры, как севообороты, механические методы борьбы с болезнями, сорняками и вредителями. Вместе с тем техногенные факторы оказались не безвредными и не дешевыми.

Если говорить о стратегии, то следует всемерно экономить невосполнимые источники энергии, понимая их ограниченность и предстоящую в обозримом будущем исчерпаемость. И, наоборот, необходимо всемерно расширять использование биологических факторов прежде всего вследствие их возобновляемости.

Обоюдоострым оружием является химия, особенно применение пестицидов. Многочисленными исследованиями зарубежных и отечественных ученых выявлены отрицательные последствия широкого применения пестицидов. Большинство из них не обладает избирательным действием, убивает как вредные, так и полезные микроорганизмы, обедняет флору и фауну, нарушает сложившиеся природные экосистемы. Проникновение пестицидов в организм человека вызывает тяжелые заболевания. Дальнейшее расширение применения пестицидов ставит под угрозу экологическое благополучие страны и здоровье людей. Поэтому будущее принадлежит биологическим методам, рациональному использованию природных факторов. Кроме того, в условиях интенсивной химизации часто патогенные микроорганизмы адаптируются к новым условиям и становятся невосприимчивыми к ядохимикатам.

А.А. Жученко приходит к четкому определению стратегии развития растениеводства и роли биологических и техногенных факторов интенсификации. Он пишет, что "техногенные факторы интенсификации должны рассматриваться в качестве важного, но лишь вспомогательного средства управления свободно протекающими процессами в растениях, почве, агроценозе и агроэкосистемах биологическими процессами с целью более эффективной утилизации природных ресурсов (солнечной энергии, почвы, климата) в интересах человека"[18].

Способы обработки почвы, мелиорации, удобрения и все, что связано с техникой и технологией, должны оптимизировать условия жизни, роста и развития возделываемых растений, содействовать более интенсивному использованию солнечной энергии, воды, света и питательных веществ. Управлять в обычном понимании этого слова природными процессами человек не может так, как механическим движением или химическими реакциями. Здесь его возможности весьма ограничены. Поэтому надо к ним приспосабливаться, адаптироваться. Суть адаптивного растениеводства и состоит в максимизации использования природных факторов (климата, почвы, рельефа и др.). При этом важное значение приобретает размещение культур и сортов, специализация предприятий прежде всего с учетом всего комплекса агроэкологических факторов.

Рациональному размещению в нашей стране аграрная наука давно уделяет должное внимание. Можно вспомнить работы А.Ф. Фортунатова, А.Н. Челинцева, А.И. Северцова и многих других. Они были посвящены районированию России, сложившемуся размещению производства по крупным зонам. В 50–60-х гг. нашего столетия В.С. Немчиновым и коллективом возглавляемого им СОПСа (Совета по изучению производительных сил) было проведено более детальное районирование. Агроклиматическое районирование осуществлено Д.И. Шашко[19].

Вопросы размещения нашли отражение в системах ведения сельского хозяйства. Эти работы проводились в 50–80-е гг. К сожалению, они концентрировали внимание на регионах и внутриобластных зонах. Сейчас надо идти дальше, доходить до каждого поля. Переход на ландшафтно-мелиоративное земледелие и адаптивное растениеводство невозможен без научно обоснованной оценки всех объективных и, в первую очередь, природных факторов, в которых осуществляется аграрное производство.

Рациональное использование природных факторов – это одна сторона растениеводства. Другая – создание путем техногенного воздействия благоприятных условий для роста и развития растений: повышение содержания питательных веществ в почве, обеспечение оптимального водного режима, аэрации, освещения, санации почвы от патогенных организмов и многое другое. Это достигается путем введения соответствующих севооборотов, способов обработки почвы, ее мелиораций, внесения органических, минеральных удобрений и сидератов, борьбы с сорняками, болезнями и вредителями. Главное же в самом возделывании растений, в создании таких сортов и гибридов, которые отличаются высокой продуктивностью, качеством полезной продук-

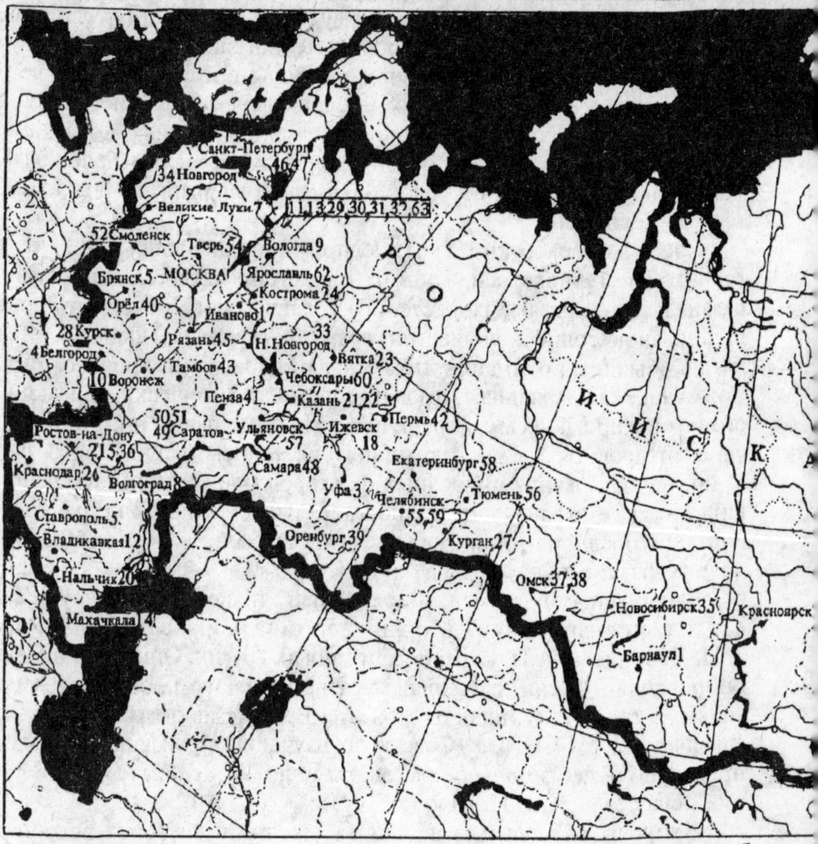

На карте обозначе

1. *Алтайский государственный аграрный университет*
2. *Азово-Черноморский институт механизации сельского хозяйства*
3. *Башкирский государственный аграрный университет*
4. *Белгородская государственная сельхозакадемия*
5. *Брянский сельхозинститут*
6. *Бурятский сельхозинститут*
7. *Великолукская государственная сельхозакадемия*
8. *Волгоградский сельхозинститут*
9. *Вологодский молочный институт*
10. *Воронежский государственный аграрный университет*
11. *Всероссийский сельскохозяйственный институт заочного образования*
12. *Горский аграрный университет*
13. *Государственный университет по землеустройству*
14. *Дагестанская государственная сельхозакадемия*
15. *Донской сельхозинститут*
16. *Дальневосточный госагроуниверситет*
17. *Ивановский сельхозинститут*
18. *Ижевский сельхозинститут*
19. *Иркутский сельхозинститут*
20. *Кабардино-Балкарский аграрный институт*
21. *Казанский ветеринарный институт*
22. *Казанский сельхозинститут*
23. *Кировский сельхозинститут*
24. *Костромская государственная сель*
25. *Красноярский государственный агр*
26. *Кубанский государственный аграрн*
27. *Курганская государственная сельхо*
28. *Курский сельхозинститут*
29. *Московская ветеринарная академи*
30. *Московская сельхозакадемия им К. .*
31. *Московский государственный униве*
32. *Московский государственный агро*
33. *Нижегородская государственная се*
34. *Новгородский сельхозинститут*
35. *Новосибирский государственный а*
36. *Новочеркасский инженерно-мелиор*
37. *Омский ветеринарный институт*
38. *Омский сельхозинститут*
39. *Оренбургская государственная сел*
40. *Орловский сельхозинститут*
41. *Пензенский сельхозинститут*
42. *Пермский сельхозинститут*

Р

УЧРЕЖДЕНИЙ РОССИИ (на начало 1994 года)

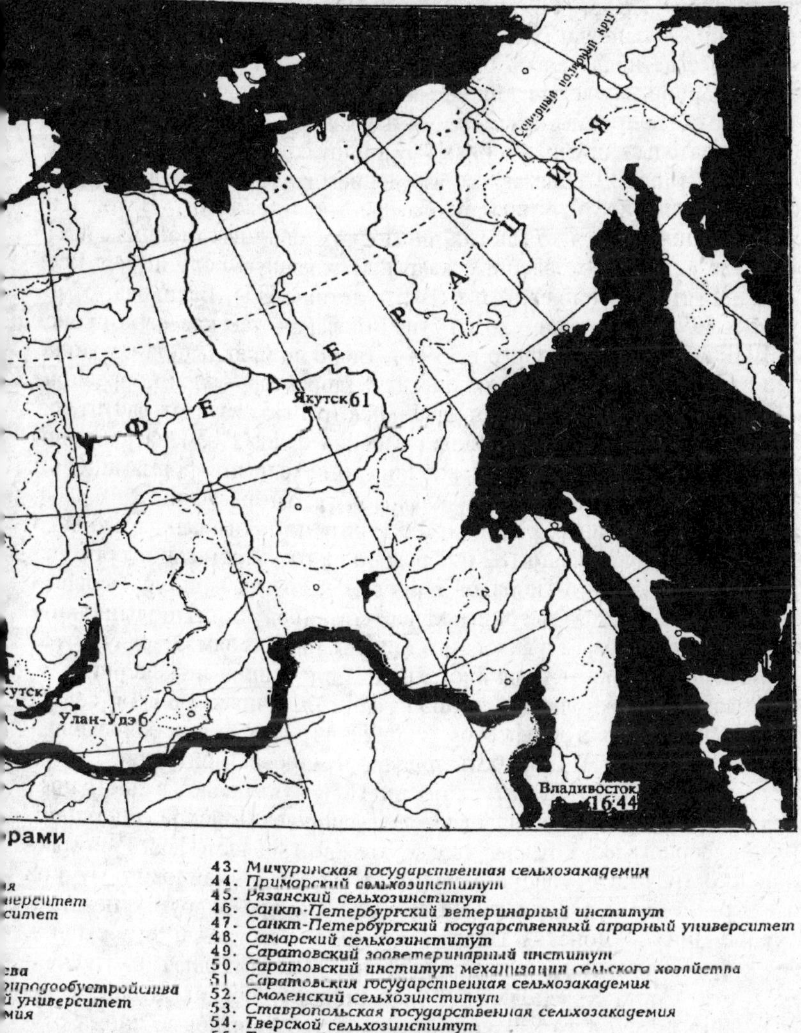

рами

ия
нерситет
ситет

ства
иродообустройства
й университет
мия

иверситет
нститут

ия

43. *Мичуринская государственная сельхозакадемия*
44. *Приморский сельхозинститут*
45. *Рязанский сельхозинститут*
46. *Санкт-Петербургский ветеринарный институт*
47. *Санкт-Петербургский государственный аграрный университет*
48. *Самарский сельхозинститут*
49. *Саратовский зооветеринарный институт*
50. *Саратовский институт механизации сельского хозяйства*
51. *Саратовская государственная сельхозакадемия*
52. *Смоленский сельхозинститут*
53. *Ставропольская государственная сельхозакадемия*
54. *Тверской сельхозинститут*
55. *Троицкий ветеринарный институт*
56. *Тюменский сельхозинститут*
57. *Ульяновский сельхозинститут*
58. *Уральский сельхозинститут*
59. *Челябинский государственный агроинженерный университет*
60. *Чувашский сельхозинститут*
61. *Якутский сельхозинститут*
62. *Ярославский сельхозинститут*
63. *Российская высшая школа управления и агробизнеса АПК*

ции, устойчивостью к стрессам и отзывчивостью на удобрения и воду, что и дает селекция. Кроме того, надо хорошо знать законы роста и развития растений, иначе говоря, владеть теорией растениеводства. В этой области много работает Виктор Степанович Шевелуха[20].

Селекции всегда придавалось большое значение, и среди всех отрядов работников аграрной науки селекционерам всегда отводилось самое почетное место, их отмечали самыми высокими наградами. В настоящее время в научно-исследовательских учреждениях России функционируют 47 селекционных центров, из них 39 занимаются выведением новых сортов и гибридов культурных растений и 8 работают в области животноводства. В той или иной мере селекция ведется во многих институтах, опытных станциях и лабораториях, где есть подготовленные кадры. Важнейшую роль играет Всероссийский институт растениеводства (ВИР), детище Н.И. Вавилова, отметивший летом 1994 г. столетие своего существования, так как свое происхождение ВИР ведет с основанного в 1894 г. Бюро по прикладной ботанике и селекции в Санкт-Петербурге. Этот институт (директор – член-корреспондент РАСХН Виктор Александрович Драгавцев (р.1935) изучает растительные ресурсы мира, собирает и сохраняет в своих фондах семена растений всех широт, обеспечивает селекционеров России исходными формами. Он и сегодня обладает крупнейшей в мире "кладовой" семян растений.

О размерах селекционных работ можно судить по таким данным: только в 1993 г. впервые районировано 182 и передано на государственное сортоиспытание более 200 сортов и гибридов зерновых и других культур, большая часть которых отличается высоким качеством продукции, повышенной устойчивостью к стрессовым факторам и опасным патогенам. Наряду с традиционными используются методы биотехнологии и генной инженерии.

Над методами биотехнологии, тесно связанными с практической селекцией, плодотворно работает профессор Раиса Георгиевна Бутенко, являющаяся членом РАН и РАСХН. Ее работы получили мировое признание.

После Краснодарского института имени П.П. Лукьяненко в настоящее время по селекции озимой пшеницы вперед выдвинулся Донской селекционный центр в г. Зернограде, который долгие годы возглавляет Иван Григорьевич Калиненко (р. 1920); успешно работает Юрий Михайлович Пучков (р. 1937) в Краснодаре их коллеги в Саратове, Самаре и других центрах. Сорта "Колос Дона", "Донская Нива", "Дон 93" – засухо- и зимостойки, устойчивы к бурой ржавчине, пыльной головне. Максимальная их урожайность 7–8,5 т/га. Сорта Краснодарской селекции в условиях хозяйства на площади 3 200 га дали 7,4 т/га. В конкурсном испытании новые линии озимой пшеницы, полученные в НИИСХ Нечерноземной зоны (пос. Немчиновка Московской обл.), обеспечивают сбор в 9,4–9,6 т/га.

Особую ценность представляют работы, связанные с выведением сортов и гибридов, толерантных к повышенной кислотности почвы. Такие работы успешно ведутся на Северо-Востоке европейской части страны Ниной Андреевной Родиной в Кировской области, а также в Красноярском крае Николаем Александровичем Суриным (р. 1937). Огромные площади земель Сибири и Российского Нечерноземья имеют кислотность с pH 3,7–4,0, а также высокое содержание алюминия. И здесь издавна люди занимаются земледелием, разумеется, получая весьма низкие урожаи. В Красноярском институте академиком Суриным и в Институте Северо-Востока членом-корреспондентом РАСХН Родиной получены сорта ячменя, обеспечивающие в этих условиях урожайность зерна 6–7 т/га. В свое время подлинный прорыв в селекции ячменя сделал академик РАСХН Виктор Михайлович Шевцов (р.1940) в институте имени П.П. Лукьяненко. Селекцией зернофуражных культур успешно занимается уже длительное время Энгель Данилович Неттевич (р.1932) со своими коллегами в Немчиновке, а также в других региональных институтах. Перспективные сорта ярового ячменя получены на Дону, в Омске, а также на Прикумской опытной станции Ставропольского края Глебом Иоанникиевичем Петровым (р.1915).

Селекцию кукурузы продолжает один из патриархов нашей аграрной науки, работавший в свое время еще с Н.И. Вавиловым, Гайфутдин Салахутдинович Галеев (р.1911) на Кубани, а также Владимир Семенович Сотченко (р. 1937) на Ставрополье. Уже имеются гибриды с устойчивой урожайностью 10 т сухого зерна с гектара. Получение зеленой массы с початками на кормовые цели за последние десятилетия продвинулось далеко на север.

Во Всероссийском институте зернобобовых и крупяных культур (г. Орел) получены весьма удобные для уборки сорта неосыпающегося гороха с урожайностью 5–6 т/га, а также просо с потенциальным намолотом до 5 т/га.

Вся генетическая, селекционная и технологическая работа с рисом вплоть до выпуска готовой продукции сосредоточена во Всероссийском институте риса, возглавляемом Евгением Павловичем Алешиным (р.1931). Здесь созданы раннеспелые сорта, с высокими вкусовыми качествами и продуктивностью до 10 т/га.

Работа с масличными культурами ведется прежде всего в расположенном в Краснодаре институте масличных культур, а также недавно организованном институте рапса в Липецке. В свое время Василий Степанович Пустовойт (равно как Павел Пантелеймонович Лукьяненко и Василий Николаевич Ремесло в селекции озимой пшеницы) совершил научно-техническую революцию в выведении высокомасличных сортов подсолнечника. Работы в этом направлении продолжаются. Созданы новые сорта подсолнечника, устойчивые к заразихе и ложной мучнистой росе, урожайностью 3,8–4,2 т/га семян и содержанием жира 45–52%, олеиновой кислоты – 60–72%. Урожайность ярового рапса достигает 3,6 т/га при содержании в семенах белка 21–36% и жира 41–45% с высокой устойчивостью к полеганию, а также ряду болезней и вредителей.

Сахарная промышленность России долгие годы была ориентирована на переработку кубинского сырья из тростника. Собственная сырьевая база развивалась слабо. С распадом Союза ССР традиционные зоны свеклосеяния оказались в ближнем зарубежье. Это отразилось на производстве и потреблении сахара. Потребление сахара снизилось в расчете на душу населения с 47,2 кг в 1990 г. до 33,6 кг в 1992 г. с тенденцией дальнейшего падения. Велик объем импорта. Поэтому как выращиванию сахарной свеклы, так и ее переработке предстоит уделить намного больше внимания. Селекционерами уже созданы высокопродуктивные линии свеклы с потенциальной урожайностью 62,5 т/га при выращивании без гербицидов, позволяющие вдвое экономить расход топлива и живого труда в сравнении с современными технологиями.

Льноводство в России давно стало убыточной отраслью сельского хозяйства, хотя в прошлом наша страна поставляла на мировой рынок большие массы льноволокна. Русский лен славился на весь мир, а льноводство было высокодоходной отраслью. Если в 1986–1990 гг. среднегодовой сбор льноволокна составлял 124 тыс. т, то в 1991 г. – 102, в 1992 г. – 78 и в 1993 г. – 58[21]. В числе причин свертывания льноводства – устаревшая технология. На старой технической основе возродить льноводство невозможно. Люди больше не вернутся к прежней технологии, требующей больших затрат ручного труда. Поэтому предстоит радикально изменить всю технологию, изготовить технику, поставить производство на поток, создать новые сорта, адаптированные к различным условиям Северо-Запада и центра России. Селекционные работы ведутся небезуспешно во Всероссийском институте льна (г. Торжок Тверской обл.), Псковском НИИ сельского хозяйства. Здесь издавна сложились школы льноводов-селекционеров. Уже появились сорта с высокой урожайностью семян и волокна, устойчивые к полеганию, фузариозу и ржавчине. Эта отрасль особенно нуждается в государственной поддержке.

Картофельное поле России занимает более 3,4 млн. га, почти в 7 раз больше, чем в США, но своего картофеля не хватает. И дело не только в крайне низких сборах, но главное – в невообразимых потерях продукции на всем пути от поля до стола. Это хозяйство нуждается в радикальной перестройке. И не за гектарами надо гоняться, а за качеством, урожайностью. Нужна современная технология хранения и переработки. Один гектар посевов российского картофеля дает в 3–5 раз меньше продукции, чем европейский и американский. Сравнение еще больше в пользу зарубежного опыта, если учесть полную сохранность продукции "у них".

Недавно ушел из жизни выдающийся селекционер по картофелю Петр Иванович Альсмик, один из руководителей антифашистского подполья в Минске в годы Великой Отечественной войны. Его сорта обеспечивали при должном уходе сбор до 50 т/га. Продолжает его традиции созданная им школа белорусских селекционеров. В институтах России также ведутся работы по получению сортов, устойчивых к фитофторе, засухе, вирусам, раку, парше, нематоде, с хорошей лежкостью, повышенным содержанием крахмала. При этом в качестве исходного материала используются дикие формы растений. Уже есть практические результаты.

В России работы по селекции и технологии выращивания картофеля осуществляет Институт картофельного хозяйства, возглавляемый Борисом Анатольевичем Писаревым. Одним из организаторов этого института был профессор Александр Георгиевич Лорх (1889–1980), автор многих известных сортов и теории возделывания картофеля для различных почвенно-климатических условий.

Селекция овощных культур направлена на повышение содержания витаминов, минеральных солей и микроэлементов, других полезных ингредиентов в овощах, выращиваемых как в открытом, так и закрытом грунте. Вместе с тем ученые стремятся повысить сопротивляемость растений к неблагоприятным факторам внешней среды, выйти на безгербицидные технологии, увеличить массу урожая с единицы площади. Работа ведется в научных учреждениях практически всех крупных регионов. Только за 1993 г. внесено в Государственный реестр 95 сортов и гибридов.

Одним из самых крупных ученых России в области овощеводства, да и не только в России, сегодня является Герман Иванович Тараканов (р. 1923). Он принял эстафету непосредственно от своего учителя Виталия Ивановича Эдельштейна, почетного академика ВАСХНИЛ, работавшего профессором ТСХА с 1916 г. и создавшего научные основы современного овощеводства. Герман Иванович занимается экологией, селекцией и проблемами закономерностей формирования урожая. Он создал холодостойкие сорта огурцов и томатов, используя дальневосточные и китайские формы. Академик Тараканов – автор 26 сортов огурцов, 15 сортов томатов, 4 сортов кабачков, салатной горчицы, зеленого кабачка с продленной лежкостью, японской (сладкой) редьки. Г.И. Тараканов – сторонник целостного подхода к живому организму, включая растения, противник подхода узкоспециализированного без синтеза компонентов, чем сегодня страдают многие работники науки и практики. Он сожалеет о том, что врачи "потсряли" человека, занимаясь отдельными органами, социологи и политики "потеряли" крестьянина, имея дело с механизатором, скотником и т.д., а в агрономии потеряли настоящего агронома, работая с кормовиком, плодоводом и т.п. Узкий, односторонний подход, таким образом, не только обедняет, но и искажает целое.

Научные учреждения по садоводству только за год передали в реестр 23 сорта плодовых и 21 сорт ягодных культур. Всего же сюда включено 742 сорта, из них 177 – яблони, 80 – груши, 75 – сливы, 57 – вишни, 56 – земляники, 57 – черной смородины. Это создает большие возможности для рационального размещения сортов по регионам и микрорайонам страны. Здесь при селекции учитываются такие качества, как зимостойкость, устойчивость к парше и другим болезням и вредителям, вкусовые качества, содержание питательных веществ, лежкость. Институтом садоводства и питомниководства предложена методика экологического районирования садоводства. В институте селекции плодовых культур (г. Орел) под руководством академика Евгения Николаевича Седова (р.1930) выведено много сортов плодовых и ягодных культур, адаптированных к условиям центра России, который становится важнейшим регионом производства этой продукции. В этом же институте по инициативе его директора Егора Семеновича Строева пересмотрены структура, организация и оплата труда в научных коллективах: эти факторы стали стимулами роста производительности и средством обеспечения стабильности коллектива в условиях кризиса. Здесь не просят денег, а зарабатывают их.

После распада Союза ССР зона виноградарства и виноделия резко сократилась. Из большой группы научных учреждений в России остался единственный научно-исследовательский институт в г. Новочеркасске на Дону с опытной станцией в г. Прикумске Ставропольского края. Этот институт долгие годы возглавлял профессор Яков Иванович Потапенко (1904–1975), ученый с широким кругозором, занимавшийся не только виноградарством и виноделием, но и охраной почв и природы. Работы по виноградарству ведутся в Северо-Кавказском НИИ садоводства и виноградарства на Кубани, а также в Кабардино-Балкарии и Дагестане. Представляется перспективным более широкое освоение под виноградники песков на Северном Кавказе. В этой отрасли также весьма актуальны проблемы селекции, механизации, экологической безопасности, борьбы с филлоксерой, милдью и грибковыми заболеваниями. Работы в этих направлениях ведутся интенсивно.

В системе Российской академии сельскохозяйственных наук находится ВНИИ лекарственных и ароматических растений (ВИЛАР), который возглавляет член-корреспондент Российской академии медицинских, а также сельскохозяйственных наук Валерий Алексеевич Быков (р. 1938). Этот коллектив занимается изучением, пополнением генофонда лекарственных растений, их селекцией, семеноводством, размножением, разработкой технологии получения лечебных средств. Институтом проводятся экспедиции по разведке и заготовке растений, выявляются их лечебные свойства. Учитывая, что фитопрепараты имеют большое будущее, работа ВИЛАРа представляется исключительно полезной и перспективной.

В исследованиях по защите растений от болезней, вредителей и сорняков должна преобладать стратегия перехода от применения истребительных мероприятий к управлению регулирующими факторами агроценоза, профилактике, изысканию путей такого воздействия на фитосанитарную ситуацию, которая не допускает массового распространения болезней и размножения вредителей. При этом регулирование агроценозов следует осуществлять биологическими и механическими средствами, избегая химии. Прямое воздействие на вредные виды допустимо только экологически безопасными и экономичными средствами.

Такой подход принципиально меняет характер систем интегрированной защиты растений. Он более дифференцирован, максимально приближен к агроландшафтам, агробиоценозам. Их надо хорошо знать, чтобы умело управлять ими. Поэтому необходим мониторинг за фитосанитарным состоянием с немедленной интервенцией при изменяющейся обстановке. Конечно, такая стратегия более наукоемкая по сравнению с традиционной, истребительной, экологически опасной и изжившей себя. Решающее значение при этом имеют устойчивость растений к тем или иным патогенам, стрессам.

Ведущая роль в этой области науки принадлежит Всероссийскому НИИ защиты растений (ВИЗР), расположенному со дня его основания в Санкт-Петербурге. Долгие годы этот высококвалифицированный коллектив возглавляет академик РАСХН Капитон Васильевич Новожилов (р. 1928). Кроме того, в Московской области действует ВНИИ фитопатологии (ВНИИФ) и на Кубани – Институт биологической защиты растений (ВНИИБЗР). В стране создано более 30 биопрепаратов и рекомендуются к применению недавно открытые 9 препаратов на основе энтомофторобных грибов и актиномицетов вирусов. Поскольку по этому направлению науки создано всего три института, ученые отделения, возглавляемого Владимиром Андреевичем Захаренко (р. 1935), недостаточную численность научных кадров компенсируют активной работой на общественных началах, создав 18 секций и комиссий по отдельным проблемам защиты растений. Эта практика применяется широко и другими отделениями академии.

Лес является важнейшей и неотъемлемой частью ландшафта. Он играет в жизни нашей планеты и человечества исключительно важную роль. Основные функции леса сводятся к следующему (причем значимость каждой необязательно соответствует месту в нижеперечисленном перечне):

Первое. Лес источник древесины, являющейся ценнейшим строительным материалом. При этом по гигиеничности она вне конкуренции со всеми другими материалами.

Второе. Древесина – исходный материал для целлюлозно-бумажной промышленности. Из нее изготовляют десятки тысяч различных продуктов. Уровень производства и потребления бумаги в расчете на душу населения – важный показатель уровня и качества жизни той или иной страны.

Третье. Лес, при рациональном его использовании, может поставлять широкий ассортимент пищевых, кормовых, лекарственных, технических и других ресурсов для населения.

Четвертое. Лес – самый мощный на планете регулятор газового состава атмосферы. В процессе фотосинтеза он связывает углекислый газ и выделяет кислород. Это – самая продуктивная экосистема биосферы в смысле газообмена. Это – легкие планеты.

Пятое. Лес – регулятор водных ресурсов, микроклимата и ландшафта. От состояния леса зависит жизнь малых, а в конечном счете и больших рек. Изводя леса, мы готовим для себя пустыню, превращение цветущего земного ландшафта в мертвый лунный. Народная пословица гласит, что лес рождает воду, вода – урожай, урожай – жизнь.

Шестое. Лес – место отдыха людей. Человек всегда тянулся к воде и лесу. Не может быть нормального, здорового поселения без естественного или посаженного леса. В свое время Франсуа Шатобриан (1768–1848) сказал, что лес предшествовал человеку. Пустыня следует за ним.

К сожалению, люди оказались недальновидными. Если сейчас в мире имеется 3 млрд. га сомкнутых лесов, то столетие тому назад их было на 1,5 млрд. га больше. Процесс истребления лесов за последние десятилетия ускорился. Сейчас в среднем за год вырубается по 20 млн. га, особенно много леса истребляется в развивающихся странах. Бездумная урбанизация наступает и в этом направлении. Сокращение лесов сопровождается аридизацией климата, расширением эрозии, учащением засух и наводнений, других аномальных явлений природы, обеднением качества жизни.

Мировая общественность, мировая наука бьют по этому поводу тревогу. В 1992 г. сессия ООН в г. Рио-де-Жанейро провела специальную сессию, посвященную сохранению биологического потенциала мира и прежде всего лесов. Создан Всемирный зеленый крест, президентом которого избран Михаил Сергеевич Горбачев. Национальную организацию России возглавляет академик Никита Николаевич Моисеев. Конкретные меры по спасению лесов планеты выработал Мировой лесной конгресс, состоявшийся в 1990 г. в Париже. Эти вопросы рассматривал Ш Всероссийский съезд лесничих, состоявшийся в сентябре 1994 г. в Санкт-Петербурге.

Россия является крупнейшим обладателем лесов. Каждый четвертый гектар леса в мире – российский. Казалось бы, что у нас должно хватать и бумаги, и мебели, что мы должны иметь здоровый ландшафт. Но, к сожалению, это не так. Возьмем для примера бумагу. В 1992 г. в России произведено 3,6 млн.т, в Великобритании – 4,2, в Италии – 4,5, во Франции – 7,0, в Германии – 10,8, Китае – 13,0, в Японии – 17,7, в США – 36,2, в Финляндии – 8,8 млн. т. Если же взять произведенную бумагу в расчете на душу населения, то в России получается 24 кг, в Великобритании – 74, в Италии – 80, во Франции – 131, в Японии – 143, в США – 142, в Германии – 155, в Швеции – 971, в Финляндии – 1802* кг[22,23].

Подобная же картина и с мебелью. Имея массу древесины, мы долгие десятилетия импортируем мебель и другие древесные изделия отнюдь не из лучших материалов. Все это вполне можно изготовить на наших предприятиях. Экономия древесины – один из путей сокращения объемов рубки леса. К сожалению, лесозаготовители мало задумываются о судьбе леса и будущих поколений в погоне за сиюминутной выгодой. Лесное хозяйство России находится в глубоком кризисе. 9/10 площади лесов расположено на севере европейской части страны, в Сибири и на Дальнем Востоке. Южные районы безлесные так же, как и безводные. Там необходимо лесонасаждение, и не только полезащитное.

Произошли неблагоприятные изменения в структуре лесов: подверглись массовой вырубке твердолиственные породы (дуб, бук), а также хвойные (кедр, ель, сосна), резко увеличились площади под породами с низкотоварной древесиной (осина, береза и др.). Все это является следствием некомпетентной, хищнической, преследующей сиюминутные интересы лесной политики. Подлинный хозяин леса – лесничий давно отстранен от хозяйских функций. В лесу распоряжаются рубщики, заготовители. Пока это положение не изменится, – порядка в лесном хозяйстве не будет.

Необходима четкая государственная политика в лесном деле, необходим пакет законов по лесу, нужна Государственная программа восстановления и разведения лесов России. Она должна включать интегрированную систему многоресурсного использования лесов при их обязательном восстановлении. Вместо каждого срубленного гектара леса через год непременно должен быть посажен новый гектар. Облесению подлежат все водоразделы, все неудобья, склоны, овраги и балки, подвижные пески. Ведь во время целинной эйфории перепахали миллионы гектаров непахотоспособных земель, обозвав их пашней.

Отношение к науке вообще наглядно видно по лесной отрасли. Например, в США из общей суммы Федерального бюджета на нужды лесного хозяйства на науку выделяется 7,6%, а в России – 0,5%. И это не единичный пример.

Лесная наука России имеет богатые традиции. Они связаны с именами В.В. Докучаева, Митрофана Кузьмича Турского (1840–1899), Георгия Федоровича Морозова (1867–1920), Николая Степановича Нестерова (1860–1926), Михаила Елевферьевича Ткаченко (1878–1950), Владимира Николаевича Сукачева (1880–1967), Ивана Степановича Мелехова (1905–1994) и многих других выдающихся ученых[24–26].

---

* за 1988 г.

В настоящее время плодотворно развиваются их школы. Существует сеть научно-исследовательских и учебных организаций.

Всероссийский НИИ лесоводства и механизации лесного хозяйства (ВНИИЛМ), возглавляемый академиком РАСХН Николаем Александровичем Моисеевым (р.1929), образован в 1934 г. Он занимается проблемами лесоведения и лесоводства, лесовосстановления, лесоустройства и лесопользования, лесной таксацией, экологией и охраной леса от болезней и вредителей, генетикой, селекцией и интродукцией лесных культур, экономикой и управлением лесным хозяйством, механизацией работ и охраной труда в лесу. В настоящее время институт работает над проектами законов о лесном деле в связи с переходом на рыночные отношения, в частности, о внебюджетном лесном фонде, лесных податях, аренде лесов, лесных аукционах, классификации и таксации лесов, положениями по рубкам главного пользования, рубкам ухода и несплошным рубкам. Большие работы ведутся по устойчивости лесов к промышленному загрязнению, а также против вредных лесных насекомых. Применяются феромоны для надзора за этой фауной. Осуществляется социально-экономический мониторинг над развитием лесов. Ведется конструкция и подбор технических средств для механизации работ.

Санкт-Петербургский НИИ лесного хозяйства (СПНИИЛХ) занят исследованиями преимущественно по лесовосстановлению, интегрированной защите лесов, охране их от пожаров, очищению лесов в зоне катастрофы на Чернобыльской АЭС.

Всероссийский НИИ химизации лесного хозяйства (ВНИИХЛ) в кооперации с другими научными учреждениями осуществляет мониторинг по защите лесов от антропогенного токсико-химического и радиационного воздействия, устанавливает предельно допустимые концентрации (ПДК) химических и радиоактивных веществ на лесные биогеоценозы и их продукты.

Всероссийский научно-исследовательский центр лесных ресурсов разработал метод национальной инвентаризации лесов России, создал автоматизированную информационную систему для обеспечения деятельности Федеральной службы лесного хозяйства, наблюдение за текущими изменениями состояния лесного фонда.

Научно исследовательский институт лесной генетики и селекции (НИИЛГиС) разрабатывает меры повышения генетической ценности продуктивности, качества и устойчивости насаждений биологическими методами. Деятельность названных научных учреждений распространяется на научное обеспечение лесоводства страны в целом.

Защитным лесоразведением занимается Всероссийский НИИ агролесомелиорации (ВНИАЛМИ), размещенный в г. Волгограде. Долгие годы его возглавляет академик РАСХН Евгений Семенович Павловский (р.1923). В настоящее время этот институт объединяет и координирует работы по ландшафтно-экологическому земледелию с помощью лесомелиорации, создает модели ландшафтного обустройства территорий на геолого-геоморфологической основе. Это особенно важно для зон совместного проявления водной и ветровой эрозии почв. Им предложены оптимальные параметры и структура лесных полос на орошаемых землях, а также для аридных условий, на склоновых землях, контурные лесные полосы.

Установлено, что полезащитное лесоразведение обеспечивает в степной зоне бездефицитный баланс гумуса, а в сухой степи – существенное снижение дефицитности. При сочетании полезащитного лесоразведения с приемами биологизации земледелия снижается вредность техногенных загрязнений, включая пестициды. Во ВНИАЛМИ осуществлена классификация аридных территорий по лесомелиоративным признакам и тем самым создана теоретическая основа для рационального использования земельного фонда этих регионов.

Институт уже долгие годы занимается борьбой с опустыниванием фитомелиоративными методами. В итоге удалось не только остановить наступление подвижных песков на Северном Кавказе и Нижней Волге, но и использовать эти земли для возделывания на них бахчевых культур, разведения виноградников, древесно-кустарниковых насаждений. Разумеется, это удается только там, где к научным рекомендациям прислушиваются, где их реализуют, то есть только там, где землею владеет не временщик, а культурный, ответственный хозяин.

Зоотехния и ветеринарная медицина

Животноводство России переживает трудное время. Рынок безжалостно обращается с неконкурентоспособными производителями. В сложившихся кризисных условиях поставлять животноводческие продукты невыгодно. В этом главная причина и сокращения поголовья животных, и падения продуктивности, и даже свертывания племенных хозяйств. Вместе с тем нельзя не видеть крупных стратегических просчетов в политике животноводства недавнего прошлого.

Первый состоит в том, что был взят последовательный курс только на крупные и сверхкрупные формы, на так называемые животноводческие "комплексы" с очень высоким уровнем концентрации скота. Оказались забытыми экологические и эпизоотические последствия такой концентрации.

Не был решен вопрос утилизации отходов на комплексах, и они стали отравлять окружающую среду на огромных площадях, заражать водоемы, убивать фауну и флору, хотя отходы – весьма ценное удобрение.

"Комплексы" были ориентированы на централизованное государственное снабжение кормами, на концентратный тип кормления. Но полноценной кормовой индустрии в стране построить не удалось. Концентраты сводились в основном к зерносмесям. Своего зерна не хватало. Государство все больше прибегало к импорту. И фактически эти "комплексы" обеспечивались американскими и канадскими фермерами, за что страна расплачивалась нефтедолларами.

Второй просчет, также связанный с ложно понимаемой индустриализацией, состоял в том, что забытыми оказались огромные просторы естественных кормовых угодий и ... само животное, которое и является производителем продукции. Здесь поиски инженерной мысли сводилась к экономии средств в расчете на скотоместо.

Итак, забота о животных, об удовлетворении его потребностей, о совершенствовании его самого – главное в животноводческой практике и зооинженерной науке, а также и ветеринарной медицине. Все это сводится к кормлению, содержанию, эксплуатации и селекции животных. При этом нельзя забывать, что корова – самый совершенный комбайн в мире, она сама набирает корм и перерабатывает его. Причем содержание и кормление в пастбищных условиях, если это настоящие, окультуренные пастбища, требует минимальных издержек и обеспечивает самый полноценный рацион. Для обеспечения надоя до уровня 3–4 тыс. кг молока здоровой корове достаточно только пастбищной травы и сена. А овца – самый лучший санитар полей и пастбищ; она поедает все, что пропускает и обходит стороной корова. Особенно неприхотлива романовская овца. Эти отрасли животноводства могут и должны в известных пропорциях сочетаться.

В научных учреждениях России накоплен немалый задел по кормопроизводству. Во Всероссийском институте кормов имени В.Р. Вильямса (ст. Луговая Московской обл.), разработаны теоретические основы рационального использования природных кормовых угодий по зонам страны; детально изучены биологические особенности важнейших кормовых культур и приемы их выращивания; создано большое число сортов и гибридов многолетних и однолетних кормовых растений, получивших широкое распространение в России и других странах бывшего Союза ССР.

В Институте люпина (Брянская обл.) получен устойчивый к фузариозу сорт желтого кормового люпина со средним урожаем зерна 2,1 т/га, 55,3 т зеленой массы и содержанием белка в зерне – 42,3%. Перспективные сорта ярового рапса получены в Институте рапса (Липецкая обл.).

В Сибирском НИИ растениеводства и селекции, возглавляемом академиком РАСХН Петром Лазаревичем Гончаровым (р.1929), на базе местных дикорастущих форм получен новый гибрид люцерны. В НИИСХ Северо-Запада получены сорта мятлика лугового и клевера, существенно превышающие районированные по урожайности семян и зеленой массы.

В Ставропольском НИИСХ (директор – академик РАСХН Людмила Николаевна Петрова) переданы на государственное сортоиспытание 3 сорта зернового и 3 сорта сахарного сорго, 2 сорта чумизы, по одному сорту зернового и кормового тритикале, сорт многолетней ржи, многолетней ежи, 2 сорта люцерны, 3 сорта житняка, по сорту пырея, овсяницы и клевера лугового. Получен житняк, выдерживающий засоленные почвы до 2%, а также подтопление минеральными водами до 0,8–1,2 м, причем урожайность массы превышает стандарт на 3,8 т/га. Это имеет исключительно важное значение ввиду широкого распространения засоленных почв на юге и юго-востоке России. Кроме того, здесь селекционерами института выделено 4 перспективных образца люцерны с урожаем зеленой массы более 100 т/га, что на 10–12 т выше стандарта, а семенная продуктивность достигает 7,8–8,1 ц/га, что вдвое выше стандарта[27].

Таким образом, в российских научных учреждениях накоплен богатый материал для создания рациональной кормовой базы, способной полностью обеспечить животноводство страны. Но политика в кормопроизводстве должна быть ориентирована на а) более полное использование естественных кормовых угодий, начиная с того, чтобы выкашивать и скармливать животным все, что растет на лугах и пастбищах, постепенно окультуривая и интенсифицируя их; б) выращивание на полях растений с богатым содержанием белков (люцерна, клевер, эспарцет, горох, вика, люпин, рапс, злаки); в) постепенное создание на кооперативных началах нормальной кормовой индустрии; г) наращивание поголовья животных в увязке с укреплением кормовой базы.

Должна измениться вся система животноводства. По расчетам, исходя из наличия ресурсов естественных кормов, предстоит в обозримом будущем больше упор делать на травоядных, жвачных животных. Очевидно, в мясном балансе страны доля говядины возрастет с 41,2 до 48,7%, баранины – с 4,5 до 6,4%, доля же свинины снизится с 35,6 до 30,5 и мяса птицы – с 18,7 до 14,4%[28].

Конкурентоспособным наше животноводство может быть в условиях нормального рынка при следующих обстоятельствах: во-первых, достаточном обеспечении поголовья полноценными кормами собственного производства; во-вторых, наличии простых, недорогих в строительстве и эксплуатации помещений и сооружений, отвечающих необходимым санитарно-гигиеническим требованиям; в-третьих, максимальном снижении затрат труда на обслуживание животных; в-четвертых, достаточно высокой продуктивности животных ; в-пятых, максимально возможной переработке продукции на месте, продаже ее через магазины сельскохозяйственной кооперации; в-шестых, содержания высокопродуктивных животных, хорошо окупающих корма и все совокупные затраты.

Последнее может дать генетика и селекция животных. Она нуждается в добротной информации. В свое время большую роль сыграли племенные книги. Первая из них вышла еще в 1793 г. в Англии, затем они появились в континентальной Европе и России. Следующим эпохальным событием было открытие метода искусственного осеменения животных в XX в. Честь этого открытия принадлежит русскому профессору Илье Ивановичу Иванову (1870–1932), а метод длительного сохранения гамет животных – академику ВАСХНИЛ Виктору Константиновичу Милованову. В настоящее время компьютеризация позволяет накапливать огромные пласты информации и отбирать желаемые сочетания носителей наследственных признаков.

Новый качественный скачок в генетике и селекции обеспечивает молекулярная биология в связи с открытием структуры генома организма. Предоставилась возможность вносить в геном животного генные структуры, являющиеся носителями и регуляторами тех или иных функций. Так, уже осуществлено интегрирование генов, связанных с ростом и развитием животных. Вносятся гены, ответственные за продуцирование белков (гормонов), регулирующих воспроизводство, а также и другие функции. При этом нельзя забывать того положения, что в целостном организме все взаимосвязано и взаимообусловлено и что изменение одной какой-то функции неизбежно вызовет изменение и других, в желательную или нежелательную сторону, и здесь особенно важно не торопиться, необходимы глубокие и всесторонние, длительные исследования.

Весьма перспективными являются биотехнологические методы, направленные на повышение генетичеекой устойчивости к вирусам, стрессам и другим неблагоприятным факторам внешней среды. Уже получены породы кроликов, невосприимчивых к вирусам.

Проведены успешные работы, тоже методом интеграции генов, позволяющие получить ценные для медицины и переработки животноводческой продукции вещества, особенно в клетках молочной железы. Из молока овцы получены вещества, стимулирующие свертываемость крови человека, что очень важно при лечении гемофилии. Профессор Г. Брем в Германии недавно получил путем генной инженерии из молока кролика химозин, заменяющий сычужную слизь телят для сыроварения. Биотехнологические методы представляются весьма перспективными для получения экологически чистых лекарственных препаратов.

Работы по биотехнологии осуществляются в ряде институтов зоотехнического профиля. Долгое время этими проблемами занимается, а также координирует их в России и с зарубежными научными центрами вице-президент РАСХН Лев Константинович Эрнст[29,30,31]. Ведутся эти исследования прежде всего во Всероссийском институте животноводства (пос. Дубровицы Подольского района Московской обл.), во Всероссийском НИИ генетики и разведения сельскохозяйственных животных (ВНИИГРЖ, г. Санкт-Петербург), во Всероссийском НИИ физиологии, биохимии и питания сельскохозяйственных животных (ВНИИФБиП, г. Боровск Калужской обл.), в Ярославском НИИ животноводства и кормопроизводства и в других научных центрах страны.

Ветеринарно-медицинская наука России представлена, как и другие отрасли, большим числом научных работников и опирается на богатые традиции и наследие прошлого. Сравнительно недавно ушел из жизни классик ветеринарной медицины Константин Иванович Скрябин, и мы хорошо помним его заветы. Он оставил прекрасную школу гельминтологов. Недавно скончался его сын Георгий Константинович Скрябин (1917–1991), эстафету приняло новое поколение.

Сергей Николаевич Вышелесский (1874–1958) внес колоссальный теоретический и практический вклад в очищение страны от таких опасных заболеваний как сибирская язва, чума, бруцеллез, туберкулез и другие опасные зоонозы, или антропозоонозы, то есть общие болезни для животных и человека. Яков Романович Коваленко (1906–1981) многое сделал по исследованию иммунитета, а также малоизвестных и анаэробных инфекций животных. Он долгие годы возглавлял ныне ведущий в стране Всероссийский НИИ экспериментальной ветеринарии (ВИЭВ), названный его именем. Сейчас им руководит академик РАСХН Георгий Федорович Коромыслов (р.1932). Здесь сосредоточен большой научный потенциал. Институт стал школой подготовки научных кадров ветеринарно-медицинского профиля для России и зарубежья. Успешно развивается институт гельминтологии им. К.И. Скрябина (ВИГИС), возглавляемый академиком РАСХН Андреем Стефановичем Бессоновым (р.1929), и многие другие институты и опытные станции в центре и в регионах. Много сил вложил в развитие ветеринарной науки академик РАСХН Владимир Петрович Шишков (р.1927).

Деятельность научных учреждений ветеринарно-медицинского профиля в настоящее время концентрируется на следующих наиболее актуальных направлениях: а) профилактика инфекционных, инвазионных и других заболеваний животных; б) профилактика и борьба с антропозоонозами, особенно такими, как бешенство, бруцеллез, туберкулез, сибирская язва. Всего таких болезней насчитывается около 200; в) контроль за качеством продуктов питания. Эта проблема в связи с экологическим неблагополучием и антисанитарными условиями торговли приобрела угрожающие размеры для здоровья и жизни людей; г) разработка лечебных средств и методов лечения болезней животных.

Только за 1993 г. ветеринарными научными учреждениями выполнены 153 разработки, получено 62 авторских свидетельства на изобретения, 91 положительное решение на выдачу патентов. В институте экспериментальной ветеринарии создано 17 вакцин, 13 диагностикумов и 10 препаратов. Многие вакцины этого института получили мировое признание и распространены в десятках стран мира.

Говоря о животноводстве, методах селекции и разведения, использования продукции и т.д., мы чаще всего имеем в виду крупный рогатый скот, свиней и овец. Но нельзя забывать и лошадь. В условиях энергетических трудностей ее хозяйственное значение возрастает. Резкое сокращение поголовья лошадей, как показала практика, неоправдано. Есть участки хозяйства, где мотор никогда ее не заменит, не говоря о спортивном, воспитательном и ином значении. Предстоит возродить эту отрасль животноводства, наладить производство упряжи и другого снаряжения. Решению этих вопросов поможет восстановление сельских промыслов на базе кооперации. Проект закона по этому вопросу готовится. Традиции в области коневодства Россия имеет богатые. Научные разработки ведутся Всероссийским НИИ коневодства (ВНИИК), расположенном в Рыбновском районе Рязанской области.

Огромным потенциалом располагает страна по рыбоводству во внутренних водоемах – пруды, озера, реки. Главное препятствие сегодня – экономическая обстановка, отравленность и загрязненность водоемов. Без их очищения от пестицидов, навозной жижи и технических выбросов, содержащих тяжелые металлы и нефть, развития рыбоводства не добиться. Мировой опыт говорит о возможности очищения воды при целенаправленной работе. Так был очищен Рейн, ставший в послевоенные годы сточной канавой. Так было очищено озеро Мичиган, тоже считавшееся безжизненным, а сейчас в нем водится рыба, из него пьют воду, и в нем купаются.

Опыт Ставропольского края и Белгородской области, где всерьез занялись рыбоводством в местных водоемах и где круглый год в магазинах продается живая рыба, подтверждает такую же возможность в любом регионе России.

Расположенный в Ногинском районе Московской области Всероссийский НИИ ирригационного рыбоводства имеет соответствующие разработки. Есть кадры ученых и практиков. Высокой эрудицией и опытом, например, располагает Владимир Иванович Козлов (р.1941), долгие годы возглавлявший научные учреждения по рыбоводству на Северном Кавказе, а в настоящее время работающий в названном институте рыбоводства. Практически возможно каждый овраг, ложбину, неудобья с соответствующим рельефом запрудить и использовать для разведения рыбы.

Неоценимую пользу человеку приносят пчелы. Во-первых, высокой питательностью и целебными качествами обладают сами продукты пчеловод-

сельского хозяйства (ВИМ), возглавляемый академиком РАСХН Валентином Митрофановичем Кряжковым (р.1928), Всероссийский НИИ электрификации сельского хозяйства (ВИЭСХ), директор – Д.С. Стребков, Всероссийский НИИ ремонта и эксплуатации машинно-тракторного парка (ГОСНИТИ) – директор академик РАСХН Вячеслав Иванович Черноиванов (р.1938) и Всероссийский институт механизации и электрификации сельского хозяйства (ВНИИПТИМЭС), который размещается в г. Зернограде Ростовской области и его в течение нескольких десятилетий возглавлял академик РАСХН Михаил Степанович Рунчев (р.1913).

Инженерные институты занимаются широким кругом проблем технической политики и топливно-энергетического обеспечения агропромышленного производства. Деятельность их нацелена на создание новой техники, отвечающей требованиям экологии, ресурсосбережения и формирования конкурентоспособного сельского хозяйства в условиях рынка. Конкретнее эти направления можно сформулировать следующим образом.

Первое. Создание высокопроизводительных, многофункциональных, комбинированных машинно-тракторных агрегатов для эффективных технологий.

Второе. Техника должна обеспечиваться как традиционными, так и альтернативными, то есть возобновляемыми источниками энергии.

Третье. Обеспечение управления технологическими процессами за счет автоматизированных систем. Прежде всего речь идет об их компьютеризации.

Четвертое. Техника должна быть ресурсосберегающей и обеспечивать производство экологически чистой продукции.

Пятое. Техника должна быть адаптирована к осуществлению рабочих процессов в природных условиях и служить материально-технической базой для ландшафтно-мелиоративного земледелия и адаптивного растениеводства. Это значит, что не поле, хозяйство и производственную структуру надо подстраивать под технику, так как это разрушает природу, а технику необходимо приспосабливать к агроэкосистемам, к живым организмам. Техника должна помогать человеку и природе, человек и природа не должны быть ее рабами и все “подгонять” под ее параметры. Это гораздо труднее, чем штамповать на всю Россию один-два типа трактора, комбайна, других машин. При этом приспособленными к конкретным условиям должны быть как отдельные рабочие органы, так и технологические комплексы в целом. К сожалению, эти работы находятся еще в зачаточном состоянии, но будущее за ними.

Исследовательские и конструкторские работы по названным направлениям координируются и осуществляются непосредственно академиками РАСХН Л.П. Кормановским, Н.В. Краснощековым и В.М. Кряжковым.

По техническим наукам, связанным с механизацией, электрификацией и автоматизацией сельскохозяйственного производства, также осуществляется сотрудничество с институтами РАН. Прежде всего хотелось бы назвать академика РАН и РАСХН Константина Васильевича Фролова (р.1932), вице-президента РАН и директора Института машиноведения имени А.А. Благонравова, занимающегося биомеханикой человека в условиях вибрационного воздействия машин.

Переработка сельскохозяйственной продукции

Хранение, транспортировка, переработка и реализация сельскохозяйственной продукции всегда были самыми слабыми звеньями всего агропромышленного комплекса. Основная вина за это ложится на инвестиционную политику прошлого, ставившую эти сферы в положение пасынков. Поэтому страна несла и несет колоссальные потери сельскохозяйственной продукции на послеуборочных стадиях производства продовольствия. Постоянный жесткий контроль за добыванием сырья и его доставкой на государственные склады поглощал все внимание управленческих органов. Дальнейшее интересовало уже меньше.

Научное обеспечение этих сфер было рассредоточено по различным министерствам и главкам. Научно-исследовательские учреждения в значительной мере были продолжением управленческих структур и выполняли различные текущие задания. Это негативно сказывалось на уровне исследований, их теоретической обоснованности.

В настоящее время многие научно-исследовательские институты сосредоточены в Российской академии сельскохозяйственных наук, где создано отделение по хранению и переработке продукции. Сюда входят более 20 НИИ мясной, молочной, маслодельной и сыродельной промышленности, холодильного хозяйства, крахмалопродуктов, табака и махорки, консервной и овощесушильной промышленности, жиров, пищевой биотехнологии, детского питания, сахарной, кондитерской, пивоваренной, винодельческой и безалкогольной промышленности, технико-экономических исследований, пищевых ароматизаторов, кислот, красителей и др.

Структурная и инвестиционная политика в обозримом будущем должна максимум внимания уделить хранению, переработке, транспортировке и реализации всех видов продукции, и прежде всего хлеба, молока, мяса, овощей, фруктов. Практически для получения всех видов продовольствия у нас достаточно собственного сырья, и если его сохранить и переработать, обеспечить хорошей тарой, то не потребуется расширения посевных площадей и роста поголовья скота. Вся беда в потерях и порче продукции на всех стадиях производства, хранения, переработки.

На современном этапе выделено несколько целевых научно-технических программ и ключевых технологий агропромышленного комплекса России, к разработке которых привлечены практически все научные силы страны, независимо от ведомственной подчиненности учреждений и ученых. Остановимся на некоторых из них. Имеется программа “Зернокомплекс – 2000”, научное руководство которой осуществляет президент РАСХН Геннадий Алексеевич Романенко, затем “Лен России”, “Сахар России”, “Технология производства говядины” – руководитель академик РАСХН Алексей Васильевич Черекаев (р. 1932), “Малые фермы”, которые разрабатываются коллективом под руководством члена-корреспондента РАСХН Николая Михайловича Морозова (р.1934),”Агроноосфера–2000",”Белок пищевой” и “Белок кормовой”.

Весьма перспективной технологической проблемой представляется производство экструзионных сухих белковых продуктов, над которой работает член-корреспондент РАСХН Андрей Николаевич Богатырев (р. 1935)[34]. Предложенная им технология интересна как широким набором получаемой продукции (готовые завтраки, хрустящие хлопья, закуски, печенье, макароны, конфеты, комбикорма для животных и т.д.), так и их экономической эффективностью, минимумом потерь. Одновременно в экструдере проходят разнообразные процессы, они совмещаются по времени (смешивание, сжимание, нагревание, варка, стерилизация, формование). При этом резко уменьшаются трудоемкость и затраты энергии. В мире эта технология получает признание и распространение.

Над нетрадиционными технологиями производства животноводческой продукции работает академик РАСХН Иосиф Александрович Рогов (р.1929), переработки скота – академик РАСХН Валентин Иванович Ивашов (р.1929), создания напитков профилактического назначения – профессор, член РАМН Виктор Александрович Тутельян и академик РАСХН Наскид Григорьевич Саришвили (р.1927). В НПО "Углич" Ярославской области проводятся исследования под руководством Виктора Петровича Головкова по новым технологиям сыроварения.

Все большее значение приобретает не только экономия сырья, но и переработка вторичных ресурсов пищевой промышленности, а также поиск и изготовление экологически безопасных упаковочных материалов, как и вообще хорошей и герметизированной тары. Предстоят также настойчивые поиски технологий для производства продуктов, обладающих антиканцерогенными, антисклеротическими и радиопротекторными свойствами. Внешняя среда обитания человека сегодня настолько переполнена всевозможными вредными веществами, что это приходится ставить на первое место. По вопросам производства продуктов питания РАСХН традиционно сотрудничает с Российской академией медицинских наук – президент Валентин Иванович Покровский (р.1924) с ее Институтом питания.

Итак, технологии в агропромышленном производстве должны прежде всего обеспечивать экологическую чистоту, затем экономию всех используемых ресурсов, далее – высокие потребительские свойства всех продуктов с поставкой здоровой и полноценной пищи и, наконец, давать недорогие продукты. Все это не просто. Но без этого конкурентоспособного сельского хозяйства не создадим. Еще раз следует вспомнить, что рынок жесток, плохой товар никто не возьмет, а для очень дорогого никогда не будет устойчивого платежеспособного спроса.

ЭКОНОМИЧЕСКИЕ ИССЛЕДОВАНИЯ

В предшествующих главах подробно освещались экономические исследования в аграрной науке. Сегодня резко изменилась общая ситуация в стране, в порядок дня поставлены новые проблемы, хотя сохраняются и "вечные", переходящие из формации в формацию. Сосредоточимся на тех проблемах, которые предстоит решать, исходя из изменившейся общеэкономической и иной ситуации, на путях выхода из кризиса и создания конкурентоспособного сельского хозяйства. Но сначала о работающих в этой области коллективах.

Следует иметь в виду, что экономические институты РАСХН сотрудничают с соответствующими институтами Российской академии наук. В отдельных институтах РАН имеются небольшие по численности структуры (творческие группы, лаборатории и др.), а также отдельные сотрудники, занимающиеся аграрной проблематикой. Кроме того, и это главное, в научных коллективах РАН разрабатываются методологические и макроэкономические проблемы, без учета которых невозможно успешно заниматься экономикой отрасли.

Наиболее тесные связи сложились с Институтом экономики, возглавляемым известным ученым академиком Леонидом Ивановичем Абалкиным (р.1930). Аграрными вопросами здесь занимается группа Льва Васильевича Никифорова, преимущественно социальной проблематикой села. В Институте международных экономических и политических исследований, где долгие годы директором работает академик Олег Тимофеевич Богомолов (р.1927), всегда была сильная группа экономистов-аграрников. В настоящее время здесь работает Г.С. Лисичкин. То же следует сказать и об Институте мировой экономики и международных отношений. Его нынешний директор академик Владлен Аркадьевич Мартынов (р.1929) изначально исследовал экономику интенсификации зарубежного сельского хозяйства. Здесь же проблемами сельскохозяйственной кооперации занимается Владимир Дмитриевич Мартынов (р.1932), земельными отношениями – Николай Григорьевич Обушенков (р.1929). Группа по аграрным вопросам работает в Институте США и Канады (директор – академик Георгий Аркадьевич Арбатов (р.1923). Отдельные проблемы АПК разрабатывались в Центральном экономико-математическом институте академиком Николаем Прокофьевичем Федоренко (р.1916), в Вычислительном центре РАН – академиком Никитой Николаевичем Моисеевым (р.1917). Аграрные вопросы на региональном уровне исследуются расположенным в Саратове Институтом социально-экономических проблем развития АПК РАН, возглавляемым членом-корреспондентом РАН и РАСХН Анной Антоновной Анфиногентовой.

На федеральном уровне экономические исследования аграрной экономики ведут четыре института, в проблематике которых обеспечивается довольно четкое разделение труда, хотя некоторые программы выполняются на основе кооперации, что вполне естественно и закономерно. Всероссийский НИИ экономики сельского хозяйства (ВНИЭСХ) после разгрома аграрных институтов в начале 30-х гг. был создан первым. Его возглавляли видные ученые Александр Иванович Тулупников (1908–1988), Николай Павлович Александров, в нем работало много известных экономистов. В настоящее время во главе коллектива – академик РАСХН Василий Романович Боев, его заместители по научной работе члены-корреспонденты РАСХН Александр Федорович Серков (р.1933), Владимир Федорович Машенков (р.1929). В составе института много компетентных, эрудированных работников. В настоящее время институт занимается проблемами рынка, маркетинга, ценообразования, экономического механизма хозяйствования, трудовыми ресурсами, использованием производственного потенциала, отношениями сельского хозяйства с другими сферами экономики. Долголетние сотрудники института профессор Дмитрий Филиппович Вермель (р.1924), ученик Л.М. Зальцмана, долгие годы занимается проблемой размещения и специализации производства, профессор Евгений Сергеевич Оглоблин (р.1923) – вопросами эффективности сельскохозяйственного производства. Проблемы управления вел профессор Иван Григорьевич Ушачев (р.1938).

Всероссийский НИИ экономики, труда и управления в сельском хозяйстве (ВНИЭТУСХ) – директор академик РАСХН Владимир Васильевич Милосердов (р.1930), заместители – доктора экономических наук Иван Никифорович Буробкин (р.1936) и Валентин Иванович Фролов, был создан в середине 60-х гг. Здесь работали известные экономисты Владимир Александрович Тихонов, Марлен Михайлович Макеенко, Юрий Тарасович Бузилов (1928–1984), Диана Никитична Письменная, Максим Германович Ратгауз (1929–1995) и другие. В настоящее время институт продолжает исследования по проблемам труда и управления, а также изучает экономические отношения на уровне предприятий всех организационно-правовых форм, как традиционных, так и рожденных в ходе аграрной реформы.

Всероссийский НИИ экономики и нормативов (ВНИИЭиН), расположен в г. Ростове-на-Дону. В свое время он был организован на базе Северо-Кавказского филиала ВНИЭСХ, в котором долгие годы работали профессора Михаил Федорович Янюшкин, Николай Павлович Борисенко. В настоящее время этот институт возглавляет член-корреспондент РАСХН Владимир Васильевич Кузнецов (р.1940). В связи с переходом от командно-административных к экономическим методам управления проблематика этого института существенно обновилась в сторону исследования рыночных отношений. Кроме того, традиционно здесь ведется работа и по некоторым региональным проблемам, ведь Институт размещен в центре очень важного региона России – Северного Кавказа.

Аграрный институт (АИ) РАСХН создан в 1990 г. на базе Совета по приоритетным проблемам АПК при президиуме ВАСХНИЛ. В нем всего 28 научных сотрудников при общей численности 42 человека. Здесь нет традиционных отделов и лабораторий, есть творческие группы. Состав их меняется по мере возникновения необходимости. В институте удалось сочетать сотрудничество молодых перспективных работников с учеными, накопившими известный научный багаж. Здесь работают академики РАСХН Эльмира Николаевна Крылатых, Иван Николаевич Буздалов, член-корреспондент РАН и РАСХН Гелий Иванович Шмелев, профессор Василий Якимович Узун, молодые доктора наук Сергей Викторович Киселев, Евгения Викторовна Серова, Александр Васильевич Петриков. Руководство исследованиями института осуществляет автор этих строк.

Институт занимается теорией аграрных отношений на макро- и микроуровне, ведет мониторинг аграрной реформы в России, исследует вопросы сельскохозяйственной кооперации, истории аграрной науки, развития сельских локальных сообществ и самоуправления, разрабатывает модели развития АПК на национальном и региональном уровне.

Всероссийский НИИ кибернетики АПК прошел за последние десятилетия сложный путь. Он имел подъемы и взлеты, связанные прежде всего с деятельностью талантливого ученого и обаятельного человека профессора Ростислава Григорьевича Кравченко и его коллег. Переживал и глубокие падения. В настоящее время институт возглавляет профессор Вадим Петрович Елизаров (р. 1936). Здесь работает группа способных людей, владеющих современными методами системного анализа. Они заняты экономико-математическим моделированием систем ведения хозяйства на региональном и локальном уровне, математическим обеспечением других разработок.

На региональном уровне работают: НИИ экономики и организации агропромышленного комплекса Центрально-черноземного района РФ (НИИЭО АПК ЦЧР) в г. Воронеже, директор – академик РАСХН Иван Федорович Хицков (р. 1937); Поволжский НИИ экономики и организации АПК (Поволжский НИИ ЭО АПК) в г. Саратове, возглавляемый членом-корреспондентом РАСХН Анатолием Алексеевичем Черняевым (р.1939); НИИ экономики и организации сельскохозяйственного производства Нечерноземной зоны РФ (НИИЭСХ НЗ РФ) в Санкт-Петербурге, директор член-корреспондент РАСХН Александр Иванович Костяев (р.1946); Сибирский НИИ экономики в г. Новосибирске, возглавляемый профессором Иосифом Владимировичем Курцевым (р.1937) и Дальневосточный НИИ экономики и организации АПК в Хабаровске, директор Алексей Семенович Шелепа (р.1940). Кроме того, региональными проблемами экономики занимаются соответствующие структуры зональных и других институтов, размещенных в областях, краях и республиках Российской Федерации. Координацию экономических исследований в академии осуществляет вице-президент Б.И. Пошкус. Отделение экономики и организации АПК возглавляет Анатолий Антонович Шутьков (р.1931), отделение землеустройства и строительства в АПК Борис Александрович Рунов (р.1925). В отделениях имеются сектора и секции по ведущим проблемам.

Переход от централизованной к рыночной экономике диктует необходимость усилить исследования по адаптации агропромышленного комплекса к рыночным условиям, а равно и к формированию самого рынка, охватывающего отношения производителя с потребителем, рыночную инфраструктуру, рыночный механизм. Поскольку в свое время нормальный зарождающийся рынок в России был разрушен и все функции взяло на себя государство, однако не справилось и не могло справиться с ними, то сейчас воссоздание рынка представляет исключительные трудности. Эти трудности усугубляются тотальной смутой и массовой криминальностью.

Фундаментальным, отправным моментом во всех экономических построениях, в создании всех структур, механизмов и надстроек должны быть интересы человека. Экономика – для человека, государство – для человека, рынок – для человека, производственные и организационно–правовые структуры – для человека. Раньше было все наоборот: первая тонна хлеба – государству, весь рабочий день – колхозу и т.д. Если наша страна приняла Декларацию прав и свобод человека, ее надо соблюдать. И только тогда человек будет осознанно, продуктивно работать, рачительно относиться к земле и другим ресурсам, когда он на деле убедится, что государство его защищает, что общество о нем заботится. И он изберет ту форму хозяйствования, которая будет более эффективна и приемлема для него. В отношениях: “человек-природа”, “производитель-рынок-потребитель” – должна быть определенная гармония.

Необходимо отслеживать ход аграрной реформы, внимательно изучать новые формы, закреплять положительное, внося коррективы, где они необходимы, отбрасывая отжившее.

В условиях рынка абсолютно необходима сельскохозяйственная кооперация. Но только она должна быть крестьянской, отвергающей вирус спекуляции, воровства, вымогательства, казнокрадства и всей скверны, связанной с характером жизни и деятельности паразитирующего слоя “новых русских”. Кооперация и рынок продовольствия неотделимы.

В связи с переходом к рыночной экономике меняется вся система ведения хозяйства. Поэтому предстоит разработать ее модели на федеральном, региональном и локальном уровнях, заново пересмотреть проблему размещения агропромышленного производства. В прошлом по этой теме глубокие исследования проводились во ВНИЭСХе. Но тогда были другие критерии. Сейчас главный дирижер – рынок. Кроме того, обострилась экологическая ситуация. Произошли существенные сдвиги в размещении производства в сельском хозяйстве и других отраслях народного хозяйства, ухудшилась демографическая обстановка. Наблюдаются изменения климата. Все это надо учитывать.

Пока еще весьма неэффективной остается структура самого АПК со слабо развитой сферой переработки, хранения и реализации. И конверсия, и национальный капитал, и заемные средства, и ресурсы кооперации должны быть задействованы на обеспечение оптимизации структуры АПК и реновации его технической базы. И здесь необходимы исследования и аргументированные предложения.

Массовое вовлечение крестьян-собственников, средств производства и продукции в кооперацию повысит их заинтересованность в росте производства. Кроме того, необходима система программ государственной поддержки по кредитным, ценовым, налоговым и другим каналам. Все эти меры должны в конечном счете решить триединую задачу: а) обеспечить продовольственную безопасность страны; б) создать конкурентоспособное сельское хозяйство по качеству продукции и уровню издержек; в) сделать условия жизни на селе и в городе достойными гражданина России как по его материальной обеспеченности, так и состоянию природной среды.

РЕГИОНАЛЬНАЯ НАУКА

Подробно писать о региональной науке невозможно. Дело в том, что количество научных учреждений чрезвычайно велико, их профиль многообразен, каждое из них имеет свою историю, в составе каждого много достойных людей, ведутся интересные исследования, отражающие потребности в знаниях столь различных регионов многоликой России. Поэтому ограничимся краткими замечаниями и остановимся на показе некоторых типичных научных коллективов. Это вовсе не значит, что другие не заслуживают внимания или не располагают нужным потенциалом.

Прежде всего нужно отвергнуть расхожее мнение о том, что серьезная наука делается только в крупных центрах, в больших институтах, в столичных коллективах и т.д. Настоящая наука делается только там, где появляются настоящие ученые. Сие не зависит от географических координат местности.

Региональная наука в организационном отношении многоярусна. Можно выделить три или даже четыре яруса. Прежде всего это – научные учреждения, охватывающие крупные регионы: Нечерноземье, Сибирь, Дальний Восток, Северный Кавказ, Поволжье, Центрально-черноземный район. Первые три региона выделены в самостоятельные структуры, и все научные учреждения в них координируют соответствующие отделения Российской академии сельскохозяйственных наук.

Сибирское отделение было создано первым, в настоящее время его возглавляет академик РАСХН Петр Лазаревич Гончаров (р. 1929). Для научных учреждений возведен городок Краснообск на живописном берегу Оби с водохранилищем. Здесь размещены 7 сибирских научно-исследовательских институтов, президиум отделения с необходимыми службами. Этот регион самый крупный по территории, богат природными ресурсами: лесными, земельными, водными, минеральным сырьем, энергетическими. Сибирь своеобразна и также многолика в природном, этнологическом, демографическом, историческом и других отношениях. Здесь нужны другие подходы, нежели в европейской части России, образ жизни людей также иной. Сибирь многонациональна, здесь и на Дальнем Востоке проживают малочисленные народы Севера, сохранившие еще во многом элементы первобытно-общинного строя, например, в использовании земель и водных ресурсов. Все это необходимо учитывать, решая вопросы экономики и организации аграрной сферы. Многие институты расположены в Омске, Барнауле, других областях и краях Сибири от Тюмени и Кургана до Красноярска, Иркутска, Якутска, Читы и Тувы.

Дальневосточное отделение РАСХН расположено в Хабаровске, а его институты в Амурской, Магаданской, Сахалинской, Камчатской областях, Приморском и Хабаровском краях. Отделение это самое молодое. Возглавляет отделение академик РАСХН Роальд Борисович Кондратьев (р. 1929). Регион по территории огромен, примыкает к Тихому и Северному Ледовитому океанам, обладает потенциально очень большими перспективами. Однако здесь особенно грубо нарушаются законы экологии, весьма сложны и суровы климатические условия, трудная социальная и демографическая ситуации. Поэтому необходимы хорошо аргументированные, реалистические программы. Регион может давать много сельскохозяйственной продукции – сои, овощей, фруктов, молока, мяса, а также пушнины и дичи, лесных даров, рыбы и продуктов марикультуры.

Отделение РАСХН по Нечерноземной зоне РФ расположено в Санкт-Петербурге, институты и опытные станции – на широких просторах областей Нечерноземья от Пскова и Калининграда на западе до Перми и Екатеринбурга на востоке, от Нарьян-Мара и Мурманска на севере до Орла и Калуги на юге. Здесь самые крупные сосредоточения научных учреждений России федерального и регионального уровней – Москва и Санкт-Петербург, помимо институтов в каждой области и республике. Здесь самая урбанизированная часть государства с самой опустошенной, разоренной и обезлюдевшей деревней, с самыми запущенными землями и самым невообразимым бездорожьем в Европейской части России. И вместе с тем это очень перспективный регион, если рассматривать его в отдаленном будущем в связи с глобальным изменением климата. Опыт соседних стран – Финляндии, Норвегии, Швеции с близкими и даже худшими природными условиями, более бедными каменистыми почвами, создавших процветающее сельское хозяйство, тому свидетельство. Да и Россия в своем же северном Нечерноземье, например, в Вологде, перед коллективизацией имела конкурентоспособное сельское хозяйство, которое выходило со своей животноводческой продукцией на мировой рынок. Отделение возглавляет академик РАСХН Николай Григорьевич Дмитриев (р.1926). Поскольку в Санкт-Петербурге сосредоточено много институтов Российской академии наук, университетов и других высших учебных заведений, здесь благоприятные условия для сотрудничества, кооперации, реализации совместных программ. Отделение эти возможности использует.

Особое место в ряду региональных учреждений занимают так называемые зональные институты. Раньше их официально так и именовали. По России их было 13: Краснодарский, Ставропольский, Донской, Юго-Востока (Саратов), ЦЧР (Каменная степь Воронежской обл.), Центральных районов (Немчиновка Московская обл.), Северо-Западный (Белогорка Гатчинского района Ленинградской обл.), Северо-Восточный (Кировская обл.), Уральский (Екатеринбург), Сибирский (Омск), Алтайский (Барнаул), Красноярский, Дальневосточный (Хабаровск) институты сельского хозяйства. Все они сохранились. Здесь не только осуществлялись и осуществляются исследования по проблематике соответственно аграрной структуре региона, но также и координация научных учреждений, – областных и других опытных станций, институтов, вузов. Почти все они преобразованы в научно-производственные объединения (НПО), так как органическими структурами таких НИИСХ стали, кроме исследовательских звеньев, также опытно-производственные хозяйства (ОПХ), конструкторские бюро (КБ), опытные заводы и мастерские, различные хозрасчетные подразделения. Сейчас практически во всех областях и республиках на базе бывших опытных станций созданы областные НИИСХ. В региональных институтах ведутся исследования не только местного значения. Везде, где имеются подготовленные кадры, владеющие современными методами работы и обладающие необходимой информаций о состоянии мировой науки в своей конкретной области, осуществляются работы, значение которых выходит далеко за рамки региона. Краснодарский НИИСХ имени П.П. Лукьяненко давно стал Меккой для селекционеров. Здесь работали долгие годы П.П. Лукьяненко и Михаил Иванович Хаджинов (1899–1980), сейчас трудятся В.М. Шевцов и Ю.М. Пучков. Возглавляет его опытный организатор науки доктор экономических наук Петр Николаевич Рыбалкин.

Ставропольский НИИСХ отличается добротными исследованиями, построенными на многолетних (уже 30 лет) стационарных опытах, системным подходом к решению проблем стабилизации и роста производства в экстремальных полуаридных степных условиях. Здесь всегда важное значение придавали подготовке научных кадров. За этот период окончили аспирантуру более 300 человек, 166 защитили кандидатские и 7 докторские диссертации.

В свое время сюда были привлечены на работу известные ученые: ботаник Вадим Гаврилович Танфильев (1903–1985), физиолог профессор Василий Васильевич Скрипчинский (1909–1987), профессор-растениевод Александр Иванович Державин (1902–1967), профессор, специалист в области земледелия Борис Прокопьевич Гончаров (р.1919), работавший в прошлом ученым секретарем Агрофизического института в бытность его директором Абрама Федоровича Иоффе, селекционер по многолетним ржи и сорго Олег Иоанникиевич Петров (1908–1986). Эти люди "обрастали" способной молодежью. Долгие годы этот институт возглавляет академик РАСХН Людмила Николаевна Петрова, работающая в институте уже 30 лет.

Сибирский НИИСХ (Омск) – старейшее научное учреждение по сельскому хозяйству Сибири. Создан на базе опытного поля, существовавшего еще в прошлом веке. Институт основан в 1933 г. на базе зональной станции зернового хозяйства. Главная заслуга этого института в разработке проблем сельского земледелия, создании многих адаптированных к местным условиям сортов зерновых культур, подготовке научных кадров для других институтов и станций Сибири.

Институт сельского хозяйства Центральночерноземного района (пос. Таловая Воронежской обл.) в 1992 г. отмечал 100-летний юбилей создания здесь научного учреждения в связи с экспедицией В.В. Докучаева в "Каменную степь" и закладки в 90-х годах прошлого века системы лесных полос, прудов и водоемов. Тогда была разработана концепция спасения деградированных и бесплодных, окаменелых черноземов, а в 1898 г. посажено 28 лесных полос шириной свыше 100 м, построено 40 прудов, закреплены овраги. До настоящего времени этот институт работает в "докучаевском" ключе, адаптируя систему хозяйства к новым реалиям.

НИИСХ Юго-Востока (Саратов) также работает в знойной, суровой степи с весьма континентальным климатом. Это научное учреждение связано с именами Н.И. Вавилова, Н.М. Тулайкова, Алексея Павловича Шехурдина, Валентины Николаевны Мамонтовой и многих других выдающихся ученых, работавших здесь, в Саратове. Это крупное научное учреждение обеспечивает сортами полевых культур и технологиями огромные площади сухих степей, прежде всего Заволжья. Ныне возглавляющий этот коллектив член-корреспондент РАСХН Владимир Федорович Унгенфухт (р. 1935) и его коллеги развивают в новых условиях сложившиеся традиции.

Северо-Западный НИИСХ (Белогорка Ленинградской обл.) накопил интересный опыт по лугопастбищному хозяйству, селекции и технологии возделывания картофеля. НИИСХ Северо-Востока (Киров) продолжает традиции академика ВАСХНИЛ Николая Васильевича Рудницкого, основателя этого института. Ценность работ Н.А. Родиной и ее коллег сегодня состоит в том, что сорта и технологии здесь адаптированы к бедным и кислым подзолам российского Севера.

Таким образом, в каждом зональном институте есть своя "изюминка", есть опытные работники и талантливая молодежь. То же относится и к областным институтам, созданным в 80-е и 90-е гг., хотя в своей массе они послабее зональных. Сейчас наука переживает нелучшее время, приток в аспирантуру сократился, работа в этой сфере совсем не денежная, и ловкие молодые люди идут в бизнес, пытаются заводить свое дело, кое-кто покидает Россию. В науке остаются самоотверженные энтузиасты, не мыслящие себя вне ее. Такие люди всегда были, и на них держатся страна и общество.

УНИВЕРСИТЕТСКАЯ НАУКА

В нашей стране произошло, вопреки мировому опыту, отделение научно-исследовательских учреждений от высшей школы, обучения специалистов от исследований. В этом есть свои плюсы и минусы. Предпринимавшиеся в 80-е гг. робкие попытки перекинуть мостики и объединить эти две системы успехом не увенчались. Ставил этот вопрос в свое время еще Н.С. Хрущев, ратовали за это член Политбюро ЦК КПСС Федор Давыдович Кулаков (1918–1978) и другие работники, но дело с места не сдвинулось.

Может быть, разделение труда необходимо. И в этом есть определенный плюс. В прошлом, когда университетов было мало, а крупных научно-исследовательских центров вообще не было, единство науки и обучения было естественным. Все классики российской и мировой науки одновременно были университетскими профессорами. Но сейчас эта сфера общественной деятельности разрослась. От научно-исследовательских учреждений требуют и внедрения, и разработок, и подготовки различных документов и справок для управленческих органов, а сейчас они вынуждены что-то еще делать, чтобы заработать на хлеб насущный. Они загружены до предела. Конечно, речь идет о работящих, думающих людях. Хотя руководящие чиновники издавна считали, что здесь "легкая жизнь".

Большой минус отделения науки от высшей школы в том, что в университетах и других вузах сосредоточен сильный научный потенциал. Профессоров и докторов здесь больше, чем в научно-исследовательских учреждениях. А университетская профессура,как правило, мало привлечена к исследовательской работе, в которой могла бы много дать хороших предложений. Дело здесь вовсе не в субъективных причинах, скажем, нежелании заниматься наукой. Причины три, и все они объективные: во-первых, профессора перегружены преподавательской работой, а наша высшая школа все еще напоминает скорее гимназию, где молодых людей больше "натаскивают", чем приучают самостоятельно работать; во-вторых, профессора перегружены бессмысленной и никому не нужной бюрократической отчетностью, и в-третьих, налицо скудость финансовых средств, оборудования, аппаратуры, реактивов, компьютеров.

Этот разрыв науки и высшей школы необходимо преодолеть. От него сегодня страдают и наука, и обучение. Часто исследованиями занимаются не самые подготовленные люди, равно как и молодежь обучают не самые компетентные доценты и профессора. Пока что у каждого свое поле, своя кафедра, свои делянки, свои фермы, да и обсуждения научных проблем не всегда проводят вместе. А ведь еще древние греки говорили: "исследуем – учим". Преподаватель не может не быть исследователем. Потому перегородку между университетом и исследовательским учреждением пора ломать, сохраняя положительные черты. Иначе и обучение будущих студентов превращается в школярство.

В свое время Д.И. Менделеев в связи с этим писал: "Знание одних задов, то есть известного, не удовлетворяет прямому назначению высших учебных заведений, они должны воспитывать лиц, могущих самостоятельно затем идти в область неизвестного, пытливых, обладающих всеми основными способами, необходимыми для достижения еще неизвестных областей знания"[35].

И все-таки, несмотря на все трудности, научная работа в университетах и других высших школах продолжается . Ведутся исследования на кафедрах, профессора и доценты ставят эксперименты в хозяйствах, при кафедрах и на факультетах создаются научно-исследовательские лаборатории, группы и другие структуры. Сошлемся на опыт наших вузов.

Прежде всего нужно сказать, что в Московском государственном университете аграрная проблематика практически не прерывалась. Там долгие годы работали профессора Л.М. Зальцман, И.А. Бородин, М.М. Соколов. Вопросами собственности, хозрасчета, кооперации и структурных изменений в АПК занимается Алексей Михайлович Емельянов (р.1935), он долгие годы возглавляет кафедру экономики сельского хозяйства. Здесь же долгие десятилетия работает С.И. Половенко.

Московская сельскохозяйственная академия имени К.А. Тимирязева (ТСХА) основана в 1865 г. Первый ректор, известный ботаник академик Николай Иванович Железнов пригласил для научной и преподавательской работы виднейших ученых России. В разные периоды здесь работали И.А. Стебут, М.К. Турский, Р.И. Шредер, К.А. Тимирязев, А.П. Людоговский, Н.Ф. Фортунатов, Д.Н. Прянишников, Н.И. Вавилов, А.В. Чаянов, Н.Д. Кондратьев, В.П. Горячкин, В.Р. Вильямс, А.Н. Костяков, В.И. Эдельштейн, И.А. Каблуков, М.А. Демьянов, М.Ф. Иванов, В.С. Немчинов и многие другие создатели известных в России и мире научных школ[36]. Потому Тимирязевка изначально была как учебным, так и научным центром, а также кузницей подготовки научных кадров, центром подготовки учебников и учебных пособий для других сельскохозяйственных вузов. Здесь также имеется факультет по повышению квалификации преподавателей, специалистов и руководителей сельскохозяйственных предприятий. Сейчас эта работа ведется на хозрасчетных основах.

В настоящее время в составе академии 16 членов Российской академии сельхознаук, 109 профессоров-докторов наук по различным специальностям, 697 доцентов-кандидатов наук. Среди ученых работают профессора И.С. Шатилов, Н.Г. Андреев, Г.И. Тараканов, Н.П. Панов, С.С. Сергеев, В.С. Шевелуха, В.И. Кирюшин, В.И. Георгиевский, Н.И. Клейменов, Е.Б. Хлебутин, А.М. Гатаулин, В.А. Добрынин, Б.А. Ягодин.

Ректорами в послевоенные годы были последовательно: В.С. Немчинов, Вс.Н. Столетов, Г.М. Лоза, И.С. Шатилов, П.П. Вавилов, М.И. Синюков. Все они – члены академии. С 1993 г. Тимирязевку возглавляет академик РАСХН Анатолий Иванович Пупонин (р.1940), специалист в области общего земледелия.

Ученые академии участвуют в 18 научно-технических программах, за последние пять лет получают ежегодно до 75 положительных решений по изобретениям. При академии работают 3 научно-производственные системы: "Гибрид", "Кукуруза" и "Клевер". Имеется 4 учебных хозяйства с общей земельной площадью 17 тыс. га.

В последние годы начали нарастать негативные явления, связанные прежде всего с общей ситуацией в стране. Поступление в аспирантуру и докторантуру сократилось вдвое. Финансирование также обеспечивается на половину потребности. Поэтому изыскиваются различные коммерческие пути получения средств. Характерно, что снизился или вовсе отсутствует конкурс при наборе студентов на такие факультеты как зооинженерный, почвенный, но существенно возрос на бухгалтерское отделение экономического факультета, выпускники которого могут успешно работать в банковских и коммерческих структурах.

Государственный университет по землеустройству основан в 1779 г. Это старейшее высшее учебное заведение аграрного профиля в России, в прошлом привилегированный Межевой институт. Кроме подготовки специалистов, преимущественно для системы Роскомзема, университет ведет исследования по земельным отношениям, землеустройству и земельному кадастру. В связи с проводимой в стране аграрной реформой эти проблемы приобрели исключительную актуальность.

Группа ученых под руководством профессора С.Н. Волкова занимается разработкой методов и содержания правового и экономического механизма регулирования земельных отношений и землеустройства в сельскохозяйственных предприятиях и крестьянских хозяйствах в условиях рыночной экономики, дает правовые характеристики новых форм земельной собственности, изучает социально-экономические условия и факторы приватизации земельного фонда, внутрихозяйственное землеустройство.

Группа профессора Ю.К. Неумывакина, члена РАСХН, ректора этого университета, изучает средства и методы информационного обеспечения земельной реформы, преимущественно использование спутниковой связи. Группа профессора А.А. Варламова занимается разработкой теории и методов получения земельно-кадастровой информации для организации земель различных территориальных уровней на эколого-ландшафтной основе. Ведутся здесь исследования и по другим проблемам.

При университете создан Научно-исследовательский институт земельных отношений и землеустройства, возглавляемый профессором В.Р. Беленьким. Этот институт занимается разработкой проблем землеустройства, экономического механизма регулирования земельных отношений, земельного кадастра, мониторинга состояния земельного фонда.

В университете функционирует два совета по защите диссертаций, в том числе один по докторским.

Московская государственная академия ветеринарной медицины и биотехнологии имени К.И. Скрябина, основанная в 1930 г., готовит специалистов высшей квалификации по ветеринарной медицине, зооинженерии и биотехнологии. Ее деятельность связана с именами выдающихся ученых России: К.И. Скрябина, С.Н. Вышелесского, М.Ф. Иванова. В настоящее время в коллективе 5 членов РАСХН, 38 докторов и 142 кандидата наук.

Ведущими учеными являются члены РАСХН Алексей Дмитриевич Белов (р.1928), он же ректор академии, Владимир Петрович Шишков (р.1927), крупный специалист по лейкозам, Василий Николаевич Сюрин (р.1915), известный вирусолог, Владимир Филиппович Красота (р.1916), долгие годы возглавлявший Главк вузов Министерства сельского хозяйства СССР.

Наряду с учебным процессом в академии ведется исследовательская работа. Это – ведущий научный центр в системе вузов страны по кормлению, лечению и профилактике незаразных болезней животных, по лейкозам и радиоиммунологии, вирусологии, генной инженерии, генетике и селекции, математическому моделированию в животноводстве. Последнее время здесь созданы две поливалентные вакцины против комплексных вирусных и бактериальных болезней животных, препарат для повышения продуктивности и естественной резистентности животных, в том числе и птицы, кормовые дрожжи как белково-витаминная добавка для молодняка сельскохозяйственных животных, птицы и зверей, разработаны методы профилактики и лечения некоторых болезней.

В академии функционируют 2 совета по защите кандидатских и 3 – докторских диссертаций, где ежегодно рассматривается 35–40 работ.

Воронежский государственный аграрный университет основан в 1913 г. Он готовит кадры специалистов и ведет научные исследования в районах Центрального Черноземья. Здесь работают 40 профессоров-докторов и 250 кандидатов наук. Ректор университета – профессор Владимир Ефимович Шевченко, долгие годы возглавлявший научно-исследовательский институт в "Каменной степи". Университет имеет прекрасный, расположенный на берегу водохранилища городок с многочисленными лабораториями, классными, жилыми строениями.

Научно-исследовательская работа ведется по следующим направлениям: а) социально-экономические основы устойчивости воспроизводства АПК в условиях перехода к рынку; б) экологически безопасные технологии повышения плодородия черноземов на основе биологических приемов; в) разработка мер по профилактике массовых заболеваний животных; г) создание эффективных энерго- и ресурсосберегающих безотходных технологий производства и переработки сельскохозяйственных продуктов; д) выведение высокопродуктивных сортов и гибридов сельскохозяйственных культур для условий Черноземья с упорядочением первичного семеноводства.

За последнее время выведены сорта озимой пшеницы, озимого тритикале, суданской травы, зернового и сахарного сорго; создан комплекс оборудования для трансплантации эмбрионов крупного рогатого скота; подготовлены предложения по регулированию рыночных отношений в АПК Воронежской области и ЦЧР.

В университете 2 совета рассматривают докторские и 2 – кандидатские диссертации.

Кубанский государственный аграрный университет основан в 1922 г. В его составе 100 профессоров, из них 88 докторов, а также 403 кандидата наук. Это самый крупный аграрный университет по количеству студентов, факультетов, кафедр и специальностей, по которым ведется обучение. Возглавляет его академик РАСХН Иван Тимофеевич Трубилин (р. 1931).

Научно-исследовательские работы также осуществляются по многим направлениям биологии, техники и технологии, экономики и организации. Высокий уровень профессорско-преподавательского состава, а также внутренняя организованность позволяет сочетать учебную работу с научно-исследовательской.

В 1993 г. здесь создан новый сорт зимующего гороха, риса; обоснованы параметры крестьянского (фермерского) хозяйства для условий Кубани; сконструирован опытный образец агрегата для уборки зерновых культур; разработаны: методика анализа деятельности коммерческого банка, предложения по оптимизации структуры посевных площадей зерновых культур, рекомендации по упорядочению экономических отношений внутри сельскохозяйственных предприятий в условиях рынка. За год получено 13 положительных решений на выдачу патентов, рассмотрено и защищено 7 докторских и 38 кандидатских диссертаций.

В университете функционирует 8 советов по защите диссертаций, из них 2 – по докторским.

Приведенные примеры пяти университетов свидетельствуют о возможности сочетать учебную и научную работу. Но это – наиболее сильные учебные заведения. Имеются и такие институты, где уровень учебной и научной работы оставляет желать лучшего.

НАУЧНЫЕ БИБЛИОТЕКИ

Н.И. Вавилов считал библиотеку важнейшим институтом в системе науки. Центральная научная сельскохозяйственная библиотека была организована одновременно с ВАСХНИЛ. Поначалу в ней было только 60 тыс. книг и журналов, и пользовались ею исключительно сотрудники аппарата ВАСХНИЛ. По мере развития академии расширялась и библиотека. Во время войны она вместе с академией была эвакуирована в Омск. Особенно интенсивно она развивалась в 70-е и 80-е гг. Тогда ежегодные поступления составляли около 100 тыс. экземпляров, из них 40–43 тыс. отечественных книг, 7–10 тыс. иностранных, 34–35 тыс. журналов, в том числе 2,3 тыс. иностранных. В 90-е гг. общие поступления в связи с трудностями финансирования упали до 17 тыс. единиц. Особенно резко сократились поступления иностранных журналов.

В настоящее время Центральная научная сельскохозяйственная библиотека РАСХН (ЦНСХБ) является одной из крупнейших в мире библиотек аналогичного профиля. Ее фонд составляет 3,1 млн. единиц, включая традиционные печатные издания, а также аудио-видео- и микроносители, компакт-диски. С 1992 г. библиотека формирует электронный каталог. Посещают библиотеку ежегодно свыше 600 тыс. читателей, выдача книг превышает 1,1 млн. Она располагает хорошим помещением, чего в свое время добился В.В. Мацкевич в его бытность Министром сельского хозяйства СССР. Библиотека является членом Исполкома Международной ассоциации специалистов по сельскохозяйственной информации, а также Международной ассоциации научных и научно-технических библиотек.

ЦНСХБ ведет большую работу с библиотеками по организационным и методическим вопросам. Ведь в России сейчас 735 научных библиотек, они имеются в институтах, на опытных станциях, в учебных заведениях. Кроме работы с книгами и другими информационными материалами, здесь проводятся различные конференции, встречи, обсуждения "за круглым столом" отдельных книг, трудов выдающихся деятелей аграрной науки. Ведется оценка редкого и ценного фонда.

В развитие ЦНСХБ много труда и души в свое время вложили Александр Минаевич Бочевер, возглавлявший этот коллектив более 30 лет, затем Антонина Тихоновна Яйкова и с 1988 г. – Вячеслав Григорьевич Поздняков (р. 1941). В коллективе библиотеки работает 217 человек, в основном женщины, 71% имеет высшее образование, треть владеет иностранными языками. Это – компетентные, внимательные люди. Некоторые работают более 30 лет, пользуются авторитетом как среди своих коллег, так и у многочисленных читателей. Прежде всего это заведующая сектором абонемента Валентина Григорьевна Тишкова, старший научный сотрудник, заслуженный деятель культуры РФ Зоя Павловна Гребенкина, старший научный сотрудник Берта Марковна Мальцева.

Среди других научных библиотек выделяется Санкт-Петербургская; ее фонд свыше 1 млн. единиц хранения. Главная особенность этого учреждения в том, что здесь много очень ценных, редких изданий. Ведь библиотеке более 150 лет. Ее ядро составляют книги библиотеки дореволюционного Министерства земледелия, а также лично Алексея Сергеевича Ермолова, крупного ученого и министра в правительстве Александра Ш. Этот коллектив долгие годы возглавляет инициативная, компетентная и энергичная Лариса Семеновна Каджева.

В целом же библиотеки нуждаются в большем внимании, большей помощи, особенно материальной и финансовой. Ведь там работают скромные бескорыстные люди. И без них никакая наука развиваться не может.

НАУЧНЫЕ ОБЩЕСТВА

Видное место в научной жизни занимают добровольные общества ученых как с индивидуальным, так и коллективным членством. Их великое множество, и все рассматривать нет необходимости. Они специфичны, строятся преимущественно по научным специальностям. К примеру, есть общество почвоведов, микробиологов, лесоводов, агрохимиков, экономистов, генетиков, ветеринарных работников и т.д. Как правило, общества функционируют на общенациональном уровне, имеют региональные структуры.

Многие общества образуют межгосударственные ассоциации, например, европейские, а также всемирные. Обычно они проводят конгрессы, конференции, симпозиумы, на которых происходит обмен информацией, заслушиваются доклады, устанавливаются контакты между учеными разных стран мира.

Особое место в нашей стране занимает общество "Знание", которое объединяет ученых разных специальностей и ведет большую просветительскую, лекционную, издательскую работу. К сожалению, последние годы из-за финансовых трудностей его деятельность несколько затруднена.

Здесь хотелось бы показать новое и очень специфичное научное и культурно-просветительское общество "Энциклопедия российских деревень", которое было создано на учредительной конференции в апреле 1989 г. Оно имеет большие перспективы. Дело в том, что почти половина деревень России умерла. В этом тоже драма великого народа: подрубаются корни нации. Ведь деревня не просто населенный пункт на географической карте. Это прежде всего люди с их укладом, бытом, культурой, человеческими связями, близостью к природе, традициями и обрядами и, несомненно, с более здоровым образом жизни и более крепкими моральными устоями. Такой она была наша деревня еще несколько десятилетий назад. Тяжелыми катками и бульдозерами проехали по ее телу, исковеркали ее душу, разожгли классовую и иную вражду, опустошили материально. Конечно же, не реально ставить цель реставрировать все как было, да это и не нужно. Но необходимо сохранить оставшееся, на новой основе и в новых формах возродить ее. Но для этого надо хорошо знать, где, что, когда и как было. Это общество и ставит своей конечной целью изучить и описать все деревни России, живые и мертвые, их историю, культуру, экономику, людей, родившихся и живших в них.

Одним из инициаторов создания общества был Олег Васильевич Волков (р. 21.01.1900), интеллигент старой школы, выпускник Тенишевского (Санкт-Петербург) коммерческого училища, писатель, активный борец за сохранение природы и жизни на земле, испытавший на себе в течение десятилетий тупую злобность репрессивной системы, но сохранивший веру в жизнь и добро.

Эту инициативу поддержали многие русские писатели (В. Пальман, В. Крупин, В. Личутин, Н. Старшинов, Ю. Медведев, Г. Калюжный, Ю. Ростовцев и др.) и ВАСХНИЛ, ученые разных специальностей, педагоги, священники, широкий круг сельской интеллигенции. В настоящее время общество осуществляет свою деятельность совместно с Аграрным институтом РАСХН. Значительный вклад в разработку программы общества внесли Александр Васильевич Петриков и Михаил Валентинович Кузнецов. Организации издательской деятельности много сил отдает Иван Петрович Качурин.

Проводятся научно-практические конференции, издаются их тезисы. Выпускается альманах "Сельский мир". Готовятся к изданию областные и районные описания селений. Активная работа ведется в Московской, Калужской, Нижегородской, Вологодской, Тверской и других областях. В ней участвует около 2 тыс. добровольцев-общественников, которым дороги судьбы русской деревни.

ВЕТЕРАНЫ АГРАРНОЙ НАУКИ РОССИИ

Ученые, работающие по аграрной проблематике, не часто получают признание. Скорее наоборот. В прошлом все хорошее приписывалось "уму, чести и совести нашей эпохи" – коммунистической партии и ее вождям, а ошибки и провалы всегда переадресовывались науке или "местным органам". Так было очень долго. Сейчас не легче. Аграрный вопрос всегда был сильно политизирован. Издержки переходного периода от одного общественного строя к другому, макроэкономические ошибки и просто безвластие со всеми вытекающими отсюда последствиями кое-кто и сегодня пытается приписать науке и решать ее судьбу административным нажимом.

Хотелось бы сказать несколько слов об известных ученых, внесших заметную лепту в науку и практику, своим трудом и жизнью подающих пример новым поколениям. Собственно, это – обращение к молодежи, передача эстафеты. Эстафеты доброй, честной, очень нужной обществу и стране, всем людям живущим и тем, кто придет после нас. Старая истина: без знания прошлого и настоящего будешь в потемках и мраке искать будущее. Разумеется, некоторые из ветеранов науки отошли от самой активной работы, прежде всего организационной, но они работают, их интеллект в движении, они мыслят и творят. Древние же говорили: "Cogito, ergo sum" ("Я мыслю, следовательно существую". Правда, эти латинские слова приписывают Рене Декарту). Но, к огромному сожалению, жизнь не щадит ветеранов, некоторых из упомянутых здесь ученых не стало уже за время, когда создавалась эта книга.

Заранее приношу извинение многим уважаемым ученым, которые здесь не названы. Это вовсе не умаляет их дел и роли. Здесь учтены и стаж работы, и активность, а подчас и степень знакомства автора с трудами упоминаемых людей.

О **Терентии Семеновиче Мальцеве** выше уже было сказано главное. Но это столь неординарная личность, что можно говорить о "феномене Мальцева". Это – крестьянин, ученый-экспериментатор, мыслитель, общественный и государственный деятель, воспитатель и пропагандист морально здорового образа жизни, воин. Мальцев – это воплощение ума и совести, скромности и вечного искания. Это – всегда болеющий за землю, за все живое человек. За несколько минут до кончины он высказывал озабоченность и тревогу за будущее и судьбы России.

Почти все 99 лет, за вычетом периода первой мировой войны и германского плена, он прожил безвыездно в своем родном Мальцеве Шадринского района. Крестьянином он был по происхождению, образу жизни и быту, морально-этическому складу, трудолюбию, пытливости и скромности.

Как ученый-экспериментатор он – автор 196 научных работ, в том числе 20 книг и брошюр. И о нем написано 185 работ. Он чем-то близок А.Т. Болотову, И.В. Мичурину, Лютеру Бербанку; Эдварту Фолкнеру, американскому фермеру, автору известной работы "Безумие пахаря", фермеру и агроному Жану, применившему в начале века на юге Франции обработку почвы без оборота пласта. Вся его деятельность окрашена колоритом нравственности, совести.

Мальцев первым предложил в нашей стране безотвальную обработку почвы; он первым доказал, что в известных условиях и однолетние растения могут повышать плодородие почвы и накапливать гумус; он строго привязывал сроки проведения сева и других сельскохозяйственных работ к климатическим условиям и восстал против царившей тогда в агротехнике рутине шаблона, на страже которого зорко стояла вся иерархия тоталитарной власти; он создал систему земледелия для конкретных условий Зауралья, которую мы сегодня называем почво- и влагосберегающей.

Сейчас, листая его книги[37], просматривая фотографии и альбомы[38], вспоминая многочисленные встречи и беседы, зримо представляешь и осязаешь всю спартанскую обстановку личной жизни Терентия Семеновича, его завидную энергию и оптимизм, моральную чистоту и целомудренность, его заботы, тревогу и всегда вперед устремленную мысль.

Профессору **Константину Георгиевичу Шульмейстеру** скоро исполнится 100 лет. Он родился 29 апреля 1895 г. в крестьянской семье села Каменка

Камышинского уезда Саратовской губернии. С 1923 по 1941 г. здесь была автономная республика немцев Поволжья. В 1918 г. он с отличием окончил агрономический факультет Тимирязевки. Слушал лекции по экономике молодого доцента А. Чаянова, а его опытные делянки располагались рядом с опытами Н. Вавилова, где тот исследовал вопросы иммунитета. Позднее Николай Иванович бывал у Шульмейстера в Камышине, где Константин Георгиевич с 1918 г. заведовал опытным полем, а позднее, в течение 13 лет был директором опытной станции. С 1932 г. он – профессор Саратовского университета, а с 1935 по 1938 г. заведовал кафедрой земледелия.

Здесь начинается драматический период жизни Шульмейстера, о котором он разрешил поведать общественности автору этих строк. Константин Георгиевич был арестован и приговорен к смертной казни как "враг народа". В течение двух месяцев он томился в камере смертников в подвале Саратовской тюрьмы. Казнь была заменена 10 годами каторги. Пять месяцев зимою осужденных везли в Магадан в телячьих вагонах по 40 человек в каждом. Питание – хлеб, "ржавая" селедка и два раза в день по кружке кипятку. Люди истощали, многие умирали. Затем группа из 1 500 человек была отправлена на оловянные прииски. Истощенный профессор падал. Он был направлен в лагерный инвалидный дом, ходить не мог. Однажды туда зашел директор лагерного свиносовхоза для отбора рабочих из числа доходяг. Тюремная комиссия дала профессору посильную работу – сторожа и истопника в телятнике. Здесь оказался гуманный бригадир, он разрешил профессору питаться вместе с телятами. Три месяца совместного с телятами "стола" поставили на ноги ученого. В 1955 г. он был реабилитирован и тотчас же назначен начальником отдела науки и пропаганды в областном управлении сельского хозяйства. В 1957 г. он нашел свою семью в Северном Казахстане. Два года заведовал кафедрой земледелия в Красноярске, а с 1960 г. безвыездно живет в Волгограде, работая до 1983 г. заведующим кафедрой, затем профессором и в настоящее время профессор-консультант.

Секретарь Магаданского обкома партии в своих мемуарах написал: "Пионерами сельского хозяйства Крайнего Севера были замечательные специалисты, люди смелого поиска, которые в разное время работали на Колыме. В разработке принципиально новых приемов агротехники применительно к условиям Севера участвовали: профессор Константин Георгиевич Шульмейстер, доктор сельскохозяйственных наук, ныне руководитель кафедры земледелия Волгоградского сельскохозяйственного института; профессор Матильда Алексеевна Жунакова... Трудящиеся Магаданской области благодарны им, высоко ценят их самоотверженный труд, их творческий поиск, позволивший сделать плодородной скованную мерзлотой землю"[39]. Вот так. А ведь были "зеки"...

Сейчас К.Г. Шульмейстер бодр, работоспособен, сравнительно недавно выпустил книгу о борьбе с засухой[40], отличается ясностью мысли. Практически вся его научная жизнь, кроме 19 магаданских лет, связана со знойным Поволжьем, с поисками того, как получить больше хлеба на этих иссушенных землях, да и сами земли сохранить и обогатить. Он твердо стоит за пары, за посевы трав в выводном клину, за посевы сидератов в пару, поскольку органических удобрений там мало, а они очень нужны.

Иван Степанович Мелехов по происхождению помор, "архангельский мужик" в самом лучшем смысле. Он всю жизнь любил свои архангельские края так же, как горячо любил и свою "alma mater" – Ленинградскую лесотехническую академию. Сегодня мы можем назвать ученика Сукачева и Ткаченко И.С. Мелехова классиком отечественной науки о лесе. Выпускник Лесотехнической академии 1930 г. стал доктором наук и профессором, академиком ВАСХНИЛ, а теперь – РАСХН, иностранным членом Шведской королевской академии лесного и сельского хозяйства, почетным членом Венгерской академии наук, почетным членом Лесного общества Финляндии, почетным членом Международного Союза лесных исследовательских организаций, почетным доктором университета в Брно и т.д.

Иван Степанович вел исследования, руководил кафедрами в Архангельском институте и Ленинградской лесотехнической академии, возглавлял отделение лесоводства и полезащитного разведения ВАСХНИЛ, был заместителем председателя Государственного комитета по лесу СССР, состоял профессором Московского университета леса. Он – теоретик лесоведения и лесоводства, автор университетских учебников по этим курсам. Он был принципиален, не шел на сделку с совестью, подвергался гонениям после августовской (1948 г.) сессии ВАСХНИЛ, на него писали наветы и ему приклеивали политические ярлыки.

Иван Степанович всю жизнь доступными ему средствами боролся за сохранение лесов, за повышение их продуктивности, он создал теоретические основы современного лесоводства, разработал динамическую типологию лесов, правила рубок, лесную пирологию. Ведь ежегодно от пожаров погибает до 2 млн. гектаров леса.

Перед глазами и сейчас стоит высокий, седой человек с крупными чертами лица, удивительно голубыми глазами и очень мягким голосом. Он никогда его не повышал. Он никогда, казалось, не сердился, никому не сказал бранного слова. И вместе с тем давал убийственную характеристику фальсификаторам и дельцам от науки. Он в совершенстве владел английским языком, и его произношение, по свидетельствам, было безупречным. Свои мысли о науке, о лесе, о людях, о будущем России он изложил в своих замечательных, к сожалению, не законченных мемуарах, которые признаны учебным пособием для студентов Лесотехнической академии[41]. Иван Степанович Мелехов не только большой ученый, но и воплощение кристально чистой совести.

Николай Гаврилович Андреев, старейший луговод страны, участник Великой Отечественной войны, продолжил традиции классиков российского луговодства. Он один из первых в России широкомасштабно в середине 50-х гг. занялся долголетними культурными пастбищами. Последние четыре десятилетия его жизни и деятельности связаны с Тимирязевкой, где он возглавлял кафедру луговодства, воспитал много молодых специалистов. Будучи академиком ВАСХНИЛ–РАСХН, долгие годы возглавлял секцию лугопастбищного хозяйства. Ведя здоровый образ жизни, занимаясь физкультурой и плаванием, сохранил бодрость и здоровье.

Алексей Данилович Букштынов родился 24.02.1902 г. в крестьянской семье Островенской волости Могилевской губернии. Учился в Витебском сельскохозяйственном институте, окончил Ленинградскую лесотехническую академию. В годы Великой Отечественной войны участвовал в партизанском движении в оккупированных районах Московской области и Северного Кавказа. Практически вся его жизнь связана с лесным хозяйством, с наукой, образованием, журналистикой. В течение 6 лет был директором Института лесоводства и механизации лесного хозяйства, руководил Московским лесным институтом, Институтом древесины. Был начальником Главка образования Министерства лесного хозяйства СССР. Автор 150 научных работ, в том числе 8 книг. Некоторые, например, "Лесные ресурсы СССР и мира" изданы за рубежом[42]. Редактор журналов: "Лес и степь", "В защиту леса", "Лесное хозяйство". На всех постах Алексей Данилович проявлял завидную энергию, заботу о лесе, внимание к человеку, а также большие организаторские способности. При его активном участии изданы различные пособия, справочники, а также фундаментальный научный труд "Лесная энциклопедия" в двух томах объемом 195 печатных листов. Автор мемуаров о партизанской войне.

Андрей Николаевич Мельниченко родился в селе Каземировка Лоевского района Гомельской области 31 октября 1904 г. в многодетной семье, состоявшей из 18 человек, из них 9 детей. Он – выпускник биологического факультета Смоленского университета. Вся его дальнейшая жизнь – в науке и высших учебных заведениях. И все научные интересы и труды связаны с растительным миром и фауной. Сегодня мы вправе считать А.Н. Мельниченко главным пчеловодом России. Суть его многочисленных работ, монографий может быть выражена несколькими емкими словами: теоретическое обоснование экологической роли цветковых растений и пчел в воспроизводстве жизненных условий окружающей среды.

В далеком 1930 г. Андрей Николаевич сделал доклад на IV Всесоюзном съезде зоологов, экологов и генетиков об экологии ранне-весенних цветковых растений и насекомых опылителей. Этот доклад стал его кандидатской диссертацией с присвоением степени в 1931 г. В 1940 г. он защитил докторскую диссертацию на тему: "Полезащитные лесные полосы и размножение полезных и вредных животных"[43]. Член ВАСХНИЛ, а теперь РАСХН, бессменно руководит секцией пчеловодства академии уже несколько десятилетий. Недавно профессор А.Н. Мельниченко, проживающий в Нижнем Новгороде, долгие годы работавший в Нижегородском университете, закончил монографию "Биологические основы интенсивного пчеловодства." Можно подоброму позавидовать его работоспособности и пожелать еще долго сохранять ее.

Георгий Александрович Кузнецов, старейший ученый России в области землеустройства и землеустроительного проектирования, родился 14 ноября 1906 г. в деревне Поляны Мосальского уезда Калужской губернии. Окончил Московский Межевой институт в 1931 г. Затем – служба в Красной армии, работа в землеустроительной партии на Урале и Северном Кавказе, в Свердловской, Челябинской, Волгоградской, Ростовской, Воронежской, Тамбовской областях, Ставропольском и Краснодарском краях. Ему посчастливилось работать ряд лет под руководством талантливого организатора сельскохозяйственного производства Тихона Александровича Юркина, заниматься составлением оргхозпланов предприятий.

С 1946 г. Георгий Александрович по приглашению профессора С.Г. Колеснева – аспирант в Межевом институте. Здесь судьба его сводит с

С.А. Удачиным. Сотрудничество и дружба с последним продолжается до кончины академика ВАСХНИЛ Удачина. Долгие годы Георгий Александрович отдал кафедре Удачина, продолжив его работу. Землеустройство он рассматривает как модель размещения производительных сил. Отличаясь коммуникабельностью, доброжелательством и компетентностью, профессор Кузнецов весьма авторитетен в кругах ученых и специалистов. Он продолжает работу в качестве профессора-консультанта на своей кафедре, пишет мемуары, готовит очередной учебник: "Введение в землеустройство." Прежние его работы выходили несколькими изданиями[44–46].

Имя **Нео Гдальевича Беленького** (р. 25.03.1908) давно и хорошо известно научной общественности и широким кругам специалистов в области зооинженерии, ветеринарной медицины и пищевой индустрии. Он – старейший по стажу академик ВАСХНИЛ–РАСХН, член этого сообщества почти полвека, работает в академии с 1940 г. В годы Отечественной войны не только участвовал в оборонительных боях, но и своими разработками спас жизни тысяч и тысяч людей. Он создал ряд комплексных безотходных технологий получения биологически активных препаратов для медицины и ветеринарии. Он – создатель аллохола, симопсина, симотрипсина, рибонуклеазы. На основе его исследований по глубокой переработке вторичного сырья мясной промышленности, по его методу переработки крови убойных животных получен заменитель плазмы крови человека. По его предложению в годы войны и послевоенный период построены заводы по производству органопрепаратов. Они особенно эффективны при ранениях и ожогах.

Нео Гдальевич всегда был активен и изобретателен. Энергия ученого направлена на спасение людей и природы, на разработку безотходных технологий и глубокую переработку сырья, на рациональное использование всего, что сырье содержит. Его очень тревожат экологические проблемы. Он продолжает активно работать. Его волнует прежде всего чистота и полноценность продовольствия. Совсем недавно вышла его книга, посвященная этим проблемам[47]. Будучи по основной специальности физиологом, биохимиком животных, этой науке он отдал всю жизнь.

Арутюн Христофорович Саркисов (р. 27.12.1908) по праву сегодня считается патриархом российской науки в области ветеринарной медицины. Он принял эту эстафету непосредственно из рук К.И. Скрябина и С.Н. Вышелесского, классиков отечественной науки. Но его роль в настоящее время не исчерпывается только сферой науки. Академик Саркисов сегодня – совесть и разум, эталон ответственности и мудрости в нашем сообществе. Его очень тихий голос звучит сильнее самых мощных колоколов. Он крупный ученый, уже вошедший в историю науки. На основе исследований А.Х. Саркисова, проведенных в Институте экспериментальной ветеринарии ВАСХНИЛ–РАСХН, создана высокоэффективная вакцина против трихофитии, или стригущего лишая кожи крупного рогатого скота (ЛТФ-130). Эта вакцина запатентована в 23 странах, включая США, экспортируется практически на все континенты. Это открытие позволило полностью ликвидировать заболевание крупного рогатого скота, на которое приходилось 40% всех инфекций в животноводстве. А болезнь эта была известна еще в древней Греции, но преодолеть ее в течение веков никому не удавалось. За это открытие Герой Социалистического Труда А.Х. Саркисов был удостоин очень высокой награды – большой золотой медали Организации интеллектуальной собственности при ООН. Он был вторым гражданином СССР, отмеченным таким знаком. Вслед за этим открытием последовали другие, сделанные под его руководством молодыми сотрудниками Института экспериментальной ветеринарии.

Анатолий Васильевич Пухальский родился в семье железнодорожного служащего г. Киева в 1909 г. Он выпускник Масловского института селекции. Этот институт существовал недолго; он был размещен в деревне Масловка Киевской области, невдалеке от Мироновского института селекции пшениц. За короткое время институт сумел подготовить целую когорту будущих селекционеров: В.Н. Ремесло, Ф.Г. Кириченко, П.Ф. Гарькавый и др. Здесь трудились крупные ученые, такие, как селекционер Л.Н. Делоне, земледел Д.К. Ларионов, специалист по вариационной статистике А.С. Молостов. Пухальский окончил аспирантуру в ВИРе под руководством ближайшего сотрудника Н.И. Вавилова Константина Андреевича Фляксбергера (1880–1942), крупного эксперта по пшеницам, репрессированного вслед за Н.И. Вавиловым и умершего от дистрофии в Златоустской тюрьме.

Научная деятельность А.В. Пухальского связана с изучением мировых растительных ресурсов, главным образом пшениц. Он возглавлял поисковые экспедиции в Перу, Боливию, Эквадор, Тунис и Марокко. С 1932 г. Анатолий Васильевич работал на опытной станции в Кировской области с Н.В. Рудницким, с 1938 г. – на Шатиловской опытной станции в Орловской области. Спасал ее от оккупантов, эвакуировал, затем восстанавливал. Позднее возглавлял Всесоюзный селекционно-генетический институт в Одессе (ВСГИ), работал в Министерстве сельского хозяйства, в ЦК КПСС. Но более 22-х лет – в ВАСХНИЛе, в должности главного ученого секретаря, а затем руководителя отделения растениеводства. Он приложил много труда к созданию селекционных центров в стране, и все эти годы совмещал организационную работу с научной в Московском отделении ВИРа.

Анатолия Васильевича отличают исключительная доброжелательность к людям, высокая компетентность в своей сфере знания, обязательность, четкость и оперативность в работе. Общение с ним по любому вопросу всегда проходит легко и результативно. Он чуток и отзывчив. Потери в жизни не лишили его доброты и веры в людей. Он продолжает работать.

Ольгу Григорьевну Грамматикати знают практически все ирригаторы России и далеко за ее пределами. Со студенческой скамьи, вот уже более шести десятилетий она работает во Всероссийском НИИ гидротехники и мелиорации. Профессор Грамматикати создала школу по ресурсосберегающим технологиям орошения. Она имеет много учеников. Не обойдена и государственными наградами.

Научные работы Ольги Григорьевны посвящены рациональным режимам орошения сельскохозяйственных культур, водосберегающим способам полива. Она является автором концепции природоохранной технологии орошения черноземов и водосберегающих режимов ирригации для различных природно-климатических зон России и стран СНГ.

Сергей Степанович Сергеев – видный статистик и экономист в области сельского хозяйства. По его учебнику, "Сельскохозяйственная статистика с основами общей статистики"[48], статистику осваивали тысячи специалистов сельского хозяйства. Практически вся его творческая жизнь связана с Тимирязевкой. Сюда он прибыл с фронта в звании подполковника, где был начальником артиллерии корпуса, и был, по рассказам тимирязевцев тех лет, любимым аспирантом академика В.С. Немчинова. Долгие десятилетия академик РАСХН возглавлял кафедру статистики, на которой долго трудился Василий Сергеевич.

Учебную работу профессор Сергеев всегда сочетал с исследовательской. Исследовал эффективность использования производственных фондов в сельском хозяйстве, долгие годы возглавлял соответствующую секцию в отделении экономики ВАСХНИЛ, занимался экономическим анализом сельскохозяйственного производства[48, 49]. В молодости, в конце 20-х и начале 30-х гг. активно участвовал в коллективизации сельского хозяйства Рязанской области. Был председателем райколхозсоюза. Остается последовательным сторонником колхозно-совхозного строя.

Степан Гордеевич Скоропанов сегодня живет за пределами России, в своей родной Белоруссии. Нелепая игра истории возвела государственную границу там, где ее никогда не было и быть не могло. Но этот вопрос не входит в сферу рассмотрения. Мы можем об этом только сожалеть и надеяться на мудрость провидения. Что же касается науки, то для нее государственная граница бессильна, разве только мешает нормальным связям и решению общих вопросов. Говорится это здесь еще и потому, что Степан Гордеевич всегда был и остается интернационалистом в лучшем смысле этого слова. Его нравственные устои не приемлют никакой розни на национальной или иной почве. При этом он истинный патриот Белоруссии и России. Ученый С.Г. Скоропанов – подполковник Советской Армии доказал это делом в годы Отечественной войны. Он долгие годы возглавлял Западное отделение ВАСХНИЛ, куда входили научные организации Белоруссии, Литвы, Латвии и Эстонии. И академик Скоропанов был одинаково уважаем в каждой из этих республик. Это также взаимно: он щепетильно уважителен к национальным чувствам, достоинству и гордости белоруса, литовца, латыша, эстонца, русского, представителя другого народа. Он тесно сотрудничал с учеными Польши и Германии, был любим и там, имеет много друзей и учеников. Позднее передал руководство Западным отделением Тамаре Никандровне Кулаковой (1919–1986), крупному ученому и прекрасному человеку, безвременно ушедшей из жизни[50].

С.Г. Скоропанов прошел большой жизненный путь в науке, производстве, на государственных постах. Был министром сельского хозяйства Белоруссии, одним из руководителей Белорусской академии сельскохозяйственных наук. Но никогда не оставлял научной работы. Он и сейчас активно работает в одном из институтов Белоруссии. Академик Скоропанов – крупнейший специалист по рациональному использованию торфа, а также по мелиорации и окультуриванию торфяных почв и болот, долгие годы в ВАСХНИЛе вел секцию использования мелиорированных земель и координировал работы по торфу в масштабе СССР.

Гайфутдин Салахутдинович Галеев – крупнейший специалист по селекции кукурузы, автор многих сортов и гибридов этой культуры; один из учеников Н.И. Вавилова. Как и М.И. Хаджинов, большую часть жизни провел на Кубани, возглавляя работы по кукурузе на опытной станции ВИРа. Известно, какое фиаско потерпела страна, когда по инициативе Н.С. Хрущева под нажимом ее внедряли всюду, вплоть до полярного круга. Академик Г.С. Галеев был инициатором создания группы ученых под названием "Север". Суть ее работы состояла в создании таких сортов и гибридов, которые могли бы адаптироваться в более северных широтах. И после многолетних упорных усилий это удалось. Сейчас даже в южной части Тюменской области кукуруза дает початки молочно-восковой спелости. Г.С. Галеев – признанный в мире ученый-селекционер, он отмечен высшими наградами Союза ССР. Но главное качество неизменно при нем – скромность и самоотверженность в труде. Он активно сотрудничает с учеными многих стран мира.

Михаил Степанович Рунчев (р. 20.11.1913) – сегодня старейшина инженерного корпуса аграрной науки России. Его жизнь целиком связана с югом страны, где он родился, учился, работал и продолжает работать вот уже третий год в роли профессора-консультанта и почетного директора Всероссийского научно-исследовательского и проектно-технологического института механизации и электрификации сельского хозяйства (ВНИПТИМЭСХ) в г. Зернограде Ростовской области. Михаил Степанович возглавлял этот институт в течение 38 лет, успешно реализуя свой неординарный талант организатора, исследователя и воспитателя. Он – автор 250 научных работ.

Академик ВАСХНИЛ–РАСХН М.С. Рунчев большое внимание уделял использованию машин и является главой школы эксплуатационников. Велик его вклад в обоснование принципов сельскохозяйственного машиностроения. Один из главных принципов – комбинирование машин, позволяющее за один проход трактора одновременно осуществлять несколько операций. Это сокращает издержки топлива, труда, металла, а также оберегает почву от излишнего на нее давления. Кроме того, М.С. Рунчев давно занимается использованием возобновляемых источников энергии. В институте и хозяйствах функционируют солнечные и биогазовые установки, работа по совершенствованию которых продолжается.

Глеб Иоанникиевич Петров, селекционер, живущий и работающий уже полвека в Прикумске Ставропольского края, в крайне засушливой степи с частыми засухами и суховеями. Его жизнь и судьба показательна для русской интеллигенции не в первом поколении, перенесшей глубокие травмы и драму. Родился Глеб Иоанникиевич в благополучной семье священнослужителя высокого ранга, выпускника Казанской духовной академии, кандидата богословских наук, некоторое время местоблюстителя митрополита Ставропольского и Бакинского. С начала 20-х гг. в доме начались обыски, допросы и аресты отца Иоанникия. В 1927 г. он был выслан в Туруханский край. За ним последовала больная жена и маленькая дочь. Три сына вскоре оказались на Памире. Нормальное образование было прервано. Когда началась Великая Отечественная война, все сыновья пошли на фронт добровольцами, но Глеб медицинской комиссией при военкомате был забракован. Он до 1946 г. был на агрономической работе в Средней Азии.

С 1946 г. Глеб Иоанникиевич и его жена, тоже селекцинер Мария Федоровна Косых (26.01.1913–17.11.1993) безвыездно работали селекционерами в Прикумске. Здесь было и опытное поле, когда-то созданное при участии Виктора Викторовича Таланова (1871–1936), соратника Н.И. Вавилова, и опытная станция, а теперь филиал Ставропольского НИИСХ. Недавно Глеб Иоанникиевич написал книгу, посвященную жене и другу[51]. Это – реквием благородному, доброму, отдавшему полностью себя труду и семье человека, кристально чистого и очень ранимого. Научные работники, занимаясь хлебом, сами получали в послевоенные годы по 400 г хлеба в день, питались еще ... мясом сусликов, ворон и сорок. Они голодали в 1920–1921, 1932–1934, 1941–1942 и 1945–1947 гг.

Г.И. Петров с участием М.Ф. Косых и молодых помощников вывели 8 сортов пшениц и ячменя практически без необходимого оборудования, из-за чего селекционный процесс растягивался до 29 лет. Эти сорта адаптированы к засушливым условиям. Все они районированы. Особое место занимает озимая пшеница "Прикумчанка". Она не только сильная, но твердая, устойчивая к листовым болезням и хлебному пилильщику за счет заполненности соломины паренхимной тканью. В конкурсном сортоиспытании за 3 года (1990–1992) урожайность составила 57 ц/га, с максимумом в 1992 г. – 64,3 ц/га. Макаронные качества очень высокие. Это – первый в стране сорт с таким сочетанием качеств. Создание его – подвиг.

Григорий Владимирович Гуляев (р. 23.01.1916) родился в селе Даниловка Петровского уезда Пензенской губернии в семье агронома, ставшего позднее ученым в звании профессора. Выпускник агрономического факультета ТСХА, ученик Антона Романовича Жебрака (1901–1965). Участник Великой Отечественной войны 1941–1945 гг. Весь его жизненный путь связан с наукой и педагогикой. Он был ректором Пензенского сельскохозяйственного института, начальником Главка науки Министерства сельского хозяйства России, в течение 19 лет – директором Научно-исследовательского института сельского хозяйства центральных районов Нечерноземья России, долгие годы возглавлял кафедру генетики в Тимирязевской академии.

Григорий Владимирович – принципиальный и мужественный человек. Он немедленно покинул пост начальника Главка, когда лысенковцы стали понуждать к шарлатанству и профанации науки – создавать в зональных институтах лаборатории по обработке семян мочой жеребых кобыл (было и такое!). Главная заслуга академика Гуляева в том, что он поставил в России семеноводство на генетические основы. Его учебник по генетике переиздавался многократно[52].

Григорий Тихонович Казьмин (р. 29.11.1916) – человек, которому Восточная Сибирь и Дальний Восток признательны за продвижение в эти регионы садоводства. Уроженец Терновского района Воронежской области, после окончания плодоовощного факультета сельскохозяйственного института в Мичуринске, оказался в Сибири. Здесь развернулась его деятельность по селекции косточковых культур (абрикос, вишня, слива) и продвижению плодоводства в районы, где его не было. Он – автор более 50 сортов косточковых, более 200 научных публикаций, из них ряд монографий по отдельным культурам.

Академик РАСХН Г.Т. Казьмин с 1961 по 1988 г. возглавлял Дальневосточный НИИСХ в г. Хабаровске, затем исполнял обязанности председателя

Дальневосточного отделения ВАСХНИЛ. В настоящее время – почетный директор упомянутого института.

Иван Семенович Шатилов занимает особое место в когорте ветеранов аграрной науки России. Ныне почетный президент Российской академии сельскохозяйственных наук, профессор кафедры растениеводства Тимирязевки прошел непростой жизненный путь. Ему никто не подстилал ковровых дорожек, и он никогда не пользовался "телефонным правом". Крестьянский сын из Воронежской губернии с 4 курса агрономического факультета отправился на фронт и участвовал в боях в качестве командира минометного расчета. Затем опять Тимирязевка, и на всю жизнь. Да еще ВАСХНИЛ, где в должности первого вице-президента он создал и долгие годы возглавлял Всероссийское отделение, не оставляя работы на кафедре. Он много сделал по укреплению научной сети России.

Иван Семенович – ученый с широким кругозором. Он в современных условиях разрабатывает проблемы, начатые еще в прошлом веке И.А. Стебутом, продолженные в XX в. Д.Н. Прянишниковым и А.Г. Дояренко. Суть методологии состоит в программном управлении балансом воды, солнечной энергии, теплообмена, питательных веществ, в частности, поглощения аммиака из атмосферы. Занимается академик Шатилов математическим моделированием фотосинтеза и дыхания полевых культур в севообороте интенсивного типа, программированием урожаев[53]. На руководимой им опытной станции в Подольском районе Московской области стабильные сборы озимой пшеницы составляют 60–78, а сена многолетних трав – 100–120 ц/га, что вдвое выше урожайности в передовых хозяйствах района.

Ивану Семеновичу присущи высокие морально-этические качества передовой русской интеллигенции: гуманность, скромность, бережливость, доброжелательность, интерес к литературе и искусству, радость общения с друзьями, но без винных паров, которые он не выносит. Это традиции той части интеллигенции, которая творила, созидала, но не разрушала и не призывала к потрясениям.

Раиса Георгиевна Бутенко, урожденная **Трудова** – крупнейший биолог и биотехнолог России и мира. Она вышла из семьи русских интеллигентов – мать была учительницей гимназии в г. Белый Смоленской губернии. Вся жизнь Раисы Георгиевны связана с биологической наукой, ориентированной на сельское хозяйство. Раиса Георгиевна окончила плодоовощной факультет Тимирязевской академии, работала 2 года агрономом совхоза в Ташкентской области, затем опять Тимирязевка, на этот раз аспирантура, и с 1947 г. непрерывно в течение 47 лет она трудится в одном единственном коллективе – Институте физиологии растений АН СССР, ныне РАН, пройдя путь от младшего научного сотрудника до заведующей крупным отделом с более чем 50 сотрудниками.

Раиса Георгиевна – автор 400 научных публикаций, в том числе 7 монографий, 5 брошюр, 21 авторского свидетельства. Лауреат Государственных премий. Одна монография вышла на английском языке. Она – автор открытия, занесенного в государственный реестр 26.01.1989 г. за установление "двуродительского наследования генов цитоплазмы".

Академик Р.Г. Бутенко член РАН и РАСХН – лидер работ по культуре тканей, клеток, протопластов и клеточным технологиям. Эти фундаментальные теоретические работы являются основой для современной селекции. Ею создана Всероссийская коллекция и банк клеточных культур и меристем растений.

На основе создания гаплоидных растений получены некоторые сорта ячменя, картофеля. С использованием открытия сомаклональной вариабельности, сделанного Р.Г. Бутенко совместно с другими учеными первыми в мире, созданы сорта и исходные линии риса, картофеля, пшеницы. Культуры клеток некоторых лекарственных растений, полученные Р.Г. Бутенко (женьшеня, диоскореи) позволили продвинуть этот метод в практику. Все, что касается клеточной и тканевой культуры, приоритет в нашей стране принадлежит Раисе Георгиевне, и ее работы находятся на мировом уровне. По ее работам молодые ученые осваивают биотехнологию[54,55].

Раиса Георгиевна очень активна, энергична и подвижна. За последние 13 лет (1982–1994) она выступила с 30 докладами в различных странах мира, включая США, Японию, Китай, практически все государства Европы. Существенно облегчает ей общение с иностранными учеными и то, что она свободно говорит по-английски, читает по-французски и по-немецки. Она работает с молодыми учеными. У профессора Бутенко в Институте физиологии растений ежегодно проходят стажировку 10–15 сотрудников сельскохозяйственных научных учреждений. Она одновременно и профессор Московского университета. И если говорить о самом главном, что сделано в жизни, то Раиса Георгиевна называет два дела: первое – подготовлено очень много молодежи, создана школа и второе – создана и получила распространение культура клетки и биотехнология по всей России и Союзу ССР.

Раиса Георгиевна умеет чередовать напряженную научную работу с отдыхом. Она – охотник, рыболов и очень любит лошадей, любит природу.

Иван Григорьевич Калиненко сегодня ведущий селекционер России по зерновым культурам. Каждый третий гектар посеянной в стране пшеницы – это плод труда Ивана Григорьевича. Причем его сорта отличаются высокими продуктивностью и качеством. Так, например, сорт “Донская полукарликовая” обеспечивает сбор до 94–106 ц/га. “Донская безостая” – сильная, с выходом на уровень 88–90 ц/га. Это в районе Зернограда. Всего академик РАСХН И.Г. Калиненко создал 36 сортов озимой пшеницы, в том числе за последнее время – озимые твердые “Новинка 3, 4 и 5”.

Иван Григорьевич – уроженец Донецкой области, окончил Одесский сельскохозяйственный институт. Участник Великой Отечественной войны. Награжден высшими наградами Союза ССР, в том числе имеет звание Героя Социалистического Труда. Но он чрезвычайно скромен и по образу жизни напоминает Т.С. Мальцева. Суровые условия жизни и непрестанный напряженный труд создали цельность, неприятие праздности, прямоту, обязательность и другие замечательные черты его характера.

Николай Андреевич Корнеев (р. 05.05.1923) – ведущий ученый России в области радиобиологии. Уроженец села Трескино Пензенской области и выпускник агрономического факультета Тимирязевки полной мерой познал ужасы и зверства войны, едва став совершеннолетним. Он – защитник Севастополя и инвалид Великой Отечественной войны с 1942 г. Но и его дальнейшая мирная жизнь тоже не была увита розами: еще в конце 50-х гг. испытал трагизм катастрофы под Челябинском, а в 1986 г. – в Чернобыле, где он непосредственно работал.

Академик РАСХН Корнеев – автор 150 научных работ. К сожалению, большинство из них не опубликовано в открытой печати. Но все они направлены на оздоровление отравленной радиоактивными веществами природы и, прежде всего, почвы. В течение 17 лет (1973–1989) он возглавлял Всероссийский институт сельскохозяйственной радиологии и агроэкологии. Там же работает он и поныне. Николай Андреевич также отличается личной скромностью и высокой трудоспособностью, непримиримым отношением ко всякой порче и отравлению природы, не говоря об абсолютной неприемлемости любого насилия, войны. Кто видел гибель людей и умирание природы, тот не подаст руки губителям.

Ида Павловна Калинина – коренная сибирячка. Она родилась в г. Горно-Алтайске Алтайского края. В ранней юности пришла работать в находящийся в Барнауле Научно-исследовательский институт садоводства Сибири (НИИСС), который тогда возглавлял пионер сибирского садоводства академик ВАСХНИЛ Михаил Афанасьевич Лисавенко (1897–1967), и поначалу была рабочей в саду. Он стал учителем и наставником пытливой девушки. После окончания плодоовощного факультета Тимирязевки Ида Павловна возвращается в родной институт и через некоторое время принимает эстафету от своего учителя. Здесь проявился ее незаурядный талант исследователя, селекционера и организатора.

Академик ВАСХНИЛ–РАСХН И.П. Калинина – автор 48 сортов смородины, малины, облепихи и других культур, адаптированных к условиям Сибири. В 1981 г. она становится лауреатом Государственной премии за выведение сортов облепихи (“Оранжевая”, “Чуйская”, “Обильная”), обладающих высокими вкусовыми качествами, богатым составом сахаров, кислот, витаминов, очень крупными плодами. То же можно сказать и о сортах смородины, выведенных И.П. Калининой: очень крупные плоды, скороспелость, высокие вкусовые качества и богатый набор ингредиентов.

Ида Павловна не только ученый, но и крупный общественный деятель. Она выступала и в Организации Объединенных наций, работая там в составе советской делегации. Это очень сильный человек. Такие тяжелые удары судьбы, как смерть мужа – инвалида Отечественной войны, смерть матери, тяжелейшая автомобильная катастрофа, после которой спасали жизнь Иды Павловны, случившиеся через очень короткие промежутки времени, не сломили эту мужественную женщину. Она добра и внимательна к людям. Видимо, духовно богатые и сильные люди добры вообще.

Таковы ветераны аграрной науки России. Рассказ о них можно было бы продолжить и показать еще много достойных и светлых образов. Вывод один – молодежи есть у кого принимать эстафету. Перед ними, людьми XXI в. – непростые и нелегкие проблемы. Но главное, видимо, в том, чтобы сохранить природу, сохранить жизнь на Земле, сохранить биологический потенциал, сохранить людей, не допускать нищеты и убийства людей бомбами и ракетами, создать спокойную, здоровую и чистую обстановку и ... созидать. Спокойно, уверенно, последовательно созидать экономику и строить взаимоотношения между людьми на интересе и добре.

ЛИТЕРАТУРА

1. Основные итоги работы Российской академии сельскохозяйственных наук за 1993 год. М.: Россельхозиздат, 1994. С. 320–321.
2. Там же. С. 347.
3. **Трифонова М.Ф., Заика П.М., Устюжанин А.П.** Основы научных исследований. М.: Колос, 1993.
4. **Коптев В.В., Богомягких В.А., Трифонова М.Ф.** Основы научных исследований и патентоведения. М.: Колос, 1993.
5. **Докучаев В.В.** Избранные сочинения. М.:Сельхозгиз, 1949. Т. 3. С. 321.
6. **Каштанов А.Н., Лисецкий Ф.Н., Швебс Г.И.** Основы ландшафтно-экологического земледелия. М.: Колос, 1994. С. 12.
7. **Там же.**
8. **Жученко А.А.** Экологическая генетика культурных растений. Кишинев, Штиинница, 1980.
9. **Жученко А.А.** Адаптивный потенциал культурных растений (эколого-генетические основы). Кишинев: Штиинница, 1988.
10. **Жученко А.А.** Адаптивное растениеводство. Кишинев: Штиинница, 1990.
11. Ландшафтное земледелие. Концепция... Коллектив авторов под общей редакцией А.Н.-Каштанова и А.П.Щербанова. Курск,1993. С. 12–13.
12. **Шумаков Б.Б., Кирейчева Л.В.** Экологические аспекты мелиорации. – Вестник Российской академии сельскохозяйственных наук, 1944, N 4.
13. **Маслов Б.С.** Ландшафтное земледелие: водный аспект. Аграрная наука, 1994, N 5.
14. **Арбатов А.А.** и др. Экологическое оздоровление экономики. М.: Наука, 1994.
15. Итоги освоения в Волгоградской области системы "сухого" земледелия... М.: Россельхозакадемия, 1993.
16. **Каштанов А.Н.** Совершенствование зональных систем земледелия засушливых районов России на ландшафтной основе. М.: Россельхозиздат, 1993.
17. **Жученко А.А.** Адаптивное растениеводство... С. 40.
18. **Там же.** С. 61.
19. **Шашко Д.И.** Агроклиматическое районирование СССР. М., 1967.
20. **Шевелуха В.С.** Рост растений и его регуляция в онтогенезе. М.: Колос, 1992.
21. Российская Федерация в цифрах в 1993 г. М.: Информиздцентр, 1994. С. 192.
22. Российская Федерация в 1992 г. Статистический ежегодник. М.: Информиздцентр, 1993. С. 588–591.
23. Ежегодник БСЭ. М., 1989. С.378–379.
24. **Мелехов И.С.** Лесоводство. М.: Агропромиздат, 1989.
25. **Мелехов И.С.** Лесоведение. М.: Лесная промышленность, 1980.
26. **Мелехов И.С.** Лесная пирология. 1983, вып. 5.
27. Основные итоги работы Российской академии сельскохозяйственных наук... С. 93–108.
28. Там же. С. 149.
29. **Эрнст Л.К.** Биотехнология и перспективы развития животноводства. М.: РАСХН, 1995.
30. **Эрнст Л.К., Сергеев Н.И.** Трансплантация эмбрионов сельскохозяйственных животных. М.: Агропромиздат, 1989.
31. **Эрнст Л.К., Жигачев А.А.** Профилактика генетических аномалий крупного рогатого скота. Л.: Лениздат, 1990.
32. Народное хозяйство СССР в 1990 г. Статистический ежегодник. М.: Финансы и статистика, 1991. С. 298.
33. **Стребков Д.С., Муругов В.П.** Энергосбережение и возобновляемые источники энергии. Вестник сельскохозяйственной науки, 1991, №2.
34. Термопластическая экструзия: научные основы, технология, оборудование. Под ред. А.Н. Богатырева и В.П. Юрьева. М.: Ступень, 1994.
35. **Менделеев Д.Н.** Сочинения. Т. 23. С. 83.
36. Академия имени К.А.Тимирязева. Краткий очерк прошлого и настоящего. М.: Агропромиздат, 1990.
37. **Мальцев Т.С.** Раздумья о земле, о хлебе. М.: Наука, 1985.
38. Служу тебе, земля. Фотоальбом. М.: Плакат, 1987.
39. **Афанасьев П.А.** Здесь начинается Россия. Записки секретаря обкома. М.: Политиздат, 1967. С. 85.

40. **Шульмейстер К.Г.** Борьба с засухой и урожай. 2-е изд. М.: Агропромиздат, 1988.
41. **Мелехов И.С.** Альма матер. Части 1 и 2. Санкт-Петербург, 1992, 1993.
42. **Букштынов А.Д.** Лесные ресурсы СССР и мира. М.:Гослесиздат, 1959.
43. **Мельниченко А.Н.** Полезащитные лесные полосы и размножение полезных и вредных животных. М.: Московское общество испытателей природы, 1941.
44. **Кузнецов Г.А.** Планировка сельских районов. М.: Колос, 1981.
45. **Кузнецов Г.А.** Дороги местного значения. М.: Агропромиздат, 1986.
46. **Кузнецов Г.А.** Проектирование сельских районов, Алма-Ата, Кайнар, 1989.
47. **Беленький Н.Г.** и др. Контроль безвредности химических и биологических веществ. М., 1992.
48. **Сергеев С.С.** Сельскохозяйственная статистика с основами общей статистики. 5-е изд. М.: Финансы и статистика, 1983.
49. **Сергеев Г.С.** Экономический анализ сельскохозяйственного производства. М.: Экономика, 1968.
50. **Никонов А.А.** Исторический путь ВАСХНИЛ и ее вклад в аграрную науку. М.: Энциклопедия российских деревень, 1993. С. 31–32.
51. **Петров Г.И.** Вехи. Прикумский селекционер и технолог Мария Федоровна Косых (жизнь и труды). Буденовск. 1994. С. 12–13, 16, 21, 21–22, 27–29, 46–47, 57–58.
52. **Гуляев Г.В.** Генетика. Учебник для агрономических факультетов сельскохозяйственных вузов. 3-е изд. М.:Колос, 1984.
53. **Шатилов И.С., Чудновский А.Ф.** Агрофизические, агрометеорологические и агротехнические основы программирования урожаев. Л.:Гидрометиздат, 1980.
54. **Бутенко Р.Г.** Культура изолированных тканей и физиология морфогенеза растений. М.: Наука, 1964.
55. **Муромцев Г.С., Бутенко Р.Г., Тихоненко Т.И., Прокофьев М.И.** Основы сельскохозяйственной биотехнологии. М.: Агропромиздат, 1990.

Экономика для человека, а не человек для экономики.

Николай Бердяев

ПОСЛЕСЛОВИЕ

Итак, мы проследили 300-летний путь аграрной науки, политики, крестьянства и сельского хозяйства России. Этот путь тернист, омыт слезами и потом миллионов ее граждан, прежде всего крестьян, обагрен кровью лучших сынов и дочерей народа. Конечно же путь этот не был сплошным восхождением на Голгофу. В истории российского крестьянства были и светлые времена. Но шла непрерывная борьба между добром и злом, между прогрессом и реакцией, и она многократно обострялась до массовых конфликтов и войн, в которых всегда главной жертвой было крестьянство, как основная часть населения страны. Попытаемся сделать некоторые выводы из всего изложенного, осмыслить пройденный путь. Эти выводы будут своего рода ориентиром, показывающим опасные рифы и скалы, болота и топи и помогающим выбрать нужное направление, что исключительно важно в безвременье, в смуту, когда в обществе преобладают скорее политические амбиции и групповые интересы в переделе собственности, чем действительная забота о благе нации.

Три столетия вобрали в себя многое, особенно уходящий век, драматичный и противоречивый. Здесь в тугой узел переплелись блестящий прогресс с рецидивами варварства и тупости. Неспокойным было для России начало XX века с войнами, революциями, погромами и поджогами усадеб, массовым террором против граждан своей страны на идеологической и классовой основе. Нелучшим оказался и конец столетия, ознаменованный распадом великого государства, откатом назад в экономике и морали, болезненным переходом к новому обществу, локальной войной на своей территории. И много правды в словах, что вместо общества, ориентированного на демократию, правовые нормы и приоритет общечеловеческих ценностей, мы получили номенклатурный капитализм, бюрократический рынок и криминогенное общество. А от демократии осталась только риторика.

Мы назвали книгу драмой. Драмой прежде всего крестьянства, а следовательно и народа. Ведь до середины XX века крестьяне составляли численное большинство населения России. Его судьбы за три столетия трагичны, хотя его руками и трудами строилась, поддерживалась, развивалась и оборонялась Россия. Причем эта драма шла по спирали. На притеснения и жестокости крестьяне роптали, массово убегали на юг, на необжитые земли и, наконец начали прямые военные действия под знаменами Емельяна Ивановича Пугачева. Крестьянские волнения были и в XVIII, и в XIX веке. Особую остроту они приобрели в начале 20-х годов нашего столетия, приняв форму крестьянской войны в качестве ответа на бесчинства "пролетарской" диктатуры. Диктатура этого не простила, развернув массовый террор против крестьянства в виде раскулачивания, ссылок, расстрелов. Одновременно шло раскрестьянивание, поголовная ликвидация мелкотоварного производства, лишение крестьян экономической основы, собственности на средства производства и произведенную продукцию.

Не меньшую драму пережила и аграрная наука. Симптоматично, что первый экономист России Иван Посошков был заточен и скончался в Петропавловской крепости. Репрессиям подверглись многие ученые в различные периоды. Но невообразимых размеров террор против ученых достиг в условиях диктатуры пролетариата. Россия теряла свой интеллектуальный потенциал в лице ученых так же, как и крестьянскую элиту, самый дееспособный, инициативный, предприимчивый слой деревни. Параллельно прямому террору шло экономическое и организационное выкачивание сил и средств из села, и оно все больше пустело. На просторах центра и нечерноземья России образовались обширные районы обезлюдевших и умерших деревень.

К сожалению, на протяжении всего рассматриваемого нами времени экономика была и остается заложницей политики. Политика лицемерна: она всегда прикрывается на словах интересами нации, государства.

Есть жестокая правда в народной мудрости: нет худа без добра. Глубокие провалы могут, при всей их болезненности, служить стимулом для выхода из тупика и поворота в сторону здравого смысла, добра и созидания. Но это возможно при одном непременном условии: если будет обеспечен приоритет человека перед политикой и всеми государственными и общественными институтами, когда политика и экономика будут поставлены на службу человеку. К сожалению, во все века было наоборот, человек служил "строительным материалом" для надстроек.

Россия приняла Декларацию прав и свобод человека, но до ее безусловного выполнения еще дистанция огромная. Наши беды закончатся лишь тогда, когда права и свободы человека будут неукоснительно соблюдаться. Не классовые, групповые, а человеческие. Только в том случае, когда экономика будет социально ориентированной, когда человек будет жить в безопасности и без страха смотреть в завтрашний день, он сможет реализовать свои интеллектуальные и физические способности.

Уроки истории свидетельствуют, что насилие в любой форме – административной, экономической или иной – неприемлемый метод решения социальных, политических, национальных и иных вопросов. Принудительный труд всегда малопривлекателен. Человек, поставленный в кабальные условия то ли высокими налогами и поборами, то ли недоступностью необходимых ресурсов, то ли невозможностью реализовать свою продукцию, фактически испытывает то же насилие. Чрезмерно натянутая струна всегда может оборваться. Так происходит, например, сейчас с самоликвидацией крестьянских (фермерских) хозяйств, не выдерживающих тех экономических трудностей, в которых они оказались из-за отсутствия сбыта, снабжения, нормального кредита, а также гнета коррумпированных чиновников и мафиозных групп. То же и с кампанейской реорганизацией колхозов и совхозов, при которой инфраструктура оказалась разрушенной и растасканной. Приватизация же перерабатывающей промышленности проведена не в пользу крестьян и породила над ними нового монополиста.

Аграрный вопрос в России всегда был актуален, но никогда не был удовлетворительно решен. Ни одна аграрная реформа не была доведена до конца. Реформа 1861 г. была половинчатой, и крестьяне были обременены пережитками феодализма. Реформа 1907 г., рассчитанная как минимум на 20 лет внутреннего и внешнего мира, была прервана разразившейся войной и революцией. Ожививший село нэп был свернут в конце 20-х годов. Прогрессивные меры, осуществленные после сентября 1953 г., вскоре исчерпали себя вследствие противоречивых и субъективистских решений. То же произошло и после 1965 г. из-за безудержного огосударствления и гигантизма.

Поиски в годы перестройки и начавшаяся в 90-е годы аграрная реформа осложнились очередной российской смутой, реформа пока не выполнила своих конечных задач.

Реформа исторически опоздала. Но опоздание не всегда можно исправить спешкой. Реформа – длительный эволюционный процесс. Она займет не одно пятилетие, а может быть, и десятилетие. Возврата ни к командной, ни к колхозно-совхозной системе нет.

В процессе реформирования осуществлено перераспределение земельной собственности в пользу крестьян за счет государства. Создается многоукладная аграрная структура в составе сократившегося государственного, расширившегося кооперативного и возникшего частного сектора. Миллионам крестьян возвращена земля. Кроме ранее существовавших государственных хозяйств, появились самостоятельные крестьянские (фермерские) и многообразные кооперативные формирования с долевой земельной собственностью. Все эти организационно-правовые формы нуждаются во всесторонней помощи, укреплении, оснащении, юридическом закреплении. Особую поддержку следует оказать инициативным, предприимчивым крестьянам, за которыми будущее. Главное же – это создание благоприятных экономических, прежде всего финансовых условий в виде приемлемых кредита, налога, цен, целевых инвестиций и дотаций по примеру всех развитых стран мира, бережно относящихся к своему селу и крестьянству, озабоченных продовольственной безопасностью собственного государства.

Реформа призвана обеспечить создание конкурентоспособного, эффективного аграрного сектора экономики, а также решение социальных проблем села. При этом следует исходить из того, что деревня не только производитель и поставщик продовольствия, но и место обитания десятков миллионов россиян с самобытным образом жизни, моральными ценностями, духовной культурой. Они – хранители вековых традиций народа, которыми недопустимо пренебрегать.

Реформированный аграрный сектор должен обеспечить полностью население страны продовольствием по социально приемлемым ценам и стать конкурентоспособным на мировом рынке; импорт необходим по тем видам продукции, производство которых нерационально в условиях России.

Реформа – путь с двусторонним движением, где "верхи" в лице властных структур государства и "низы" в лице заинтересованных слоев общества действуют адекватно, слаженно. Иначе ничего не получится.

Долг государства состоит в том, чтобы создавать хорошие законы и обеспечивать неукоснительное их выполнение, проявлять максимум внимания к слабым звеньям общества и экономики. Повсеместно в мире предметом заботы государства является сельское хозяйство, село, продовольствие, крестьянство. При этом в условиях рынка обнажаются особо незащищенные стороны села и социальной сферы, которые невозможно укрепить без поддержки государства. Такие подходы должны быть и к науке, экологии, районам с неблагоприятными природными и географическими условиями.

Само государство должно быть сильным, с тесно взаимодействующими ветвями власти. Но сила государства определяется не мощью танковых колонн и ракет, наводящих страх на соседей, а уровнем развития экономики, справедливыми законами и неотвратимостью наказания за их нарушение. Сила государства – в поддержке интеллектуального и духовного потенциала нации, в содействии эффективному использованию природных и иных ресурсов страны. Сильное государство не нуждается в раздутом бюрократическом аппарате. Оно опирается на закон и волю народа, активное участие народа в решении всех жизненно важных вопросов развития общества. Многочисленное чиновничество – признак слабого государства.

В ходе реформы сельское хозяйство, как и экономика в целом, адаптируется к условиям рынка. Переход к рыночной экономике сложный и болезненный. Рынок не рождается стихийно. Его надо создавать со всеми присущими ему атрибутами и инфраструктурой. Необходимо структурно перестраивать само сельское хозяйство, чтобы оно максимально соответствовало требованиям рынка. Рынок безжалостен к слабым и неконкурентоспособным. При переходе к рынку меняется весь строй хозяйства. Производитель должен идти к потребителю, удовлетворять его запросы. В прошлом у нас было наоборот: потребитель целиком зависел от производителя, рынок обязан это изменить. Рынок надо осваивать.

Крестьянин может овладеть рынком продовольствия, выдержать конкуренцию, модернизировать предприятие (частное, кооперативное, государственное) только на основе всеобъемлющей сельскохозяйственной кооперации. Это – вторая сторона движения, обеспечивающего успех реформы, если деятельность государства принять за первую. Кооперация – массовое экономическое (не политическое!) движение крестьянства в борьбе за свои интересы и вместе с тем это универсальная форма организации производства, концентрации сил и средств людей труда.

Только кооперация позволяет удачно сочетать два принципа: личную собственность на средства производства, произведенную продукцию и полученный доход с экономическими и техническими преимуществами концентрации. Только кооперация способна освободить крестьянина от кабалы коммерческих банков, защитить от монополий, мафиозных структур и своевластия армии чиновников.

Снабжение и сбыт продукции, ее переработка и реализация, использование дорогостоящей техники, сооружений, транспорта, хранилищ, кредитование, строительство, а также информация и переподготовка кадров должны быть в руках кооперации. И, разумеется, значительная часть самого производства сельскохозяйственной продукции.

Современная экономика полна различного рода монопольных структур. От них прежде всего страдает сельское хозяйство, как сфера приложения мелкого капитала, а также основная масса потребителей. Нет более действенной силы в борьбе с монополизмом, чем кооперация. Поэтому будущее российского села – в кооперации, в ее классических формах и принципах. От кооперации выигрывает как производитель, так и потребитель. Это –

нейтральная, не связанная с политическими играми, чисто экономическая система, преследующая единственную цель – защитить как производителя, так и потребителя. Вместе с тем кооперация оказывает противодействие поляризации общества. В ней главное мерило всего – личный труд и в меньшей степени вложенный пай. Для нашего, стремительно поляризующегося общества это очень важный противовес, содействующий социальной стабильности.

Если экономика в целом адаптируется к социально ориентированному рынку, то вся организация и технология сельскохозяйственного производства должна быть адаптированной к конкретным природным условиям. За последние десятилетия природе нанесен непоправимый ущерб, растрачено столь много невозобновляемых ресурсов, что продолжение подобного курса вызовет необратимые изменения в окружающей среде с угрозой прекращения самой жизни на Земле. Бытовавший определенное время лозунг "покорять природу" оказался ложным в своей основе. Ее надо не покорять, а в ней жить, в нее "вписываться", ее беречь. Беречь землю, воду, леса, беречь воздушное пространство от загрязнения, беречь флору и фауну. Возомнивший себя хозяином Вселенной, человек на деле сам является частичкой природы, и вне ее для человека жизни нет. Поэтому земледелие должно быть почво- и влагосберегающим, учитывающим не только почвенные и климатические условия, но также макро-, мезо- и микрорельеф, растениеводство – адаптивным, все сельское хозяйство в целом – ресурсосберегающим и экологизированным.

Создать конкурентоспособное и эффективное агропромышленное производство в условиях рынка и соблюдения экологической безопасности, с учетом ресурсных ограничений возможно только на основе развития науки и широкого использования научных достижений в практике. В связи с этим роль науки и научно-технического прогресса неизмеримо возрастает. Лишь заинтересованный и свободный в своем выборе человек, вооруженный знаниями и техническими средствами, способен без ущерба для природы успешно развивать экономику. В свою очередь, новые реалии поставили новые задачи перед самой наукой. Специфика этой сферы общественной деятельности состоит в том, что подготовка человека к ней требует много времени. Равно и сами научные знания не даются в одночасье. Это также требует времени. Поэтому наука нуждается во всесторонней государственной поддержке, что и делается во всем мире, особенно в экономически развитых странах, ассигнующих на развитие науки существенную долю расходной части бюджета. Эти затраты отличаются высокой окупаемостью. Недооценка интеллектуального труда характерна для слаборазвитых, отсталых стран, усугубляющих свою отсталость невниманием к науке. Поэтому в подготовке и переподготовке кадров всех уровней, равно как и на науке, средства экономить нельзя. Это тот случай, когда скупой платит дважды. России в этом отношении предстоит пересмотреть позиции, так как без развитой науки любая страна не имеет будущего.

Известно, что в любой сфере деятельности решающее значение имеет человек с его отношением к делу, его компетентностью, его интеллектуальными, деловыми и морально-этическими качествами. Большинство наших бед происходит из-за некомпетентности и халатности. Нуждаются в серьезных корректировках учебные программы как в вузах, так и в других учебных заведениях. В частности, везде должна изучаться экология, кооперация и предметы, связанные с рынком. Нужна кропотливая, компетентная, своевременная, учитывающая всю совокупность условий и требований последовательная и ритмичная работа. Это особенно важно в такой сложной сфере деятельности, как сельское хозяйство, где успех определяют и космические силы, и живые организмы, и технические средства, и общественные отношения.

Следует иметь в виду, что есть ценности, которые не подвластны законам рынка, которыми не торгуют ни оптом, ни в розницу. Это – морально-этические ценности, на которых строится человеческое общество. Законы этики выработаны человечеством давно, они общие для всех классов, наций, религий и профессий. В краткой форме они сформулированы в заповедях: не убий, не укради и т.д. Они общечеловеческие, и без их соблюдения нет человека.

Наше крестьянство за многие века сформировало своеобразный образ жизни, приверженность определенным ценностям, создало самобытный характер и духовный мир. Не все в нем было плохо. Ошибочным было огульное осуждение прошлого. Многое нуждается в возрождении и реабилитации, прежде всего, крестьянская взаимопомощь, сострадательность, обряды, фольклор.

В современных условиях особую важность приобретает отношение к труду с преодолением люмпенской психологии и трудовым воспитанием с раннего детства; бережливое отношение к собственности и природе, гуманное и доброе отношение к людям и всему живому. Здоровый психологический климат начинается с семьи, школы и должен сопровождать человека всю жизнь. Все это должно идти в ногу с позицией различных общественных структур, в первую очередь государства, которое обязано когда-то стать правовым.

Осмысливая роль и место России в современном мире, прежде всего надо иметь в виду, что она многолика в природном, экономическом, демографическом, этнографическом, историческом и культурном отношении. Сам бог велел ей быть федеративной. Но под этим термином может пониматься разное содержание. Думается, что классическую модель представляет из себя многонациональная Швейцария, где каждый кантон – маленькое государство, но валютно-финансовые, энергетические, транспортно-коммуникационные, оборонные и внешнеполитические вопросы твердо держат в своих руках федеративные власти. Очевидно, России предстоит дать максимум инициативы, предприимчивости и самостоятельности субъектам федерации (республикам, краям и областям) при строжайшей бюджетной, финансовой дисциплине, единой транспортной, энергетической системе, не говоря об обороне и внешней политике. И, разумеется, федеральных программах в различных отраслях экономики.

Великая Россия может занять достойнейшее место в мире только на путях культурного и экономического расцвета, преодолев смуту, криминогенность и бездуховность, став на деле демократическим правовым государством, с возрожденным селом, созидающей аграрной экономикой.

Географически располагаясь на двух континентах, как бы “сидя верхом” на Уральском хребте с европейским и азиатским крыльями, Россия впитала в себя много культур, создав уникальную собственную. Получив христианство из Византии, живя бок о бок со Скандинавией, сдержав дорогой для себя ценой монгольское нашествие, взяв позднее многое от народов Западной Европы, прежде всего Германии и Франции, она по многим природным параметрам близка Северной Америке, особенно Канаде. Будучи многонациональной, Россия на 80% русская. Это очень высокий удельный вес коренной национальности. Россия – мост между Востоком и Западом.

Полезное можно и нужно заимствовать отовсюду, ничего бездумно не копируя. И не стоит этого чураться. Но больше брать из собственного арсенала, исторического и современного опыта.

Россия получила много жестоких исторических уроков, положила на жертвенник десятки и десятки миллионов человеческих жизней, истощая биологический и иной потенциал нации. Надо остановиться и все силы ума и духа повернуть на созидание, забыть драчливость, зазнайство, менторство, но и самоуничижение перед иностранцами, стяжательство и расхищение национальных богатств. Надо создавать широкий средний класс инициативных людей, живущих честным физическим и умственным трудом. Тогда Россия быстро возродит село и город с частным, кооперативным и государственным хозяйством. Тогда Россия станет великой евразийской державой с благоденствующим народом.

УКАЗАТЕЛЬ ИМЕН

ОБ АВТОРЕ

Никонов Александр Александрович – видный ученый-экономист и организатор науки, специалист в области аграрной политики и экономики агропромышленного комплекса. Автор более 300 научных работ, действительный член РАН и РАСХН, директор Аграрного института Российской академии сельскохозяйственных наук.

Родился 19 августа 1918 г. в крестьянской семье в деревне Зайково Вышгородецкой волости Островского уезда Псковской губернии (ныне – Пыталовский район Псковской области, с 1920 по 1944 гг. Гавровская волость Абренского уезда Латвии). После окончания гуманитарной гимназии в г. Абрене (ныне Пыталово) учился в Риге в Латвийском государственном университете, Летом работал в хозяйстве родителей. В 1959 г. окончил Латвийскую сельскохозяйственную академию по специальности агроном-экономист.

Участник Великой Отечественной войны. Работал на ответственных постах в партийных и государственных органах Латвийской ССР. С 1951 по 1961 гг. – министр сельского хозяйства Латвии.

В 1962 г. защитил диссертацию на соискание ученой степени кандидата экономических наук "Специализация и концентрация производства в совхозах Латвийской ССР". Работал в Латвийском НИИ земледелия и экономики.

В 1963–1978 гг. – директор Ставропольского НИИ сельского хозяйства. В 1973 г. за работу "Экономические основы системы сельского хозяйства" (на примере Ставропольского края) присуждена ученая степень доктора экономических наук. Имеет ученое звание профессора.

В 1975 г. избран членом-корреспондентом ВАСХНИЛ, в 1978 г. – академиком ВАСХНИЛ, в 1984 г. – действительным членом АН СССР.

В 1978–1982 гг. – академик секретарь Отделения экономики ВАСХНИЛ, в 1982–1984 гг. – первый вице-президент, с 1984 по 1992 гг. – президент ВАСХНИЛ.

Заслуженный деятель науки Российской Федерации, Заслуженный работник сельского хозяйства Латвии, член "Международной комиссии "Мир и продовольствие".

Работа А.А. Никонова получила признание за рубежом. Он избран членом Академии сельскохозяйственных наук ГДР (1985), почетным членом Академии наук Венгрии (1988) и Латвии (1991), членом ряда научных организаций.

ОГЛАВЛЕНИЕ

CONTENT

PART I

INCEPTION AND DEVELOPMENT OF AGRARIAN SCIENCE IN RUSSIA

PART II

AGRARIAN SCIENCE AND POLITICS IN THE SOVIET PERIOD (1918–1991)

* VASkHNIL - All-Union Academy of Agricultural Sciences

PART III

AGRARIAN SCIENCE AND THE AGRARIAN QUESTION AS THE NEW MILLENIUM APPROACHES

Alexander A. Nikonov
THE SPIRAL OF A CENTURIES – LONG DRAMA:
AGRARIAN SCIENCE AND POLITICS IN RUSSIA
FROM THE 18TH THROUGH THE 20TH CENTURIES

Научное издание

НИКОНОВ АЛЕКСАНДР АЛЕКСАНДРОВИЧ

СПИРАЛЬ МНОГОВЕКОВОЙ ДРАМЫ: АГРАРНАЯ НАУКА И ПОЛИТИКА РОССИИ (XVIII–XX вв.)

Ответственный за выпуск **И.П. Качурин**
Редакторы **Л.В. Заверняева, Л.В. Хохлова**
Технический редактор **В.С. Никифорова**
Верстка **П.В. Лепилова**
Корректоры **Г.А. Голубкова, Н.И. Емельянова**

Только ум, совесть и народ
в их единстве
способны создать цельную
творческую личность